“十四五”职业教育国家规划教材

“十四五”职业教育河南省规划教材

国家级职业教育专业教学资源库配套教材

高等职业教育系列教材

中文版3ds Max案例与实训教程

主　编　崔丹丹

副主编　刘　悦　李　雪

参　编　徐慧玲　王　芳　王　娟

机械工业出版社

本书是国家级职业教育影视动画专业教学资源库配套教材，被评为“十四五”职业教育河南省规划教材。

本书由高校教师与企业一线设计人员共同开发，系统地介绍了3ds Max 2016中文版的常用功能和使用方法，精减3ds Max中不常用的功能，对三维设计实用技能、技巧进行重点训练。本书内容精练直观、由浅入深，理论知识配合相应的案例进行讲解，小案例与综合项目实训相结合进行实操训练，既可以作为高职高专院校艺术设计、装潢设计、室内设计、影视动画等专业三维制作课程的基础教材，也可作为自学者的初级学习资料。

本书配有微课视频、电子课件、案例素材、课后习题、检测试卷等教学资源。其中微课视频可通过扫描书中案例的二维码进行观看，其他教学资源可登录 www.cmpedu.com 免费注册、审核通过后下载，或联系编辑索取（微信：13261377872，电话：010-88379739）。

图书在版编目（CIP）数据

中文版3ds Max案例与实训教程/崔丹丹主编．—北京：机械工业出版社，2019.11（2025.1重印）
高等职业教育系列教材
ISBN 978-7-111-64184-1

Ⅰ．①中…　Ⅱ．①崔…　Ⅲ．①三维动画软件-高等职业教育-教材
Ⅳ．①TP391.414

中国版本图书馆CIP数据核字（2020）第016038号

机械工业出版社（北京市百万庄大街22号　邮政编码100037）
策划编辑：王海霞　　责任编辑：王海霞
责任校对：张艳霞　　责任印制：李　昂
北京捷迅佳彩印刷有限公司印刷

2025年1月第1版·第11次印刷
184mm×260mm·16.25印张·396千字
标准书号：ISBN 978-7-111-64184-1
定价：49.90元

电话服务
客服电话：010-88361066
010-88379833
010-68326294

网络服务
机　工　官　网：www.cmpbook.com
机　工　官　博：weibo.com/cmp1952
金　　书　　网：www.golden-book.com
机工教育服务网：www.cmpedu.com

关于“十四五”职业教育国家规划教材的出版说明

为贯彻落实《中共中央关于认真学习宣传贯彻党的二十大精神的决定》《习近平新时代中国特色社会主义思想进课程教材指南》《职业院校教材管理办法》等文件精神，机械工业出版社与教材编写团队一道，认真执行思政内容进教材、进课堂、进头脑要求，尊重教育规律，遵循学科特点，对教材内容进行了更新，着力落实以下要求：

1. 提升教材铸魂育人功能，培育、践行社会主义核心价值观，教育引导学生树立共产主义远大理想和中国特色社会主义共同理想，坚定“四个自信”，厚植爱国主义情怀，把爱国情、强国志、报国行自觉融入建设社会主义现代化强国、实现中华民族伟大复兴的奋斗之中。同时，弘扬中华优秀传统文化，深入开展宪法法治教育。

2. 注重科学思维方法训练和科学伦理教育，培养学生探索未知、追求真理、勇攀科学高峰的责任感和使命感；强化学生工程伦理教育，培养学生精益求精的大国工匠精神，激发学生科技报国的家国情怀和使命担当。加快构建中国特色哲学社会科学学科体系、学术体系、话语体系。帮助学生了解相关专业和行业领域的国家战略、法律法规和相关政策，引导学生深入社会实践、关注现实问题，培育学生经世济民、诚信服务、德法兼修的职业素养。

3. 教育引导学生深刻理解并自觉实践各行业的职业精神、职业规范，增强职业责任感，培养遵纪守法、爱岗敬业、无私奉献、诚实守信、公道办事、开拓创新的职业品格和行为习惯。

在此基础上，及时更新教材知识内容，体现产业发展的新技术、新工艺、新规范、新标准。加强教材数字化建设，丰富配套资源，形成可听、可视、可练、可互动的融媒体教材。

教材建设需要各方的共同努力，也欢迎相关教材使用院校的师生及时反馈意见和建议，我们将认真组织力量进行研究，在后续重印及再版时吸纳改进，不断推动高质量教材出版。

机械工业出版社

前　言

3ds Max 2016 中文版是 Autodesk 公司出品的三维产品设计软件，从最初的版本发展到今天，已经经历了 20 多年的历史。该软件功能强大、可扩展性好、操作简单、容易上手、与其他软件配合流畅，已广泛应用于室内设计、建筑动画、影视广告、虚拟现实、栏目包装、工业设计、游戏设计、三维动画、辅助教学、环境艺术等领域，成为三维领域最为流行、用户数量最多的软件之一。同时，也成为学校教学和社会培训的主流软件，更是三维制作入门者的最好选择。

党的二十大报告指出，“科技是第一生产力、人才是第一资源，创新是第一动力”，为了培养高素质技能人才，为了帮助高职高专院校和各类培训机构的相关专业教师全面、系统、专业地讲授这门课程，使学生能够熟练地使用 3ds Max 进行三维产品的设计与制作，我们组织了一支由高职高专院校一线教师和企业一线三维设计工程师组成的团队，共同编写了《中文版 3ds Max 案例与实训教程》。本书编者团队成员均拥有多年的校企合作共同开发课程的经历，积累了丰富的教学经验和三维设计实践经验。

本书是国家级职业教育影视动画专业教学资源库《三维古建筑建模方法》技能实训课程的配套教材，被评为“十四五”职业教育河南省规划教材。

本书系统地介绍了 3ds Max 2016 中文版的常用功能和使用方法，以案例为引导，对 3ds Max 的实用功能进行重点训练。其中，第 1~10 章循序渐进地对 3ds Max 2016 中文版的基本操作、基础建模、样条线建模、修改器建模、网格建模、多边形建模、材质技术、贴图技术、灯光技术、摄影机技术以及渲染的基本方法进行讲解和练习。第 11 章为综合案例部分，分别从室内设计、动画角色以及游戏场景建模三个方面进行实战训练。

本书清晰地展现 3ds Max 2016 中文版的操作过程，案例丰富且实用。配套资源包含微课视频、多媒体课件、案例素材等丰富的授课素材，能够充分满足高校及培训机构的教学需求。全书对案例的遴选精益求精，强调案例的针对性和实用性，力求做到与 3ds Max 相关行业无缝衔接。

本书坚持“理论够用、突出实用、即学即用”的原则，充分发挥学校教师和企业专家各自的优势，由企业三维设计工程师对教材进行整体规划，并对教学内容进行选取，充分展现当前三维设计行业的设计手段和经验。同时以“工学结合”为目标，以企业需求为目的进行课堂教学，由高职高专一线教师对教学内容进行分解、整合，形成适合高校及培训机构教学模式的内容结构，做到了有的放矢、重点突出。

本书由浅入深，循序渐进，可以作为高职高专院校数字孪生、虚拟现实、艺术设计、装潢设计、室内设计、影视动画等专业的三维制作课程的基础教材，也可以作为自学者的初级学习资料。

本书的主要特色：

1）本书为校企合作完成的“工学结合”类教材，部分案例来源于企业真实项目。编者有来自开封大学信息工程学院数字媒体应用技术专业的一线专职教师，也有来自企业的一线工程师。

2）注重方法的讲解与技巧的总结。在详细介绍案例制作的操作步骤的同时，对于一些重要且常用的知识点与技能进行了较为精辟的总结。

3）操作步骤详细。书中案例的操作步骤介绍非常详细，即使是初级入门的学习者，只需按照步骤一步步进行操作，都可以制作出具有一定水平的作品。

本书由开封大学的崔丹丹担任主编，负责全书内容的策划、修改、审稿。崔丹丹编写第10、11章，王娟编写第1、3章，刘悦编写第2、4章，徐慧玲编写第5章，王芳编写第6章，李雪编写第7、8、9章。企业一线工程师朱涛为全书提供企业案例。

为了方便教师教学，本书配有微课视频、电子课件、案例素材、课后习题、检测试卷等教学资源，其中微课视频可通过扫描书中案例的二维码进行观看，其他教学资源可登录www.cmpedu.com免费注册、审核通过后下载，或联系编辑索取（微信：13261377872，电话：010-88379739）。

本书是编者在总结多年教学经验和三维制作经验的基础上进行策划、编写而成的，编者在教材建设方面做了许多努力，也对书稿进行了多次审校和修订，但由于编写时间及水平有限，难免存在一些疏漏和不足，希望同行专家和读者给予批评指正。

目　　录

第 1 章　认识中文版 3ds Max 2016

内容导读

3ds Max 2016 是由 Autodesk 公司推出的一款三维产品设计软件。该软件功能强大、易学易用，深受国内外建筑工程设计人员和动画设计人员的喜爱，已经成为这些领域最流行的软件之一。本章将初步认识中文版 3ds Max 2016。

学习目标

✓ 中文版 3ds Max 2016 概述

✓ 3ds Max 2016 软件安装

✓ 软件界面认识

3ds Max 应用领域非常广泛，无论是刚刚接触 3ds Max 2016 的初学者，还是具有制作复杂视觉效果图经验的高手，该软件都能结合用户需求提供相应的技术支持。利用 3ds Max 2016 可以轻而易举地设计出专业级的美术作品，同时还可以利用软件完成各具特色的建模、纹理制作、动画制作和渲染解决方案等。下面将从 3ds Max 2016 中文版软件的特点、工作界面、视图以及在使用该软件时经常接触到的命令面板等方面进行讲解。

1.1　中文版 3ds Max 2016 概述

Autodesk 3ds Max（以下简称 3ds Max）是一款面向对象的智能化应用软件，具有集成化的操作环境和图形化的界面窗口。该软件前身是基于 DOS 操作系统的 3D Studio 系列版本的软件，最初的 3D Studio 依靠较低的硬件配置要求和强大的功能优势，逐渐被广泛接受，并风靡全球。3D Studio 采用内部模块化设计，可存储 24 位真彩图像，命令简单，便于学习掌握。

在 3ds Max 中，一个完整作品的场景通常包含五个要素，按照制作的先后顺序分别是：建立对象模型、添加材质、设置灯光、摄影机和设置场景动画。上述五个要素中，除在建立静态图像时无需场景动画外，其他要素可简可繁，但不可或缺。此外，在场景制作完成后，一般还需要对场景进行渲染输出，以此方式可将场景中的模型、材质、灯光效果等以图像或动画的形式表现出来，并进行渲染保存。

该软件在三维建模、三维动画和渲染方面具有强大的功能，被广泛应用于影视特效制作、游戏开发、建筑装潢设计、产品设计等领域。

（1）影视特效制作领域

3ds Max 2016 提供较全面的建模、纹理制作、动画制作和渲染解决方案，完美地集成了现有的影视特效工作流程，提供了脚本语言和 SDK（Software Development Kit，软件开发工具包）的深度开发能力。著名的电影《剑鱼行动 》《疯狂约会美丽都》是完全使用 3ds Max 制作的，《钢铁侠》《守望者》《51 号星球》等影片中的重要特效也由 3ds Max 制作而成，如图 1-1 所示。

（2）游戏开发领域

3ds Max 2016 软件是全球最具生产力的动画制作软件，它广泛地应用于游戏的开发、创建和编辑，如图 1-2 所示。该软件的易用性和用户界面的可配置性，能帮助设计师根据不同引擎和目标平台的要求进行个性化设置。

图 1-1　影视特效

图 1-2　游戏界面

（3）建筑装潢设计领域

建筑装潢设计主要分为室内装潢设计和室外效果展示两个部分。建筑装潢设计在进行建筑施工和装潢之前，要求先出效果图，如图 1-3 和图 1-4 所示，通过不同角度进行真实的渲染，模拟实际施工方案的最终效果。如果效果不理想，可以在正式施工之前进行方案更改，从而节约时间和资金。

图 1-3　建筑效果图

图 1-4　室内效果图

（4）产品设计领域

产品的研发人员通过 3ds Max 软件，可以对产品进行造型设计，直观地模拟产品的材质、造型、外观等，提高了研发速度，使产品的研发成本大大降低，如图 1-5 所示。

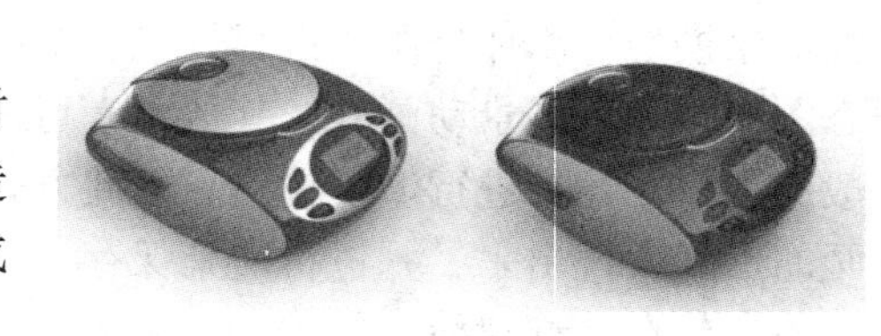

图 1-5　产品外观设计

1.1.1　软件的运行环境

3ds Max 2016 软硬件配置需求：3ds Max 2016 分为 32 位版本和 64 位版本。本书以 3ds Max 2016（64 位）作为平台进行讲解，其安装时对软硬件要求如下。

- 操作系统要求：Microsoft Windows 7（SPI）、Windows 8 或者 Windows 8.1 专业版操作系统或更新版本（3ds Max 2016 的 64 位版本需要 64 位的操作系统）。

- CPU 要求：CPU 与渲染输出速度有关，最低要求 64 位 Intel 或 AMD 多核处理器，主频越高渲染输出就越快。
- 内存要求：渲染输出速度也与内存有关，最低要求 4 GB 内存（推荐使用 8 GB）。
- 硬盘要求：至少 6 GB 剩余硬盘空间。
- 显卡要求：显卡和实施操作的流畅度有关，最低要求 512 MB 显存，显存越高，操作的流畅性越好，实时预览时可显示的效果就越多。
- 光驱要求：DVD-ROM。
- 其他：需安装 Directx 10.0c 补充软件。

1.1.2 软件的安装与激活

本节讲述的步骤是在 Windows 10 操作系统下使用 3ds Max 2016 版本完成的，若使用其他操作系统、软件版本，安装的过程和步骤会有所差异，但是整个安装过程基本相同。具体的安装步骤如下。

STEP① 将安装光盘插入光驱中，双击 setup. exe 进行安装，安装进入初始化界面，如图 1-6所示。

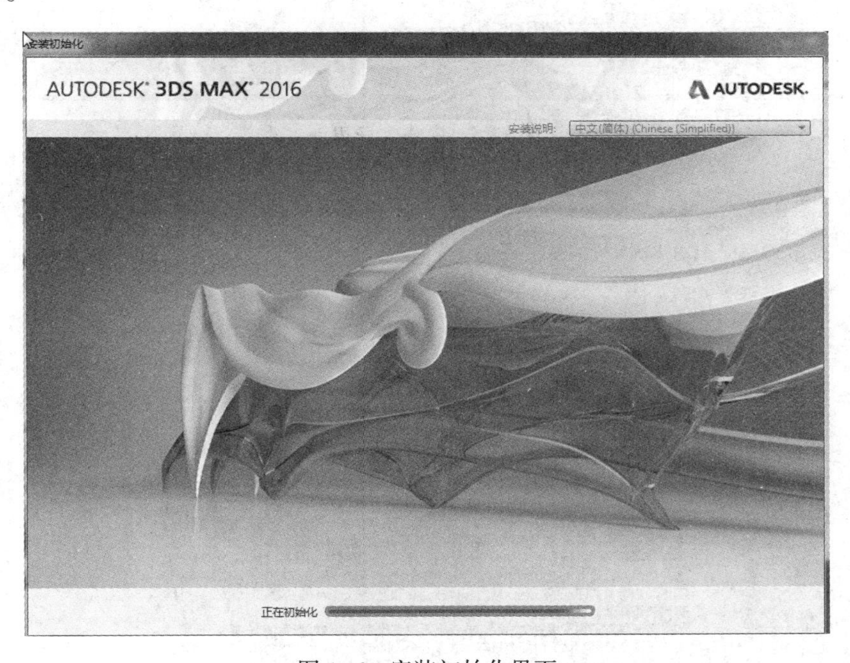

图 1-6　安装初始化界面

STEP② 随后进入 3ds Max 2016 安装向导，在安装向导界面中选择“安装”选项，如图 1-7所示。

STEP③ 弹出“许可协议”界面，选中“我接受”单选按钮，并单击“下一步”按钮，如图 1-8所示。

STEP④ 在“产品信息”界面的文本框中输入序列号和产品密钥，并单击“下一步”按钮，如图 1-9 所示。

STEP⑤ 在“配置安装”界面中按照当前默认的配置进行安装，或单击“浏览”按钮重新设置安装路径。设置完成后单击“安装”按钮，如图 1-10 所示。

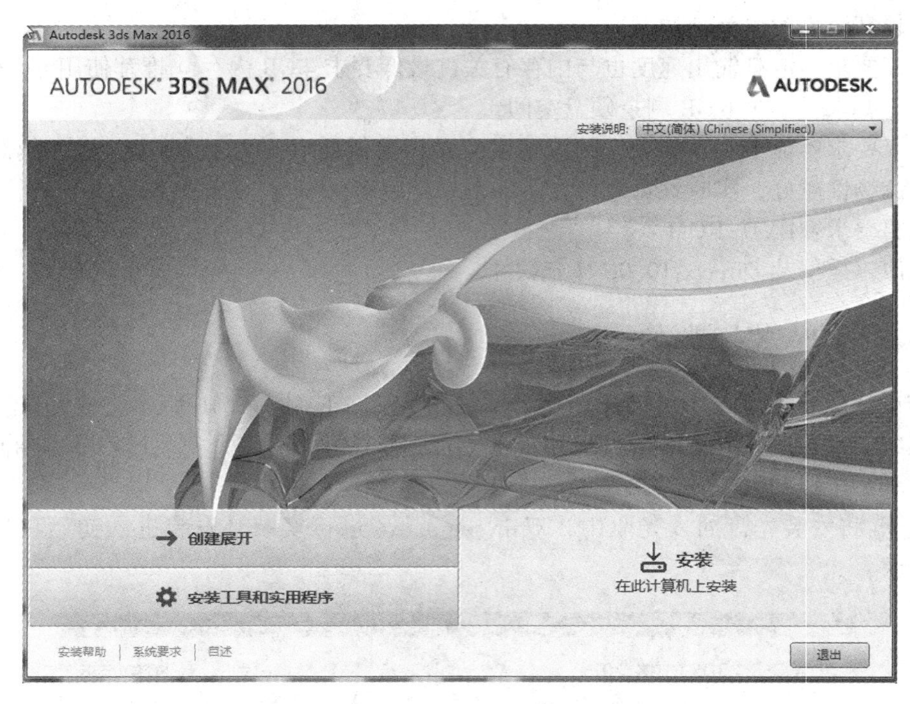

图 1-7　安装向导界面

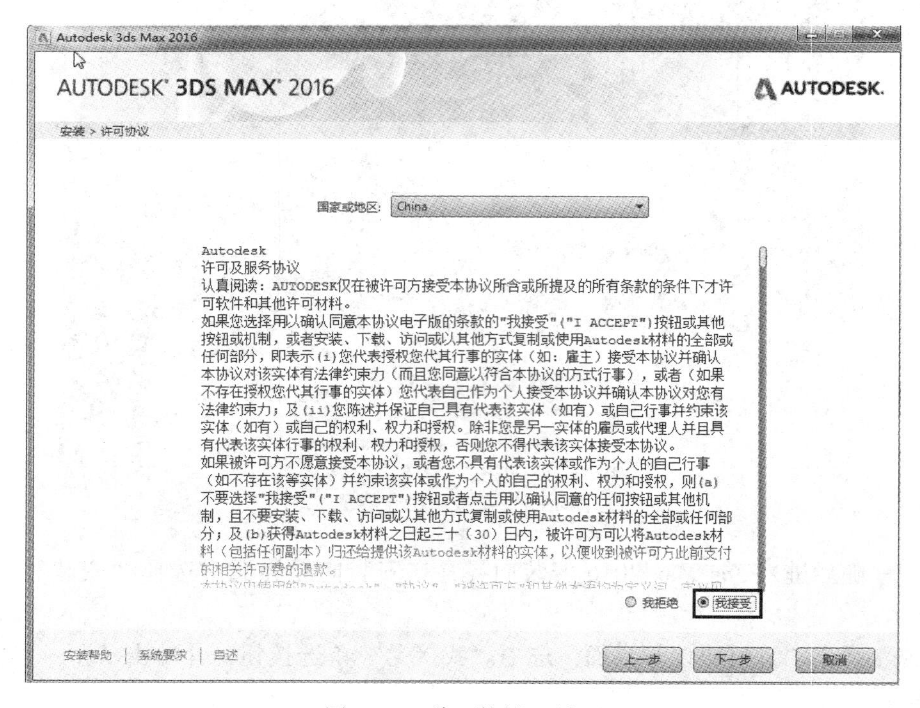

图 1-8　“许可协议”界面

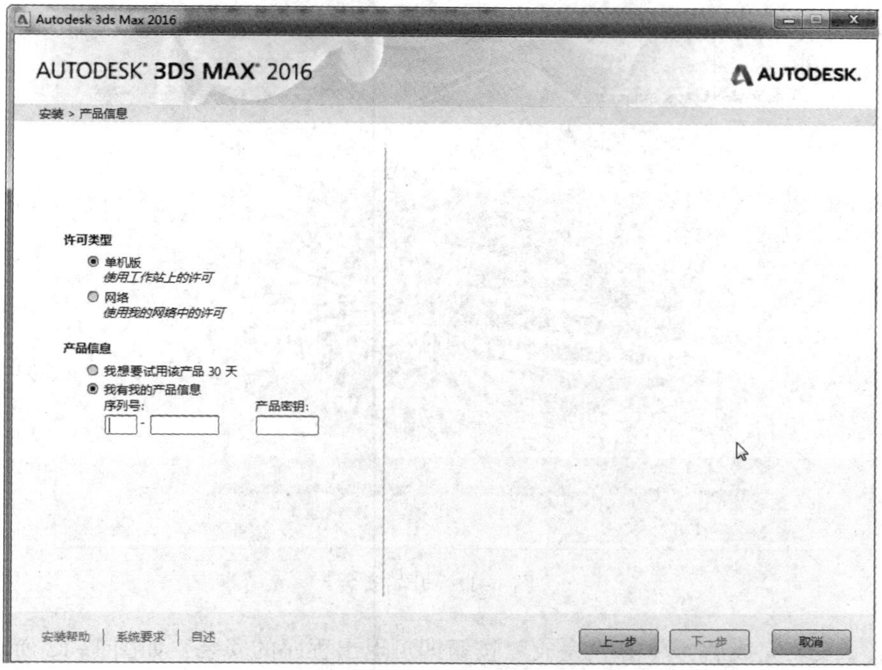

图 1-9 “产品信息”界面

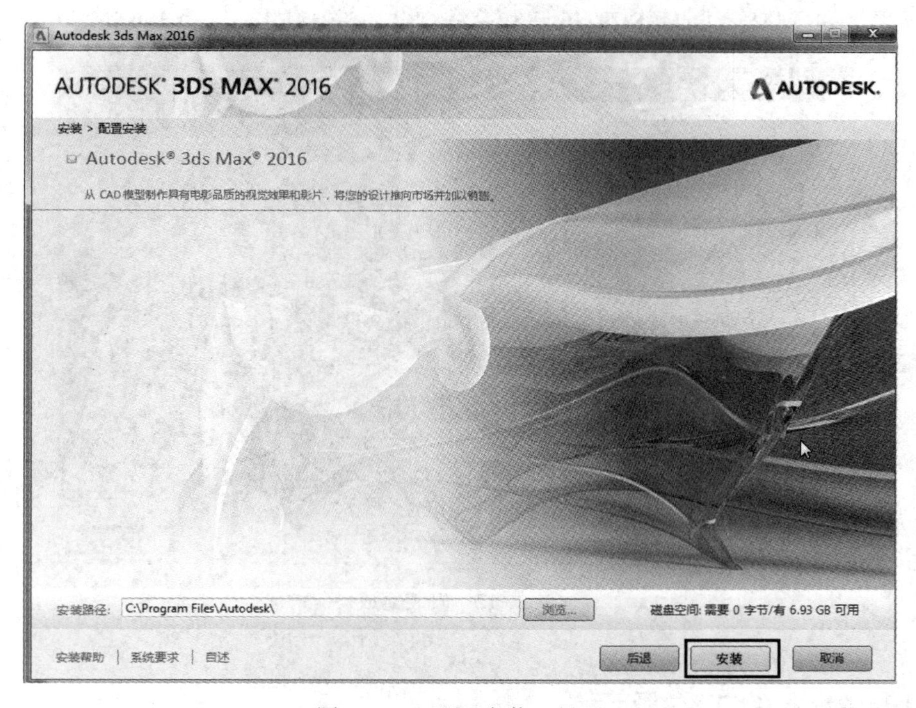

图 1-10 “配置安装”界面

STEP⑥ 确认安装的配置后，系统即开始进行组件的安装，如图 1-11 所示。

图 1-11　开始安装

STEP⑦ 安装完成后，单击“完成”按钮即可退出程序的安装，如图 1-12 所示。

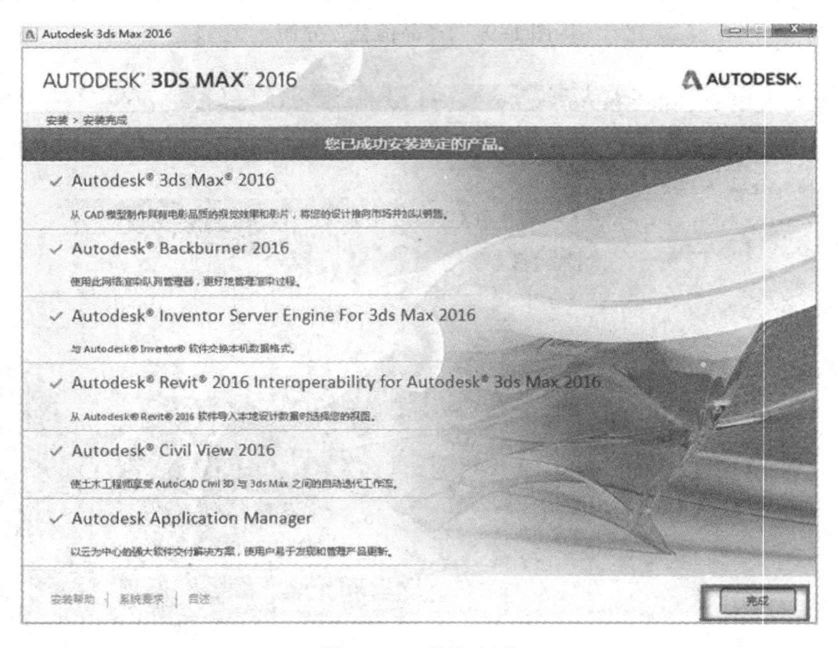

图 1-12　安装完成

1.2　3ds Max 的工作界面

工欲善其事，必先利其器。学习一个软件首先要从熟悉它的工作界面入手。3ds Max 2016 的工作界面相对于其他三维设计软件界面布局合理，比较容易学习和掌握。

1.2.1 工作界面概览

3ds Max 2016 的工作界面如图 1-13 所示。用户第一次接触时需要先对 3ds Max 2016 的工作界面有一个整体的认识，然后就可以建模了。

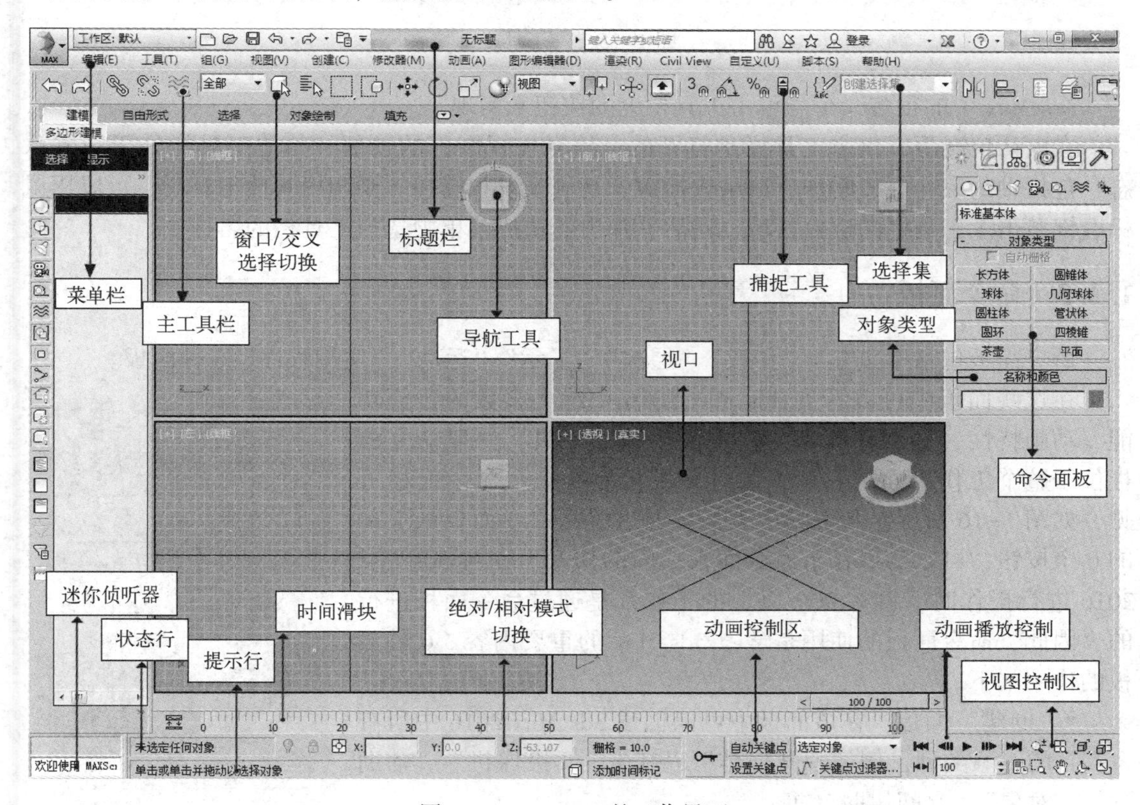

图 1-13 3ds Max 的工作界面

和大多数的软件一样，3ds Max 的工作界面包含了菜单栏、工具栏和工作区域等几大部分。3ds Max 2016 的工作区域就是工作界面上最大的区域部分，被称为视图区。视图区不但提供一个观察三维场景的环境，而且在视图区的各个视图中可以完成 3ds Max 2016 各种基本的创建和修改操作，下面对各主要部分进行阐述。

1.2.2 菜单栏与主工具栏

1. 菜单栏

菜单栏位于整个工作界面的上方，包括编辑、工具、组、视图、创建、修改器、动画、图形编辑器、渲染、Civil View、自定义、脚本和帮助共 13 个菜单，如图 1-14 所示。

编辑(E) 工具(T) 组(G) 视图(V) 创建(C) 修改器(M) 动画(A) 图形编辑器(D) 渲染(R) Civil View 自定义(U) 脚本(S) 帮助(H)

图 1-14 菜单栏

单击某个菜单时，将会列出相应菜单命令。菜单名称后面的字母表示该菜单的快捷键，例如“工具”菜单的快捷键是〈T〉，按〈Alt+T〉组合键，就可以直接打开“工具”菜单。

菜单命令后面的右向三角形表明此菜单命令还包含子菜单。

2. 主工具栏

主工具栏位于菜单栏下方，其中包含常用操作工具的图标，如图 1-15 所示。

图 1-15 主工具栏

3ds Max 中的很多命令均可由工具栏上的按钮来实现。

在默认情况下，仅主工具栏是打开的，停靠在视图区的顶部。其他工具栏处于隐藏状态，包括轴约束、层、附加、渲染快捷键、笔刷预设和捕捉。要调用其他工具栏，可以用鼠标右键单击主工具栏的空白区域，然后从弹出的快捷菜单中选择工具栏的名称。

1.2.3 命令面板

命令面板包括“创建”“修改”“层次”“显示”“运动”“实用程序”6 种面板。

在这些面板中可以看到 3ds Max 2016 中绝大多数的建模功能、动画特性、显示特性和一些重要的辅助工具。一般命令面板位于整个工作界面的右侧，而且一次只能有一个命令面板可见，如图 1-16 所示。和工具栏类似，通过单击命令面板最上部的 6 个按钮，可以实现各个命令面板之间的切换。在对 3ds Max 2016 进行操作时，将有 90%以上的工作都是通过命令面板进行的，因此，命令面板的使用是学习 3ds Max 的重要内容。6 种面板的作用如下。

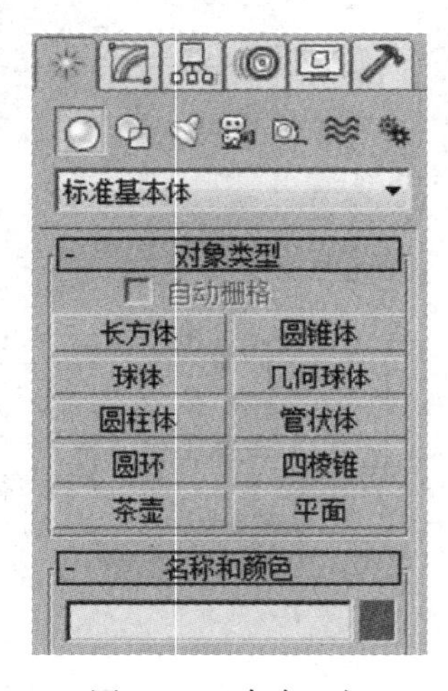

图 1-16 命令面板

- “创建”面板：在该面板中可以创建 3ds Max 2016 中所有的对象类型，例如“几何体”“灯光”“摄像机”“辅助对象”“空间扭曲”等。
- “修改”面板：在该面板中不仅可以查看和修改对象的创建几何参数，还可以使用各种编辑修改器来实现更加复杂的建模操作。
- “层次”面板：用来调整链接层级中的链接信息，以及调节关节运动和反向动力方面的运动。
- “运动”面板：该面板用来调节被选择对象的动画效果，例如对关键帧的参数设置、动画控制器及其运动轨迹的控制。
- “显示”面板：主要用来显示或者隐藏场景中的各种对象。
- “实用程序”面板：该面板提供了各种非常有用的实用程序，例如“资源浏览器”“塌陷”“运动捕捉”等。

1.2.4 视口与视图控制区

1. 活动视口

在 3ds Max 2016 界面中，活动视口（即当前视口）占据了很大区域。不同的视口用于显示不同方向观看物体的效果。默认情况下，显示顶视图、前视图、左视图和透视图。按

〈G〉键可以显示或隐藏每个视图区中的栅格。

在每个视口左上角分别列出了视图名称、显示方式等信息，单击鼠标将显示不同的属性设置。边框显示为亮黄色的视口表示活动视口。如图 1-17 所示，位于右下方的是透视图，在该视图中可以运用视图导航工具观看一个三维对象的任何一个方向。3ds Max 2016 经常用到的另外三个视图是顶视图、前视图和左视图，分别指从上方、前方和左侧观察对象得到的形态。

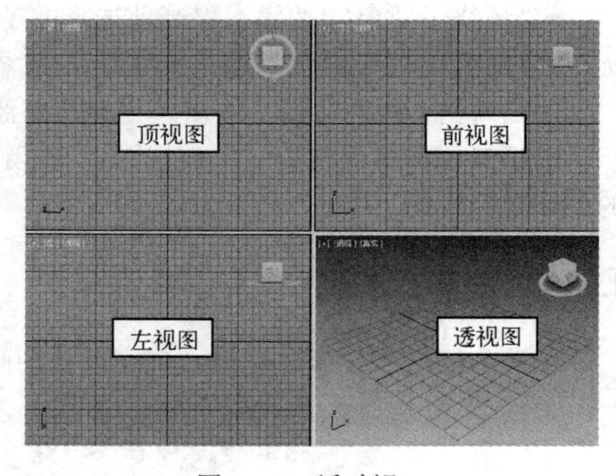

图 1-17　活动视口

在每个视图的左下角都有一个以红、绿、蓝标记的 X、Y、Z 三轴坐标系。该坐标系指的是视图场景的世界坐标系（即系统的绝对坐标系），而不是对象自身的参考坐标系。视图中还有一些网格线，它们被称为主栅格，是创建对象的基准平台。

2. 视图控制区

视图控制区位于界面右下角，如图 1-18 所示，其中的视图导航控件主要用于对视图进行缩放、移动、旋转等控制操作。每一个控制操作都有相应的快捷键。

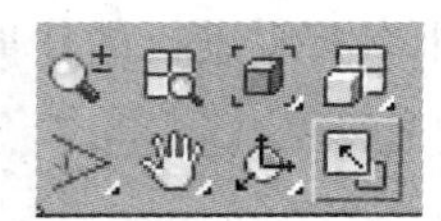
图 1-18　视图控制区

以“最大化视口切换”工具为例，单击该工具后，当前视图进行最大化显示，也可以通过按〈Alt+W〉组合键实现当前视口的最大化显示。各个按钮及其隐藏按钮的具体功能如下。

- “缩放”按钮：在激活视图中，以视图的中心为基准对视图进行放大或缩小。
- “缩放所有视图”按钮：对所有的视图同时进行放大或缩小，按住〈Ctrl〉键可以只对透视视图进行缩放。
- “最大化显示”按钮：缩放激活的视图以显示视图中所有可见对象。
- “最大化显示选定对象”按钮：缩放激活的视图以显示视图中所有被选择的对象。
- “所有视图最大化显示”按钮：缩放所有视图（摄像机视图除外），以显示各个视图中的所有可见对象。
- “所有视图最大化显示选定对象”按钮：缩放所有视图（摄像机视图除外）以显示视图中所有被选择的对象。
- “缩放区域”按钮：拖动鼠标形成一个矩形区域，把想要观察的对象细节包括在该区域中，软件将该区域放大显示。
- “视野”按钮：调整视图中可见的场景数量和透视张角量。
- “平移视图”按钮：对当前激活的视图进行平行移动，按〈Shift〉键将限制在单个轴上移动。
- “2D 平移缩放视图”按钮：在 2D 平移缩放模式下，可以平移或缩放视图，无须更改渲染帧。
- “穿行”按钮：对当前激活的视图以穿行方式移动。
- “环绕”按钮：以视图中心作为旋转中心。
- “选定的环绕”按钮：以当前选择对象的中心作为旋转中心。

- “环绕子对象”按钮：以当前选择的子对象的中心作为旋转中心。
- “最大化视口切换”按钮：在默认的情况下，单击该按钮将使激活的视图单独显示并充满整个视图区域。再次单击该按钮激活视图则可恢复到原来的大小。

对场景添加摄像机后，上述视图控制区按钮会自动转变为摄像机视图控制按钮，其基本的原理是相同的。

1.2.5 动画控制区

动画控制区主要用来记录动画、播放动画及控制动画时间，如图 1-19 所示。

图 1-19 动画控制区

设置动画时，单击“自动关键点”按钮，该按钮显示为红色，表明处于动画记录模式，即当前所进行的任何修改操作将被记录成动画。

1.2.6 状态栏

状态栏位于主界面的底部，可以为 3ds Max 2016 的操作提供重要的参考消息，如图 1-20 所示。

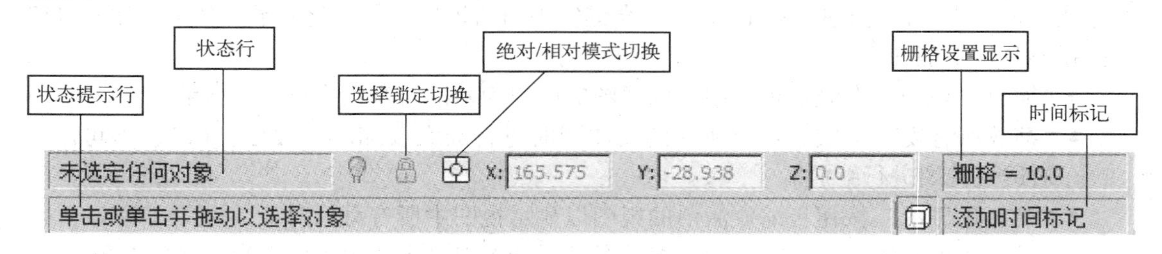

图 1-20 状态栏

- 状态行：显示选择的类型和数目。
- 状态提示行：可以依据当前的光标所处的位置提供功能解释。
- 选择锁定切换：将选择的对象锁定，这样就只能对该对象操作，而对其他对象没有影响。该按钮的设置可以极大地减小误操作的可能。
- 绝对/相对模式切换：通过改变数值可以实现对移动、旋转和缩放的精确控制。当该按钮开关被打开时，其右侧的“X”“Y”“Z”文本框输入的是相对变换数值；当该按钮开关被关闭时，文本框中的数值表示世界空间的绝对坐标值。
- 栅格设置显示：显示视图中一个栅格的大小。随着对视图的缩放，该值会不断地变化。
- 时间标记：3ds Max 2016 允许在动态过程中对任何点赋值一个文本标签，在动画制作的过程中可以通过命名的标识很容易地找到需要的点。

1.3　工作界面的调整

1.3.1　工具栏设置

在 3ds Max 2016 中，各种工具栏均有浮动和停靠两种状态，如图 1-21 和图 1-22 所示。可在两种状态之间切换。让浮动的工具栏停靠的方法是：选中工具栏按住鼠标左键拖动到目标位置即可。

图 1-21　停靠的主工具栏

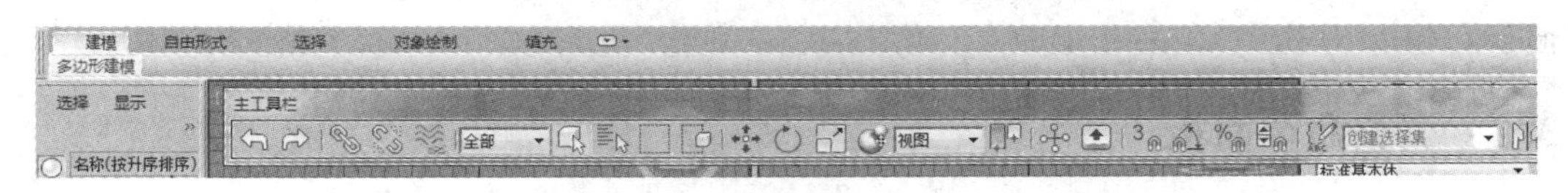

图 1-22　浮动的主工具栏

3ds Max 2016 主工具栏中集合了常用的命令按钮，通过主工具栏可以快速访问 3ds Max 中常见任务的工具和对话框。对于刚接触 3ds Max 的用户来说，由于对界面、布局、功能不熟悉，经常会出现工具栏因误操作而消失的状况，如图 1-23 所示。

图 1-23　工具栏消失

让工具栏恢复有以下两种方法。

（1）使用菜单栏

STEP① 在菜单栏中找到“自定义”菜单并单击，如图 1-24 所示。

STEP② 选择“显示 UI”，在“显示 UI”子菜单中选择“显示主工具栏”命令，使主工具栏恢复到 3ds Max 2016 的界面，如图 1-25 所示。

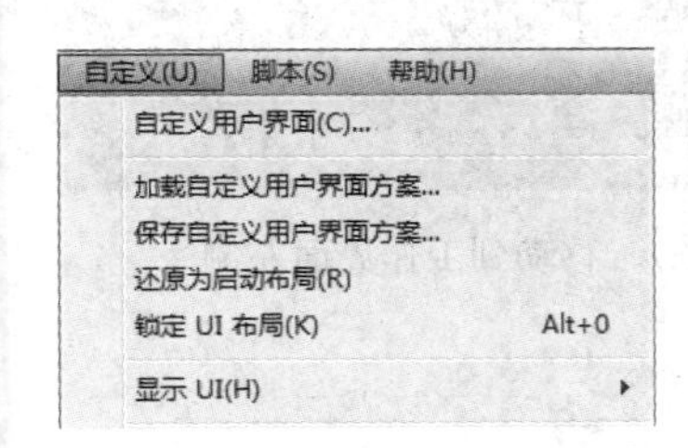

图 1-24　“自定义”菜单

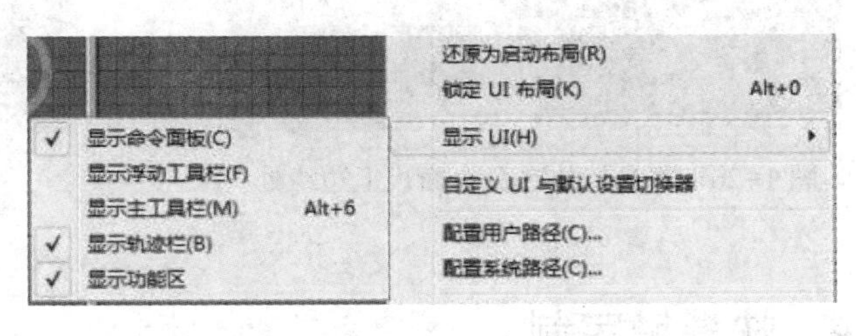

图 1-25　显示 UI

（2）使用快捷键

在选择“显示主工具栏”命令的时候，可以看到后边有“Alt+6”，直接按〈Alt+6〉组合键，也可以显示主工具栏。

1.3.2 定制视口

有了视图，就应该有视图的布局方式。和大多数制图软件一样，3ds Max 2016 的视图布局也是可以定制的，即用户可以使用任意可能的视图显示对象。

在 3ds Max 2016 中，有以下两种改变视图布局类型的方式。

第一种方式是在任意一个视图中左上角的视图标签（“顶” 或 “前” 等）上单击鼠标右键，在弹出的快捷菜单中可以看到3ds Max 2016 的所有视图类型，用户可以选择其中的一种替换当前的视图类型。

第二种方式是选择 “视图”|“视口配置” 菜单命令，在弹出的 “视口配置” 对话框中选择 “布局” 选项卡。该选项卡提供了多种视图布局类型，用户可以选择一种作为 3ds Max 2016 的视图操作界面。默认的视图布局方式不仅提供了最多 4 个的视图显示，而且 4 个视图的视口大小相等，对应透视图在其周围放置前视图、顶视图和左视图，比较符合用户习惯。

1.3.3 调整命令面板

在 3ds Max 2016 工作界面中，命令面板默认放置在工作界面的右侧，也可以根据需要随时调整命令面板的停靠状态。例如，可以将命令面板放置在工作界面的左侧，具体操作步骤如下。

STEP① 将光标放置到命令面板上边的边缘处，下边会出现 “命令面板” 字样，如图 1-26 所示。

STEP② 拖动命令面板到工作界面的左侧，如图 1-27 所示。

图 1-26 将光标放在命令面板上边缘处

图 1-27 移动到工作界面左侧

1.4 快捷键定制

在软件操作过程中，为了提高制图速度，快捷键的运用是必不可少的。3ds Max 2016 中常用的操作都设置了快捷键，如需修改或添加新的快捷键，可以通过快捷键定制来完成。

1.4.1 自定义快捷键

在 3ds Max 2016 主菜单栏中选择“自定义”|“自定义用户界面”菜单命令，弹出“自定义用户界面”对话框，在“键盘”选项卡中可以实现快捷键的设置，如图 1-28 所示。

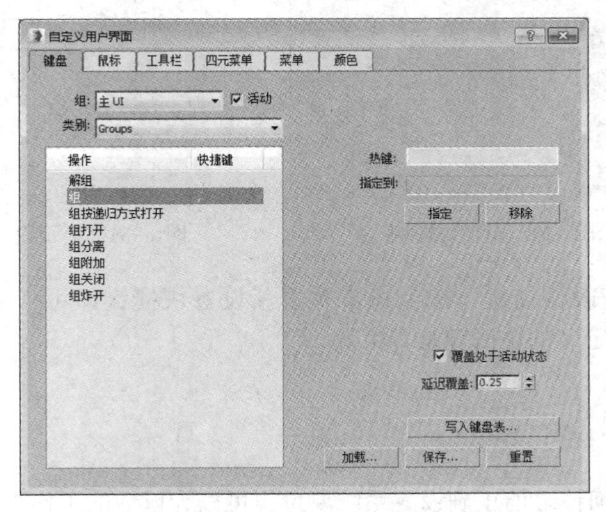

图 1-28 “自定义用户界面”对话框

1.4.2 修改快捷键

现有的快捷键不符合用户个人习惯时，用户可以修改快捷键。下面通过一个实例来介绍 3ds Max 2016 的快捷键是如何设置和修改的。

小试身手——自定义“查看文件”快捷键

01 自定义快捷键

以“查看文件”为例介绍自定义快捷键。

STEP① 选择“自定义”|“自定义用户界面”菜单命令。

STEP② 在“自定义用户界面”对话框中，选择“键盘”选项卡。在“组”下拉列表框中选择“主 UI”项，在“类别”下拉列表框中选择“File”项，在“操作”列表框中选择“查看文件”项，如图 1-29 所示。

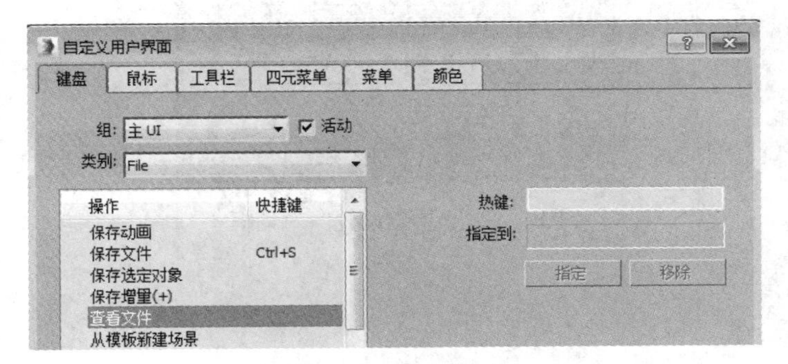

图 1-29 选择“查看文件”项

STEP③ 将鼠标移至“热键”文本框中单击，按〈Ctrl+1〉组合键，如图 1-30 所示。

STEP④ 单击“指定”按钮，会看到左边的“查看文件”后边显示设置的快捷键，如图 1-31 所示。

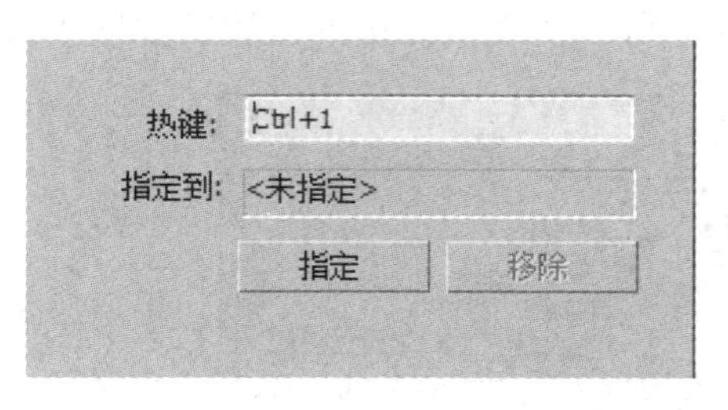

图 1-30　设置快捷键

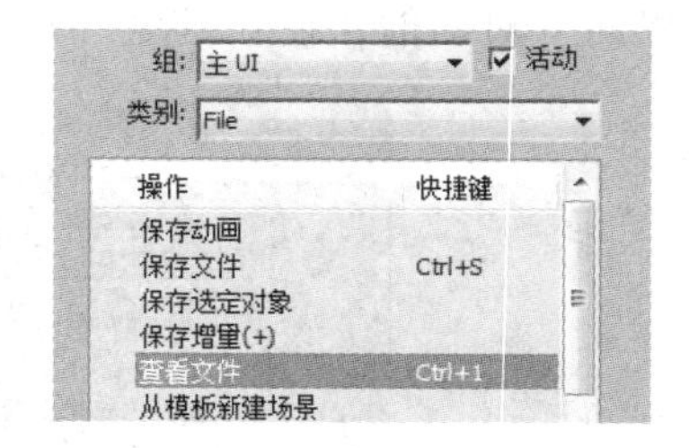

图 1-31　显示设置的快捷键

STEP⑤ 如果想修改快捷键，按上述步骤重新设置快捷键即可。关闭“自定义用户界面”对话框，测试自定义的快捷键是否生效。

1.5　单位设置

在导入或创建几何体之前正确设置系统单位，可以为以后的工作带来方便。

选择“自定义”|“单位设置”菜单命令，打开“单位设置”对话框，如图 1-32 所示。通过该对话框，可以在我国的法定计量单位和英制单位（英尺、英寸）之间进行选择，也可以创建自定义单位，以便在创建任何对象时使用。

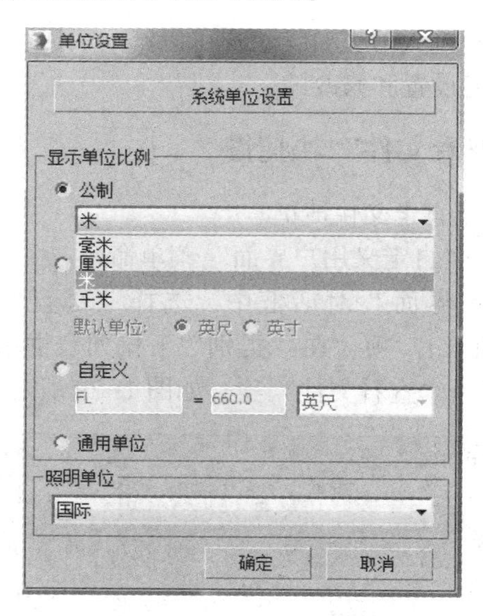

图 1-32　“单位设置”对话框

第 2 章　文件操作和对象的使用

内容导读

本章中，将介绍一些基础的 3ds Max 操作，如新建场景文件、保存场景文件、导入外部文件、创建对象，使用对象变换、阵列、对齐、镜像等工具等。

学习目标

✓ 掌握新建、保存场景的方法

✓ 掌握创建对象的方法

✓ 掌握对象变换的方法

✓ 掌握阵列、对齐、镜像等工具的使用

作品展示

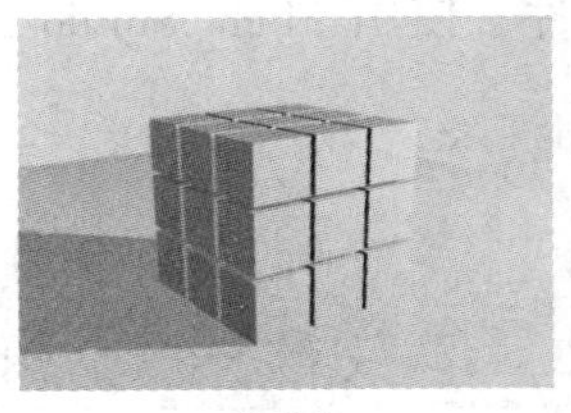

◎魔方

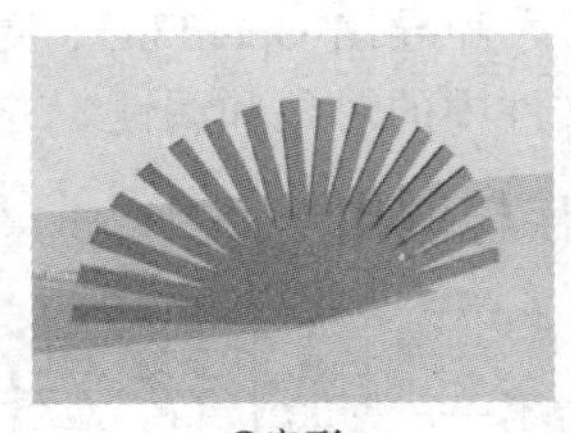

◎扇形

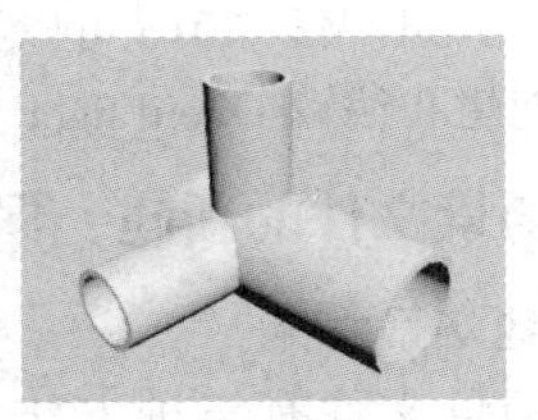

◎多通管道

2.1　文件操作

中文版 3ds Max 的文件处理命令位于“MAX”菜单中。这些命令用于创建、打开、合并和保存场景，导入和导出其他格式的三维文件，查看二维图像文件，显示或更改场景文件属性，退出 3ds Max 等操作。执行这些命令，调出相应的对话框后，可以对文件的参数进行设置。

2.1.1　3ds Max 支持的文件格式

3ds Max 支持众多的文件格式，如图 2-1 所示。

Autodesk (*.FBX)
3D Studio 网格 (*.3DS,*.PRJ)
Alembic (*.ABC)
Adobe Illustrator (*.AI)
Catia V5 (*.CATPART,*.CATPRODUCT,*.CGR)
Autodesk Collada (*.DAE)
LandXML / DEM / DDF (*.DEM,*.XML,*.DDF)
AutoCAD 图形 (*.DWG,*.DXF)
原有 AutoCAD (*.DWG)
Flight Studio OpenFlight (*.FLT)
Motion Analysis HTR File (*.HTR)
IGES (*.IGE,*.IGS,*.IGES)
Autodesk Inventor (*.IPT,*.IAM)
JT (*.JT)
Catia V4 (*.MODEL,*.MDL,*.SESSION,*.EXP,*.DLV,*.DLV3,*.DLV4)
gw::OBJ-Importer (*.OBJ)
ProE (*.PRT,*.PRT.*,*.NEU,*.G,*.ASM)
UG-NX (*.PRT)
Revit importer (*.RVT)
ACIS SAT: (*.SAT)
3D Studio 图形 (*.SHP)
Google SketchUp (*.SKP)
SolidWorks (*.SLDPRT,*.SLDASM)
STL (*.STL)
STEP (*.STP,*.STEP)
Motion Analysis TRC File (*.TRC)
Autodesk Alias (*.WIRE)
VRML (*.WRL,*.WRZ)
VIZ 材质 XML 导入 (*.XML)
所有文件(*.*)

图 2-1　3ds Max 支持的文件格式

常见的几种文件格式有以下几种。

- Autodesk（*.FBX）：FBX 是 Autodesk-MotionBuilder 固有的文件格式。FBX 文件格式的模型用于创建、编辑和混合运动捕捉和关键帧动画。使用 3ds Max 可以导入、导出 FBX 格式的文件。该文件格式可以与 Autodesk Revit Architecture 共享数据。Maya、Softimage 和 Toxik 也使用 FBX 格式，所以，FBX 格式是上述应用程序之间的桥梁。

- 3D Studio 网格（*.3DS、*.PRJ）：3DS 是 3D Studio 网格文件格式，只能导出模型文件和灯光，无法附带模型的纹理，是一种比较初级的格式。
- Adobe Illustrator（*.AI）：AI 是 Adobe Illustrator（AI88）的文件格式，主要用于矢量线的导入。
- AutoCAD 图形（*.DWG，*.DXF）：DWG 是 AutoCAD 绘图软件生成的文件格式，可以导入 3ds Max 中成为二维图形。导入绘图文件时，将 AutoCAD、AutoCAD 建筑或 Revit 对象的子集转换为相应的 3ds Max 对象。
- 原有 AutoCAD（DWG）：3ds Max 7.0 之后采用的“AutoCAD DWG/DXF”导入选项对话框较之前版本有许多改进之处，包括增强的 DWG 兼容性以及更强大的用户控制和可自定义性。然而，该导入选项对话框少了旧版本中关于 DWG 导入器的一些功能。因此，3ds Max 7.0 之后的版本仍旧保留了过去的 DWG 导入功能。
- Flight Studio OpenFlight（FLT）：OpenFlight 格式是视觉仿真领域最为流行的标准文件格式。3ds Max 2016 可以导入和导出 OpenFlight 文件。使用 Flight Studio 工具，还可以创建和编辑 OpenFlight 文件中的对象和属性。

2.1.2 场景文件的新建、保存与调用

1. 新建场景文件

新建场景文件有三种方法。第一种，启动 3ds Max 2016 后，系统会自动创建一个名为“无标题”的场景文件。第二种，通过选择“文件”→“新建”菜单命令创建新的场景文件，使用此方法创建的场景文件会保留原场景的界面设置、视图配置等。“新建”菜单如图 2-2 所示。

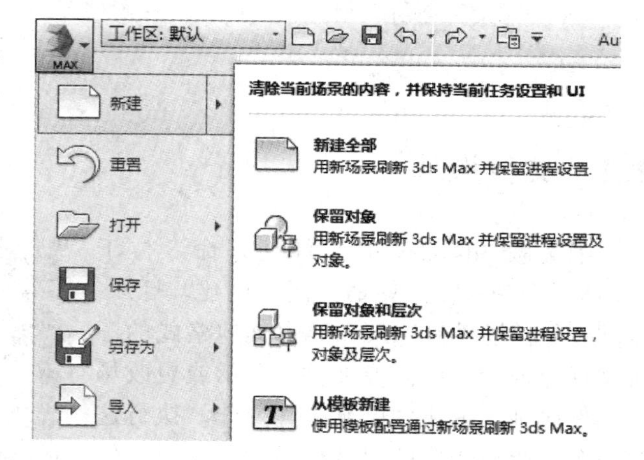

图 2-2　新建文件菜单

第三种，通过选择“文件”|“重置”菜单命令创建文件，此时创建的场景文件与启动 3ds Max 2016 时创建的场景文件完全相同。

2. 保存场景文件

对于已保存过的场景，只须选择“文件”|“保存”菜单命令，系统将保存当前文件。

对于未保存过的场景，则会弹出如图 2-3 所示的“文件另存为”对话框，从对话框的“保存在”下拉列表框中选择文件保存的位置，并在“文件名”文本框中输入文件的名称，然后单击“保存”按钮完成场景的保存。

3. 调用其他文件中的模型

在进行三维设计时，经常会从其他场景文件中调用已创建好的模型到当前的场景中，以免除重新创建模型的麻烦，这时需要用到场景文件的“合并”功能。选择“文件”|“导

入”|“合并”菜单命令，打开“合并文件”对话框，从“查找范围”下拉列表框中选择场景文件存放的文件夹，并选中要导入模型的 . max 文件，然后单击“打开”按钮，打开“合并”对话框，从“合并”对话框左侧的对象名列表中选中要合并到场景中的对象（按〈Ctrl〉键可以选择多个），单击“确定”按钮，完成场景的合并，如图 2-4 所示。

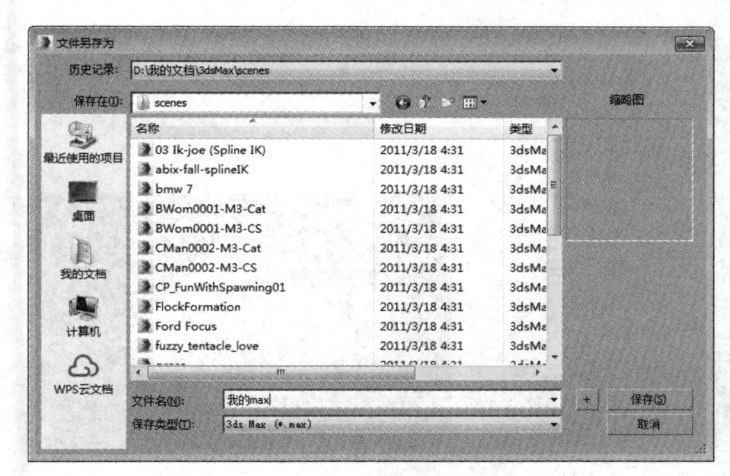

图 2-3　保存场景文件

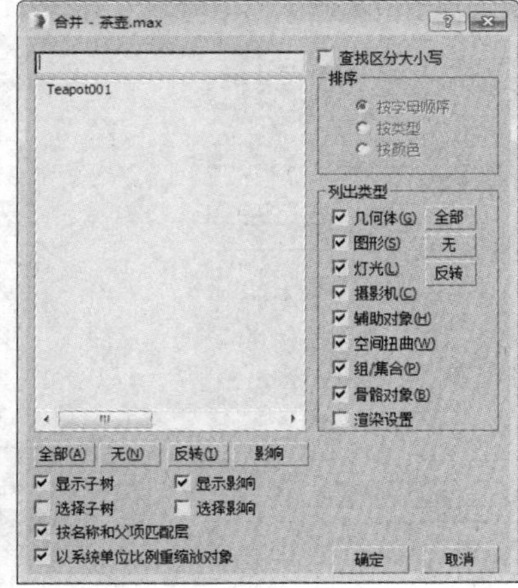

图 2-4　合并场景文件

2.2　对象的创建与修改

在 3ds Max 中创建的任何物体都可以称为对象。其中，基础模型可以分为标准基本体和扩展基本体两种。在日常生活中，标准基本体的模型随处可见，例如桌子、椅子、楼梯和茶几等。

2.2.1　创建对象

在 3ds Max 中，提供了 10 种标准基本体，包括长方体、圆锥体、球体、几何球体、圆柱体、管状体、圆环、四棱锥、茶壶和平面。这些模型都是通过“创建”面板中的“几何体”命令进行创建的，并可以随时调整参数，改变模型创建。系统默认的“创建”面板为“几何体”面板，如图 2-5 所示。

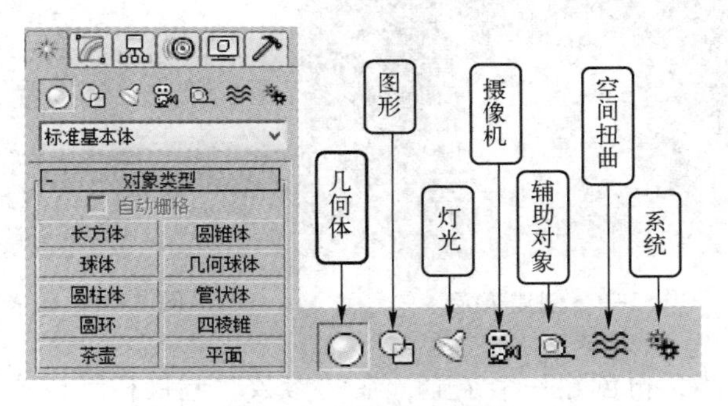

图 2-5　“创建”面板

创建基本几何体就是用基本的模型创建命令直接创建出各种标准的几何体，通常情况下使用“创建”面板来创建，具体的创建步骤如下。

STEP① 选择“创建”|“几何体”|“四棱锥”，如图 2-6 所示。

STEP② 在“创建方法”卷展栏中选择一种创建方式，如图 2-7 所示。

STEP③ 在顶视图中单击鼠标并拖曳，在适当的位置松开鼠标即可创建一个几何形体，如图 2-8 所示。

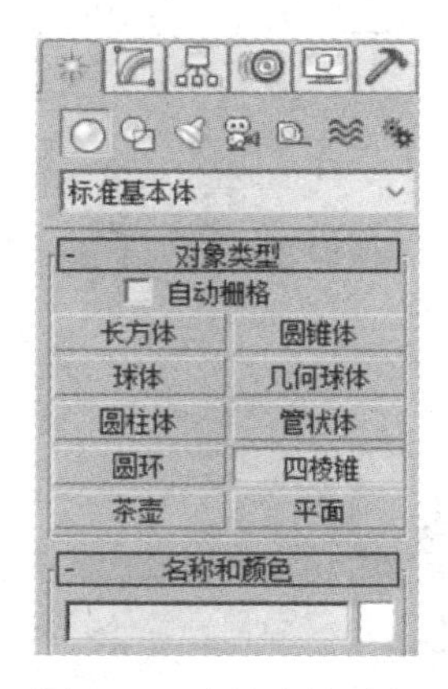

图 2-6　选择球体对象

图 2-7　选择创建方法

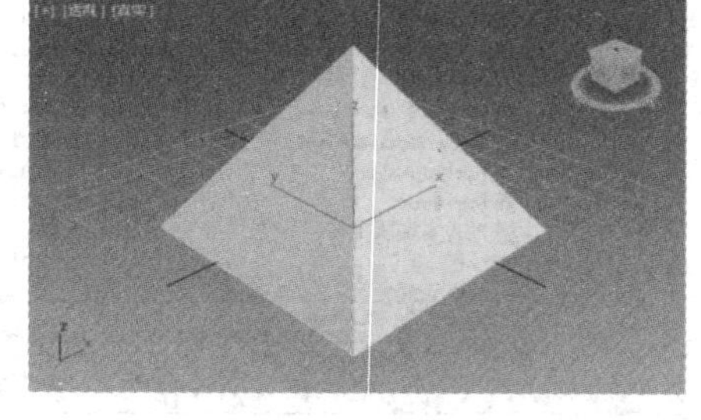
图 2-8　创建对象

2.2.2　参数化对象

“参数化对象”是指对象的几何形态由参数变量来控制，修改这些参数就可以修改对象的几何形态，通常情况下使用“参数”面板来操作。

小试身手——修改茶壶的参数

02 修改茶壶的参数

下面以茶壶为例，介绍对象参数的调整，具体操作方法如下。

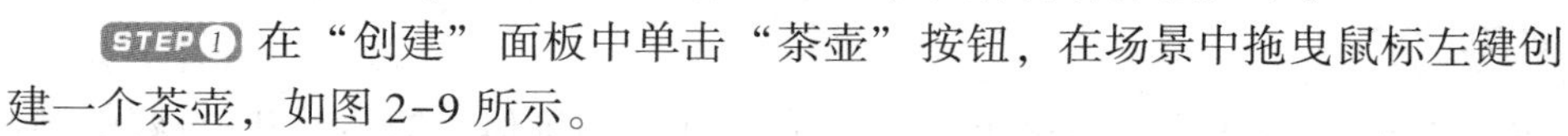

STEP① 在“创建”面板中单击“茶壶”按钮，在场景中拖曳鼠标左键创建一个茶壶，如图 2-9 所示。

STEP② 切换到“修改”面板，在“参数”卷展栏下可以观察到茶壶部件的参数选项，将“半径”设置为 20，其他参数设置如图 2-10 所示。

图 2-9　创建茶壶

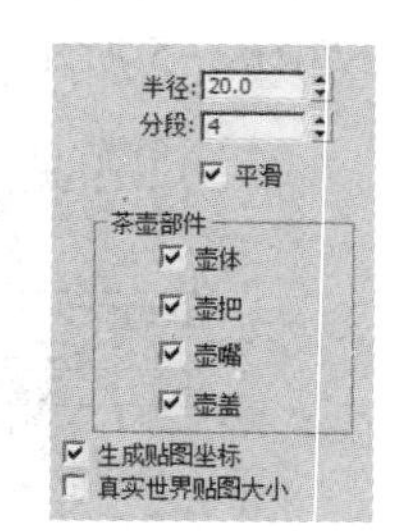

图 2-10　设置茶壶参数

STEP③ 重复第 1 步，再创建一个茶壶，在“参数”卷展栏下设置“半径”为 10，接着取消勾选“壶把”“壶嘴”和“壶盖”复选框，参数设置及效果如图 2-11 所示。

STEP④ 两个茶壶的最终对比效果如图 2-12 所示。

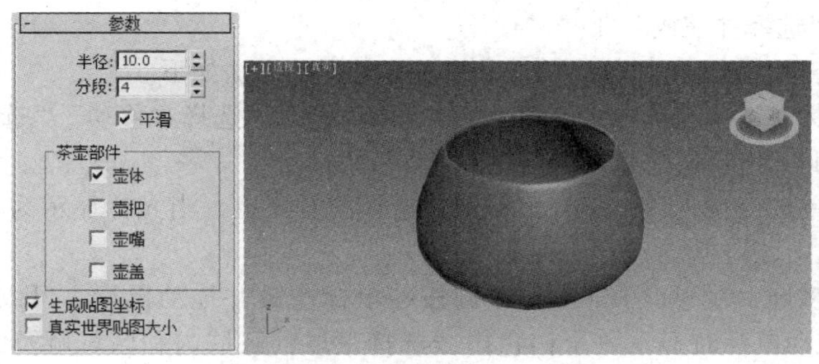

图 2-11　设置第二个茶壶参数

图 2-12　最终对比效果图

2.3　选择对象

3ds Max 中，要对场景中创建完成的对象进行再次编辑，必须先在视口中选定对象，才可以进行各种编辑操作。选择对象的方法包括使用鼠标选择、按名称选择、使用选择过滤器选择等。选择工具在主工具栏上，长按带小三角的按钮可将其隐藏工具按钮显示出来。如图 2-13 所示。

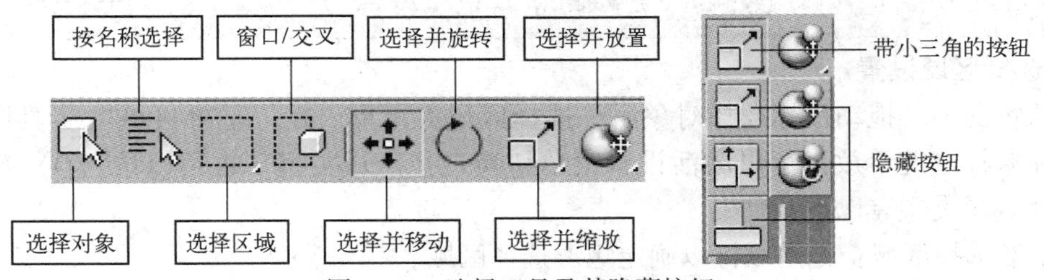

图 2-13　选择工具及其隐藏按钮

2.3.1　对象的选择方法

对象的选择有多种方法，配合相应设置，可以满足制图过程中各种对象的选择和取消选择，下面对 3ds Max 中选择对象的操作方法进行介绍。

1. 使用鼠标选择

使用鼠标选择对象时，可以使用工具栏上的“选择对象”“选择并移动”“选择并旋转”“选择并缩放”中的一个进行选择。其中，“选择对象”工具只能单纯进行选择，而其他的四个工具可以同时实现选择和移动等编辑操作，在本章第 4 节中将详细介绍“选择并移动”

“选择并旋转”“选择并缩放”工具的使用。

使用鼠标选择对象又可以分为单选和多选，选择的方法如下。

1）使用鼠标左键单击选择工具栏上的“选择对象”“选择并移动”“选择并旋转”“选择并缩放”中的一个选择工具。

2）如果要单选，在视口中将光标移到要选择的对象上，当光标显示为十字形时，单击鼠标左键可以选中该对象。

3）如果要多选，在视口中非对象区域按住鼠标左键并拖动鼠标，可以选择多个对象。默认情况下，拖动鼠标时显示一个白色虚线选择区域，区域内和区域触及的所有对象均被选中。

- 在默认情况下，选中的对象在顶、前、左视口中显示为白色线框，如图 2-14 所示。在透视视口中，被选中的对象周围会出现蓝色加亮边缘，如图 2-15 所示。

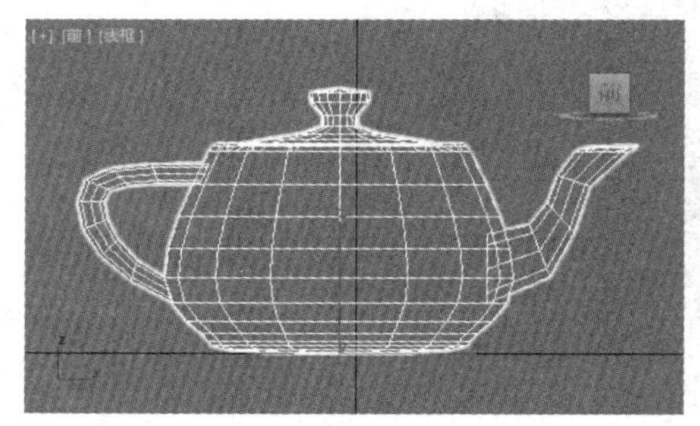

图 2-14　被选中的线框模式对象

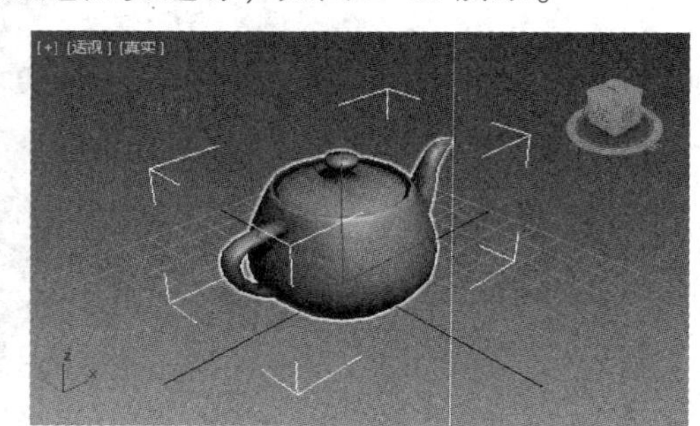

图 2-15　被选中的真实模式对象

知识拓展

3ds Max 2016 中，在选择工具激活状态下，当鼠标移动到未被选择的对象上时，对象会出现黄色加亮边缘，当对象被选中时，会出现蓝色加亮边缘。想要取消这种显示，可以选择“自定义”|“首选项”菜单命令，打开“首选项”对话框，在“视口”选项卡中取消勾选“选择/预览亮显”复选框。

2. 选择区域设置

默认情况下，拖动鼠标选择对象时，选择区域为矩形。在“选择区域”工具图标小三角处按住鼠标左键不放，可以激活设置菜单切换选择区域类型。也可以按〈Q〉键进行切换。选择区域类型有以下几种。

- 矩形选择区域：拖动鼠标以确定矩形选择区域。
- 圆形选择区域：拖动鼠标以确定圆形选择区域。
- 围栏选择区域：通过交替使用鼠标移动和单击（从拖动鼠标开始）操作，可以确定一个不规则的选择区域。
- 套索选择区域：拖动鼠标以确定一个不规则选择区域。
- 绘制选择区域：在对象或子对象之上拖动鼠标，以便将其纳入到所选范围之内。

3. 窗口/交叉

默认情况下，拖动鼠标多选对象时，区域内和区域触及的所有对象均被选中。“窗口/交叉”选项用于指定多个对象选择时是否包括选择区域所触及的对象，适用于所有区域类型。使用鼠标左键单击“窗口/交叉”图标即可进行切换。“窗口/交叉”选项的属性如下。

- 交叉：选择位于区域内并与区域边界交叉的所有对象，这是默认区域。
- 窗口：只选择完全位于区域之内的对象。

4. 常用的选择快捷操作

在实际应用过程中，为了提高工作效率，还会经常使用一些快捷操作。这些快捷操作同时适用于单选和多选。

- 选择全部对象：按〈Ctrl+A〉组合键选择场景中的所有对象。
- 反选当前选择：按〈Ctrl+I〉组合键取消对当前选择对象的选中状态，反向选择其余对象。
- 取消选择：在当前选择以外的任意空白区域单击或按〈Ctrl+D〉组合键取消全部对象的选中状态。
- 增加或减少选择：按〈Ctrl〉键的同时使用鼠标单击或框选对象，可以增加选择；按〈Alt〉键的同时使用鼠标单击或框选对象，可以减少选择。
- 锁定选择：单击状态栏上的“选择锁定切换”以启用锁定选择模式，对防止失误选择到非操作对象非常有用。锁定选择时，可以在屏幕上任意拖动鼠标，而不会丢失该选择。如果要取消选择或改变选择，可以再次单击“选择锁定切换”按钮禁用锁定选择模式。空格键是锁定选择模式的快捷键。

5. 按名称选择

当场景中的对象比较多或发生重叠时，使用“按名称选择”工具按钮或按〈H〉键，弹出“从场景选择”对话框在列表中按名称选择对象。

6. 使用选择过滤器选择

默认情况下，可以选择所有类别的对象。但是，对象比较多且重叠比较严重时，要选择处于隐蔽位置的对象，如灯光，就显得比较困难了。可以使用“选择过滤器”设置特定类别对象完成选择。在“选择过滤器”下拉列表中选择类别，完成特定对象类型。

> **知识拓展**
>
> 一旦设置了选择过滤器，选择范围就被限定于该类别中。该设置将一直有效，直到重新设置选择过滤器。

2.3.2 创建组

3ds Max 中，当两个以上对象组成一个物体模型时，为了方便编辑和管理，可用“成组”命令将多个对象组成一个组，并为组命名，然后就可以像处理单个对象一样对组进行处理，如统一选择、统一移动、统一缩放变换、统一旋转等。组可以包含其他组，包含的层次不限。

图 2-16 “组”对话框

定义组的操作步骤如下。

STEP① 选择两个以上对象。

STEP② 选择“组”|“成组”菜单命令，出现如图 2-16 所示的对话框。

STEP③ 输入该组的名称，单击“确定”按钮，多个对象将被创建成组，选中该组，可对组内所有对象进行统一操作。

2.3.3 选择集

选择集用来在场景中组织对象，它允许为一组对象的集合指定一个名字。当定义选择集后，就可以通过一次操作选择一组对象。

定义选择集的操作步骤如下。

STEP① 选择一个或多个对象或子对象。

STEP② 单击主工具栏中的“命名选择”工具。

STEP③ 输入命名选择集的名称，该名称可以包含任意标准的 ASCII 字符，其中包括字母、数字、符号、标点和空格，注意名称区分大小写。

STEP④ 按〈Enter〉键完成选择集定义。

2.4 对象的变换

对象的变换包括对象的移动、旋转和缩放，这三项操作基本上在每一次建模中都会用到，是建模操作的基础。

2.4.1 坐标系的变换

“参考坐标系”下拉列表框可以用来指定变换（如移动、旋转、缩放等）所使用的坐标系，包括“视图”“屏幕”“世界”“父对象”“局部”“万向”“栅格”“工作”和“拾取”，如图 2-17 所示。

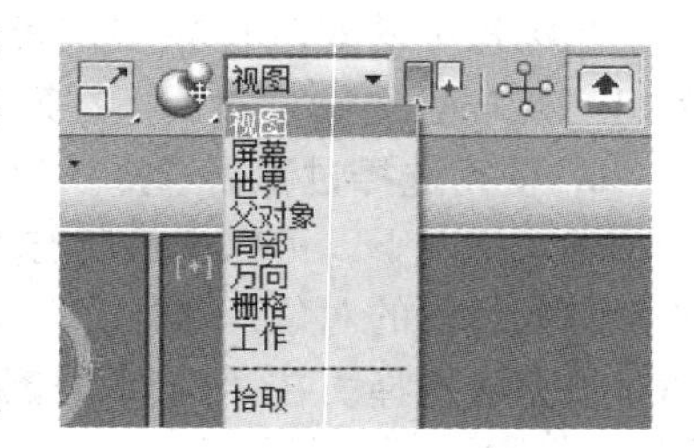

图 2-17 参考坐标系

- 视图：在默认的“视图”坐标系中，所有正交视口中的 X、Y 和 Z 轴都相同。使用该坐标系移动对象时，会相对于视口空间移动对象。X 轴始终朝右，Y 轴始终朝上，Z 轴始终垂直于屏幕指向用户，如图 2-18a 所示。
- 屏幕：将活动视口屏幕用作坐标系。X 轴为水平方向，正向朝右；Y 轴为垂直方向，正向朝上；Z 轴为深度方向，正向指向用户。
- 世界：使用世界坐标系。从正面看，X 轴正向朝右，Z 轴正向朝上，Y 轴正向指向背离用户的方向。“世界”坐标系始终固定。
- 父对象：使用选定对象的父对象的坐标系。如果对象未链接至特定对象，则其为世界坐标系的子对象，其父坐标系与世界坐标系相同。
- 局部：使用选定对象的坐标系。对象的局部坐标系由其轴点支撑。使用“层次”面板上的选项，可以相对于对象调整局部坐标系的位置和方向。图 2-18b 所示为局部坐标系。
- 万向：万向坐标系与 Euler XYZ 旋转控制器一同使用。它与局部坐标系类似，但其三条旋转轴两两之间不一定成直角。
- 栅格：使用活动栅格的坐标系。
- 工作：使用工作轴坐标系。
- 拾取：使用场景中另一个对象的坐标系。

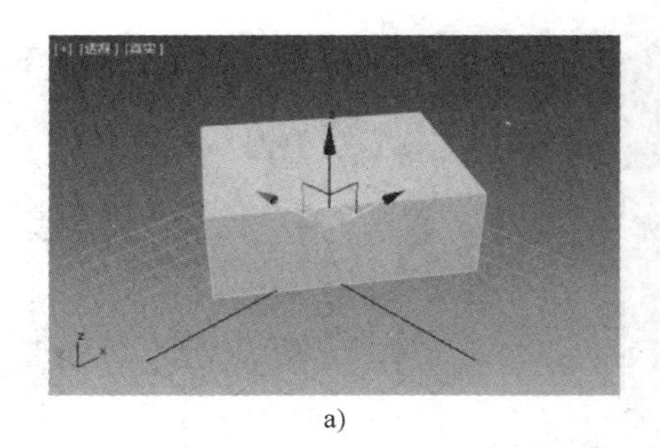

a)

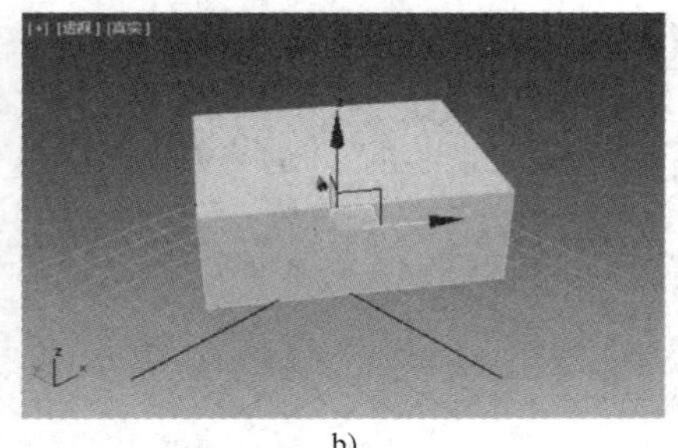

b)

图 2-18　视图坐标系与局部坐标系

a）视图坐标系　b）局部坐标系

2.4.2　对象轴心点的变换

轴点中心工具用于变换对象的轴心点。轴点中心工具位于主工具栏中，包含“使用轴点中心”工具、“使用选择中心”工具和“使用变换坐标中心”工具三种，如图 2-19 所示。

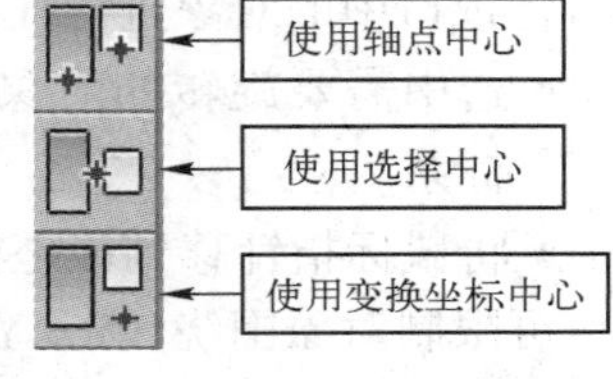

图 2-19　“轴点中心”工具

- 使用轴点中心：该工具可以围绕其各自的轴点旋转或缩放一个或多个对象。
- 使用选择中心：该工具可以围绕其共同的几何中心旋转或缩放一个或多个对象。如果变换多个对象，该工具会计算所有对象的平均几何中心，并将该几何中心作为变换中心。
- 使用变换坐标中心：该工具可以围绕当前坐标系的中心旋转或缩放一个或多个对象。当使用“拾取”功能将其他对象指定为坐标系时，其坐标中心在该对象轴的位置上。

知识拓展

进行多对象同时变换时，变换工具与“轴点中心”工具结合使用，可以得到不同的缩放效果。例如，用“使用轴点中心”工具进行缩放，可使对象大小变化，但相对位置不变；用“使用选择中心”工具进行缩放时，可使对象大小及相对位置均发生变化。

2.4.3　对象的移动、旋转和缩放变换

基本的变换命令是更改对象的位置、旋转或缩放的最直接方式。这些命令位于默认的主工具栏上。在视图区中单击右键，在弹出的四元菜单中也能看到这些命令，如图 2-20 所示。

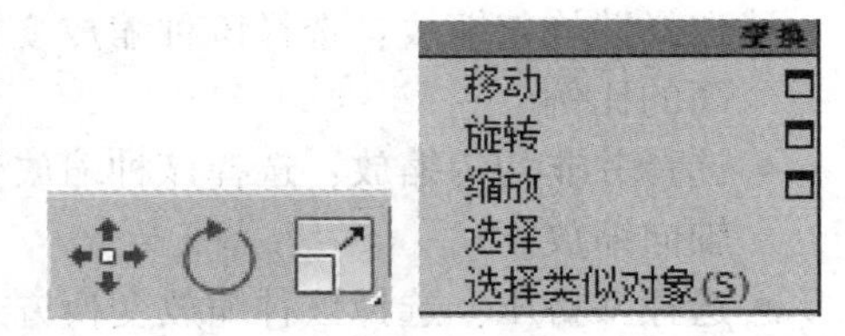

图 2-20　移动、旋转和缩放命令

1. 选择并移动

将视口中的对象进行任意移动的方法如下。

STEP① 选中需要移动的对象，单击“选择并移动”按钮，此时显示出对象的移动变换坐标系。

STEP② 将鼠标指针移到该坐标系的相应轴上，该轴就会呈亮黄色，再按住鼠标左键拖动即可使对象沿该轴向自由移动，如图 2-21a 所示。

STEP③ 若将鼠标指针移到坐标系的原点附近，就会有相应的平面呈亮黄色，此时按住鼠标左键拖动即可使对象沿该平面自由移动，如图 2-21b 所示。

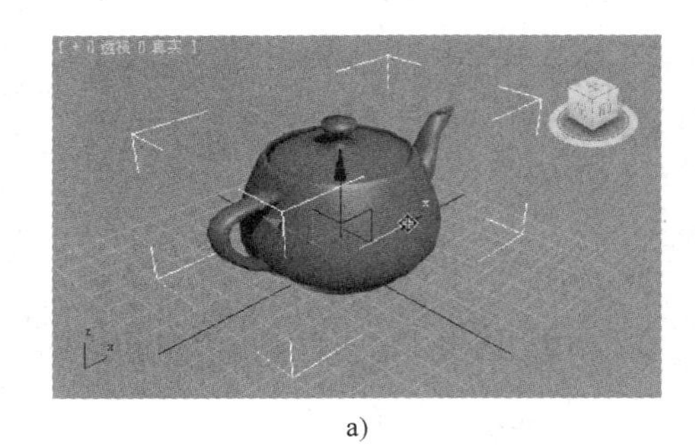
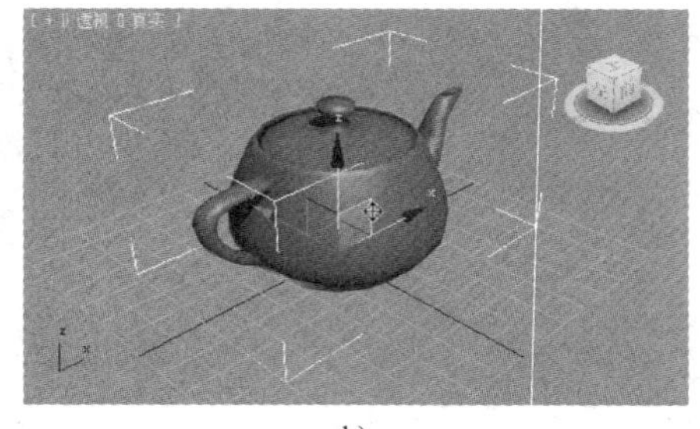

a)　　　　　　　　　　b)

图 2-21　沿轴移动和沿平面移动

a）沿轴移动　b）沿平面移动

2. 选择并旋转

默认情况下，在 3ds Max 视口中直接创建的各种几何体和二维图形都只能是水平和垂直摆放的，若需要将这些对象进行特殊角度的摆放，则可利用旋转工具。

将视口中的对象进行任意旋转的方法如下。

- 选中需要旋转的对象，通过单击“选择并旋转”按钮，显示出对象的旋转变换坐标系。
- 将鼠标指针移到该坐标系的相应轴上，可使对象围绕选定轴进行旋转。

可限制对象围绕 XY、YZ 或 XZ 轴向进行旋转。例如，右击主工具栏，在弹出的快捷菜单中选择“轴约束”命令，单击“轴约束”面板中的“XY”按钮。选择“移动变换”工具，并将鼠标指针移动到对象的“变换 Gizmo”中间部分进行拖动，可将对象限制在 XY 轴向进行旋转，如图 2-22 所示。

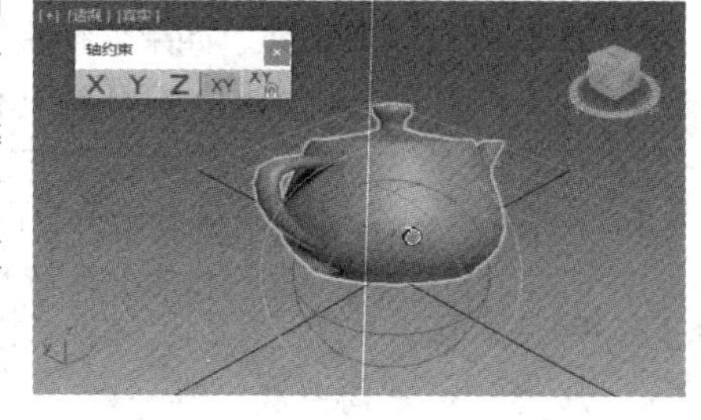

图 2-22　轴约束

3. 选择并缩放

创建好模型后，如需要将对象按一定的比例缩小，但不想改变对象的原始尺寸值，可使用“选择并缩放”工具，或者按〈R〉键。

在工具栏中用鼠标左键按住“选择并缩放”按钮不放，在弹出的下拉列表中依次为：“选择并均匀缩放”“选择并非均匀缩放”“选择并挤压”。三种缩放变换方式的含义如下。

- 选择并均匀缩放：选择该种缩放变换方式对对象进行缩放时，不会改变对象长、宽、高的比例。
- 选择并非均匀缩放：选择该种缩放变换方式对对象进行缩放时，对象将沿着所选轴的轴向缩放。
- 选择并挤压：选择该种缩放变换方式对对象进行缩放时，对象体积不会发生变化，若在某个轴向上对对象进行放大，对象将会在其他的轴向上缩小。

变换命令可在四元菜单中找到，在活动视口中单击鼠标右键，显示四元菜单，使用四元菜单可激活多数命令。

2.4.4　阵列、对齐和镜像命令

1. 阵列

利用“阵列”命令，可快速创建出被选择对象的多个复制对象，并可以设置复制的方

式以及复制对象之间的间距、角度、大小比例等。

小试身手——移动阵列制作魔方

03 移动阵列制作魔方

下面将使用“阵列”命令中的移动阵列方式制作一个魔方，具体操作如下。

STEP 1 在透视视图创建一个长、宽、高均为 10 mm 的正方体，参数设置及效果如图 2-23 所示。

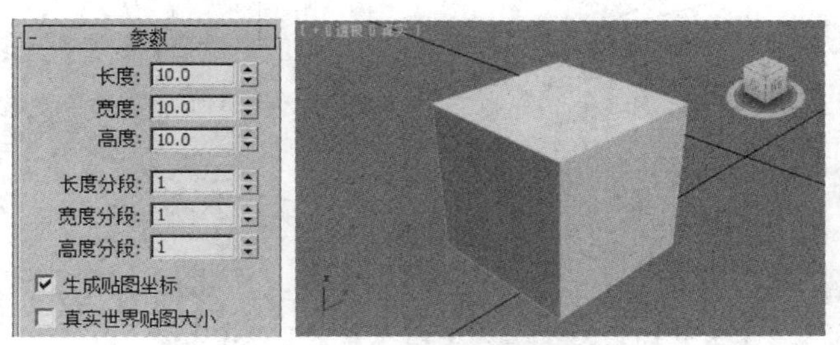

图 2-23　创建正方体

STEP 2 选择“工具”|“阵列”菜单命令，弹出“阵列”对话框。

STEP 3 在“阵列变换：屏幕坐标（使用轴点中心）”选项组中，将“增量”中的“X”设置为 11，即在 X 轴方向上每移动 11 个长度单位，复制一个正方体。在“阵列维度”选项组中，将“1D”的数量设置为 3。将“2D”的数量设置为 3，同时将该行 Y 轴“增量行偏移”设为 11。将“3D”的数量设置为“3”，同时将该行 Z 轴“增量行偏移”设置为 11，以 X、Y、Z 三个维度进行阵列，如图 2-24 所示。

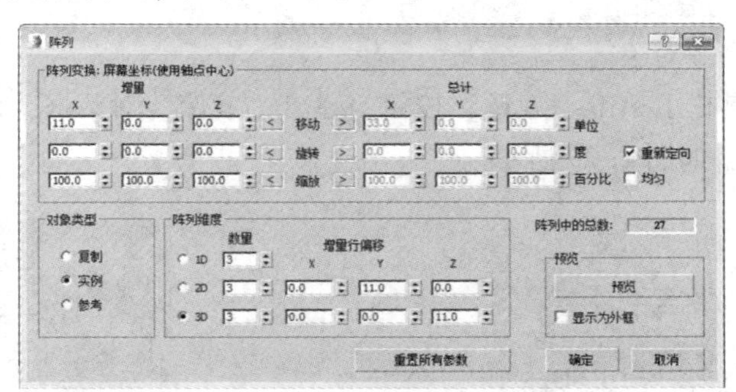

图 2-24　“阵列”对话框

STEP 4 单击“确定”按钮，将显示魔方造型，如图 2-25 所示。

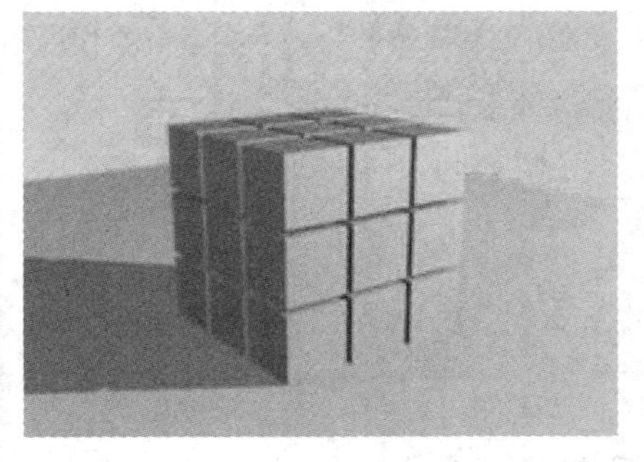

图 2-25　“移动阵列制作魔方”场景

知识拓展

按照“增量”进行阵列时，阵列出的对象之间的距离是固定值，随着阵列数量的增加，阵列出的对象所占空间将会加大。按照“总计”进行阵列时，阵列出的对象所占空间大小固定，随着阵列数量增加，物体之间的距离将会缩短。

2. 对齐

在对对象进行变换时，经常需要调整两个对象之间的位置，如将两个对象沿其表面对齐、使其呈中心对齐等。使用“对齐”工具可以使两个对象按照不同的轴向进行对齐。主工具栏上“对齐”按钮如图 2-26 所示，“对齐”当前选择对话框如图 2-27 所示。

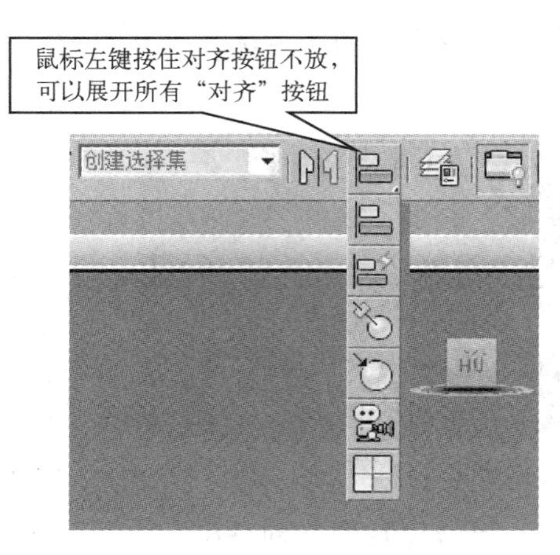

图 2-26 “对齐”按钮

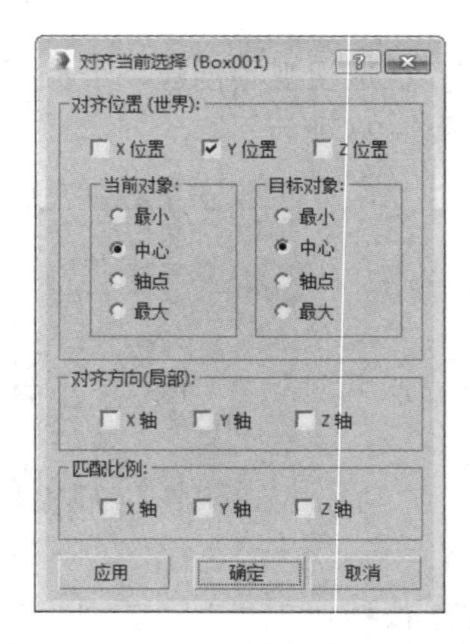

图 2-27 “对齐当前选择”对话框

3. 镜像

利用“镜像”工具可以使选定对象在 X、Y、Z 三个轴向上进行镜像变换。使用“镜像”工具还可以制作形状对称的模型，如图 2-28 所示。

镜像工具的使用方法如下。

STEP① 选择一个源对象。

STEP② 在主工具栏上单击“镜像”按钮，弹出“镜像”对话框，设置对话框中的镜像参数，单击“确定”，如图 2-29 所示。

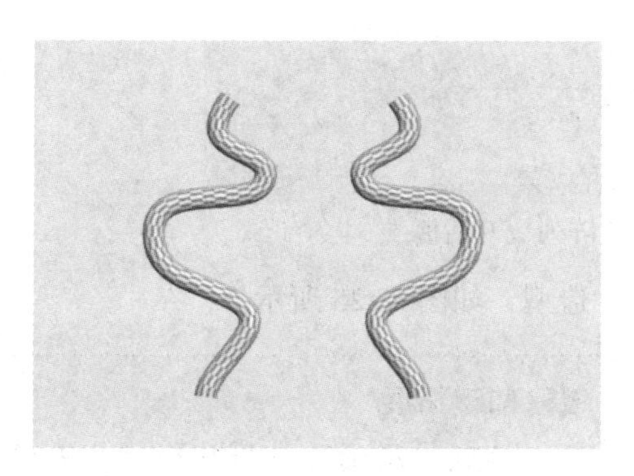

图 2-28 镜像物体

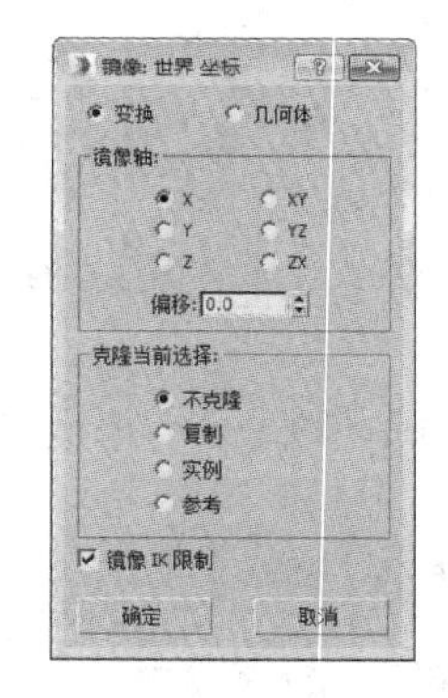

图 2-29 “镜像”对话框

2.5 对象的准确变换

使用鼠标对操作对象进行手动变换时，对象不易获得准确定位，此时需要通过一些工具来配合变换工具进行操作。准确制图常用的定位方法是通过键盘输入变换数值以及对象捕捉。

2.5.1 变换数值的键盘输入

3ds Max 能够很好地支持键盘输入功能，通过键盘输入能够准确地确定场景中对象的位置、旋转角度、缩放比例等。

键盘输入有以下两种操作方法。

1）通过在主工具栏中右击“选择并移动”按钮、“选择并旋转”按钮、“选择并缩放”按钮，可以分别打开如下对话框：

- “移动变换输入”对话框，如图 2-30 所示。
- “旋转变换输入”对话框，如图 2-31 所示。
- “缩放变换输入”对话框，如图 2-32 所示。

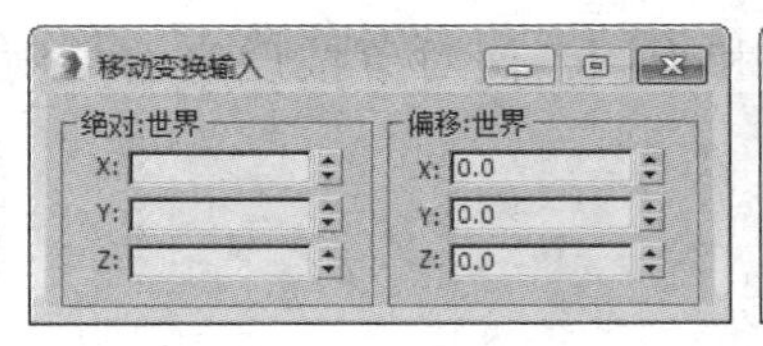

图 2-30 “移动变换输入”对话框

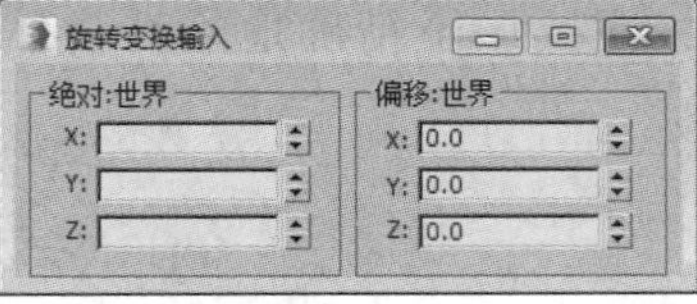

图 2-31 “旋转变换输入”对话框

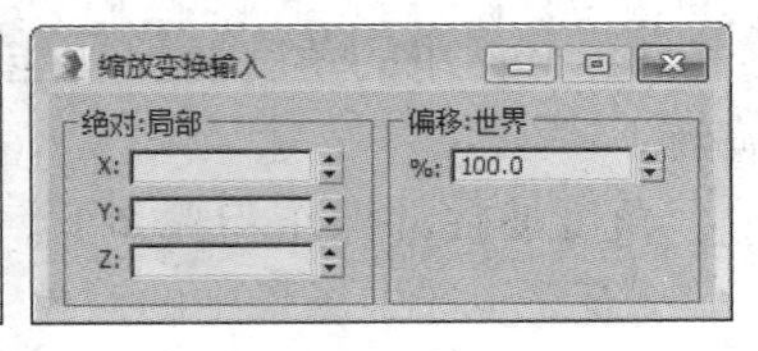

图 2-32 “缩放变换输入”对话框

在对话框中输入 X、Y、Z 的数值并按〈Enter〉键，即可得到相应变换结果。

在上述对话框中，有两种表示坐标的方式。

- 绝对：表示对象的绝对坐标，须考虑对象现在的位置，输入当前位置与移动数值的和。
- 偏移：表示对象的相对坐标，不考虑对象现在的位置，输入从当前位置需要移动的数值。

2）通过在状态栏中输入 X、Y、Z 的数值移动选中对象的位置。单击“绝对/相对模式切换”按钮切换绝对变换模式和相对变换模式，如图 2-33 所示。

图 2-33 绝对变换模式与相对变换模式

2.5.2 对象捕捉

3ds Max 提供了更加精确地创建和移动对象的功能，使用捕捉功能可以精确地将对象放置到任何地方。右击“捕捉”按钮，如图 2-34 所示，弹出“栅格和捕捉设置”对话框，可以设置捕捉参数，如图 2-35 所示。

- 2D 捕捉：只能捕捉活动栅格以及该栅格平面上的任何对象，适用于顶视图、前视图和左视图。
- 2.5D 捕捉：只能捕捉活动栅格上对象投影的顶点或边缘。
- 3D 捕捉：可以捕捉到三维空间中的任何对象。

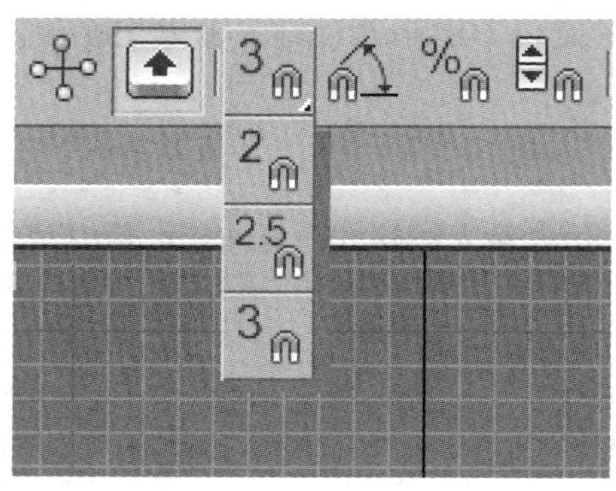

图 2-34 “捕捉”按钮

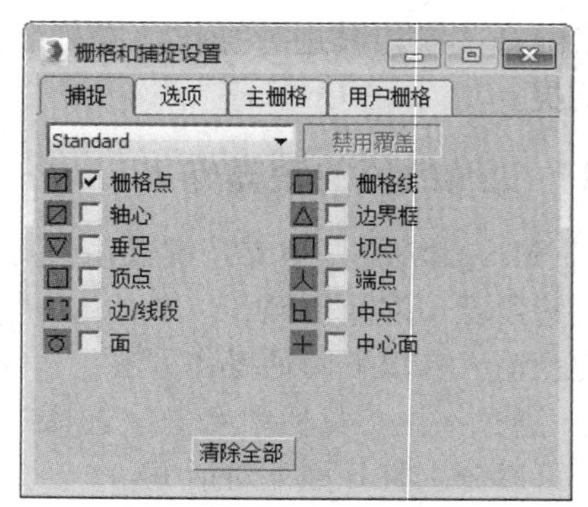

图 2-35 栅格和捕捉设置

2.5.3 角度捕捉

3ds Max 中的角度捕捉功能，主要用于精确地旋转物体和视图，使对象按设定的角度旋转。

角度捕捉的操作步骤如下。

STEP① 选中场景中的对象。

STEP② 单击主工具栏中的“角度捕捉切换”按钮 ，或者按〈A〉键。

STEP③ 进行角度捕捉设置，右击主工具栏上的“角度捕捉切换”按钮，在弹出的“栅格和捕捉设置”对话框的“选项”选项卡中设置角度数值，默认增量为 5°。

2.5.4 百分比捕捉

3ds Max 中的百分比捕捉功能，主要用于设置缩放或挤压操作时的百分比例间隔。

百分比捕捉的操作步骤如下。

STEP① 选中场景中的对象。

STEP② 单击主工具栏中的“百分比捕捉切换”按钮，或者按〈Ctrl+Shift+P〉组合键。

STEP③ 进行百分比捕捉设置，右击主工具栏上的“百分比捕捉切换”按钮，在弹出的“栅格和捕捉设置”对话框的“选项”选项卡中设置百分比数值，默认设置为 10%。

小试身手——捕捉变换制作多通管道

04 多通管道

具体操作步骤如下。

STEP① 打开素材文件“场景和素材\第 02 章\管道. max”，右击主工具栏上的任意一个捕捉按钮，弹出“栅格和捕捉设置”对话框，在“捕捉”选项卡中，勾选“顶点”复选项，如图 2-36 所示。在“选项”选项卡中，设置“角度”为 90°，百分比为 50%，勾选“启用轴约束”复选框，如图 2-37 所示。

STEP② 单击“角度捕捉切换”按钮或按〈A〉键 ，打开“角度捕捉”开关，单击主工具栏上的“选择并旋转”按钮 ，在前视图选中管状体 Tube001，按住〈Shift〉键的同时拖动对象绕 *Z* 轴逆时针旋转 90°，松开鼠标，旋转复制一个管状体 Tube002，如图 2-38 所示。

STEP③ 在前视图中选中管状体 Tube002，用鼠标左键长按“捕捉开关”，选择 2. 5D 捕捉，或按〈S〉键，打开“捕捉开关”。按〈W〉键，切换到“选择并移动”工具。使用鼠标将管状体 Tube002 捕捉移动到如图 2-39 所示的位置。

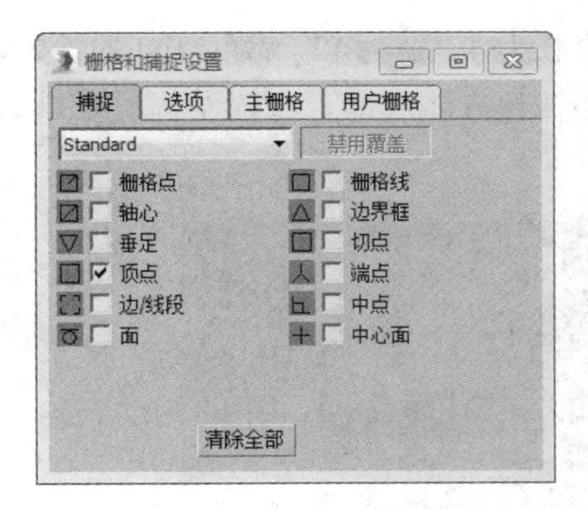

图 2-36 “顶点”捕捉

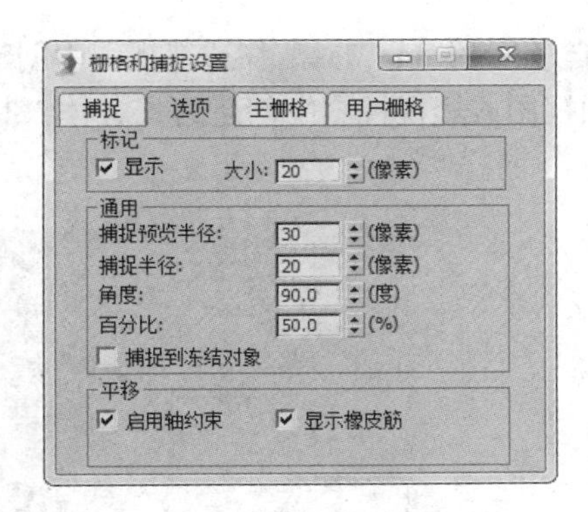

图 2-37 捕捉“角度”设置

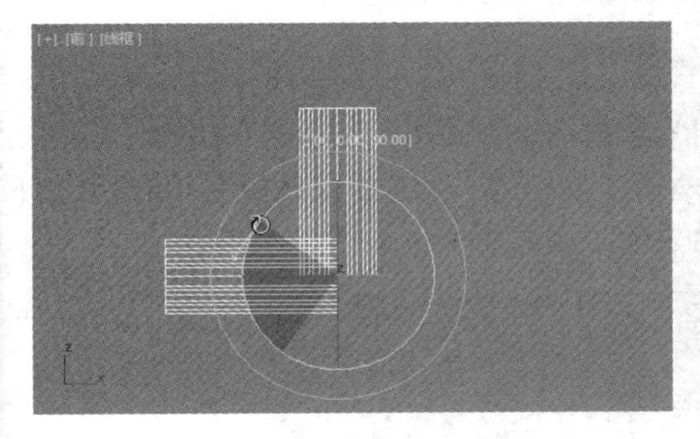

图 2-38 角度捕捉复制管状体

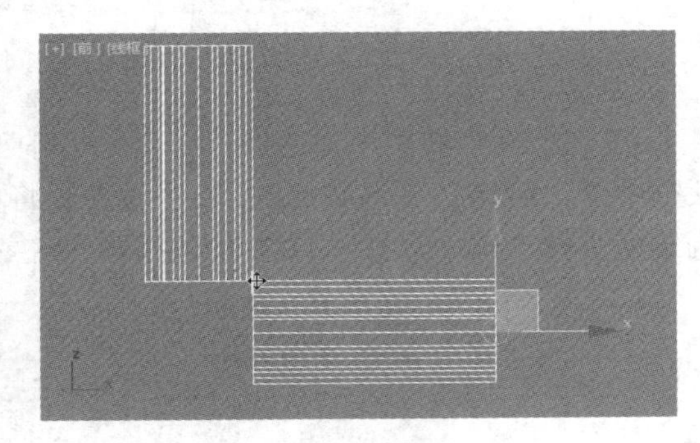

图 2-39 捕捉移动管状体

STEP 4 在顶视图中选中 Tube001，按〈E〉键切换到“选择并旋转”工具。按住〈Shift〉键的同时，拖动对象绕 X 轴旋转 90°，松开鼠标，复制出管状体 Tube003。如图 2-40 所示。

STEP 5 先按〈R〉键切换到“选择并缩放”工具，再按〈Ctrl+Shift+P〉组合键打开“百分比捕捉”，在透视视图中，将 Tube003 放大 50%，并移动至合适位置。按〈A〉键关闭角度捕捉开关。最终效果如图 2-41 所示。

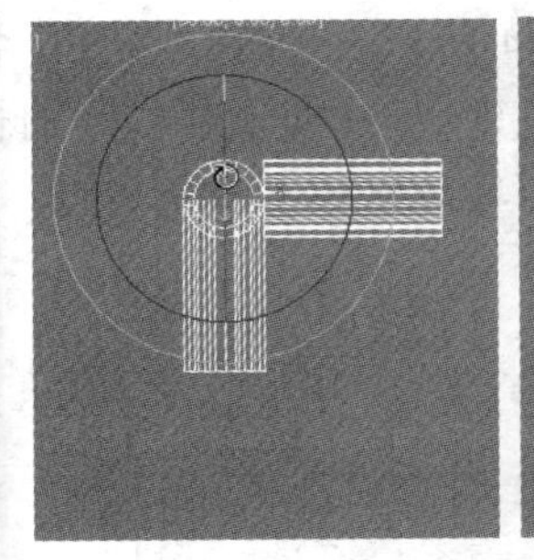
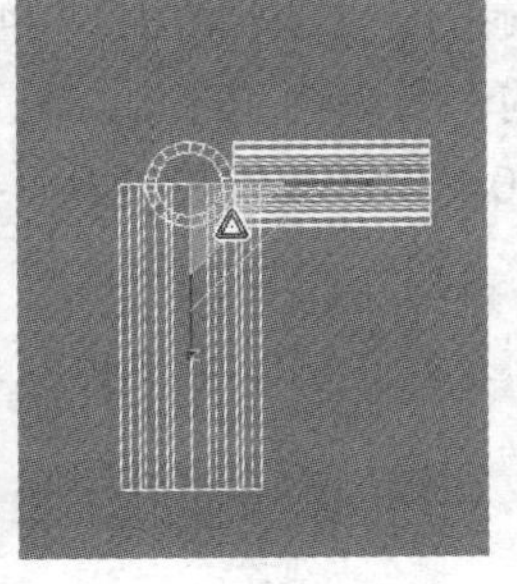

图 2-40 第三根管道复制及放大

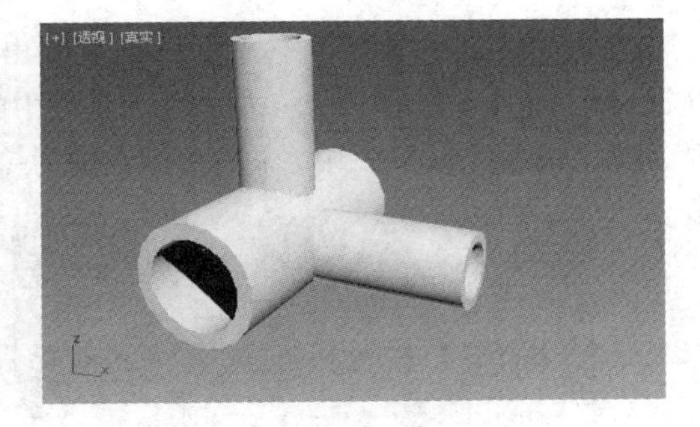

图 2-41 多通管道效果

2.6 课堂练习——制作扇形

05 制作扇形

下面将通过旋转阵列功能，制作一个扇形效果，具体操作步骤如下。

STEP 1 重置 3ds Max。在透视视图中创建一个长为 4、宽为 12、高为 160 的长方体作为扇骨。在顶视图或透视视图中创建的长方体，其轴心在长方体底部。参数设置及效果如图 2-42 所示。

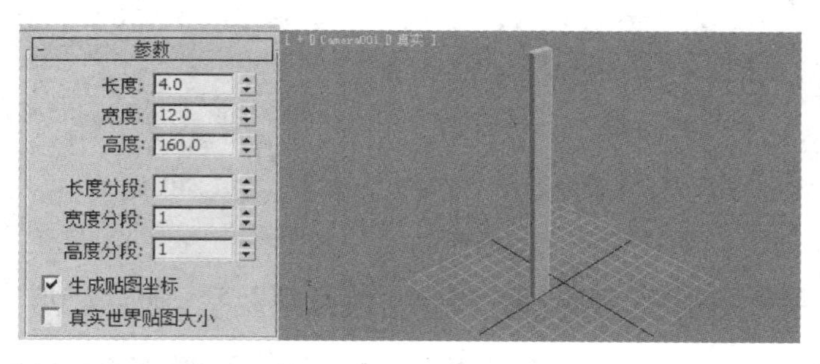

图 2-42　长方体扇骨

STEP 2 在前视图中，选择“工具”|“阵列”菜单命令，弹出“阵列”对话框。单击对话框中部“旋转”标签右侧的“>”按钮，将“总计”中的“Z”参数设置为 170。在“阵列维度”选项组中选择“1D”单选按钮，将“数量”设置为 18，如图 2-43 所示。

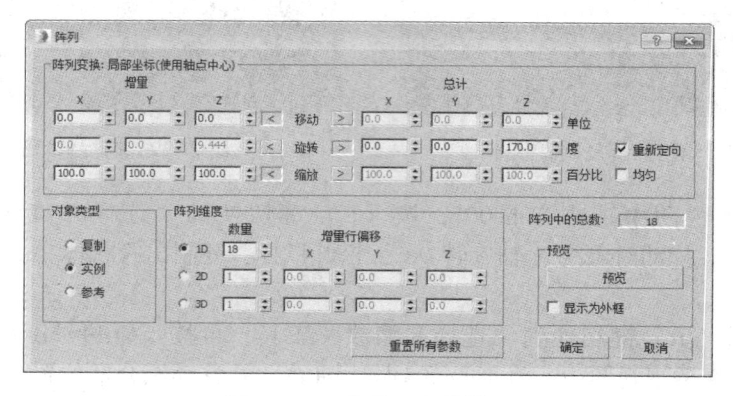

图 2-43　“阵列”参数设置

STEP 3 单击“确定”按钮，阵列复制出扇形，效果如图 2-44 所示。选择前视图，按〈Ctrl+A〉键选中所有扇骨，右击主工具栏中的“旋转”按钮，弹出“旋转变换输入”对话框，在“偏移：世界”中，将“Z”设置为-80，如图 2-45 所示，按〈Enter〉键。

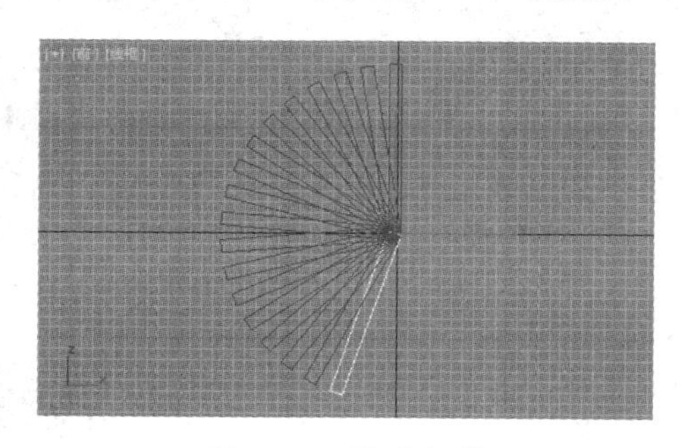

图 2-44　阵列扇形

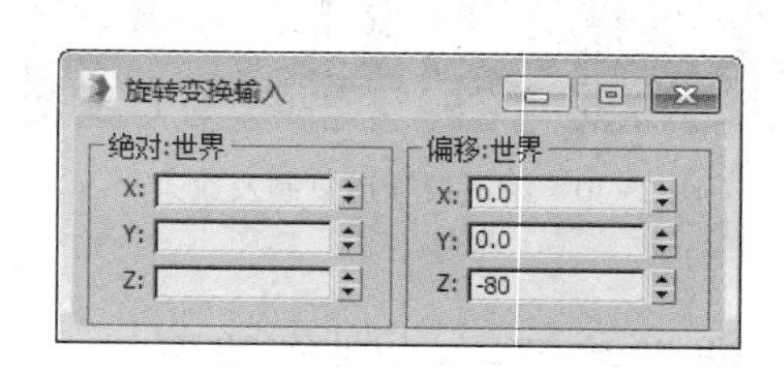

图 2-45　设置旋转参数

STEP 4 扇形最终效果如图 2-46 所示。

图 2-46　扇形效果

强化训练

本章介绍了文件的打开、保存与调用的方法和操作步骤；并简明扼要地介绍了创建、修改和选择对象的工具及命令；介绍了变换坐标系和变换中心的操作，介绍了对象的移动、旋转和缩放变换和对象的陈列、对齐和镜像命令，介绍了捕捉变换操作。熟练掌握本章内容对后续学习和操作是必不可少的，在此列举两个本章知识的习题，以供读者参考。

1. 合并模型

06 合并模型

利用配套资源中提供的模型，进行合并，制作如图 2-50 所示的效果。

STEP① 打开素材文件“场景和素材\第 02 章”中的“桌子 . max” 文件。

STEP② 选择“导入”|“合并”菜单命令，弹出“合并”对话框，找到“场景和素材\第 02 章\花瓶 . max”并打开，弹出“合并-花瓶 . max”对话框，选择 Line01，将花瓶合并到场景中，如图 2-47 所示，合并后的效果如图 2-48 所示。

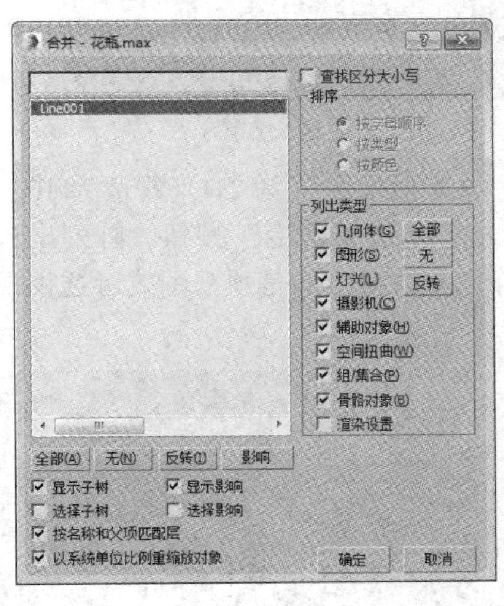

图 2-47 “合并-花瓶”对话框

图 2-48　花瓶合并后效果

STEP 3 按〈R〉键，使用“选择并缩放”工具对花瓶的大小进行调整，按〈W〉键，使用“选择并移动”工具对花瓶的位置进行调整，将其放在桌面上。调整后效果如图 2-49 所示。

STEP 4 使用上述方法将“场景和素材\第 02 章\茶壶. max”文件合并到当前文件中，并调整大小、位置及模型颜色，最终效果如图 2-50 所示。文件另存为“合并 . max”。

图 2-49　花瓶调整后效果

图 2-50　家具合并效果

2. 制作栏杆与台阶

利用本章所学知识制作“栏杆与台阶”模型。

07 制作栏杆和台阶

STEP 1 新建文件，选择“自定义”|“单位设置”菜单命令，将单位设置为“毫米”。

STEP 2 制作台阶。在透视视图中，创建“长方体”，长、宽、高分别设置为 2000 mm、300 mm、150 mm，参数设置如图 2-51 所示，效果如图 2-52 所示。

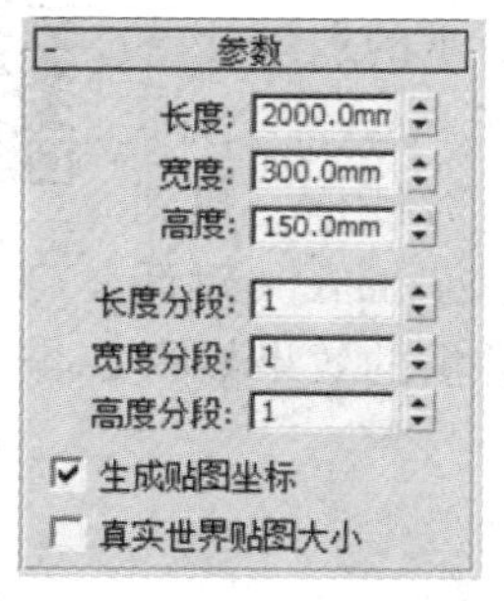

图 2-51　长方体台阶参数设置

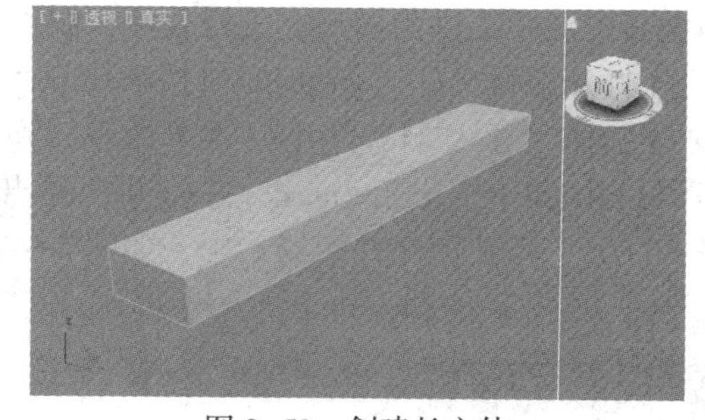

图 2-52　创建长方体

STEP 3 选择“工具”|“阵列”菜单命令，设置“阵列维度”为 2D，数量为 10，增量行偏移中 X 为-300 mm，Z 为 150 mm，如图 2-53 所示。单击“确定”按钮，阵列出台阶模型，效果如图 2-54所示。（注意：本步骤中给出的阵列参数对应的是顶视图或者透视视图中的操作。）

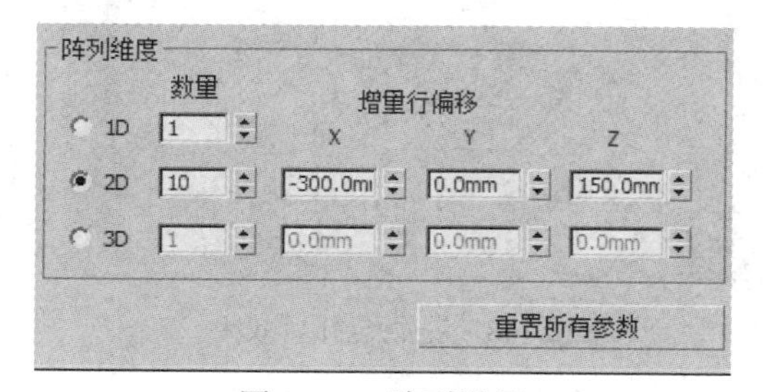

图 2-53　阵列设置

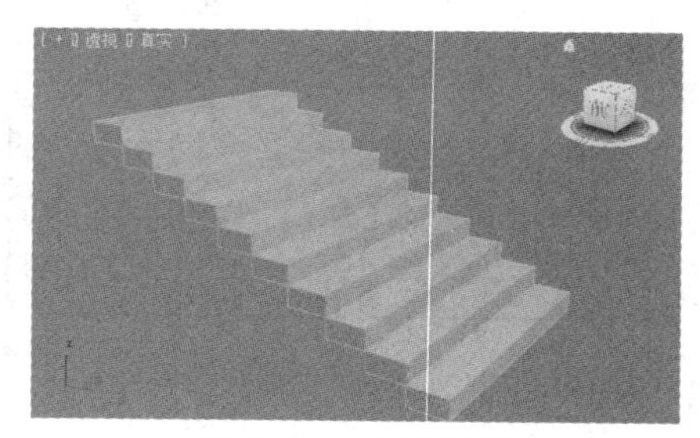

图 2-54　台阶效果

STEP 4 制作栏杆。在透视视图中，创建圆柱体作为栏杆支柱，参数设置如图 2-55 所示，栏杆支柱效果如图 2-56 所示。

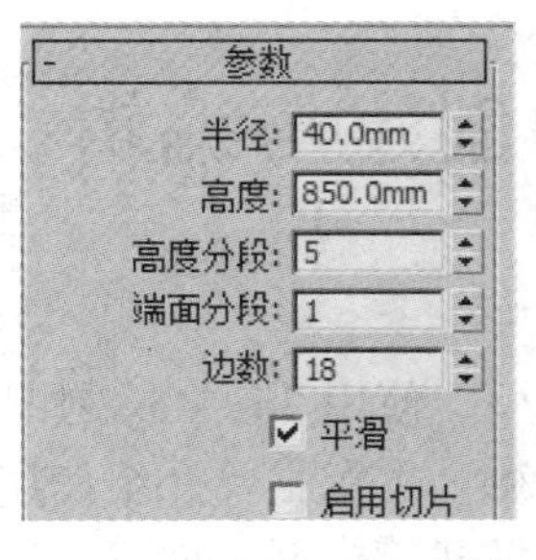

图 2-55　栏杆支柱参数

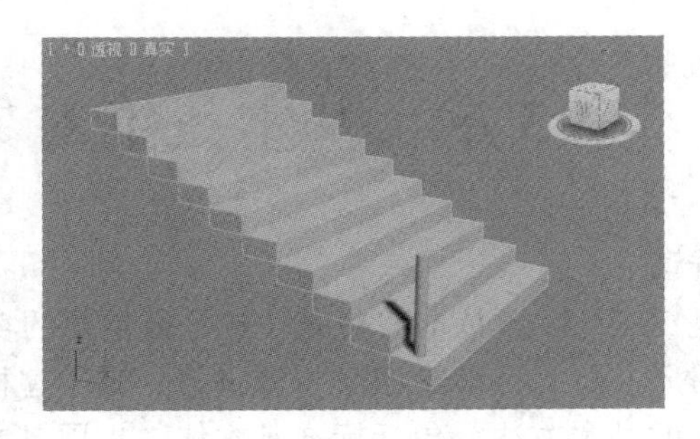

图 2-56　栏杆支柱效果

STEP 5 选中 Cylinder001，选择“工具”|“阵列”菜单命令，设置与图 2-53 所示相同。单击“确定”按钮，阵列出单侧栏杆支柱模型，效果如图 2-57 所示。

STEP 6 创建圆柱体作为栏杆扶手，参数设置如图 2-58 所示。对该圆柱体进行角度和位置调整，调整效果如图 2-59 所示。

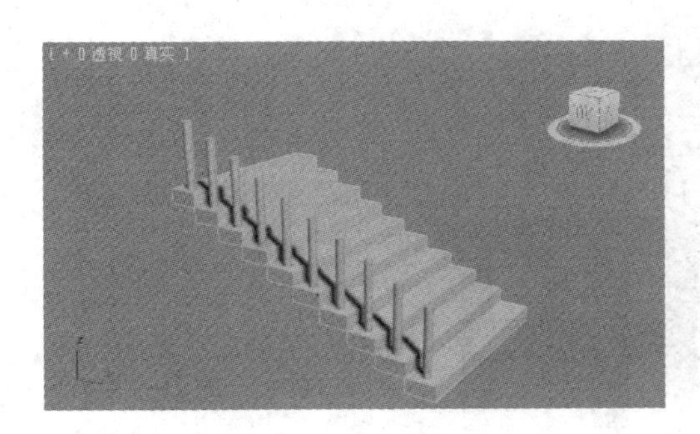

图 2-57　阵列栏杆支柱

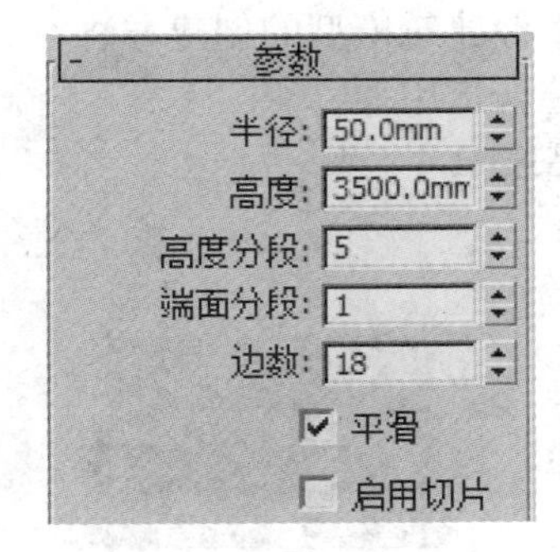

图 2-58　创建扶手杆

STEP 7 选中所有的圆柱体模型，将其组合，并命名为“栏杆”。按〈W〉键，切换到“选择并移动”工具，按住〈Shift〉键，同时使用鼠标拖动“栏杆”组，复制出另一边栏杆，调整栏杆位置。效果如图 2-60 所示。

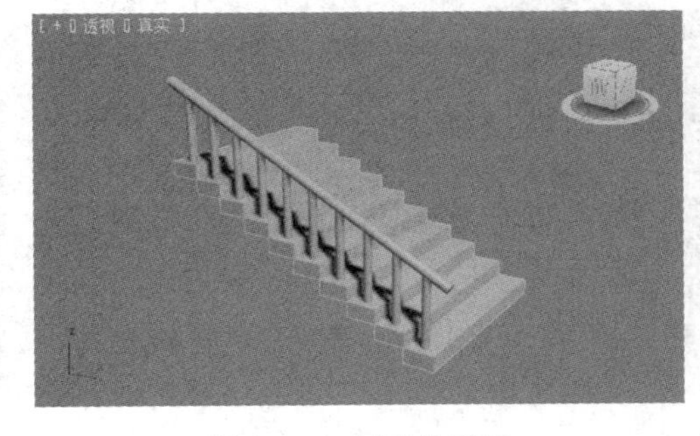

图 2-59　创建扶手杆

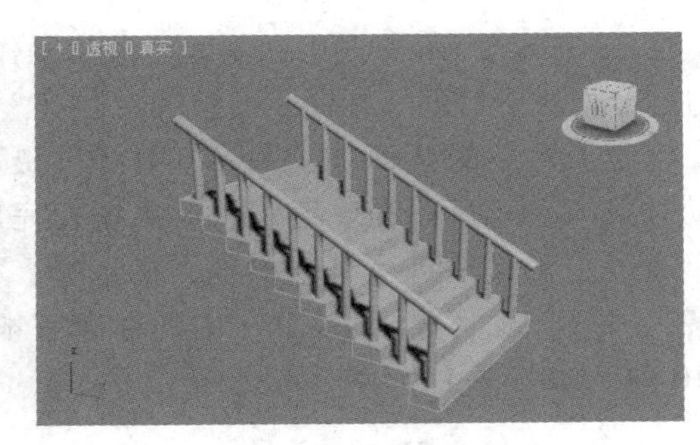

图 2-60　复制栏杆

第3章　基本三维对象的创建与编辑

内容导读

建模是3ds Max最基本的功能，也是最重要的功能之一。使用3ds Max制图时，通常按照建模、材质、灯光、渲染四个步骤进行，其中建模是基础。本章主要介绍使用3ds Max创建三维对象的基本方法，包括标准基本体、扩展基本体以及建筑模型的创建。其中标准基本体较为常用，很多复杂模型都是在标准基本体的基础上创建出来的，扩展基本体和建筑模型用的也比较多，在3ds Max建模中同样不可替代。

学习目标

✓ 掌握标准基本体的创建方法

✓ 掌握扩展基本体的创建方法

✓ 掌握建筑模型的创建方法

✓ 综合运用

作品展示

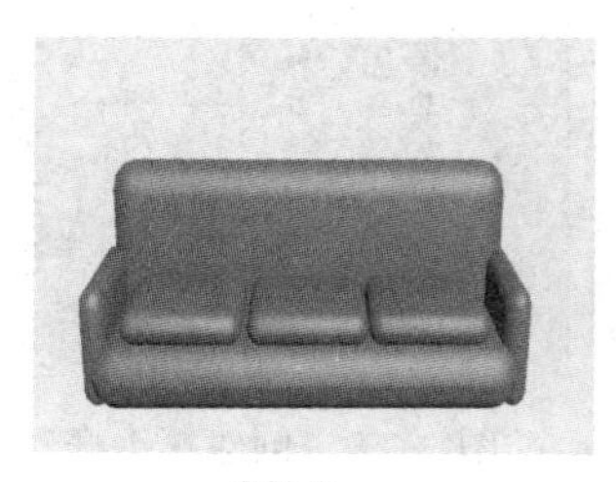

◎沙发

◎凳子

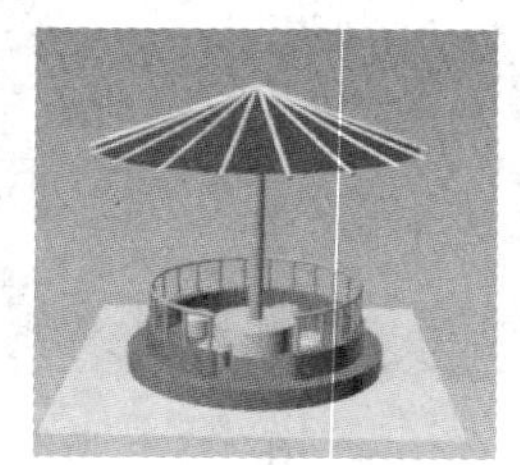

◎亭子

3.1　创建标准基本体

在3ds Max 2016界面中，创建对象的操作都是通过命令面板进行的。在命令面板的"创建"面板中，包含了常用的几何体、图形、灯光、摄影机、辅助对象、空间扭曲和系统等。对象创建完成后，可以通过主工具栏进行基本操作，如选择、移动、旋转、缩放、复制等。3ds Max中的标准基本体包含10种，如图3-1所示。

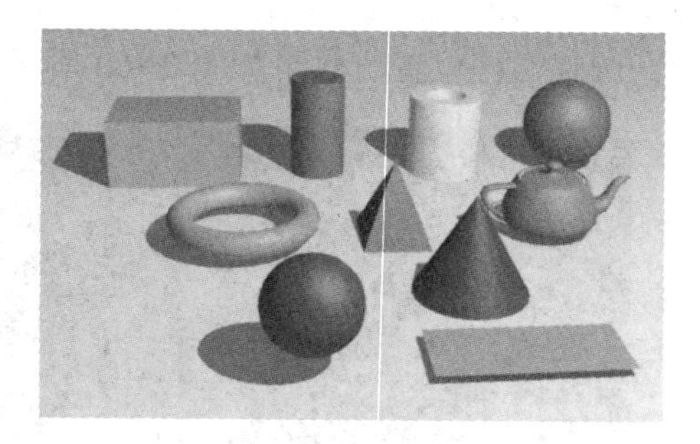

图3-1　十种标准基本体

3.1.1　创建长方体

"长方体"命令用于创建立方体以及各种尺寸的长方体。下面以创建一个长度为100 mm、高度为50 mm、宽度为50 mm的长方体为例，对"长方体"命令进行介绍。

具体操作步骤如下。

STEP 1 在“创建”面板中单击“长方体”按钮，在“创建方法”卷展栏中选择“长方体”单选按钮，如图 3-2 所示。

STEP 2 在透视图中的任意位置按下鼠标左键，确定长方体底面的第一角点，如图 3-3 所示。

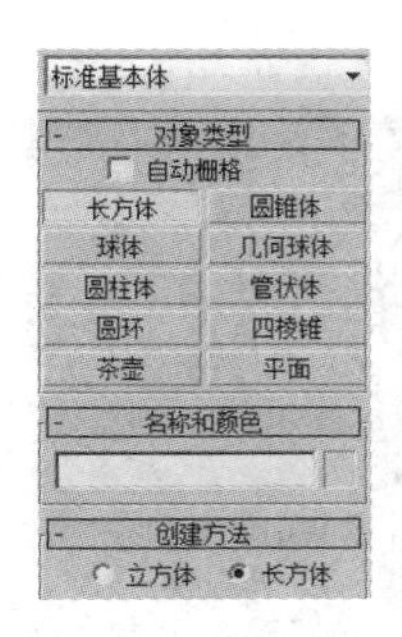

图 3-2 选择长方体

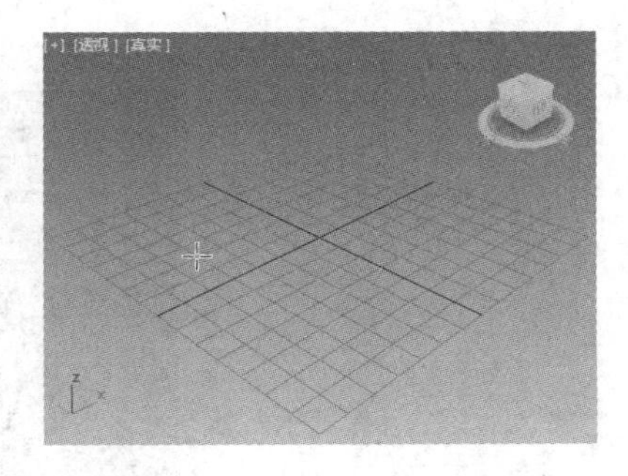

图 3-3 确定第一角点

STEP 3 拖动鼠标并松开鼠标左键，以确定长方体底面的第二角点，如图 3-4 所示。

STEP 4 拖动鼠标并单击鼠标左键，以确定长方体的高度，如图 3-5 所示。

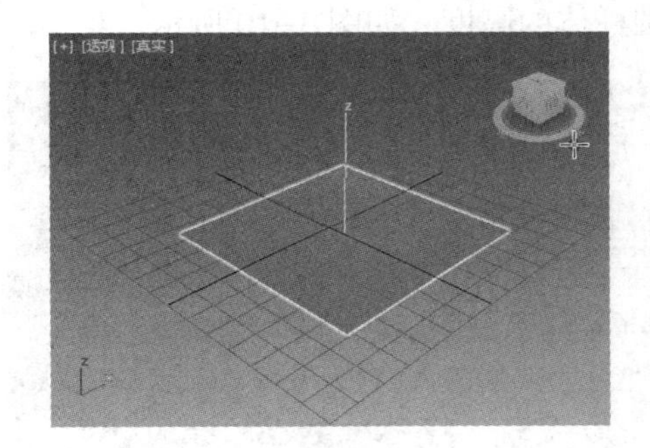

图 3-4 确定第二角点

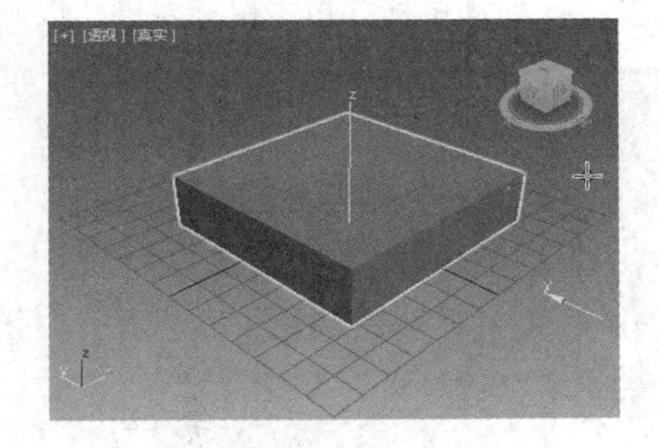

图 3-5 确定长方体高度

STEP 5 在“参数”卷展栏中设置长方体的长、宽、高，参数设置及效果如图 3-6 所示。

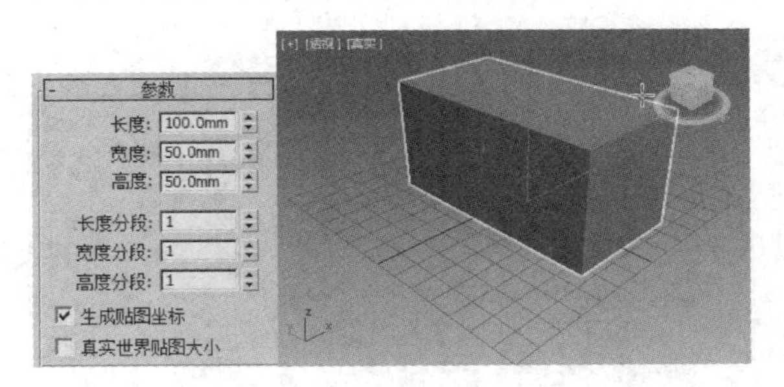

图 3-6 长方体参数设置及效果

3.1.2 创建圆柱体

“圆柱体”命令用来创建完整的圆柱体或圆柱体的一部分，下面以创建一个底面半径为 25 mm、高度为 50 mm 的圆柱体为例，对“圆柱体”命令进行介绍。

具体操作步骤如下。

STEP① 在“创建”面板中单击“圆柱体”按钮，在“创建方法”卷展栏中选择“中心”单选按钮，如图 3-7 所示。

STEP② 在透视图中的任意位置按下鼠标左键，以确定圆柱体底面的中心点，如图 3-8 所示。

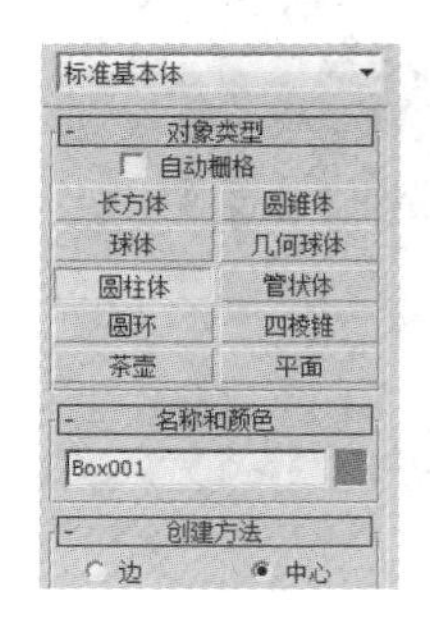

图 3-7　选择圆柱体

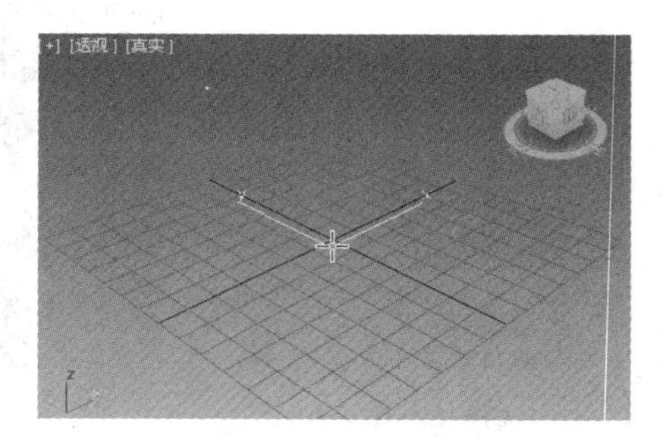

图 3-8　确定圆柱体底面中心点

STEP③ 拖动鼠标并松开鼠标左键，以确定圆柱体的底面半径，如图 3-9 所示。

STEP④ 拖动鼠标并单击鼠标左键，以确定圆柱体的高度，如图 3-10 所示。

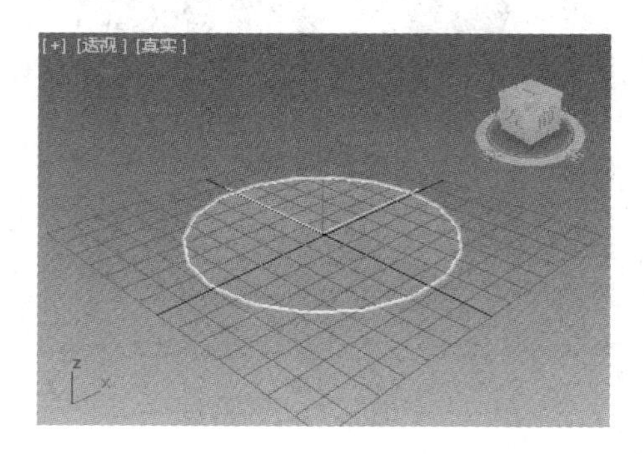

图 3-9　确定底面半径

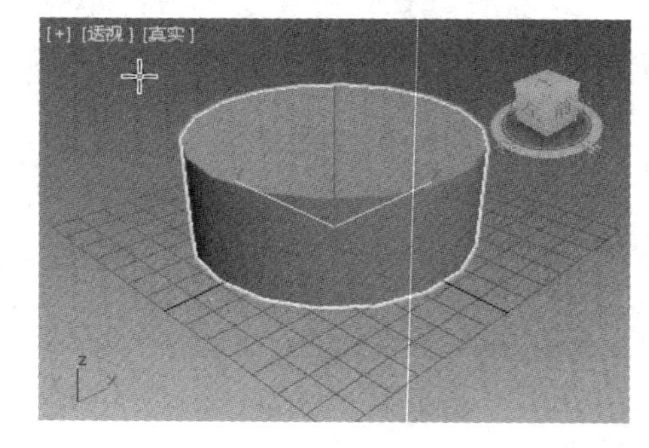

图 3-10　确定高度

STEP⑤ 将“参数”卷展栏展开，设置圆柱体的底面半径及高度，参数设置及效果如图 3-11 所示。

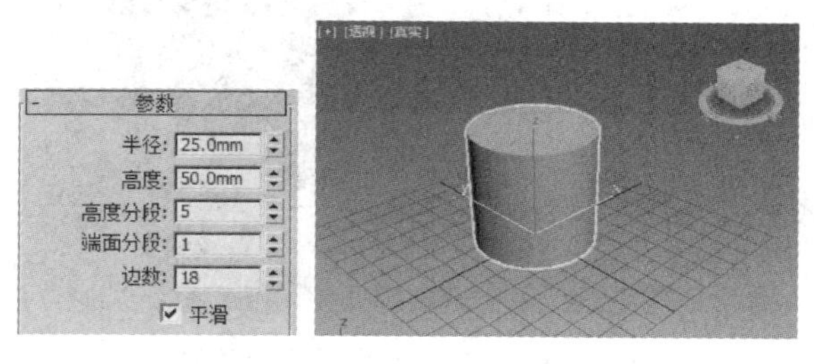

图 3-11　圆柱体参数设置及效果

3.1.3　创建球体

“球体”命令用来创建完整的球体或球体的一部分，下面以创建一个半径为 50 mm 的球体为例，对“球体”命令的应用进行详细介绍。

具体操作步骤如下。

STEP 1 在“创建”面板中单击“球体”按钮，在“创建方法”卷展栏中选择“中心”单选按钮，如图 3-12 所示。

STEP 2 在透视图中的任意位置按下鼠标左键，以确定球体的中心点，如图 3-13 所示。

图 3-12　选择球体

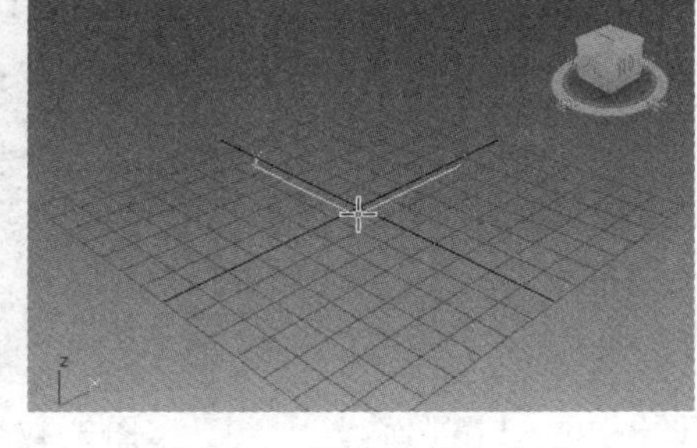

图 3-13　确定球体中心点

STEP 3 拖动鼠标并单击鼠标左键，可以看到球体的半径随鼠标拖动发生变化。将“参数”卷展栏展开，并进行球体半径及分段设置，具体设置及效果如图 3-14 所示。

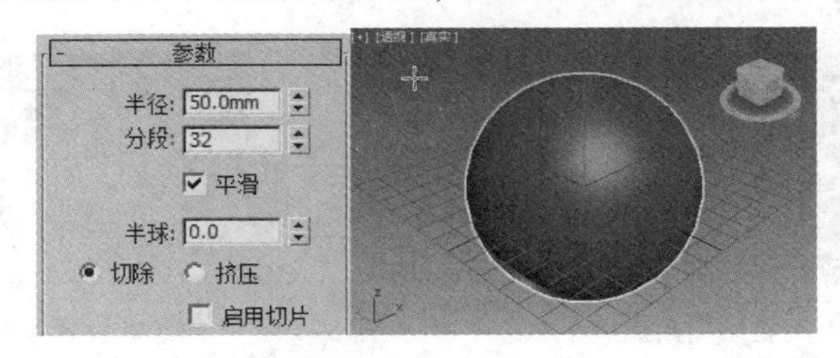

图 3-14　设置球体半径及分段

STEP 4 在“参数”卷展栏中勾选“启用切片”复选框，并进行切片参数设置，如图 3-15所示。

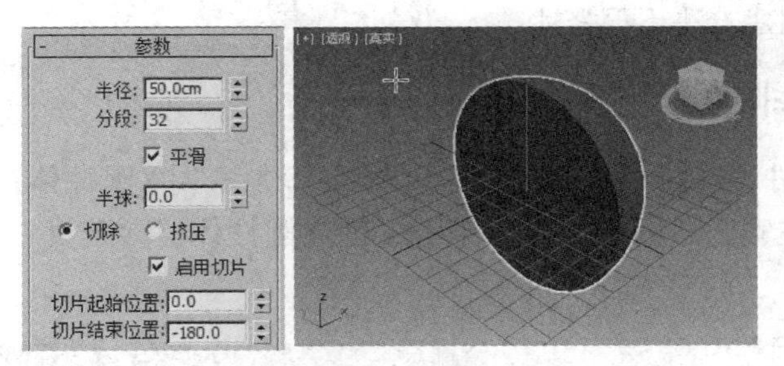

图 3-15　切片参数设置及效果

3.1.4　创建平面

“平面”命令用来创建平面物体，下面以创建一个长度为 50 mm、宽度为 100 mm、长度分段为 4，宽度分段为 4 的平面为例，对“平面”命令的应用进行详细介绍。

具体操作步骤如下。

STEP 1 在“创建”面板中单击“平面”按钮，在“创建方法”卷展栏中选择“矩形”单选按钮，如图 3-16 所示。

STEP 2 在透视图中的任意位置按下鼠标左键，以确定平面的第一角点，如图 3-17 所示。

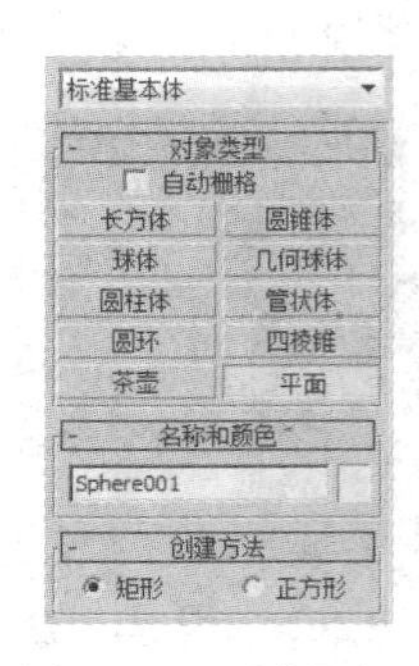

图 3-16　选择平面

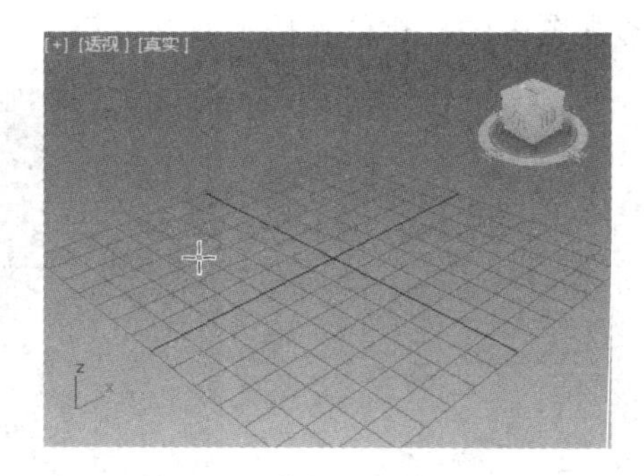

图 3-17　确定平面第一角点

STEP 3 拖动鼠标并松开鼠标左键，以确定平面的第二角点，如图 3-18 所示。

STEP 4 将“参数”卷展栏展开，设置平面的长度、宽度及分段，具体设置及效果如图 3-19 所示。

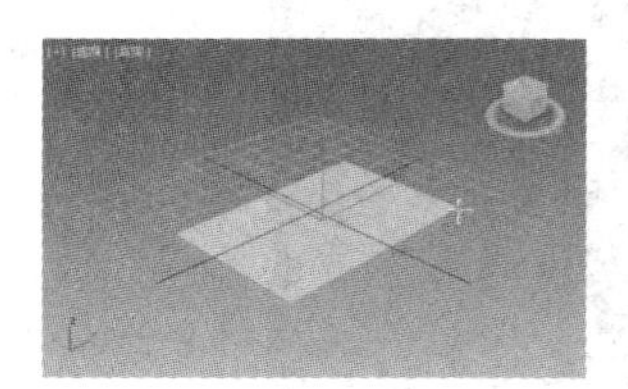

图 3-18　确定第二角点

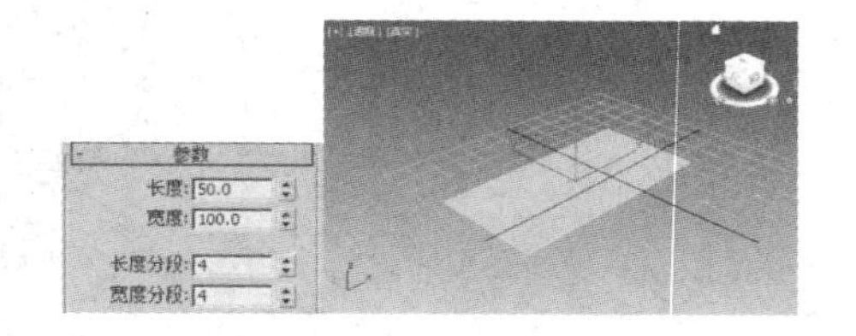

图 3-19　平面参数设置及效果

3.1.5　创建其他标准基本体

以上详细介绍了四种标准基本体的创建方法，其他标准基本体的创建与上述四种基本体的创建相似，具体创建方法不再赘述。

小试身手——制作圆凳

08 制作圆凳

STEP 1 新建文件，在命令面板中选择“标准基本体”|“圆柱体”。在透视视图中单击鼠标左键，以栅格原点为中心，创建圆柱体，参数设置与效果如图 3-20 所示。

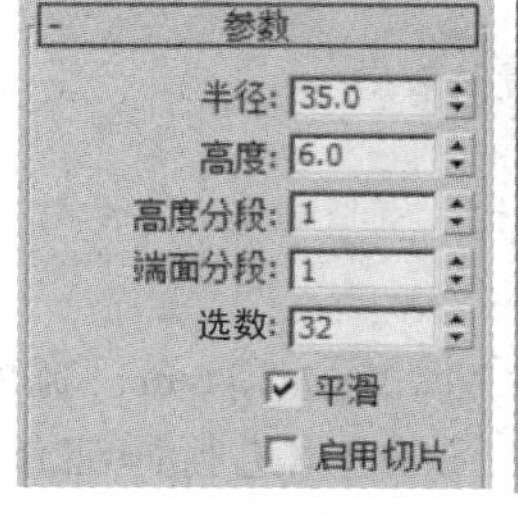

图 3-20　圆柱体参数设置及效果

STEP 2 选择“标准基本体”|“长方体”，在顶视图中创建一个长方体作为凳子腿，并移动到合适位置，参数设置及位置效果如图 3-21 所示。

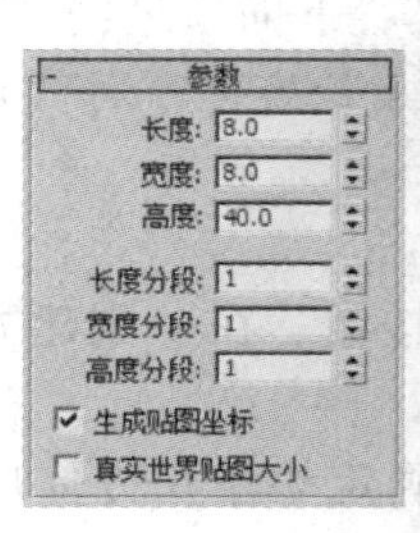

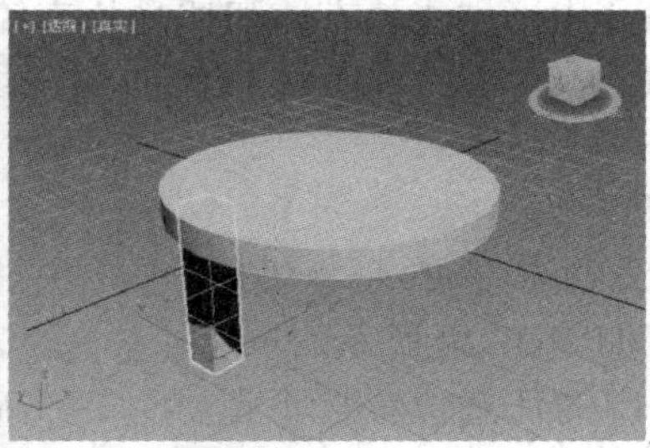

图 3-21　创建凳子腿

STEP 3 在顶视图中，按住〈Shift〉键的同时使用“选择并移动”工具拖动凳子腿，复制出其余三个凳子腿，效果如图 3-22 所示。

STEP 4 在前视图中创建长方体，创建凳子腿横梁，参数设置与位置效果如图 3-23 所示。

图 3-22　复制凳子腿

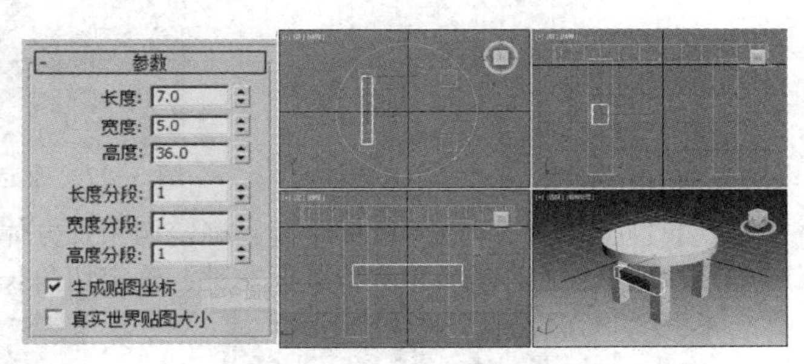

图 3-23　创建凳子腿横梁

STEP 5 复制出三个凳子腿横梁，如图 3-24 所示。最终效果如图 3-25 所示。

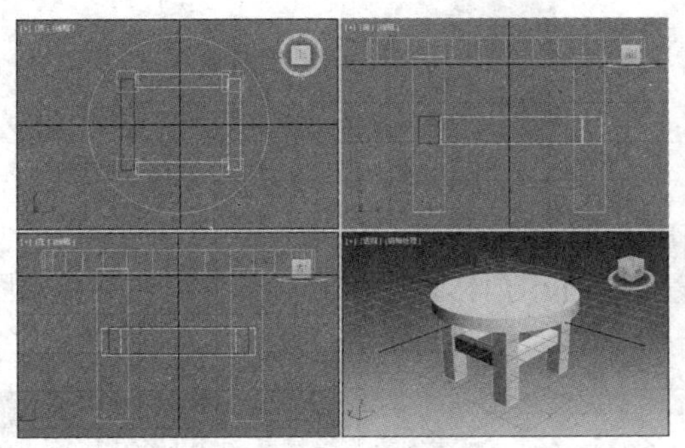

图 3-24　复制横梁

图 3-25　最终效果

3.2　扩展基本体的创建与修改

扩展基本体是 3ds Max 复杂几何体的集合，包括异面体、切角长方体、切角圆柱体、油罐、胶囊、纺锤、球棱柱、环形波、软管、棱柱等。可以通过“创建”|“几何体”|“扩展基本体”中的命令来创建这些对象。下面详细介绍几种扩展基本体的创建方法。

3.2.1 切角长方体

“切角长方体”命令用来创建长方体和切角长方体，下面通过创建一个长度、宽度、高度和圆角分别为 50 mm、100 mm、50 mm 和 5 mm 的切角长方体，对“切角长方体”命令进行介绍。

具体操作步骤如下。

STEP① 在“创建”面板中单击“切角长方体”按钮。在“创建方法”卷展栏中选择“长方体”单选按钮，如图 3-26 所示。

STEP② 在透视图中的任意位置按下鼠标左键，确定切角长方体底面的第一角点，如图 3-27 所示。

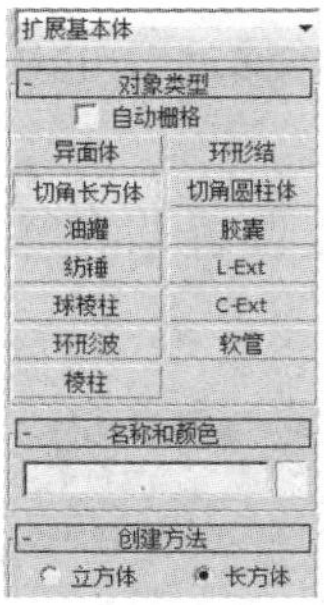

图 3-26 选择切角长方体

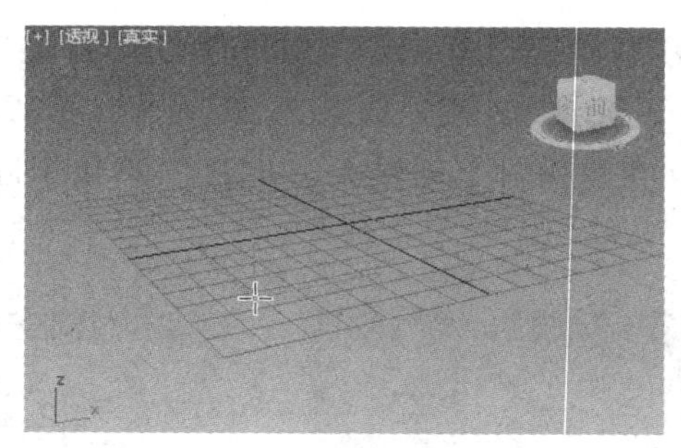

图 3-27 确定切角长方体底面的第一角点

STEP③ 拖动鼠标并松开鼠标左键，确定切角长方体底面的第二角点，如图 3-28 所示。

STEP④ 向上拖动鼠标并单击鼠标左键，确定切角长方体的高度，如图 3-29 所示。

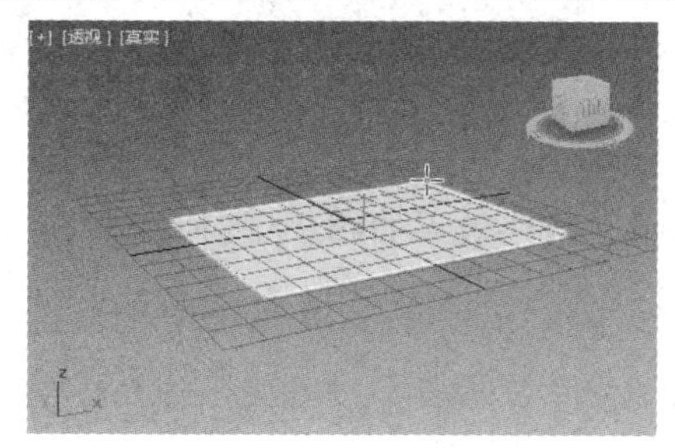

图 3-28 确定切角长方体底面的第二角点

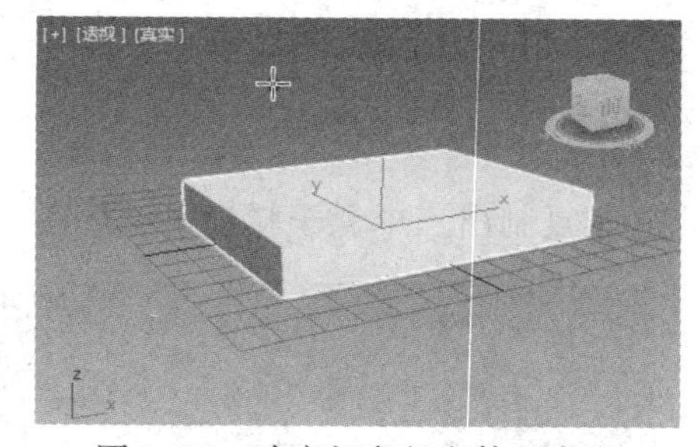

图 3-29 确定切角长方体的高度

STEP⑤ 对角移动鼠标可定义圆角的高度，如图 3-30 所示。

STEP⑥ 将“参数”卷展栏展开，设置切角长方体参数，具体设置与效果如图 3-31 所示。

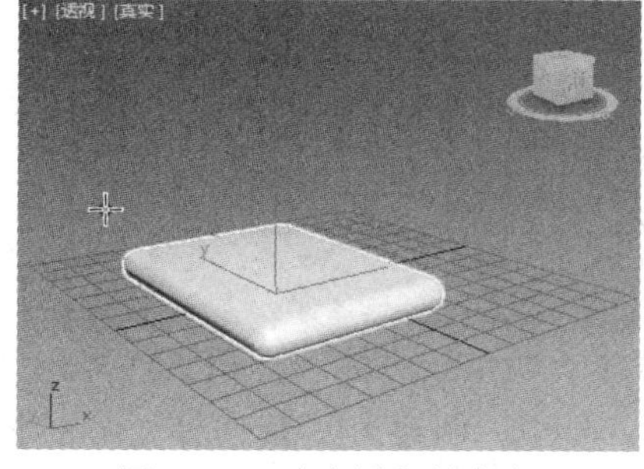

图 3-30 确定圆角的高度

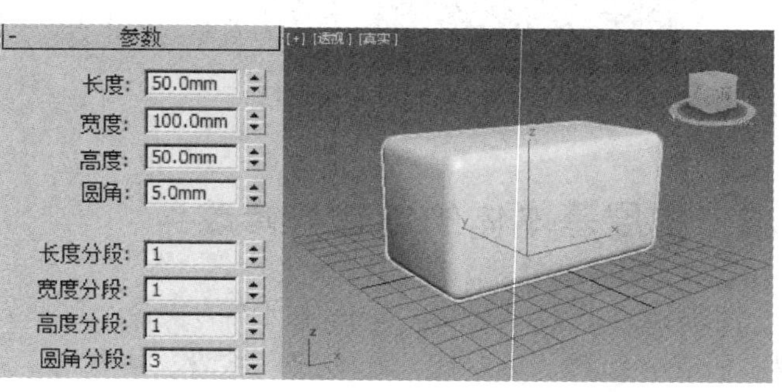

图 3-31 切角长方体参数设置与效果

3.2.2 切角圆柱体

“切角圆柱体”命令用来创建切角圆柱体或切角圆柱体的一部分，下面通过创建一个半径、高度、圆角和边数分别为 50 mm、100 mm、10 mm 和 12 的切角圆柱体，介绍“切角圆柱体”命令。

具体操作步骤如下。

STEP① 在“创建”面板中单击“切角圆柱体”按钮，在“创建方法”卷展栏中选择“中心”单选按钮，如图 3-32 所示。

STEP② 在透视图中的任意位置按下鼠标左键，确定切角圆柱体底面的中心点，如图 3-33 所示。

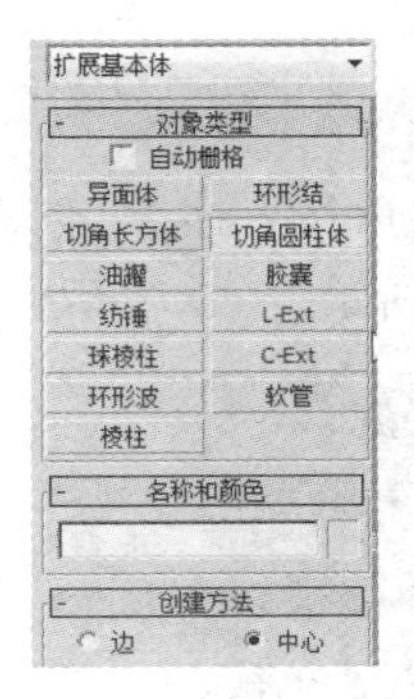

图 3-32　选择切角圆柱体

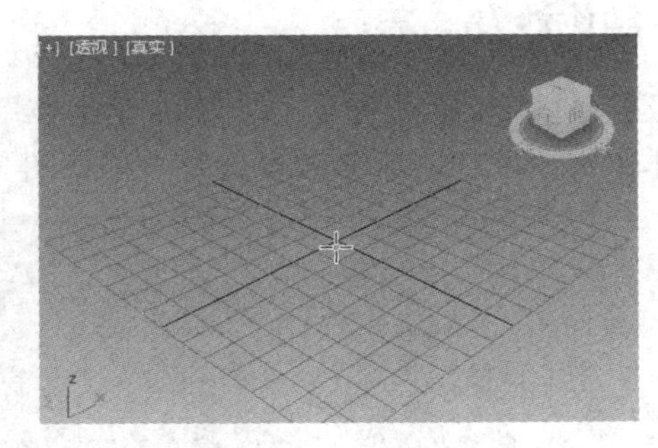

图 3-33　确定切角圆柱体底面中心点

STEP③ 拖动鼠标并松开鼠标左键，确定切角圆柱体的底面半径，如图 3-34 所示。

STEP④ 向上拖动鼠标并单击鼠标左键，确定切角圆柱体的高度，如图 3-35 所示。

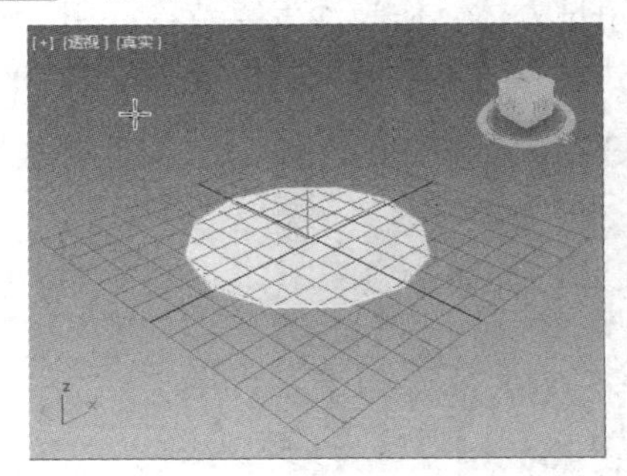

图 3-34　确定切角圆柱体底面半径

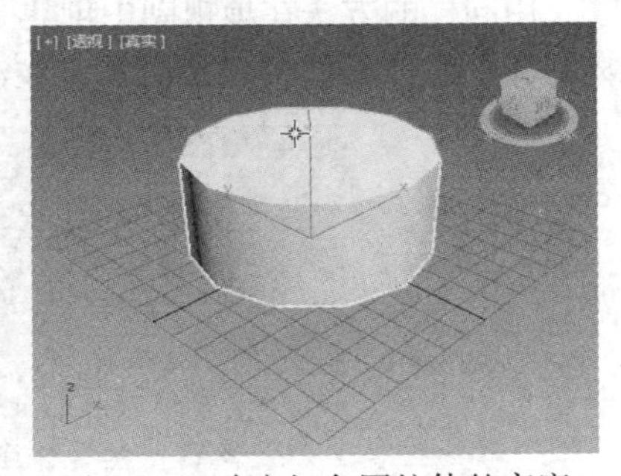

图 3-35　确定切角圆柱体的高度

STEP⑤ 对角移动鼠标可定义圆角的高度，如图 3-36 所示。

STEP⑥ 将“参数”卷展栏展开，参数设置及效果如图 3-37 所示。

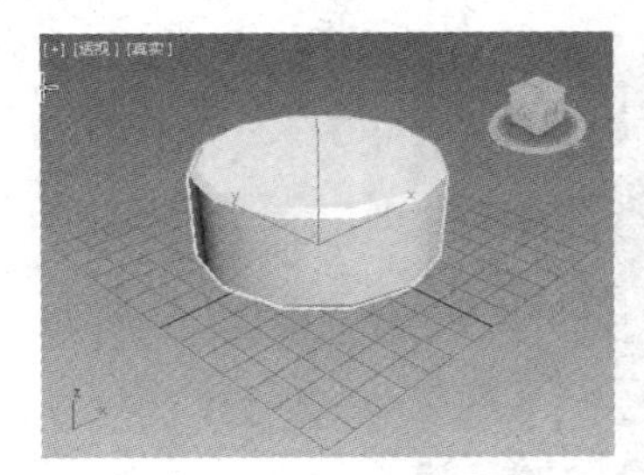

图 3-36　确定圆角高度

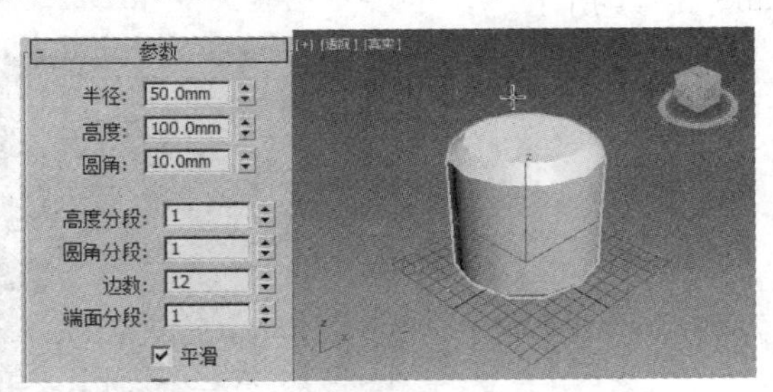

图 3-37　切角圆柱体参数设置及最终结果

3.2.3 其他扩展基本体

前面详细介绍了两种扩展基本体的创建方法，其他扩展基本体，如异面体、环形结、油罐、胶囊、纺锤、球棱柱、环形波、软管、棱柱的效果如图 3-38 所示。扩展基本体的样式比标准基本体更为复杂，可以用于一些复杂模型的基础模型。然而，在进行高级建模时，人们往往喜欢利用更简单的长方体、圆柱体、球体等标准基本体来作为基础模型，因其结构简单，反而有更多的变化空间。

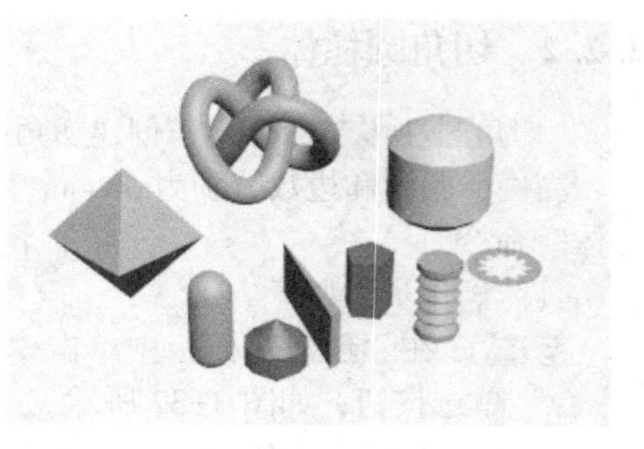

图 3-38 其他扩展基本体

小试身手——制作沙发

09 制作沙发

STEP① 新建文件，选择“创建”|“扩展基本体”|“切角长方体”，创建一个切角长方体作为沙发底座，参数设置及效果如图 3-39 所示。

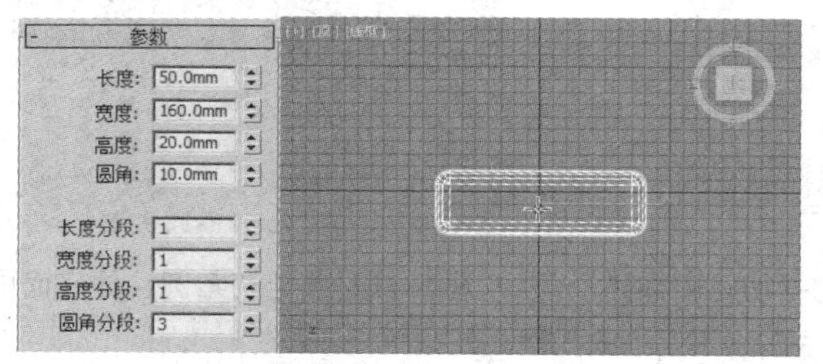

图 3-39 创建沙发底座

STEP② 用同样的方法在顶视图中创建一个切角长方体，作为沙发靠背。并用“选择并旋转”“选择并移动”工具将沙发靠背放置在沙发后边，靠背参数设置及位置如图 3-40 所示。

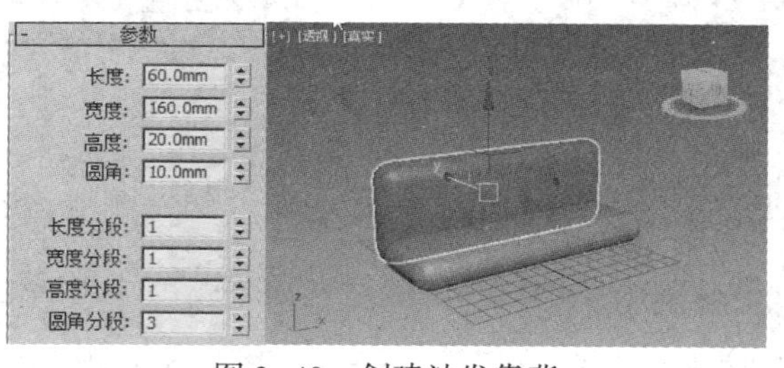

图 3-40 创建沙发靠背

STEP③ 在顶视图中，再次创建一个切角长方体作为沙发垫，并放到合适位置，参数及效果如图 3-41 所示。

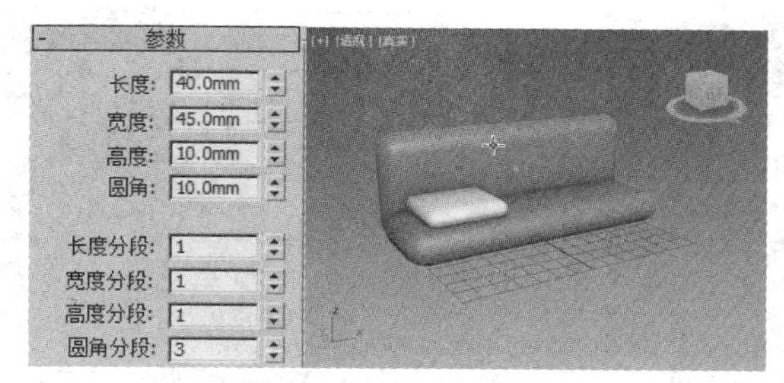

图 3-41 创建沙发垫

STEP④ 在顶视图中，按住〈Shift〉键的同时，使用“选择并移动”工具，将沙发垫沿 X 轴移动，在弹出的“克隆选项”对话框中，选择“实例”单选按钮，设置“副本数”为 2，复制出 2 个同样的沙发垫，如图 3-42 所示。

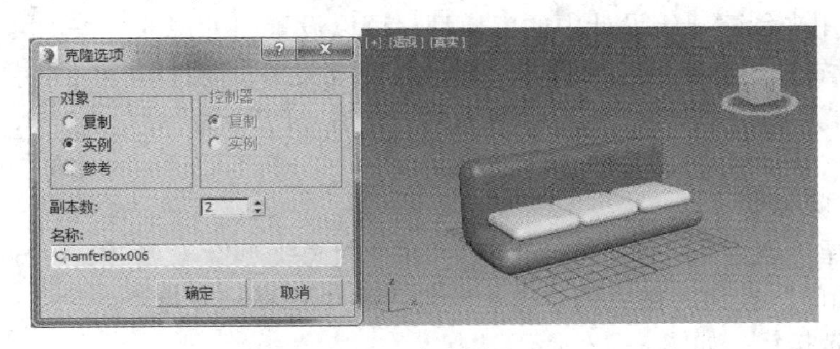

图 3-42　复制沙发垫

STEP⑤ 用同样的方法创建沙发扶手，使用“选择并旋转”“选择并移动”工具在顶视图中，将沙发扶手移动到合适位置，扶手的参数设置及效果如图 3-43 所示。

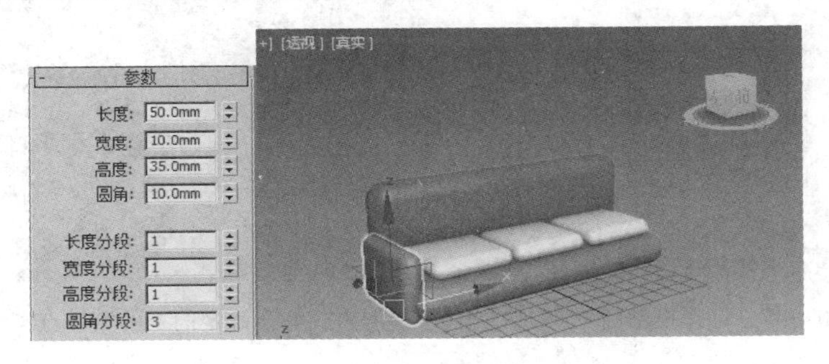

图 3-43　创建沙发扶手

STEP⑥ 按住〈Shift〉键的同时，使用“选择并移动”工具沿 X 轴拖动扶手模型，复制一个沙发扶手，如图 3-44 所示。

STEP⑦ 为沙发设置红色材质后，最终效果如图 3-45 所示。设置材质的具体方法将在第 7 章详细介绍。

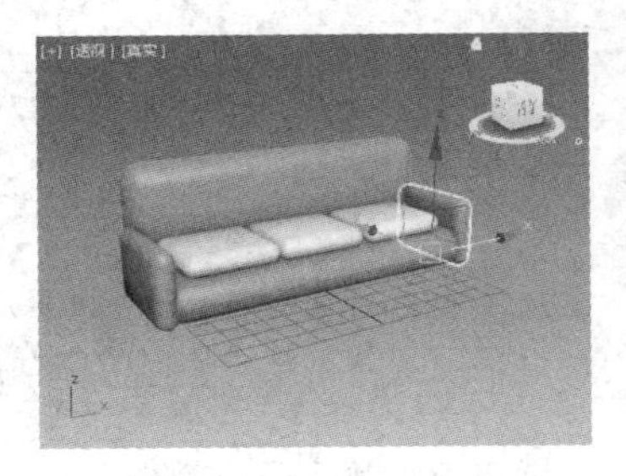

图 3-44　移动复制沙发扶手

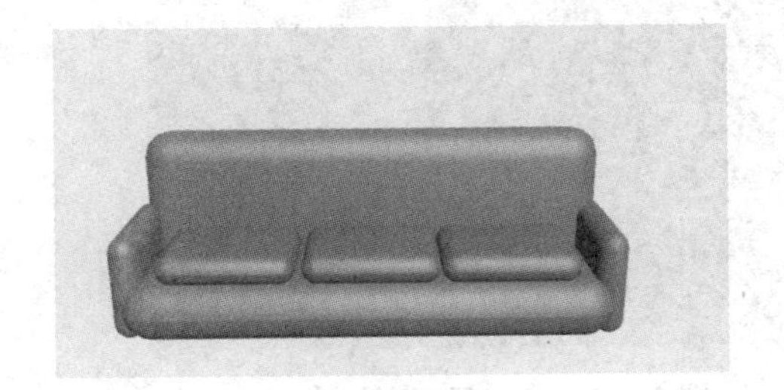

图 3-45　沙发最终效果

3.3　建筑模型的创建

“创建”|“几何体”的下拉列表中包含的建筑模型有“门”“窗”和“楼梯”，用来快

速创建门、窗和楼梯的模型，如图 3-46 所示。

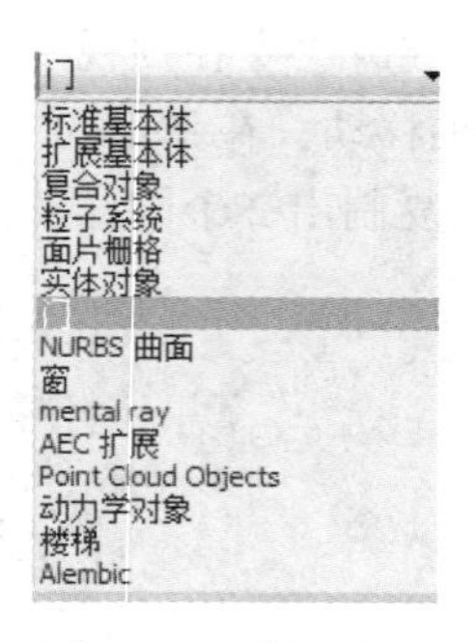

图 3-46　建筑模型

3.3.1　门的制作

“门”命令用来创建建筑设计中的门模型，可以设置门外观的细节，也可以设置门的状态，包括打开、部分打开或关闭，而且可设置打开的动画。下面以创建“枢纽门”为例，介绍“门”命令的应用。

具体操作步骤如下。

STEP① 选择“创建”|“几何体”|“门”，在“对象类型”卷展栏中单击“枢轴门”按钮。在“创建方法”卷展栏中选择“宽度/深度/高度”单选按钮，如图 3-47 所示。

STEP② 在透视图中的任意位置处按下鼠标左键，以确定门宽的第一点，如图 3-48 所示。

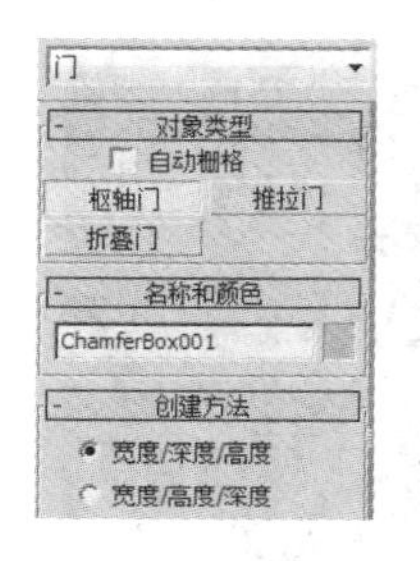

图 3-47　选择枢轴门

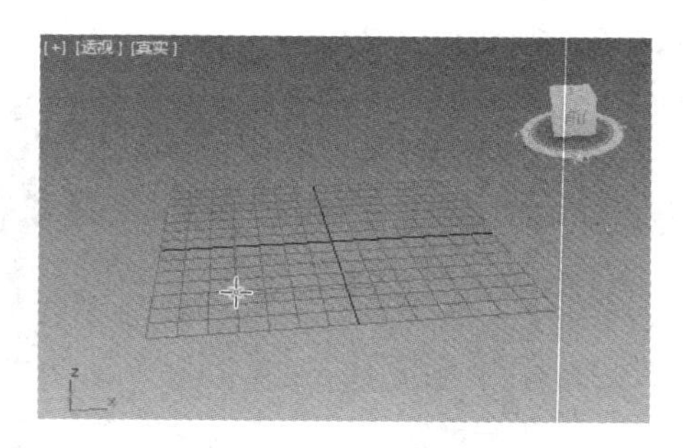

图 3-48　确定门宽的第一点

STEP③ 拖动鼠标并松开鼠标左键，确定门宽的第二点，如图 3-49 所示。

STEP④ 释放鼠标并移动可调整门的深度，单击鼠标左键以确定门的深度，如图 3-50 所示。

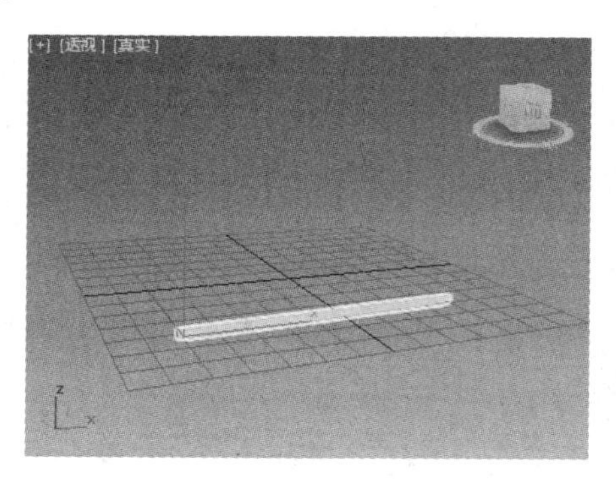

图 3-49　确定门宽度的第二点

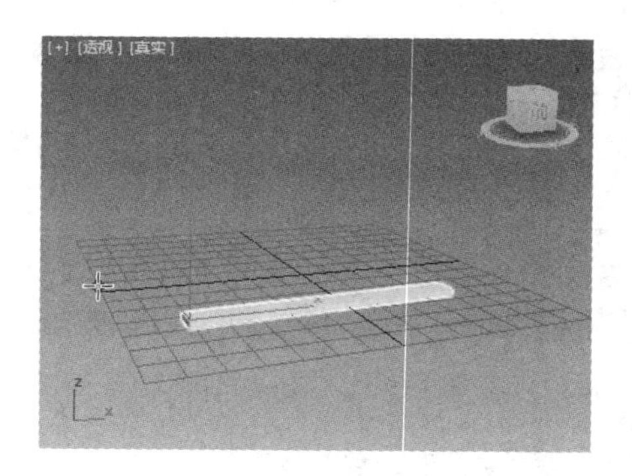

图 3-50　确定门的深度

STEP⑤ 释放鼠标并移动，可调整门的高度，单击鼠标左键以确定门的高度，如图 3-51 所示。

STEP⑥ 将“参数”卷展栏展开，并将“打开”选项设置为 30°，如图 3-52 所示。

STEP 7 最终效果如图 3-53 所示。

图 3-51　确定门的高度

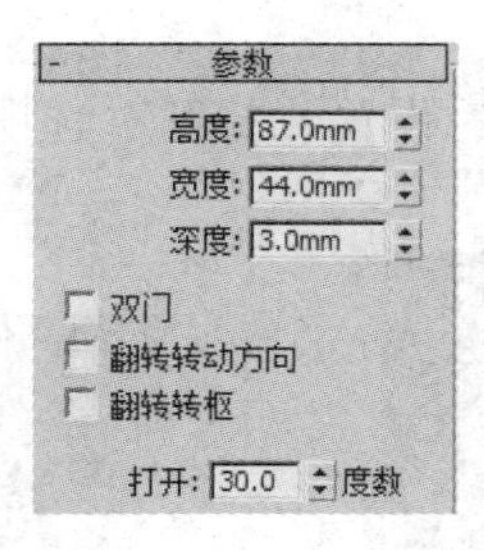

图 3-52　设置门的参数

图 3-53　门最终效果

3.3.2　窗的制作

“窗”命令用来创建建筑设计中的窗模型，并且可以控制窗外观的细节。还可以将窗设置为打开、部分打开或关闭三种状态，以及设置随时打开的动画。下面以创建“推拉窗”为例，对“窗”命令的应用进行详细介绍。

具体操作步骤如下。

STEP 1 选择“创建”|“几何体”|“窗”，在“对象类型”卷展栏中单击“推拉窗”按钮。在“创建方法”卷展栏中选择“宽度/深度/高度”单选按钮，如图 3-54 所示。

STEP 2 在透视图中的任意位置处按下鼠标左键，以确定推拉窗宽的第一点，如图 3-55 所示。

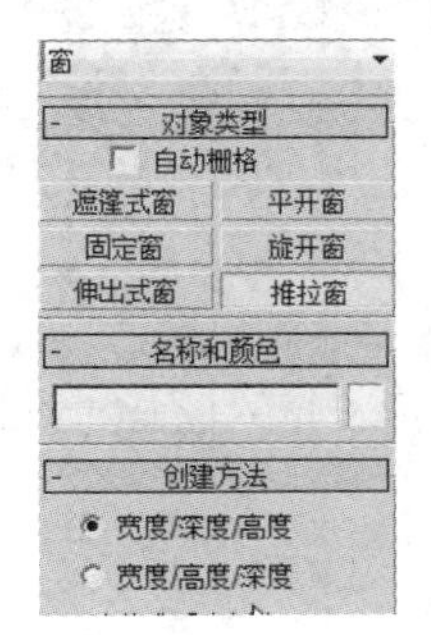

图 3-54　选择推拉窗

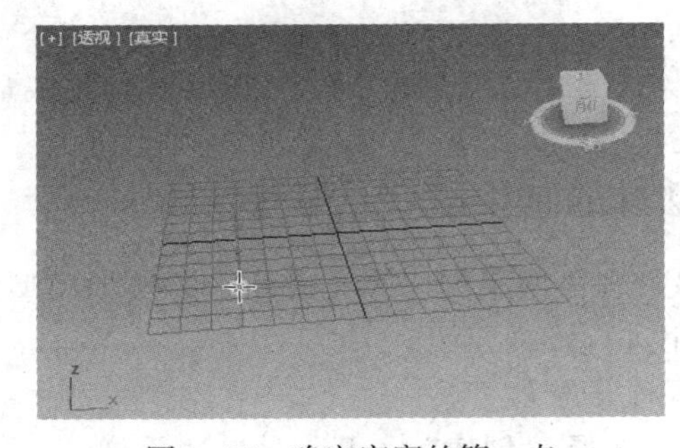

图 3-55　确定窗宽的第一点

STEP 3 拖动鼠标并松开鼠标左键，以确定推拉窗宽的第二点，如图 3-56 所示。

STEP 4 释放鼠标并移动可调整推拉窗的深度，单击鼠标左键以确定推拉窗的深度，如图 3-57 所示。

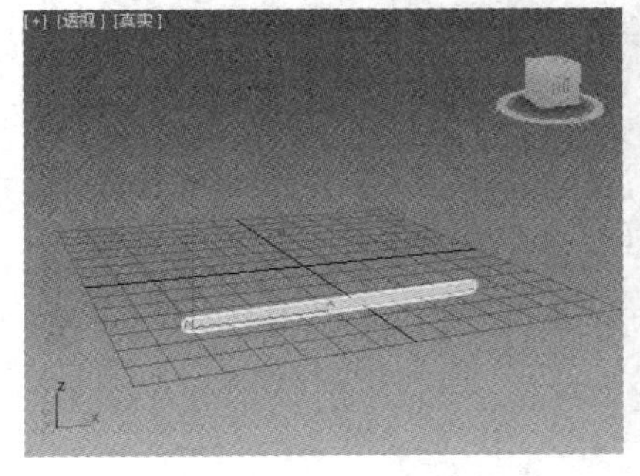

图 3-56　确定窗宽的第二点

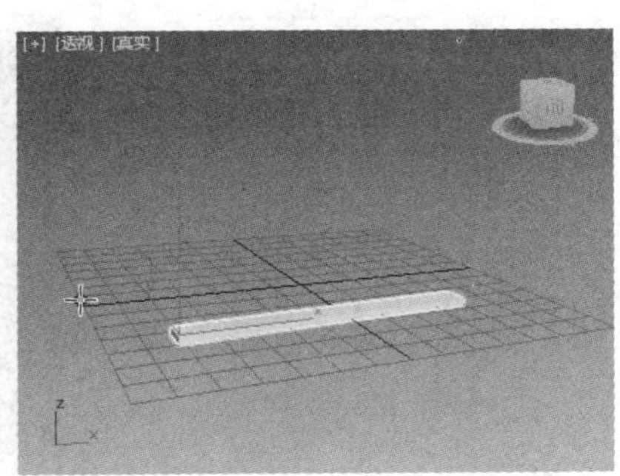

图 3-57　确定窗的深度

STEP⑤ 释放鼠标并移动可调整推拉窗的高度，单击鼠标左键以确定推拉窗的高度，如图 3-58 所示。

STEP⑥ 将“参数”卷展栏展开，设置“打开”选项为 50%，如图 3-59 所示。

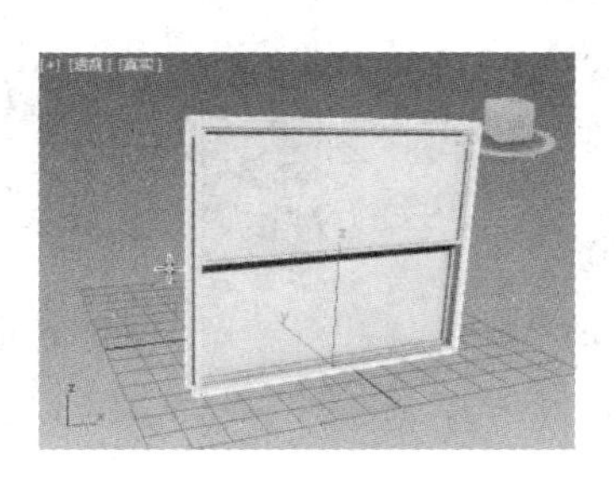

图 3-58　确定推拉窗的高度

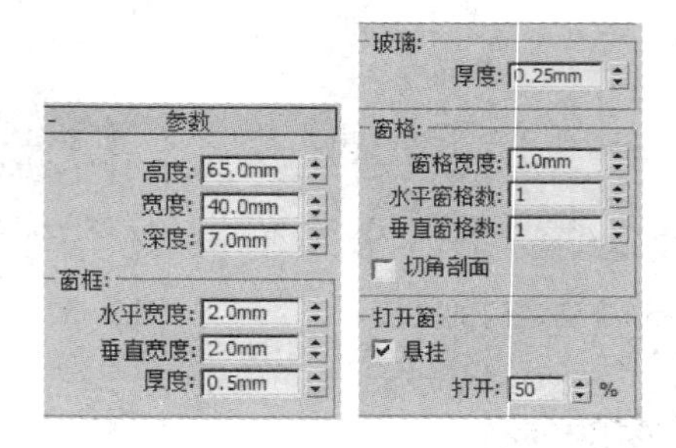

图 3-59　设置参数

STEP⑦ 最终效果如图 3-60 所示。如“悬挂”复选框取消勾选，将得到图 3-60 右图所示的效果。

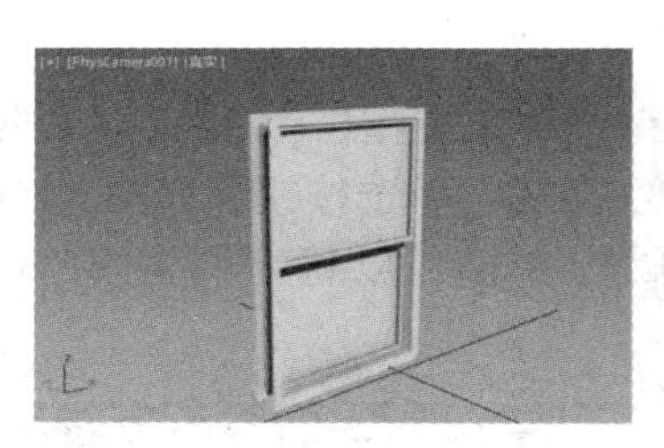

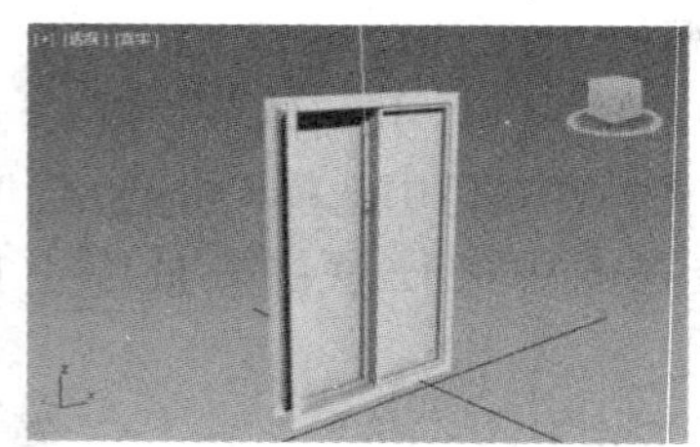

图 3-60　推拉窗最终效果

3.3.3　楼梯的制作

“楼梯”命令用来创建建筑设计中的楼梯模型，下面以创建“楼梯”为例，对“楼梯”命令的应用进行详细介绍。

具体操作步骤如下。

STEP① 选择“创建”|“几何体”|“楼梯”，在“对象类型”卷展栏中单击“直线楼梯”按钮，在“参数”卷展栏中选择“落地式”单选按钮，如图 3-61 所示。

STEP② 在透视图中的任意位置处按下鼠标左键，以确定直线楼梯地面长度的第一点，如图 3-62 所示。

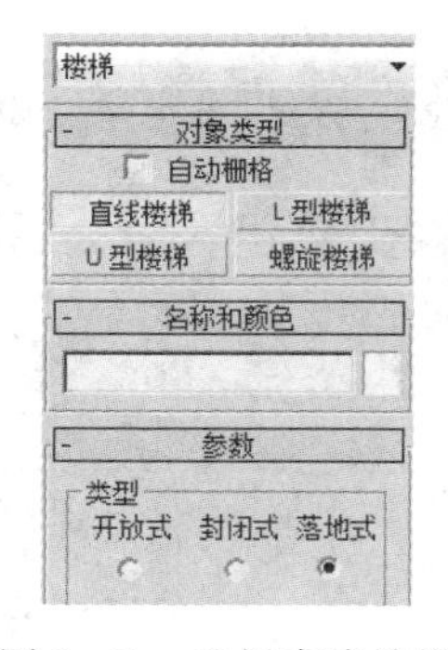

图 3-61　选择直线楼梯

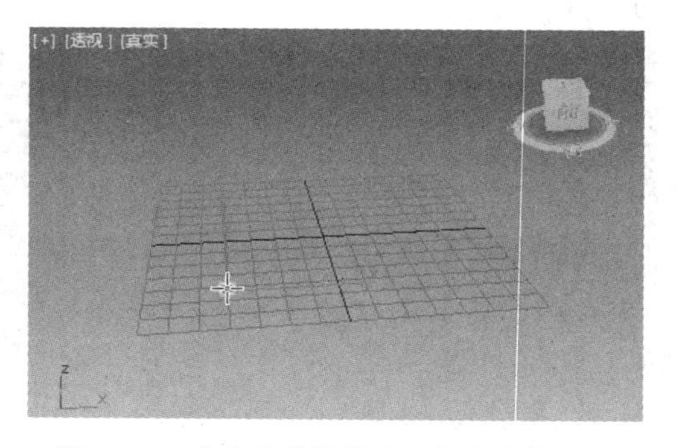

图 3-62　确定直线楼梯地面长度的第一点

STEP 3 拖动鼠标并松开鼠标左键，以确定直线楼梯长度的第二点，如图 3-63 所示。

STEP 4 拖动鼠标并单击鼠标左键，以确定直线楼梯的宽度，如图 3-64 所示。

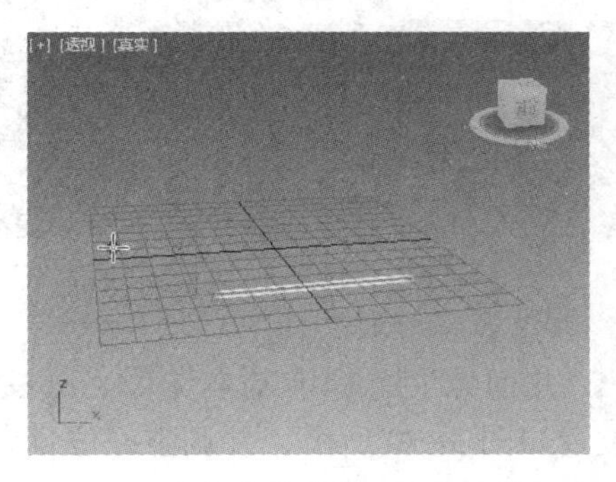

图 3-63　确定直线楼梯地面长度第二点

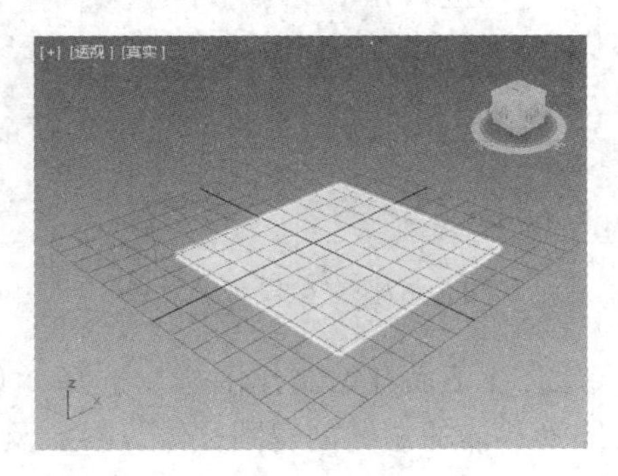

图 3-64　确定直线楼梯底的宽度

STEP 5 释放鼠标并移动可调整直线楼梯的高度，单击鼠标左键以确定直线楼梯的高度，按照图 3-65 进行参数设置，最终效果如图 3-66 所示。

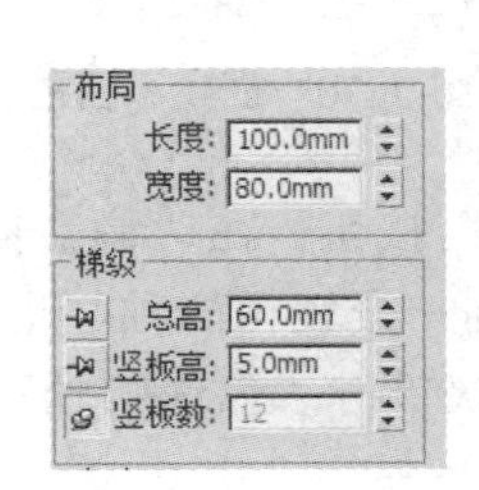

图 3-65　参数设置

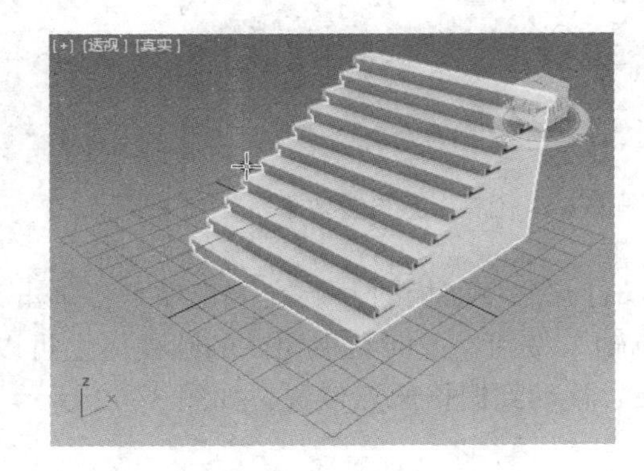

图 3-66　最终效果

3.4　课堂练习——制作亭子

下面通过一个简单的建筑小品——亭子为例，对前面所介绍的几何体进行练习。

3.4.1　制作底座

10 制作亭子

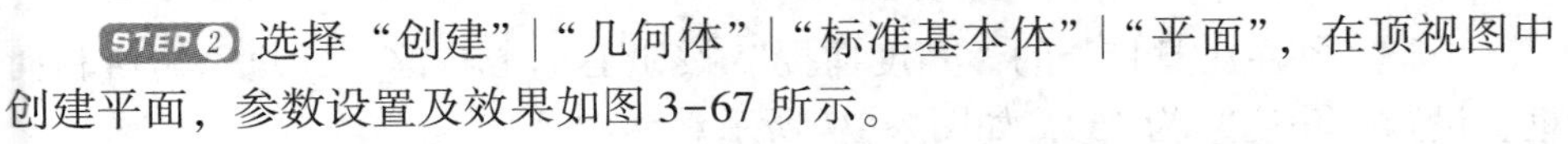

STEP 1 新建文件，调整单位设置，将单位改成“毫米”。

STEP 2 选择“创建”|“几何体”|“标准基本体”|“平面”，在顶视图中创建平面，参数设置及效果如图 3-67 所示。

STEP 3 选择“创建”|“基本体”|“标准基本体”|“圆柱体”，勾选“自动栅格”复选框，在顶视图中创建圆柱体作为底座，参数设置及效果如图 3-68 所示。

STEP 4 选择管状体，并在顶视图中以栅格原点为中心点创建管状体作为围墙，在“参数”卷展栏中设置半径 1 为 1500 mm，半径 2 为 1350 mm，高度为 650 mm，高度分段为 1，端面分段为 1，边数为 140。勾选“启用切片”复选框，设置切片起始位置和结束位置，具体参数设置及效果如图 3-69 所示。

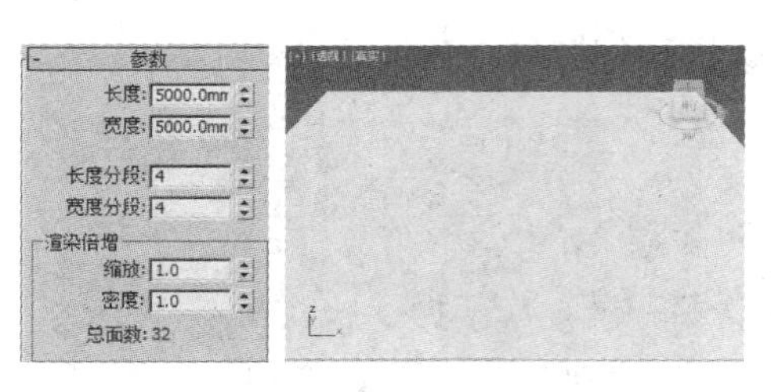

图 3-67　参数设置及效果

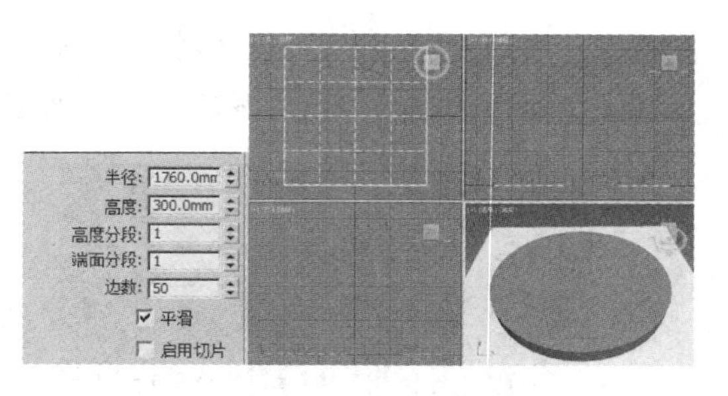

图 3-68　底座参数设置效果

STEP⑤ 下面开始制作围栏。选择“创建”|“几何体”|“标准基本体”|“圆柱体”，在顶视图管状体的左侧创建圆柱体，参数及创建位置如图 3-70 所示，并调整好位置。

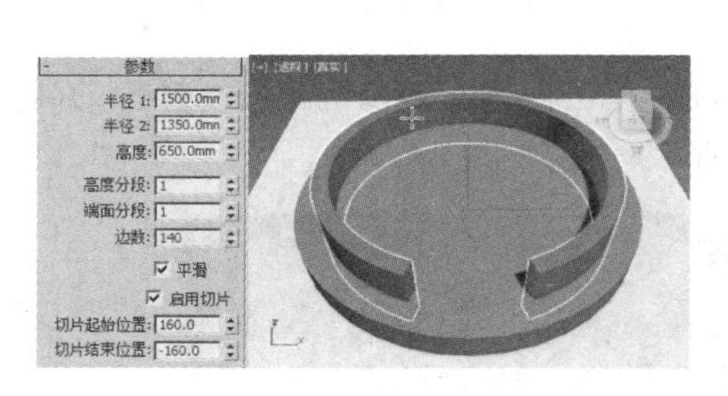

图 3-69　围栏参数设置效果

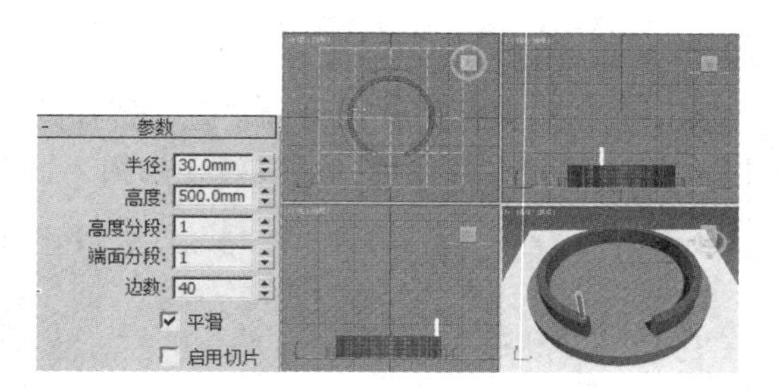

图 3-70　创建小围栏

STEP⑥ 打开命令面板的“层次”选项卡，单击“轴”按钮，在“调整轴”卷展栏中单击“仅影响轴”按钮，此时在视图区的圆柱体上可以看到一个较粗的轴心坐标，如图 3-71 所示，将轴心移动到栅格原点位置，如图 3-72 所示。再次单击“仅影响轴”按钮，取消其选中状态。

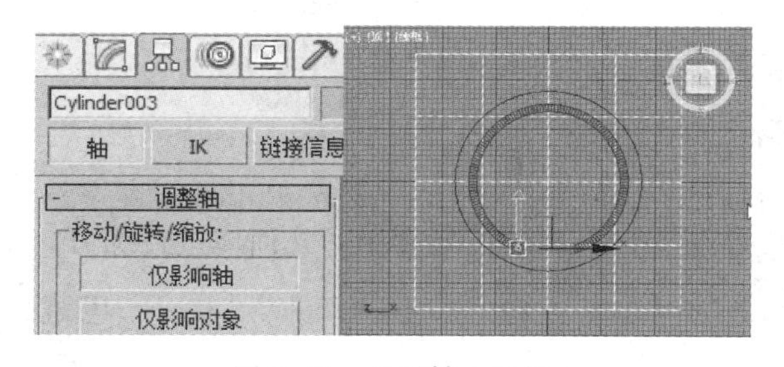

图 3-71　显示轴心坐标

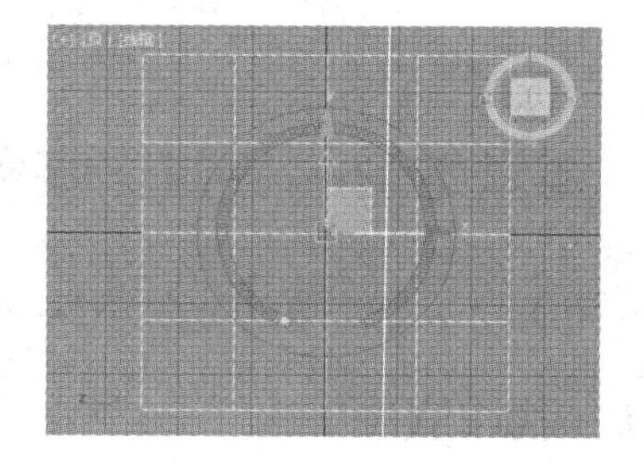

图 3-72　移动轴心

STEP⑦ 按〈S〉键，在主工具栏上的“角度捕捉”按钮上单击右键，打开“栅格和捕捉设置”对话框，设置“角度”为 15°，如图 3-73 所示。

STEP⑧ 使用“选择并旋转”工具，同时按〈Shift〉键，在顶视图中对创建的圆柱体围绕 *Z* 轴进行旋转复制，如图 3-74 所示，弹出的“克隆选项”对话框如图 3-75 所示。旋转复制栏杆后的效果如图 3-76 所示。

STEP⑨ 选择“创建”|“几何体”|“标准基本体”|“圆环”，在顶视图的管状体上方创建圆环，作为围栏的上栏杆。参数设置与透视图效果如图 3-77 所示。

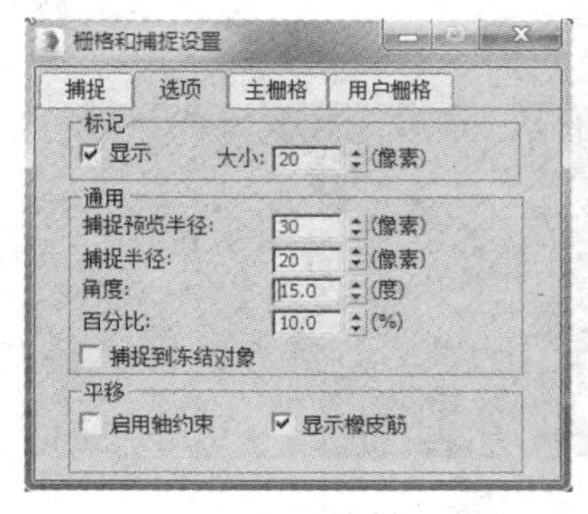

图 3-73　修改角度捕捉参数

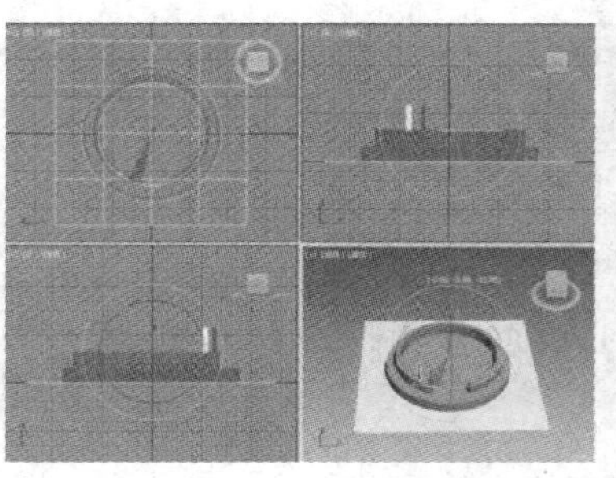

图 3-74　旋转复制栏杆

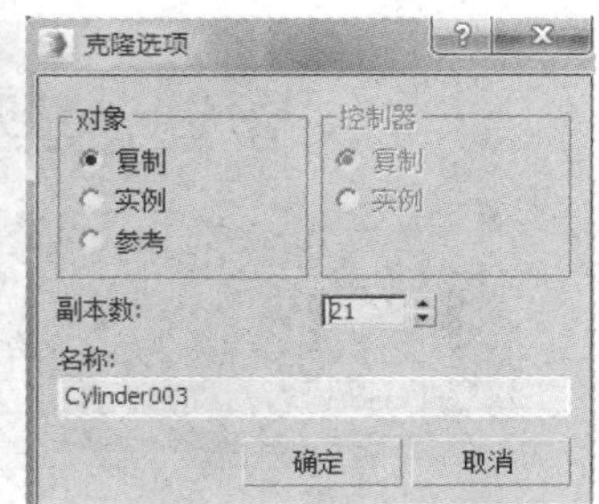

图 3-75　设置旋转复制参数

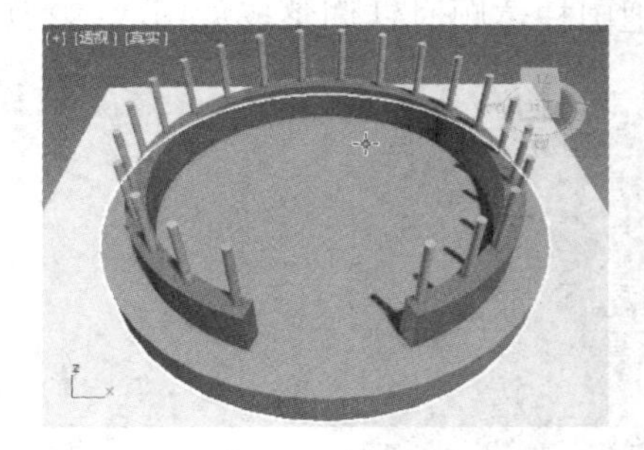

图 3-76　栏杆效果图

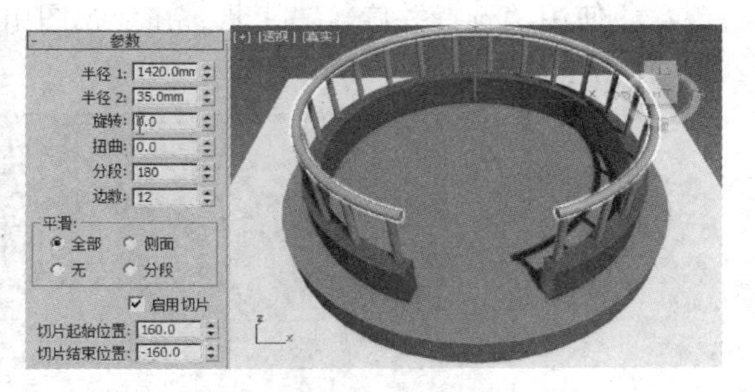

图 3-77　围栏上栏杆参数及效果

3.4.2　制作亭柱

亭柱是亭子的支撑柱，其结构较为简单，主要制作要点是多个对象要从中心对齐。

STEP① 选择“创建”|“几何体”|“标准基本体”|“圆柱体”，在顶视图中以栅格原点为中心点创建圆柱体，作为亭柱的底座，参数设置及效果如图 3-78 所示。

STEP② 创建一个圆柱体作为亭子支撑柱，参数设置如图 3-79 所示。

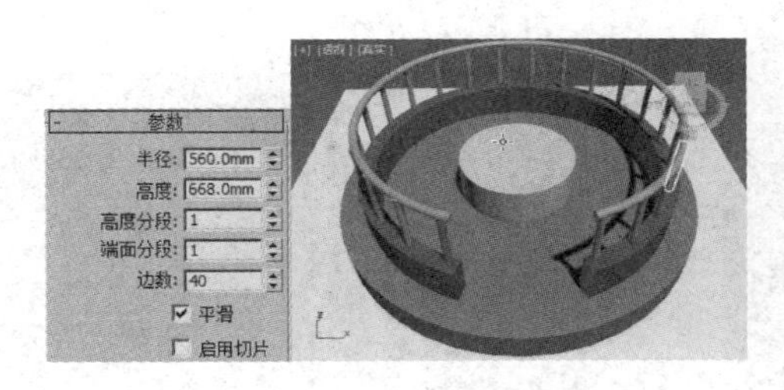

图 3-78　透视图效果

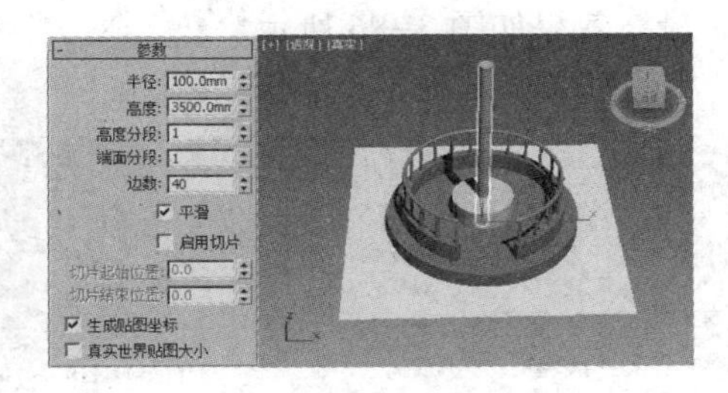

图 3-79　创建圆柱体

3.4.3　制作亭顶

STEP① 选择“创建”|“几何体”|“标准基本体”|“圆锥体”，在顶视图中以栅格原点为中心点创建一个圆锥体，参数设置如图 3-80 所示。

STEP② 使用“圆柱体”命令，在左视图中创建一个圆柱体，按〈S〉键打开“3D 捕捉”开关，在顶视图中使用“选择并移动”工具，将该圆柱体的轴心捕捉对齐圆锥尖端顶点，参数设置及透视效果如图 3-81 所示。

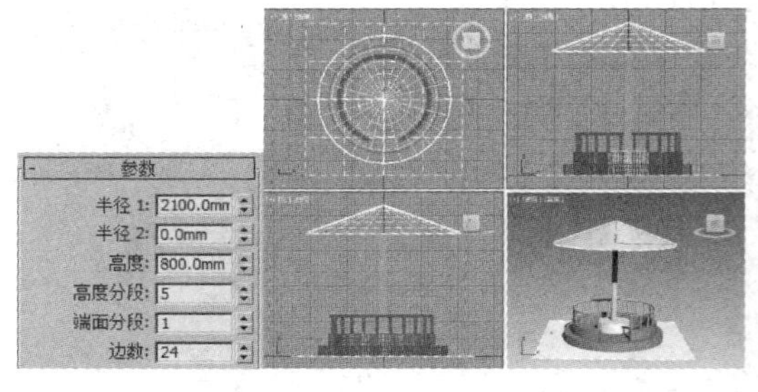

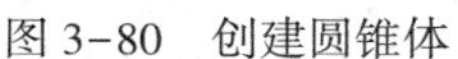
图 3-80　创建圆锥体

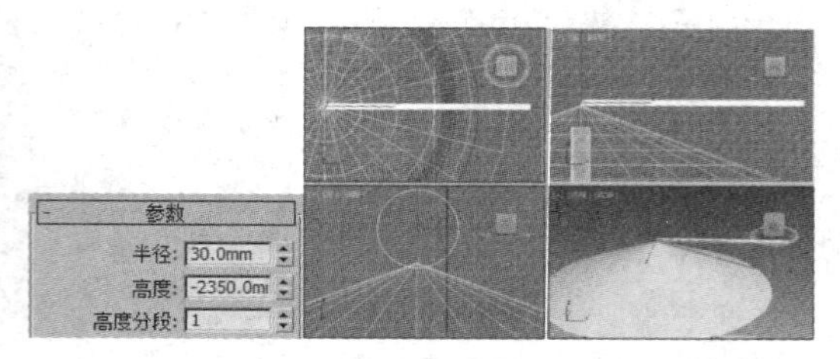

图 3-81　创建圆柱体

STEP③ 使用“选择并旋转”工具，在前视图中把圆柱体顺时针调整成如图 3-82 所示的位置，作为亭顶支撑架。

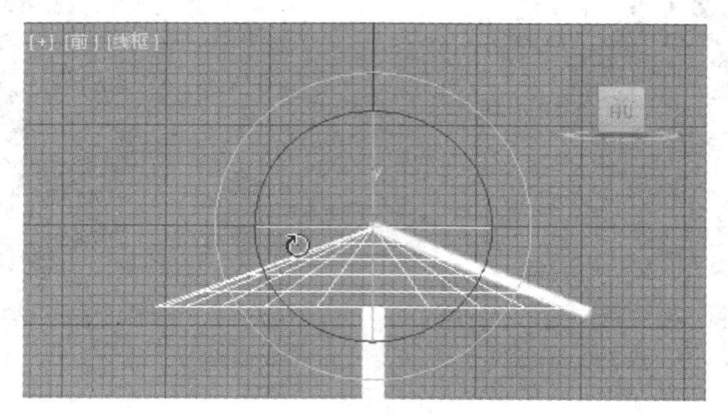

图 3-82　调整圆柱体位置

STEP④ 激活顶视图，在主菜单中选择“工具”|“阵列”菜单命令，在“陈列”对话框设置参数，如图 3-83 所示。

STEP⑤ 亭顶支撑架效果如图 3-84 所示。

STEP⑥ 创建“切角圆柱体”，复制 3 个，摆放好位置，作为石墩，参数与效果如图 3-85 所示。最终效果如图 3-86 所示。

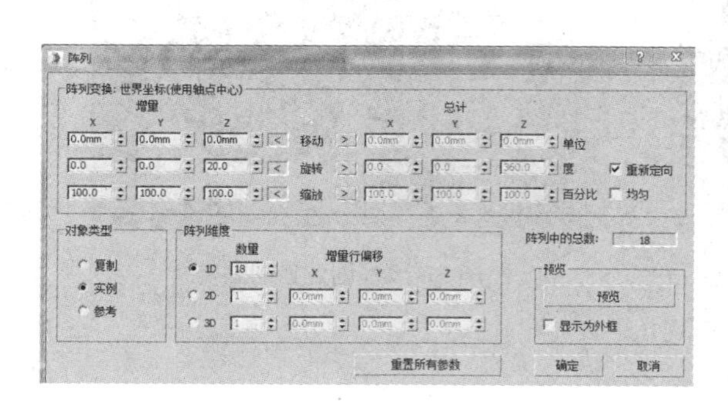

图 3-83　设置阵列参数

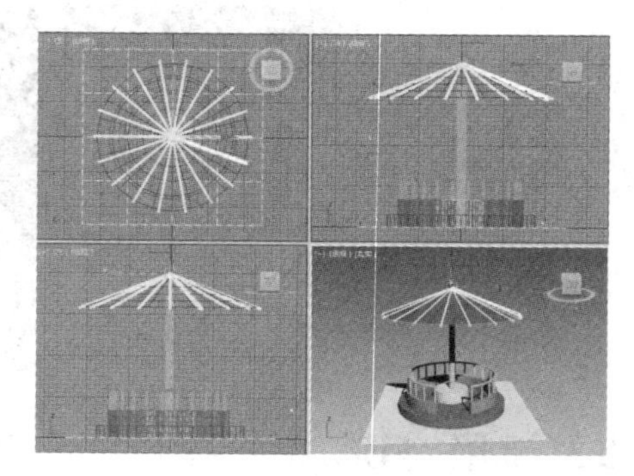

图 3-84　亭顶支撑架效果

知识拓展

利用变换工具配合〈Shift〉键，也可以制作出 1D 阵列效果。例如，按住〈Shift〉键的同时，使用“选择并移动”工具对物体进行移动，并在弹出的“克隆选项”对话框中设置“副本数”，即可等距离生成指定数量的对象副本。

图 3-85　制作圆凳

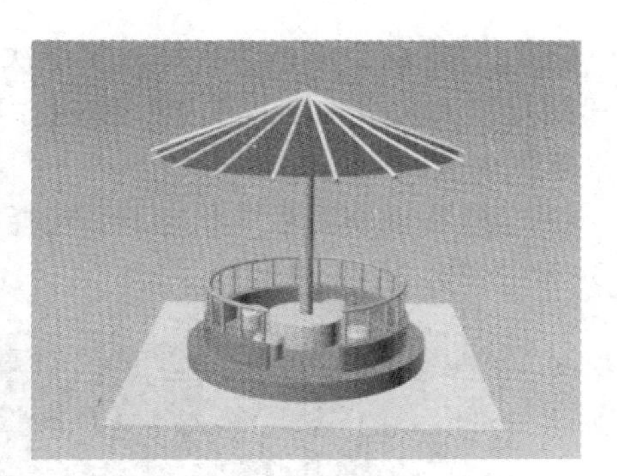

图 3-86　亭子效果

强化训练

11 制作钟表

3ds Max 可以制作出很多复杂的模型，只要综合运用所学工具，生活中所看到的实物基本上都能用 3ds Max 做出来。下面以制作钟表为例，综合练习所学的命令和工具。

STEP① 新建文件，设置单位为“mm”，按〈S〉键打开捕捉开关。选择“管状体”命令，在前视图中捕捉栅格原点为中心点创建管状体，作为钟表外框，参数设置及效果如图 3-87 所示。

STEP② 在前视图中，捕捉栅格原点为中心点，在管状体内侧创建圆柱体，作为表盘。参数设置及透视视图效果如图 3-88 所示。

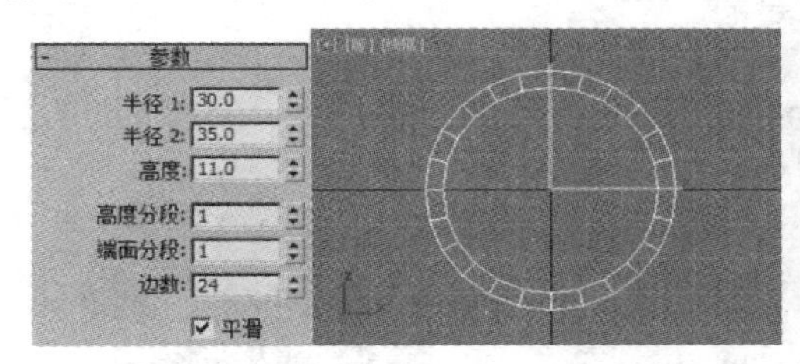

图 3-87　创建管状体

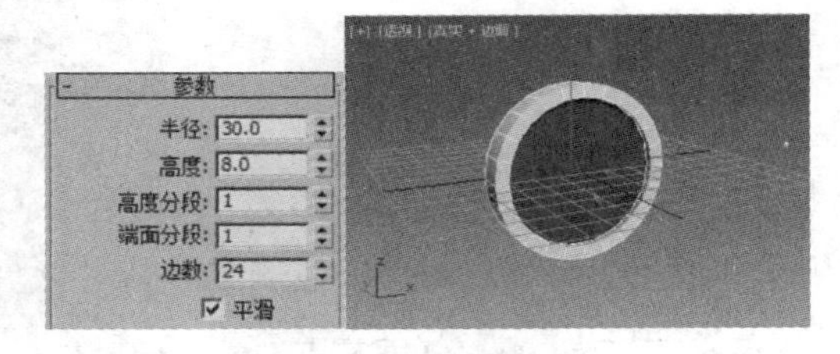

图 3-88　创建表盘

STEP③ 选择“四棱锥”，在命令面板中的“创建方法”卷展栏中选择“中心”单选按钮，在前视图中捕捉栅格原点，创建一个小四棱锥，参数设置及效果如图 3-89 所示。在顶视图中，移动四棱锥使其露出表盘。

STEP④ 关闭“捕捉”开关。使用“选择并移动”工具，将四棱锥沿 Y 轴向上移动到图上位置，作为表盘上的刻度，参数设置及位置如图 3-90 所示。

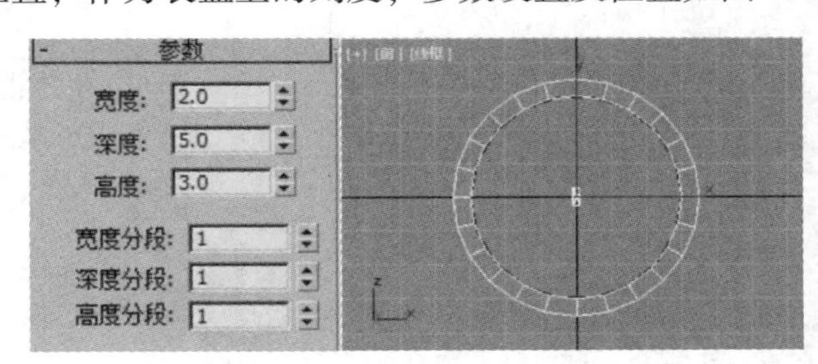

图 3-89　创建大刻度

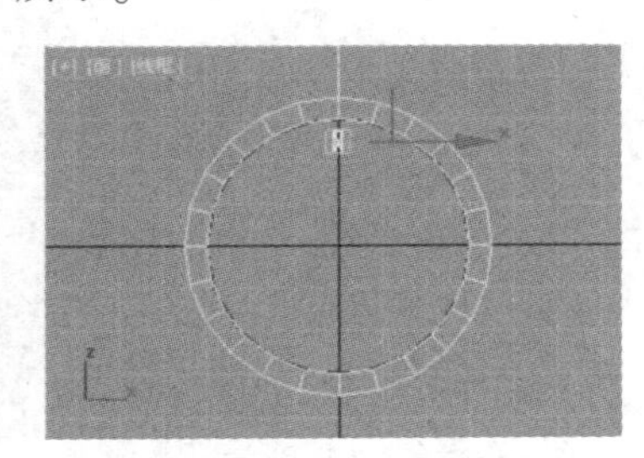

图 3-90　移动大刻度

STEP⑤ 在命令面板中，打开“层次”选项卡，单击“仅影响轴”按钮，按〈S〉键打开“捕捉”开关。在前视图中，使用“选择并移动”工具，移动四棱锥的轴心到栅格原点，效果如图 3-91 所示。

STEP⑥ 在前视图激活状态下，选择“工具”|“阵列”菜单命令，阵列出 12 个刻度，如图 3-92 所示。

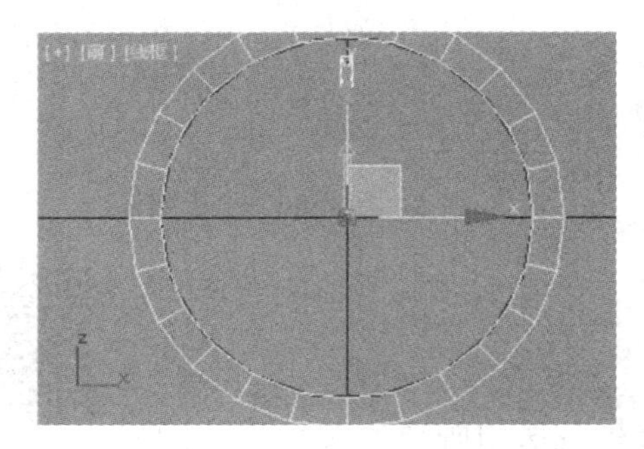

图 3-91　轴心位置归零

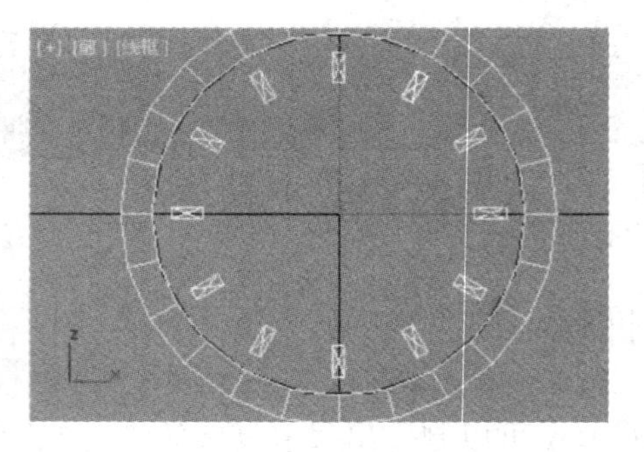

图 3-92　阵列刻度

STEP⑦ 创建两个长方体，参数设置如图 3-93 所示，调整角度和位置，分别作为时针和分针。创建圆柱体，参数设置如图 3-94 所示，调整角度和位置作为表轴。调整后的最终效果如图 3-95 所示。

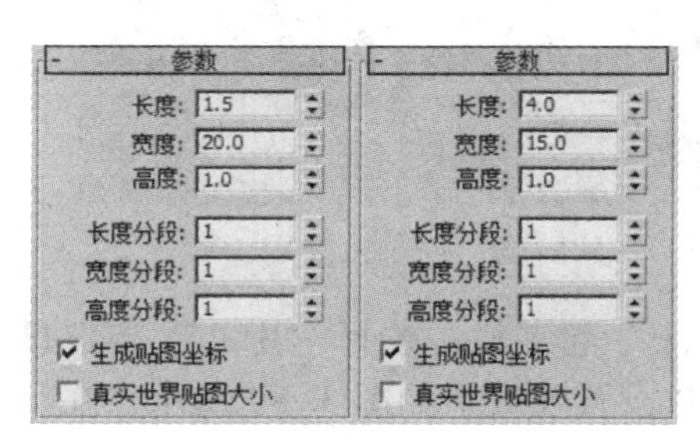

图 3-93　时针分针参数

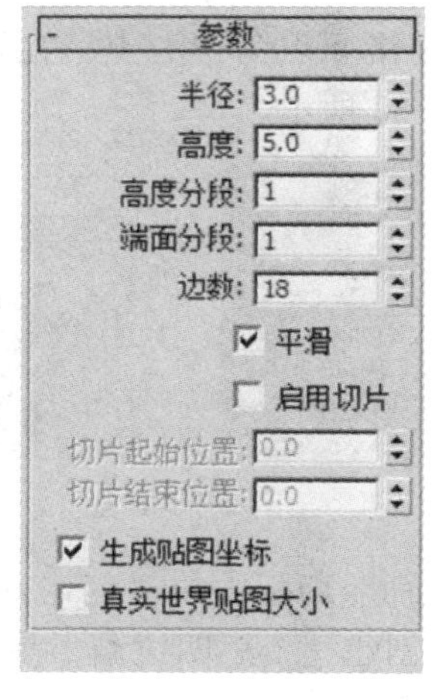

图 3-94　表轴参数

图 3-95　钟表效果

第 4 章　二维图形的创建与编辑

内容导读

在 3ds Max 中，二维图形包括线、矩形、圆和文本等。在实际应用当中，通常会先创建物体的二维截面图形，然后添加修改器将二维图形转换为三维模型，通过此方式，可以创建更加复杂的三维几何体。本章将学习二维图形的创建、编辑操作以及利用二维图形生成三维模型的方法。

学习目标

✓ 掌握二维图形的创建方法

✓ 掌握二维图形的编辑方法

✓ 掌握二维图形生成三维模型的方法

✓ 掌握放样技术

作品展示

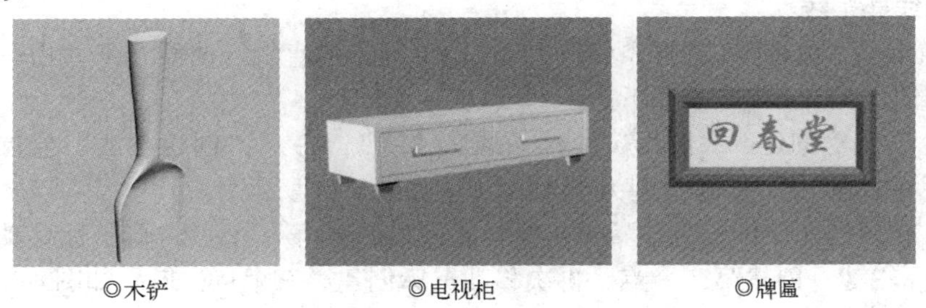

◎木铲　　◎电视柜　　◎牌匾

4.1　绘制二维图形

二维图形通常作为三维建模的基础。为二维图形添加修改器，如挤出、倒角、倒角剖面、车削等，就可以生成三维模型。二维图形的另外一个作用是作为动画路径。也可以将二维图形直接设置成可渲染的样条线。

4.1.1　创建二维图形

样条线属于二维图形，它们不具备实际的形体，主要作用是辅助生成三维模型，比如，对一个圆样条线进行挤出操作，能够生成一个圆柱体。样条线中连接两个相邻顶点的部分称为“线段”。3ds Max 中的顶点有如下四种类型，如图 4-1 所示。

- 角点：顶点两侧的入线段和出线段相互独立，因此两个线段可以有不同的方向。
- 平滑点：顶点两侧的线段的切线在同一条线上，从而使两个线段之间有光滑的过渡。
- Bezier 角点：顶点两侧之间的线段可以不在一条切线上，线段各自有控点，可以对线段的曲率进行调整。
- Bezier 平滑点：顶点两侧之间的线段具有控点，且两个控点永远在一条直线上。

利用 3ds Max “创建”|“图形”|“样条线”或“扩展样条线”分类中的命令按钮可以创建各种样条线，包括下面几种类型。

样条线：包括线、矩形、圆、椭圆、弧、圆环、多边形、星形、文字、螺旋线、卵形和截面 12 种对象类型，如图 4-2 所示。

扩展样条线：包括墙矩形、通道、角度、T 形和宽法兰 5 种对象类型，如图 4-3 所示。

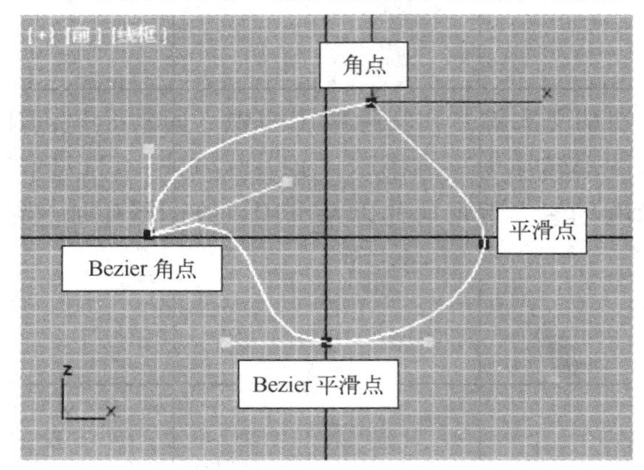

图 4-1　四种顶点类型

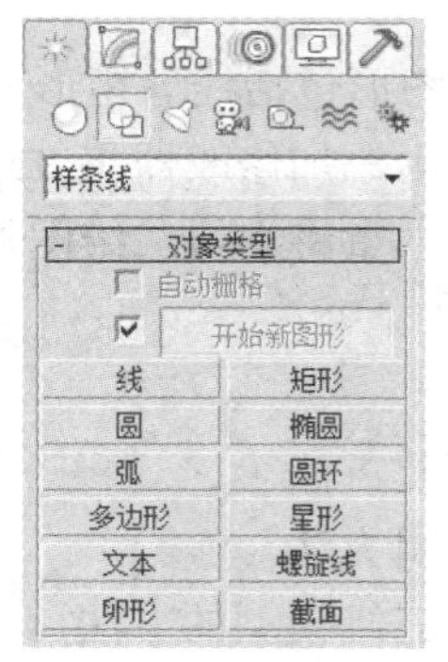

图 4-2　样条线类型

图 4-3　样条线类型

1. 创建线样条线

利用“创建”|“图形”|“样条线”|“线”，可以创建直线、曲线及一些由一条线构成的稍复杂的二维图形，操作步骤如下。

STEP① 选择“创建”|“图形”|“样条线”|“线”，打开“创建方法”卷展栏，设置线的初始类型为“角点”，拖动类型为“Bezier”，如图 4-4 所示。

STEP② 在顶视图中的任意位置单击鼠标左键，创建第一个点，将鼠标移动到其他位置再次单击鼠标左键，创建第二个点，再次移动鼠标创建第三个点，效果如图 4-5 所示。

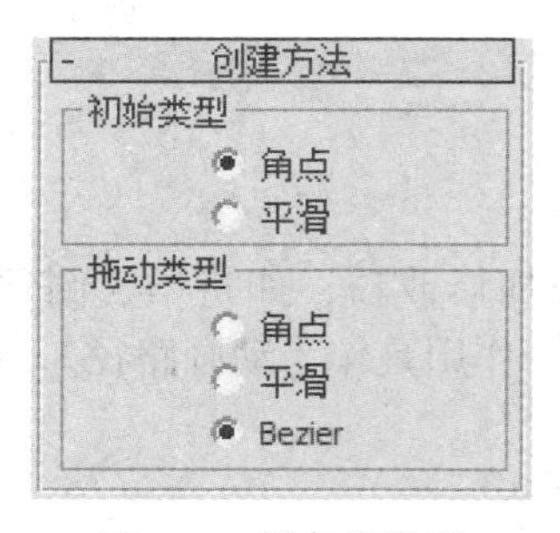

图 4-4　样条线类型

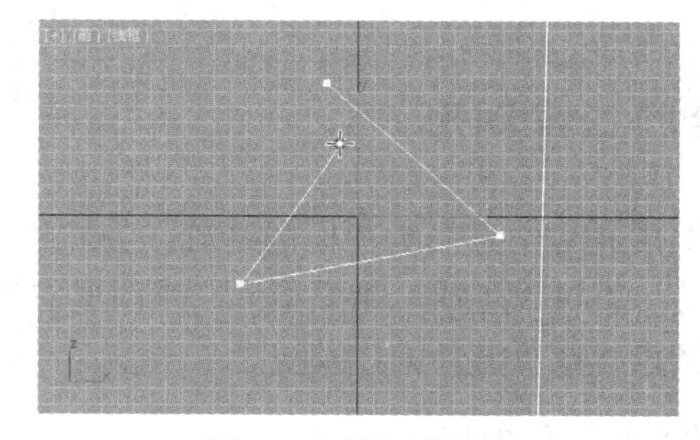
图 4-5　样条线效果

STEP③ 将鼠标移到开始第一个点的位置并单击鼠标左键，弹出如图 4-6 所示的对话框。单击“是”按钮，得到一个完整闭合的样条线，如图 4-7 所示。

初始类型：用于设置单击鼠标所建顶点的类型，编辑样条线时可通过编辑顶点来调整样条线。其中，“角点”类型顶点的两侧可均为直线段，或者一侧为直线段，另一侧为曲线段。“平滑”类型顶点的两侧为平滑的曲线段。

拖动类型：用于设置拖动鼠标所建顶点的类型。其中，“Bezier”类型顶点的两侧有两个始终处于同一直线且长度相等、方向相反的控点，利用这两个控点可以调整顶点处曲线的形状。

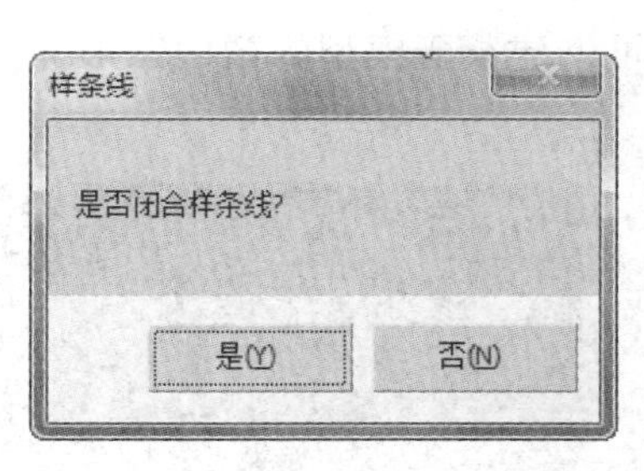

图 4-6　样条线类型

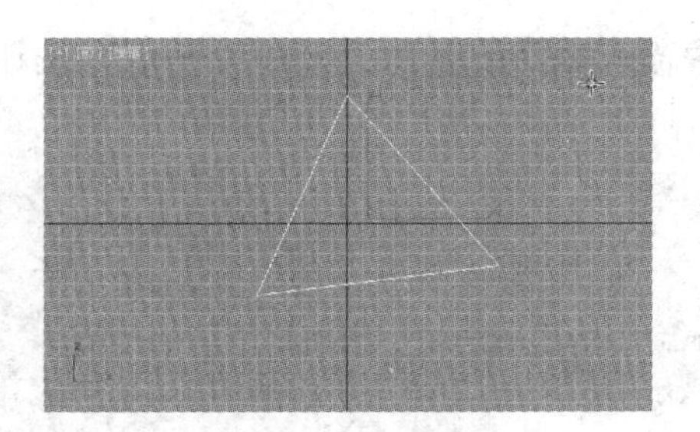

图 4-7　完全闭合的样条线效果

知识拓展

在样条线的顶点编辑模式下，选中顶点，单击鼠标右键，在弹出的快捷菜单中可以选择顶点的类型。当顶点的类型为“Bezier 平滑点”时，也可以对顶点的切线进行重置，使之恢复到最初始的对称状态，从而可以对顶点的控点进行重新调整。

2. 创建矩形样条线

STEP① 选择“创建”|“图形”|“样条线”|“矩形”命令。

STEP② 在顶视图中按下鼠标左键并拖动至任意位置，松开鼠标，可以绘制一个任意形状的矩形样条线，如图 4-8 所示。

STEP③ 在“参数”卷展栏中设置矩形样条线的参数，如图 4-9 所示。

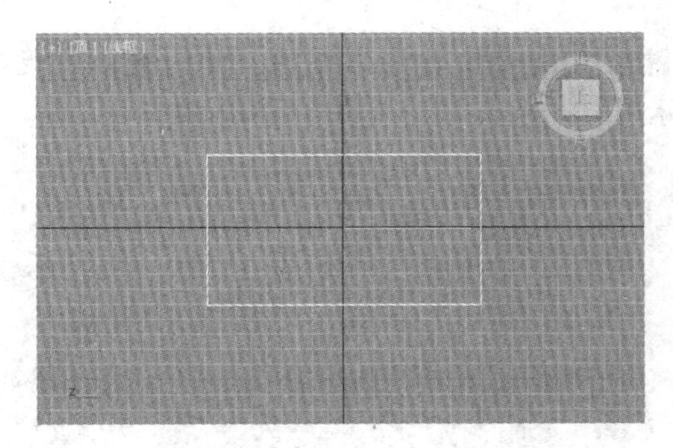

图 4-8　任意矩形样条线

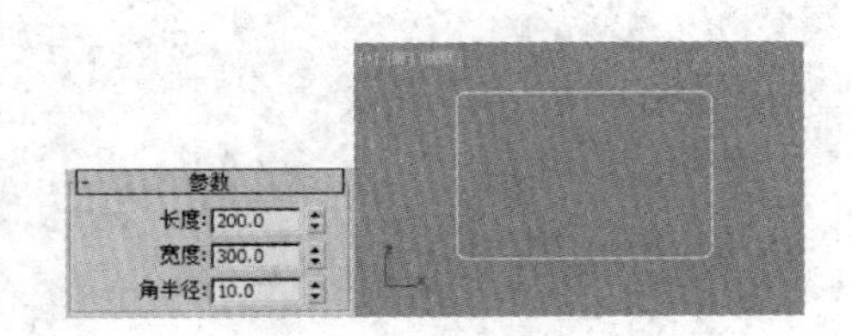

图 4-9　矩形参数及效果

3. 创建文本样条线

用“创建”|“图形”|“样条线”|“文本”命令创建的样条线，参数设置及效果如图 4-10 所示。

4. 创建截面样条线

截面样条线是一种特殊类型的对象，可以通过网格对象基于横截面切片生成其他形状。创建截面样条线的方法如下。

STEP① 选择“创建”|“几何体”|“茶壶”，绘制茶壶模型，如图 4-11 所示。

STEP② 选择“创建”|“图形”|“样条线”|“截面”，在前视图中按下鼠标左键并拖动，创建一个切开茶壶模型的截面，使用“移动工具”将截面移动到合适位置，如图 4-12 所示。

STEP③ 单击“截面参数”卷展栏中的“创建图形”按钮，在弹出的“命名截面图形”

对话框中输入截面的名称，单击“确定”按钮，即可创建茶壶模型的截面图形，如图 4-13 所示。

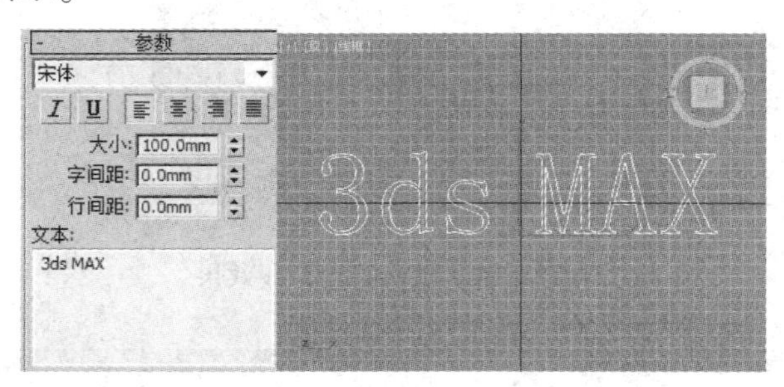

图 4-10　文本参数及效果

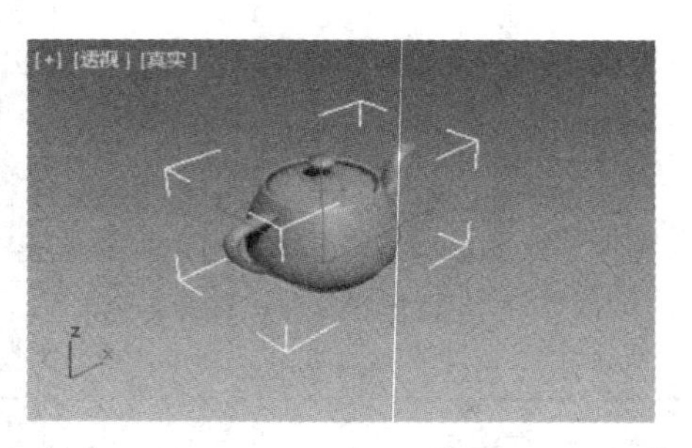

图 4-11　创建茶壶

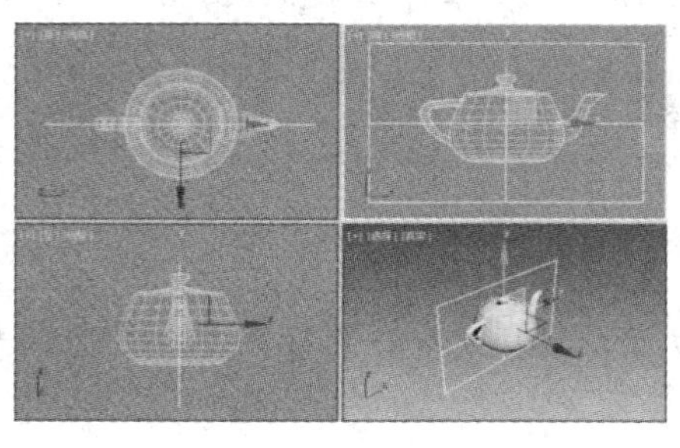

图 4-12　创建截面并移动

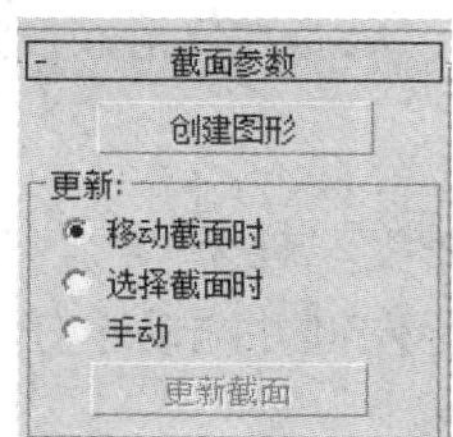

图 4-13　创建截面图形并命名

STEP 4 在透视图中选中茶壶模型和截面，按〈Delete〉键将其删除，此时视图中便只显示茶壶的截面图形，如图 4-14 和图 4-15 所示。

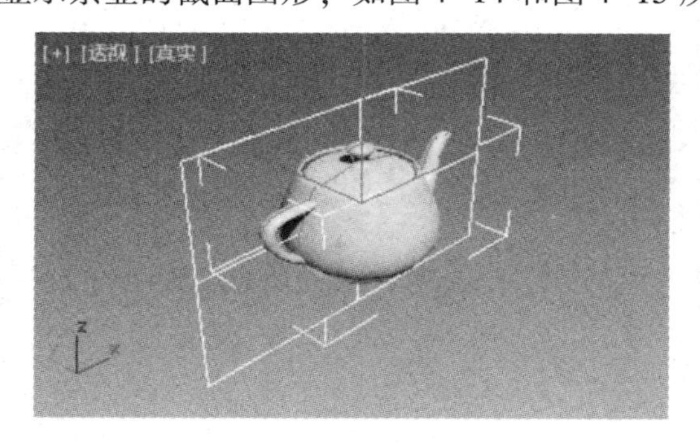

图 4-14　删除茶壶模型和截面

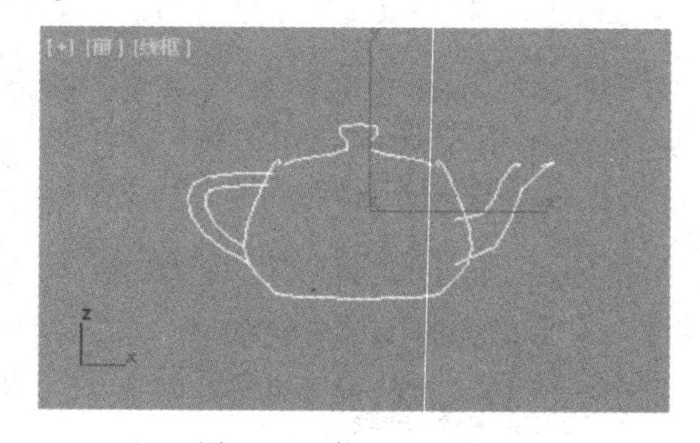

图 4-15　截面图形效果

4.1.2　调整二维图形

二维图形拥有三个层级结构，分别为顶点、线段和样条线。进入不同层级，可对图形进行调整。

调整二维图形的操作步骤如下。

STEP 1 选择“创建”|“图形”|“样条线”|“线”，创建任意线条，如图 4-16 所示。

STEP 2 在命令面板中，单击“Line”前面的“+”号，展开层级，选择“顶点”层级，如图 4-17 所示。此步骤可用按〈1〉数字键代替（数字键〈1〉用于进入“顶点”层级，数字键〈2〉用于进入“线段”层级，数字键〈3〉用于进入“样条线”层级）。

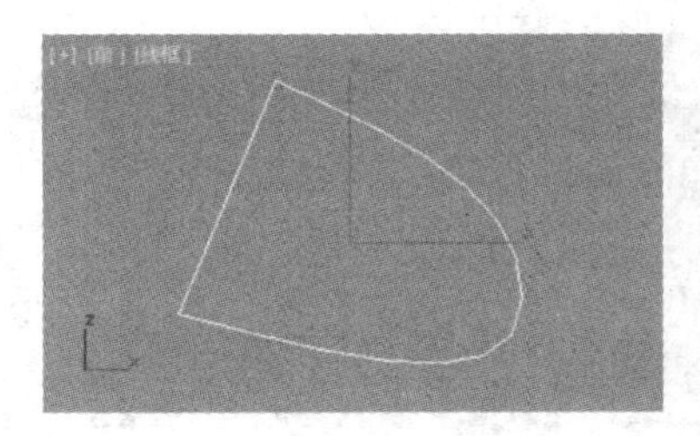

图 4-16　创建任意线

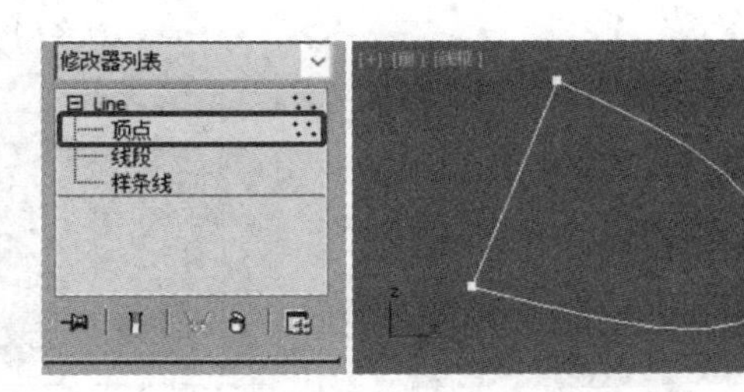

图 4-17　选择“顶点”层级

STEP③ 使用“选择并移动”工具，选中其中一个顶点，并单击鼠标右键，在弹出的快捷菜单中选择“Bezier”，将选中的点转换为“Bezier 平滑点”，如图 4-18 所示。（注意：当前顶点状态为“角点”，除了转化为“Bezier 平滑点”之外，还可以转换为“Bezier 角点”“平滑”。）

STEP④ 使用鼠标左键拖动控点，可改变线条形状，如图 4-19 所示。

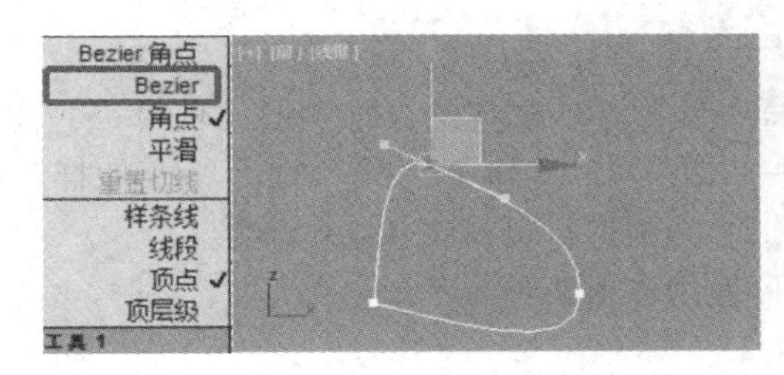

图 4-18　转换顶点类型

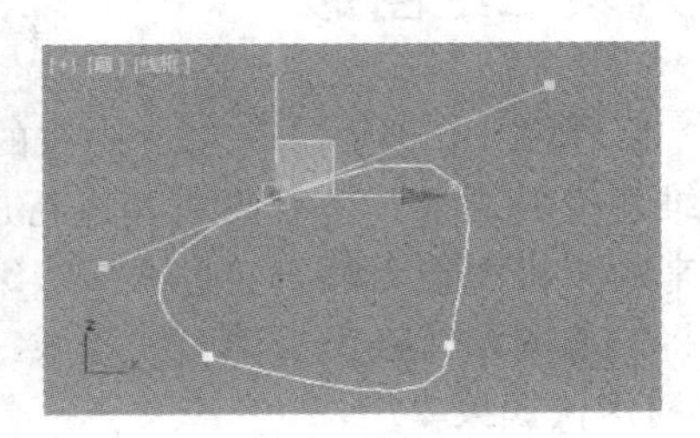

图 4-19　改变线条形状

小试身手——绘制心形

12 绘制心形

下面通过心形的绘制来练习二维图形的创建与编辑。

STEP① 选择“创建”|“图形”|“样条线”|“线”，在“创建方法”卷展栏中选择“初始类型”为“角点”，“拖动类型”为“Bezier”，如图 4-20 所示。

STEP② 在顶视图中绘制心形的起始点，按下鼠标左键并拖动鼠标到合适位置后释放，生成心形的第二个点，如图 4-21 所示。

STEP③ 移动鼠标到心形最下端的顶点处，单击鼠标左键生成第三个点，如图 4-22 所示。

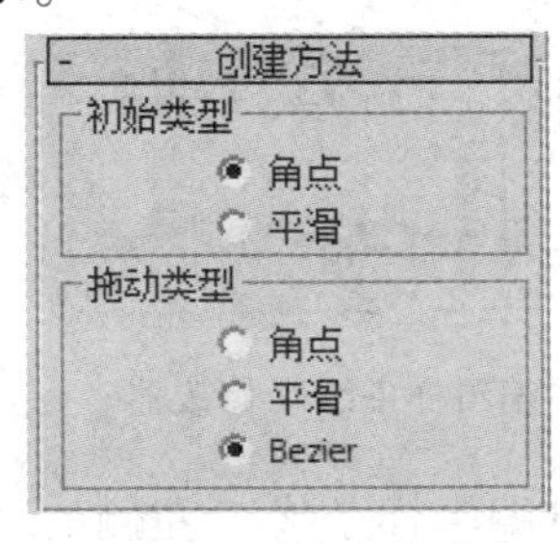

图 4-20　设置线条创建方法

图 4-21　创建第一个和第二个点

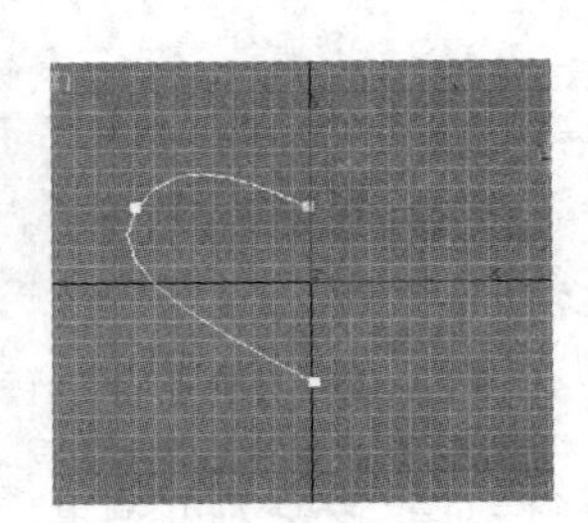

图 4-22　创建第三个点

STEP④ 移动鼠标拖动到第二个点的对称位置后生成第四个点，如图 4-23 所示。

STEP⑤ 移动鼠标到心形的起始点，封闭绘制的样条线图形，如图 4-24 所示。

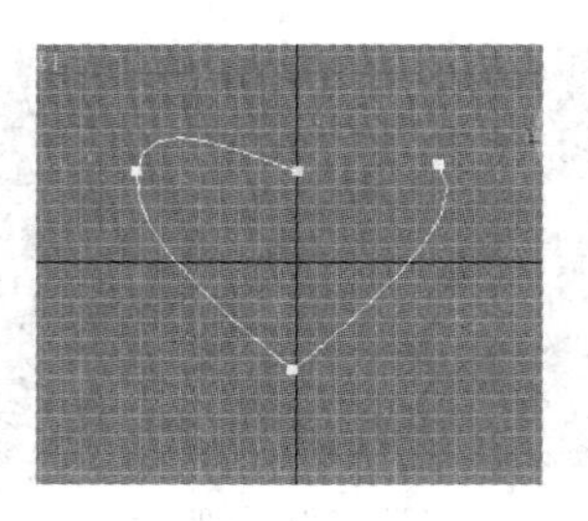

图 4-23　创建第四个点

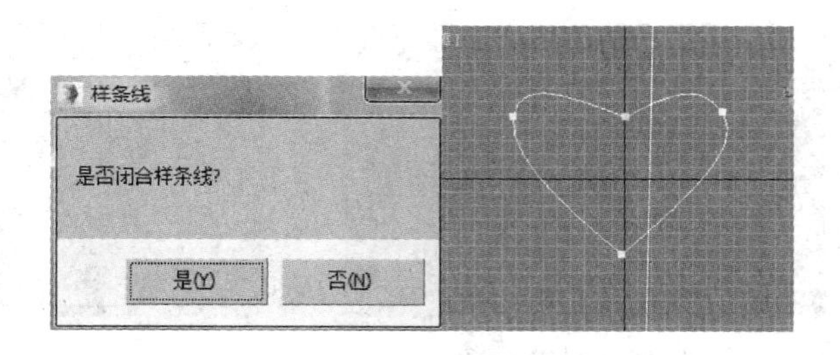

图 4-24　闭合样条线

STEP 6 绘制的二维图形一般都需要调整，在二维图形上选择需要编辑的样条线，单击“修改”命令面板，在“选择”卷展栏中单击“顶点”按钮，用“移动工具”拖动点上的控点调整曲线的形状。

4.2　编辑二维图形

在实际作图中，使用 3ds Max 内置的样条线类型所创建的二维图形比较单一，往往不能满足三维建模的要求，还需要对其进行进一步的编辑。除了“线”命令，其他样条线命令创建出来的二维图形无法直接进入层级编辑，必须进行可编辑状态的转换。

要将二维图形转换为可编辑样条线，可使用以下两种方法。

1. 利用快捷菜单

在视图中选择要编辑的二维图形，然后在所选对象上右击，在弹出的快捷菜单中选择“转换为”|“转换为可编辑样条线”菜单命令，图 4-25 所示为矩形样条线转换前后的命令面板对比。利用这种方法转换的可编辑样条线，将失去原有二维图形的参数，不能再通过修改“参数”卷展栏中的参数调整线段形状。

2. 利用“修改器列表”

在视图中选中要转换为可编辑样条线的二维图形，然后单击“修改”命令面板“修改器列表”右侧的下拉按钮，在展开的下拉列表中选择“编辑样条线”修改器，如图 4-26 所示。利用这种方法转换的可编辑样条线不会丢失二维图形的参数，但不能将线段形状的变化记录为动画的关键帧。

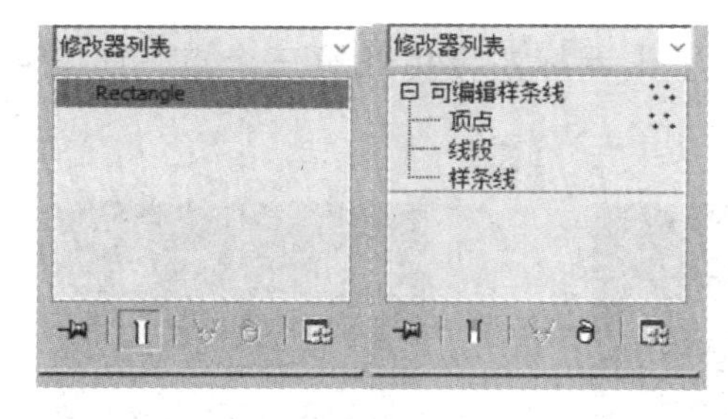

图 4-25　矩形样条线转换前后对比

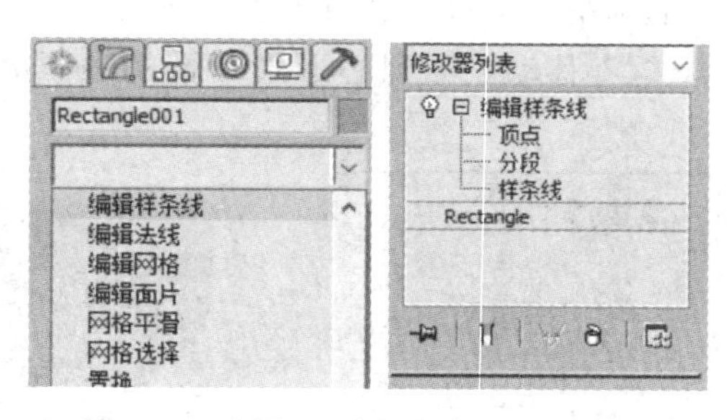

图 4-26　添加“编辑样条线”修改器

将样条线转换为可编辑样条线后，在修改器堆栈中单击“可编辑样条线”左侧的“展开”按钮，可展开样条线的“子对象”层级，包括“顶点”“线段”和“样条线”。通过选择这几个层级可分别对样条线的顶点、线段和样条线子对象进行编辑。此外，在“修改”面板中还多了“选择”“软选择”和“几何体”等卷展栏。

4.2.1 编辑顶点

在编辑二维图形时，为了更方便地调整二维图形的形状，需要对二维图形的顶点进行编辑。下面学习编辑顶点的常用操作。

1. 插入顶点

利用“优化”按钮在样条线的任意位置插入顶点的操作方法如下。

STEP① 选择“创建”|“图形”|“样条线”|“线”，在顶视图中创建一个圆形，将其转换为可编辑样条线，按〈1〉数字键进入“顶点”层级，如图 4-27 所示。

STEP② 在“修改”面板中，单击“几何体”卷展栏中的“优化”按钮，将光标移动到视图中的样条线上，当光标呈“添加”形状时单击，即可插入一个新顶点，按〈Esc〉键或右击鼠标可结束插入顶点操作，如图 4-28 所示。

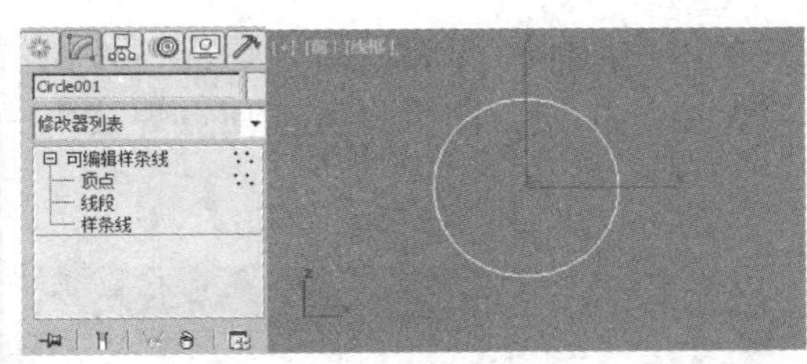

图 4-27　创建圆形可编辑样条线

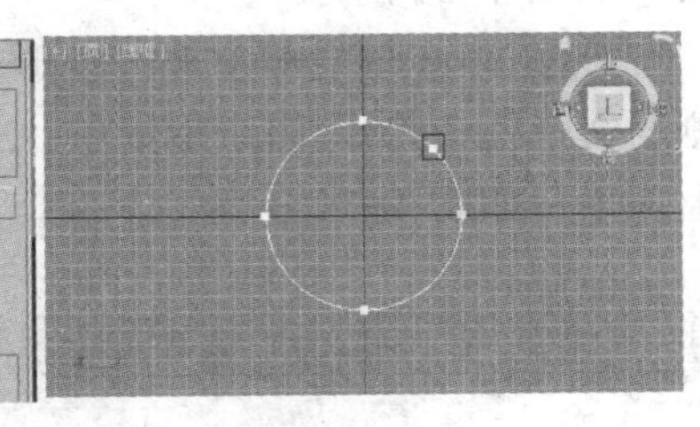

图 4-28　插入顶点

2. 顶点的切角和圆角处理

利用可编辑样条线“几何体”卷展栏中的“切角”和“圆角”选项，可以对顶点进行切角和圆角处理。

切角处理的具体操作步骤如下。

STEP① 创建一个圆形样条线并将其转换为可编辑样条线，按〈1〉数字键进入“顶点”层级。

STEP② 在“修改”命令面板中，打开“几何体”卷展栏，单击“切角”按钮，同时选择圆形的左右两个顶点，按住鼠标左键并拖动，即可对所选择的两个顶点进行切角处理。也可在“切角”按钮后的文本框中输入数值，进行定量切角，如图 4-29 所示。

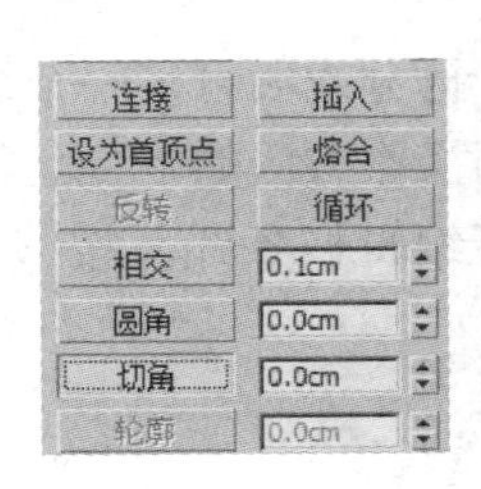

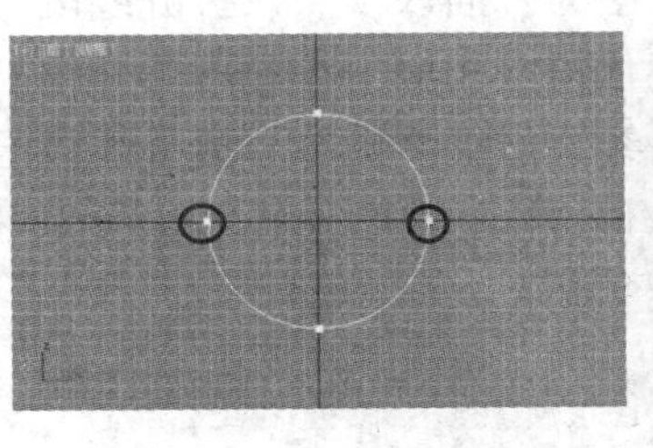

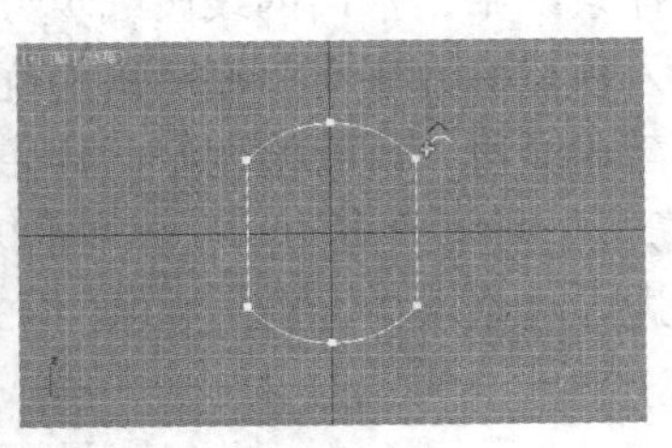

图 4-29　切角处理

圆角处理的具体操作步骤如下。

STEP① 选择“创建”|“图形”|“样条线”|“星形”，创建一个星形，将其转换为可编辑样条线，按〈1〉数字键进入“顶点”层级。

STEP② 在“修改”命令面板中，打开“几何体”卷展栏，单击“圆角”按钮，选择星形任一个顶点，按住鼠标左键并拖动，即可对所选择的顶点进行圆角处理，如图 4-30 所示。也可在“切角”按钮后的文本框中输入数值，进行定量切角。

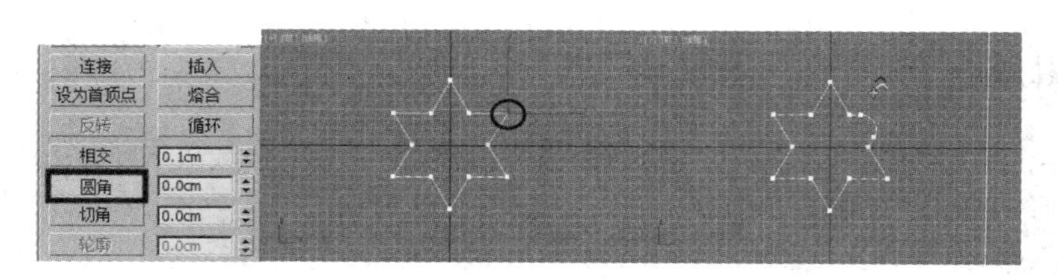

图 4-30　圆角处理

3. 顶点的焊接

利用“焊接”选项，可以将多个顶点合并为一个顶点，焊接后的顶点位于所选顶点的中间位置，具体操作步骤如下。

STEP 1 创建矩形样条线并将其转换为可编辑样条线，按〈1〉数字键进入“顶点”层级，如图 4-31 所示。

STEP 2 在顶视图中选择矩形右边的两个顶点，在“几何体”卷展栏的“焊接”按钮右侧的文本框中将焊接阈值设为“20000”，再单击“焊接”按钮，即可将所选顶点焊接为一个顶点，如图 4-32 所示。

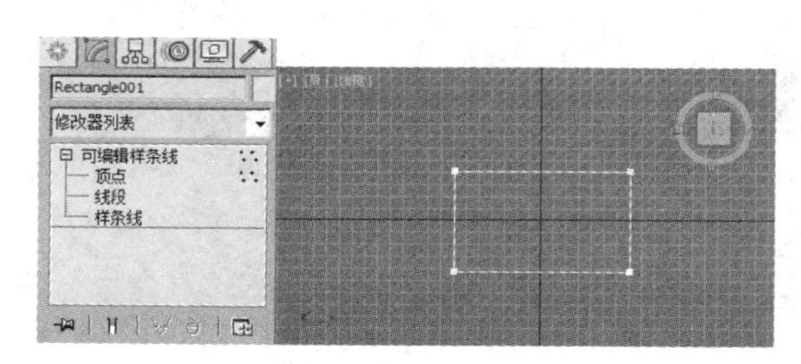

图 4-31　创建矩形

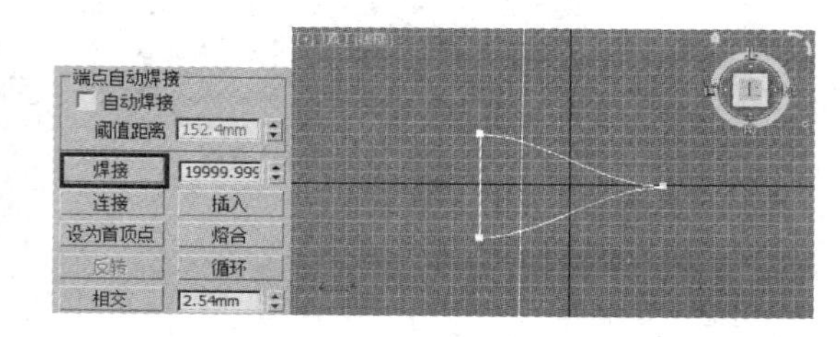

图 4-32　焊接顶点

利用“焊接”选项只能焊接相邻的顶点，且顶点间的间距必须小于焊接阈值，否则无法焊接。

4.2.2　编辑线段

在样条线中，常用的线段编辑方法为：插入顶点、拆分线段。

插入顶点的方法与前面所讲的优化顶点相似，在此不再介绍。拆分线段可将一个线段等长度分割成多段，可为绘制好的样条线添加更多细节。拆分线段的操作方法如下。

STEP 1 利用“多边形”按钮创建一个六边形，将其转换为可编辑样条线，按〈2〉数字键可进入“线段”层级，如图 4-33 所示。

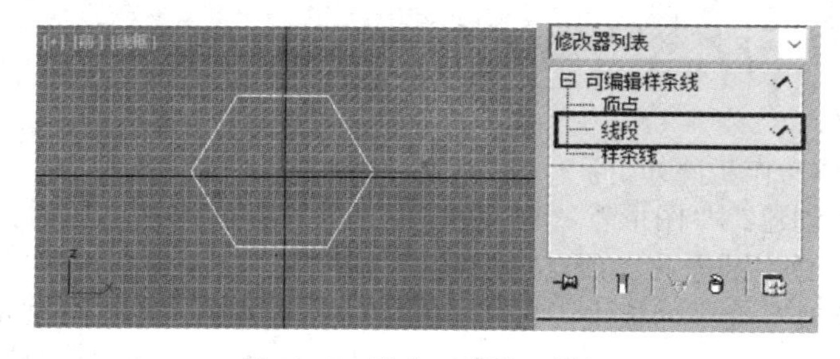

图 4-33　进入“线段”层级

STEP 2 在视图中选中任意一条线段，如图 4-34 所示。

STEP 3 在“几何体”卷展栏的“拆分”按钮右侧的文本框中输入要插入的顶点数，本例输入“3”，单击“拆分”按钮，可将所选线段均匀拆分为 4 段，如图 4-35 所示。

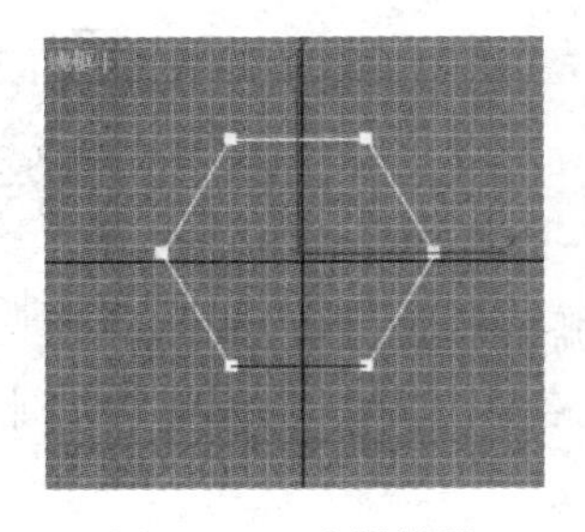

图 4-34　选择线段

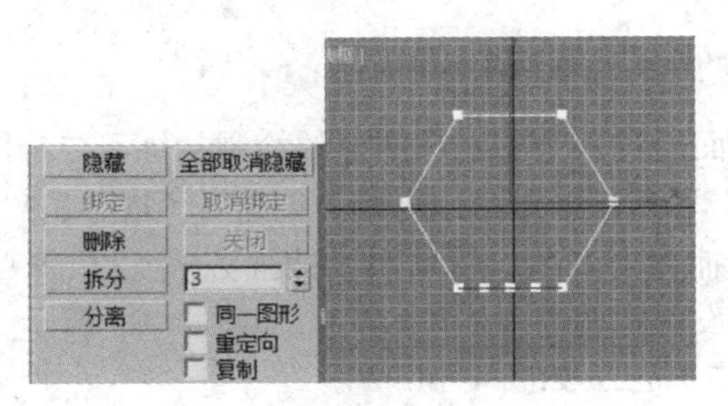

图 4-35　拆分线段

4.2.3　编辑样条线

利用可编辑样条线“几何体”卷展栏中的“布尔”按钮，可以对可编辑样条线中两条相交的样条线子对象进行布尔运算。创建不规则的图形时经常使用布尔运算。

对样条线进行布尔运算的方法如下。

STEP 1 在顶视图中创建一个圆形和一个矩形，并调整它们的位置使其相交，将圆形转换为可编辑样条线，如图 4-36 所示。

STEP 2 在“修改”命令面板中，单击“几何体”卷展栏中的“附加”按钮，单击顶视图中的矩形图形，即可将它们合并到当前可编辑样条线中，并选择矩形，如图 4-37 所示。按〈3〉数字键进入“样条线”层级。

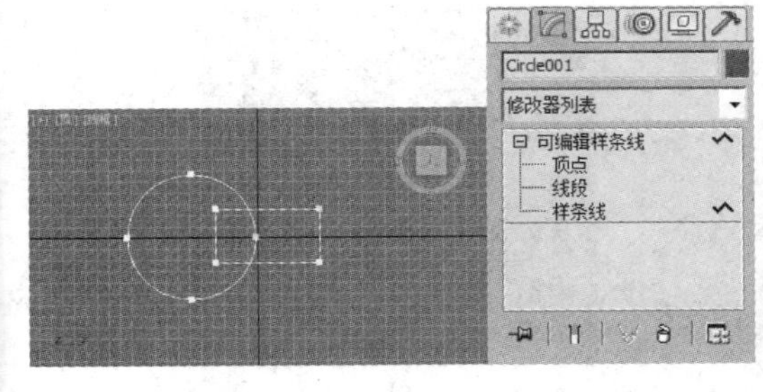

图 4-36　创建相交二维图形

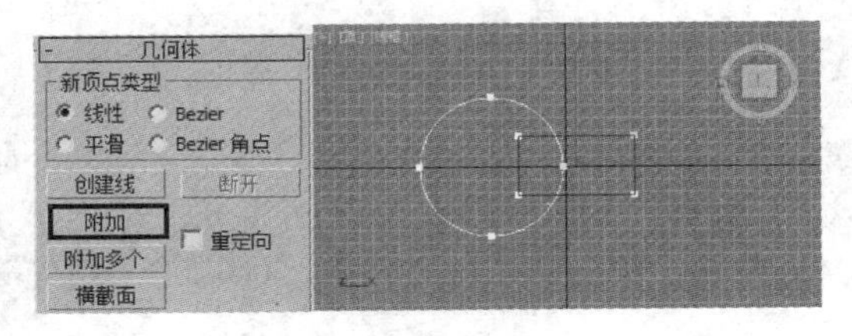

图 4-37　附加样条线

STEP 3 在“几何体”卷展栏中设置布尔运算的类型为“并集”，单击“布尔”按钮，再单击视图中矩形区域内的圆形样条线，即可完成布尔运算，如图 4-38 所示。

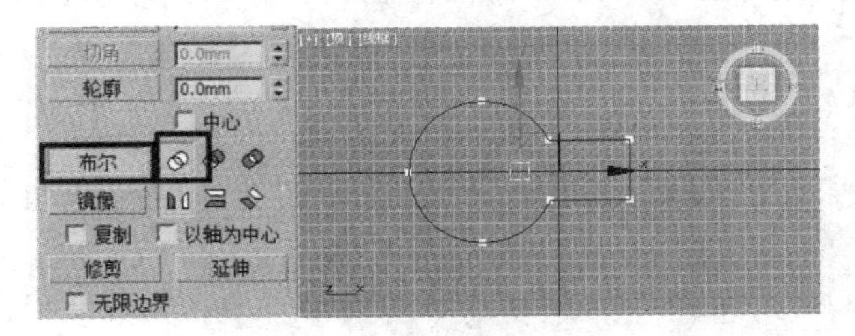

图 4-38　并集布尔运算

需要注意的是，进行布尔运算的样条线必须是闭合样条线，而且两者必须相交，否则进行布尔运算无任何效果。另外，要进行布尔运算的样条线必须附加到同一可编辑样条线中，否则无法进行布尔运算。

小试身手——绘制 LOGO

13 绘制 LOGO

下面通过一个 LOGO 图形的绘制，练习二维图形的创建与调整。

STEP① 新建文件，选择“创建”|“图形”|“样条线”|“圆”，按〈S〉键打开“捕捉”开关，使用二维捕捉方式，在前视图中捕捉栅格原点，绘制一个圆，设置圆的半径为 100 mm，如图 4-39 所示。再次以栅格原点为中心绘制一个圆，半径设置为 70 mm，如图 4-40 所示。

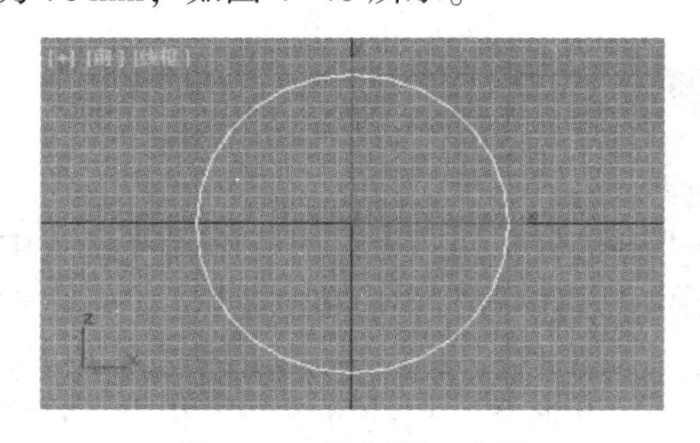

图 4-39　绘制第一个圆

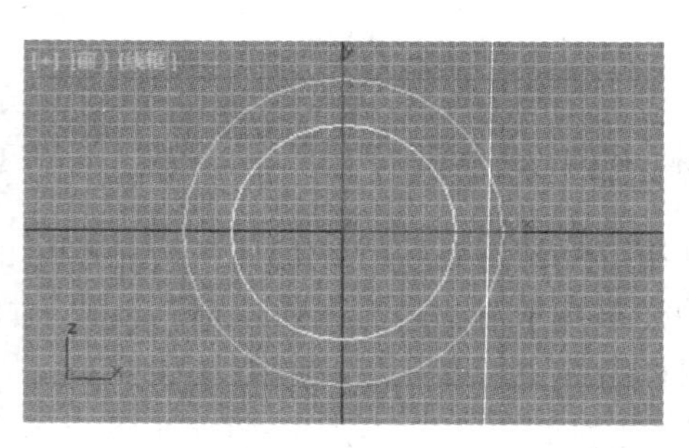

图 4-40　绘制第二个圆

STEP② 选择“创建”|“图形”|“样条线”|“星形”，在前视图中绘制星形，参数设置如图 4-38a 所示。在界面下方的“绝对/相对模式切换”文本框中，设置 *X* 轴的值为 0，使星形的中心在 *X* 轴方向上与圆形中心对齐，如图 4-41b 和图 4-41c 所示。

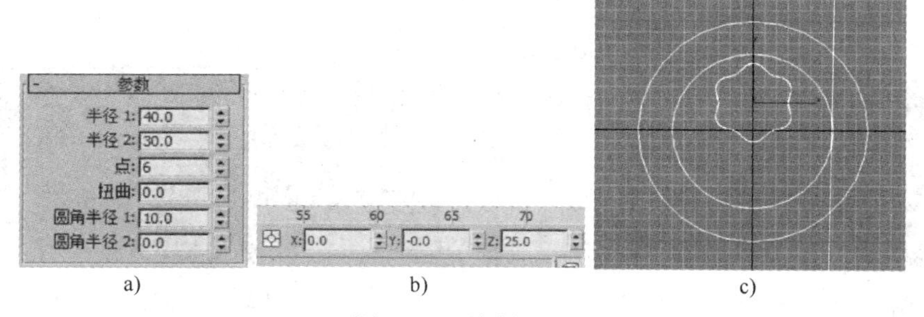

图 4-41　绘制星形

STEP③ 选择“创建”|“图形”|“样条线”|“矩形”，在前视图中绘制矩形，参数及位置如图 4-42 所示。可用与上一步同样的方法将矩形与圆形从 *X* 轴方向中心对齐。

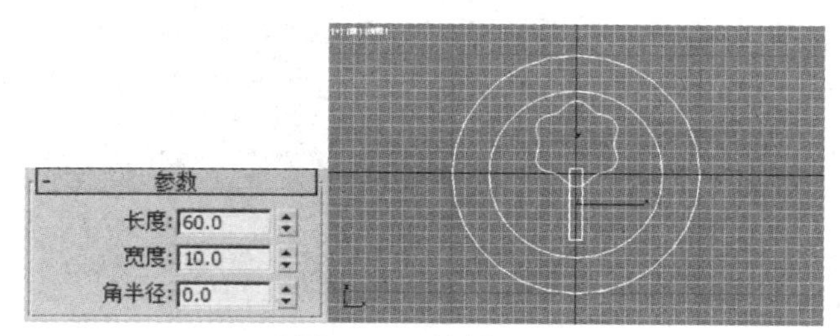

图 4-42　绘制矩形

STEP 4 选择“创建”|“图形”|“样条线”|“圆”，在前视图中绘制圆形，设置圆的半径为 20 mm，位置如图 4-43a 所示。

STEP 5 将圆形转换为可编辑样条线，按〈1〉数字键进入“顶点”层级，选中上下两个顶点，单击鼠标右键，在弹出的快捷菜单中选择“角点”，如图 4-43b 所示，效果如图 4-43c 所示。

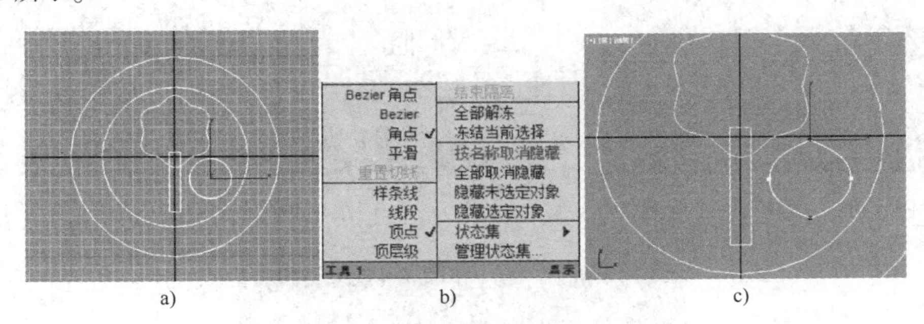

a)　　b)　　c)

图 4-43　绘制圆形并转化顶点

STEP 6 使用“选择并缩放”工具纵向放大上下两个顶点之间的距离，如图 4-44 所示。选中左右两个顶点，横向缩小两顶点之间的距离，使之成为叶片形状，如图 4-45 所示。

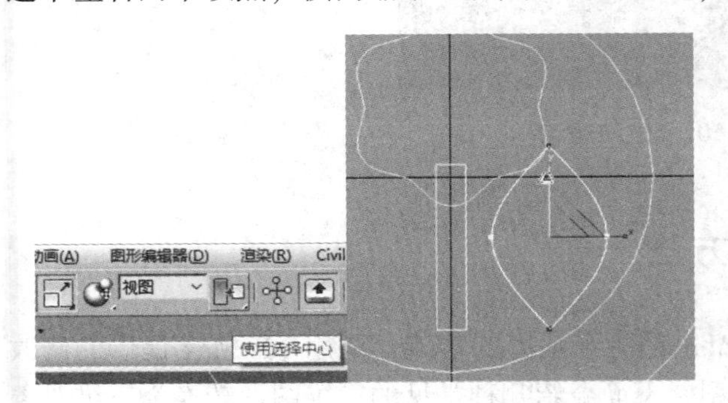

图 4-44　放大上下两个顶点之间的距离

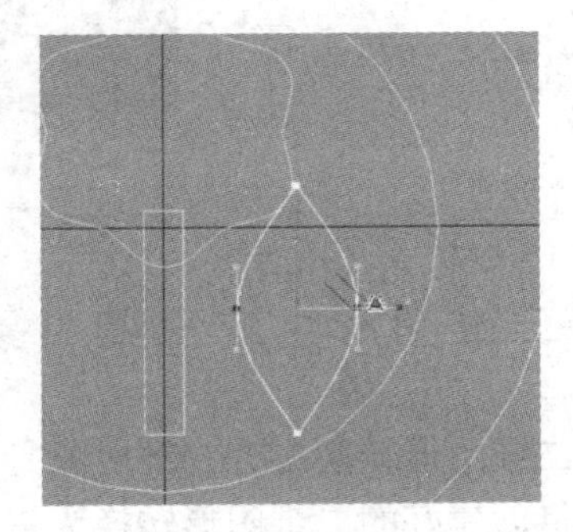
图 4-45　缩小左右两个顶点之间的距离

STEP 7 按〈1〉数字键退出“顶点”层级，对叶片形状进行旋转、移动，得到如图 4-46 所示效果。对叶片进行镜像复制，如图 4-47 所示。

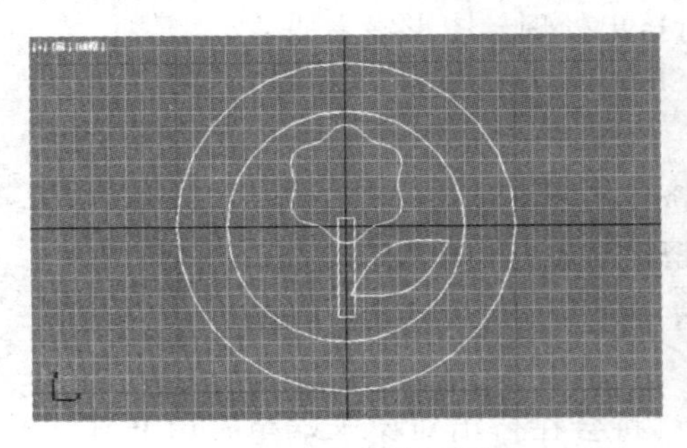
图 4-46　叶片位置摆放

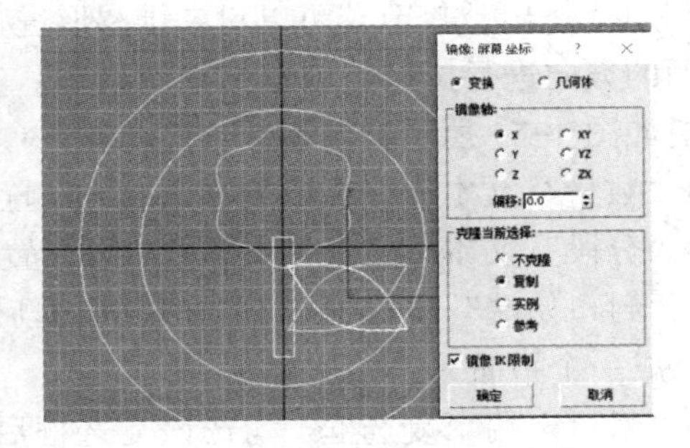

图 4-47　镜像复制另一个叶片

STEP 8 移动镜像复制出的叶片形状，使之与另一个叶片呈对称放置，如图 4-48 所示。

STEP 9 在命令面板中，打开“几何体”卷展栏，单击“附加”按钮，在视图中依次单击另外一个叶片、星形、矩形，将这些图形全部附加在一起。

STEP 10 按〈3〉数字键，进入“样条线”层级，选择星形样条线。在“几何体”卷展栏中选择“并集”单选按钮，单击“布尔”按钮，在视图中依次单击矩形和两个叶片，如图 4-49 所示。全部并集运算完毕后的效果如图 4-50 所示。

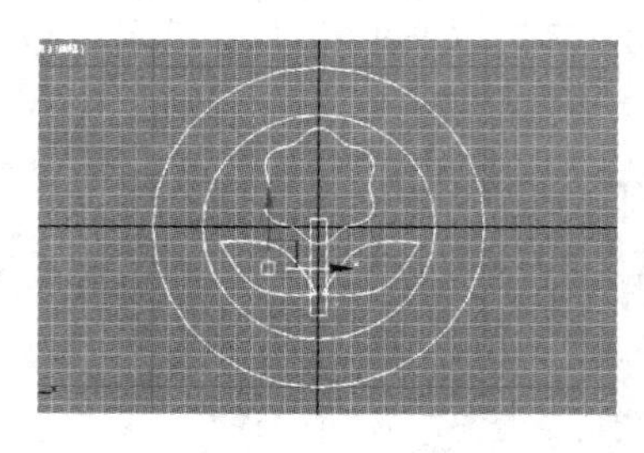

图 4-48　摆放另一个叶片

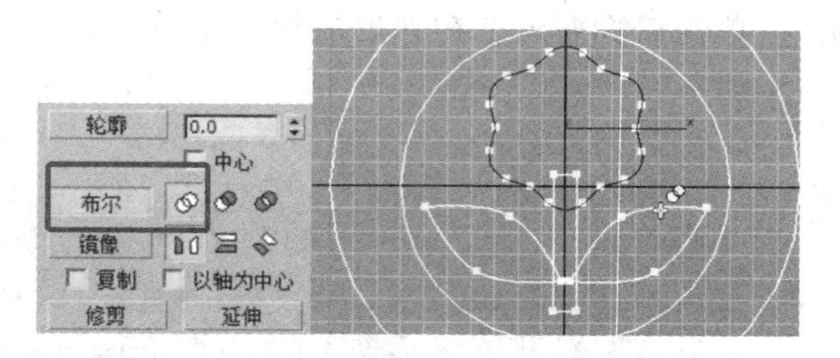

图 4-49　布尔并集

图 4-50　LOGO 效果

4.3　二维图形生成三维对象的方法

将二维图形转换成为三维对象是 3ds Max 的一个强大的功能，利用 3ds Max 提供的修改器可以将创建好的二维图形转换为三维模型，下面介绍几种常见的二维图形转换为三维对象的修改器。

4.3.1 “挤出”修改器

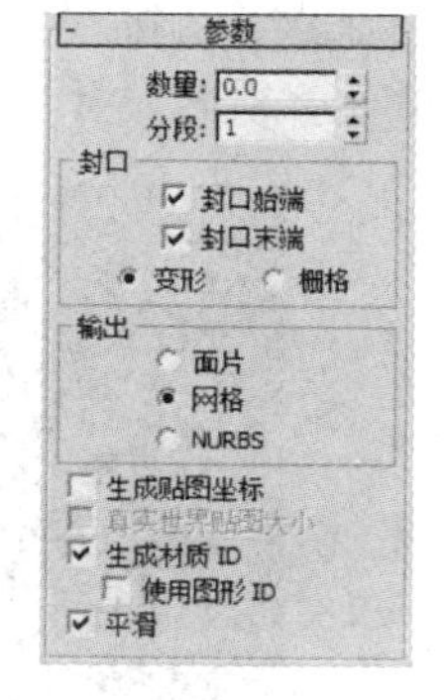

图 4-51 “挤出”修改器参数

利用“挤出”修改器可以对二维图形进行挤出处理，图形沿着垂直于截面的方向进行拉伸，创建出三维模型。“挤出”修改器的“参数”卷展栏如图 4-51 所示，各参数含义如下。

- “数量”文本框：在该文本框中可设置挤出的深度。
- “分段”文本框：在该文本框中可设置挤出对象的分段数目。
- “封口始端”复选框：勾选该复选框后，将会在挤出对象始端生成一个平面。
- “封口末端”复选框：勾选该复选框后，将会在挤出对象末端生成一个平面。
- “变形”单选按钮：当挤出对象用于变形动画的制作时，应选择此单选按钮。
- “栅格”单选按钮：当选择该单选按钮时，表示将挤出的对象作为网格对象。
- “面片”单选按钮：若选择该单选按钮时，则挤出生成对象的类型为面片。

- “网格”单选按钮：若选择该单按钮，则挤出生成对象的类型为网格。
- “NURBS”单选按钮：若选择该单按钮，则挤出生成对象的类型为 NURBS。
- “生成贴图坐标”复选框：勾选该复选框后，会将贴图坐标应用到挤出对象中。
- “真实世界贴图大小”复选框：用于控制应用于该对象的纹理贴图材质所使用缩放方法。
- “生成材质 ID”复选框：勾选该复选框表示可以将不同的材质 ID 指定给挤出对象的侧面与封口。
- “使用图形 ID”复选框：勾选该复选框后，会使用样条曲线中为分段和样条线指定的材质 ID。
- “平滑”复选框：勾选该复选框后，系统将自动平滑挤出生成的对象。

二维图形通过“挤出”修改器转换为三维对象的操作步骤如下。

STEP 1 选择“创建”|“图形”|“样条线”|“文本”，在“参数”卷展栏中将“字体”设为“楷体”，将“大小”设为“1200 mm”，其他参数保持默认设置不变，在“文本”文本框中输入“三维制作”，在前视图中适当位置单击创建二维文本，如图 4-52 所示。

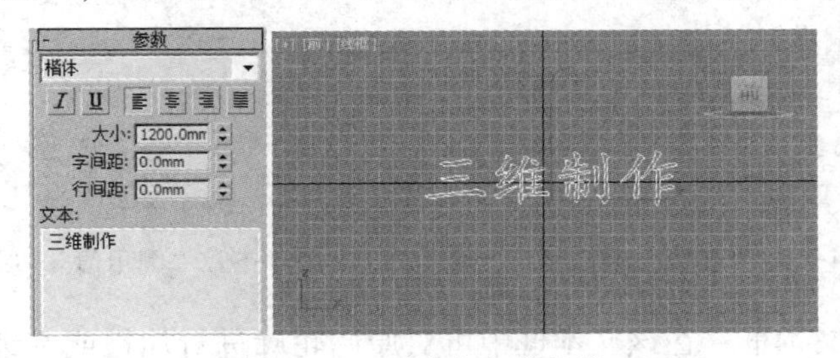

图 4-52　创建文字样条线

STEP 2 在“修改”命令面板中的“修改器列表”下拉列表框中选择“挤出”修改器，如图 4-53 所示。

STEP 3 在“参数”卷展栏中将“数量”设为“150 mm”，勾选“封口始端”和“封口末端”复选框，即可将二维文字转换为三维文字，参数设置及效果如图 4-54 所示。

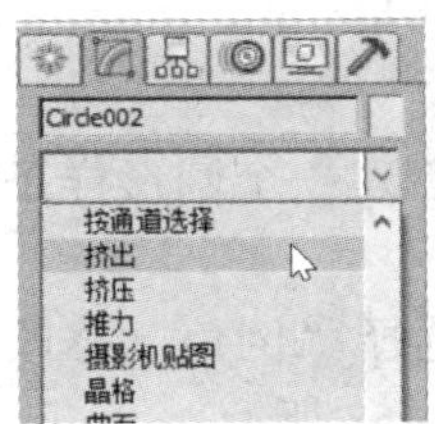

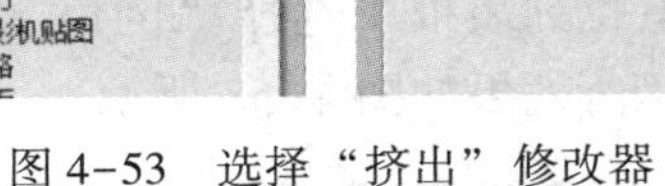

图 4-53　选择“挤出”修改器

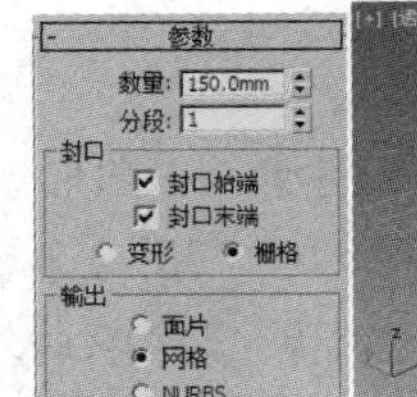

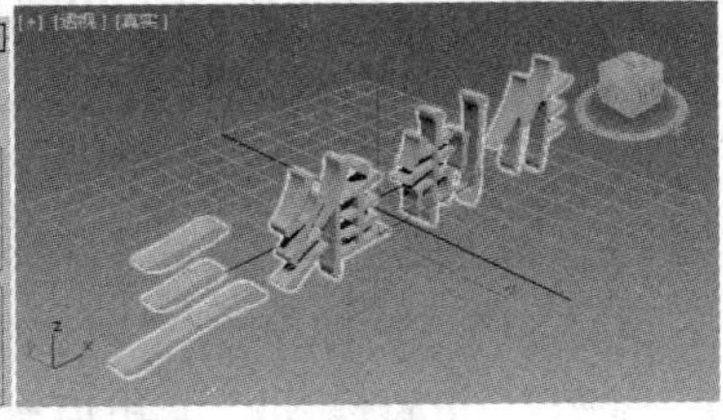

图 4-54　挤出三维文字

4.3.2 “倒角”修改器

“倒角”修改器通过拉伸二维图形创建三维模型，而且可以对二维图形进行多次拉伸，在拉伸过程中可以对二维图形进行缩放，以产生倒角面。

“倒角”修改器的“参数”卷展栏如图 4-55 所示，各参数含义如下。

- “线性侧面”单选按钮：选择该单选按钮后，对二维图形进行倒角处理时会生成直角的边。

- “曲线侧面”单选按钮：选择该单选按钮后，对二维图形进行倒角处理时会生成圆倒角的边，分段数越大，倒角越平滑。
- “级间平滑”复选框：勾选该复选框后，可对各级倒角面的相交处进行平滑处理。
- “避免线相交”复选框：勾选该复选框可防止倒角对象中出现曲线交叉现象，但系统运算量也会加大。
- “分离”编辑框：用于设置两个边界线之间保持的距离，以防止越界交叉。

“倒角值”卷展栏如图 4-56 所示，参数含义如下。

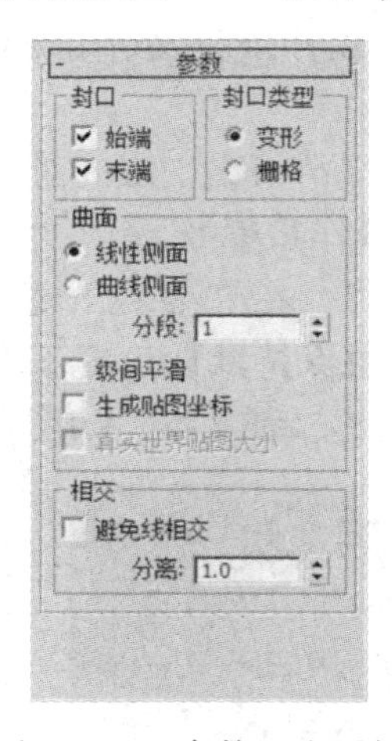

图 4-55　“参数”卷展栏

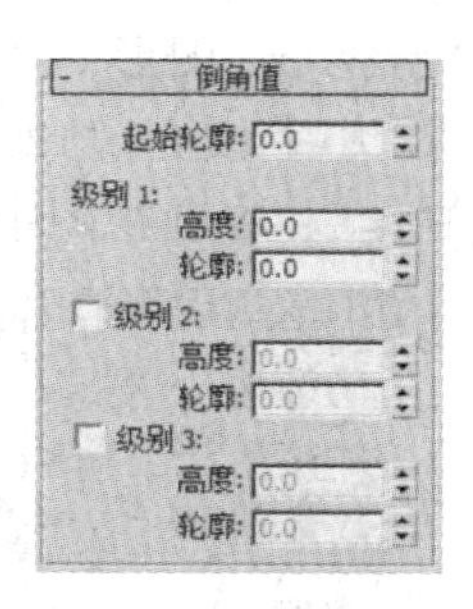

图 4-56　“倒角值”卷展栏

- “起始轮廓”文本框：在该文本框中可对原始轮廓进行加粗或变细进行设置，正数为加粗，负数为变细。
- 级别 1：包含两个参数，表示起始级别的改变。在“高度”文本框中可设置级别 1 在起始级别之上的距离，在“轮廓”文本框中可设置级别 1 的轮廓到起始轮廓的偏移距离。
- 级别 2 和级别 3：这两个级别是可选的，其作用是在级别 1 后面添加一个或两个级别，其参数的含义与级别 1 相同。

“倒角”修改器的使用方法如下。

STEP① 在前视图中，选择“创建”|“图形”|“样条线”|“圆”，创建一个圆形样条线，在“参数”卷展栏中将“半径”设为“35”。

STEP② 在“修改”命令面板中的“修改器列表”下拉列表框中选择“倒角”修改器，设置“参数”卷展栏和“倒角值”卷展栏如图 4-57 所示。效果如图 4-58 所示。

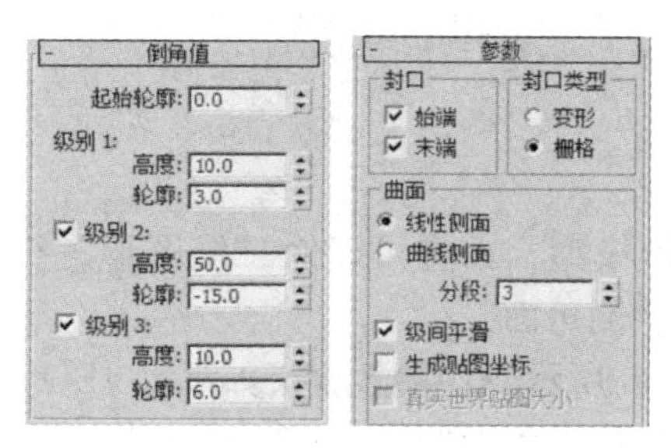

图 4-57　“倒角值”“参数”卷展栏

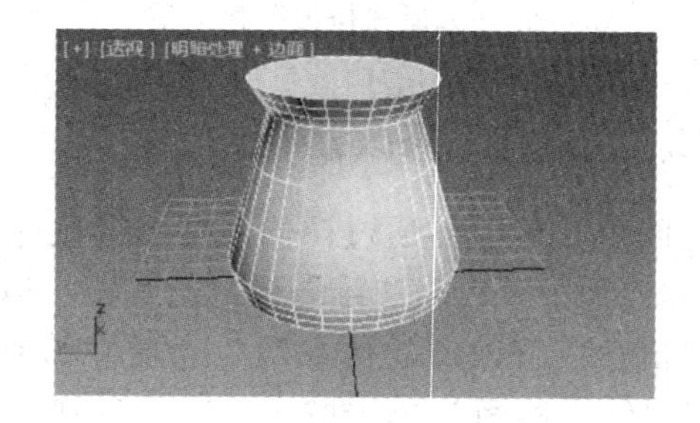

图 4-58　倒角效果

知识拓展

“倒角”修改器可以制作比“挤出”更为复杂的造型，但在“轮廓”值为负数时，容易因为收缩导致边的交叠，这时倒角模型将会出现多块或少块现象，勾选“避免线相交”复选框可以在一定程度上纠正边交叠的现象。

小试身手——创建电视柜

14 创建电视柜

下面通过制作电视柜，对样条线的编辑及“倒角”修改器的使用方法进行练习。

STEP① 新建文件，设置单位为“mm”，在前视图中绘制一个矩形样条线，参数设置及效果如图 4-59 所示。

STEP② 为矩形添加“倒角”修改器，形成电视柜体，参数设置及效果如图 4-60 所示。

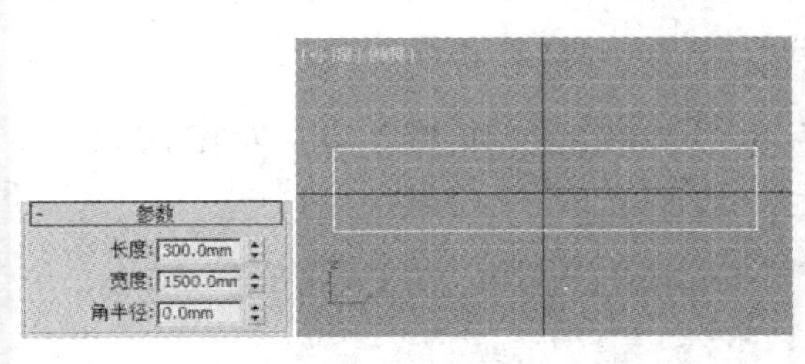

图 4-59　绘制矩形样条线

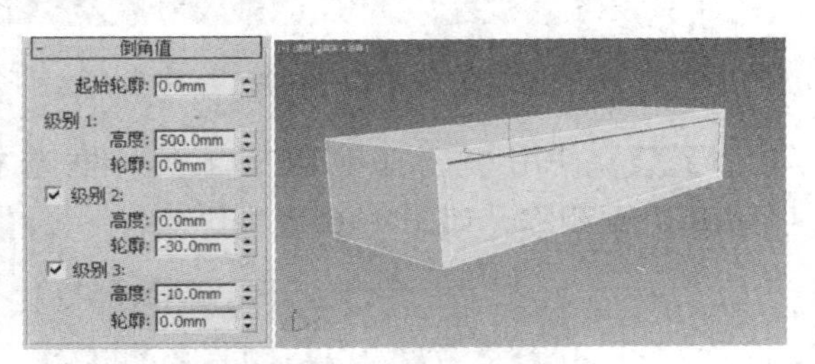

图 4-60　设置“倒角值”

STEP③ 按〈S〉键打开“捕捉开关”，选择 2.5 维捕捉方式，如图 4-61 所示。在“捕捉开关”上单击鼠标右键，在弹出的“栅格和捕捉设置”对话框中，勾选“顶点”和“启用轴约束”复选框，如图 4-62 所示。

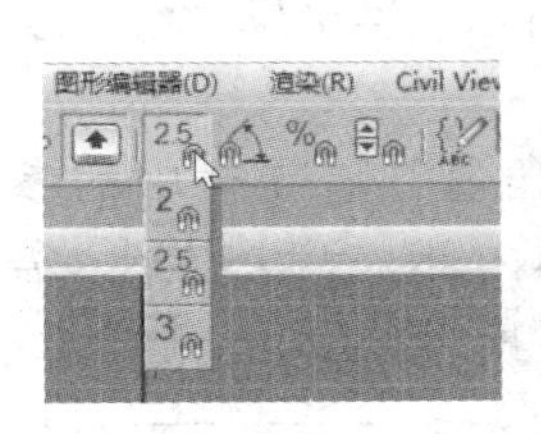

图 4-61　选择 2.5 维捕捉方式

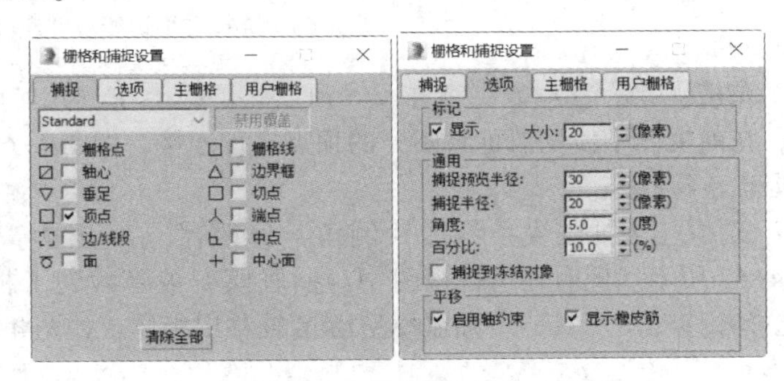

图 4-62　设置顶点捕捉并启用轴约束

STEP④ 在前视图中，使用“矩形”命令捕捉内部框线的顶点，绘制一个矩形，作为抽屉模型的基础线条，如图 4-63 左图所示。

STEP⑤ 为抽屉线条添加“编辑样条线”修改器，按〈2〉数字键进入“线段”层级，使用“选择对象”工具，框选上下两根线段，如图 4-63 右图所示。

STEP⑥ 在“几何体”卷展栏中，单击“拆分”按钮，将上下两根线段拆分成两段，参数设置及效果如图 4-64 所示。

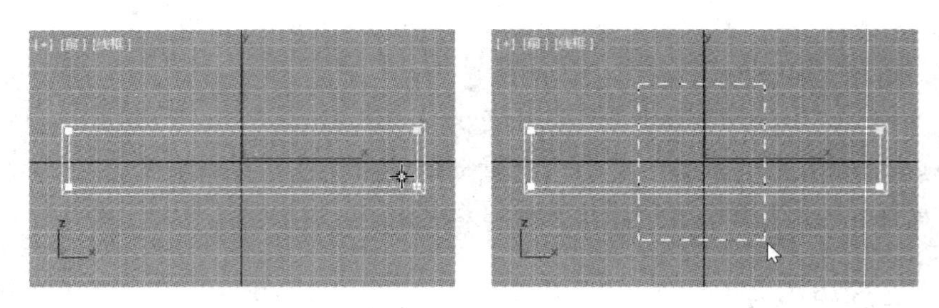

图 4-63　绘制抽屉线条并选中上下线段

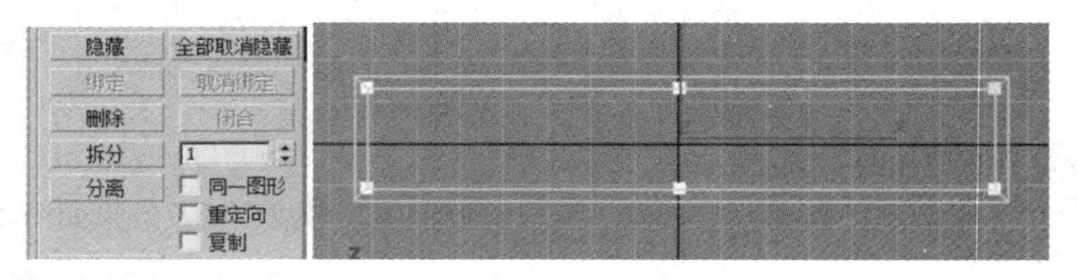

图 4-64　拆分上下线段

STEP⑦ 使用“选择对象”工具，框选右边一半线段，如图 4-65 左图所示。按〈Delete〉键删除，如图 4-65 右图所示。

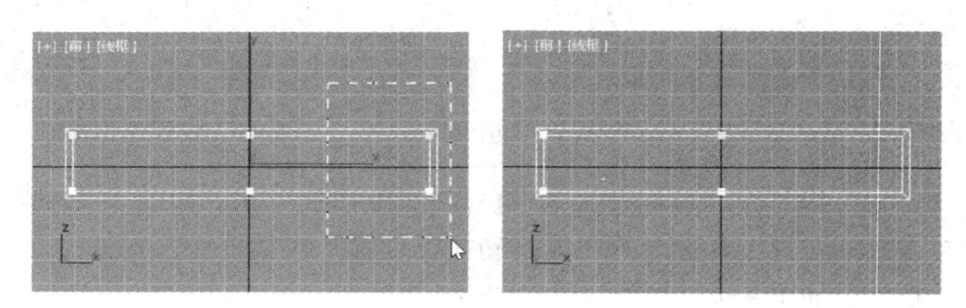

图 4-65　选择右半边线段并删除

STEP⑧ 按〈1〉数字键进入“顶点”层级，在“几何体”卷展栏中，单击“连接”按钮，在前视图中使用鼠标将断开的顶点进行连接，如图 4-66 所示。连接成功后，按〈ESC〉键退出连接状态。

STEP⑨ 为抽屉线条添加“倒角”修改器，并设置“倒角值”卷展栏中的参数，如图 4-67 所示。此时在透视视图中，抽屉模型被隐藏到了柜体内部，无法看到。需要使用“选择并移动”工具，将抽屉模型沿 Y 轴移出柜体，如图 4-68 所示。

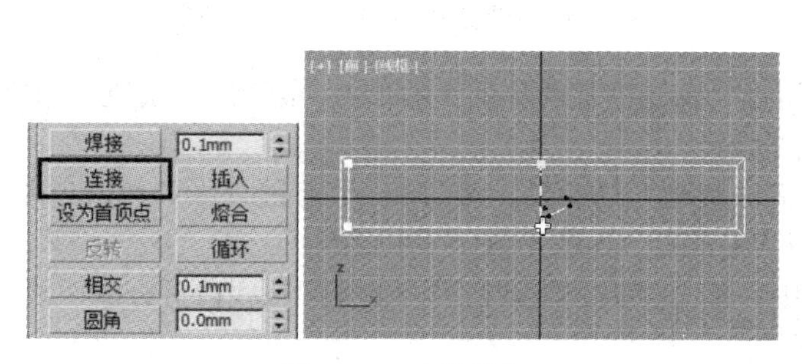

图 4-66　连接顶点

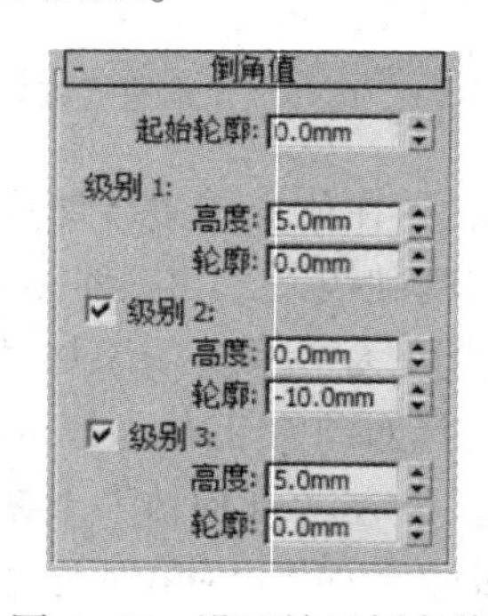

图 4-67　设置抽屉倒角值

STEP 10 在前视图中创建长方体作为抽屉拉手，将长方体移动到合适位置，参数及效果如图 4-69 所示。

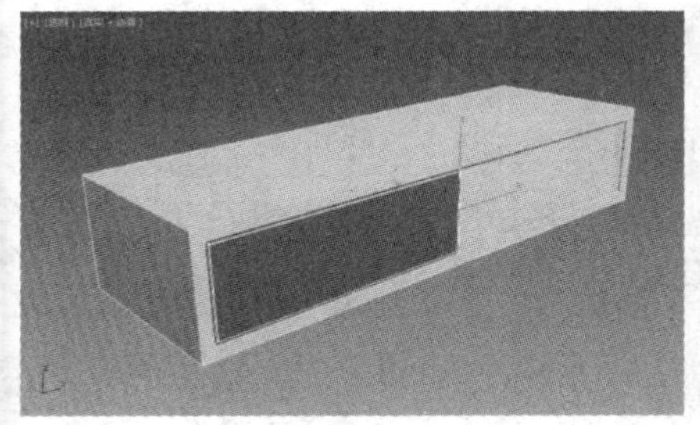

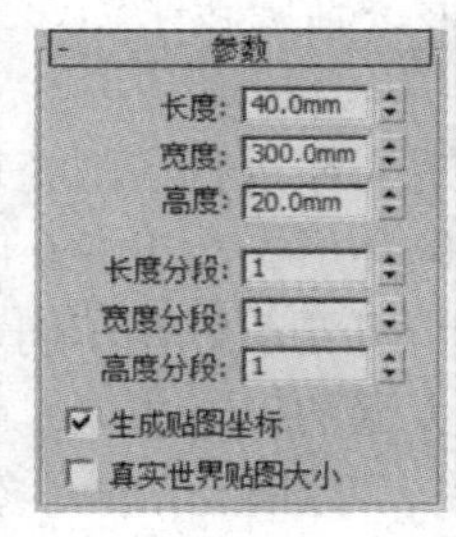

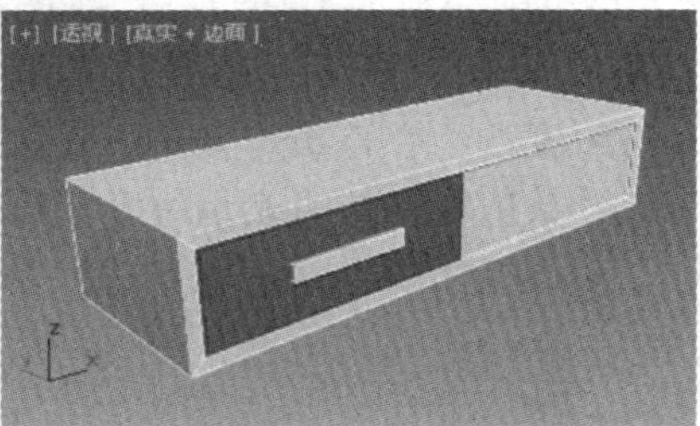

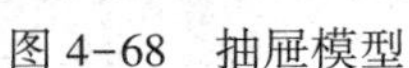
图 4-68　抽屉模型

图 4-69　创建抽屉拉手

STEP 11 按住〈Ctrl〉键的同时选中抽屉拉手和抽屉模型，按〈Space〉键锁定选择对象，按住〈Shift〉键的同时使用“选择并移动”工具，沿 X 轴将当前选中的两个模型进行移动复制，打开“2.5 维捕捉开关”，将抽屉和抽屉拉手准确对齐到如图 4-70 所示的位置。（注意：本步骤的复制与对齐可以一步完成，但对于初学者来说，可以先复制，再捕捉对齐。）

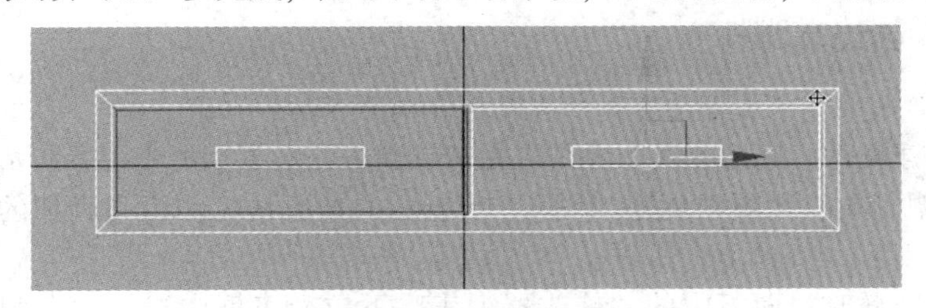

图 4-70　复制抽屉和抽屉拉手

STEP 12 在顶视图中创建矩形样条线作为柜腿，参数设置及位置如图 4-71 所示。

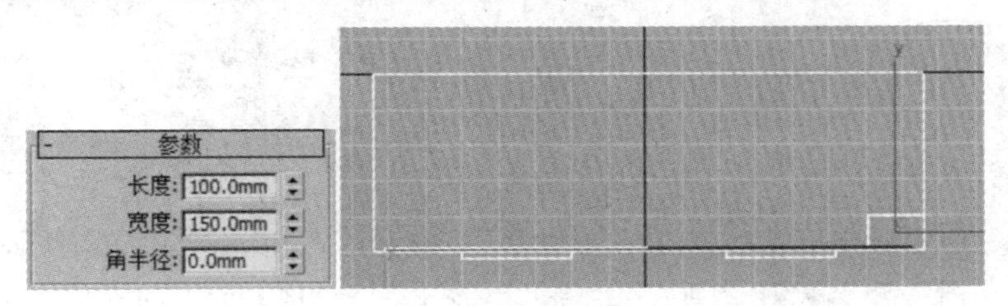

图 4-71　创建柜腿

STEP 13 为矩形添加“倒角”修改器，参数设置及效果如图 4-72 所示。

STEP 14 复制三个柜腿，并利用 2.5 维捕捉和“选择并移动”工具调整位置，最终效果如图 4-73 所示。

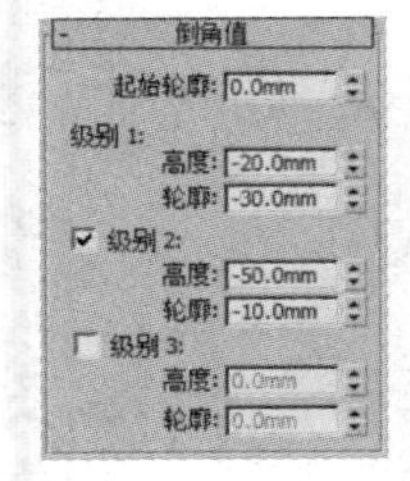

图 4-72　设置柜腿倒角值

图 4-73　电视柜效果

4.3.3 “车削”修改器

“车削”修改器通过将二维图形绕轴旋转来创建三维模型。相关参数如图 4-74 所示，参数含义如下。

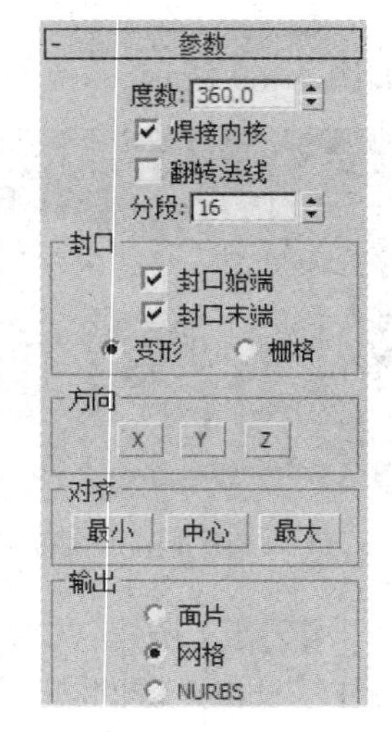

图 4-74 “车削”修改器参数

- 度数：在该文本框中可设置对对象进行车削处理的角度，当度数值为 360 时表示一个完整的环形，小于 360 度则是扇形。
- 焊接内核：勾选该复选框后，可自动焊接车削对象中重合的顶点，以简化网格，获得平滑无缝的三维模型。
- 翻转法线：勾选该复选框后，可翻转车削对象表面的法线方向，使内外表面互换。
- 分段：在该文本框中可设置旋转模型环绕旋转轴的分段数。
- 方向：确定车削时，截面进行旋转所围绕的轴向，可以围绕 X 轴、Y 轴、Z 轴三个不同的轴向。
- 对齐：可以设置围绕旋转的轴的位置。

小试身手——创建高脚杯

15 创建高脚杯

下面利用“车削”修改器命令创建高脚杯模型。

STEP① 新建文件，选择“线”命令，在“创建方法”卷展栏中设置初始类型和拖动类型，在前视图中创建如图 4-75 所示的样条线，作为高脚杯的剖面。

STEP② 在“修改”面板中的“修改器列表”下拉列表框中选择“车削”修改器，在“参数”卷展栏中勾选“焊接内核”复选框，单击“最小”按钮，参数及效果如图 4-76 所示。

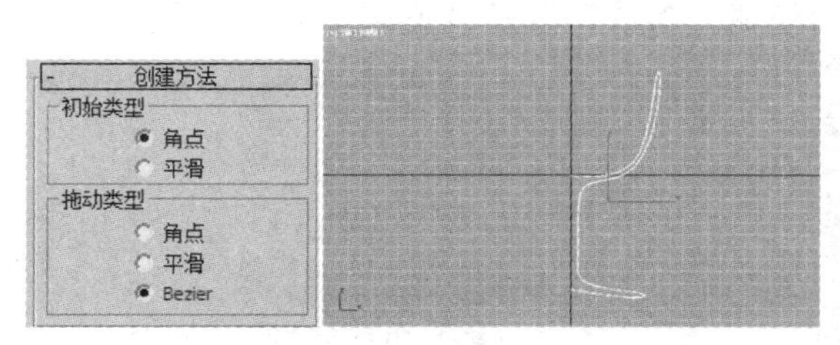

图 4-75 高脚杯剖面

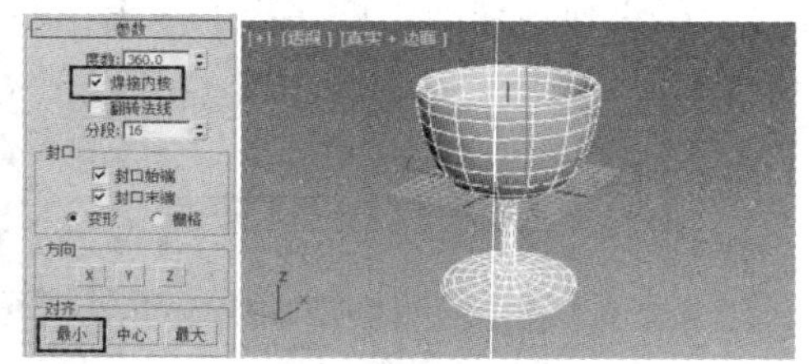

图 4-76 “车削”高脚杯

STEP③ 展开“车削”修改器，选择“轴”层级，使用“选择并移动”工具在前视图中沿 X 轴拖动调整车削轴的位置，可以改变高脚杯的粗细，如图 4-77 所示。

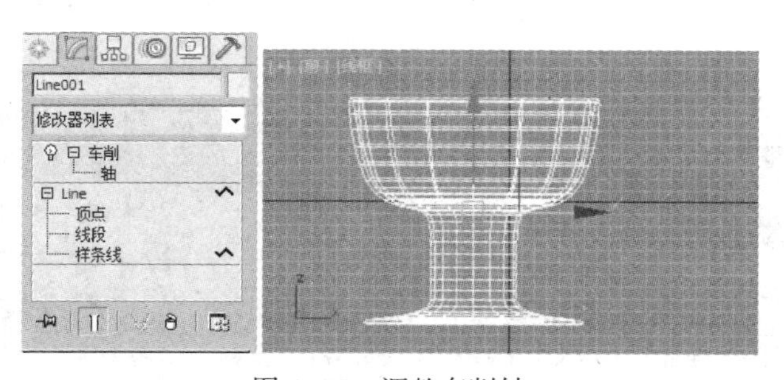

图 4-77 调整车削轴

4.3.4 “倒角剖面”修改器

“倒角剖面”修改器与“车削”修改器原理相近，区别在于“车削”修改器是使剖面围绕某个轴进行旋转从而得到三维模型，因此车削出来的物体总有一个方向看起来是圆形的；“倒角剖面”修改器则是使“剖面”沿着一个路径的走向生成三维模型，形状比起车削物体更为复杂。使用“倒角剖面”修改器必须有两个二维图形，一个作为剖面，另一个作为路径。

小试身手——制作砚台

16 制作砚台

下面以创建一个砚台为例，介绍“倒角剖面”命令的使用方法。

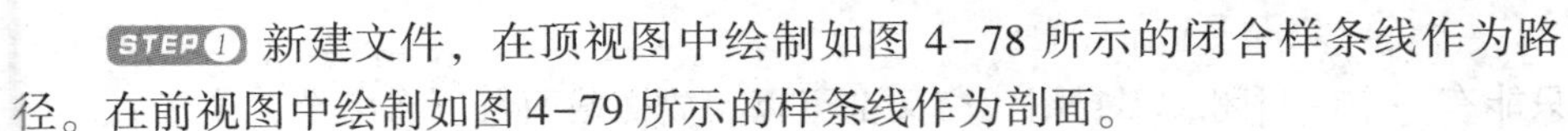

STEP 1 新建文件，在顶视图中绘制如图 4-78 所示的闭合样条线作为路径。在前视图中绘制如图 4-79 所示的样条线作为剖面。

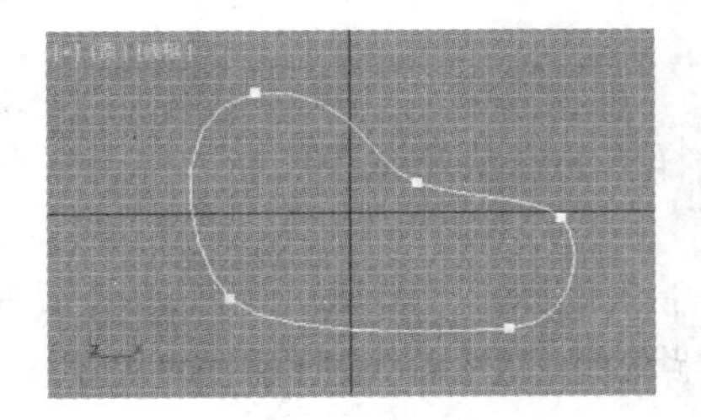

图 4-78 绘制路径

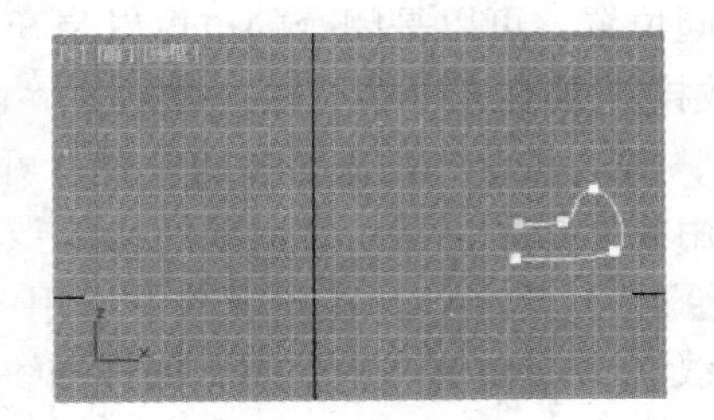

图 4-79 绘制剖面

STEP 2 选中路径样条线，添加“倒角剖面”修改器，单击“参数”卷展栏中的“拾取剖面”按钮，在前视图中拾取剖面，如图 4-80 所示。

STEP 3 此时如果想要调整砚台的大小，可按〈1〉数字键进入“剖面 Gizmo”层级，使用“选择并移动”工具，沿 X 轴移动“剖面 Gizmo”，进行砚台大小的调整，如图 4-81 所示。

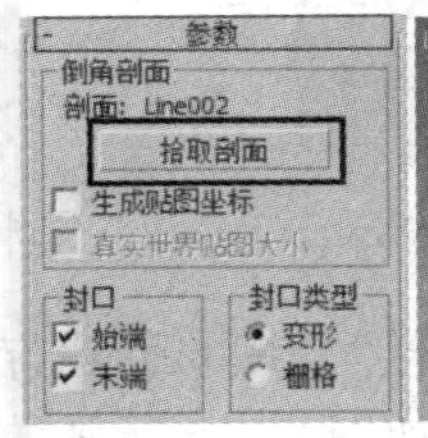

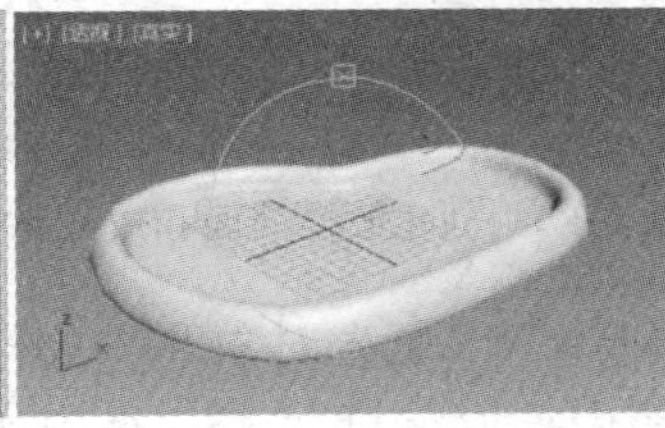

图 4-80 拾取剖面效果

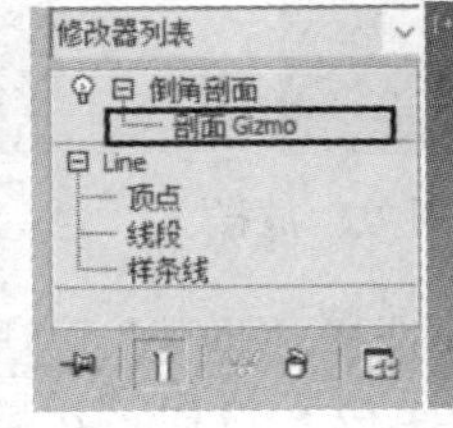

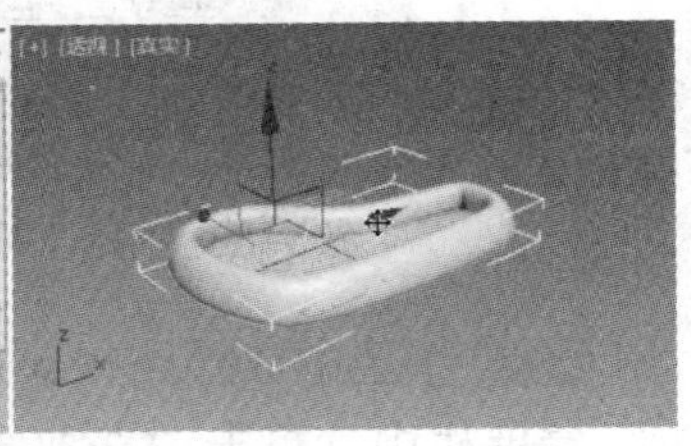

图 4-81 调整砚台大小

STEP 4 如果想要增加砚台的细节，使之更加平滑，可在命令面板中选择“Line”层级，展开“插值”卷展栏，在“步数”文本框中输入“12”并按〈Enter〉键，此时可以看到砚台变得更加平滑，同时面数也增加了，如图 4-82 所示。

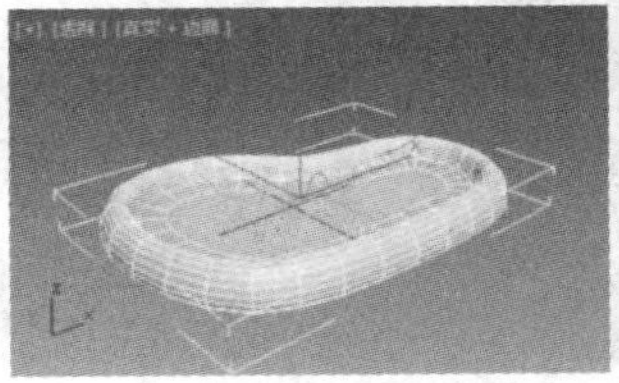

图 4-82 增加砚台平滑度

4.4 放样技术

放样技术是 3ds Max 中常用的二维图形转换为三维对象的建模方法。放样路径和放样截面是其中两个关键的概念，这种建模技术在三维建模中占据重要地位。

4.4.1 放样使用方法

“放样”在 3ds Max 中属于复合对象的一种，如图 4-83 所示，放样得到的物体是由一个或几个放样截面沿着一定的放样路径延伸产生的复杂的三维对象。一个放样对象由“路径”和“截面”两部分组成。“路径”用于定义物体的深度，“截面”用于定义物体的截面形状。

放样路径只能有一个，封闭、不封闭、交叉都可以。放样截面可以有多个，位于放样路径的不同位置，可以是闭合的也可以是开口的。

“放样”具有五个卷展栏，分别为“创建方法”“曲面参数”“路径参数”“蒙皮参数”“变形”，对这些卷展栏进行参数设置，可以改变放样体的形状及属性。

使用放样技术创建三维对象的操作步骤如下。

STEP① 新建文件，在顶视图中使用“文本”命令创建一个字母“n”作为放样截面。使用“线”命令创建一个非闭合的样条线作为放样路径，如图 4-84 所示。

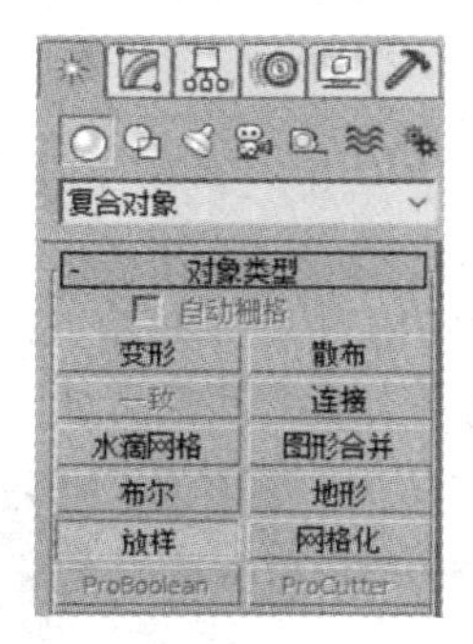

图 4-83 “复合对象”放样

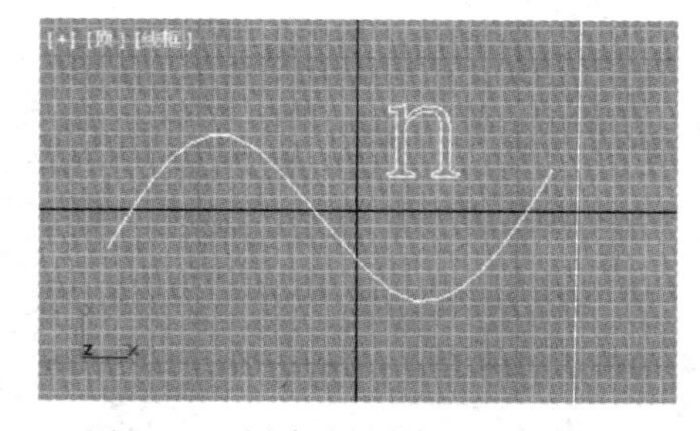
图 4-84 创建放样截面和放样路径

STEP② 选中放样路径，选择“创建”|“几何体”|“复合对象”|“放样”，在“创建方法”卷展栏中，单击“获取图形”按钮，在视图中拾取字母“n”，得到如图 4-85 所示的效果。

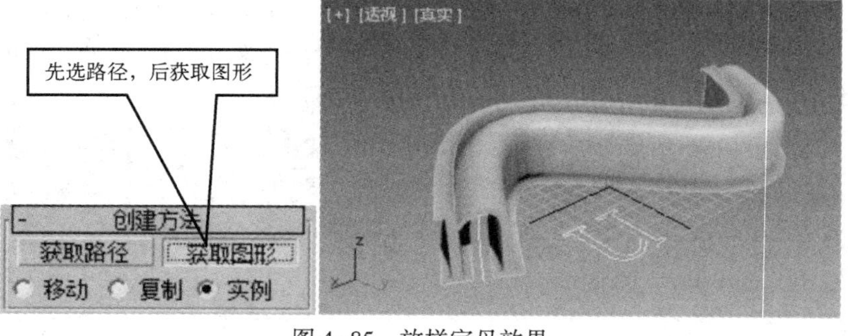

图 4-85 放样字母效果

4.4.2　放样中的截面对齐

在模型放样过程中，遇到截面模型不同和多截面的问题，还需要对截面进行对齐操作，对于前面的字母放样截面，其截面对齐的具体操作方法如下。

STEP① 在“修改”命令面板中展开“Loft”，选择“图形”层级，此时没有任何图形被选中，因此“图形命令”卷展栏中的对齐命令呈现灰色不可用状态，如图 4-86 所示。

STEP② 框选放样截面，可以看到一个红色的截面图形，如图 4-87 所示。

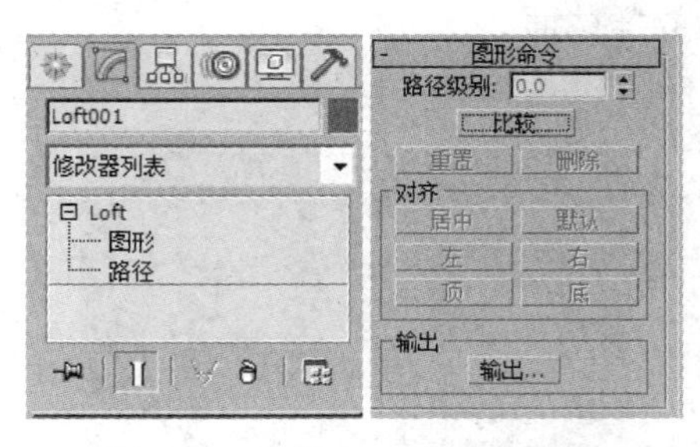

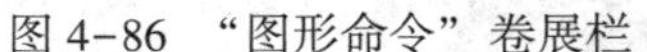

图 4-86　“图形命令”卷展栏　　　　图 4-87　选中图形显示为红色线

STEP③ 此时由于截面处于选中状态，“图形命令”卷展栏当中的对齐命令变为黑色可用状态，单击“左”按钮，则放样路径将被放置到截面图形的最左侧，如图 4-88 所示。

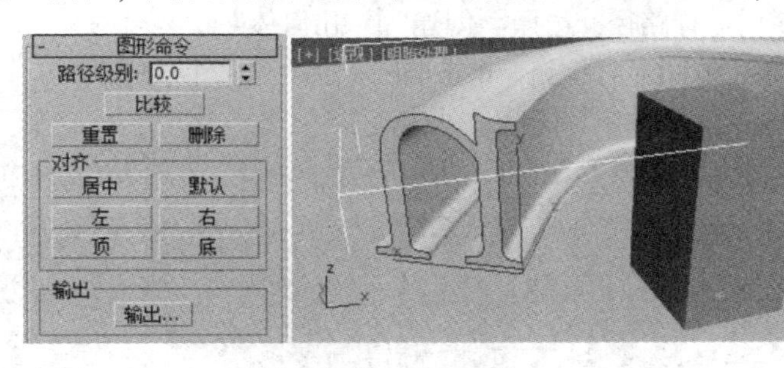

图 4-88　左对齐

STEP④ 单击“居中”按钮，则放样路径将被放置到截面图形的中心，如图 4-89 所示。

STEP⑤ 单击“默认”按钮，则放样路径将恢复到初始状态，如图 4-90 所示。

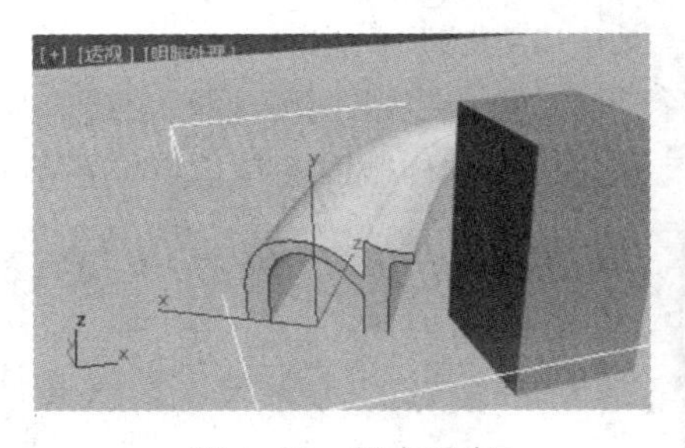

图 4-89　居中对齐　　　　图 4-90　默认对齐

4.4.3　多截面放样

放样路径上可以有多个放样截面，通过修改放样截面在放样路径上的放置位置，可以多次拾取截面图形，从而得到更复杂的放样形体。下面以木铲的制作为例，学习多截面放样的方法。

小试身手——制作木铲

17 制作木铲

STEP① 新建文件，利用“创建”|“图形”|“圆”命令，在前视图中创建一个圆，“半径”为14，利用“创建”|“图形”|“椭圆”命令创建一个椭圆，“半径1”为30，“半径2”为50。利用“线”命令创建一条闭合的样条线，三个样条线效果如图4-91所示。三个图形作为放样截面。

STEP② 在顶视图中创建直线作为木铲的放样路径，如果4-92所示。

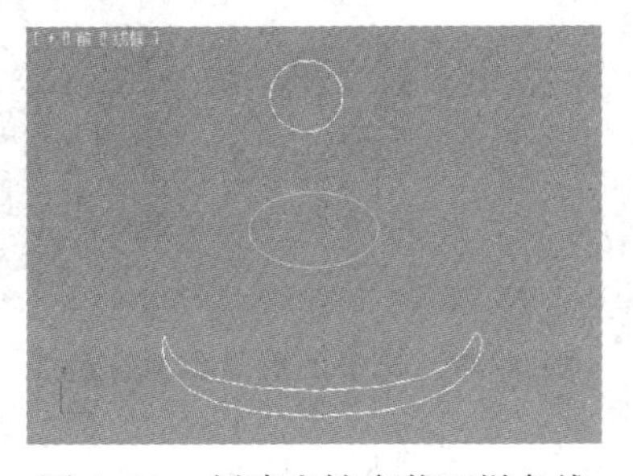

图4-91　创建木铲多截面样条线

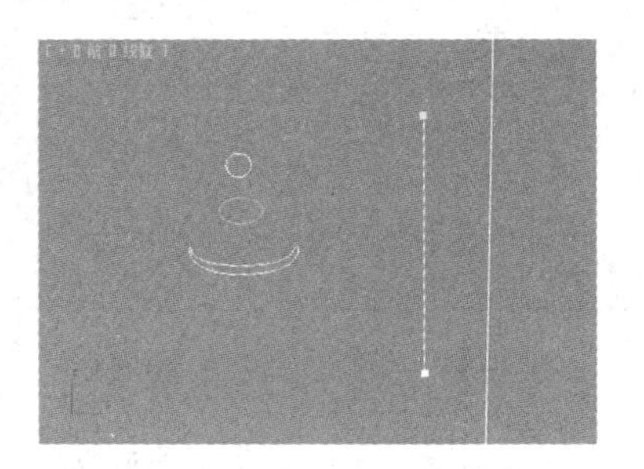

图4-92　创建木铲的放样路径

STEP③ 选中木铲的放样路径，选择“创建”|“几何体”|“复合对象”|“放样”，在“创建方法”卷展栏中单击“获取图形”按钮，单击椭圆，获取第一个放样截面，如图4-93所示。

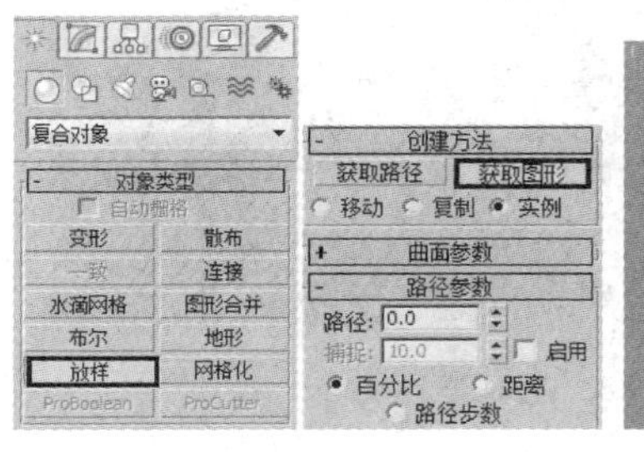

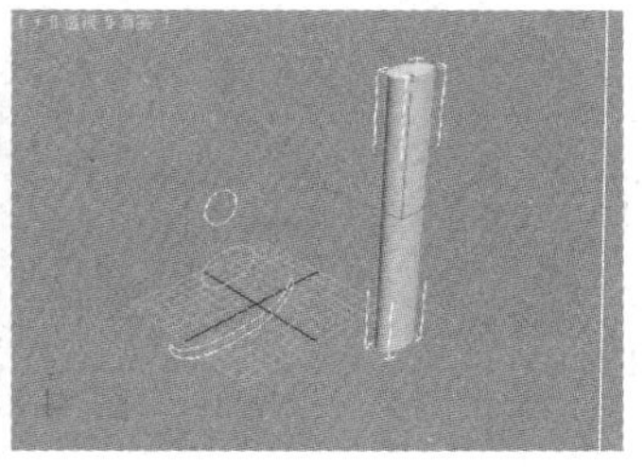

图4-93　获取第一个放样截面

STEP④ 在“路径参数”卷展栏中修改“路径”为50。单击“获取图形”按钮，在视图中单击圆形作为放样路径的第二个放样截面，如图4-94所示。

STEP⑤ 在“路径参数”卷展栏中修改“路径”为70，在视图中选择闭合线作为第三个放样截面，如图4-95所示。此时铲子发生了扭曲，这是三个放样截面的首顶点位置不同造成的。

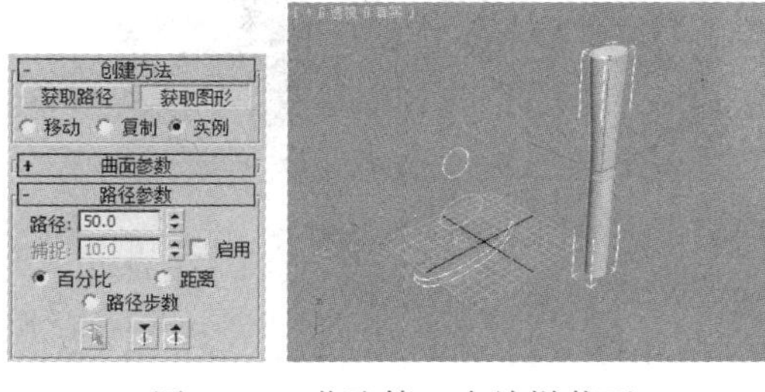

图4-94　获取第二个放样截面

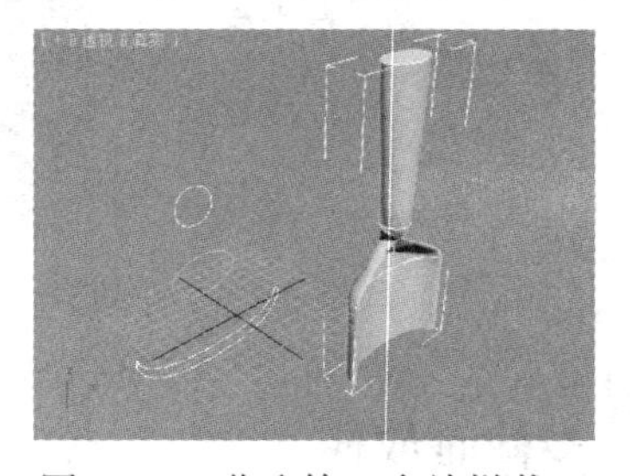

图4-95　获取第三个放样截面

STEP⑥ 按〈1〉数字键进入“图形”层级，选择如图 4-96 所示的顶点，单击“几何体”卷展栏中的“设为首顶点”，此时扭曲消除。（如果首顶点位置相同，物体没有产生扭曲，可省略此步。）最终效果如图 4-97 所示。

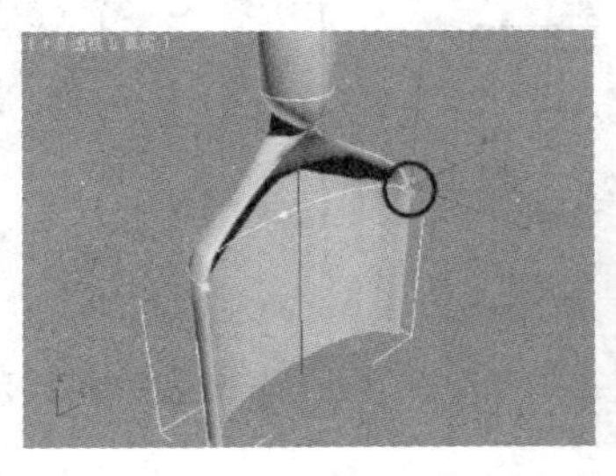
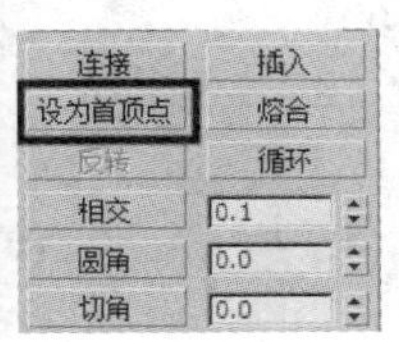

图 4-96　消除扭曲变形

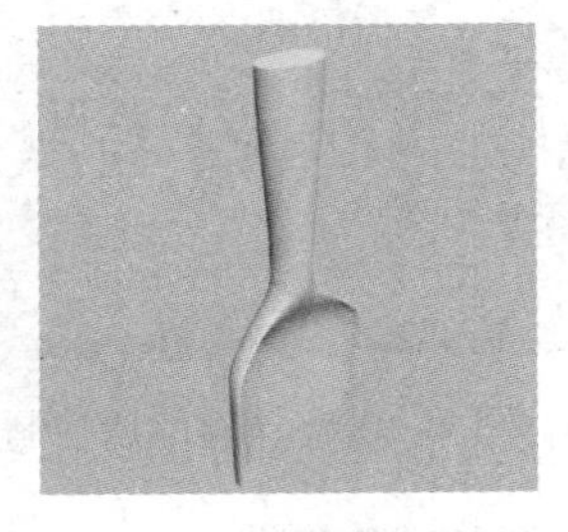

图 4-97　最终效果

> **知识拓展**
>
> 在多截面放样过程中，截面图形容易发生扭曲，这是截面图形的首顶点位置不同造成的。解决这个问题有两种办法，一个是修改扭曲图形的首顶点位置，使之与其他截面图形首顶点在同一侧相同的位置上，另一种办法是使用“选择并旋转”工具旋转图形，使其首顶点的位置与其他截面图形一致。

4.4.4　放样变形

利用“变形”卷展栏中的“缩放”“扭曲”“倾斜”“倒角”“拟合”按钮可以对放样对象进行缩放、扭曲、倾斜、倒角变形，并能调整变形效果，实现模型多样化制作的效果。

小试身手——制作艺术花瓶

18 制作艺术花瓶

STEP① 在前视图中创建星形，将其“半径 1”设为 90，“半径 2”设为 60，“点”设为 6，“圆角半径 1”设为 20，“圆角半径 2”设为 10。在前视图中创建直线图形作为放样路径，如图 4-98 所示。

STEP② 使用“放样”按钮进行放样操作，如图 4-99 所示。

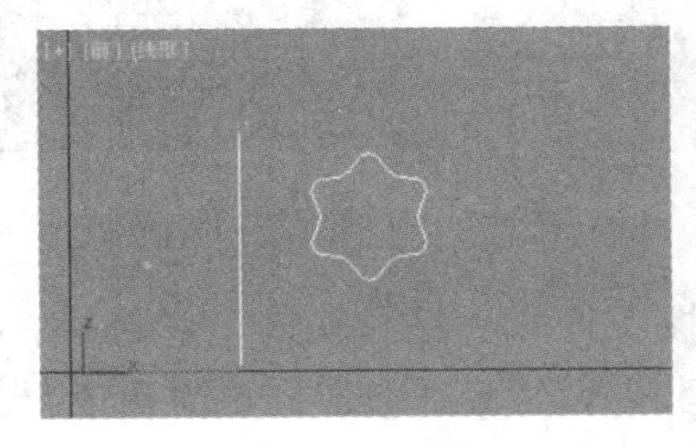

图 4-98　绘制星形

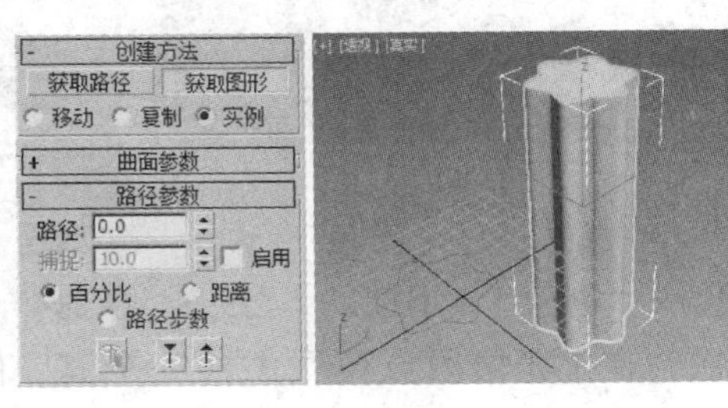

图 4-99　生成三维模型

STEP③ 单击“修改”面板“变形”卷展栏中的“缩放”按钮，在打开的“缩放变形(X)”对话框中插入 3 个 Bezier 点，同时调整各个锚点的位置，如图 4-100 所示。

STEP 4 修改“蒙皮参数”卷展栏中的“路径步数”为60，取消勾选“封口始端”复选框，如图 4-101 所示。

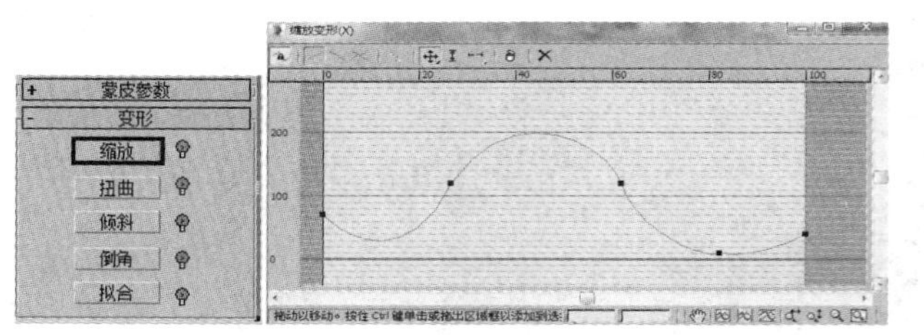

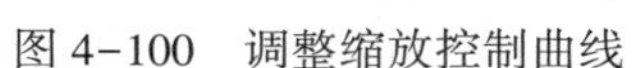

图 4-100 调整缩放控制曲线

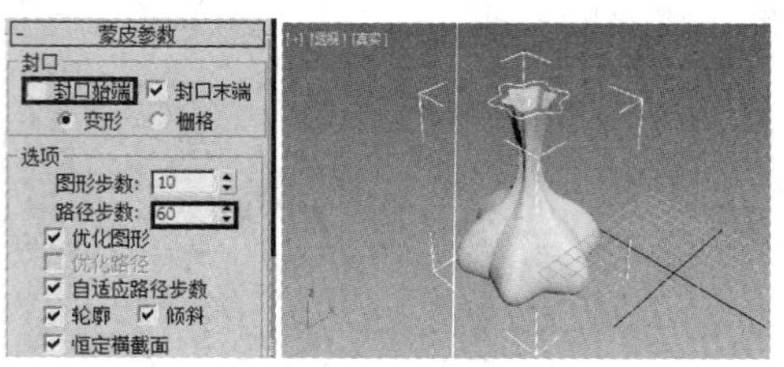

图 4-101 修改蒙皮参数及效果

知识拓展

在放样变形的对话框中，X 轴和 Y 轴默认是锁定状态，可取消锁定，分别对 X 轴和 Y 轴进行调整。在变形线条的顶点上单击右键，可以进行顶点类型转换，此处的顶点与样条线对象顶点一样，可通过移动顶点位置和手柄对线条形状进行调整。

4.5 课堂练习——制作螺钉旋具与螺钉

19 制作螺钉旋具与螺钉

下面通过螺钉旋具的制作，进一步了解利用二维图形进行三维对象制作的方法。

4.5.1 创建螺钉旋具手柄

STEP 1 新建文件，选择“创建”|“图形”|“圆”，在顶视图中的任意位置创建一个圆，参数设置及效果如图 4-102 所示。

STEP 2 选择“创建”|“图形”|“星形”，在顶视图中创建一个星形，参数设置及效果如图 4-103 所示。

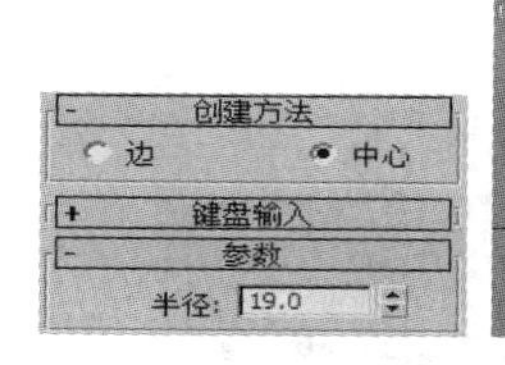

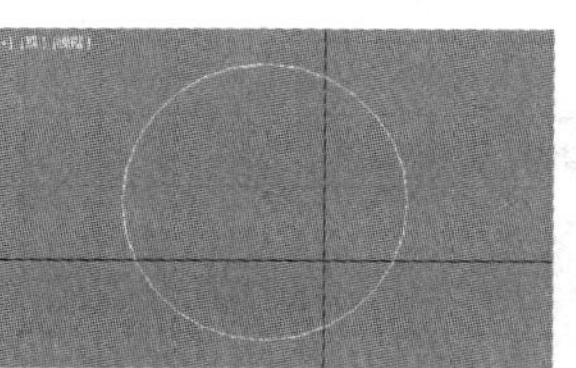

图 4-102 创建圆

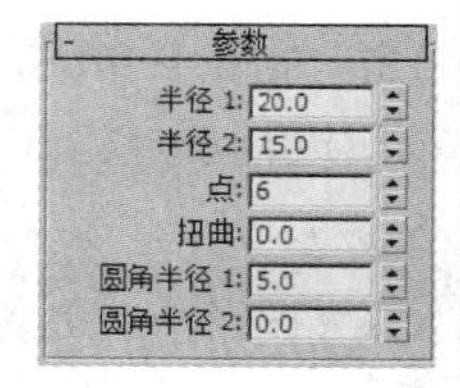

图 4-103 创建星形

STEP 3 选择“创建”|“图形”|“线”，在命令面板中打开“键盘输入”卷展栏，单击“添加点”按钮，在主栅格原点位置添加一个点。修改“Y”值为-120，再次单击“添加点”，添加第二个点，单击“完成”按钮。这条二维样条线作为螺钉旋具手柄放样路径，具体参数及线条效果如图 4-104 所示。

STEP 4 选中螺钉旋具手柄放样路径，选择“创建”|“几何体”|“复合对象”|“放样”，修改“路径参数”卷展栏中的“路径”值为 10，选中“百分比”单选按钮，在“创建方法”卷展栏中，单击“获取图形”按钮，在视图中拾取圆形，如图 4-105 所示。

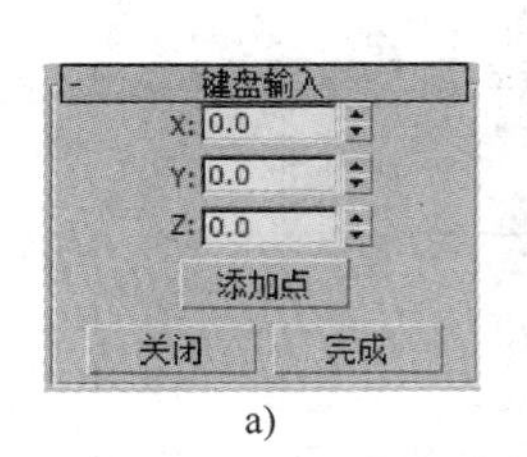

a)

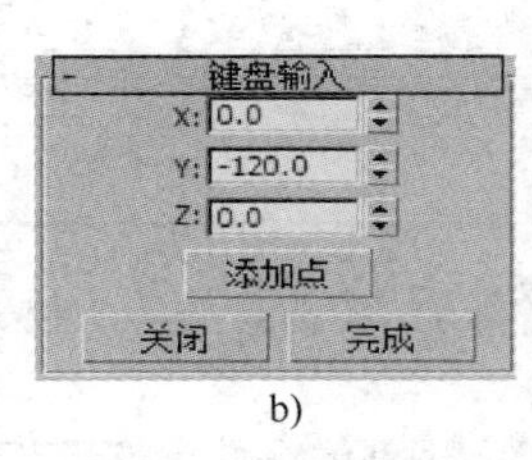

b)

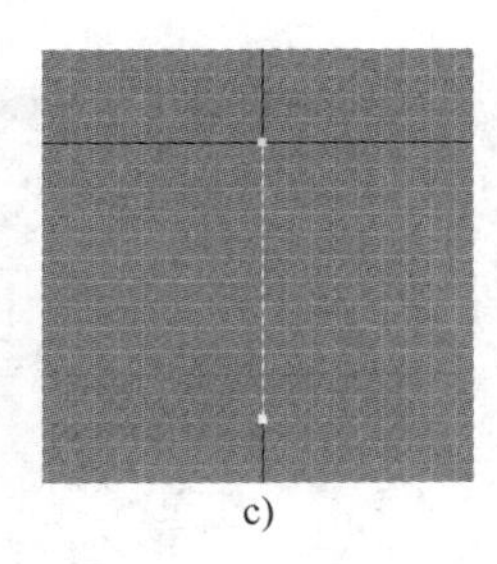

c)

图 4-104　创建螺钉旋具手柄放样路径

a）创建第一个点　b）创建第二个点　c）创建线效果

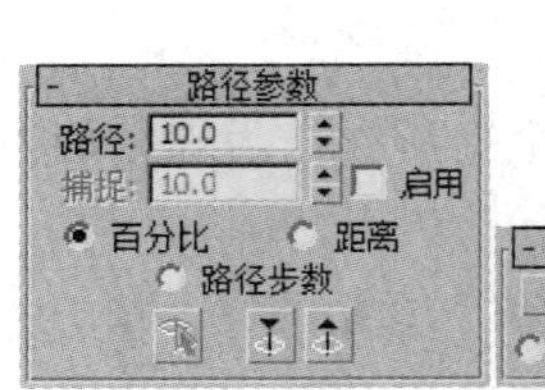

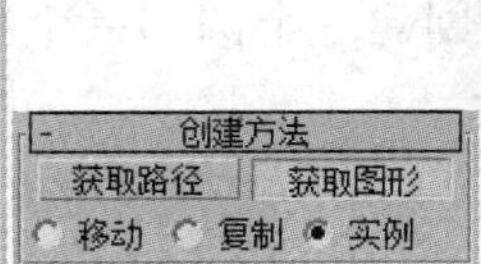

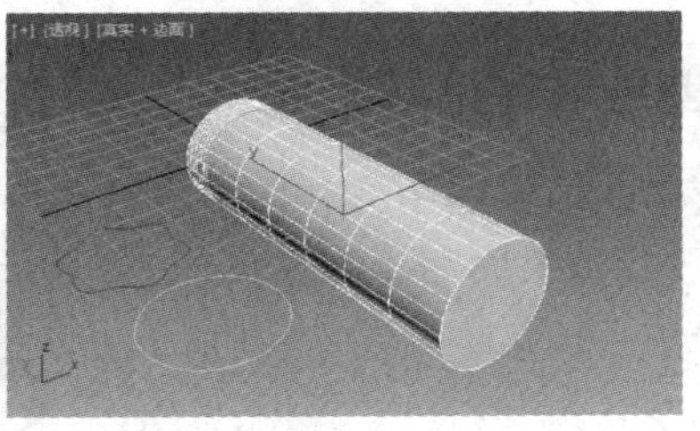

图 4-105　获取第一个放样截面

STEP 5 修改“路径参数”卷展栏中的“路径”值为 15，再次单击“获取图形”按钮，在视图中拾取星形，如图 4-106 所示。

STEP 6 修改“路径参数”卷展栏中的“路径”值为 85，单击“获取图形”按钮，在视图中拾取星形，如图 4-107 所示。

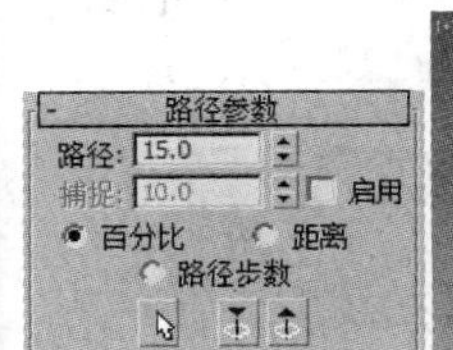

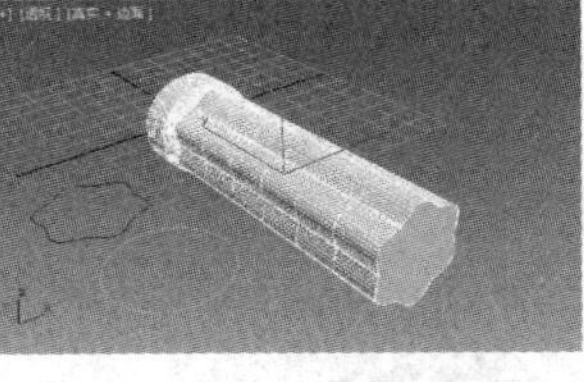

图 4-106　获取第二个放样截面

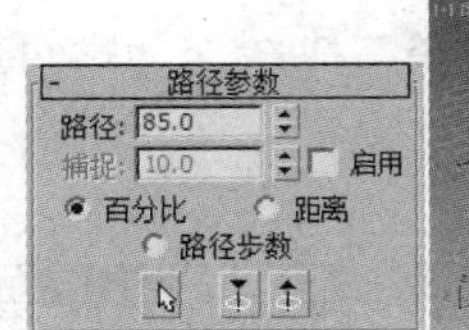

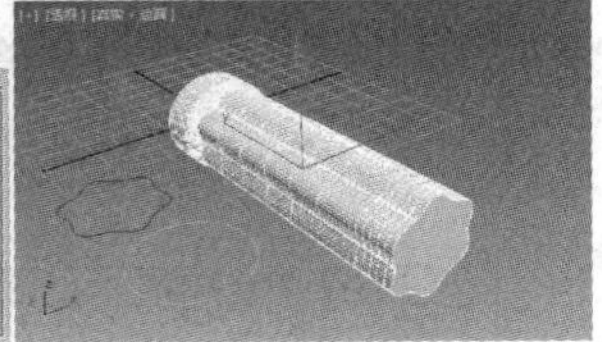

图 4-107　获取第三个放样截面

STEP 7 修改“路径参数”卷展栏中的“路径”值为 90，单击“获取图形”按钮，在视图中拾取圆形，得到螺钉旋具手柄雏形，如图 4-108 所示。

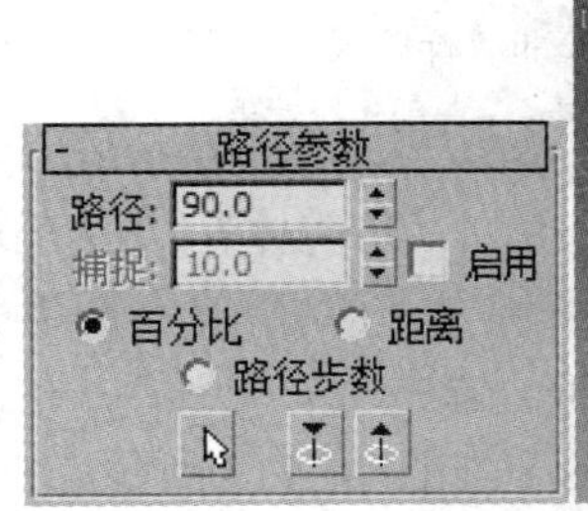

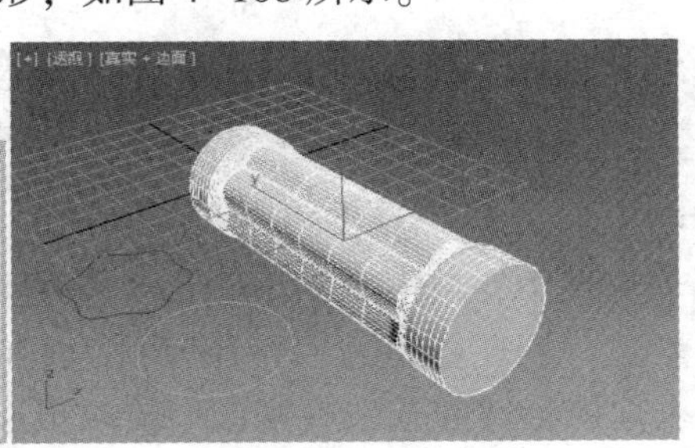

图 4-108　获取第四个放样截面

STEP 8 在“修改”面板中，打开“变形”卷展栏，单击“缩放”按钮，弹出“缩放变形（X）”对话框，单击“插入角点”按钮，为对话框中的红色线条添加 5 个顶点，并调整成如图 4-109 右图所示的形状。

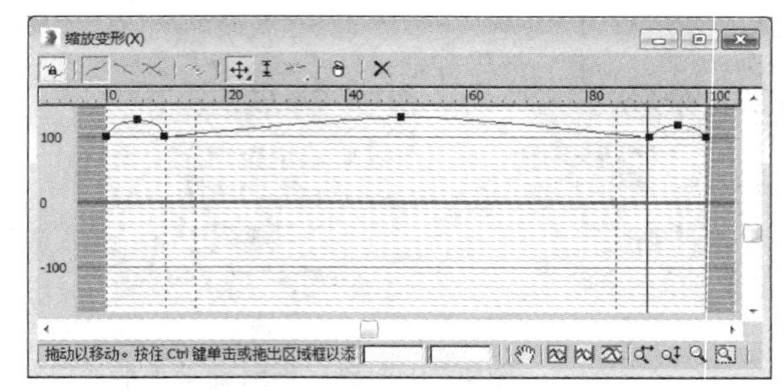

图 4-109　缩放变形螺钉旋具手柄

4.5.2　创建螺钉旋具头部

STEP① 在顶视图中，利用样条线命令创建一个圆和一个矩形，作为螺钉旋具头部放样截面。参数及效果如图 4-110 所示。

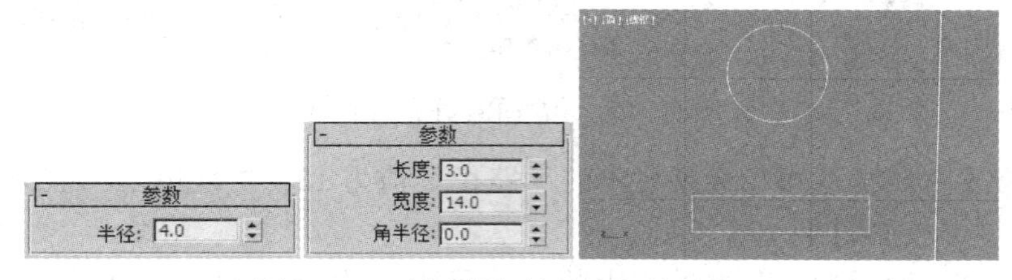

图 4-110　创建螺钉旋具头部放样截面

STEP② 利用“线”命令，使用“键盘输入”的方式创建样条线。两个点的位置设置及效果如图 4-111 所示，这条二维线作为螺钉旋具头部的放样路径。

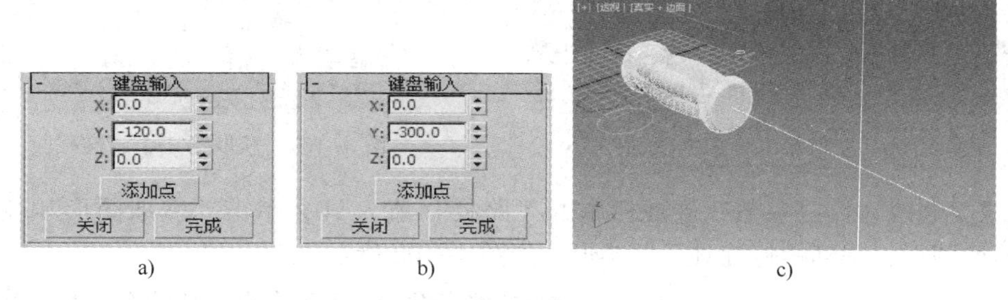

a)　　b)　　c)

图 4-111　创建螺钉旋具头部放样路径

a）创建第一个点　b）创建第二个点　c）创建线效果

STEP③ 选中螺钉旋具头部放样路径，选择“创建”|“几何体”|“复合对象”|“放样”，在“创建方法”卷展栏中，单击“获取图形”按钮，在视图中拾取小圆形，如图 4-112 所示。修改“路径参数”卷展栏中的“路径”值为 100，选中“百分比”，在“创建方法”卷展栏中，单击“获取图形”按钮，在视图中拾取矩形，如图 4-113 所示。

STEP④ 此时，从前视图可以看出，由于圆形与矩形两个放样截面的首顶点位置不一致，导致放样对象产生了扭曲，如图 4-114 所示。按〈A〉键，打开“角度捕捉”开关，右键单击“角度捕捉”开关，在弹出的对话框中设置“角度”为 45°。选中螺钉旋具头部放样对象，在“修改”面板中，展开“Loft”，选中“图形”层级，使用“选择并旋转”工具，选中螺钉旋具头部起始端的圆形截面图形，逆时针方向旋转 45°可消除扭曲，如图 4-115 所示。

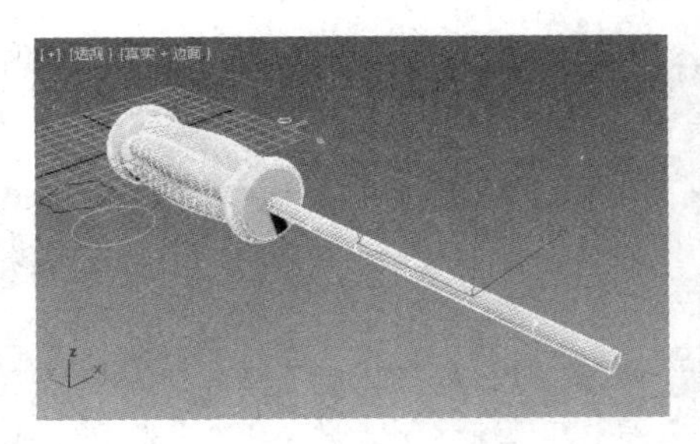

图 4-112　获取小圆形截面

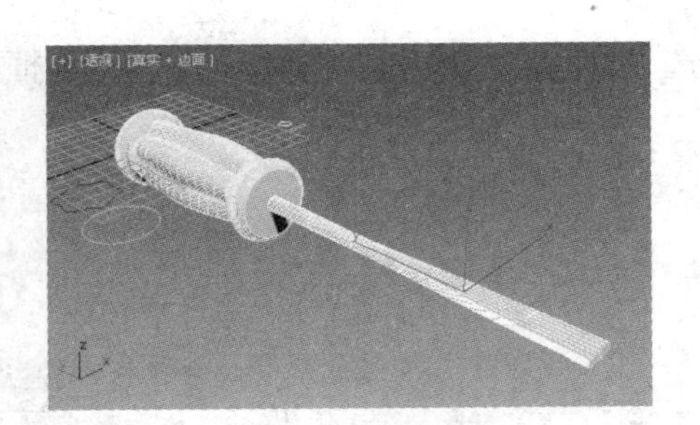

图 4-113　获取矩形截面

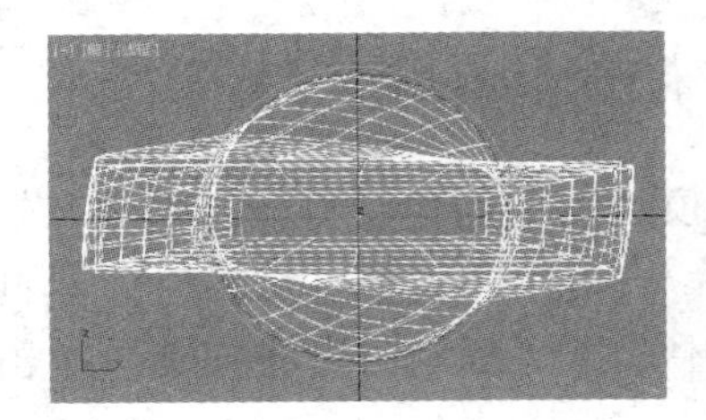

图 4-114　截面发生扭曲

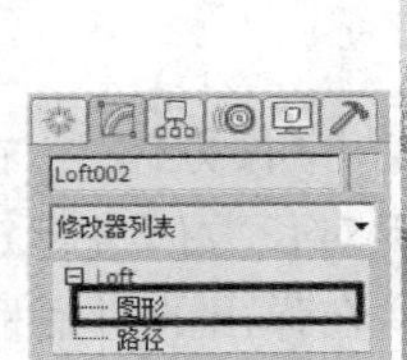

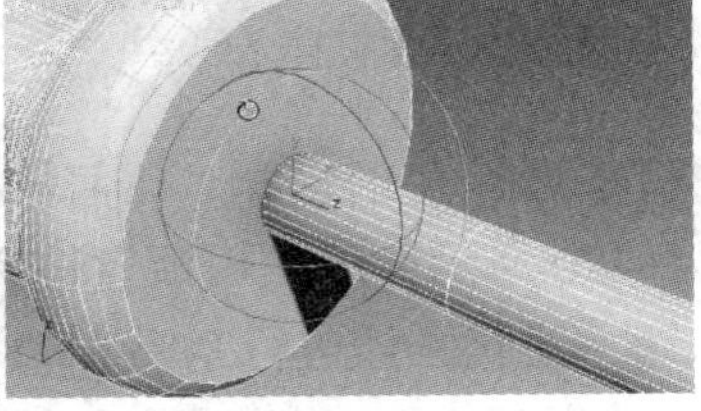

图 4-115　旋转截面消除扭曲

STEP 5 在“修改”面板中，打开“变形”卷展栏，单击“缩放”按钮，弹出“缩放变形（X）”对话框，单击“均衡”按钮，取消 X 轴和 Y 轴的锁定，单击“插入角点按钮”，为对话框中的红色线条添加 2 个顶点，并调整成如图 4-116 右图所示的形状。

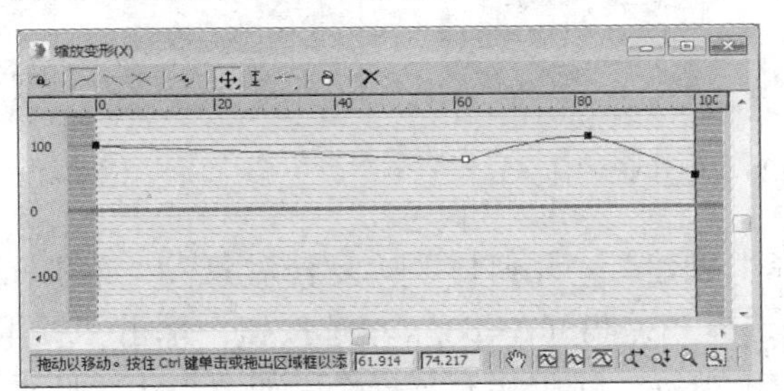

图 4-116　X 轴方向变形螺钉旋具头部

STEP 6 单击“显示 Y 轴”按钮，单击“插入角点”按钮，为对话框中的绿色线条添加 2 个顶点，并调整成如图 4-117 右图所示的形状。

图 4-117　Y 轴方向变形螺钉旋具头部

4.5.3　创建螺钉

STEP 1 使用“线”命令，绘制如图 4-118 所示样条线，为该样条线添加“车削”修改器，勾选“焊接内核”和“翻转法线”复选框，单击“最小”按钮，得到螺钉，如图 4-119 所示。

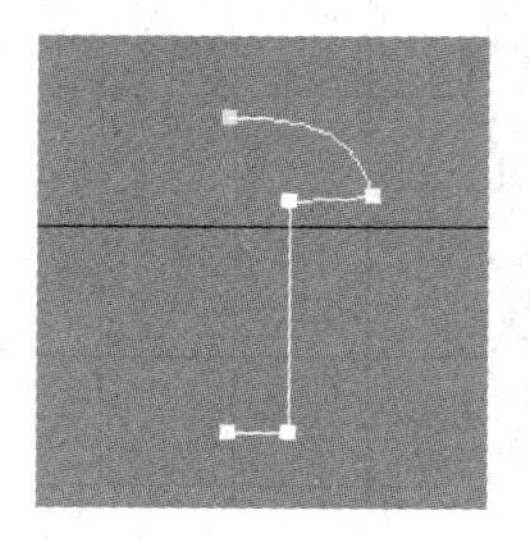
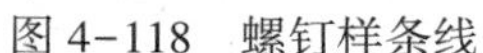
图 4-118　螺钉样条线

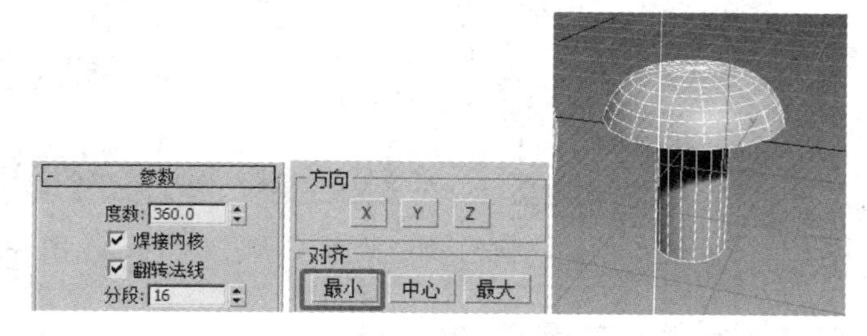

图 4-119　车削螺钉

STEP② 选择“创建”|“几何体”|“长方体”，在顶视图中创建长方体，参数及摆放位置如图 4-120 所示，可使用顶点捕捉对长方体进行定位。使用“选择并旋转”工具同时按〈Shift〉键，对长方体进行 90°旋转，在弹出的对话框中选择“复制”单选按钮，单击“确定”按钮。得到如图 4-121 所示效果。

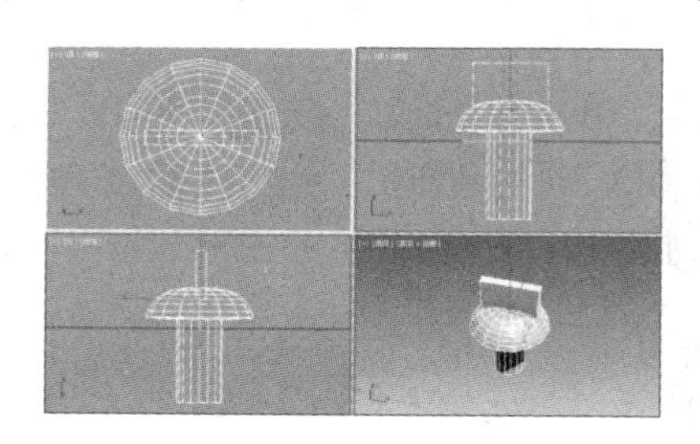
图 4-120　创建长方体

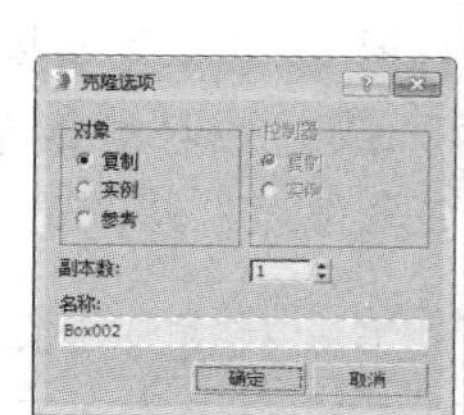

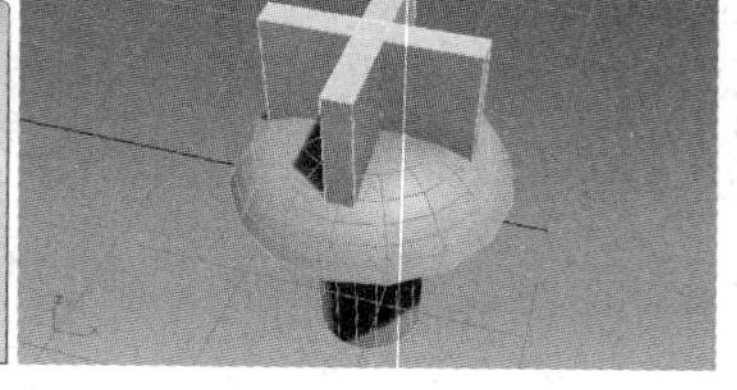
图 4-121　复制长方体

STEP③ 选择“创建”|“几何体”|“复合对象”|“布尔”，在“命令”面板的“拾取布尔”卷展栏中，选择“差集（A-B）”单选按钮，单击“拾取操作对象 B”，在视图中，拾取一个长方体，按〈Esc〉键退出布尔操作，如图 4-122 所示。再次使用“布尔”命令，减去第二个长方体，效果如图 4-123 所示。

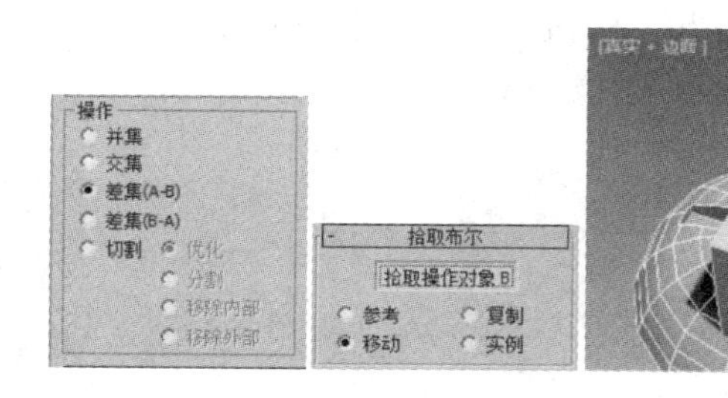

图 4-122　布尔减去第一个长方体

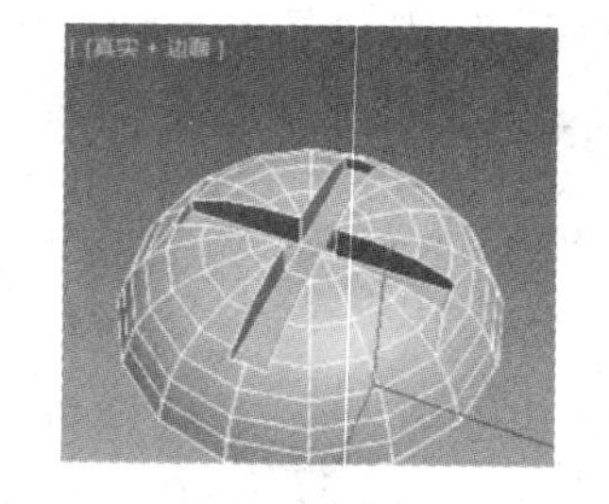
图 4-123　布尔减去第二个长方体

STEP④ 选择“创建”|“图形”|“样条线”|“螺旋线”，在参数面板中设置“圈数”为 10，将透视视图的显示方式改为“线框”，按〈S〉键，打开“捕捉开关”，使用“三维捕捉”，第一次捕捉螺钉底部中心顶点，第二次捕捉钉身边缘顶点，第三次捕捉钉身顶部顶点，绘制一个与螺钉身一样粗细的螺旋线，如图 4-124 所示。（注意：螺旋线绘制时，捕捉到高度后，要连续双击，可使螺旋线两端半径一样大，否则会出现一头粗一头

细的情况。）

STEP 5 关闭“捕捉开关”，选择“创建”|“图形”|“样条线”|“线”，在前视图中绘制一个小三角形，效果如图 4-125 所示。

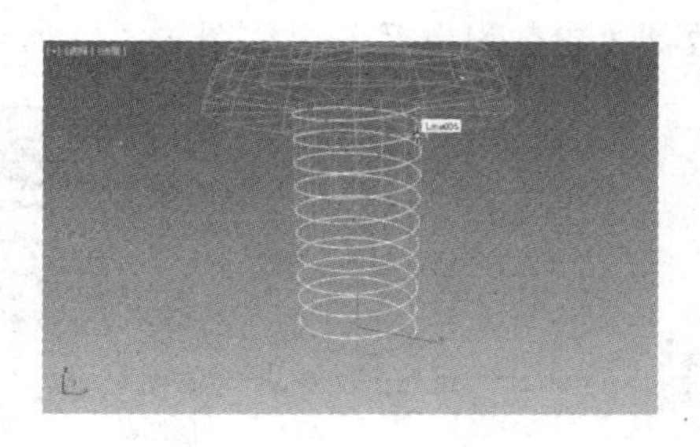

图 4-124　捕捉绘制螺旋线

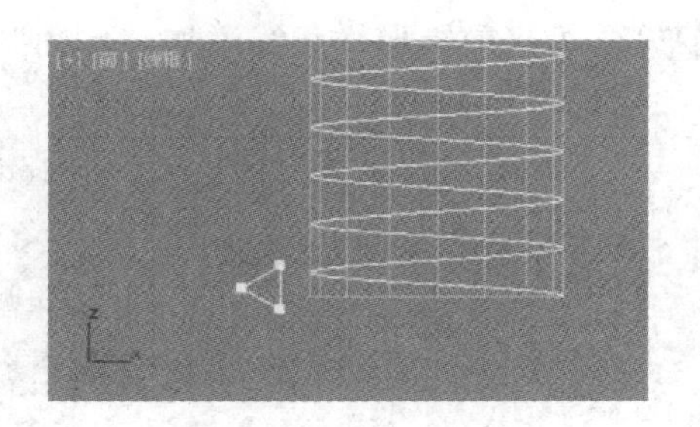

图 4-125　绘制小三角截面

STEP 6 选中螺旋线，选择“放样”命令，单击“获取图形”按钮，在视图中拾取小三角形，得到放样对象，如图 4-126 所示，此时放样出来的钉身形状很乱，需要在“修改”面板的“蒙皮参数”卷展栏中，取消勾选“倾斜”复选框，可得到整齐的螺钉效果，如图 4-127 所示。螺钉旋具和螺钉的最终效果，如图 4-128 所示。

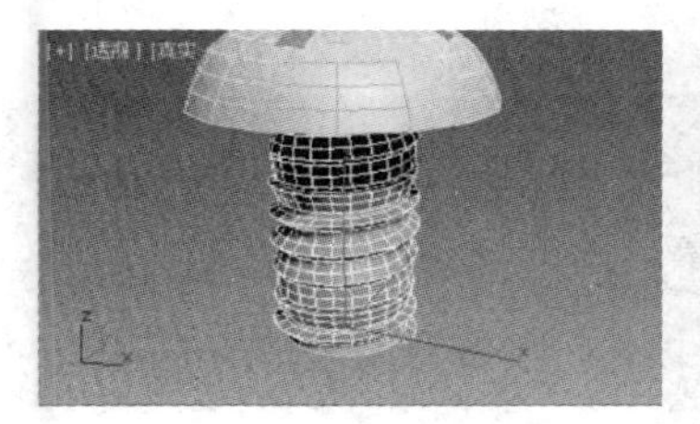

图 4-126　放样螺钉

图 4-127　调整螺钉的倾斜

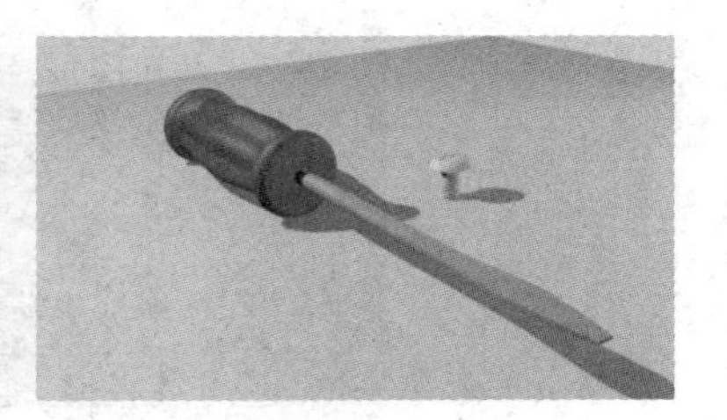

图 4-128　螺钉旋具与螺钉效果

强化训练

20 制作牌匾

1. 制作牌匾

STEP 1 新建文件，在前视图中，使用选择“创建”|“图形”|“样条线”|“矩形”，创建一个矩形样条线，参数设置及效果如图 4-129 所示。

STEP 2 按〈Ctrl+V〉组合键，在弹出的对话框中选择“复制”，并单击“确定”按钮，复制出一个矩形。任选一个矩形，添加“挤出”修改器，设置挤出数量为-5，参数设置及效果如图 4-130 所示。

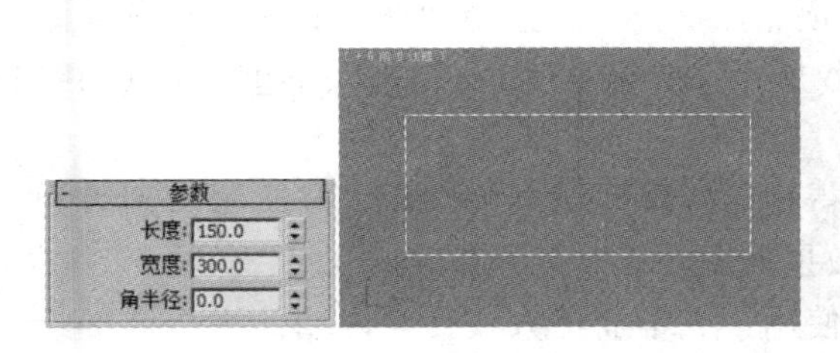

图 4-129　创建矩形

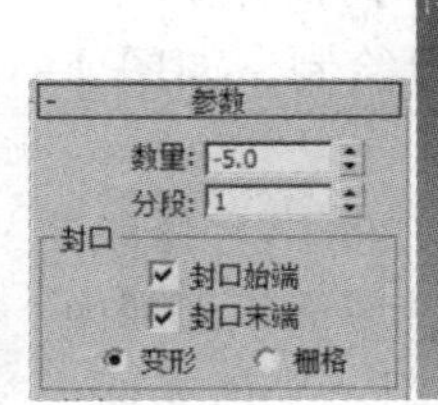

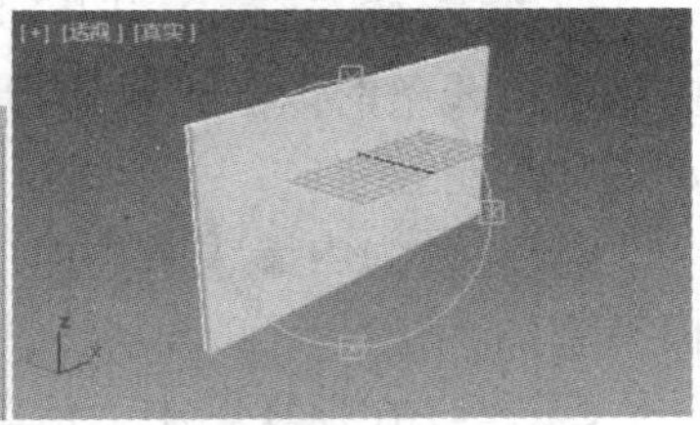

图 4-130　挤出牌匾

STEP③ 按〈Ctrl+I〉组合键反选，可选中另一个矩形，将其转换为可编辑样条线。按〈3〉数字键进入“样条线”层级，在“几何体”卷展栏中，在“轮廓”按钮后的文本框中输入“30”并按〈Enter〉键，参数设置效果如图 4-131 所示。

STEP④ 为当前矩形样条线添加“倒角”修改器，参数设置及效果如图 4-132 所示。

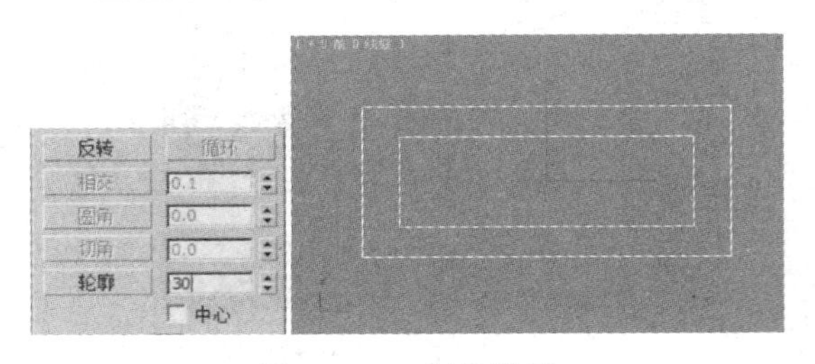

图 4-131　制作轮廓

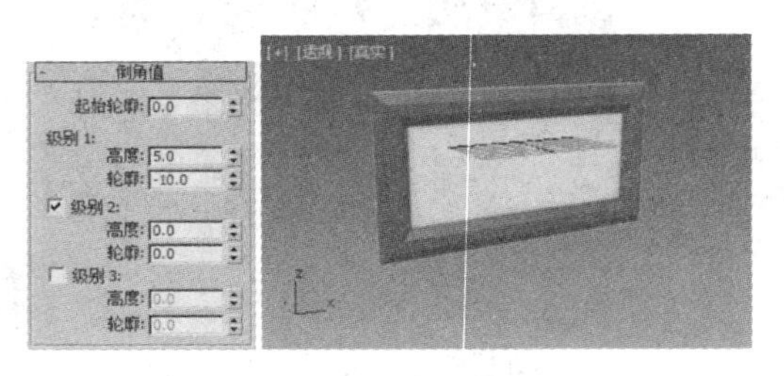

图 4-132　倒角制作牌匾边框

STEP⑤ 使用“文本”样条线命令，在前视图中创建文本样条线，并摆放到合适位置，参数设置及效果如图 4-133 所示。

STEP⑥ 为文本样条线添加“挤出”修改器，挤出数量为 55，参数及效果如图 4-134 所示。

图 4-133　创建文本样条线

图 4-134　牌匾效果

2. 制作房间踢脚线

在室内外效果图的制作过程中，房间或墙体的创建是参照平面 CAD 图，在 3ds Max 中绘制二维闭合样条线并挤出得到的。二维样条线在室内外建模中经常会用到，下面就以一个简易房间及其踢脚线的制作为例，对二维样条线的应用加以练习。

21 制作房间踢脚线

具体操作步骤如下。

STEP① 新建文件，设置单位为 mm，选择“MAX”|“导入”|“导入”菜单命令，导入配套素材中的“场景和素材\第 04 章\房间和踢脚线 . dwg”文件，如图 4-135 所示，该图形为一个房间平面图，门的位置在右边。

STEP② 按〈S〉键打开“捕捉开关”，使用顶点捕捉方式。选择“线”命令，在顶视图中对墙体线条的内围进行捕捉绘制，如图 4-136 所示。绘制线条时，应以门边为起点和终点进行绘制。

STEP③ 为内墙线条添加“挤出”修改器，得到墙体模型。再次打开“修改器”列表为模型添加“法线”修改器，使墙面正面朝内。效果如图 4-137 所示。

STEP④ 在顶视图中，使用“平面”命令，使用 2. 5 维捕捉方式，对内墙体进行捕捉绘制平面，设置平面长度分段和宽度分段均为 1，该平面作为地板，效果如图 4-138 所示。

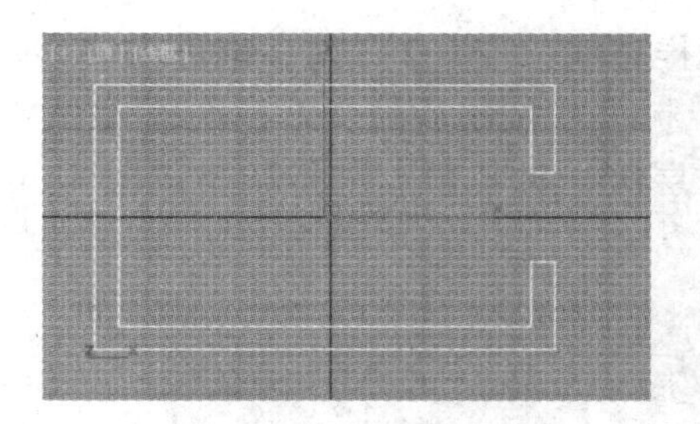

图 4-135　导入平面图

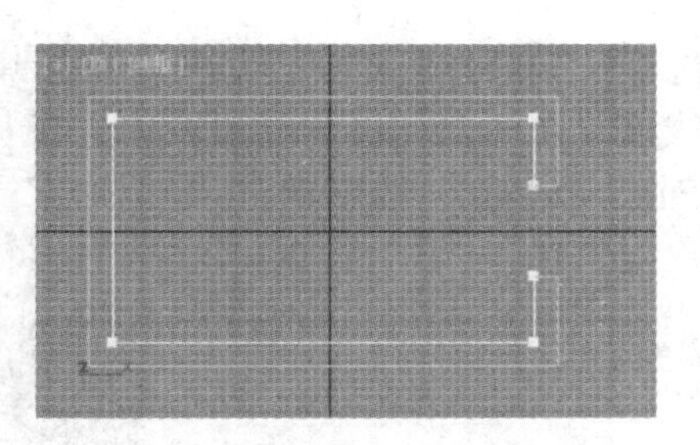

图 4-136　捕捉绘制内墙线条

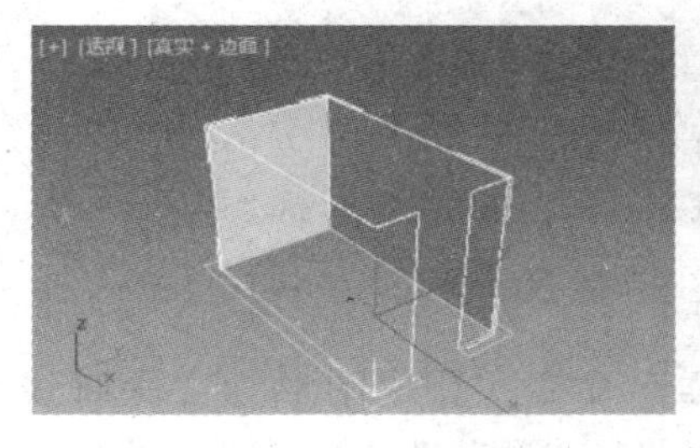

图 4-137　挤出墙体并翻转面

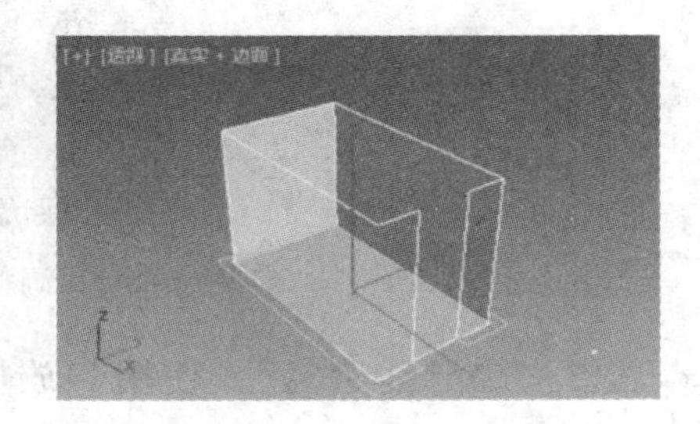

图 4-138　捕捉绘制地板

STEP 5 选中地板，按〈Space〉键锁定选择，保持 2.5 维捕捉方式，在前视图中，按住〈Shift〉键的同时，使用“选择并移动”工具沿 Y 轴向上拖动复制出天花板，拖动过程及效果如图 4-139 左图所示。为复制出来的天花板添加“法线”修改器，使天花板正面朝下，如图 4-139 右图所示。

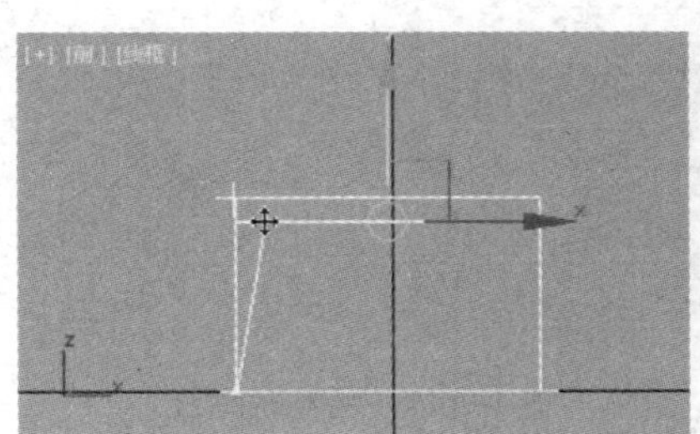

图 4-139　复制天花板

STEP 6 保持 2.5 维捕捉方式，在顶视图中捕捉绘制样条线如图 4-140 所示。将该样条线命名为“踢脚线路径”。

STEP 7 关闭捕捉开关，在前视图中绘制“矩形”样条线，如图 4-141 所示。将该样条线命名为“踢脚线截面”。

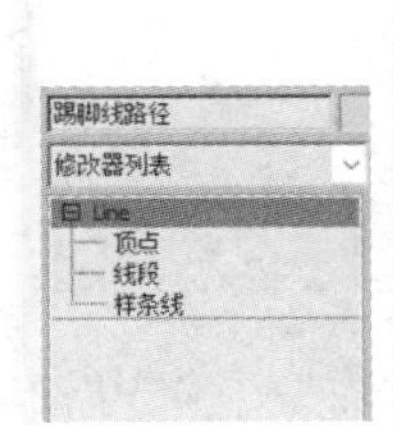

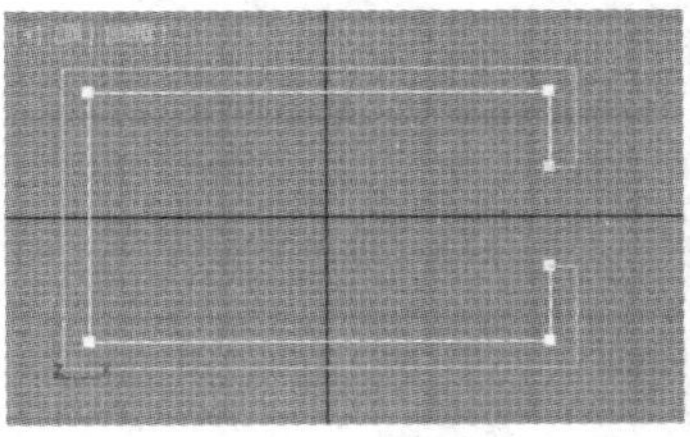

图 4-140　绘制踢脚线路径

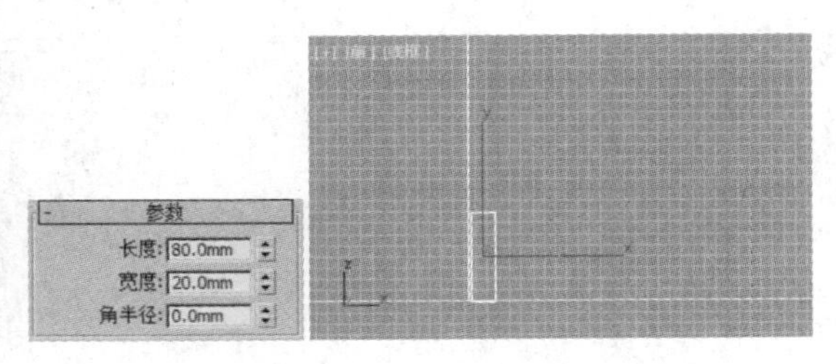

图 4-141　绘制踢脚线截面

STEP 8 将“踢脚线截面”转换为可编辑样条线，按〈2〉数字键进入“线段”层级，选择右侧线段，在“几何体”卷展栏中，在“拆分”按钮后的文本框中输入“3”，并单击“拆分”按钮，按〈1〉数字键进入“顶点”层级，对其顶点进行调整成图 4-142 所示的形状。

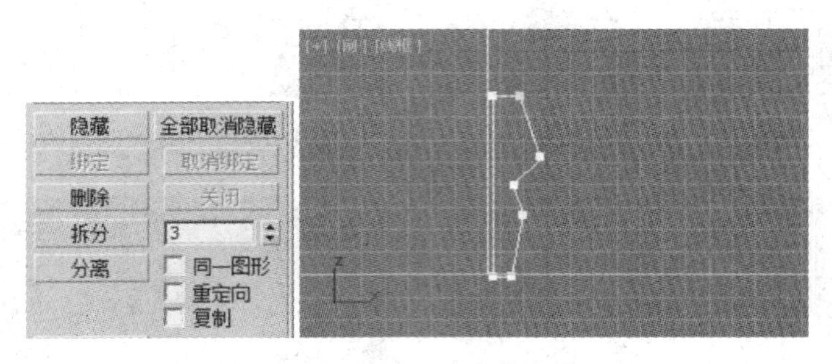

图 4-142　调整踢脚线截面

STEP 9 选中“踢脚线路径”，使用“放样”命令，获取图形为“踢脚线截面”，在“蒙皮参数”卷展栏中，设置“图形步数”和“路径步数”为 1，得到如图 4-143 所示的效果。可以从图中看出踢脚线位置不正确，有一半位于地板以下。

STEP 10 按〈1〉数字键进入“图形”层级，在视图中框选整个踢脚线，截面样条线呈现红色，在命令面板的“图形命令”卷展栏中，单击“左”和“顶”按钮，使踢脚线紧贴墙角，放置合适的位置，如图 4-144 所示。

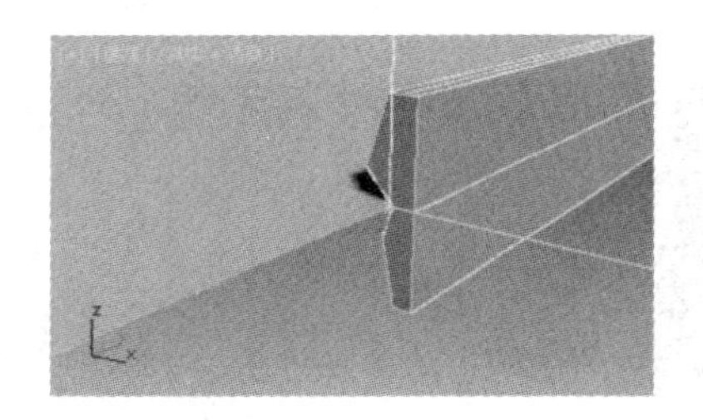

图 4-143　放样踢脚线

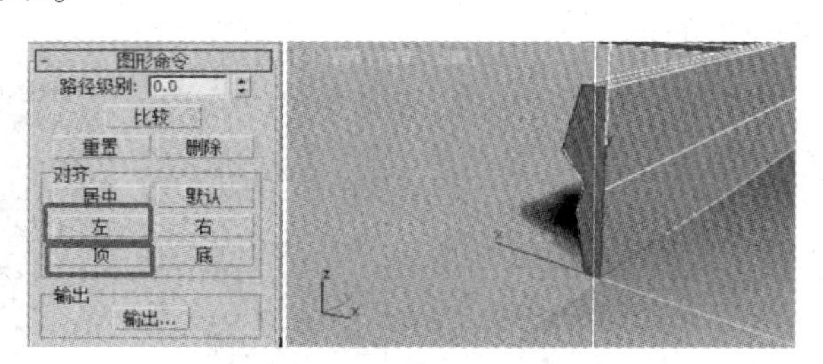

图 4-144　调整踢脚线

第 5 章　三维对象的编辑修改

内容导读

3ds Max 系统提供了功能强大的变形修改功能，可以通过对基本三维对象添加修改器实现效果图所需的更为复杂的造型。本章主要介绍常用的三维对象的编辑修改器，包括“锥化”修改器、“空间扭曲”修改器、“弯曲”修改器、“扭曲”修改器、“噪波”修改器、“FFD”修改器、“晶格”修改器等。

学习目标

✓ 掌握三维对象修改器的使用

✓ 掌握布尔、超级布尔运算工具的使用

作品展示

◎烛台

◎齿轮

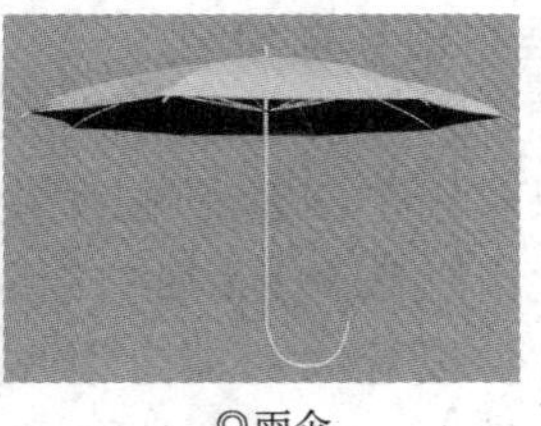

◎雨伞

5.1　常用三维对象修改器

编辑修改器是三维对象编辑修改的工具，通过“修改器列表”或者“修改器”面板，都可以为对象添加修改器，如图 5-1 所示。当选择一种修改器时，该修改器的名称会出现在如图 5-2 所示的修改器堆栈中，同一对象可以添加多种修改器，每种修改器按照添加的先后顺序由下向上依次排列在修改器堆栈中，如图 5-3 所示。

图 5-1　修改器列表

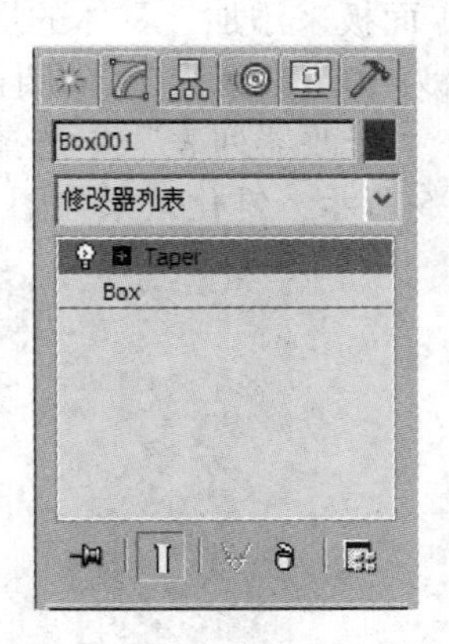

图 5-2　单个修改器的堆栈

图 5-3　修改器叠加的堆栈

5.1.1 “锥化”修改器

“锥化”修改器用于将三维对象进行锥化操作，也就是对对象的两端进行缩放形成锥形的轮廓和中间造型的曲线化轮廓效果。通过调整锥化的倾斜度及轮廓弯曲程度，可以得到不同的锥化效果。另外，通过设置限制参数将锥化效果限制在一定的区域内，达到一定的锥化效果。图 5-4 为“锥化”修改器的“参数”卷展栏，参数说明如下。

1. “锥化”选项组

- 数量：用于设置锥化的缩放程度。当值大于 0 时，下方锥化，锥化端产生放大的效果；当值小于 0 时，上方锥化，锥化端产生缩小的效果；当值为-1 时，上截面缩小为一个点。
- 曲线：用于设置锥化中间曲线的弯曲程度。当曲线值为正数时，曲线凸出；当曲线值为负数时，曲线内凹。若调整曲线参数时对象并无变化，则说明对象的锥化方向分段数不足，更改对象的分段数即可解决。

2. “锥化轴”选项组

- 主轴：用于设置锥化所依据的坐标轴，默认为 Z 轴。
- 效果：用于设置影响效果的轴，该轴随主轴的变化而变化，默认为 XY 轴。
- 对称：设置以主轴为中心产生对称的锥化效果。选中该复选框，可生成对称的锥化造型。

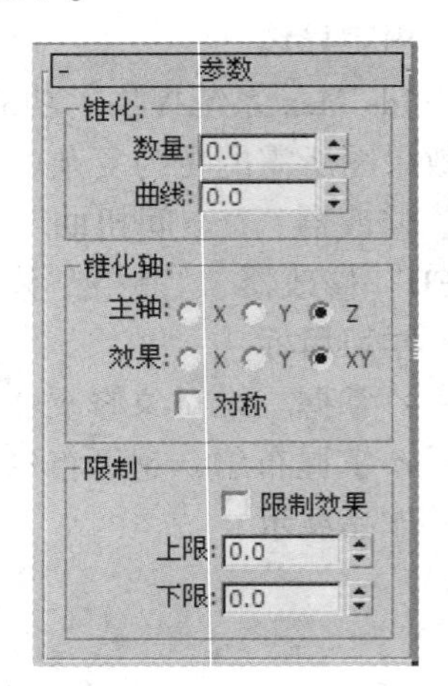

图 5-4 “锥化”修改器的“参数”卷展栏

3. “限制”选项组

- 限制效果：锥化限制开关。若勾选此复选框，则能够设置沿坐标轴锥化的影响范围；若不勾选，则锥化作用于整个对象。
- 上限：设置对象沿指定坐标轴产生锥化缩放的上边界，超过此上限的区域将不受锥化的影响。
- 下限：设置对象沿指定坐标轴产生锥化缩放的下边界，低于此下限的区域将不受锥化的影响。

“锥化”修改器通常使用“修改”面板来添加，具体的操作方法如下。

STEP① 在顶视图中创建一个半径为 10、高度为 12 的圆柱体。

STEP② 切换到“修改”面板，在“修改器列表”中选择“锥化”修改器，为圆柱体添加“锥化”修改器，参数设置如图 5-5 所示，锥化效果如图 5-6 所示。

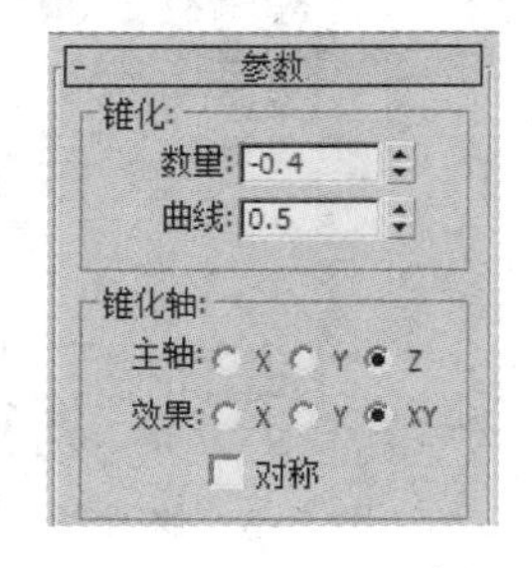

图 5-5 设置锥化参数

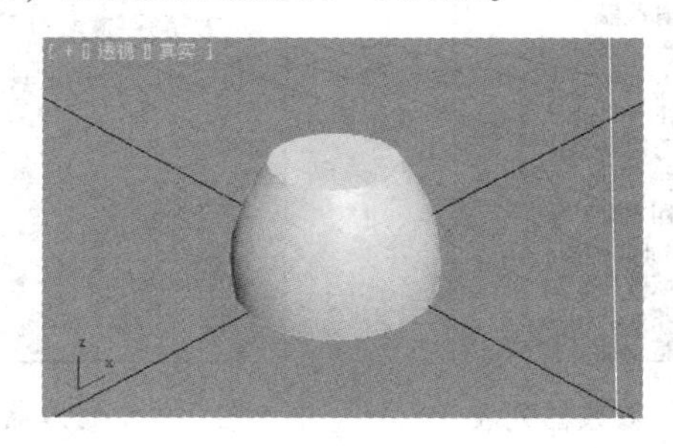

图 5-6 锥化效果

STEP 3 在前视图中选中圆柱体，单击主工具栏中的“镜像”按钮，在弹出的对话框中设置参数（如图 5-7 所示），修改复制圆柱体的锥化参数（如图 5-8 所示），锥化效果如图 5-9 所示。

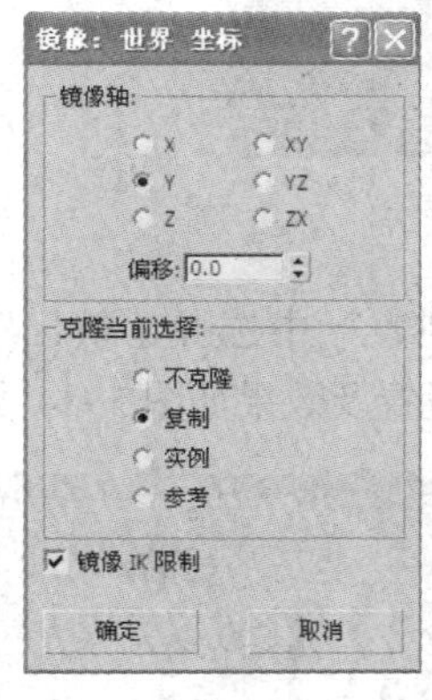

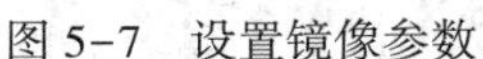
图 5-7　设置镜像参数

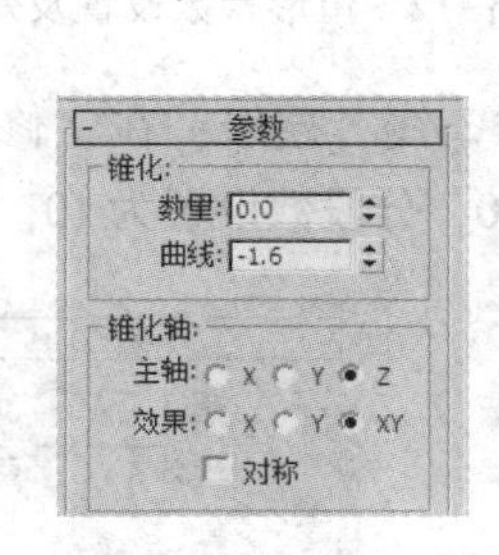

图 5-8　设置锥化参数

图 5-9　锥化效果

STEP 4 在前视图中将顶部圆柱体向上复制一个，参数设置如图 5-10 所示，锥化效果如图 5-11 所示。

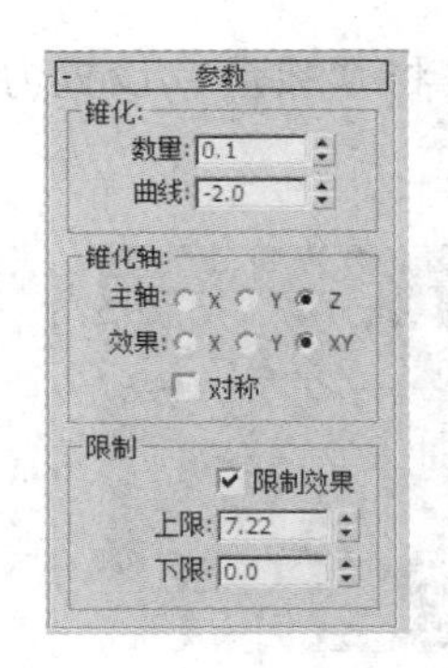

图 5-10　设置锥化参数

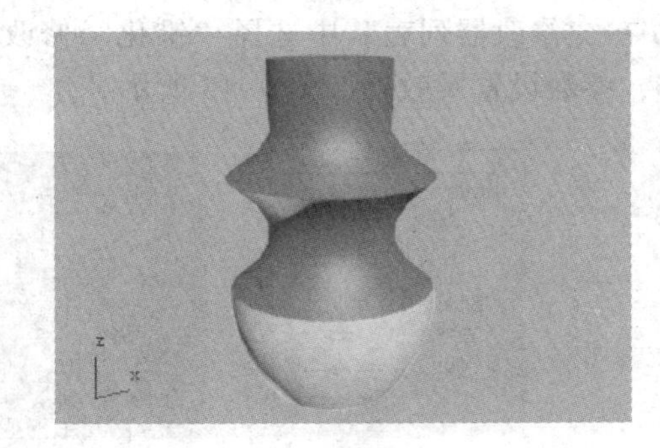
图 5-11　最终锥化效果

知识拓展

在为修改器添加了限制效果时，通过调整修改器的 Gizmo 或者中心可以改变对象锥化的效果，修改器产生效果的范围大小取决于上限和下限的差值，差值越大，对象受修改器影响的部分越多。

小试身手——制作台灯

22 制作台灯

下面将使用“锥化”修改器制作一个台灯，具体操作步骤如下。

STEP 1 在顶视图中的栅格原点位置创建一个星形，其参数设置及效果如图 5-12 所示。

STEP 2 选择创建的星形，在命令面板中单击“修改”按钮，切换到“修改”面板，在“修改器列表”中选择“编辑样条线”修改器，按〈3〉数字键进入“样条线”层级，在“几何体”卷展栏中单击“轮廓”按钮，设置值为-10，参数设置如图 5-13 所示。

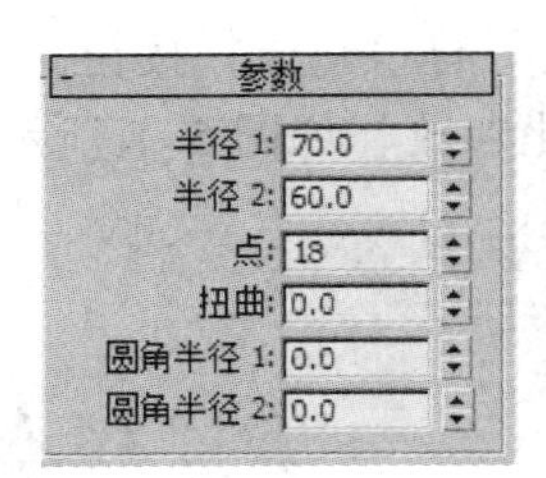

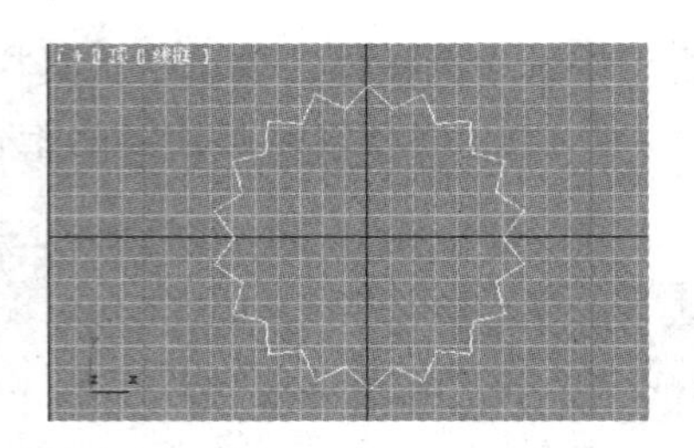

图 5-12　星形参数设置及效果

STEP③ 按〈3〉数字键退出“样条线”层级，在“修改器列表”中选择“挤出”修改器，在“参数”卷展栏中将数量设置为 100，分段数设置为 10，参数设置及效果如图 5-14 所示。

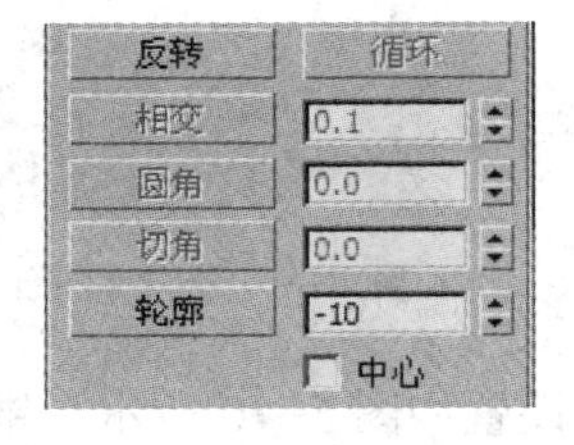

图 5-13　设置轮廓参数

图 5-14　挤出参数设置及效果

STEP④ 在“修改器列表”中选择“锥化”修改器，将“数量”设置为-0.4，“曲线”设置为-0.5，参数设置及效果如图 5-15 所示。

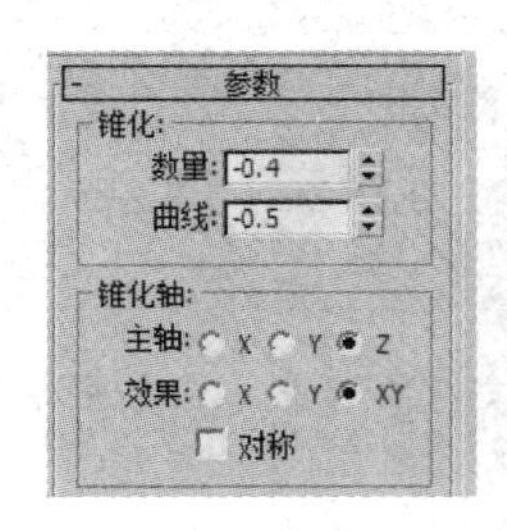

图 5-15　锥化参数设置及效果

STEP⑤ 在顶视图中的栅格原点位置创建圆柱体，参数设置如图 5-16 所示，使用“选择并移动”工具在前视图中将圆柱体沿 Y 轴向下移动，如图 5-17 所示。

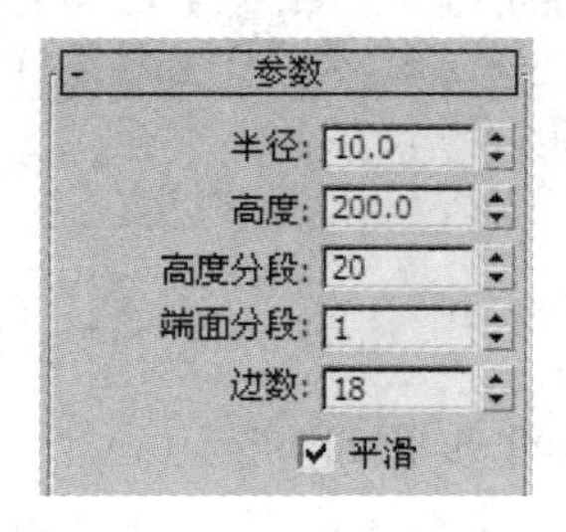

图 5-16　设置圆柱体参数

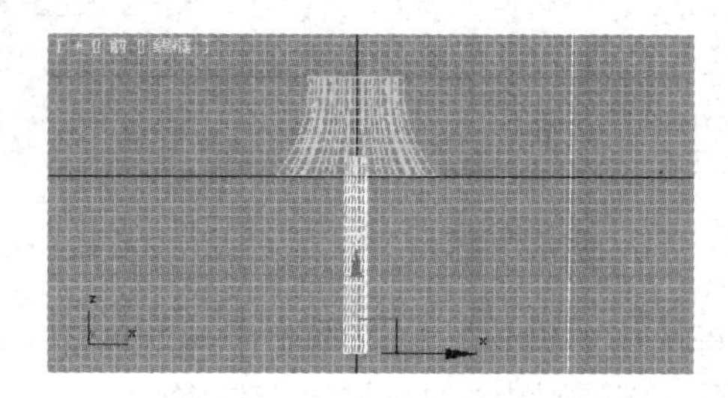

图 5-17　调整圆柱体位置

STEP⑥ 选择圆柱体，在命令面板中单击“修改”按钮，切换到“修改”面板，在“修改器列表”中选择“锥化”修改器，选择锥化的“Gizmo”层级，将 Gizmo 移动到圆柱体的中心位置，如图 5-18 所示。

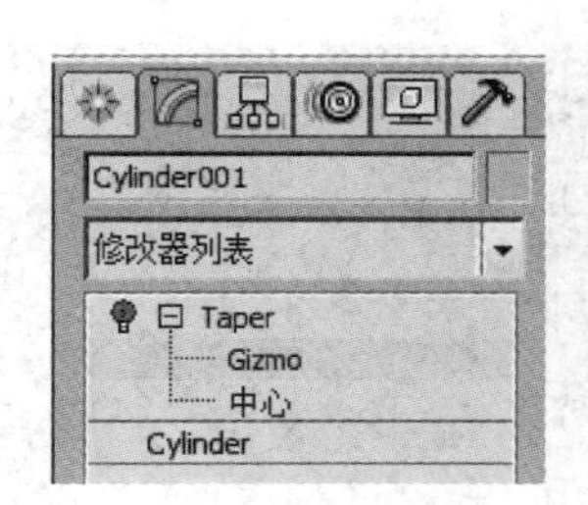

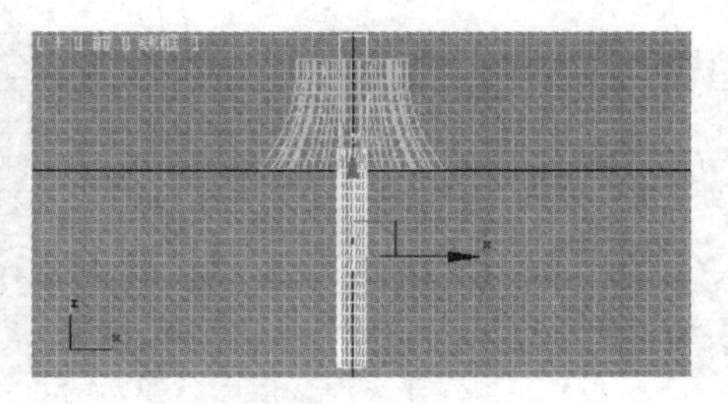

图 5-18　调整圆柱体的 Gizmo

STEP 7 锥化参数设置如图 5-19 所示，最终的台灯渲染效果如图 5-20 所示。

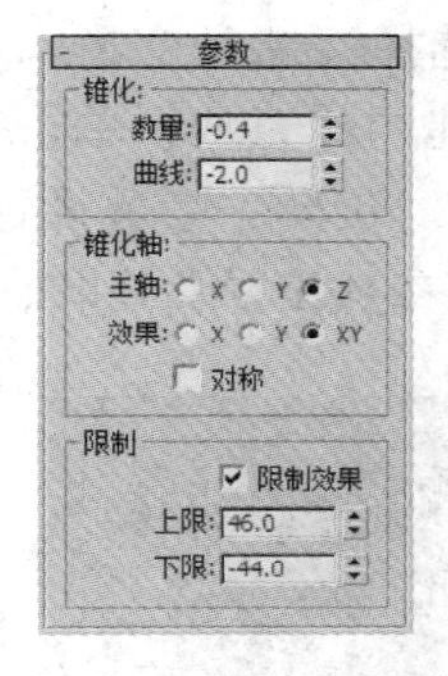

图 5-19　设置圆柱体锥化参数

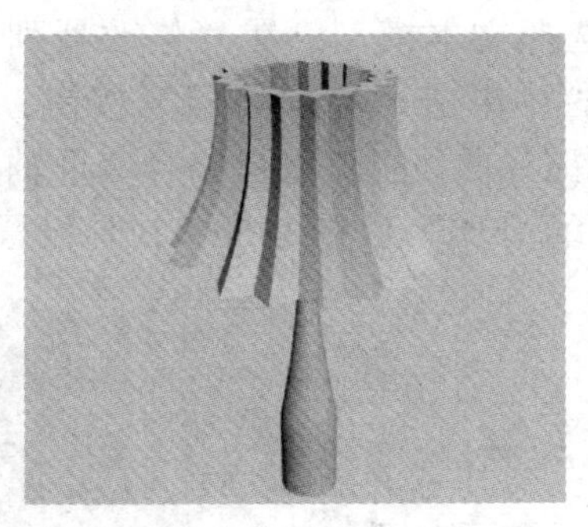

图 5-20　台灯渲染效果

5.1.2 “路径变形（WSM）”修改器

“路径变形（WSM）”修改器可以控制对象沿二维样条线进行变形，即对象在指定的路径上移动的同时还会发生变形。该修改器主要用于制作环绕的文字和沿路径运动的动画。图 5-21 为“路径变形（WSM）”修改器的“参数”卷展栏，参数说明如下。

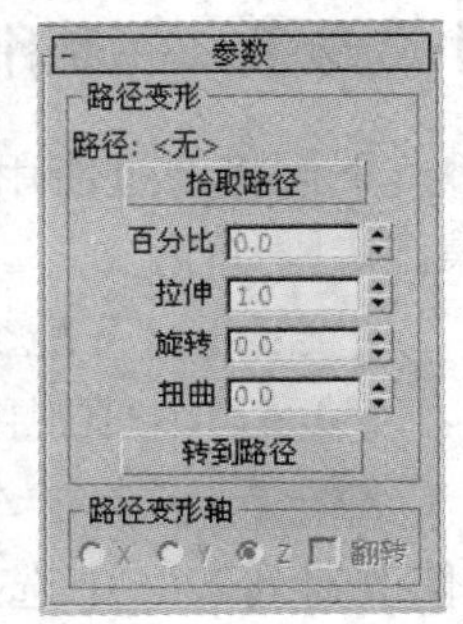

图 5-21　“路径变形”的“参数”卷展栏

“路径变形”选项组中各项参数的说明如下。

- 拾取路径：单击此按钮，可以在视图中拾取指定路径，但对象的位置保持不变。
- 百分比：调整对象在路径上的位置。
- 拉伸：使用对象的轴点作为缩放的中心，沿着路径缩放对象。
- 扭曲：设置对象沿路径扭曲的角度。
- 旋转：设置对象沿变形轴旋转的角度。
- 转到路径：单击此按钮，可使对象移动到路径曲线上。

“路径变形轴”选项组决定被变形的对象以哪个轴向附着在路径上。

通常情况下使用“修改”面板添加“路径变形（WSM）”修改器，下面通过“路径变形（WSM）”修改器制作一个简单的文字环绕效果，具体的操作步骤如下。

STEP 1 在前视图中创建文本“儿童乐园”，字体为“黑体”，大小为 50。

STEP 2 选择文本，在命令面板中打开“修改”面板，在“修改器列表”中选择“挤出”修改器，为文字添加“挤出”修改器，数量为 10，分段数为 1。

STEP 3 在前视图中创建“弧”样条线作为路径，效果如图 5-22 所示。

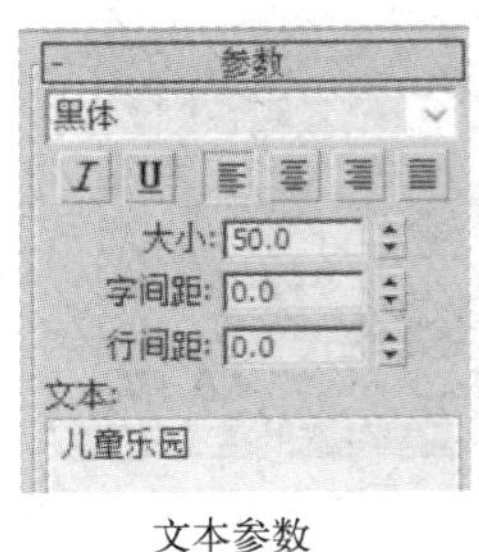

文本参数

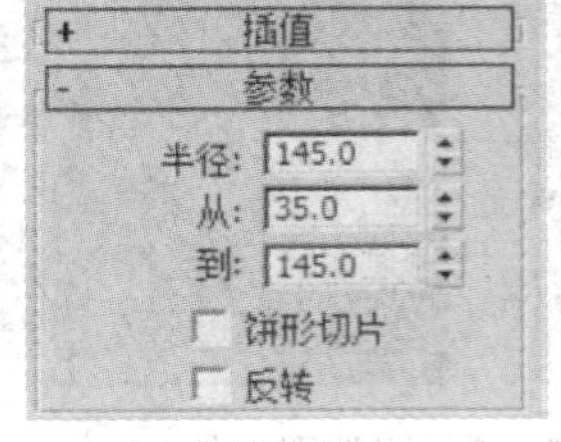

弧线参数

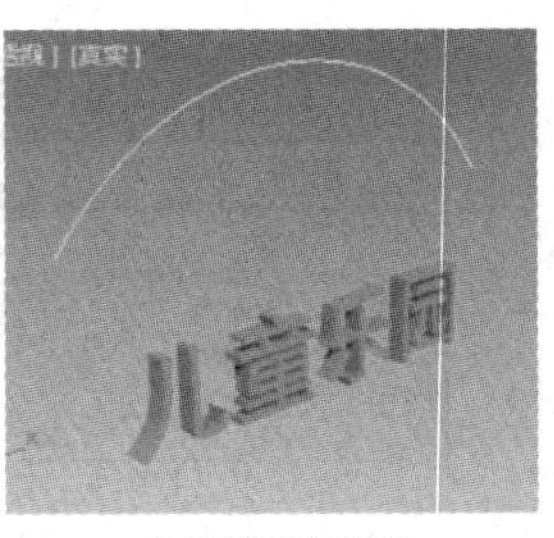

文本模型与弧线

图 5-22　创建文本模型与弧线

STEP④ 选择文本模型，在“修改器列表”中选择“路径变形（WSM）”修改器，在“参数”卷展栏中单击“拾取路径”按钮，单击创建的样条线，单击“转到路径”按钮，使文本移动到路径曲线上。选择路径变形轴为 X 轴，“旋转”参数设置为 180。将“参数”卷展栏中的“百分比”设置为 50，拉伸设置为 1.3，参数设置及效果如图 5-23 所示。

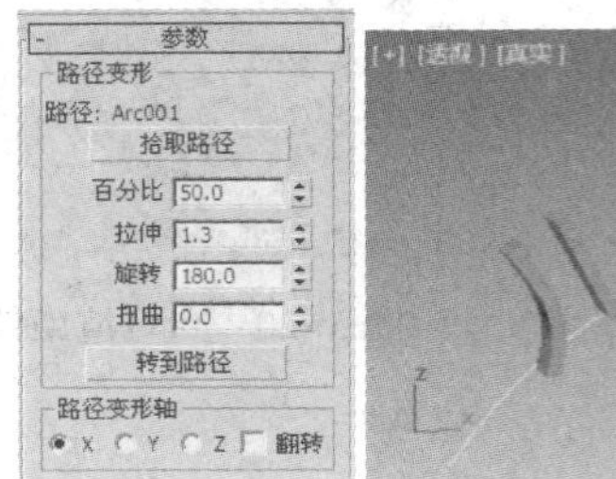

图 5-23　设置参数及效果

小试身手——制作行动中的矿车

23 制作矿车在行动

下面将通过使用“路径变形（WSM）”修改器制作行动中的矿车，具体操作步骤如下。

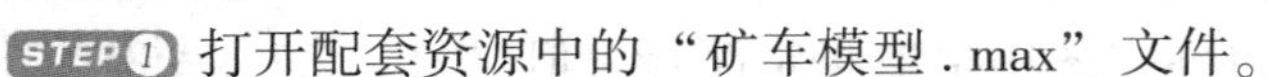

STEP① 打开配套资源中的“矿车模型 . max”文件。

STEP② 在顶视图中创建样条线 01 作为路径，效果如图 5-24 所示。

STEP③ 选择矿车模型，在命令面板中单击“修改”按钮，切换到“修改”面板，在“修改器列表”中选择“路径变形（WSM）”修改器，在“参数”卷展栏中单击“拾取路径”按钮，单击创建的样条线 01，单击“转到路径”按钮，使矿车模型移动到路径曲线上。选择路径变形轴为 X 轴，“旋转”参数设置为 180。效果如图 5-25 所示。

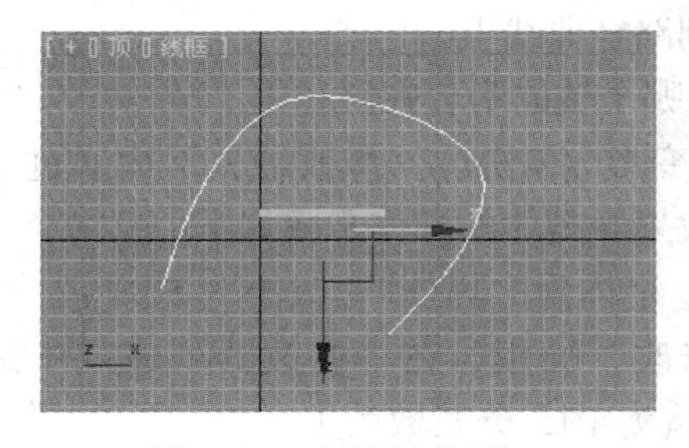

图 5-24　创建样条线 01

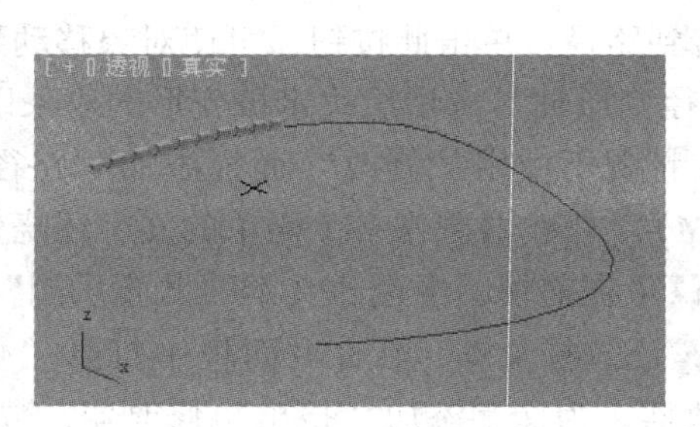

图 5-25　路径变形效果

STEP④ 单击界面下方动画控制区中的“自动关键点”按钮，使其变为红色激活状态，效果如图 5-26 所示，将界面下方的时间滑块移动至第 100 帧，如图 5-27 所示。

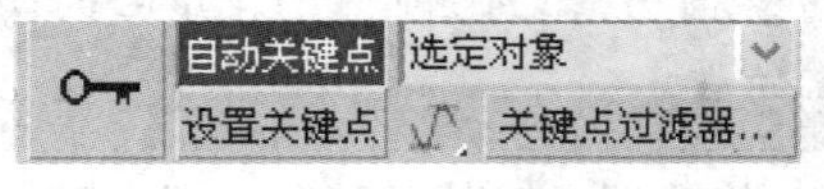

图 5-26　激活“自动关键点”按钮

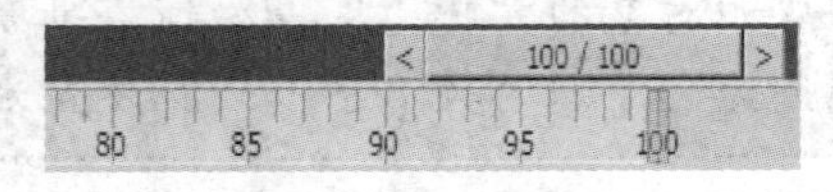

图 5-27　时间滑块位置

STEP⑤ 将矿车模型的“参数”卷展栏中的“百分比”参数设置为 100，其他参数设置如图 5-28 所示，再次单击“自动关键点”按钮，关闭动画自动录制状态。

STEP⑥ 激活透视图，单击界面下方动画播放控制区中的“播放动画”按钮，如图 5-29 所示。

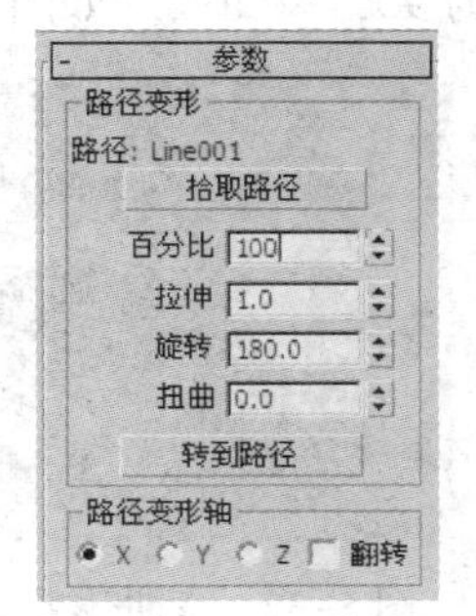

图 5-28　设置百分比等参数

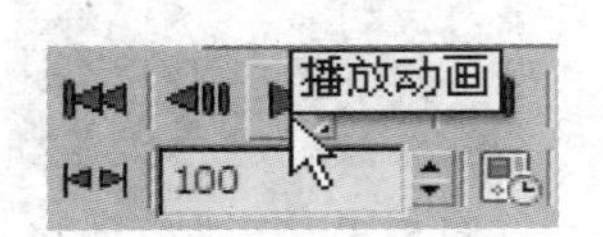

图 5-29　播放动画

5.1.3 “弯曲”修改器

“弯曲”修改器能够使三维对象在不同的轴向上进行弯曲变形，通过对其角度、方向和弯曲轴的调整，得到不同的弯曲效果。另外可以通过设置限制参数将对象的弯曲效果限制在一定区域内，被弯曲对象在弯曲轴向上的分段数应足够才能达到理想的效果。图 5-30 为弯曲修改器的“参数”卷展栏，参数说明如下。

（1）“弯曲”选项组

- 角度：用于设置坐标轴弯曲的角度大小。
- 方向：用于设置坐标轴弯曲的方向，即相对于水平面的方向。

（2）“弯曲轴”选项组

- X 轴：用于设置弯曲的坐标轴为 X 轴。
- Y 轴：用于设置弯曲的坐标轴为 Y 轴。
- Z 轴：用于设置弯曲的坐标轴为 Z 轴。

（3）“限制”选项组

- 限制效果：用于设置沿坐标轴弯曲的影响范围。勾选该复选框才能设置弯曲影响范围，不勾选时弯曲作用于整个对象。

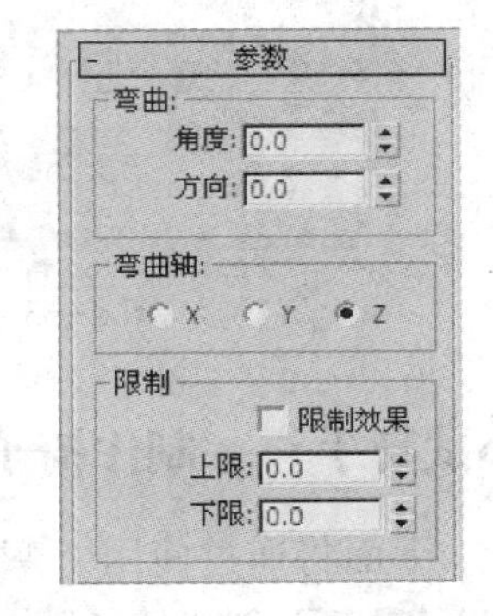

图 5-30　“弯曲”修改器的“参数”卷展栏

- 上限：设置对象沿指定坐标轴产生弯曲的上边界，超过上限数值的区域将不受弯曲的影响。
- 下限：设置对象沿指定坐标轴产生弯曲的下边界，低于下限数值的区域将不受弯曲的影响。

知识拓展

弯曲对象的“中心”应放置在正确的位置，因为弯曲限制产生在中心的两端，上限只能设为大于零的数，下限只能设置为小于零的数。

通常情况下使用“修改”面板添加“弯曲”修改器，具体的操作步骤如下。

STEP 1 在“创建”面板中单击“圆柱体”按钮。在顶视图中创建一个半径为 10、高度为 100 的圆柱体，高度分段为 20。

STEP 2 在命令面板中切换到“修改”面板，在“修改器列表”中选择“弯曲”修改器，为圆柱体添加“弯曲”修改器，在“参数”卷展栏中将“角度”设置为 80，弯曲效果如图 5-31 所示。在“参数”卷展栏中将“方向”设置为 90，弯曲效果如图 5-32 所示。

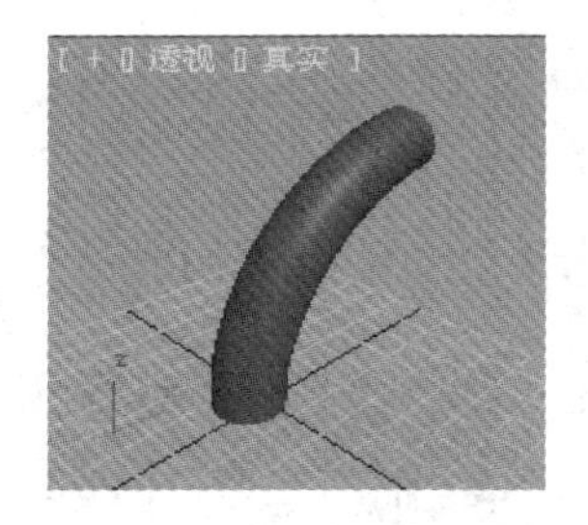

图 5-31　弯曲效果 1

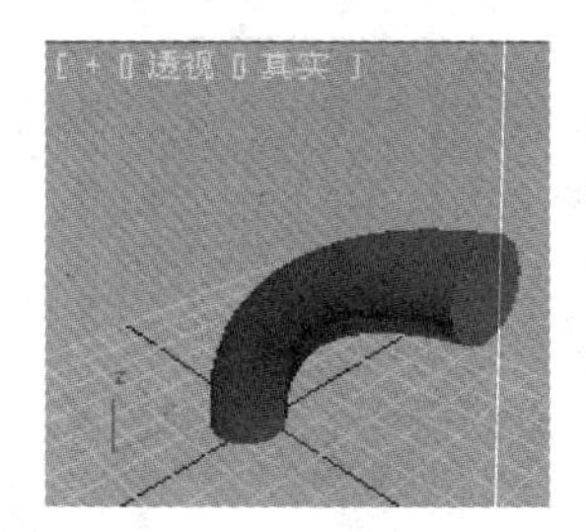

图 5-32　弯曲效果 2

STEP 3 在“参数”卷展栏中勾选“限制效果”复选框，设置“上限”为 60，选择“弯曲”修改器的“Gizmo”层级，在前视图中向上移动轴心到如图 5-33 的位置，弯曲效果如图 5-34 所示。

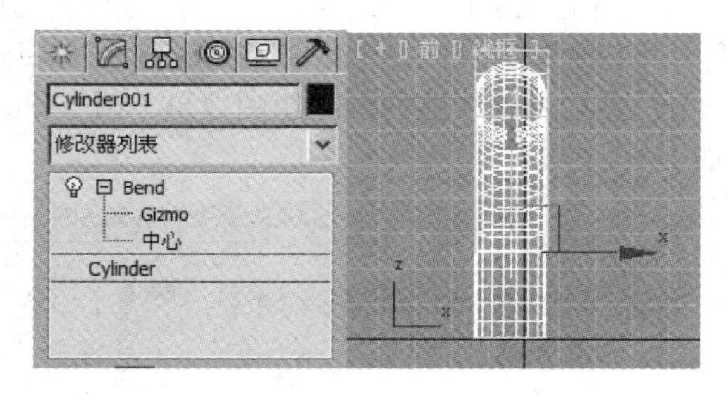

图 5-33　移动圆柱体轴心

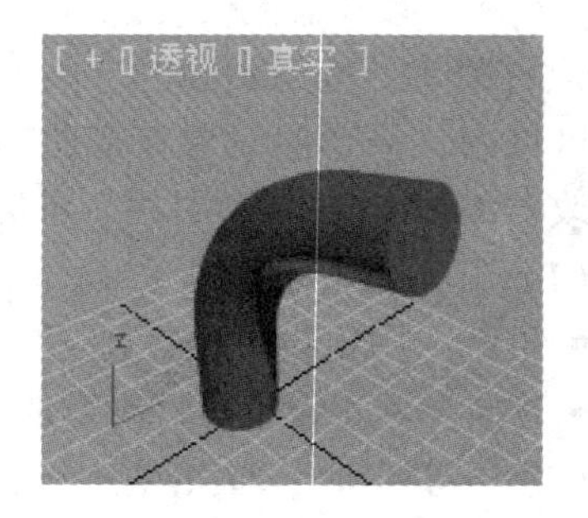

图 5-34　弯曲效果 3

小试身手——制作椅子

24 制作椅子

下面将通过使用“弯曲”修改器制作椅子，具体操作步骤如下。

STEP 1 创建椅子腿。在“创建”面板中单击“圆柱体”按钮。在前视图中创建圆柱体，半径为 3，高度为 300，高度分段数为 100。将圆柱体放置在栅格原点位置，参数设置及效果如图 5-35 所示。

STEP 2 选择圆柱体，在命令面板中切换到“修改”面板，在“修改器列表”中选择“弯曲”修改器，为圆柱体添加第一个“弯曲”修改器。按〈1〉数字键进入“弯曲”修改器的“Gizmo”层级，选择顶视图，右击工具栏中的“选择并移动”工具，在弹出的对话框中设置参数，参数设置及顶视图效果如图 5-36 所示。

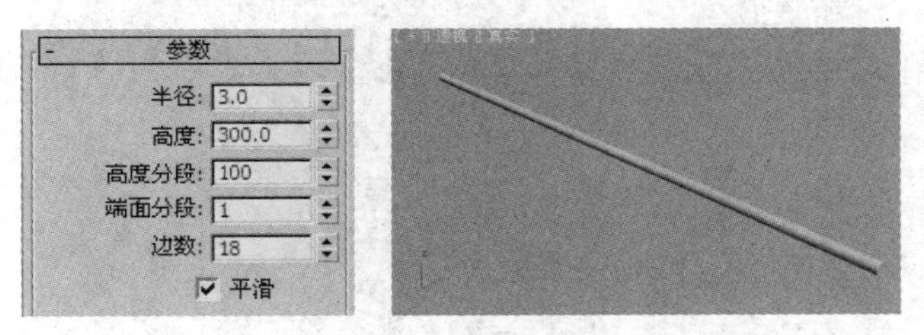

图 5-35　设置圆柱体参数及效果

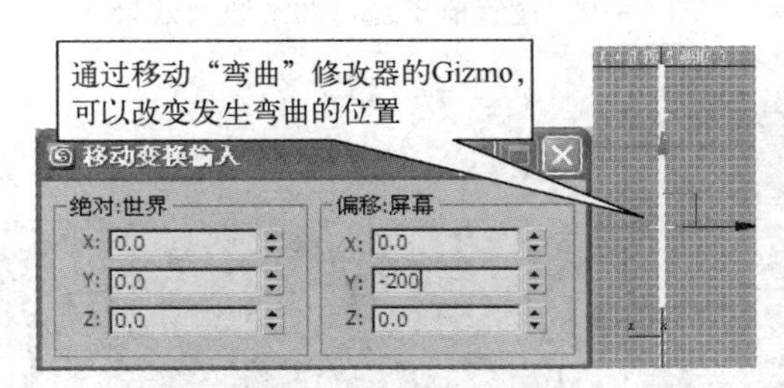

图 5-36　设置椅子腿第一个弯曲的位置

STEP3 设置“弯曲”修改器的参数，椅子腿弯曲效果如图 5-37 所示。

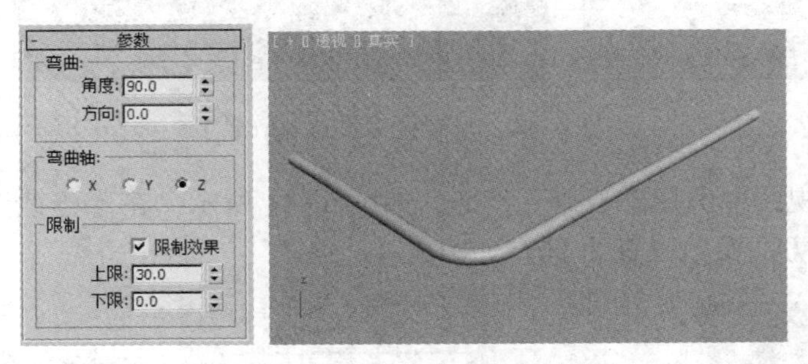

图 5-37　椅子腿弯曲参数及效果 1

STEP4 为圆柱体添加第二个“弯曲”修改器。在顶视图中选择圆柱体，按〈1〉数字键进入“弯曲”修改器的“Gizmo”层级，右击工具栏中的“选择并移动”工具，在弹出的“移动变换输入”对话框中设置参数，可将 Gizmo 进行移动，如图 5-38 所示。

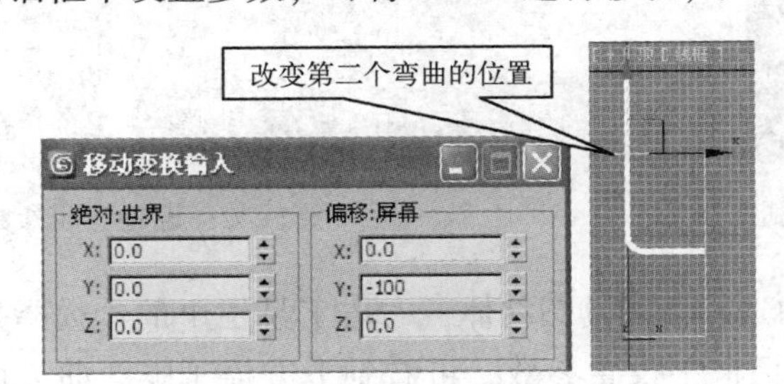

图 5-38　设置椅子腿第二个弯曲的位置

STEP5 “弯曲”修改器的参数设置及透视图效果如图 5-39 所示。

STEP6 在前视图中选择圆柱体，单击工具栏中的“镜像”工具，在弹出的“镜像：屏幕 坐标”对话框中设置参数并单击“确定”按钮，得到椅子腿的下半部，效果如图 5-40 所示。

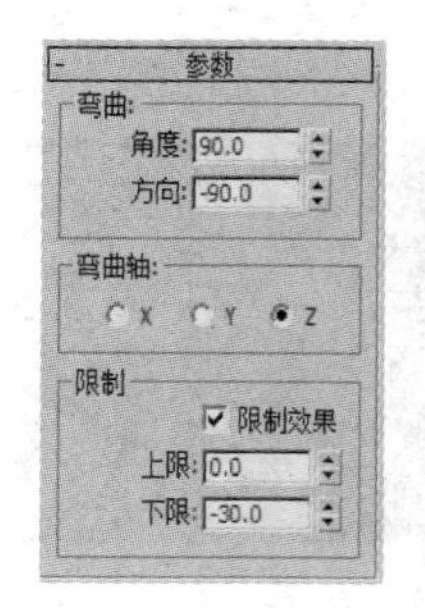

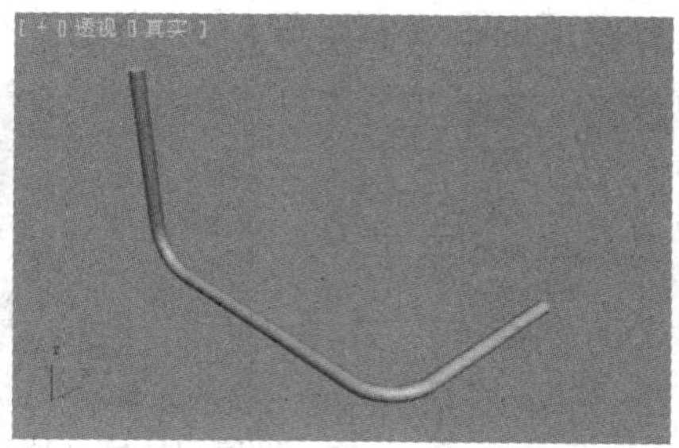

图 5-39　设置椅子腿弯曲参数及效果 2

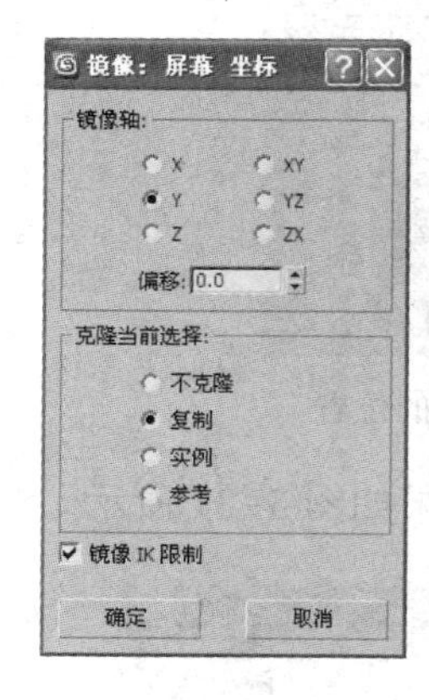

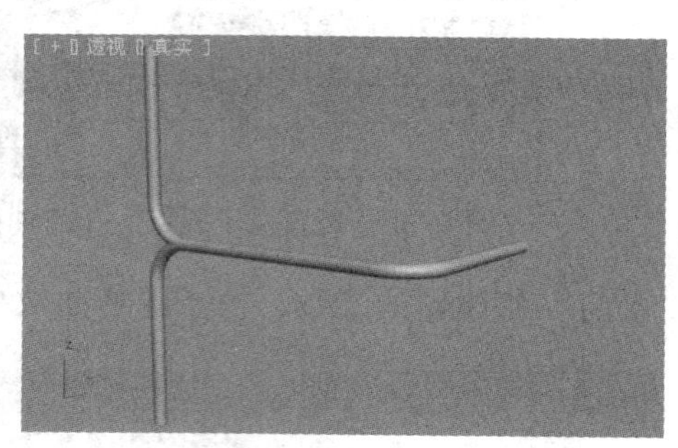

图 5-40　设置镜像参数及效果 1

STEP 7 在前视图中选择椅子腿下半部，如图 5-41 所示，在“修改”面板中将第一个“弯曲”修改器的方向参数设置为 90，如图 5-42 所示。

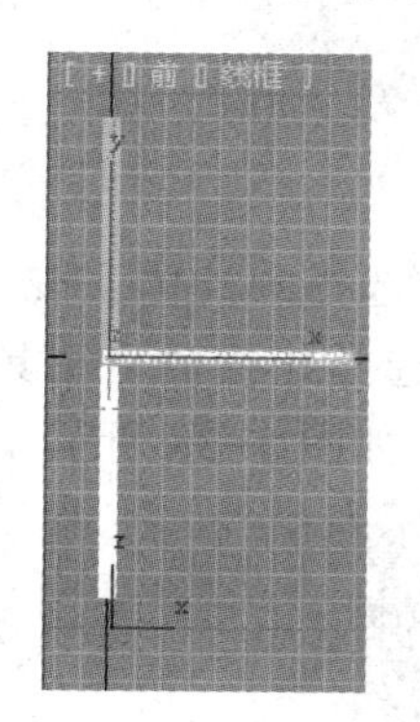

图 5-41　选择椅子腿下半部

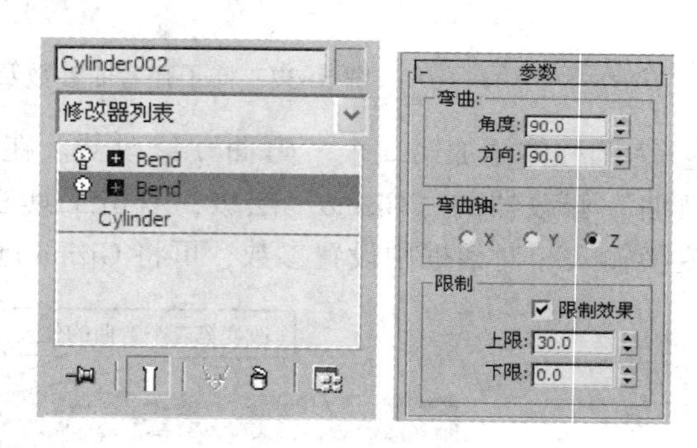

图 5-42　设置弯曲参数

STEP 8 在前视图中选择下方的圆柱体，右击工具栏中的“选择并移动”工具，在弹出的“移动变换输入”对话框中设置参数，可看到下方椅子腿弯曲方向及位置发生变化，如图 5-43 所示。

STEP 9 在前视图中选择所有对象，单击工具栏的“镜像”按钮，在弹出的“镜像：屏幕 坐标”对话框中设置参数并单击“确定”按钮，可得到另一侧椅子腿，如图 5-44 所示。

STEP 10 右击工具栏中的“选择并移动”工具，在弹出的“移动变换输入”对话框中设置参数，移动参数设置及效果如图 5-45 所示。

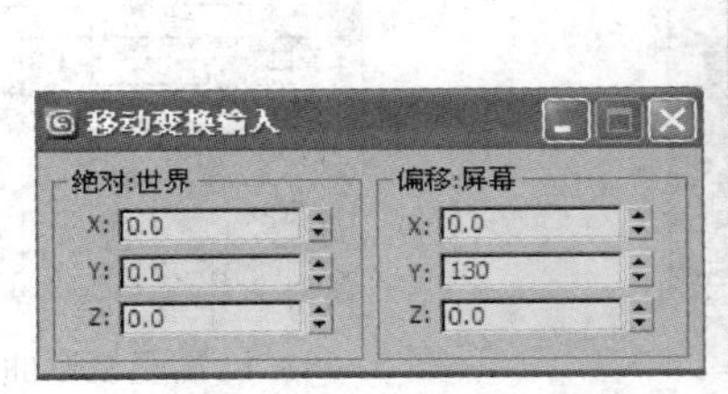

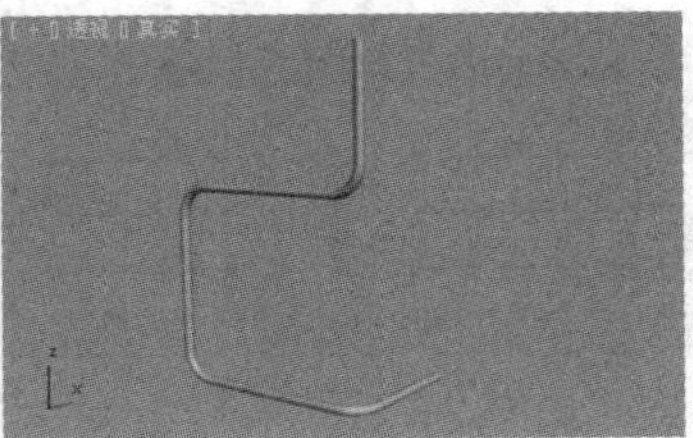

图 5-43　移动圆柱体

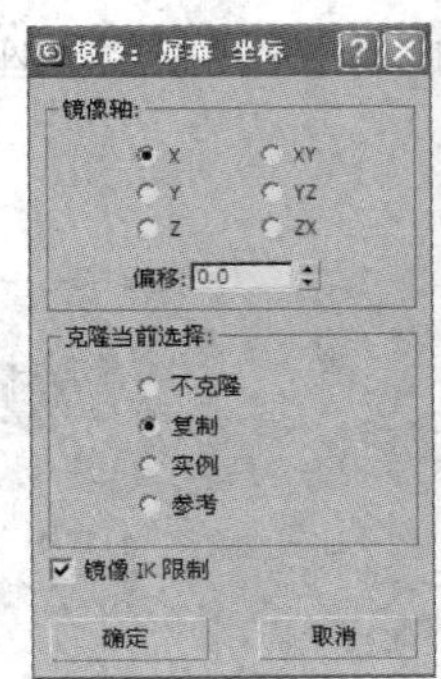

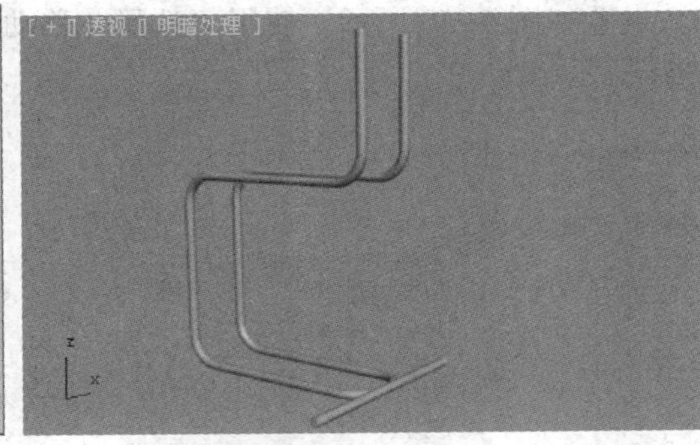

图 5-44　设置镜像参数及效果 2

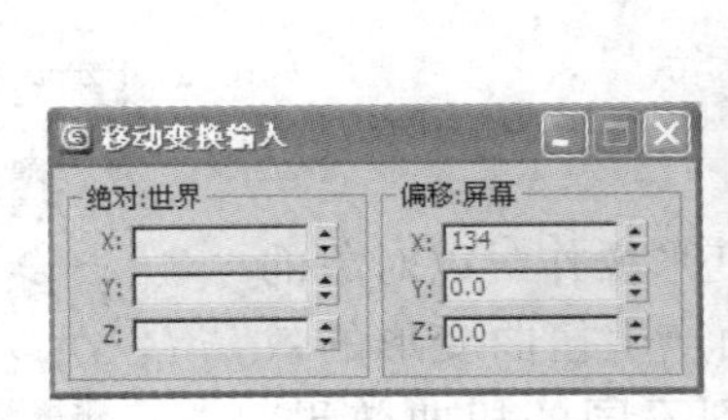

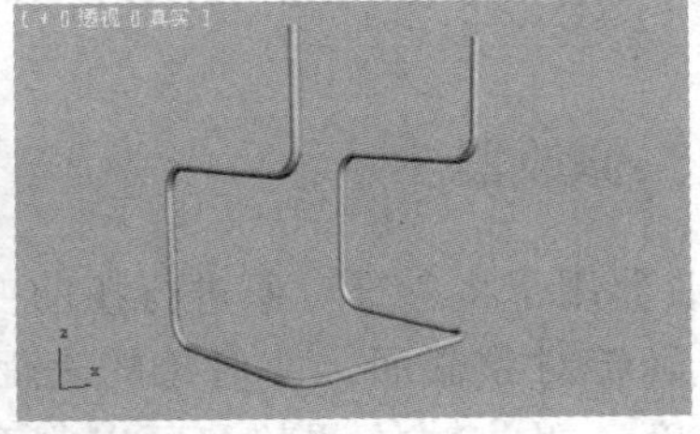

图 5-45　移动参数设置及效果

STEP⑪ 创建座板。在“创建”面板中单击“长方体”按钮。在顶视图中创建长方体作为椅子座板，参数设置及顶视图中的摆放位置如图 5-46 所示。

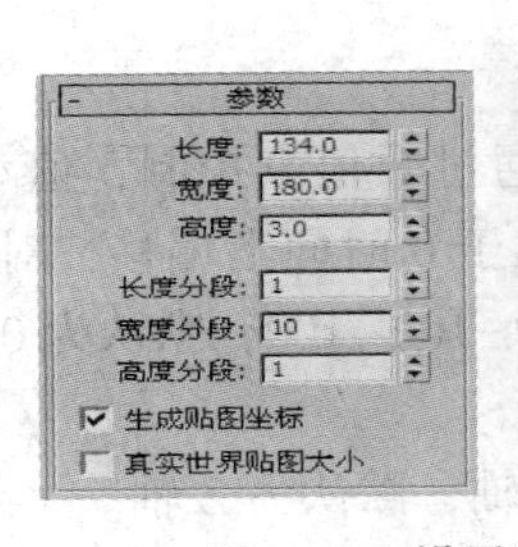

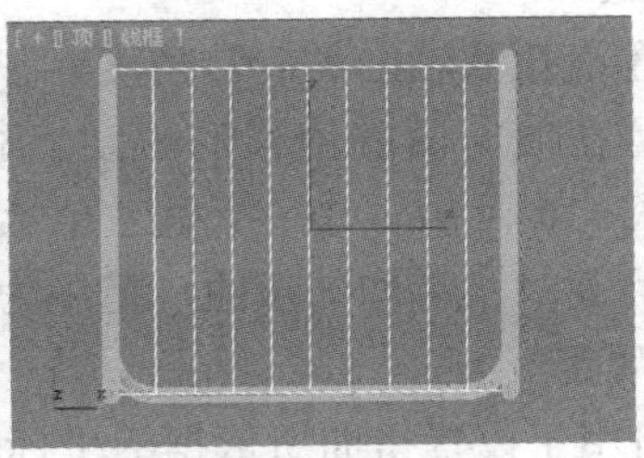

图 5-46　设置座板参数设置及摆放位置

STEP⑫ 在前视图中选择长方体，右击“选择并移动”工具，在弹出的“移动变换输入”对话框中设置参数，如图 5-47 所示，为长方体添加“弯曲”修改器，参数设置如图 5-48 所示。

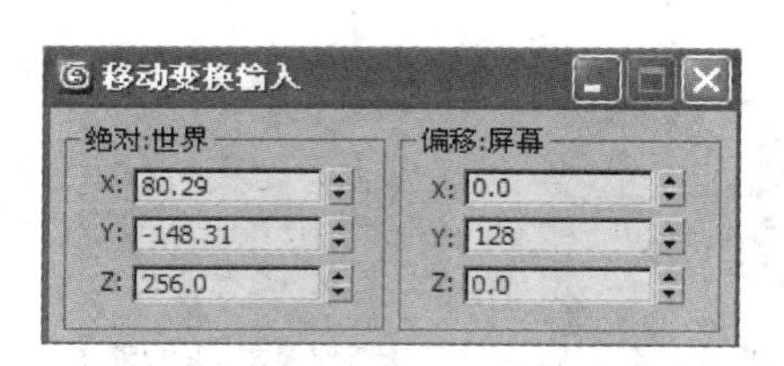

图 5-47　移动座板参数

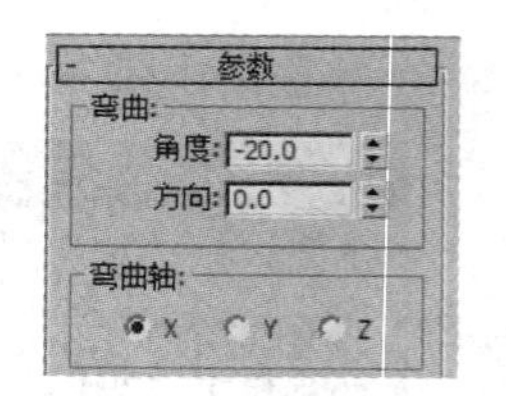

图 5-48　设置座板弯曲参数

STEP 13 在前视图中创建长方体，作为椅子靠背，参数设置如图 5-49 所示，添加“弯曲”修改器，参数设置如图 5-50 所示。使用“选择并移动”工具调整椅子座板和靠背的位置，效果如图 5-51 所示。

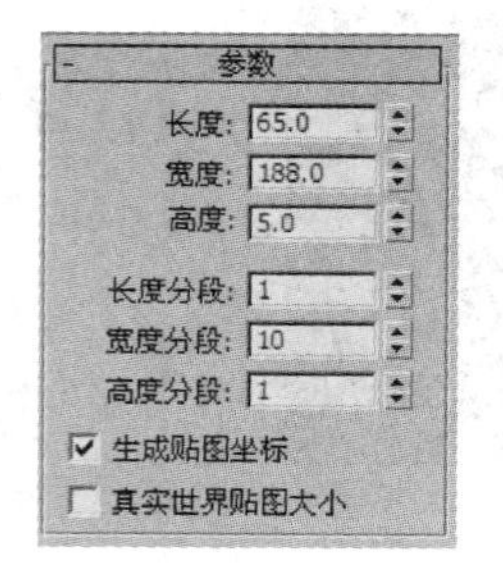

图 5-49　设置椅子靠背参数

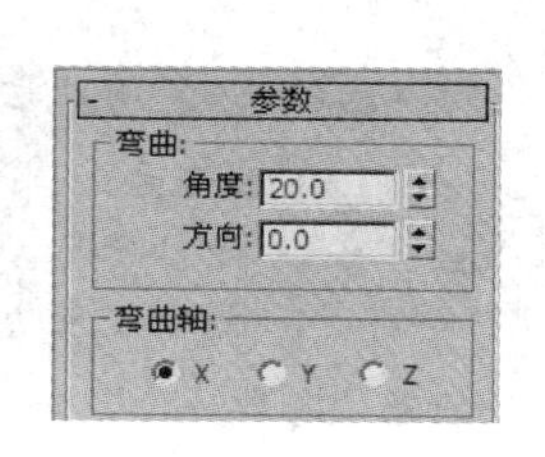

图 5-50　设置弯曲参数

图 5-51　椅子效果

5.1.4 “扭曲”修改器

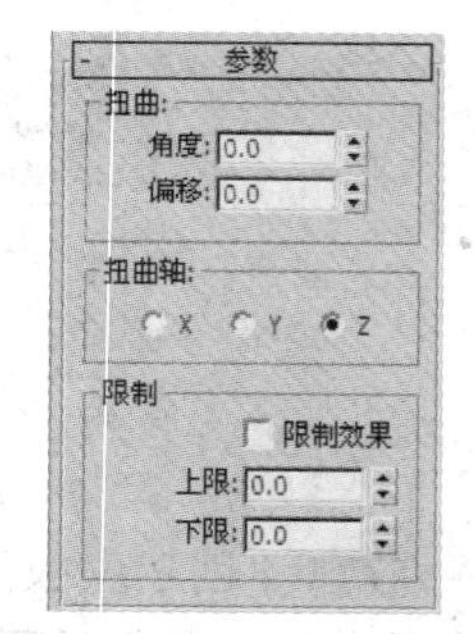

图 5-52 “扭曲”修改器的“参数”卷展栏

“扭曲”修改器用于将三维对象进行扭曲变形操作，以对象的某个轴为中心，旋转对象截面，使对象的表面产生扭曲变形的效果。通过对其角度、扭曲轴的调整，可以得到不同的扭曲效果。另外可以通过设置限制参数将对象的扭曲效果限制在一定区域内，被扭曲对象在扭曲轴向的端面分段数应足够才能达到理想的效果。图 5-52 为“扭曲”修改器的“参数”卷展栏，参数说明如下。

1. “扭曲”选项组

- 角度：用于设置沿扭曲轴向的旋转角度。
- 偏移：用于设置扭曲向两端偏移的程度。通过数值来控制，值小于 0 时扭曲向下偏移，对象扭曲将会向 Gizmo 中心聚拢；值大于 0 时向上偏移，对象扭曲将会向 Gizmo 中心散开；值为 0 时，将均匀扭曲。范围为-100~100，默认为 0.0。

2. “扭曲轴”选项组

“扭曲轴”选项组用于设置扭曲所依据的坐标轴，默认为 Z 轴。

3. “限制”选项组

“限制”选项组用于设置沿坐标轴扭曲的影响范围。

- 限制效果：扭曲限制开关。勾选此复选框才能设置扭曲影响范围，不勾选时扭曲作用于整个对象。
- 上限：设置对象沿指定坐标轴产生扭曲效果的上边界，即对象轴心点以上的部分产生扭曲效果的上限，超过此上限的区域将不受扭曲的影响。

- 下限：设置对象沿指定坐标轴产生扭曲效果的下边界，即对象轴心点以下的部分产生扭曲效果的下限，低于此下限的区域将不受扭曲的影响。

通常情况下使用“修改”面板来添加“扭曲”修改器，具体的操作步骤如下。

STEP① 在“创建”面板中切换到“图形”选项卡，单击“多边形”按钮，在顶视图中创建一个多边形，参数设置及效果如图 5-53 所示。

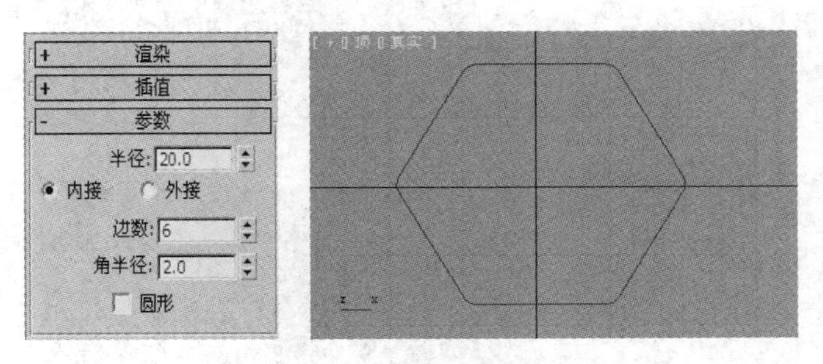

图 5-53　多边形参数设置及效果

STEP② 为多边形添加“挤出”修改器，数量设置为 200，分段数设置为 60。再次为多边形添加“扭曲”修改器，参数设置及效果如图 5-54 所示。

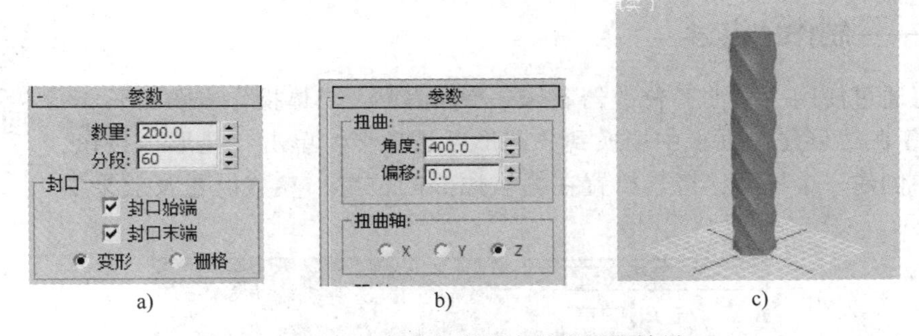

图 5-54　两个修改器的参数设置及效果

a）“挤出”修改器的参数设置　b）“扭曲”修改器的参数设置　c）效果

STEP③ 勾选“扭曲”修改器“参数”卷展栏中的“限制效果”复选框，更改扭曲效果的范围，参数设置及效果如图 5-55 所示。

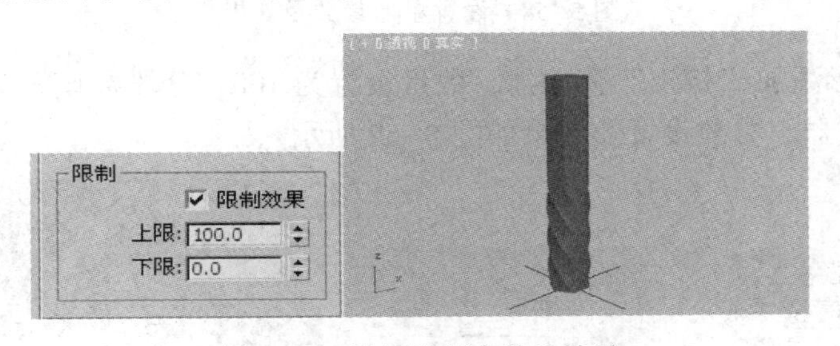

图 5-55　设置限制参数及效果

STEP④ 选择“扭曲”修改器的“Gizmo”层级，在前视图中使用“选择并移动”工具，沿 Y 轴将轴心移动到对象的中心位置，如图 5-56 所示。

STEP⑤ 再次更改扭曲限制参数设置，改变扭曲效果的范围，参数设置及效果如图 5-57 所示。

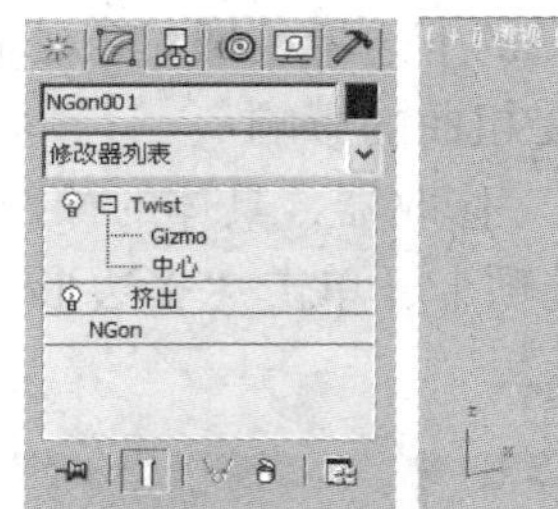

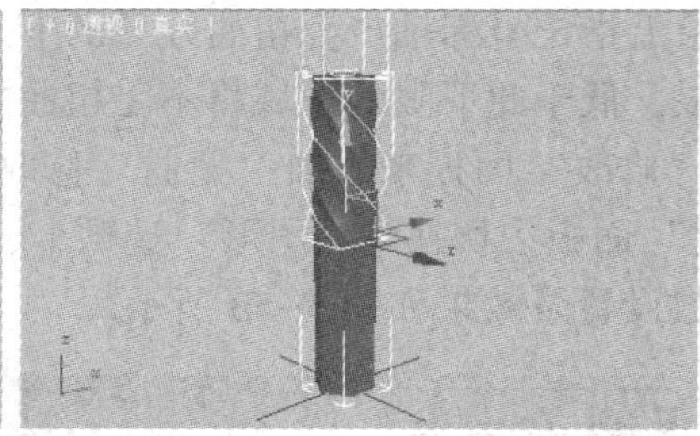

图 5-56　移动对象轴心位置

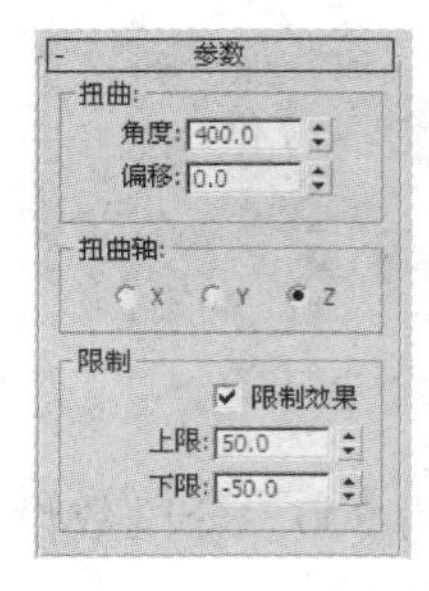

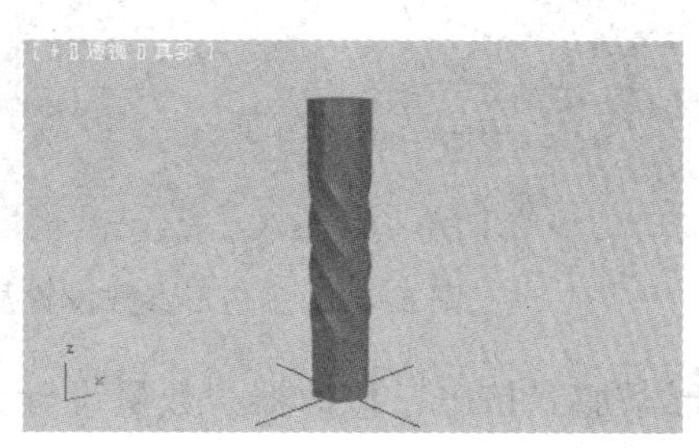

图 5-57　更改限制参数及效果

小试身手——制作冰淇淋

25 制作冰淇淋

下面将通过使用“扭曲”修改器制作一个冰淇淋，具体操作步骤如下。

STEP① 在“创建”面板中切换到“图形”选项卡，单击“星形”按钮，在顶视图中创建一个星形，将其放置在栅格原点的位置，参数设置及效果如图 5-58 所示。

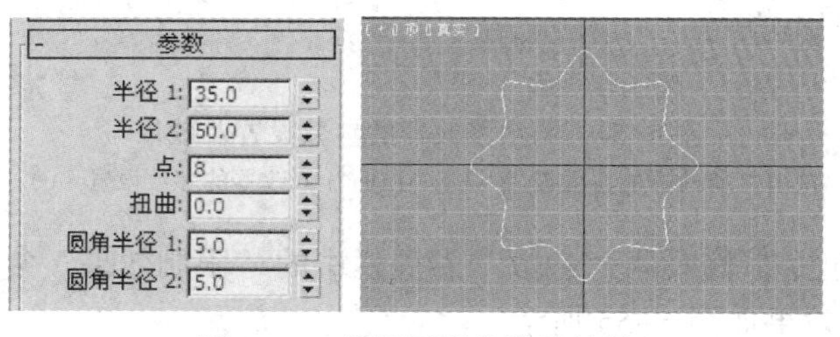

图 5-58　设置星形参数及效果

STEP② 为星形添加“挤出”修改器，数量设置为 100，分段数设置为 50。再次为星形添加“锥化”修改器，参数设置及效果如图 5-59 所示。

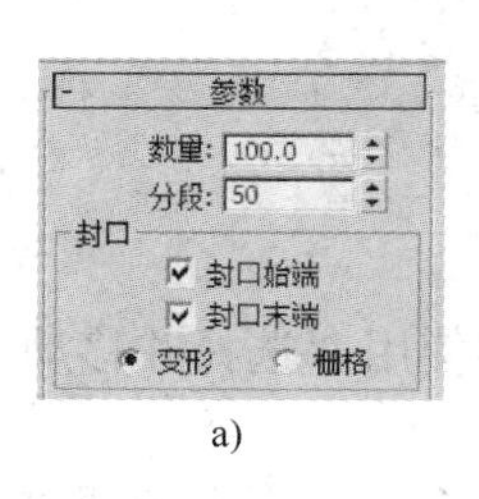

a)

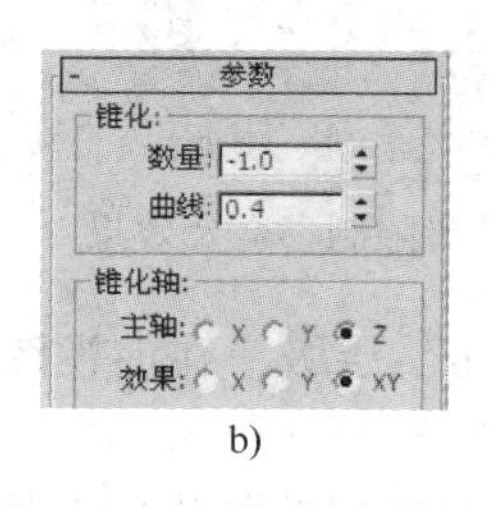

b)

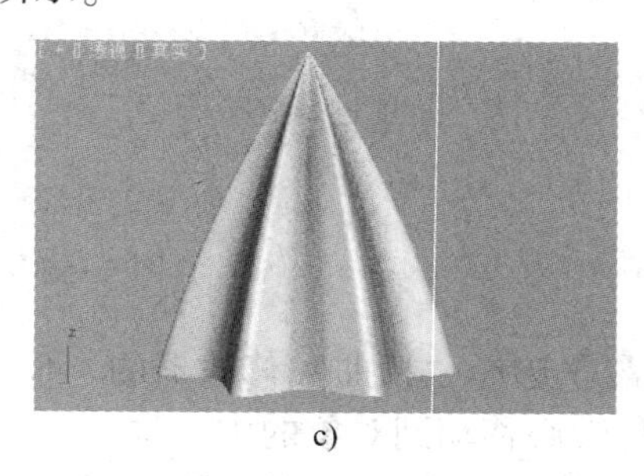

c)

图 5-59　两个修改器的参数设置及效果

a）“挤出”修改器的参数设置　b）“锥化”修改器的参数设置　c）效果

STEP③ 在“修改器列表”中选择“扭曲”修改器，参数设置及效果如图 5-60 所示。

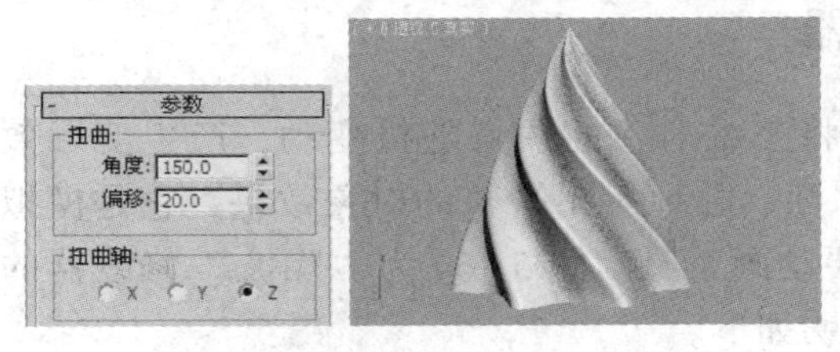

图 5-60　扭曲参数设置及效果

STEP④ 在“修改器列表”中选择“噪波”修改器，参数设置及效果如图 5-61 所示。

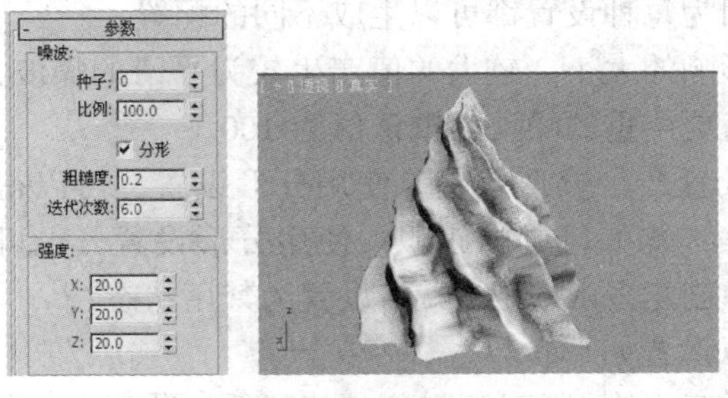

图 5-61　噪波参数设置及效果

STEP⑤ 在“动画”选项组中，勾选“动画噪波”复选框。激活透视图，单击界面下方动画控制区中的“播放动画”按钮，可以直接观察噪波动画效果。

STEP⑥ 在“创建”面板中切换到“图形”选项卡，单击“圆环”按钮，在顶视图中创建一个圆环，将其放在栅格原点的位置，参数设置及效果如图 5-62 所示。

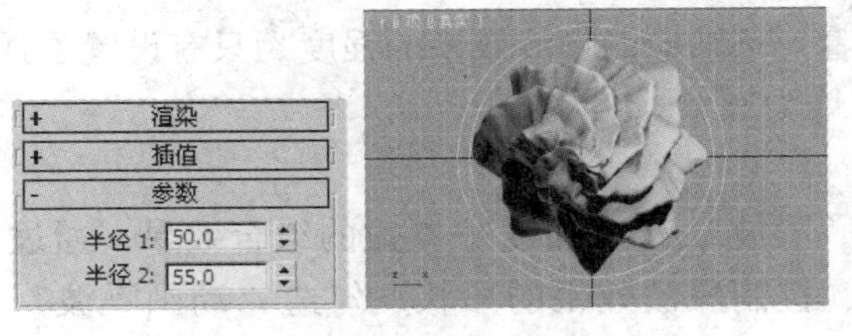

图 5-62　圆环参数设置及效果

STEP⑦ 为圆环添加“挤出”修改器，在“参数”卷展栏中设置数量为-150，分段数为 1。再次为圆环添加“锥化”修改器，参数设置及最终渲染效果如图 5-63 所示。

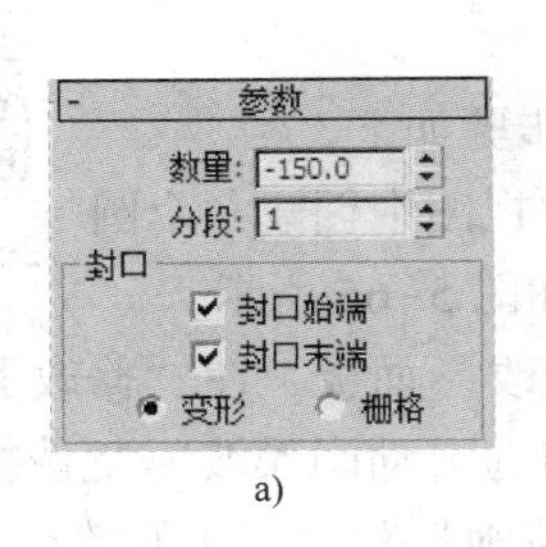

a)

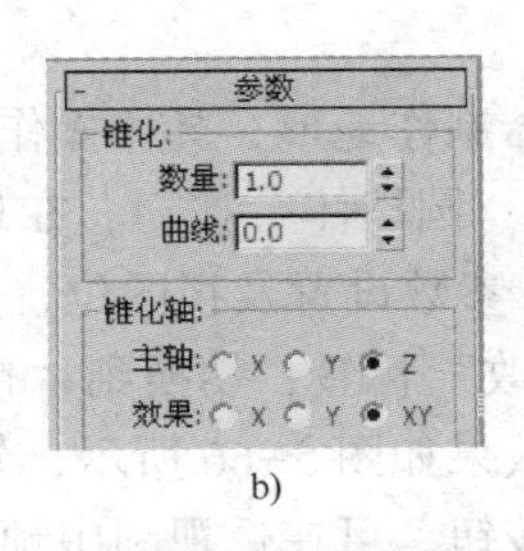

b)

c)

图 5-63　两个修改器的参数设置及效果

a）“挤出”修改器　b）“锥化”修改器　c）效果

5.1.5 “噪波”修改器

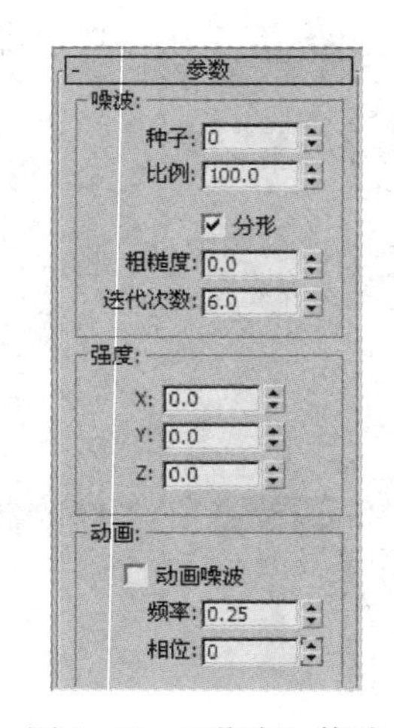

图 5-64 “噪波”修改器的“参数”卷展栏

“噪波”修改器用于将三维对象的顶点随机变动，产生变形效果。常用来制作群山、水面、陆地等不平整的对象效果，它是模拟对象形状随机变化的重要动画工具。图 5-64 为“噪波”修改器的“参数”卷展栏，参数说明如下。

1. “噪波”选项组

- 种子：从设置的数中生成一个随机起始点。该参数在创建地形时特别有用，因为每种设置都可以生成不同的配置。
- 比例：设置噪波影响的大小。较大的值产生较为平滑的噪波，较小的值产生锯齿更严重的噪波，默认值为 100。
- 分形：根据当前设置产生分形效果。使用分形设置，可以得到随机的涟漪图案，比如风中的旗帜。使用分形设置，也可以从平面几何体中创建多山地形。默认设置为禁用状态。

如果启用分形，可以设置如下参数。

- 粗糙度：决定分形变化的程度。粗糙度的值越低，分形效果越精细。粗糙度的取值范围为 0~1.0，默认值为 0。
- 迭代次数：控制分形功能所使用的迭代的数目。较小的迭代次数使用较少的分形能量并生成更平滑的效果。迭代次数为 1.0 与禁用“分形”的效果一致。迭代次数的取值范围为 1.0~10.0，默认值为 6.0。

2. “强度”选项组

X、Y、Z：设置沿着三条轴向的噪波效果的强度。只有设置了强度，噪波效果才会起作用。X、Y、Z 的默认值均为 0.0。

3. “动画”选项组

- 动画噪波：调节“噪波”和“强度”参数的组合效果。通过为噪波图案叠加一个要遵循的正弦波形、控制噪波效果的形状。勾选“动画噪波”复选框后，“噪波”和“强度”参数才会影响整体噪波效果。
- 频率：设置正弦波的周期，调节噪波动画的速度。频率越高，噪波振动的速度越快。较低的频率产生较为平滑和更温和的噪波。
- 相位：控制噪波波形的相位，用来制作动画。

小试身手——制作地形

26 制作地形

下面将通过使用“噪波”修改器制作地形，具体操作步骤如下。

STEP① 在“创建”面板中单击“圆柱体”按钮，在顶视图中创建一个圆柱体，在透视视图中将其放大显示。参数设置及视图位置如图 5-65 所示。

STEP② 在命令面板中单击“修改”标签，切换到“修改”面板，在“修改器列表”中选择“噪波”修改器，参数设置及效果如图 5-66 所示，勾选“动画噪波”复选框，单击界面下方动画控制区的“播放动画”按钮，可在透视图中预览地形跌宕起伏的效果。

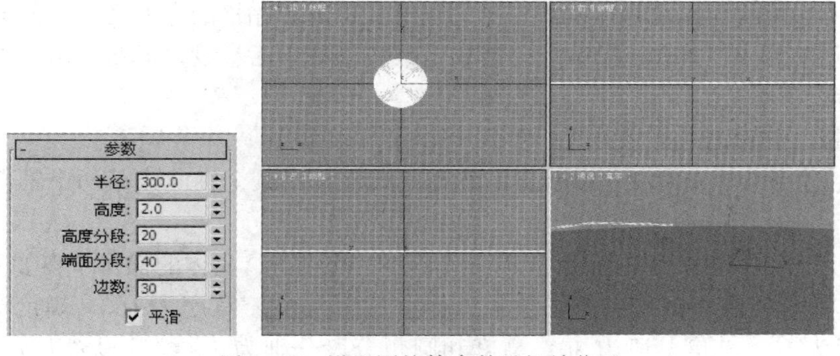

图 5-65　设置圆柱体参数及摆放位置

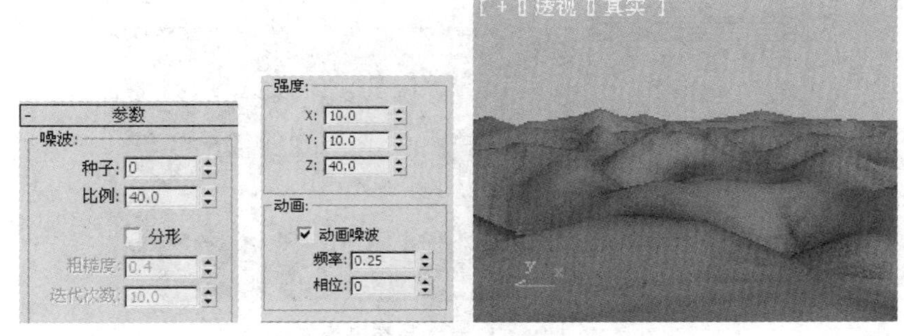

图 5-66　“噪波”参数设置及效果

5.1.6　“FFD”修改器

FFD 是 Free Form Deformation（自由形体变换）的缩写，是一种常用的修改器，使用晶格体包围选定的对象，通过调整少量控制点的位置来改变对象的外形，产生柔和的变形效果。

“FFD”修改器有多个，根据控制点的数量和形状进行区分，包括 FFD 2×2×2、FFD 3×3×3、FFD 4×4×4、FFD（长方体）、FFD（圆柱体），后两种 FFD 也可以用于空间扭曲。

在“控制点”子层级，可以通过移动每个控制点来改变对象的造型，如果打开自动关键帧，还可以记录动画效果。图 5-67 为“FFD（长方体）”修改器的“参数”卷展栏，参数说明如下。

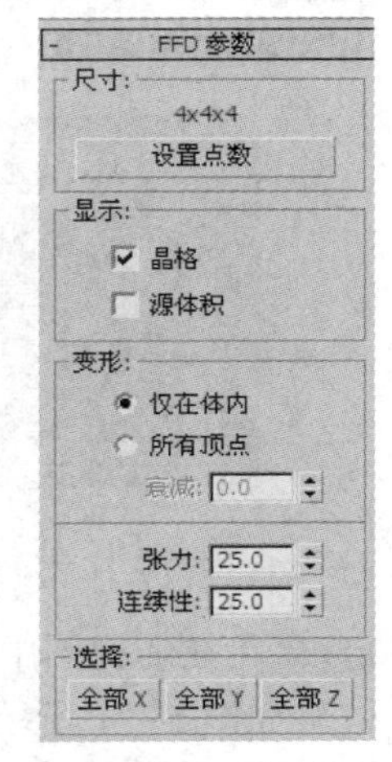

图 5-67　“FFD（长方体）”修改器的“参数”卷展栏

1. “尺寸”选项组

设置点数：设置长、宽、高的栅格点数量。

2. “显示”选项组

“显示”选项组影响 FFD 在视图中的显示。

- 晶格：将绘制连接控制点的线条以形成栅格，显示变换控制框的网格线，使晶格形象化。
- 源体积：控制点和晶格会以未修改的状态显示。

3. “变形”选项组

“变形”选项组控制变形点的位置。

- 仅在体内：只有位于源体积内的顶点会变形，默认启用。
- 所有顶点：对模型对象的所有节点均产生形变，不管它们位于源体积的内部还是外部。体积外的变形是对体积内变形的延续。远离源晶格的点的变形可能会很严重。

选择“所有顶点”单选按钮时，“衰减”数值框被激活，设置形变作用从作用点开始向外的衰减强度。

4. “选择”选项组

全部 X、全部 Y、全部 Z：设置点的选择方式（选中某个轴向或某两个轴向上所有的控制点）。

通常情况下使用“修改”面板来添加“FFD”修改器，具体的操作步骤如下。

STEP① 在顶视图中创建一个切角长方体，长度为 60，宽度为 160，高度为 5，圆角为 2，长度分段为 10，宽度分段为 30，高度和圆角分段分别为 3，参数设置及效果如图 5-68 所示。

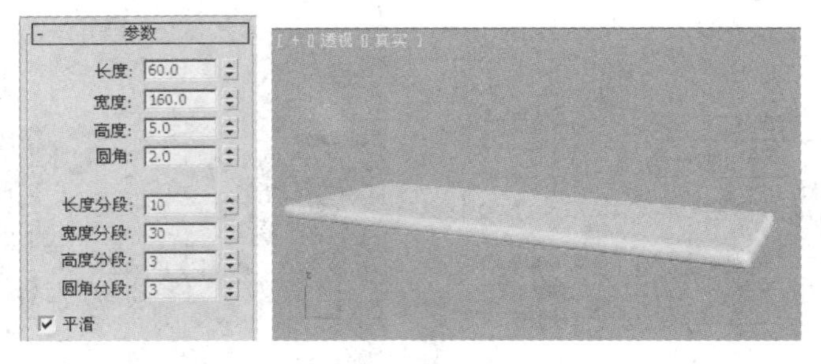

图 5-68　切角长方体参数设置及效果

STEP② 选择切角长方体，为其添加“FFD 4×4×4”修改器。按〈1〉数字键进入该修改器的“控制点”层级，在前视图中选择最左侧的一列控制点，使用“选择并移动工具”，沿 Y 轴向上移动，效果如图 5-69 所示。

STEP③ 在前视图中选择左起第二列控制点，使用“选择并移动”工具沿 Y 轴向下移动，沿 X 轴向左移动，使得与第一列控制点垂直方向对齐，效果如图 5-70 所示。

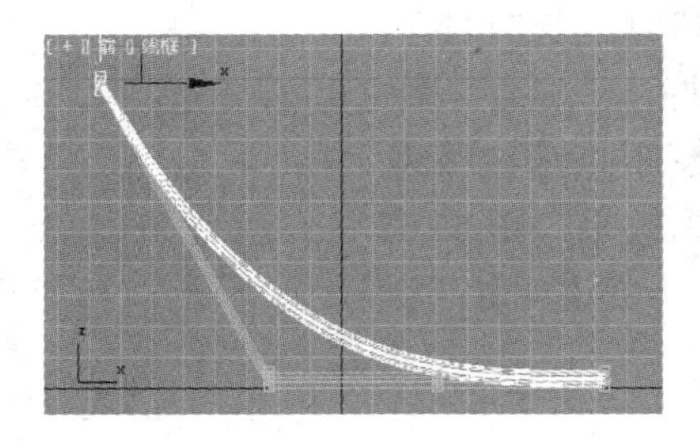

图 5-69　移动左侧第一列控制点

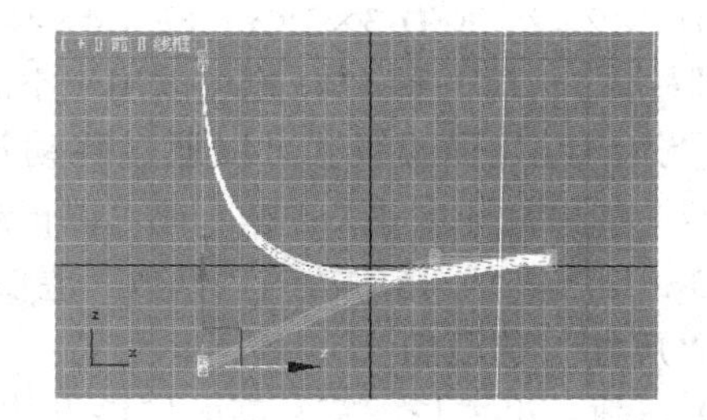

图 5-70　移动左侧第二列控制点

STEP④ 在前视图中选择左起第三列控制点，使用“选择并移动”工具沿 Y 轴向上移动，效果如图 5-71 所示。

STEP⑤ 在前视图中选择左起第四列控制点，使用“选择并移动”工具沿 Y 轴向下移动，在水平方向上与第二列控制点对齐，在垂直方向上与第三列控制点对齐，效果如图 5-72 所示。

STEP⑥ 在透视图中选择第四列控制点的中间部分，如图 5-73 所示，使用“选择并移动”工具沿 X 轴向负方向移动合适距离，制作出椅子凹陷效果，最终椅子的效果如图 5-74 所示。

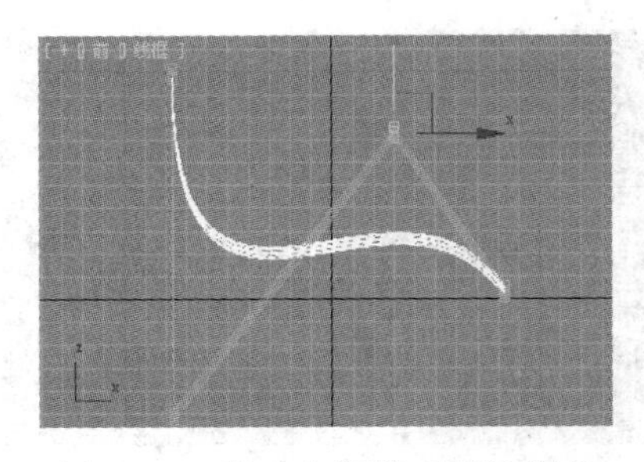

图 5-71　移动左侧第三列控制点

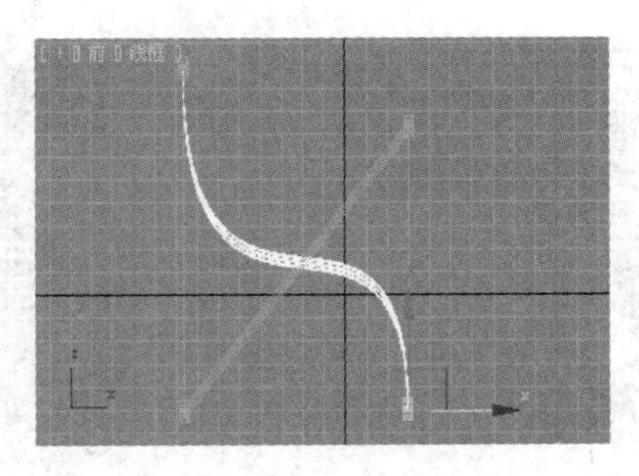

图 5-72　移动左侧第四列控制点

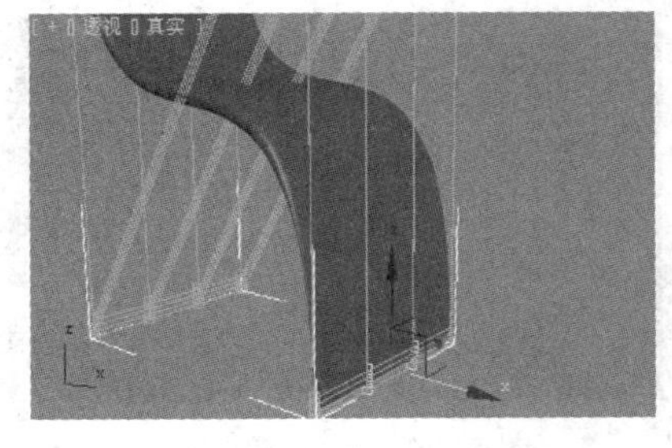

图 5-73　调整左侧第四列控制点

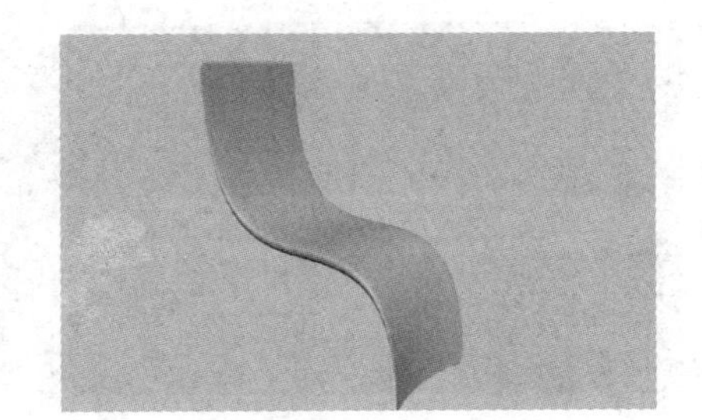

图 5-74　椅子效果

小试身手——制作抱枕

27 制作抱枕

下面将通过一个抱枕的制作，练习“FFD”修改器的应用，具体操作步骤如下。

STEP① 在顶视图创建一个切角长方体，长度为 100，宽度为 130，高度为 20，圆角为 2，长度分段为 20，宽度分段为 20，高度和圆角分段分别为 3。参数设置及效果如图 5-75 所示。

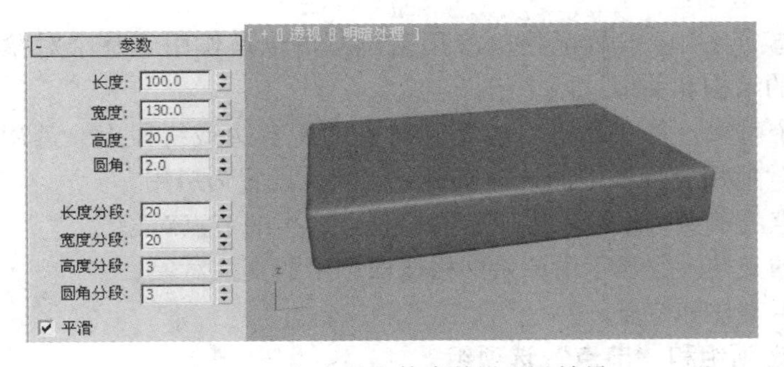

图 5-75　切角长方体参数设置及效果

STEP② 选择切角长方体，添加“FFD 4×4×4”修改器，如图 5-76 所示。

STEP③ 选择该修改器的“控制点”层级，框选如图 5-77 左图所示的四个角的顶点，使用“选择并均匀缩放”工具，在顶视图进行均匀缩放，效果如图 5-77 右图所示。

STEP④ 在前视图中沿着 Y 轴进行缩放到近乎一个点，如图 5-78 所示。在顶视图选择中间的 4 个控制点，使用“选择并均匀缩放”工具，在前视图沿着 Y 轴进行均匀缩放，效果如图 5-79 所示。

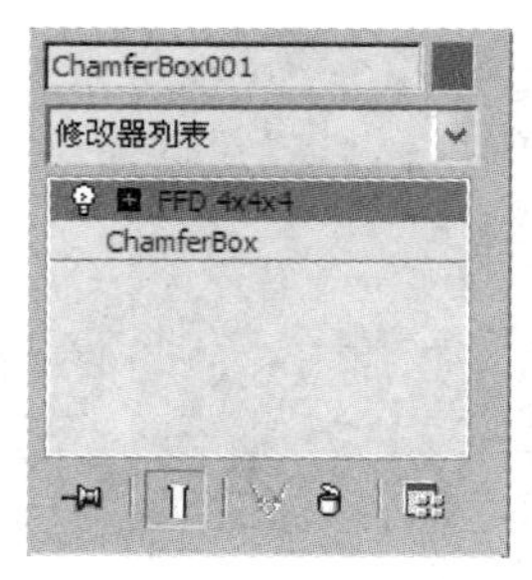

图 5-76 “FFD”修改器

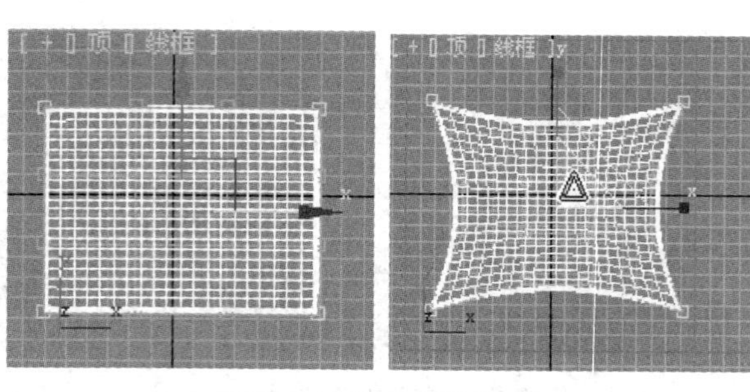

图 5-77 均匀缩放顶点

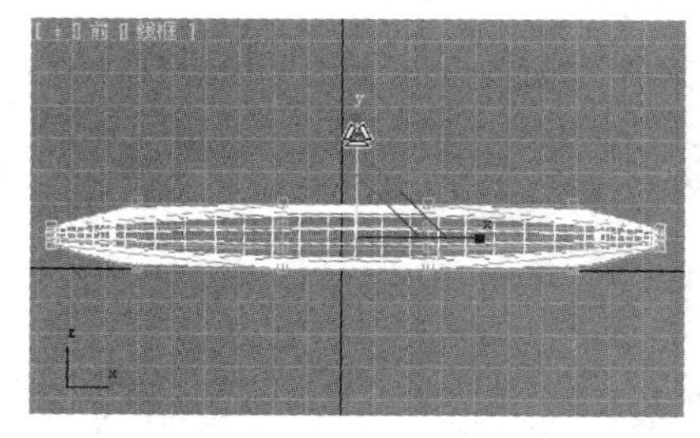

图 5-78 沿 Y 轴缩放 1

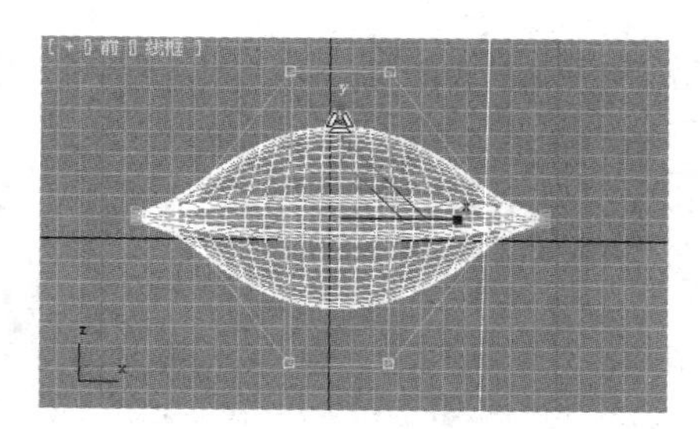

图 5-79 沿 Y 轴缩放 2

STEP⑤ 抱枕的最终效果如图 5-80 所示。

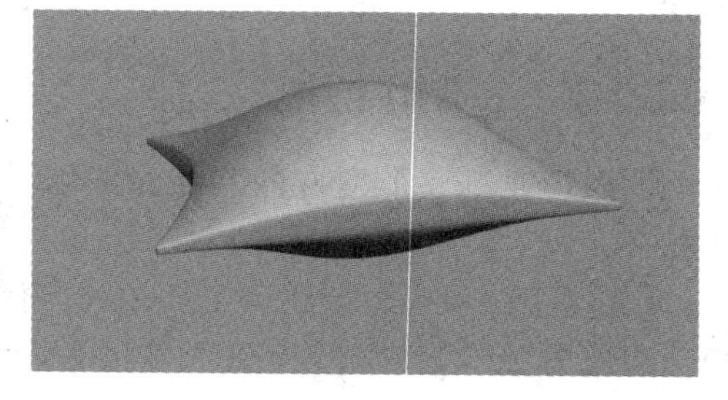

图 5-80 抱枕效果

5.1.7 “晶格”修改器

“晶格”修改器也称为结构线框修改器，根据对象的分段数将模型进行线框显示，并在顶点上产生可选的关节多面体。图 5-81 为“晶格”修改器的“参数”卷展栏，参数说明如下。

1. “几何体”选项组

“几何体”选项组用于设置晶格的应用范围，指定是作用于整个对象还是选择的子对象，并显示它们的结构和关节这两个组件。

- 应用于整个对象：将“晶格”应用到对象的所有边或线段上。禁用该复选框时，仅将“晶格”应用到堆栈中的选择子对象。默认设置为启用。
- 仅来自顶点的节点：仅显示由原始网格顶点产生的节点对象。
- 仅来自边的支柱：仅显示由原始网格线段产生的支柱对象。
- 二者：显示支柱和节点。

2. “支柱”选项组和“节点”选项组

“支柱”选项组与“节点”选项组主要用来设置支柱与节点的模型大小及复杂度，也可设定材质 ID。

通常情况下使用“修改”面板来添加“晶格”修改器，具体的操作步骤如下。

STEP① 在“创建”面板中将“标准基本体”切换成“扩展基本体”，单击“异面体”按钮，在顶视图中创建异面体，参数设置及效果如图 5-82 所示。

STEP② 选择异面体，在命令面板中单击“修改”标签，切换到“修改”面板，在“修改器列表”中选择“晶格”修改器，参数设置及效果如图 5-83 所示。可以通过修改支数和节点的分段数并且勾选平滑，使得对象更加平滑。

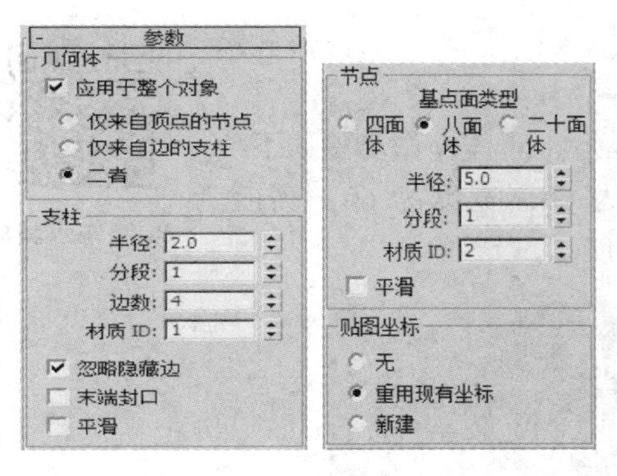

图 5-81 “晶格”修改器的“参数”卷展栏

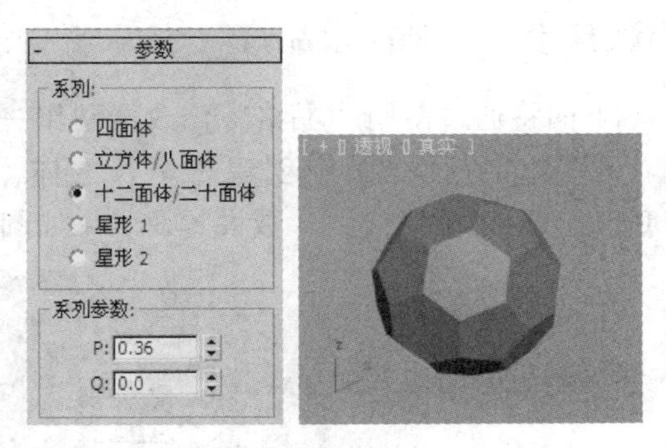

图 5-82 异面体参数设置及效果

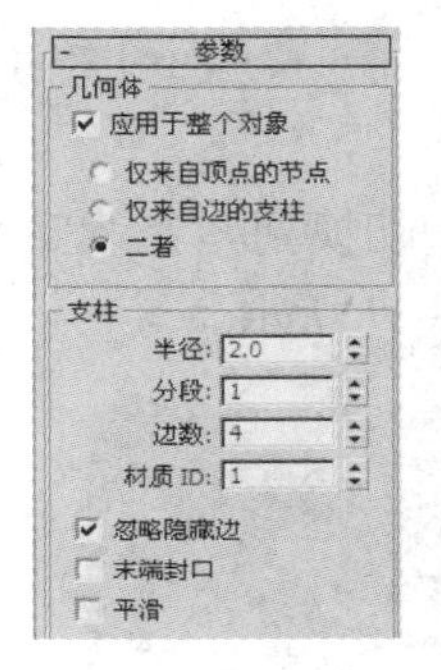

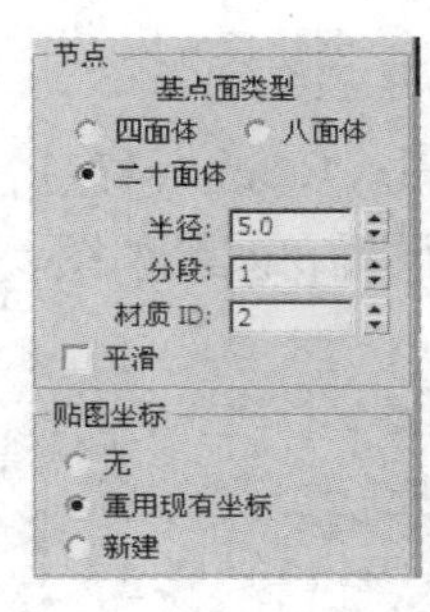

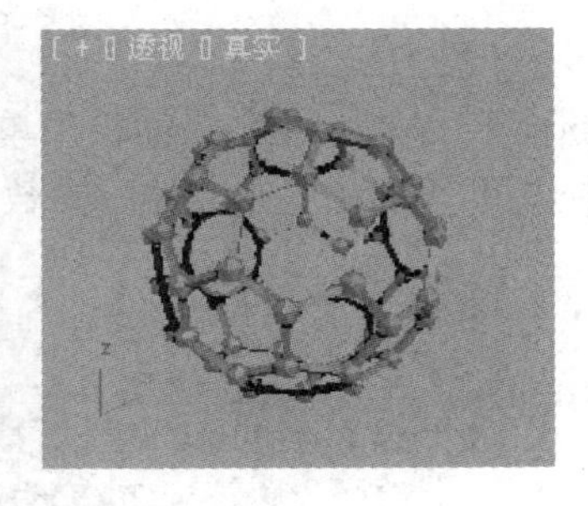

图 5-83 晶格参数设置及效果 1

STEP③ 在“晶格”修改器的“参数”卷展栏中选择“仅来自顶点的节点”单选按钮，参数设置及效果如图 5-84 所示。

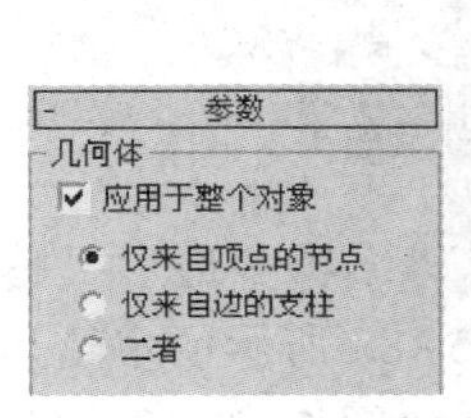

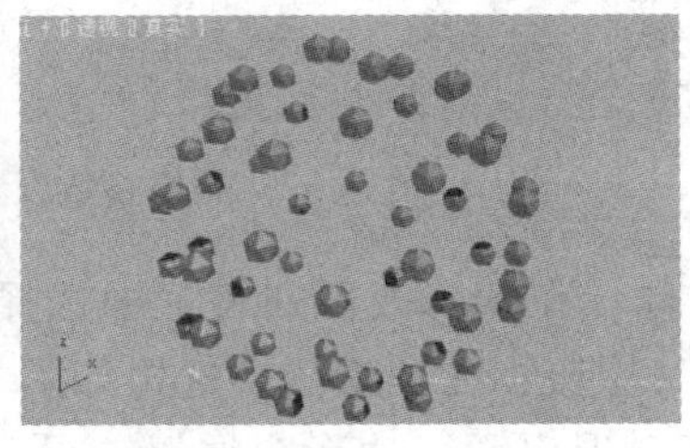

图 5-84 晶格参数设置及效果 2

STEP④ 在“晶格”修改器的“参数”卷展栏中选择“仅来自边的支柱”单选按钮，参数设置及效果如图 5-85 所示。

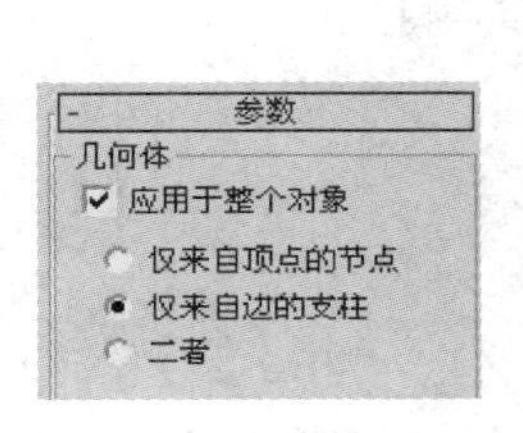

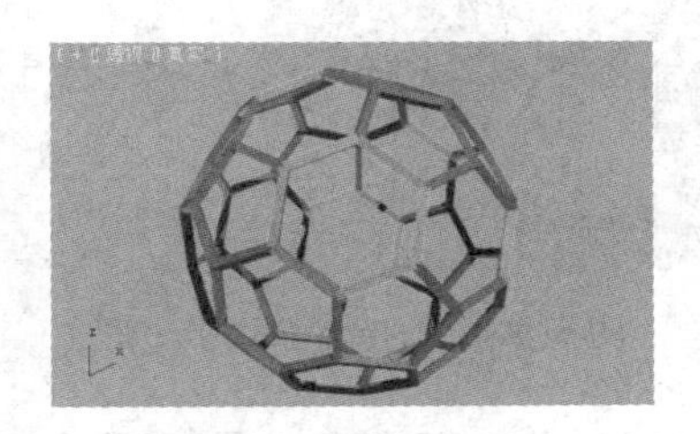

图 5-85 晶格参数设置及效果 3

小试身手——制作水晶灯

28 制作水晶灯

下面将通过使用“晶格”修改器制作一个水晶灯，具体操作步骤如下。

STEP① 在顶视图中创建一个长方体，长度为 60，宽度为 60，高度为 500，高度分段数为 6。参数设置及效果如图 5-86 所示。

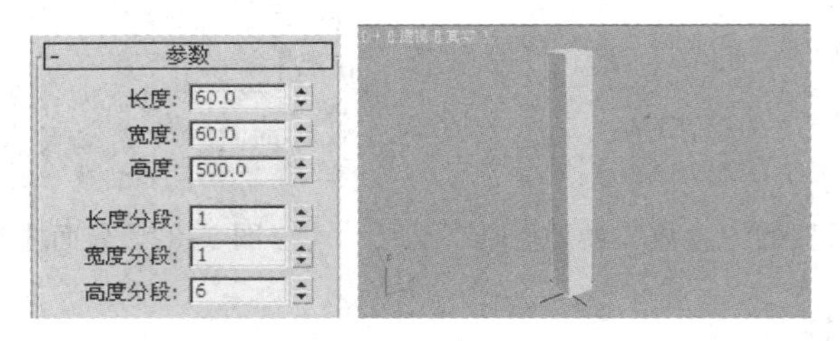

图 5-86　创建长方体

STEP② 选择长方体，在命令面板中单击“修改”标签，切换到“修改”面板，在“修改器列表”中选择“晶格”修改器。参数设置及效果如图 5-87 所示。

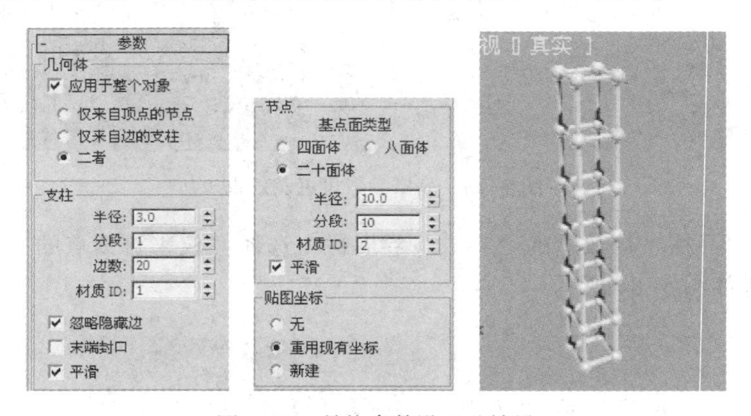

图 5-87　晶格参数设置及效果

STEP③ 选择长方体，在“修改器列表”中选择“编辑多边形”修改器，按〈4〉数字键，切换到“多边形”层级，在顶视图中选择如图 5-88 所示的多边形，按〈Delete〉键进行删除，按〈4〉数字键退出“多边形”层级，得到如图 5-89 所示的效果。此模型作为其中一个水晶吊坠。

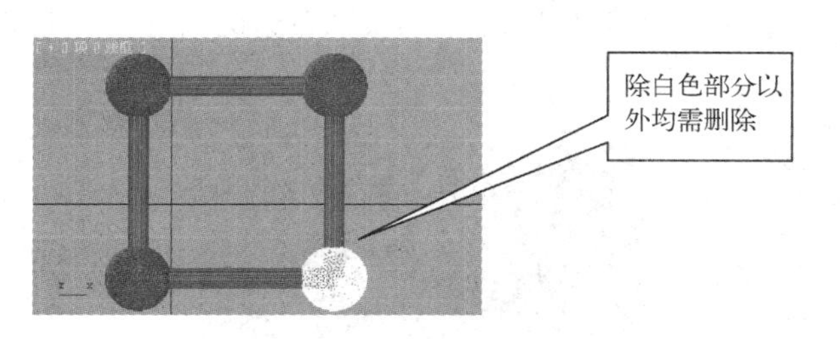

图 5-88　选择需删除多边形

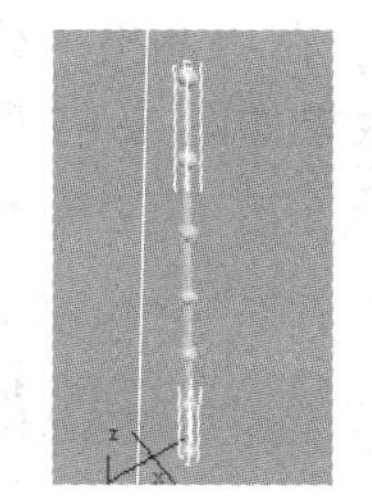

图 5-89　水晶吊坠效果

STEP④ 选择水晶吊坠，切换到“层”面板，单击“仅影响轴”按钮，单击“工具栏”中的“对齐”工具，单击长方体，此时出现“对齐当前选择（Box001）”对话框，参数设置及效果如图 5-90 所示。此时对象轴心与对象的中心对齐，再次单击“仅影响轴”按钮。

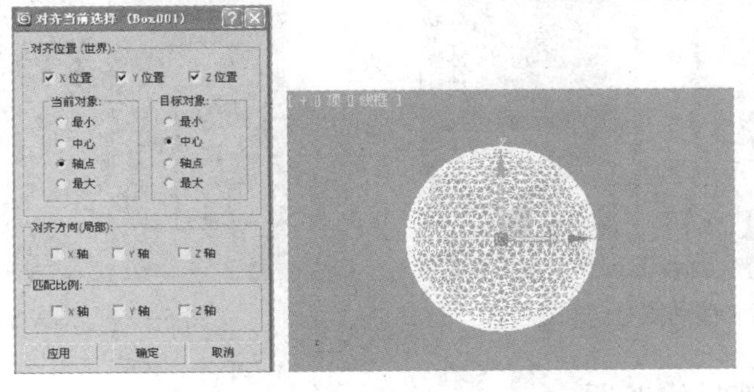

图 5-90　对齐参数设置及效果

STEP 5 在顶视图中创建螺旋线图形，参数设置及效果如图 5-91 所示。

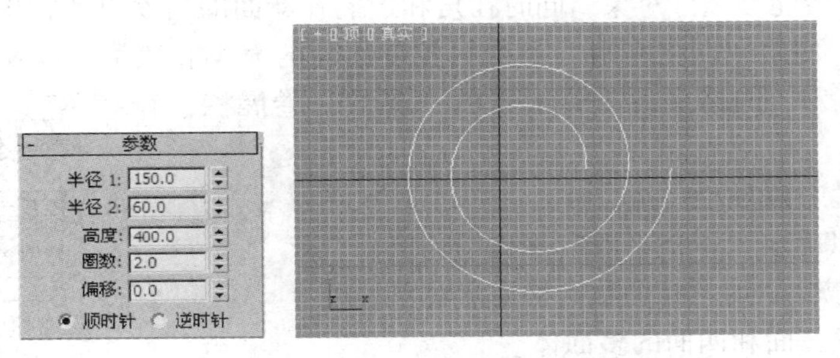

图 5-91　螺旋线参数设置及效果

STEP 6 选择长方体，按〈Shift+I〉组合键打开“间隔工具”对话框，单击对话框中的“拾取路径”按钮，单击创建的螺旋线，参数设置如图 5-92 所示，效果如图 5-93 所示。

STEP 7 选择沿螺旋线的所有长方体进行成组，切换到“修改”面板，在“修改器列表”中选择“切片”修改器，切片参数中的“切片类型”设置为“移除顶部”，使用“选择并移动”工具将切平面在前视图移动到如图 5-94 所示的位置。

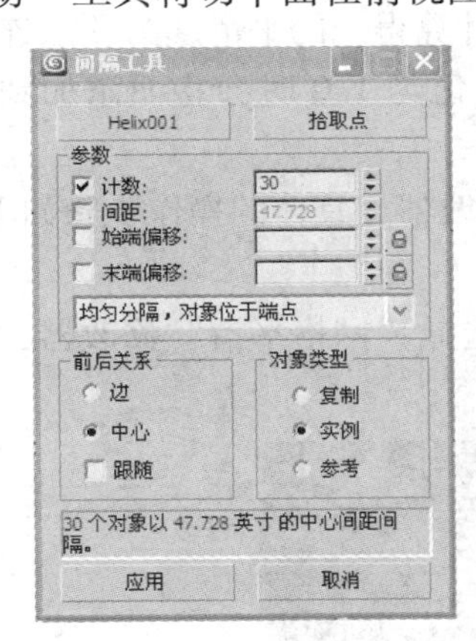

图 5-92　设置间隔工具参数

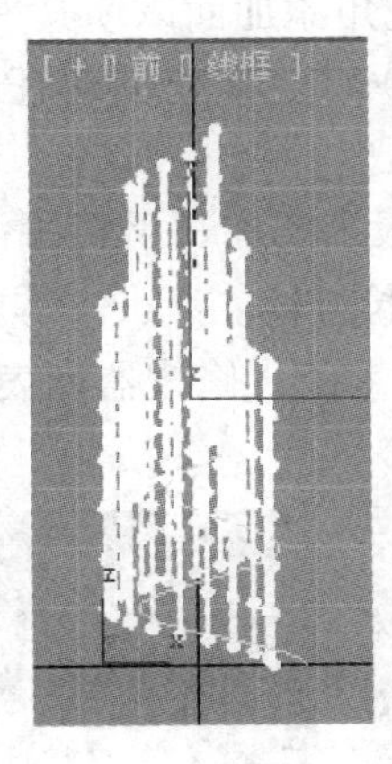

图 5-93　间隔效果

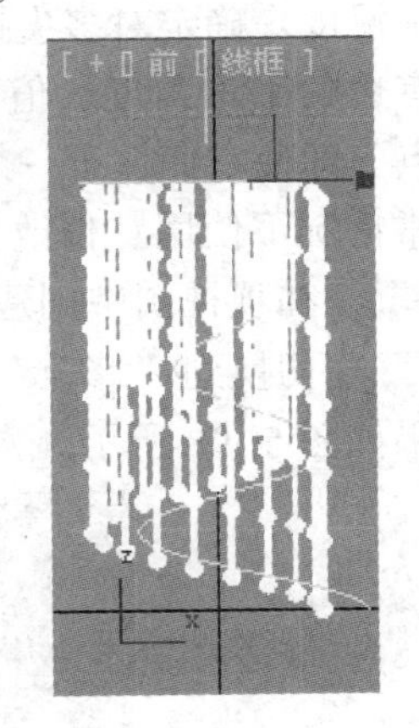

图 5-94　移动切片位置

STEP 8 在顶视图中创建圆柱体，半径为 200，高度为 50，边数为 20，在前视图移动到合适的位置，如图 5-95 所示，最终水晶灯造型如图 5-96 所示。

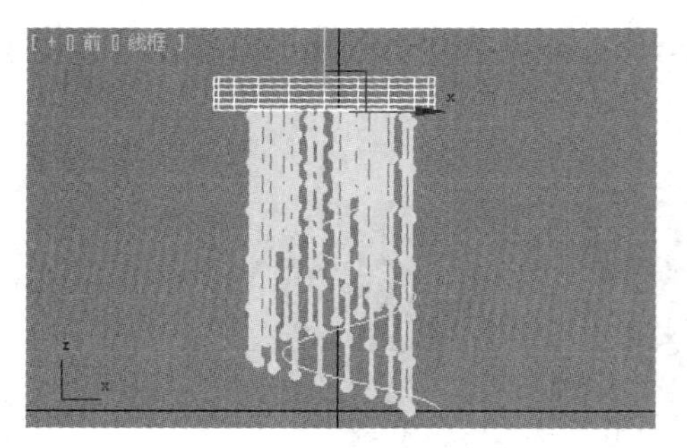

图 5-95　移动圆柱体位置

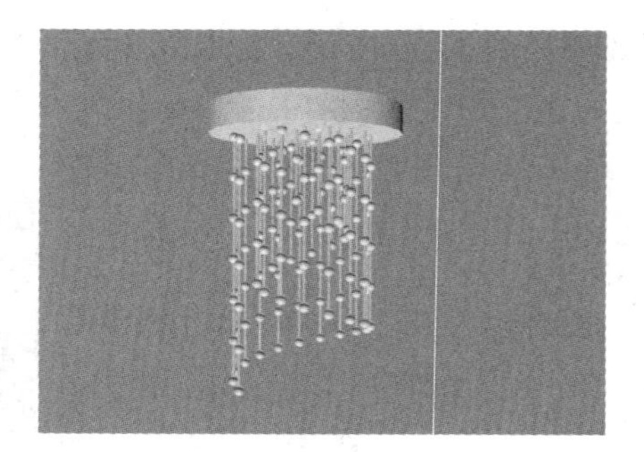

图 5-96　水晶灯渲染效果

5.1.8 “网格平滑”修改器

“网格平滑”修改器通过多种不同方法平滑处理三维对象的边角，使边角变得圆滑。“网格平滑”修改器能够细分对象，同时在角和边插补新面的角度以及将单个平滑组应用于对象中的所有面。使用“网格平滑”参数可控制新面的大小和数量，以及它们如何影响对象曲面。图 5-97 为“网格平滑”修改器的“参数”卷展栏，参数说明如下。

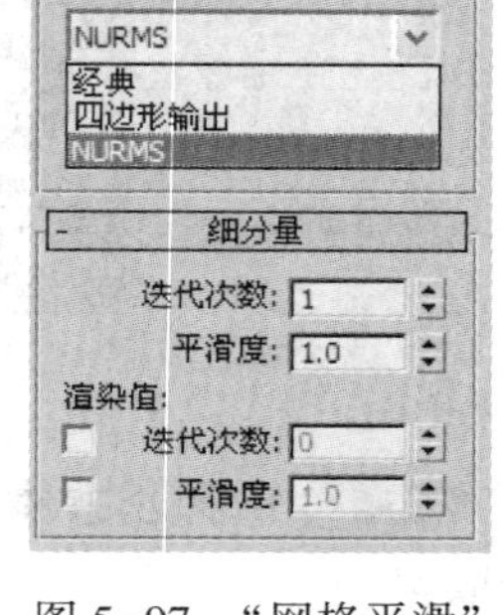

图 5-97　“网格平滑”修改器的“参数”卷展栏

1. “细分方法”卷展栏

通过设置可以确定“网格平滑”操作的输出。

- NURMS：减少非均匀有理数网格平滑对象。
- 经典：生成三面和四面的多面体。
- 四边形输出：仅生成四面多面体。
- 应用于整个网格：启用该复选框时，“网格平滑”应用于整个对象。

2. “细分量”卷展栏

- 迭代次数：设置网格细分的次数。迭代次数越多，细分平滑效果越好。默认设置为 0。范围为从 0~10。
- 平滑度：确定对多尖锐的锐角添加面以使其平滑。计算得到的平滑度为顶点连接的所有边的平均角度。值为 0.0 时会禁止创建任何面。值为 1.0 时会将面添加到所有顶点，即使它们位于一个平面上。

通常情况下使用“修改”面板来添加“网格平滑”修改器，具体的操作步骤如下。

STEP① 在顶视图中创建一个长方体。

STEP② 切换到“修改”面板，在“修改器列表”中选择“网格平滑”修改器，设置参数及效果如图 5-98 所示。

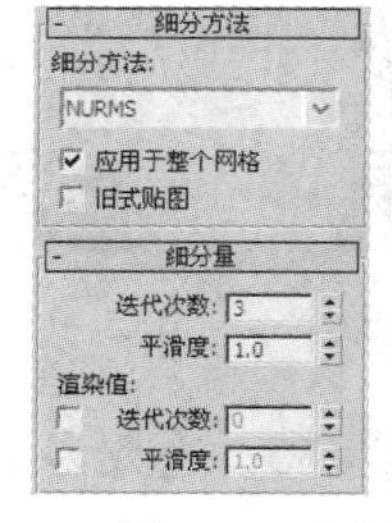

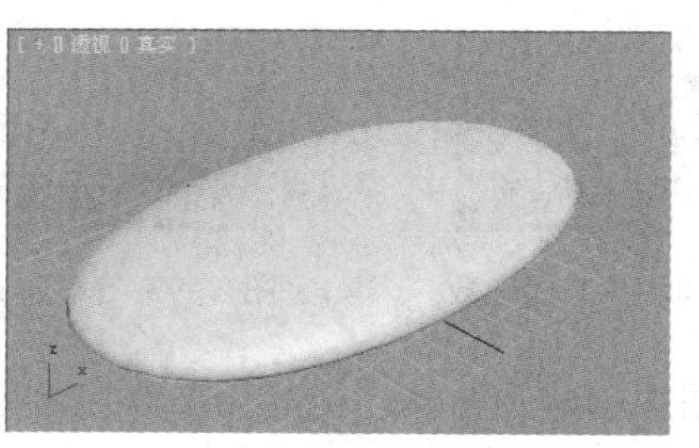

图 5-98　“网格平滑”修改器的参数设置及效果

5.2　三维对象的布尔运算

三维对象的布尔运算（Boolean）可对两个相互重叠的对象进行并集、交集以及差集运算。在 3ds Max 中，任何两个相互重叠的对象都可以进行布尔运算，运算后产生的新对象为布尔对象，参加布尔运算的原始对象将永久保留其建立的参数。

5.2.1　布尔运算方式

布尔运算通过执行布尔操作将对象组合起来，主要的运算方式有三种，包括并集、交集、差集。下面详细介绍 3ds Max 的三维对象的布尔运算方式。

1. 并集

布尔对象包含两个原始对象的体积。将移除几何体的相交部分或重叠部分。简单地理解就是两个对象变成一个对象，也就是两个对象的融合。

2. 交集

布尔对象只包含两个原始对象公用的体积（即重叠的区域）。也就是只保留相交的部分，不相交的部分将删除。

3. 差集

布尔对象包含从原始对象中减去相交体积。首先要确定哪个是要保留的对象，哪个是要减去的对象，然后执行命令，要保留的对象继续保留，减去的对象消失，同时相交的体积也将去除。

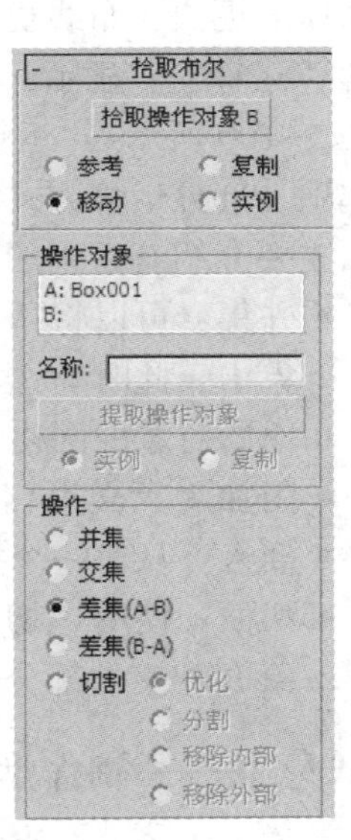

图 5-99　“拾取布尔”卷展栏

“拾取布尔”卷展栏如图 5-99 所示，参数说明如下。

- 拾取操作对象 B：进行布尔运算的另一个对象的拾取。
- 参考：保留“操作对象 B”的原始对象，对原始对象 B 所做的更改与“操作对象 B”同步。
- 复制：保留“操作对象 B”的原始对象，对原始对象 B 所做的更改与“操作对象 B”无关。在场景中需要重复使用操作对象 B，可以选择此项。
- 移动：“操作对象 B”作为布尔对象的一部分，原对象就消失了。
- 实例：可以使“布尔对象”的更改与“操作对象 B”的更改同步。
- 并集：将两个操作对象进行并集运算，移除两个对象的相交部分或重叠部分。
- 交集：将两个操作对象进行交集运算，运算后保留两个对象的相交部分或重叠部分。
- 差集（A-B）：从“操作对象 A”中减去“操作对象 B”的部分。
- 差集（B-A）：从“操作对象 B”中减去“操作对象 A”的部分。
- 切割：使用“操作对象 B”切割“操作对象 A”，不给“操作对象 B”的网格添加任何东西，默认方式为“优化”，在“操作对象 A”的 A、B 相交处添加新的顶点和边。

布尔操作的过程是打开“创建”|“几何体”|“复合对象”，选择“布尔”命令进行创建，具体的操作步骤如下。

STEP 1 将要进行布尔运算的对象放到合适的位置。

STEP 2 单击选择第一个对象 A。

STEP 3 单击“布尔”。

STEP 4 选定合适的操作类型，并集、交集或者差集。

STEP 5 单击“拾取操作对象 B”按钮。

STEP 6 单击选择对象 B。

5.2.2 超级布尔运算

对多个对象进行布尔运算时容易出错，此时可以采用超级布尔进行运算减少错误。超级布尔运算作为布尔运算的延伸，其“参数”卷展栏与布尔运算的“参数”卷展栏有一定的相似性，超级布尔运算的参数更多，功能更强，支持连续拾取对象，而且运算速度更快，布线更合理。超级布尔运算的“参数”卷展栏中包含“运算”“显示”“应用材质”“子对象运算”4 个选项组，如图 5-100 所示。“运算”选项组中包含了“并集”“交集”等 6 种选项，部分运算方式与“布尔”复合对象的运算方式有所区别，下面主要介绍有区别的几种运算方式。

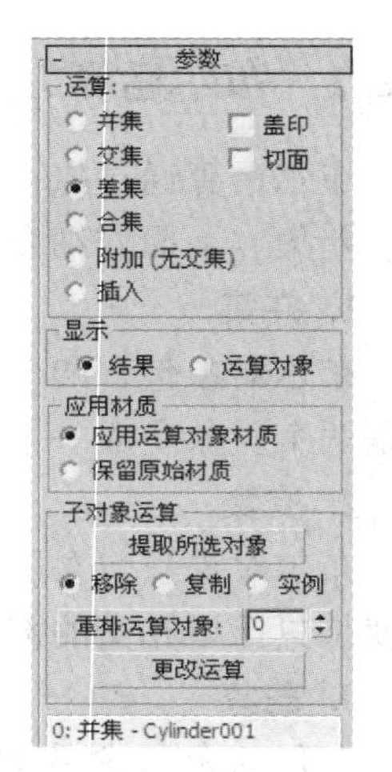

图 5-100 “超级布尔”参数卷展栏

- 并集：可以将两个或者多个单独的对象合并到单个布尔对象中，此时勾选“盖印”复选框，可以将图形轮廓打印到原始对象的网格上。
- 附加（无交集）：可以将两个或者多个单独的对象合并成一个布尔对象。
- 插入：从第一个操作对象中减去第二个操作对象的边界体积，再组合这两个对象。
- 切面：使用“切面”选项切割原始网格对象的面，可以切割掉操作对象 A 和操作对象 B 相交的部分。

小试身手——制作烟灰缸

29 制作烟灰缸

STEP 1 在顶视图中创建圆柱体，参数设置及效果如图 5-101 所示。

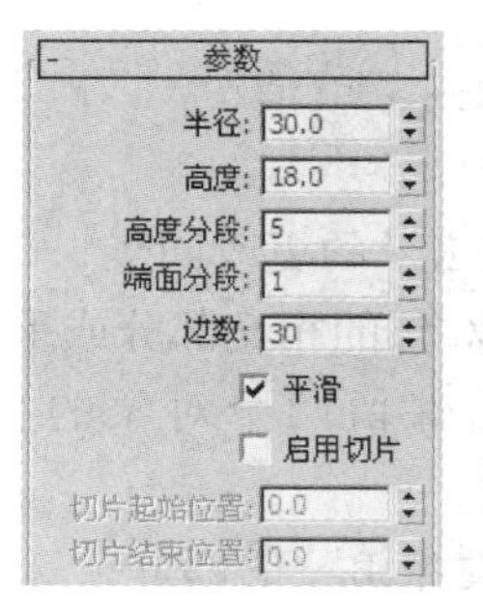

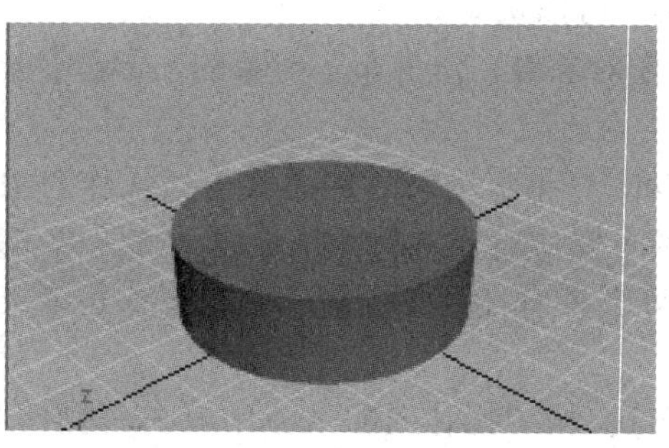

图 5-101 圆柱体参数设置及效果

STEP 2 在前视图中选择圆柱体，按住〈Shift〉键的同时使用“选择并移动”工具沿 Y 轴向上拖动复制一个圆柱体，如图 5-102a 所示，修改复制圆柱体的半径为 24，如图 5-102b 所示。

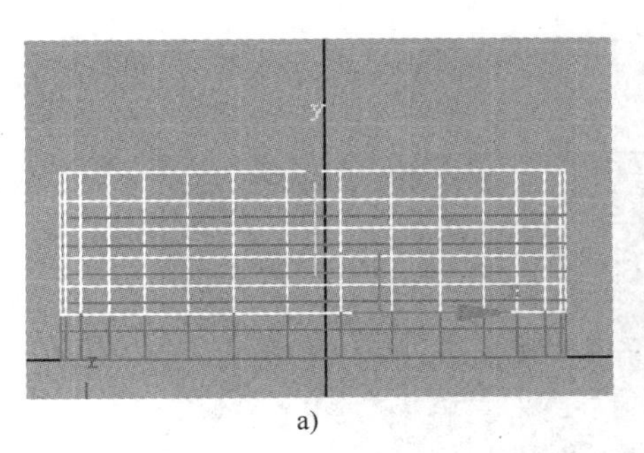
a)

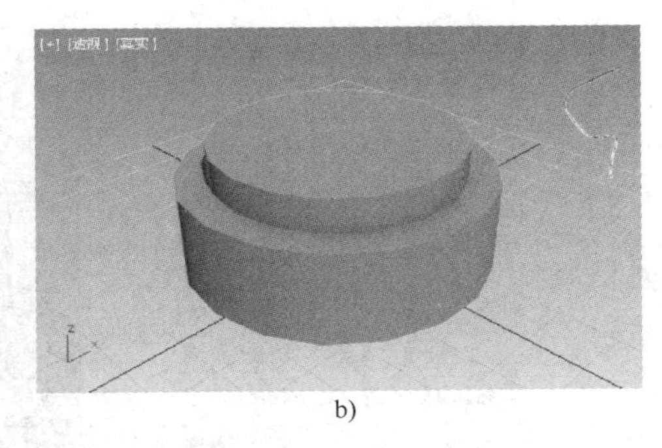
b)

图 5-102　调整复制圆柱体位置

STEP③ 选择底部的圆柱体，在“创建”面板中将“标准基本体”切换到“复合对象”，单击“布尔”按钮，在“操作”选项组中选中“差集（A-B）”单选按钮，在“拾取布尔”卷展栏中单击“拾取操作对象 B”按钮，单击上部的圆柱体，此时两个圆柱体合并为复合对象 1，效果如图 5-103 所示。

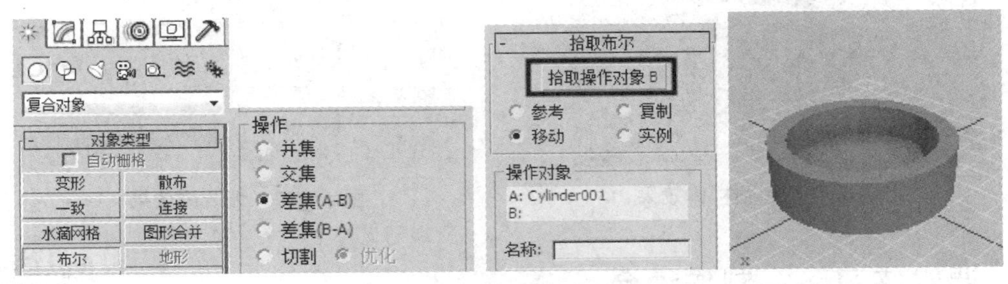

图 5-103　布尔运算

STEP④ 在左视图中创建圆柱体，半径为 4，高度为 80，使用“选择并移动”工具调整圆柱体在左视图、前视图中的位置，如图 5-104 所示。

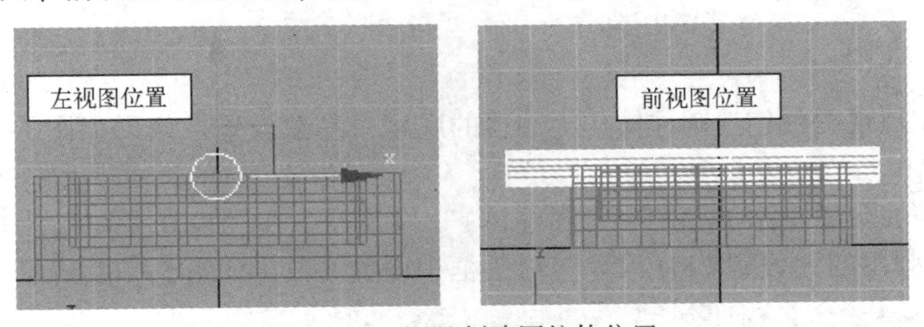

图 5-104　调整创建圆柱体位置

STEP⑤ 选择左视图中创建的圆柱体，在“层次”面板中单击“仅影响轴”按钮，单击工具栏中的“对齐工具”按钮，再次单击左视图中创建的圆柱体，在弹出的“对齐当前选择（Cylinder03）”对话框中设置参数，如图 5-105 所示。单击“仅影响轴”按钮关闭轴的设置。

STEP⑥ 在透视图中选择左视图创建的圆柱体，在工具栏中右击“角度捕捉切换”按钮，在弹出的“栅格和捕捉设置”对话框中将“角度”设为 90 度。按〈A〉键打开角度捕捉开关，绕 Z 轴旋转复制圆柱体，效果如图 5-106 所示。

STEP⑦ 选择大圆柱体，进行连续两次“布尔”差集运算逐次减去小圆柱体，最终效果如图 5-107 所示。

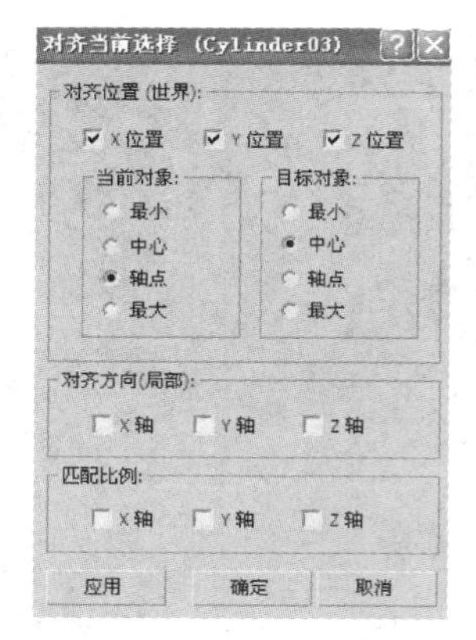

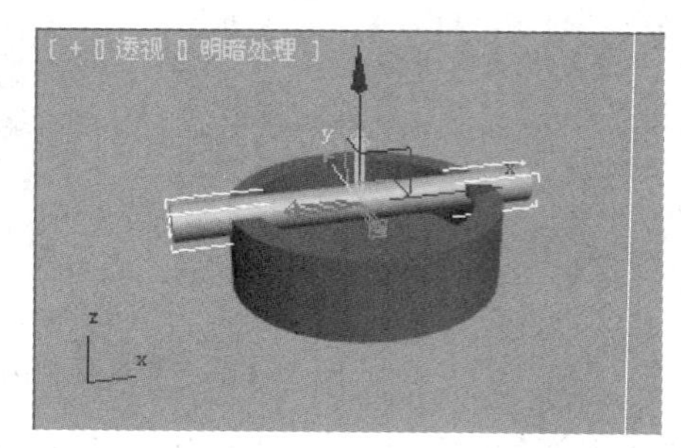

图 5-105　对齐参数设置及效果

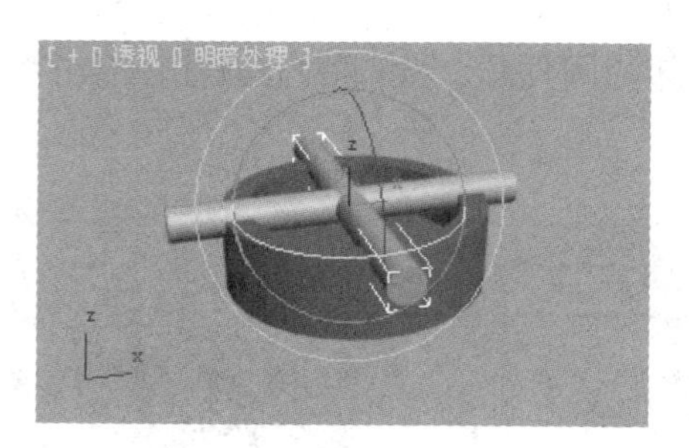

图 5-106　复制圆柱体效果

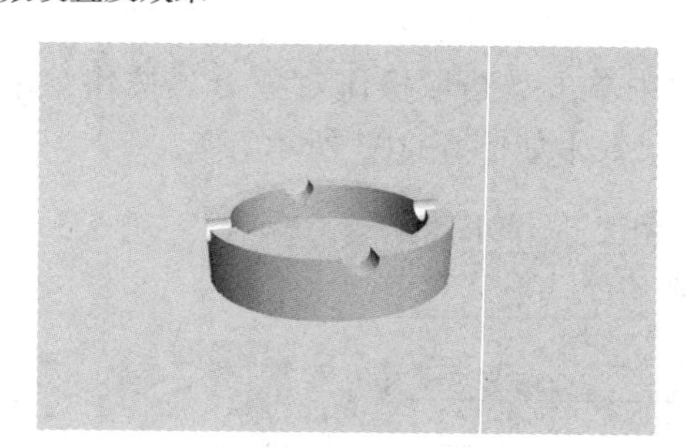

图 5-107　烟灰缸效果

5.3　课堂练习——制作烛台

30 制作烛台

下面利用“FFD”修改器、“扭曲”修改器和“锥化”修改器，制作一个烛台效果，具体操作如下。

5.3.1　制作底座

STEP① 在顶视图中创建圆柱体作为烛台的底座，参数设置及效果如图 5-108 所示，放置在栅格原点。

STEP② 为烛台底座添加“FFD（圆柱体）”修改器，在“FFD 参数”中单击“设置点数”按钮，在弹出的“设置 FFD 尺寸”对话框中设置参数，如图 5-109 所示。

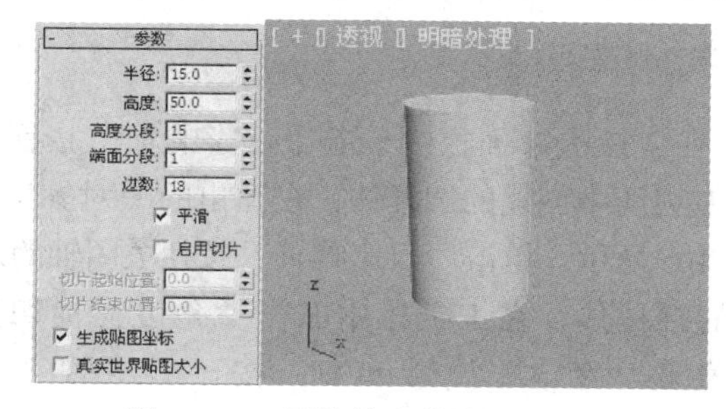

图 5-108　圆柱体参数设置及效果

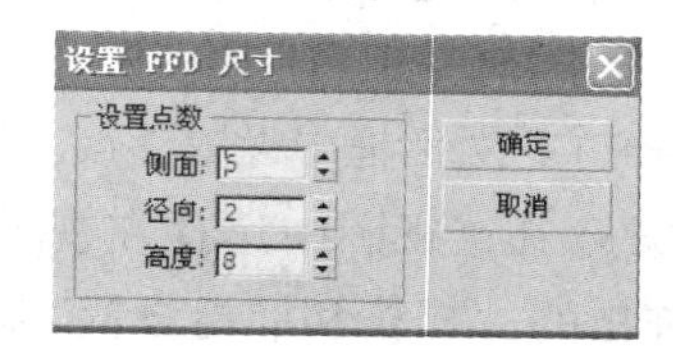

图 5-109　设置 FFD 参数

STEP③ 选择“FFD（圆柱体）”修改器的“控制点”层级，使用“选择并均匀缩放”工具调整前视图控制点的位置，如图 5-110 所示，再次单击“控制点”，退出“控制点”

层级。

STEP④ 在前视图中创建如图 5-111 所示的二维样条线，在“创建方法”卷展栏中将初始类型设为“平滑”。

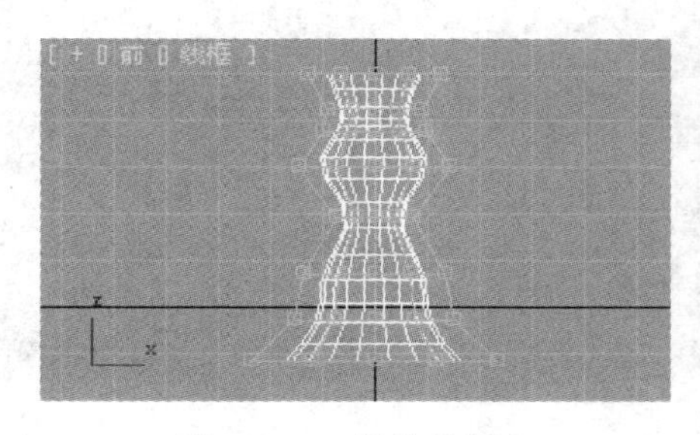
图 5-110　缩放控制点

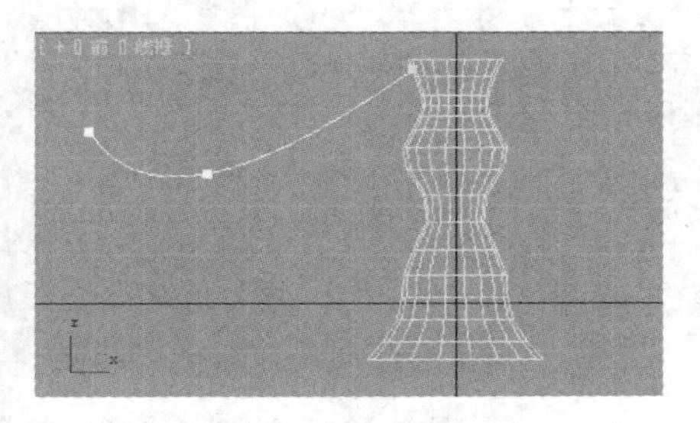
图 5-111　创建二维样条线

STEP⑤“渲染”卷展栏中的参数设置及效果如图 5-112 所示，此模型作为烛台支架。

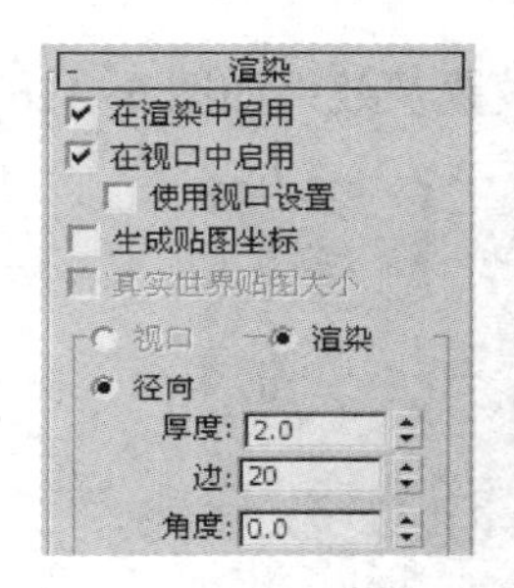

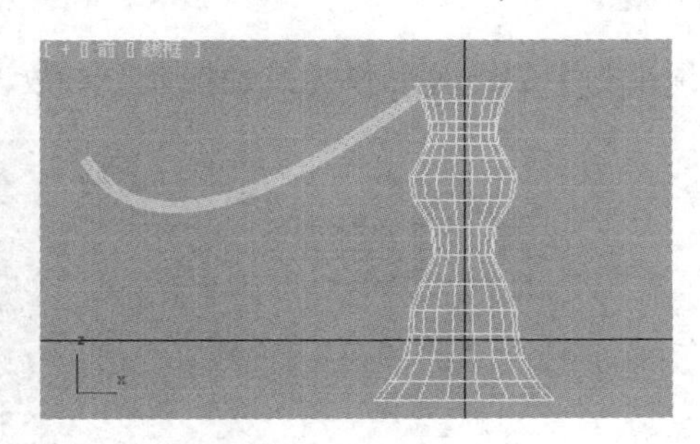
图 5-112　“渲染”卷展栏参数设置及效果

STEP⑥ 在前视图中选择支架，在“层次”面板中单击“仅影响轴”按钮，单击工具栏中的“对齐”工具，单击烛台底座，在弹出的对话中按图 5-113 所示设置，此时支架与底座顶部中心位置对齐。再次单击“仅影响轴”按钮。

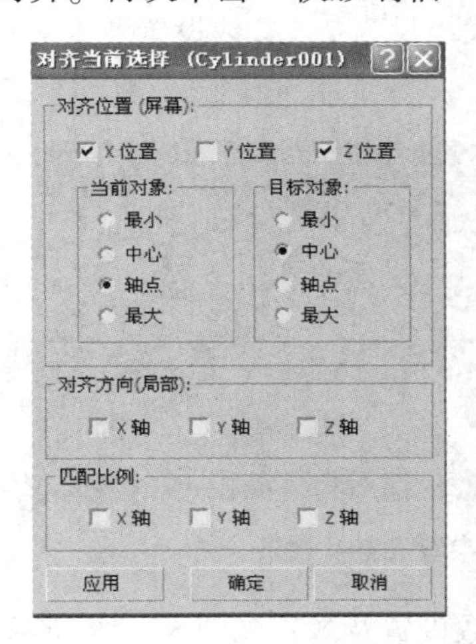

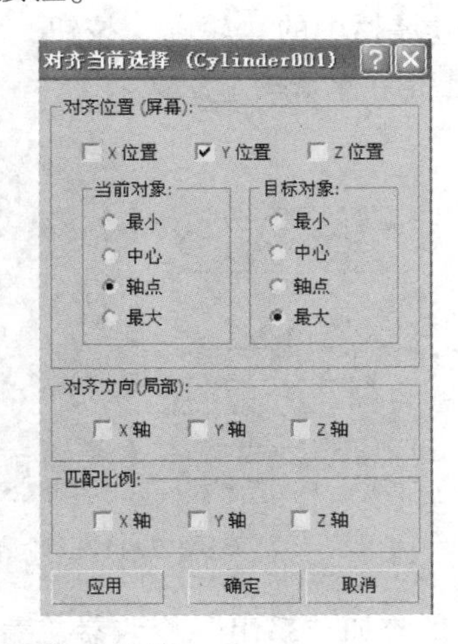

图 5-113　设置对齐的参数

STEP⑦ 在透视图中选择支架，执行“工具”|“阵列”菜单命令，在弹出的对话框中按图 5-114 所示设置，效果如图 5-115 所示。

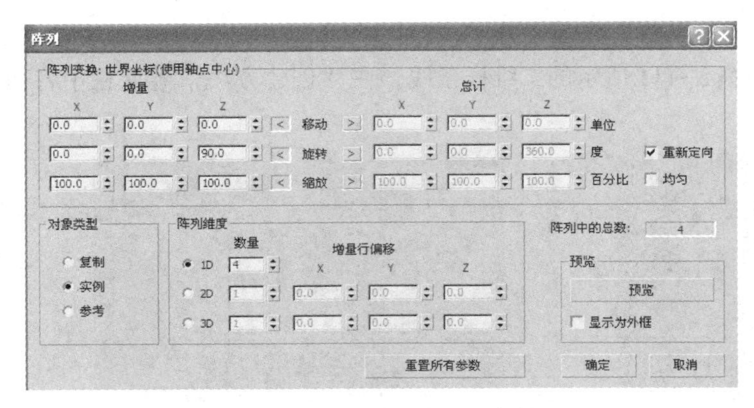

图 5-114　设置“阵列”参数

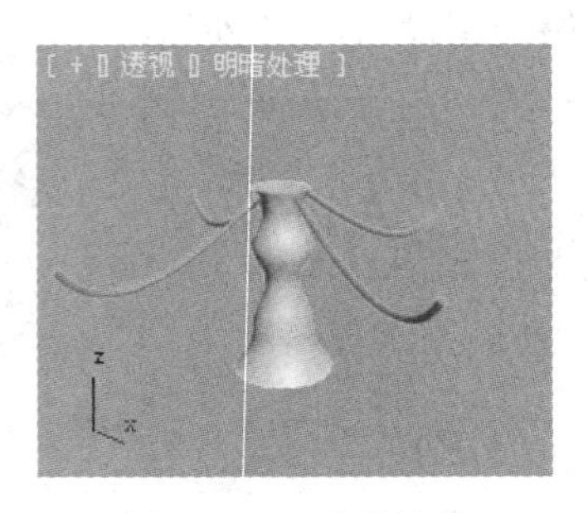

图 5-115　阵列效果

5.3.2　制作托盘

STEP① 在顶视图中创建星形作为蜡烛托盘，参数设置及效果如图 5-116 所示。

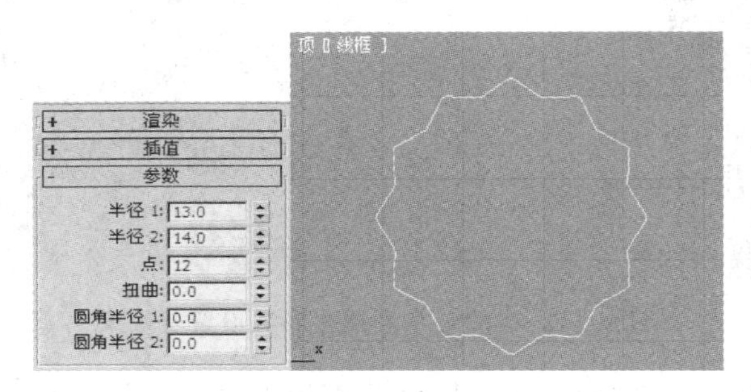

图 5-116　星形参数设置及效果

STEP② 选择星形，添加“编辑样条线”修改器，按〈3〉数字键进入“样条线”层级，单击“几何体”卷展栏中的“轮廓”按钮，大小设为 2。参数设置及效果如图 5-117 所示。按〈3〉数字键退出“样条线”层级。

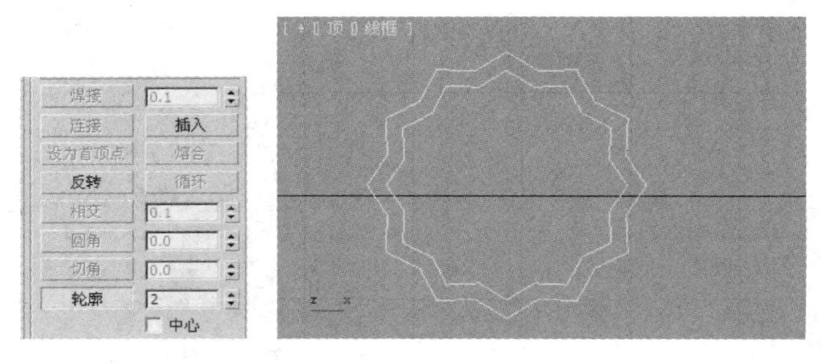

图 5-117　轮廓参数设置及效果

STEP③ 为星形添加“挤出”修改器，参数设置及效果如图 5-118 所示。

STEP④ 为星形添加“FFD（长方体）”修改器，单击“FFD 参数”卷展栏中的“设置点数”按钮，如图 5-119 所示。在弹出的“设置 FFD 尺寸”对话框中将高度设为 6。按〈1〉数字键进入“控制点”层级，通过“选择并均匀缩放”工具调整前视图中控制点的位置，如图 5-120 所示，再次按〈1〉数字键，退出“控制点”层级。

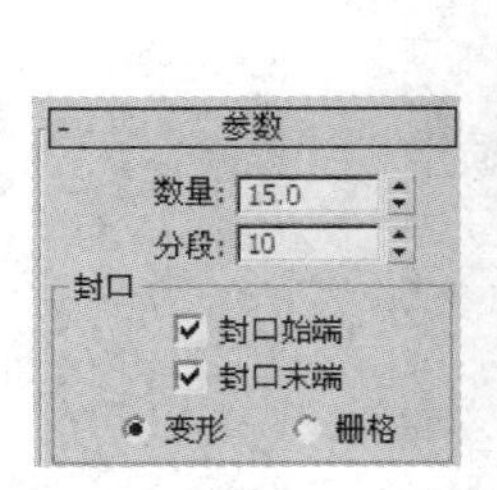

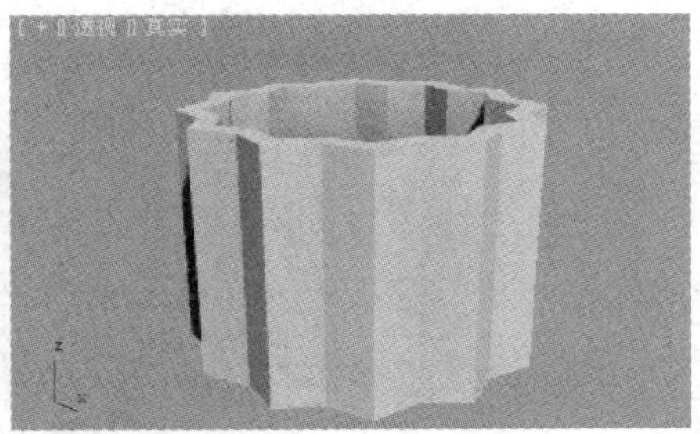

图 5-118　挤出参数设置及效果

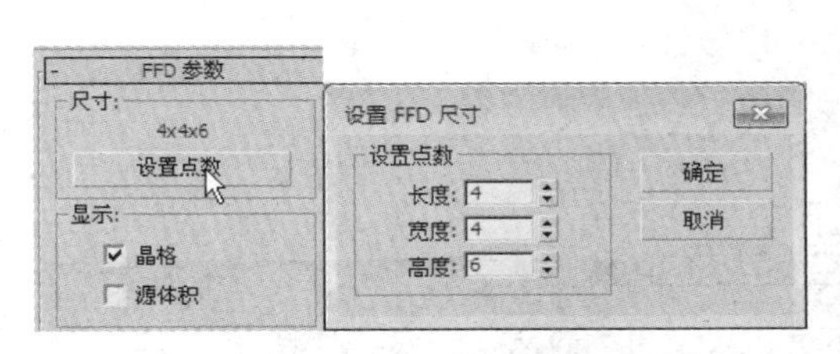

图 5-119　设置 FFD 参数

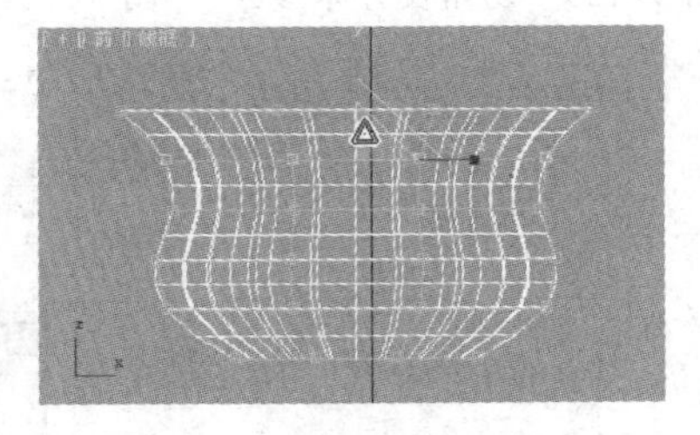

图 5-120　FFD 调整花瓶形状

STEP 5 在透视图中选择星形，在“层次”面板中单击“仅影响轴”按钮，单击工具栏中的“对齐”工具，单击圆柱体，在弹出的“对齐当前选择（Cylinder001）”对话框中按图 5-121 所示设置，此时星形轴心与底座在 X 面、Y 面进行中心对齐。再次单击“仅影响轴”按钮。

STEP 6 将星形旋转复制 3 次，在烛台底座的顶部摆放一个，效果如图 5-122 所示。

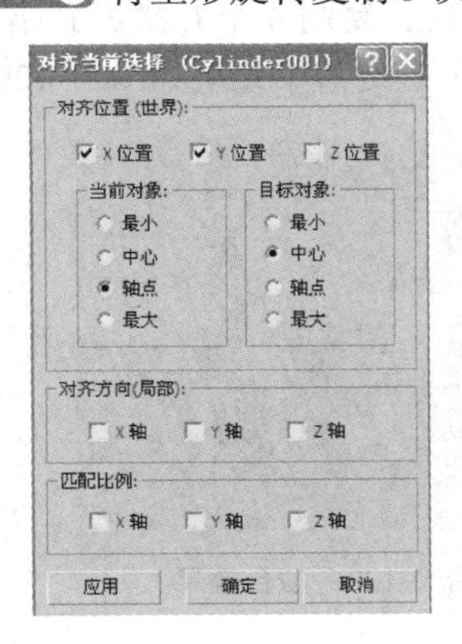

图 5-121　设置对齐参数

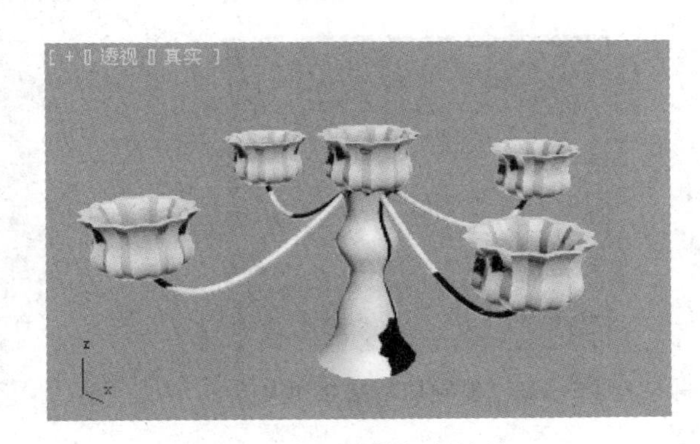

图 5-122　旋转复制效果

5.3.3　制作蜡烛

STEP 1 制作蜡烛，在顶视图中创建切角长方体，参数设置如图 5-123 所示，添加“扭曲”修改器，参数设置及效果如图 5-124 所示，将切角长方体摆放到合适的位置，如图 5-125 所示。

STEP 2 利用球体制作火苗，在顶视图中创建球体，参数设置如图 5-126 所示。

STEP 3 为球体添加“锥化”修改器，参数设置及效果如图 5-127 所示。

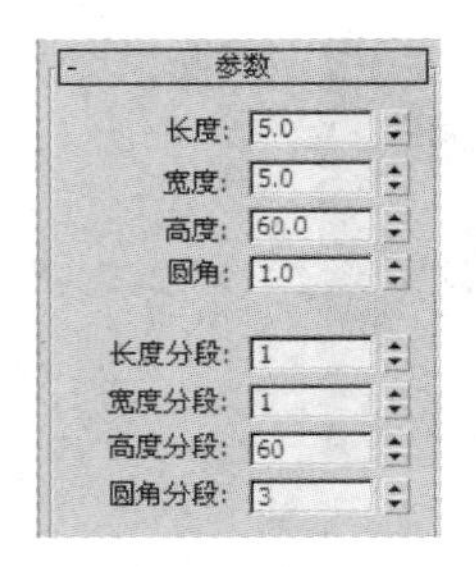

图 5-123　切角长方体参数

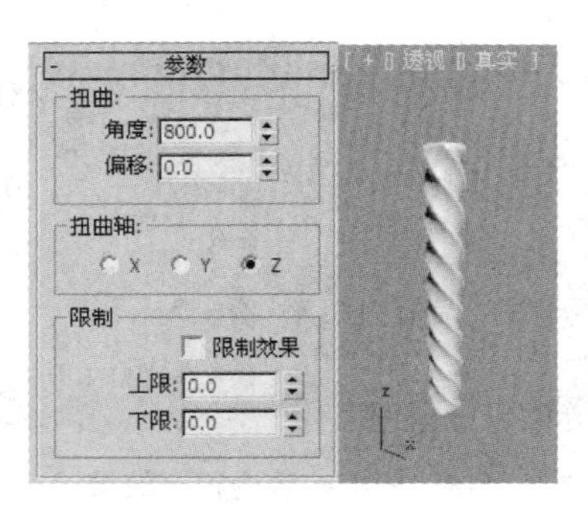

图 5-124　扭曲参数设置及效果

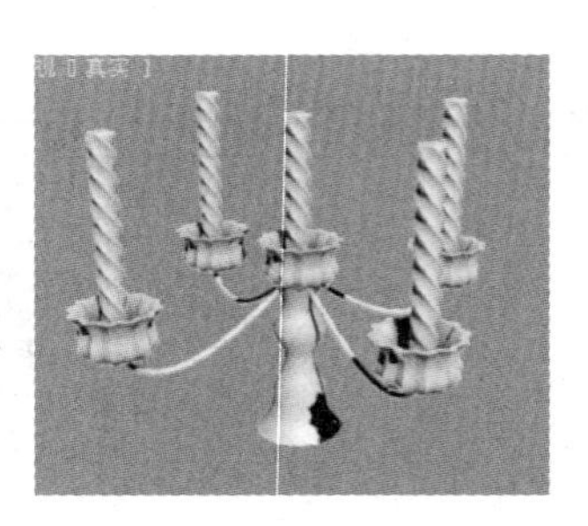

图 5-125　切角长方体位置

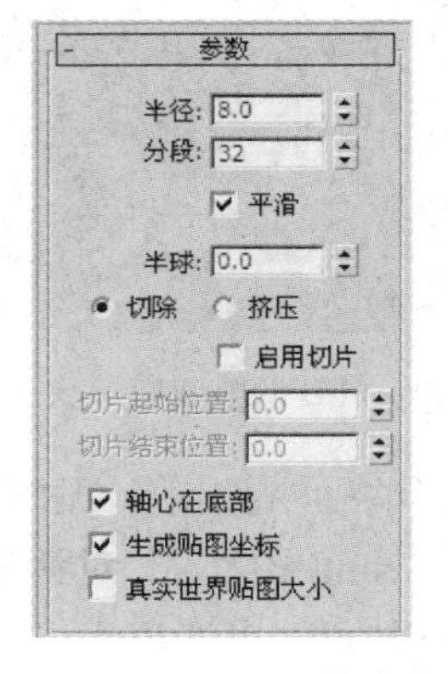

图 5-126　设置球体参数

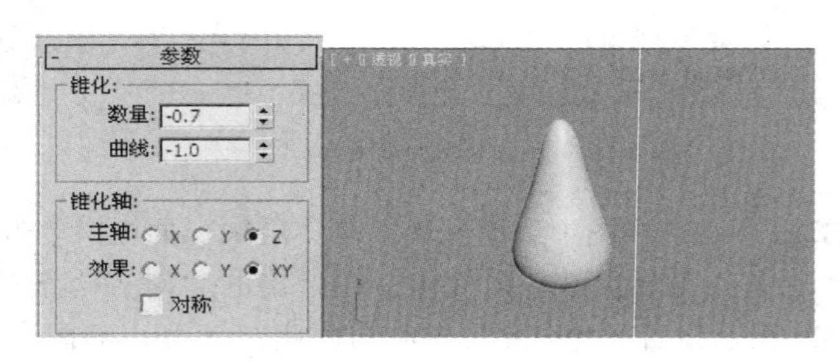

图 5-127　设置锥化参数及效果

STEP 4 将火苗摆放到蜡烛顶端后，同时选择蜡烛和火苗，复制 4 个并摆放到蜡烛托盘上，效果如图 5-128 所示，按〈Shift+Q〉组合键进行渲染，最终渲染效果如图 5-129 所示。

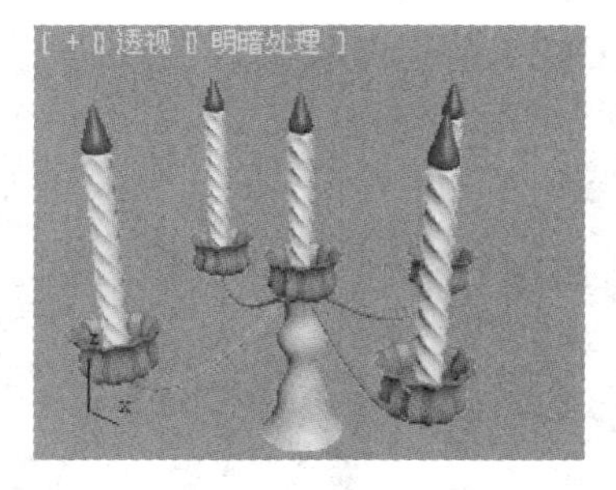

图 5-128　复制切角蜡烛和火苗

图 5-129　烛台效果

强化训练

本章主要介绍了常见的三维对象编辑修改器，包括“锥化”修改器、“路径变形（WSM）”修改器、“弯曲”修改器、“扭曲”修改器、“噪波”修改器、“FFD”修改器、“晶格”修改器、“网格平滑”修改器、布尔运算以及超级布尔运算。三维编辑修改器是 3ds Max 中建模的基础部分，熟练掌握本章内容可以为后续的高级建模奠定扎实的基础。下列两个本章知识的习题，以供读者练习。

1. 制作齿轮

31 制作齿轮

利用本章所学知识制作轮子模型。

STEP① 在前视图中创建切角圆柱体，参数设置及效果如图 5-130 所示。

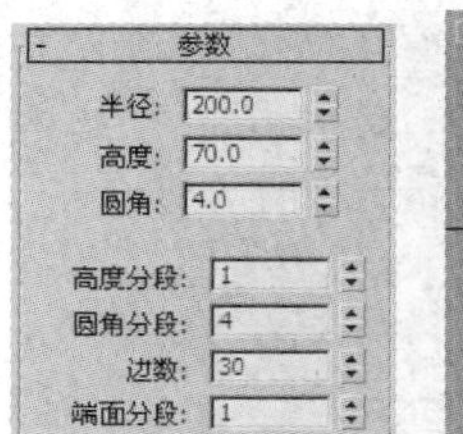

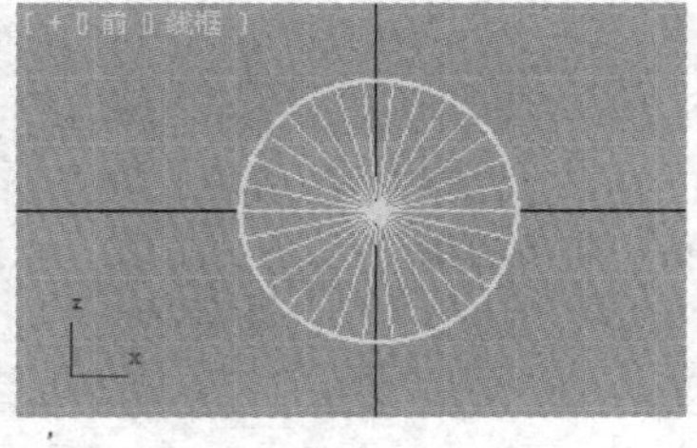

图 5-130　切角圆柱体参数设置及效果

STEP② 在前视图中创建管状体，参数设置及效果如图 5-131 所示。

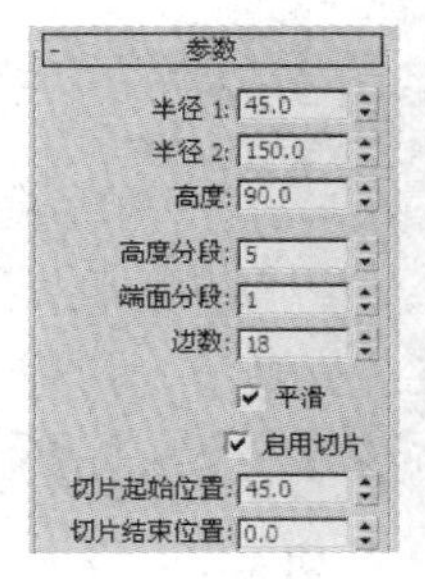

图 5-131　管状体参数设置及效果

STEP③ 在前视图中选择管状体，单击工具栏中的“对齐”按钮，单击切角圆柱体，在弹出的对话框中按图 5-132 所示设置，单击对话框中的“应用”按钮，再次设置对话框中的参数，如图 5-133 所示，单击“确定”按钮。

图 5-132　设置对齐参数 1

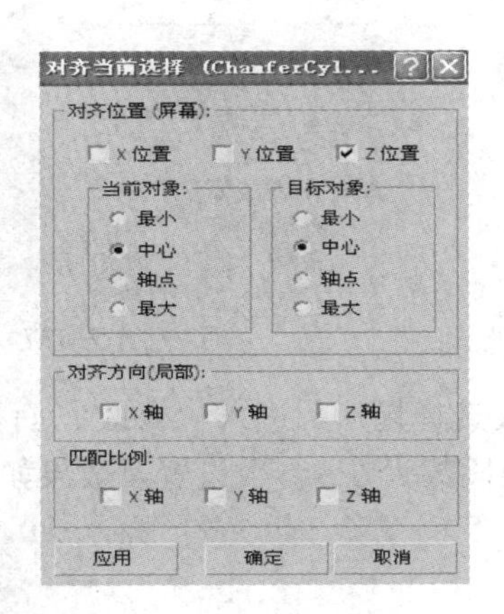

图 5-133　设置对齐参数 2

STEP④ 在前视图中选择管状体，执行“工具”|“阵列”菜单命令，在弹出的对话框中设置参数，如图 5-134 所示，效果如图 5-135 所示。

STEP⑤ 选择切角圆柱体，在“创建”面板中将“标准基本体”切换到“复合对象”，单击“超级布尔”（ProBoolean）按钮，在“参数”选项组中选择“差集”单选按钮，在

"拾取布尔对象"卷展栏中单击"开始拾取"按钮，连续单击 4 个管状体，最终效果如图 5-136 所示。

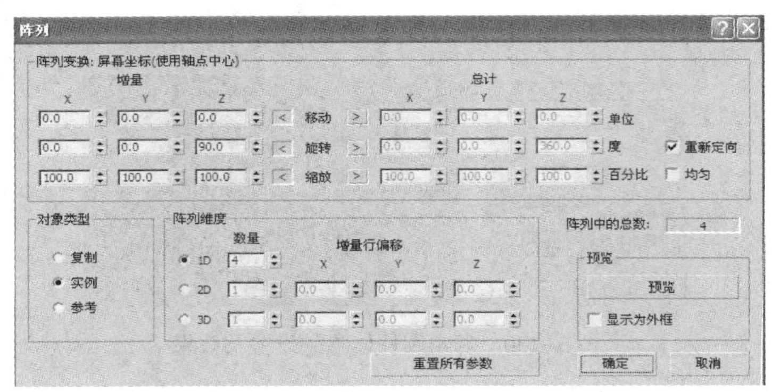

图 5-134　设置阵列参数

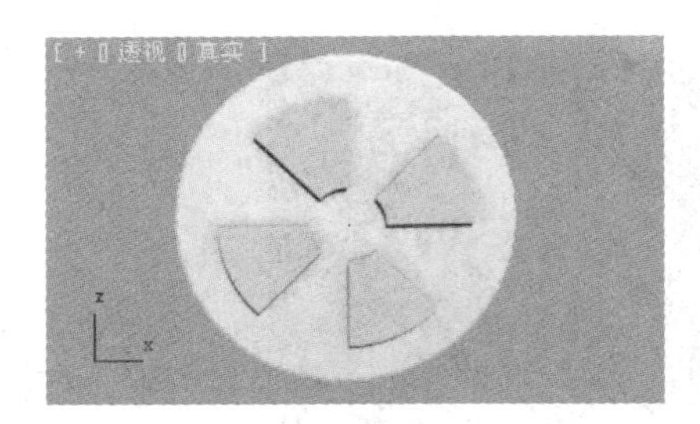

图 5-135　阵列效果

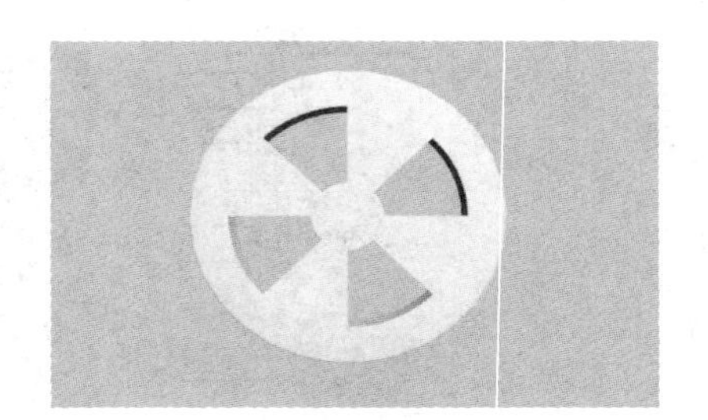

图 5-136　轮子效果

2. 制作雨伞

利用本章所学知识制作雨伞模型。

32 制作雨伞

STEP① 在顶视图中创建一个星形，参数设置及效果如图 5-137 所示。

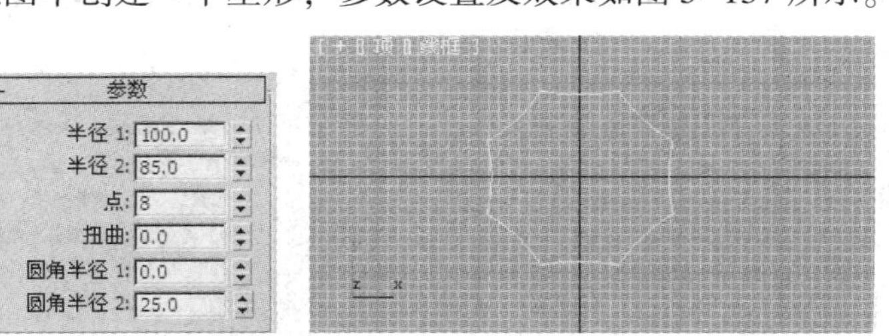

图 5-137　星形参数设置及效果

STEP② 选择星形，进入"修改"面板，在"修改器列表"中选择"挤出"修改器，数量为 30，分段数为 6，参数设置及效果如图 5-138 所示。

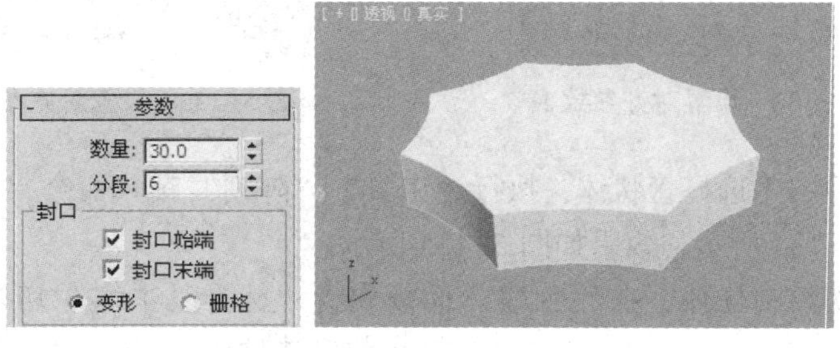

图 5-138　挤出参数设置及效果

STEP③ 选择星形，再次添加“锥化”修改器，设置数量为-1.0，曲线为0.6，参数设置及效果如图5-139所示。

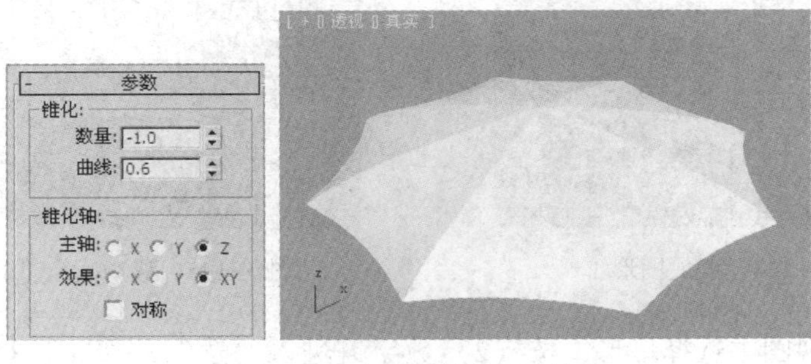

图5-139 锥化参数设置及效果

STEP④ 添加“编辑多边形”修改器，按〈4〉数字键进入“多边形”层级，选择底部的平面，如图5-140所示，按〈Delete〉键进行删除，删除后的效果如图5-141所示。

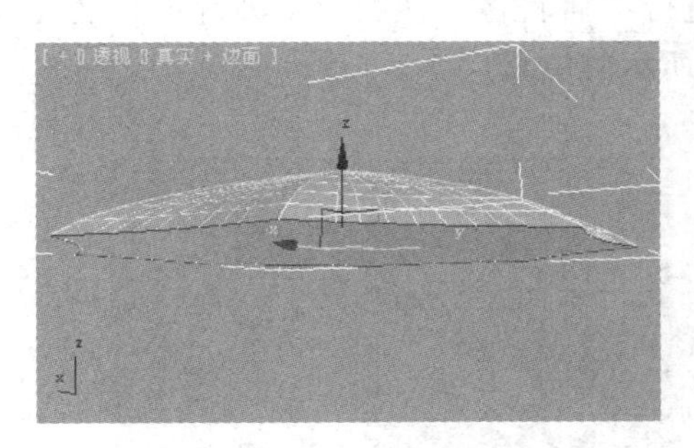

图5-140 选择底部平面

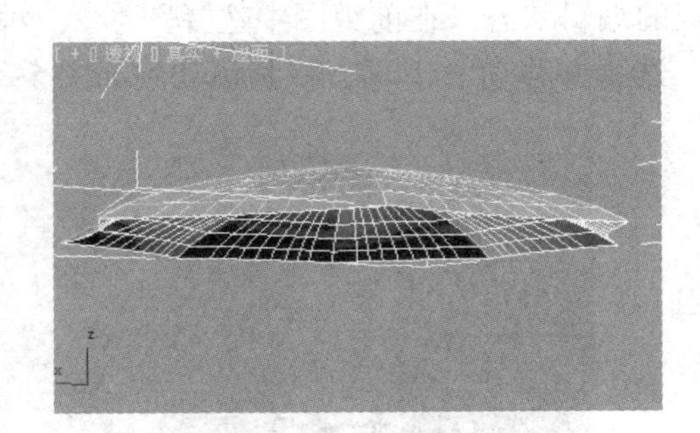

图5-141 删除底部平面

STEP⑤ 按〈2〉数字键进入“边”层级，按住〈Ctrl〉键的同时在顶视图中选择如图5-142所示的边，在“选择”卷展栏中单击“循环”按钮，得到如图5-143所示的选择效果。

图5-142 选择星形的边

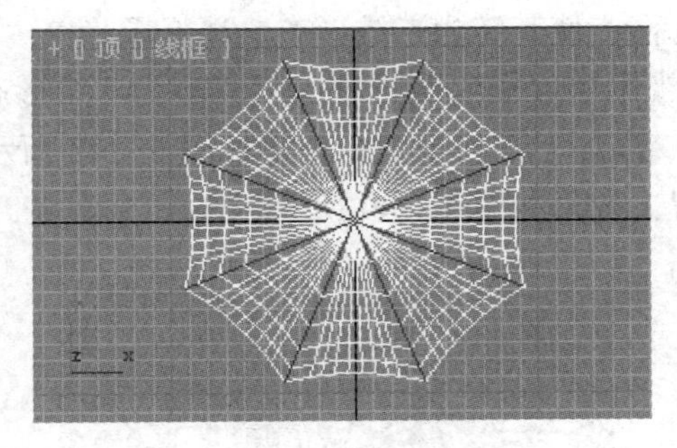

图5-143 调整星形的边

STEP⑥ 单击“编辑边”卷展栏中的“创建图形”按钮右侧的“设置”按钮，在弹出的对话框中将图形名命名为“图形1”，单击“确定”按钮。在顶视图中选择“图形1”，使用“选择并缩放”工具对图形进行放大，效果如图5-144所示，在前视图中沿Y轴向下移动5个单位，位置效果如图5-145所示。

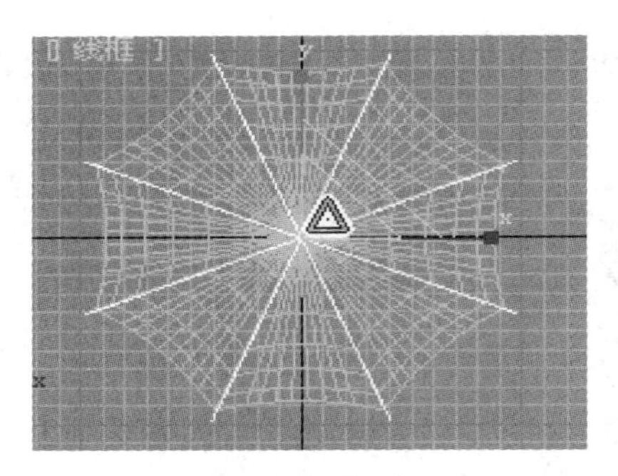

图 5-144　缩放图形 1

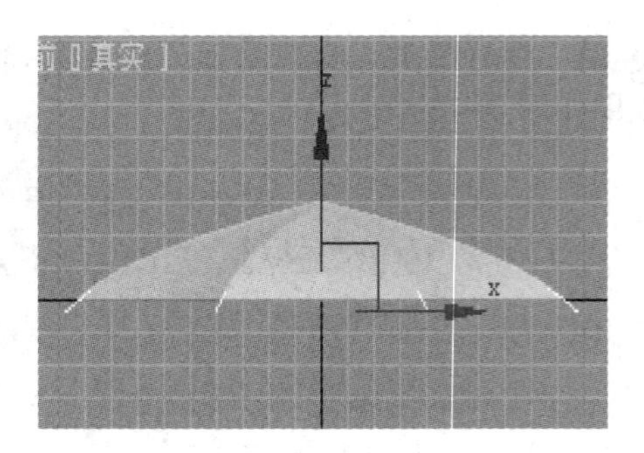

图 5-145　移动图形 1 的位置

STEP 7 在顶视图中选择星形，按〈2〉数字键进入“边”层级，选择伞顶中心附近的线段，如图 5-146 所示的线段。

STEP 8 在“编辑边”卷展栏中单击“创建图形”按钮右侧的“设置”按钮，在弹出的对话框中将图形命名为“图形 2”，生成雨伞的小支架。按〈2〉数字键，退出星形“边”层级的编辑状态，在前视图中选择图形 2，对其进行 Y 轴镜像，使图形 2 进行垂直翻转。使用“选择并移动”工具，将其移动到如图 5-147 所示的位置。

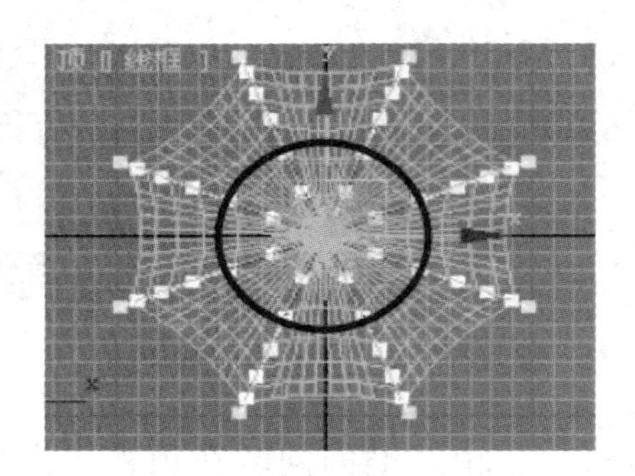

图 5-146　选择线段

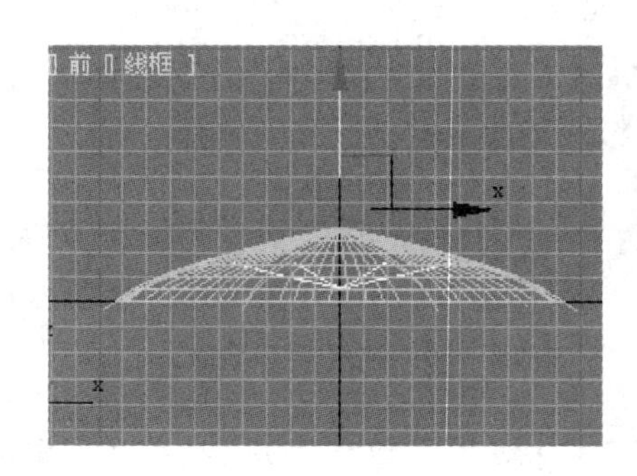

图 5-147　移动图形 2 的位置

STEP 9 选择图形 1，在“渲染”卷展栏中勾选“在渲染中启用”和“在视图中启用”复选框，使其转为三维形态。选择图形 2，在“渲染”卷展栏中勾选“在渲染中启用”和“在视图中启用”复选框，使其转为三维形态。

STEP 10 在前视图中创建如图 5-148 所示的线，将底部的三个顶点转换为平滑点，调整位置，效果如图 5-149 所示。

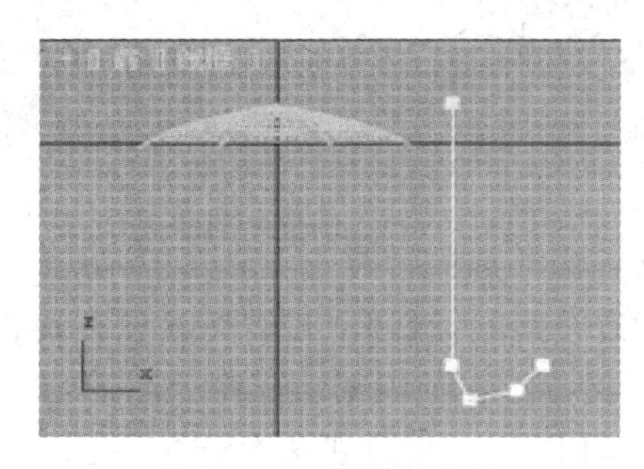

图 5-148　创建样条线

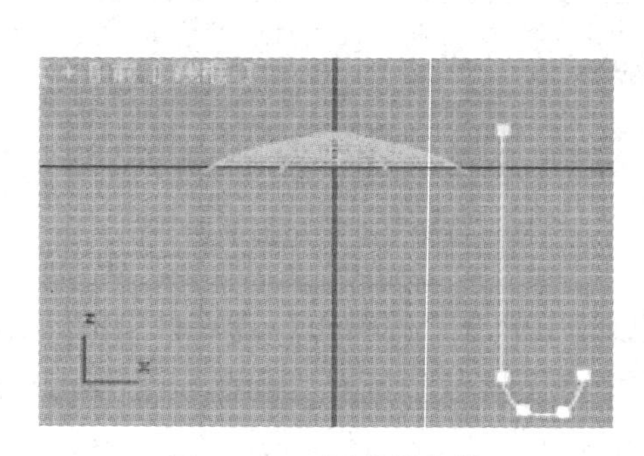

图 5-149　调整样条线

STEP 11 选择创建的线，在“渲染”卷展栏中勾选“在渲染中启用”和“在视图中启用”复选框，厚度设为 3，调整位置，效果如图 5-150 所示。

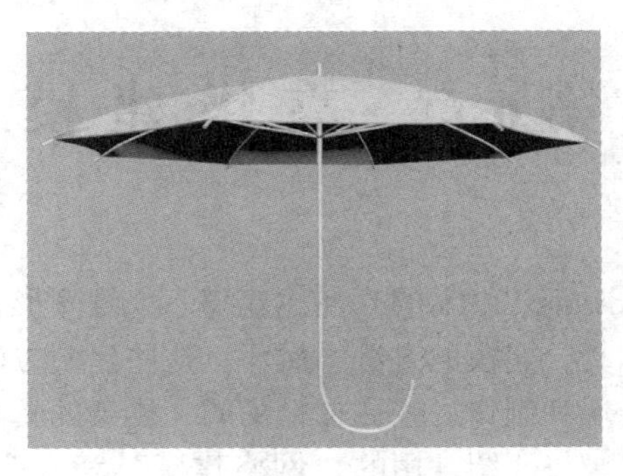

图 5-150　雨伞效果

第6章　高级建模

内容导读

在前面各章中讲解了3ds Max 2016的几何体建模、二维图形创建、通过修改器对基本模型进行修改产生新的模型和复合建模的方法。然而，这些建模方法只能够制作一些简单或者较粗糙的基本模型，要想表现和制作一些更加精细的、复杂的真实模型，就要使用高级建模的技巧才能实现。在本章中，将介绍常用的“网格建模”和“多边形建模”两种高级建模的方法。

学习目标

✓ 掌握网格建模的方法

✓ 掌握多边形建模的方法

作品展示

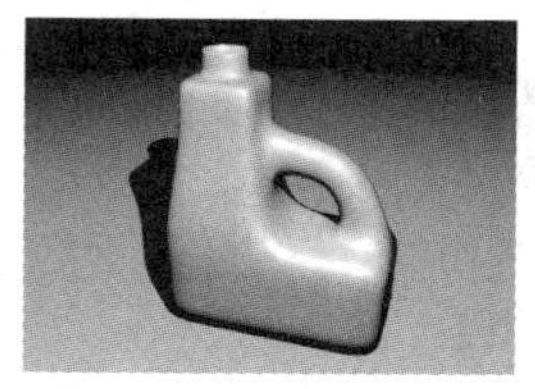

◎油桶

◎圆珠笔

◎梳妆台

6.1　网格建模

网格建模是3ds Max高级建模的一种。网格建模是先将三维对象转换为可编辑网格，然后用“修改”面板中的参数调整可编辑网格的顶点、边、面、多边形和元素，从而创建所需的三维模型。

将对象转换为可编辑网格的方法主要有以下三种。

第1种：在视图中的对象上单击鼠标右键，然后在弹出的快捷菜单中选择“转换为”|“转换为可编辑网格”命令。

第2种：在修改器堆栈中选中对象，然后单击鼠标右键，接着在弹出的快捷菜单中选择“可编辑网格”命令。

第3种：为对象加载“编辑网格”修改器。

这3种方法的修改面板和编辑方法类似，但是使用前两种方法转换为可编辑网格时，对象的性质发生改变，无法再利用其创建参数来修改对象，而第3种方法可以保留其创建参数，并可以再利用其创建参数来修改对象，所以下文中以第3种方法为例进行介绍。

6.1.1　可编辑网格的子对象

可编辑网格的子对象可以在修改器堆栈中选择，如图6-1所示。也可以在“选择”卷展栏中选择，如图 6-2 所示。还可以使用快捷键选择。

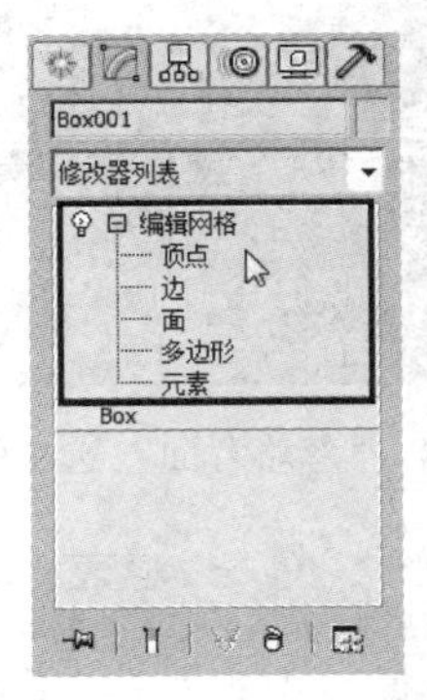

图 6-1　在修改器堆栈中选择子对象

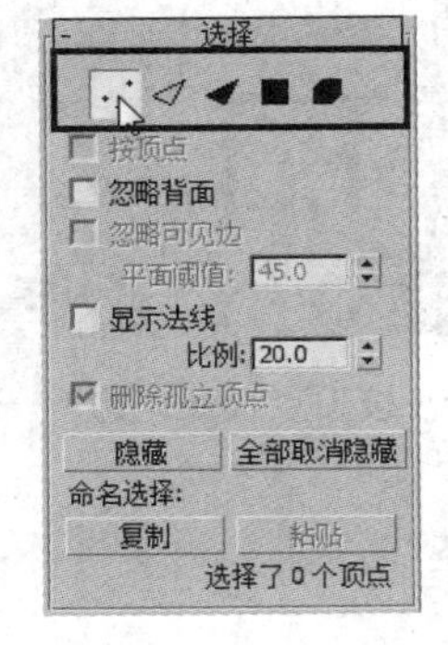

图 6-2　在“选择”卷展栏中选择子对象

可编辑网格的子对象详解如下。

- 顶点：位于网格交叉位置的点，它们构成了可编辑网格的其他子对象。当移动或编辑顶点时，由顶点形成的几何体也会受影响。顶点可以独立存在，这些孤立顶点可以用来构建其他几何体，但在渲染时，它们是不可见的。快捷键为〈1〉数字键。
- 边：连接两个顶点的直线。快捷键为〈2〉数字键。
- 面：由三条首尾相连的边构成的三角形曲面。快捷键为〈3〉数字键。
- 多边形：相互连接的多条边所围成的封闭面。快捷键为〈4〉数字键。
- 元素：两个或两个以上可组合为一个更大对象的单个网格对象。快捷键为〈5〉数字键。

6.1.2　选择子对象

“选择”卷展栏是公共参数卷展栏，即无论当前选择何种子对象，都会有该卷展栏，如图 6-2 所示。该卷展栏主要用于确定子对象选择模式和快速选择子对象，参数设置如下。

- “选择”卷展栏中的第一行按钮：用来确定子对象选择模式，从左往右依次为顶点、边、面、多边形、元素。如果设置为“顶点”模式，则在进行编辑操作时，操作的对象是顶点。注意：选择某个子对象层级后，如果要进行其他模型的编辑，一定要退出当前子对象层级的选择，否则将无法进行操作。
- 按顶点：该选项在“顶点”子对象层级上不可用。启用该选项时，可以通过选择所用的顶点来选择子对象。该选项在需要多选子对象时非常有用。例如，在“边”子对象的选择状态下，启用该选项，选择方框中的顶点后，将选择使用该顶点的所有边，如图 6-3 所示。
- 忽略背面：不启用该选项时，将同时选择朝向用户的那些对象及模型背面的对象。启用该选项时，选择子对象时只选择朝向用户的那些对象，模型背面的对象将不被选择。如图 6-4 所示，在前视图框选全部多边形，但在其他视图中可以看到，背面的多边形并未被选中。

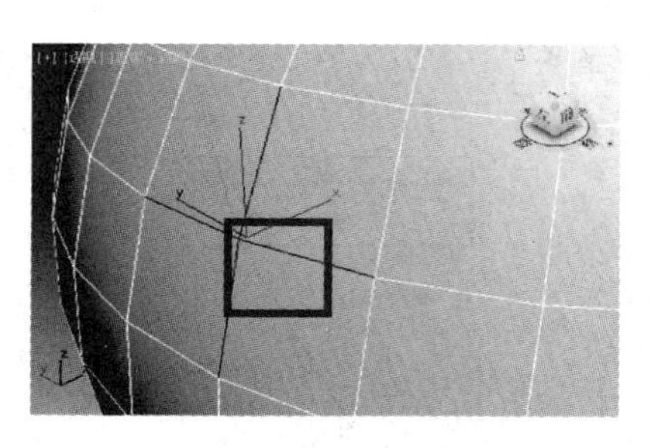

图 6-3　按顶点选择“边”子对象

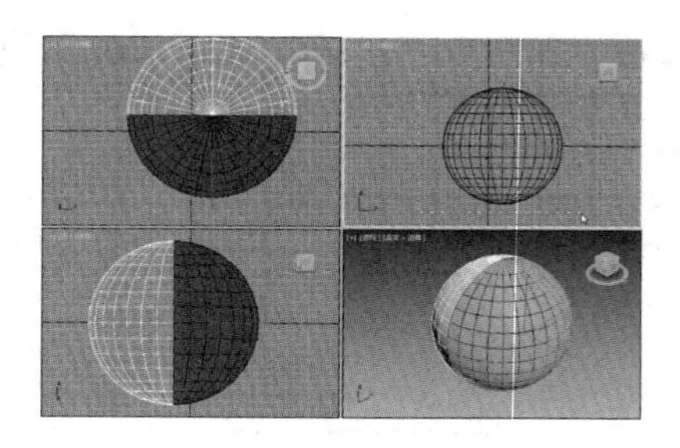

图 6-4　“忽略背面”选择效果

6.1.3　软选择

“软选择”卷展栏也是公共参数卷展栏，即无论当前选择何种子对象，都会有该卷展栏，如图 6-5 所示。该卷展栏主要用于“软选择”，以选中的子对象为中心向四周扩散，呈放射状选择子对象。对选择的子对象进行变换时，可以使子对象以平滑的方式进行过渡。另外，可以通过控制“衰减”“收缩”和“膨胀”的数值来控制所选子对象区域的大小及对子对象控制力的强弱。参数设置如下。

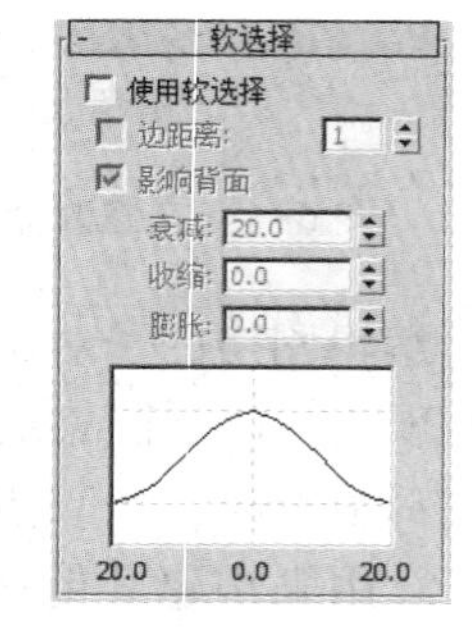

图 6-5　“软选择”卷展栏

- 使用软选择：控制是否开启“软选择”功能，默认为不启用状态。框选如图 6-6 左图所示的顶点，启用“使用软选择”复选框，软选择就会以这些顶点为中心向外进行扩散选择，如图 6-6 右图所示。

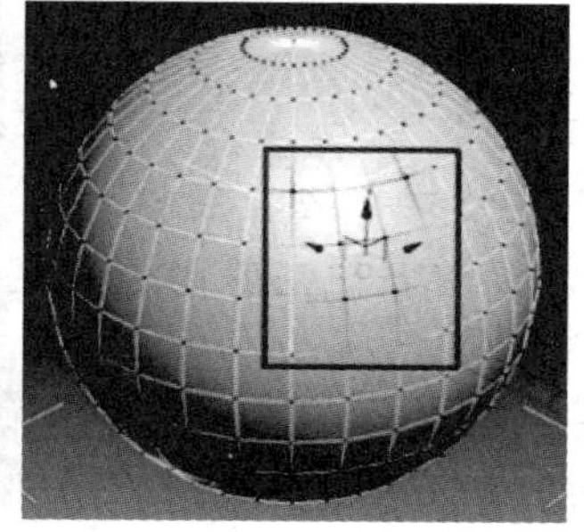

图 6-6　软选择的选择效果

知识拓展

在用“软选择”选择子对象时，选择的子对象是以红、橙、黄、绿、蓝 5 种颜色进行显示的。中心的红色子对象选择程度最高，越向外，子对象选择程度越低，被操作影响的程度也会依次减弱。

- 边距离：启用该选项后，可以将软选择限制到指定的面数。
- 影响背面：启用该选项后，那些与选定对象法线方向相反的（也就是模型中没有朝向用户的）子对象也会受到选择的影响，点对象除外。
- 衰减：用以定义影响区域的大小，默认值为 20 mm。衰减数值越高，软选择的影响区域也就越大，就可以实现更平滑的过渡。例如，以“球体”上侧中心点为选择目标时，图 6-7 是“衰减”为 60 mm 时的选择效果，图 6-8 是“衰减”为 80 mm 时的选择效果。

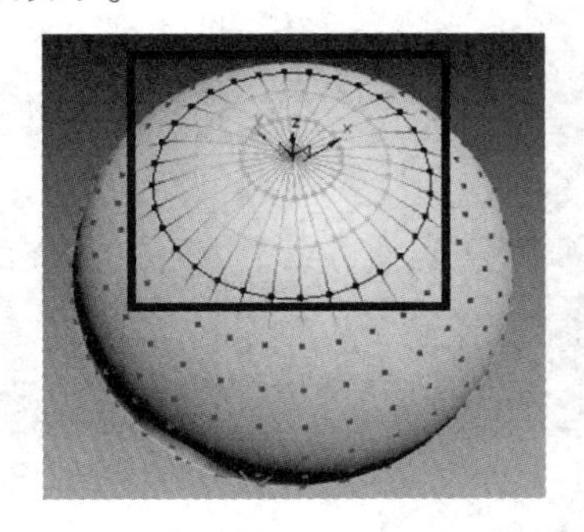

图 6-7　“衰减”为 60 mm 时的选择效果

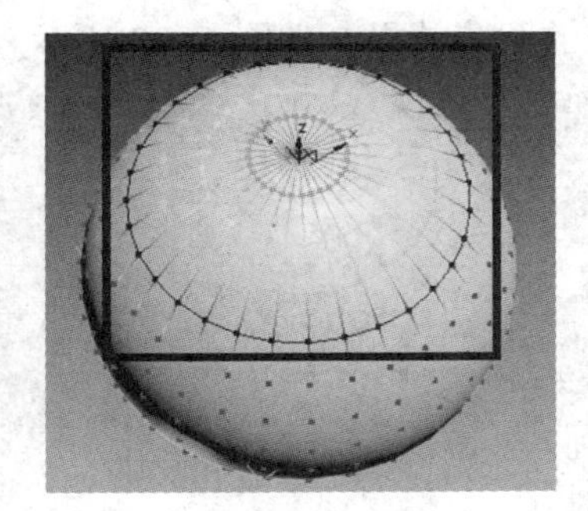

图 6-8　“衰减”为 80 mm 时的选择效果

- 收缩：用于沿着垂直轴提高并降低曲线的顶点，即设置区域的相对“突出度”。
- 膨胀：用于沿着垂直轴展开和收缩曲线，即设置区域的相对“丰满度”。

6.1.4　编辑网格

可编辑网格的编辑操作主要集中在“编辑几何体”卷展栏中。然而，网格建模的建模思路虽然与多边形建模类似，但没有多边形建模的功能丰富，因此在本章中，仅介绍网格建模中的基本建模方法，不做深入学习。

33 制作苹果模型

小试身手——制作苹果模型

下面将配合使用软选择制作一个苹果模型，具体操作如下。

STEP① 在“创建”面板中单击“球体”按钮，在顶视图中拖动光标创建一个球体，在“参数”卷展栏中设置“半径”为 200 mm，详细参数设置如图 6-9 所示。（注意：此时创建的球体属于“参数化对象”，展开“参数”卷展栏，可以看到“半径”“分段”“平滑”“半球”等参数。这些参数都可以直接进行调整，但是不能调节球体的顶点、边、多边形等子对象。）

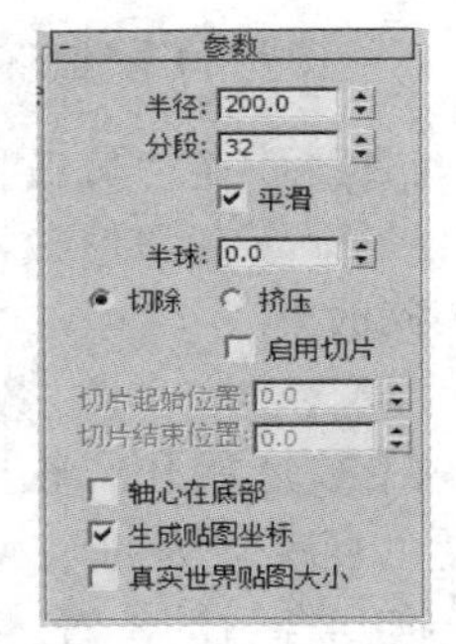

图 6-9　球体的参数设置

STEP② 为球体添加“编辑网格”修改器。按〈1〉数字键，进入“顶点”子对象层级。展开“软选择”卷展栏，勾选“使用软选择”复选框。在“软选择”卷展栏中设置“衰减”为 120 mm，使用“选择并移动”工具选择顶部的中心顶点，如图 6-10 所示，在前视图中向下拖到合适的位置，使模型产生向下凹陷的效果，如图 6-11 所示。

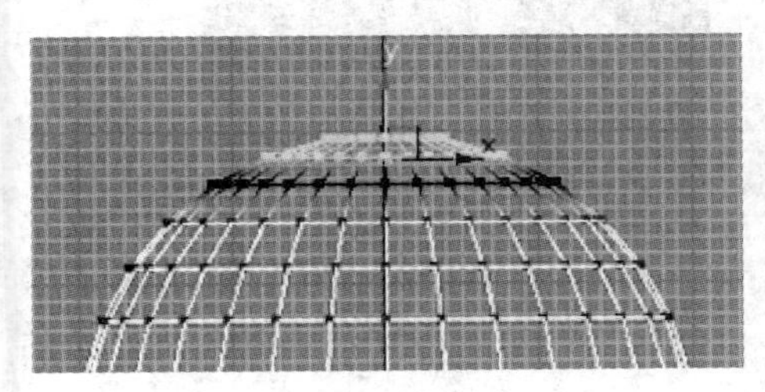

图 6-10　选择顶部的中心顶点

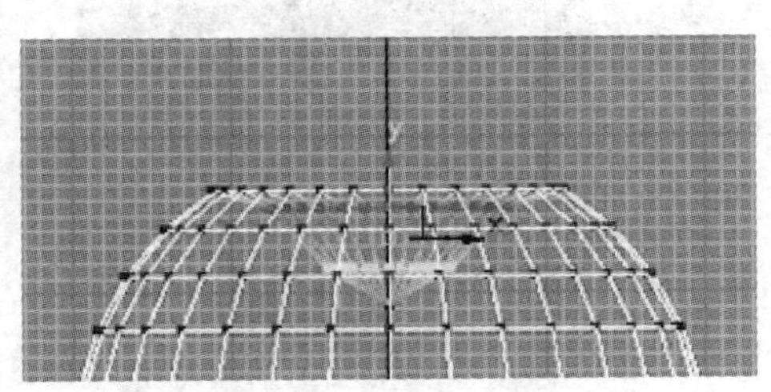

图 6-11　制作上侧的凹陷

STEP③ 使用同样的方法，在“软选择”卷展栏中设置“衰减”为 80，使用“选择并移动”工具选择底部的中心顶点，如图 6-12 所示，在前视图中向上拖到合适的位置，制作球体底部的凹陷效果，如图 6-13 所示。

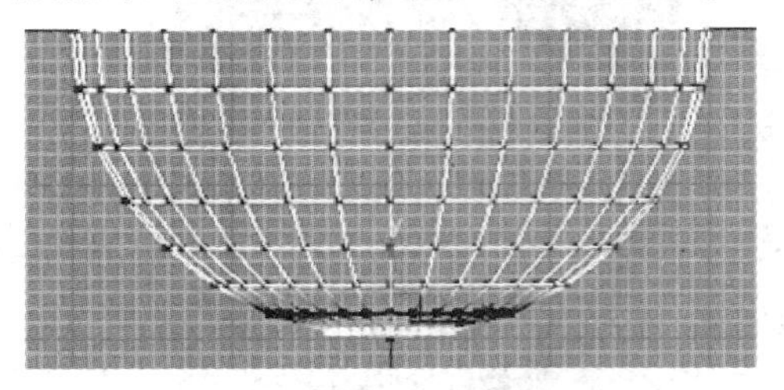

图 6-12 选择底部的中心顶点

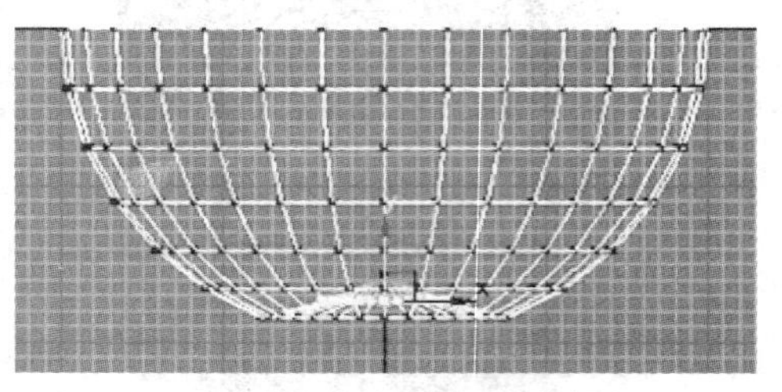

图 6-13 制作底部的凹陷

STEP④ 按〈1〉数字键，退出“顶点”子对象层级。（注意，一定要退出“顶点”层级，否则下面进行的所有操作都作用于所选择的顶点。）

STEP⑤ 在透视图中选择整个模型，在“修改器列表”中选择“锥化”修改器，并设置锥化数量为 0.49，参数设置如图 6-14 所示，模型效果如图 6-15 所示。

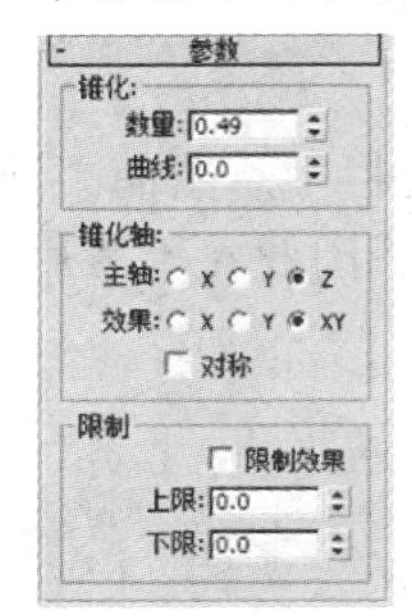

图 6-14 “锥化”修改器参数设置

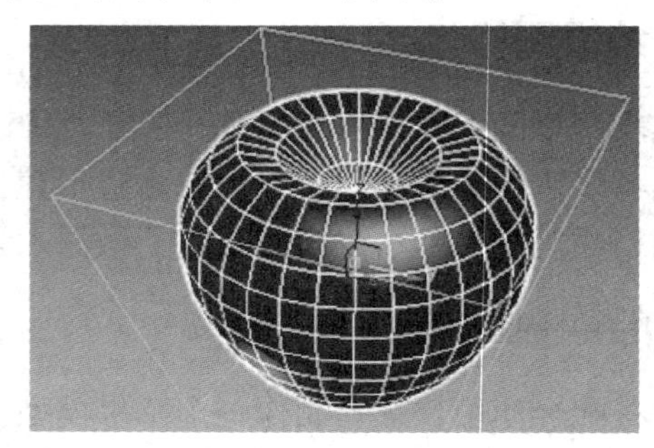

图 6-15 锥化效果

STEP⑥ 在“修改器列表”中选择“网格平滑”修改器，参数保留默认设置。

STEP⑦ 在“修改器列表”中选择“编辑网格”修改器，再次为模型添加一个“编辑网格”修改器。

STEP⑧ 按〈1〉数字键，进入“顶点”子对象层级。

STEP⑨ 展开“软选择”卷展栏，勾选“使用软选择”复选框。在“软选择”卷展栏中设置“衰减”为 80，使用“选择并移动”工具选择模型上部的任意一个顶点，在顶视图中向上拖到合适的位置，使模型产生更自然的模型凸起效果，如图 6-16 所示。

STEP⑩ 使用同样的方法对模型的其他地方进行调整以实现更自然的模型效果，如图 6-17 所示。

图 6-16 制作模型的局部凸起

图 6-17 调整模型局部后的效果

STEP⑪ 制作苹果蒂模型。在“创建”面板中单击“圆柱体”按钮，在顶视图中拖拽光标创建一个半径为 5 mm、高度为 150 mm 的圆柱体，并将其移动到合适的位置，详细参数及效果如图 6-18 所示。

STEP⑫ 选择“圆柱体”模型，在“修改器列表”中选择“锥化”修改器，参数设置如图 6-19 所示。在“修改器列表”中选择“弯曲”修改器，参数设置如图 6-20 所示。

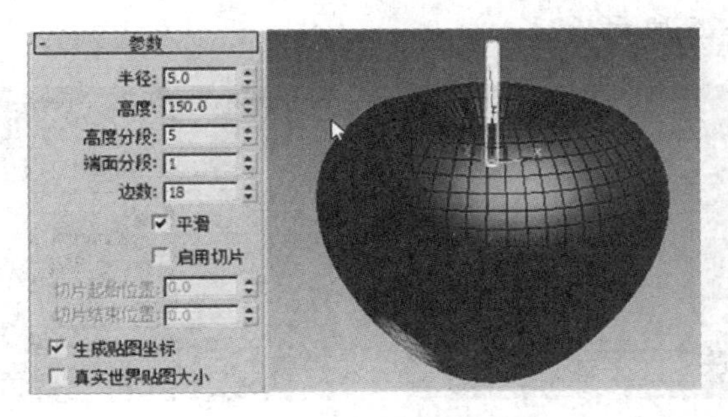

图 6-18　创建苹果蒂模型

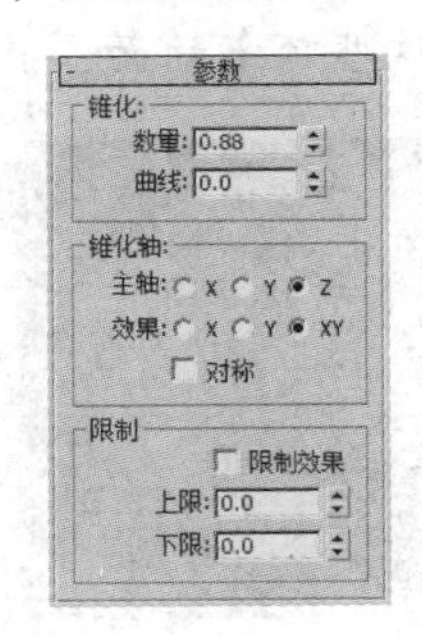

图 6-19　“锥化”修改器的参数设置

STEP⑬ 制作完成的苹果模型的渲染效果如图 6-21 所示。

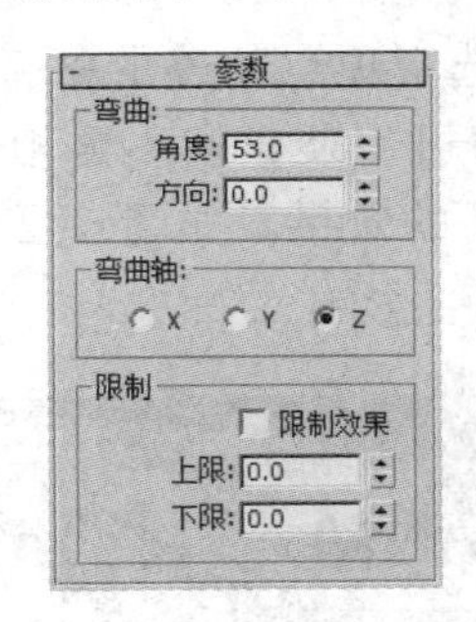

图 6-20　“弯曲”修改器的参数设置

图 6-21　苹果模型的渲染效果

6.2　多边形建模

多边形建模是应用最广泛的高级建模方法。相对于其他建模方法来说，该方法在调整三维对象时，控制更简单，操作更方便。

在多边形建模时，首先需要将模型转换为可编辑多边形。转换的方法与编辑网格类似，可编辑多边形的子对象也与编辑网格类似，此处不再赘述。下面将介绍如何使用多边形建模方式来创建复杂模型。

6.2.1　编辑顶点

选择“顶点”子对象时，“修改”面板中出现“编辑顶点”卷展栏，如图 6-22 所示。该卷展栏用来对“顶点”子对象进行编辑处理，参数设置如下。

编辑顶点
移除　断开
挤出　焊接
切角　目标焊接
连接
移除孤立顶点
移除未使用的贴图顶点
权重:
折缝:

图 6-22　“编辑顶点”卷展栏

- 移除：用于移除选中的顶点，并重新连接起使用这些顶点的多边形。

注意：移除顶点与删除顶点的区别如下。

选择如图 6-23 所示的一部分顶点后，如果单击“移除”按钮或按〈Backspace〉键即可移除顶点，但也只是移除了顶点，3ds Max 2016 会重新连接使用这些顶点的多边形，面仍然存在着，效果如图 6-24 所示。(注意，移除顶点可能导致网格形状发生严重变形。)

如果选择如图 6-23 所示的一部分顶点后按〈Delete〉键，则在删除所选顶点的同时也会删除连接这些顶点的面，效果如图 6-25 所示。

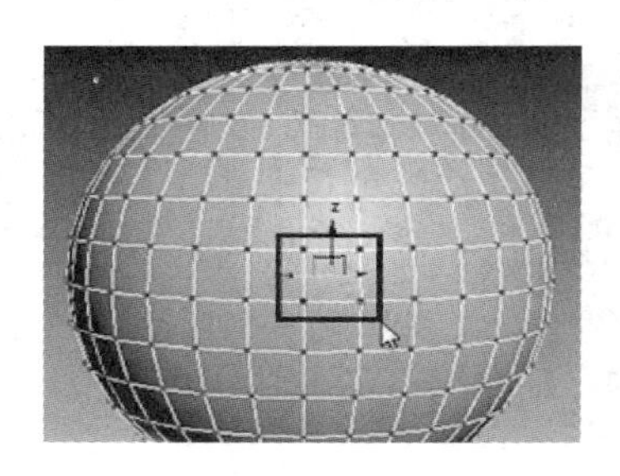

图 6-23　选择顶点

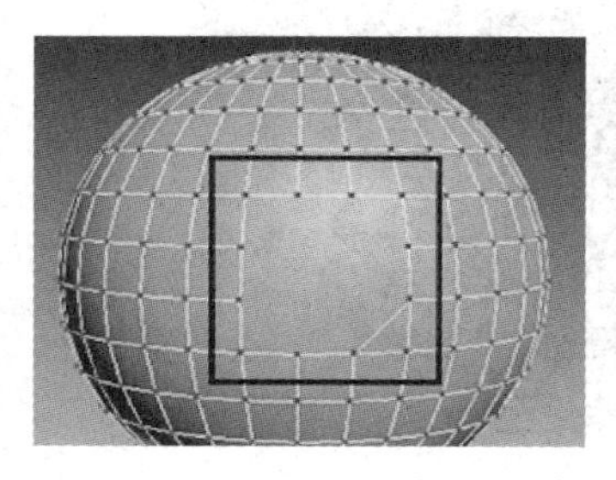

图 6-24　移除顶点的效果

图 6-25　删除顶点的效果

- 断开：该按钮用于使多边形在顶点处断开连接。如图 6-26 所示，选定长方体的一个角顶点，然后单击“断开”按钮，则可以在与选定顶点相连的每个多边形上都创建一个新顶点，从而使多边形在顶点转角处相互分开，使它们不再相连于原来的顶点。如果使用鼠标移动顶点，将更清晰地看到断开后的效果，如图 6-27 所示。如果顶点是孤立的或者只有一个多边形使用，则顶点将不受影响。

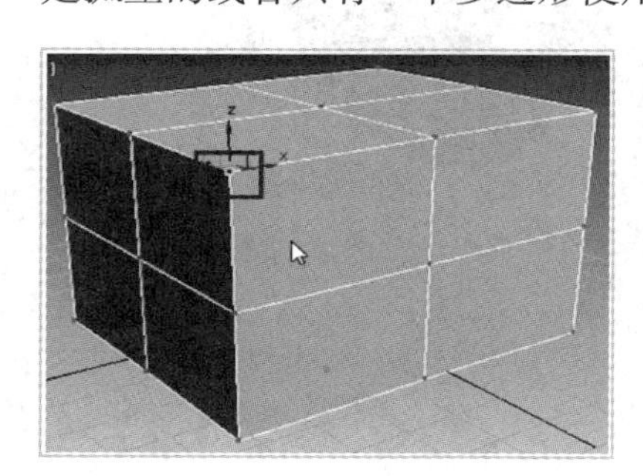

图 6-26　选择要断开的顶点

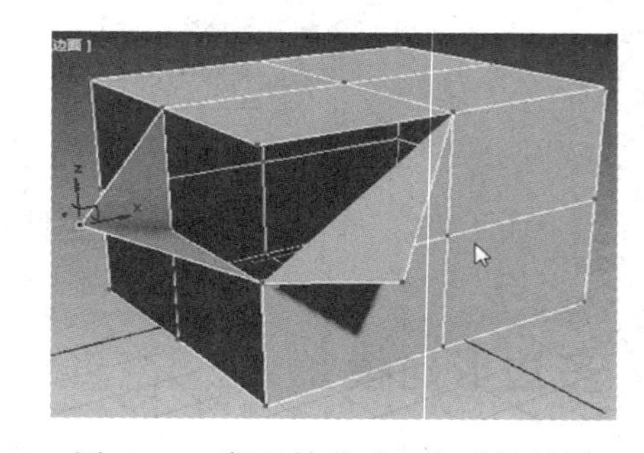

图 6-27　断开并移动顶点后的效果

- 挤出：该按钮用于拉伸顶点，使三维对象表面产生凸起或凹陷的效果。单击此按钮后，单击要进行挤出处理的顶点并拖动鼠标到适当位置后释放鼠标左键，即可完成顶点的手动挤出处理，如图 6-28 所示。也可通过右侧的“设置”按钮，进行精确的挤出设置。
- 焊接：该按钮用于焊接选中的顶点。焊接顶点时，首先单击按钮右侧的“设置”按钮，设置焊接阈值。然后选中要焊接的顶点，再单击“焊接”按钮，即可将阈值范围内的已选顶点焊接为一个顶点。方法与样条线编辑中的“焊接”类似。
- 切角：该按钮用于对选中的顶点进行切角处理。单击此按钮后，单击要进行切角处理的顶点并拖动鼠标到适当位置后释放鼠标左键，即可完成顶点的切角处理，如图 6-29 所示。也可通过右侧的“设置”按钮，进行精确的切角设置。如果选定多个顶点，则同时进行切角处理。

图 6-28　顶点的手动挤出

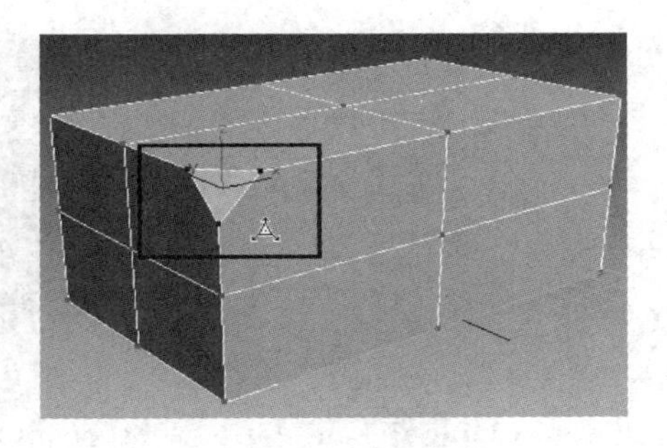

图 6-29　顶点的切角

- 目标焊接：该按钮可以将选定的顶点焊接到相邻的目标顶点。首先单击“焊接”按钮，选择顶点并拖动鼠标到要焊接的目标顶点上，如图 6-30 所示，然后松开鼠标左键即可完成目标焊接。焊接后的效果如图 6-31 所示。目标焊接只可焊接相邻顶点，无论要焊接的两个顶点之间是断开的还是相接的，均可焊接。不相邻的顶点进行焊接是无效的。

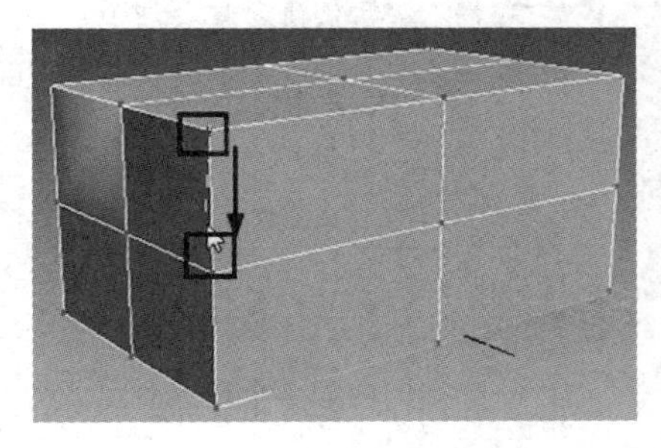

图 6-30　目标焊接的过程

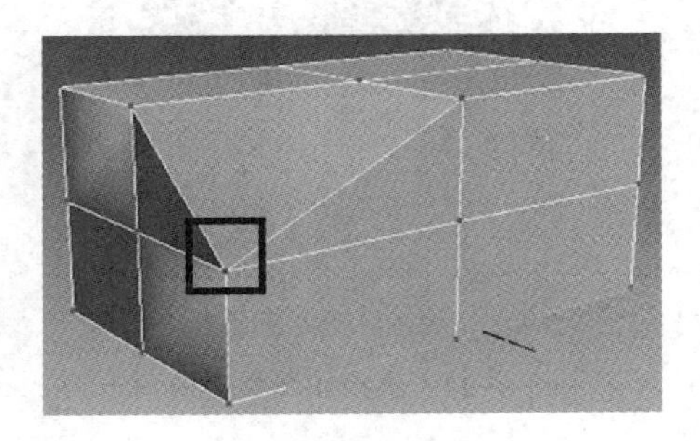

图 6-31　焊接效果

- 连接：该按钮可以在选中的顶点间创建一条边，将两者连接起来。如图 6-32 所示，选中方框中的两个顶点，单击“连接”按钮后，可实现连接两个顶点的效果。
- 移除孤立顶点：该按钮用于将不属于任何多边形的所有顶点删除。
- 移除未使用的贴图顶点：某些建模操作会留下未使用的贴图顶点，它们会显示在“展开UVW”编辑器中，但是不能用于贴图。使用该按钮可以自动删除这些未使用的贴图顶点。

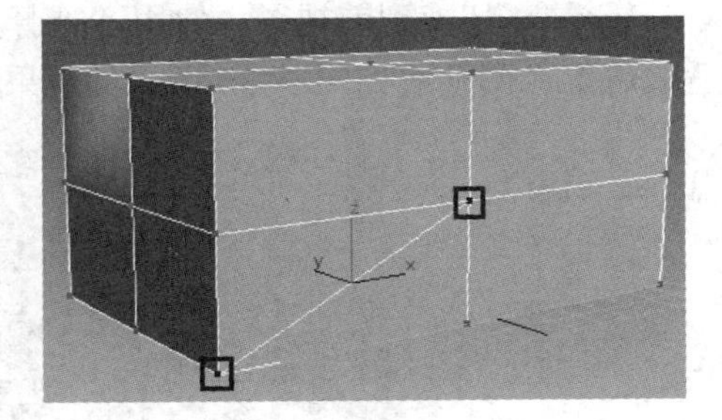

图 6-32　顶点的连接

小试身手——制作单人椅模型

34 制作单人椅模型

下面配合使用“编辑顶点”的操作制作一个单人椅模型，具体操作如下。

STEP 1 首先制作单人椅的座椅。在顶视图中，使用“平面”工具创建一个平面，在“参数”卷展栏下设置“长度”为 500 mm、“宽度”为 500 mm、“长度分段”和“宽度分段”为 6，详细参数设置如图 6-33 所示。

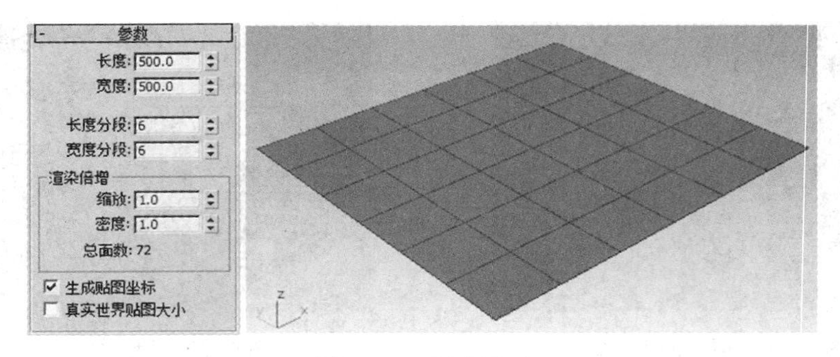

图 6-33　创建平面

STEP② 选择平面，为平面添加“编辑多边形”修改器。单击〈1〉数字键，进入“顶点”层级。在顶视图中选择 4 个角上的顶点，如图 6-34 所示，接着使用“选择并均匀缩放”工具将顶点向内缩成如图 6-35 所示的效果。

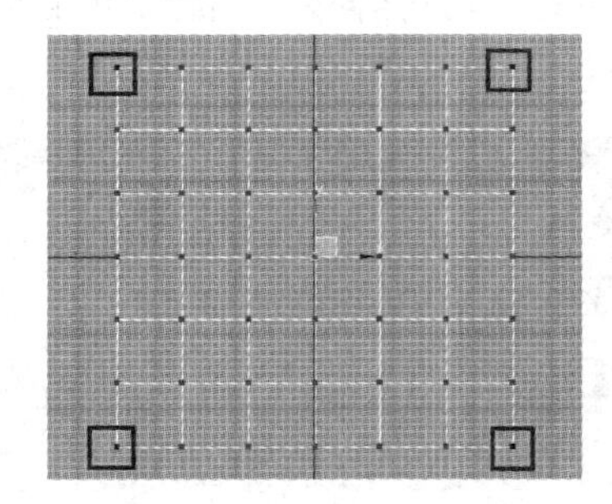

图 6-34　选择 4 个角上的顶点

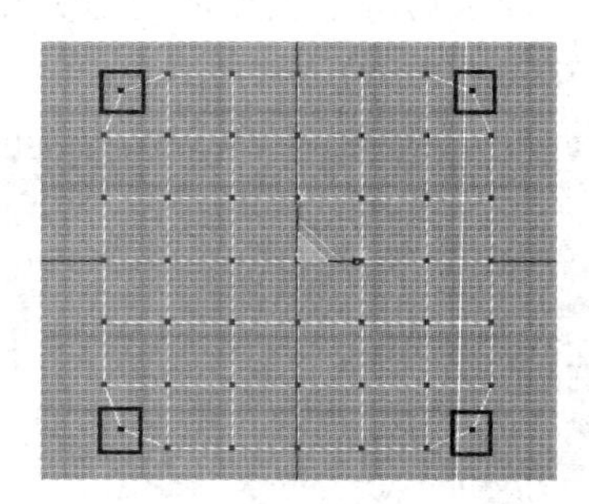

图 6-35　向内缩 4 个顶点

STEP③ 在“软选择”卷展栏中勾选“使用软选择”复选框，将“衰减”设置为 230 mm。

STEP④ 切换到前视图，使用“选择并移动”工具选择中间的一列顶点并向下移动到合适的位置，调整成如图 6-36 所示的效果，在透视图中的效果如图 6-37 所示。

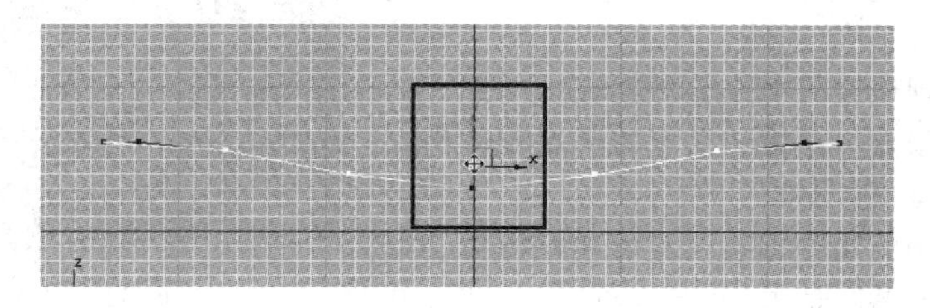

图 6-36　在前视图中调整平面的顶点

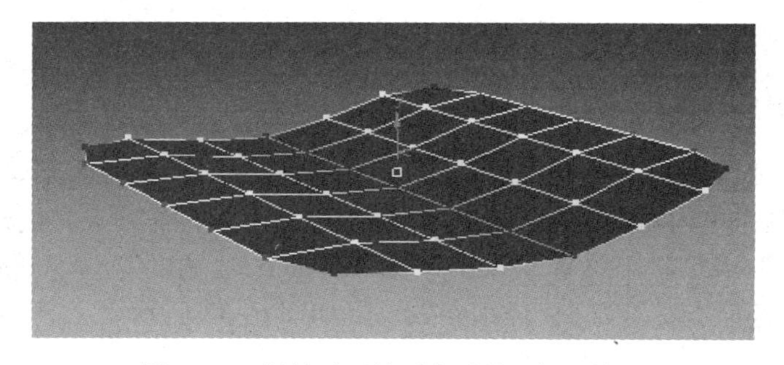

图 6-37　调整平面的顶点后的透视图效果

STEP⑤ 取消勾选“使用软选择”复选框。

STEP⑥ 切换到左视图，使用“选择并移动”工具调整右侧的一列顶点，效果如图 6-38 所示，在透视图中的效果如图 6-39 所示。

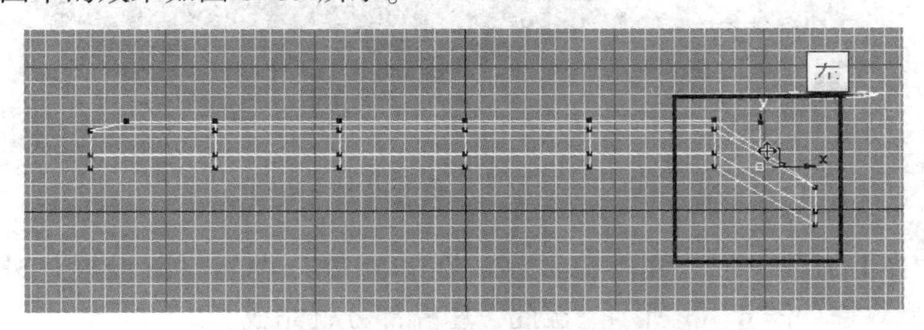

图 6-38 在左视图中调整平面的顶点

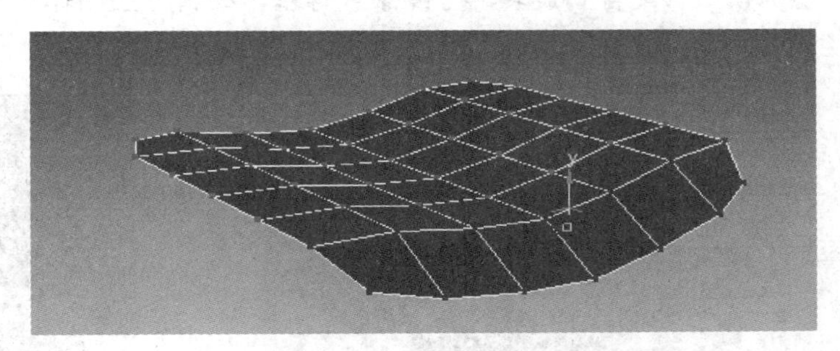

图 6-39 在左视图中调整顶点后的透视视图效果

STEP⑦ 切换到前视图，同时选择左右两侧的顶点，使用“选择并移动”工具调整到合适的位置，注意配合观察左视图，保证模型在下边缘的对齐，效果如图 6-40 所示，在透视图中的效果如图 6-41 所示。

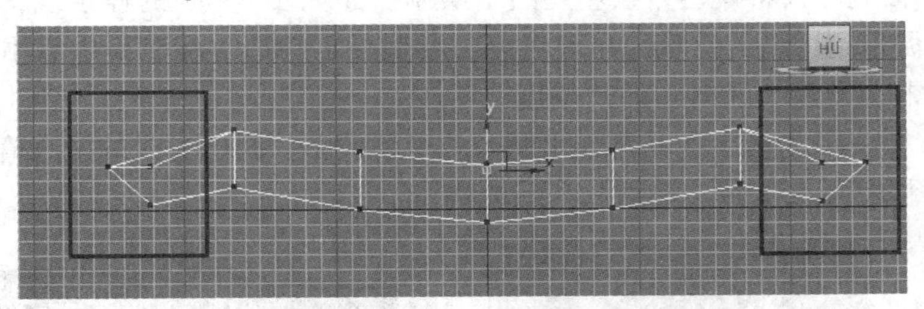

图 6-40 在前视图中调整两侧的顶点

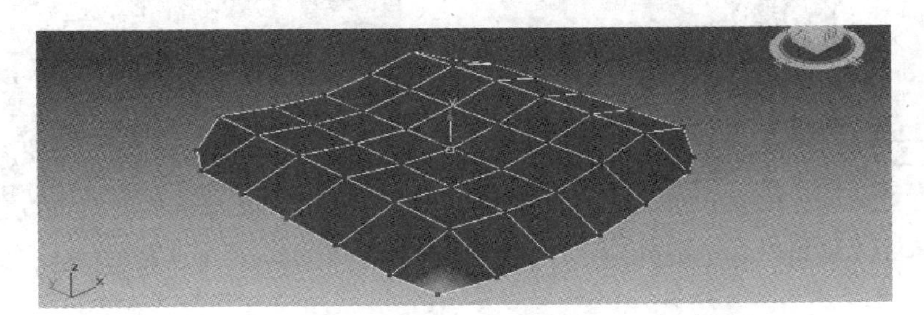

图 6-41 调整两侧顶点后的透视图效果

STEP⑧ 为模型加载一个“网格平滑”修改器，在“细分量”卷展栏下设置“迭代次数”为 2，参数设置及模型效果如图 6-42 所示。

图 6-42 “网格平滑”参数设置及模型效果

STEP 9 为模型加载一个“壳”修改器，在“参数”卷展栏下设置“外部量”为 10，参数设置及模型效果如图 6-43 所示。至此，座椅部分就完成了。

STEP 10 复制座椅模型，配合“旋转”“镜像”等基本编辑方法制作靠背模型，完成后的效果如图 6-44 所示。

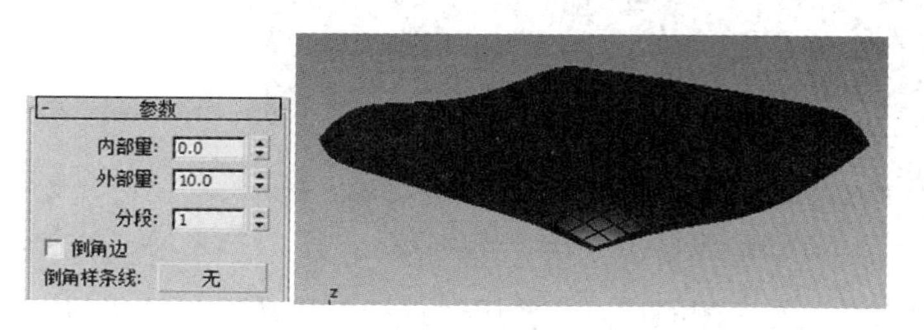

图 6-43 “壳”修改器的参数设置及模型效果

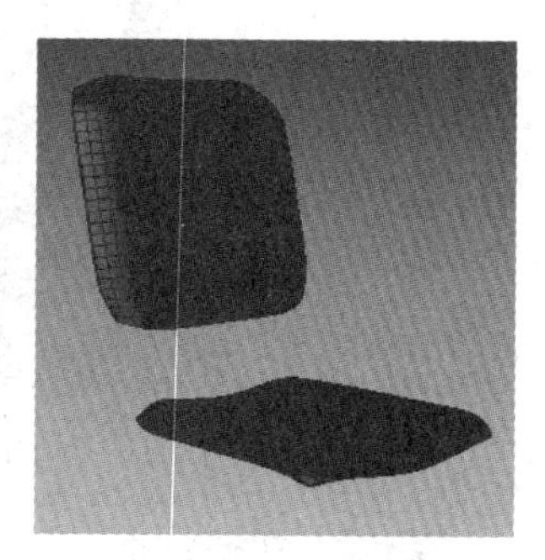

图 6-44 制作靠背模型

STEP 11 下面制作椅架模型。在左视图中绘制一条如图 6-45 的样条线，并使用“选择并移动”工具调整到合适的位置，在“渲染”卷展栏下勾选“在渲染中启用”和“在视口中启用”复选框，设置“径向”的“厚度”为 15 mm。

STEP 12 继续使用“线”工具制作出剩余的椅架模型。制作完成的单人椅模型的渲染效果如图 6-46 所示。

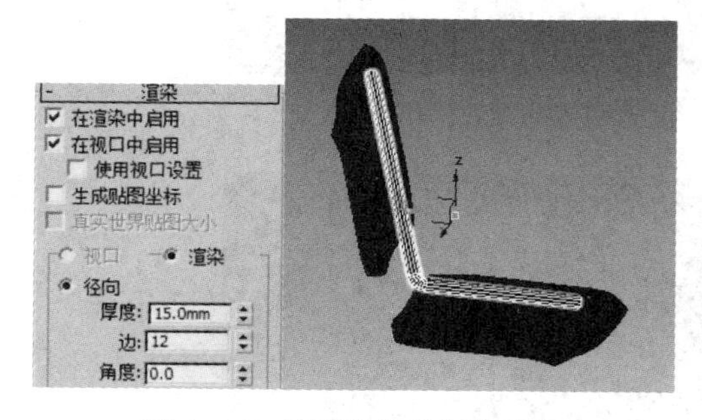

图 6-45 使用样条线制作椅架

图 6-46 单人椅模型的渲染效果

6.2.2 编辑边

选择“边”子对象时，“修改”面板中出现“编辑边”卷展栏，如图 6-47 所示。该卷展栏用来对“边”子对象进行编辑处理，参数设置如下。

- 插入顶点：单击该按钮，在边上单击鼠标左键，可以在边上添加顶点。此功能常用于手动增加边的细分。
- 移除：与“编辑顶点”卷展栏中的“移除”按钮类似。选择边以后，单击该按钮或按〈Backspace〉键可以移除边，并重新组合使用这些边的多边形。如果按〈Delete〉键，将删除边以及与边连接的面。
- 分割：单击此按钮，可以将网格平面在选中的边处断开，其作用类似于“编辑顶点”卷展栏中的“断开”按钮。需要注意的是，在要进行分割操作的边中，某一端点必须是边界中的顶点，否则无法进行分割操作。选中如图 6-48 所示方框中的边，然后单击“分割”按钮使网格平面在所选边处断开，移动边后的分割效果如图 6-49 所示。

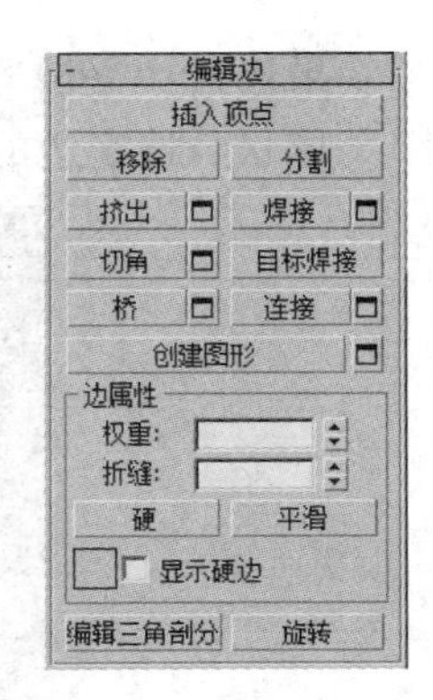

图 6-47 “编辑边”卷展栏

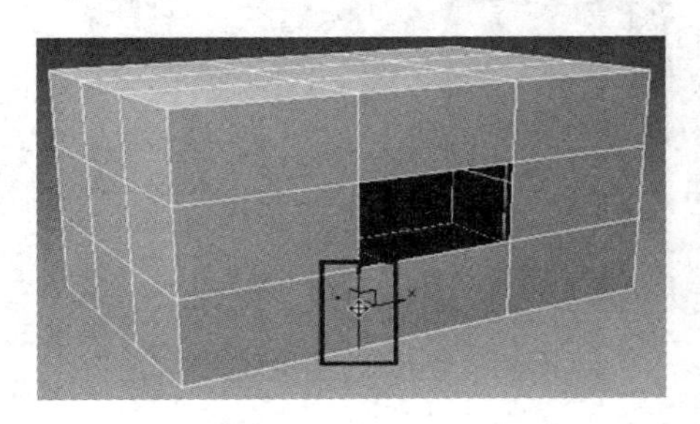
图 6-48 选择用于分割的边

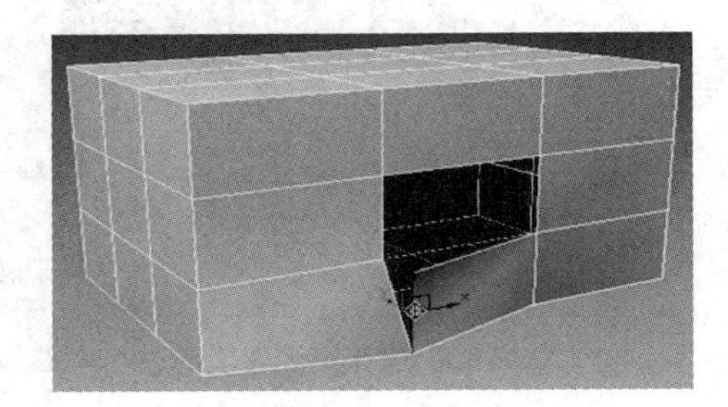
图 6-49 边的分割效果

- 挤出：该按钮用于拉伸边，使三维对象表面产生凸起或凹陷的效果。具体操作方法与“编辑顶点”卷展栏中的“挤出”按钮相同。
- 焊接：与焊接顶点类似，只是焊接对象是边。(注意只能焊接边界上的边)
- 切角：该按钮可以为选定边进行切角处理，从而生成平滑的棱角，图 6-50 所示为对圆柱体的上边缘进行切角处理。
- 目标焊接：与“编辑顶点”卷展栏中“目标焊接”按钮类似，只是此处的焊接对象是边。(注意只能焊接边界上的边)
- 桥：该按钮用于将选中的两条边用一个多边形连接起来，配合右侧的“设置”按钮可以精确设置参数。图 6-51 所示是对方框中的两条边进行“桥”处理。注意，选中的两条边必须是边界中的边，否则无法进行桥接处理。

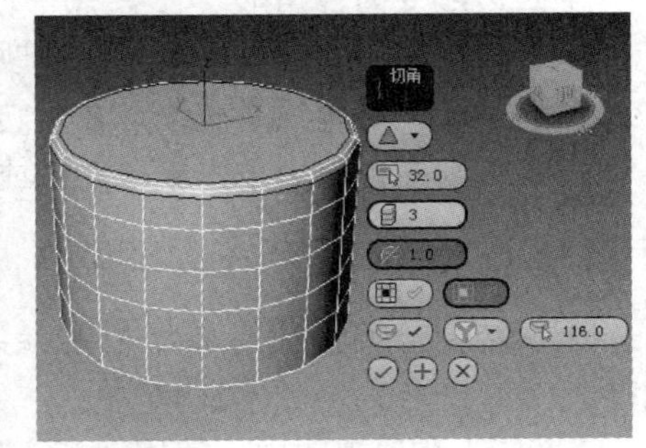

图 6-50 边的切角

- 连接：该按钮用于在每对选定边之间创建新边，对于创建或细化边循环特别有用。例如，选择如图 6-52 所示的一对横向的边，配合“连接”对话框的参数设置，则可以在纵向上生成 3 条边，如图 6-53 所示。
- 创建图形：该按钮用于将选定的边创建为新的样条线图形。选择边后，单击该按钮弹出一个“创建图形”对话框，在该对话框中可以设置图形名称以及图形的类型。如果选择“平滑”类型，则生成平滑的样条线；如果选择“线性”类型，则样条线的形状与选定边的形状保持一致。

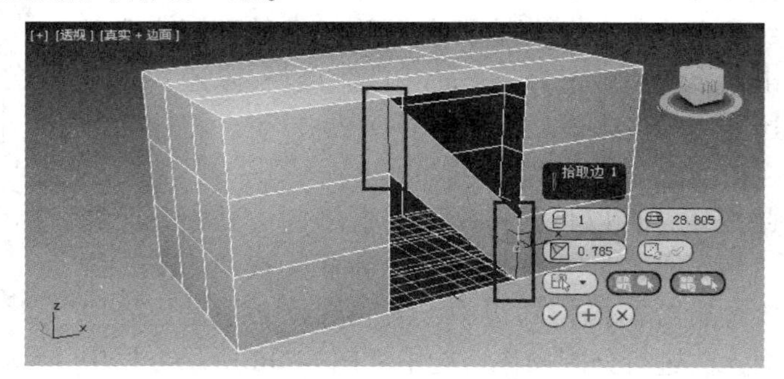

图 6-51　边的桥

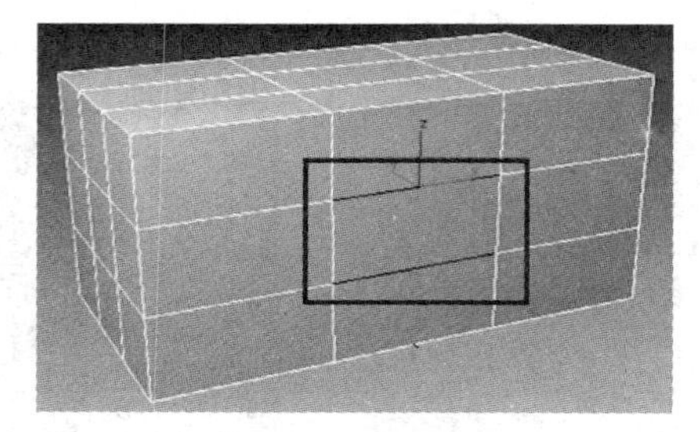

图 6-52　选择用于连接的边

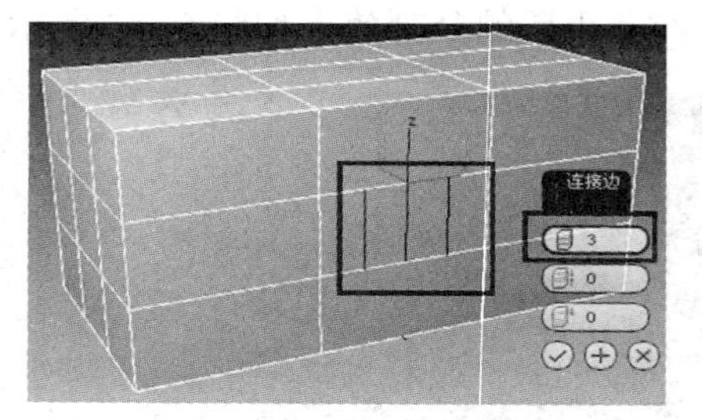

图 6-53　边的连接效果

- 权重：设置选定边的权重，供 NURMS 细分选项和“网格平滑”修改器使用。
- 折缝：指定对选定边或边执行的折缝操作量，供 NURMS 细分选项和“网格平滑”修改器使用。
- 编辑三角剖分：单击此按钮，系统会在可编辑多边形的所有四边形中创建对角线，使四边形变为三角形。
- 旋转：用于通过单击对角线修改多边形细分为三角形的方式。对象以线框显示时，激活旋转，对角线呈虚线。在旋转模式下，单击对角线可更改其位置。要退出旋转模式，则在视口中单击鼠标右键或再次单击“旋转”按钮。

小试身手——制作巧克力模型

下面结合“编辑边”卷展栏的参数设置制作一个巧克力模型，具体操作如下。

35 制作巧克力模型

STEP 1 在顶视图中，使用“长方体”工具创建一个长方体，模型颜色为咖啡色，参数设置及在透视视图中的效果如图 6-54 所示。

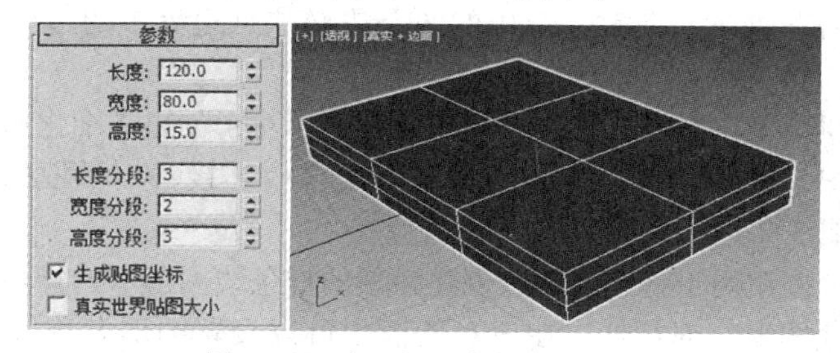

图 6-54　在顶视图中创建长方体

STEP② 选择长方体，为长方体添加“编辑多边形”修改器。按〈1〉数字键，进入“顶点”层级。

STEP③ 下面将制作巧克力的大致形状。在前视图中，多次使用“选择并缩放”工具成对选择左右两侧的顶点，并沿 X 轴缩放，调整成如图 6-55 的效果。

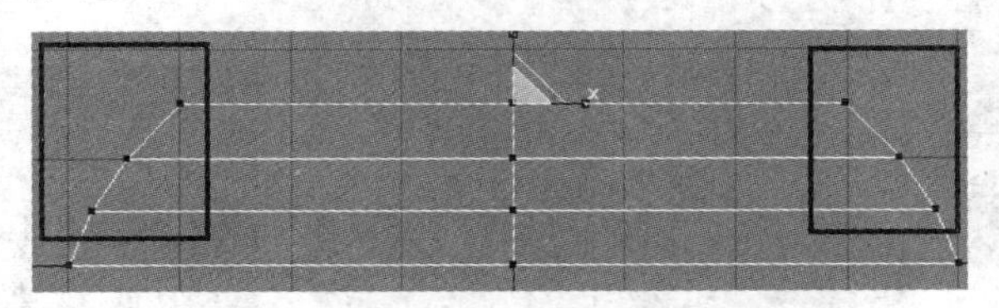

图 6-55　在前视图中调整左右两侧的顶点

STEP④ 在左视图中，使用同样的方法多次使用“选择并缩放”工具成对调整左右两侧的顶点。注意，缩放的程度与上一步保持一致。

STEP⑤ 在前视图中，使用“选择并移动”工具选择上部的两行顶点，向下移动至第二行顶点与第三行重合，效果如图 6-56 所示。

STEP⑥ 调整好的巧克力模型的大致形状如图 6-57 所示。

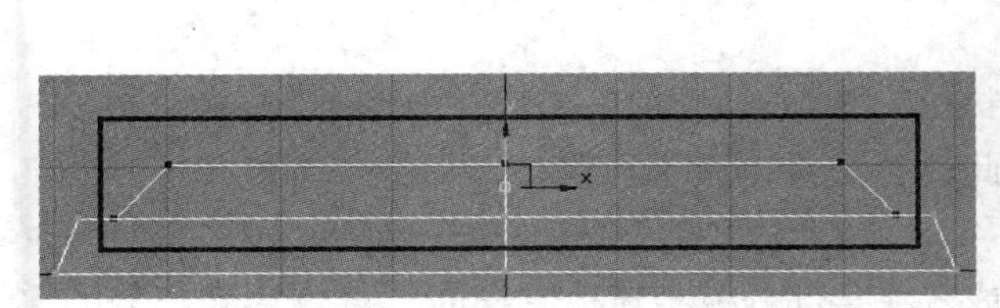

图 6-56　在前视图中调整上部的两行顶点

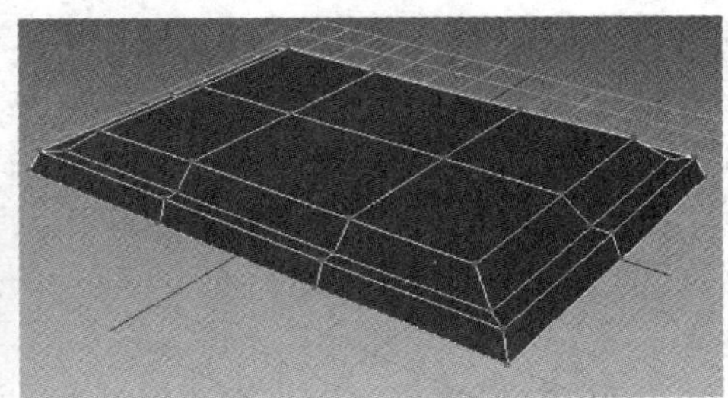

图 6-57　巧克力模型的大致形状

STEP⑦ 按〈2〉数字键，进入“边”层级。

STEP⑧ 下面将实现巧克力模型的小块分割。在顶视图中，选择图 6-58 中部白色粗线所示的边。单击“编辑边”卷展栏中“挤出”按钮右侧的“设置”按钮，在视图中的“挤出边”对话框中设置“高度”为-3，“宽度”为 2，制作完成的巧克力模型的分割效果如图 6-59 所示。

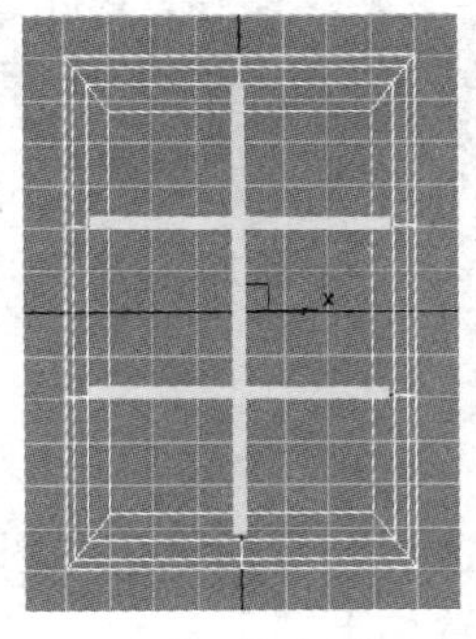

图 6-58　在顶视图中选择边

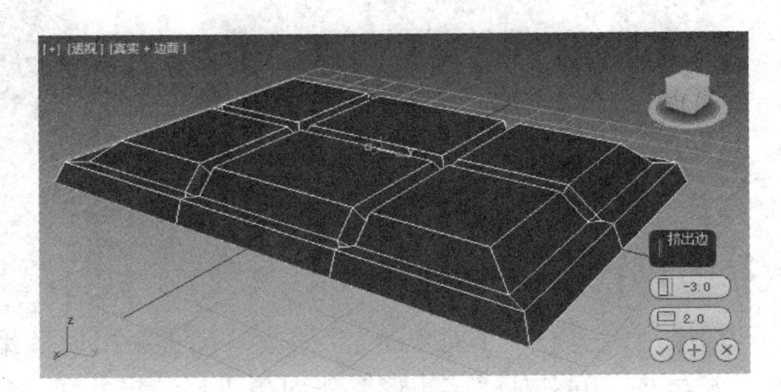

图 6-59　巧克力模型的分割效果

STEP⑨ 下面的操作将使巧克力模型变得圆滑。在透视视图中，选择所有的棱边。单击“切角”按钮右侧的“设置”按钮，在视图中的“切角”对话框中设置“切角-边切角量”

为 0.6，“切角-平滑阈值”为 10，巧克力模型的平滑效果及参数设置如图 6-60 所示。

STEP⑩ 制作完成的巧克力模型的渲染效果如图 6-61 所示。

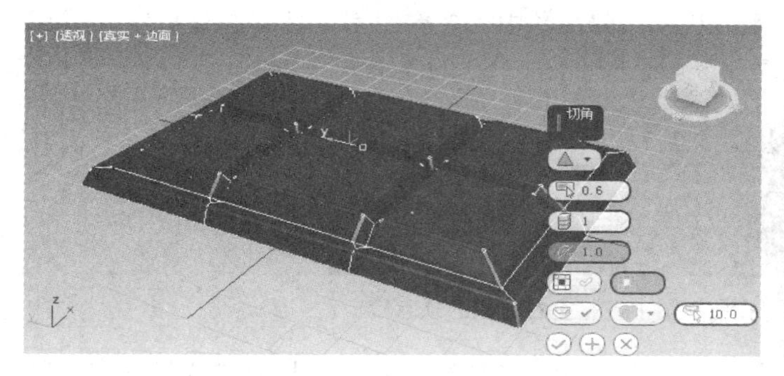

图 6-60　巧克力模型的平滑效果

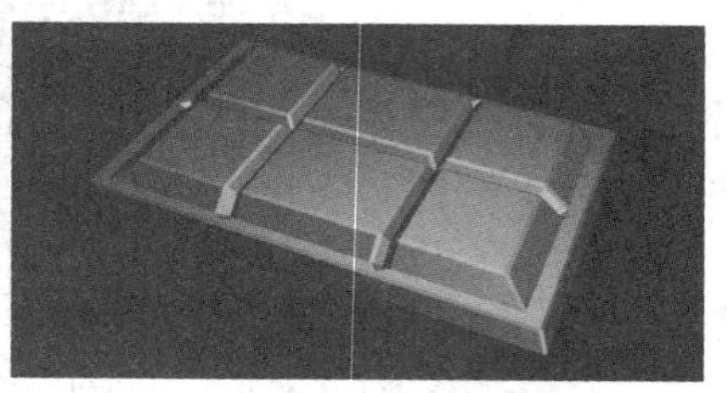

图 6-61　巧克力模型的渲染效果

6.2.3　编辑边界

图 6-62　“编辑边界”卷展栏

选择“边界”子对象时，“修改”面板中出现“编辑边界”卷展栏，如图 6-62 所示。该卷展栏用来对“边界”子对象进行编辑处理。该卷展栏中的参数与“编辑边”卷展栏中的参数类似，在此只介绍“封口”的使用方法。

选择如图 6-63 所示的边界，单击“封口”按钮，可使用一个平面为边界封口，效果如图 6-64 所示。此时，边界也就不再是边界了。

“封口”操作可用于为多边形补洞，或者在某部分模型建模有误时，可将错误部分的多边形选中并删除，然后选择删除后留下的空洞边界，使用“封口”命令，将边界封口后，重新建立模型。

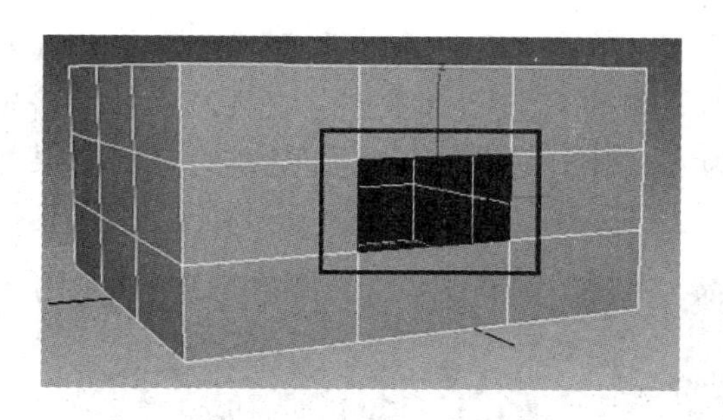

图 6-63　选择空洞边界

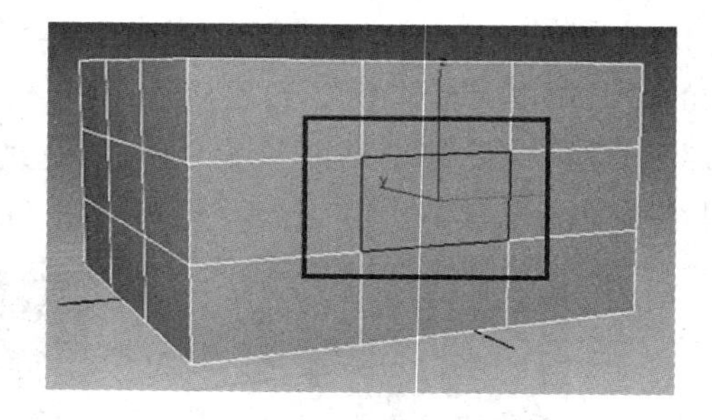

图 6-64　边界的封口效果

6.2.4　编辑多边形

选择“多边形”子对象时，“修改”面板中出现“编辑多边形”卷展栏，如图 6-65 所示。该卷展栏用来对“多边形”子对象进行编辑处理，参数设置如下。

- 插入顶点：该按钮用于手动在多边形中插入顶点，以细化多边形。单击“插入顶点”按钮后在目标位置单击即可插入顶点，插入的顶点会自动与多边形中的其他顶点连接，如图 6-66 所示。

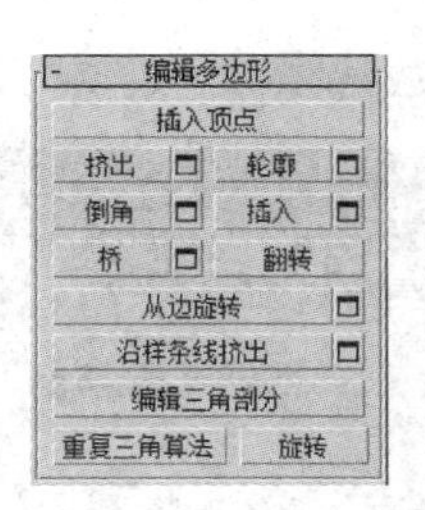

图 6-65 “编辑多边形”卷展栏

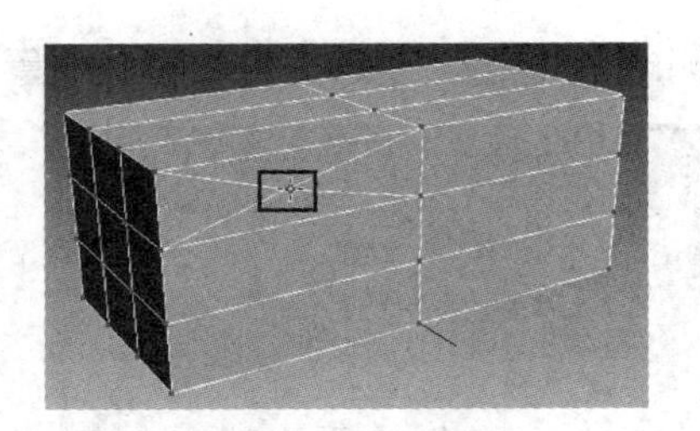

图 6-66 插入顶点

- 挤出：该按钮可以挤出多边形。该按钮用法与顶点与线的挤出类似，使用频率很高。挤出对象的基准面与所选择的多边形一样，图 6-67 是对长方体左上角的多边形进行“高度”为 20 的“挤出”效果。
- 轮廓：该按钮用于缩小或放大选中多边形的轮廓。单击该按钮后，拖动鼠标即可手动调整轮廓，鼠标向选中的多边形内部拖动将缩小轮廓，鼠标向选中的多边形外部拖动将放大轮廓。利用右侧的“设置”按钮可打开“轮廓”设置对话框精确缩小或放大轮廓，“数量”为正值时放大轮廓，“数量”为负值时缩小轮廓。图 6-68 是对图 6-67 中挤出的多边形进行“轮廓”操作，“数量”为-5 时的效果。

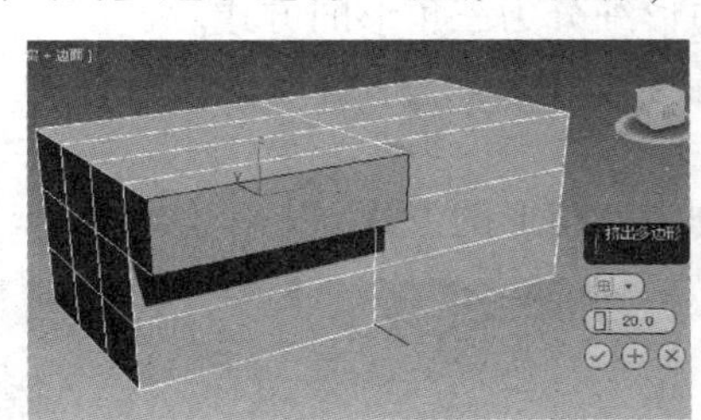

图 6-67 多边形的挤出

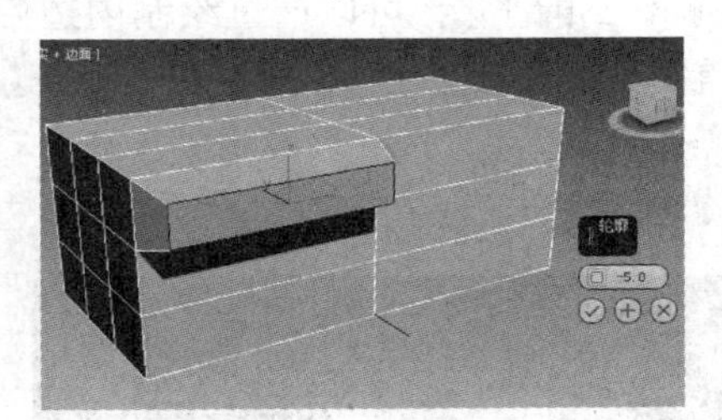

图 6-68 多边形的轮廓

- 倒角：这是多边形建模中使用频率最高的工具之一。可以挤出多边形，同时为多边形进行倒角，相当于先“挤出”后“轮廓”的双重操作。利用右侧的“设置”按钮可打开打开“倒角”设置对话框精确设置倒角的参数数值。图 6-69 是对长方体左上角的多边形进行“倒角”操作，“高度”为 15，“轮廓”为-5 时的效果。
- 插入：该按钮可以在选择的多边形内部插入一个与所选多边形轮廓一样的小的多边形，右侧的“设置”按钮可以精确设置插入多边形的缩小量。图 6-70 是对长方体左上角的多边形进行“插入”操作，“数量”为 5 时的效果。

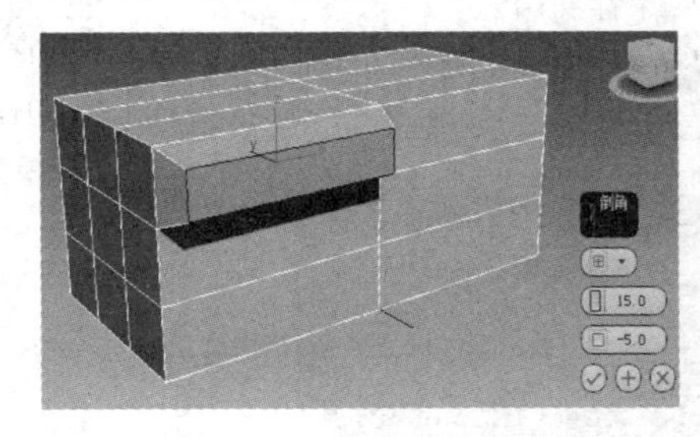

图 6-69 多边形的倒角

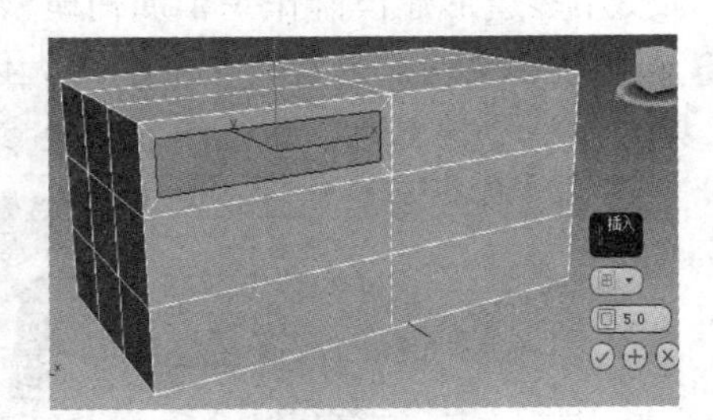

图 6-70 多边形的插入

- 桥：该按钮可以连接对象上的两个多边形或多边形组。如图 6-71 所示，选择方框中的多边形。单击“桥”按钮，即可实现桥连，效果如图 6-72 所示。单击“桥”按钮右侧的“设置”按钮，可以精确设置“桥”的参数。

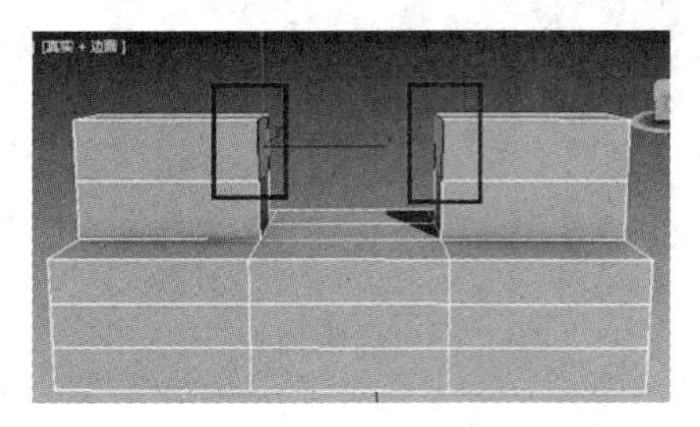

图 6-71　选择要桥连的多边形

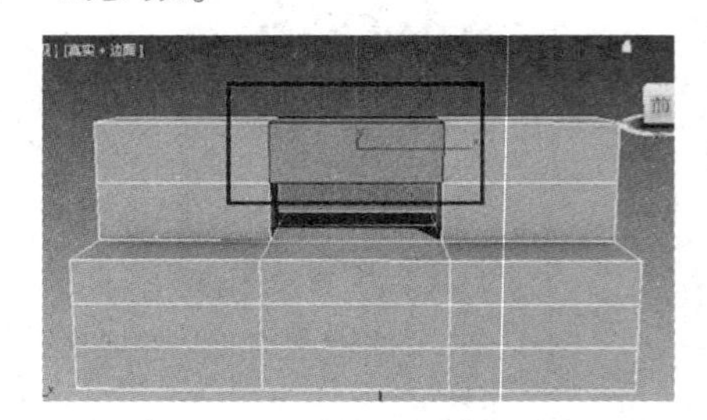

图 6-72　多边形的桥连效果

- 翻转：将选定多边形的法线转为相反的方向。
- 从边旋转：选择多边形后，使用该工具可以沿着垂直方向拖动任何边，以便旋转选定的多边形。
- 沿样条线挤出：沿着样条线的方向挤出选定的多边形。创建用于挤出的样条线，如图 6-73 所示，然后对样条线挤出多边形效果，如图 6-74 所示。右侧的“设置”按钮可以精确设置“沿样条线挤出”的参数。
- 编辑三角剖分：可以通过绘制内边修改多边形细分为三角形的方式。
- 重复三角算法：允许 3ds Max 对多边形或当前选定的多边形自动执行最佳的三角剖分操作。
- 旋转：用于通过单击对角线修改多边形细分为三角形的方式。

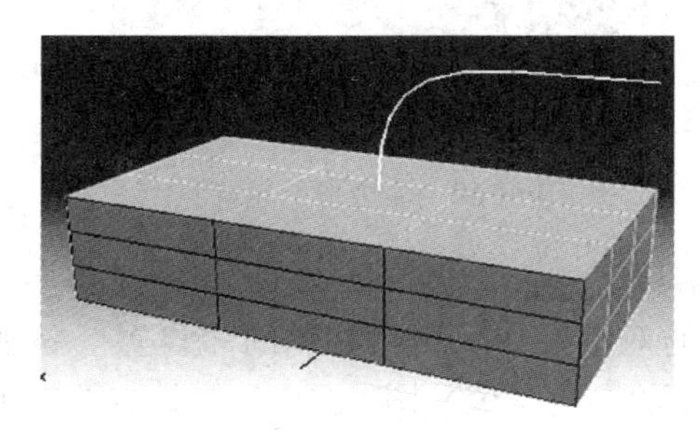

图 6-73　用于挤出的样条线

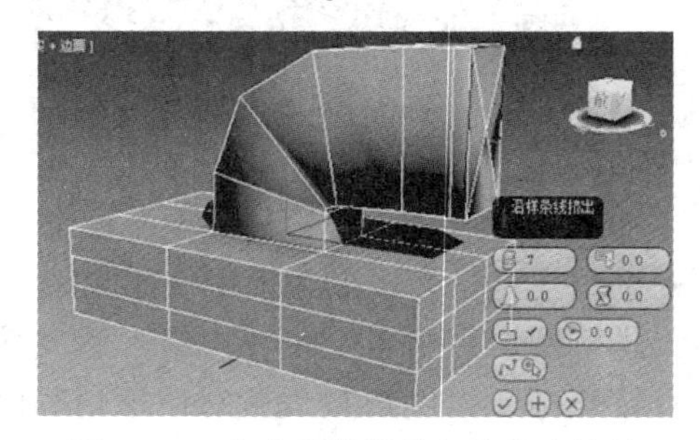

图 6-74　多边形的沿样条线挤出效果

小试身手——制作油桶模型

36 制作油桶模型

下面使用多边形建模制作一个油桶模型，具体操作如下。

STEP① 新建文件，创建一个油桶的大体模型。在顶视图中，使用“长方体”工具创建一个长方体，透视图效果及参数设置如图 6-75 所示。

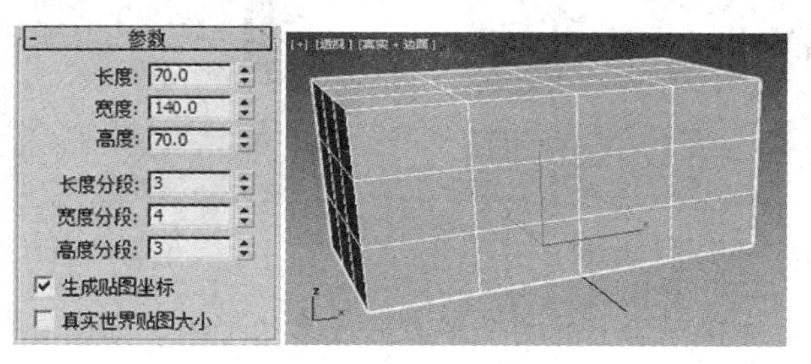

图 6-75　创建长方体

STEP② 选择长方体，为长方体添加“编辑多边形”修改器。按〈4〉数字键，进入“多边形”层级。

STEP③ 在透视图中，按住〈Ctrl〉键的同时选择图中的6个多边形，并进行倒角操作，在“倒角”设置对话框中设置“高度”为35，“轮廓”为-7，透视图效果如图6-76所示。

STEP④ 单击“倒角”设置对话框中的“应用并继续”按钮以应用倒角设置并可以继续再制作一个倒角，在“倒角”设置对话框中设置“高度”为30，“轮廓”为-5，透视图效果如图6-77所示。单击“倒角”设置对话框中的“确定”按钮以完成倒角操作。

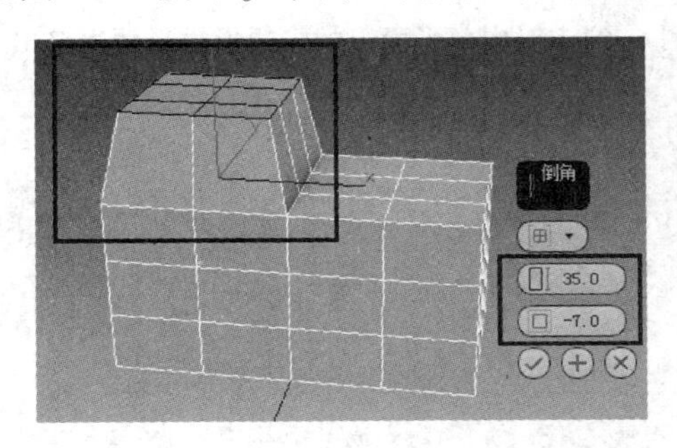

图6-76　对左侧的多边形进行倒角

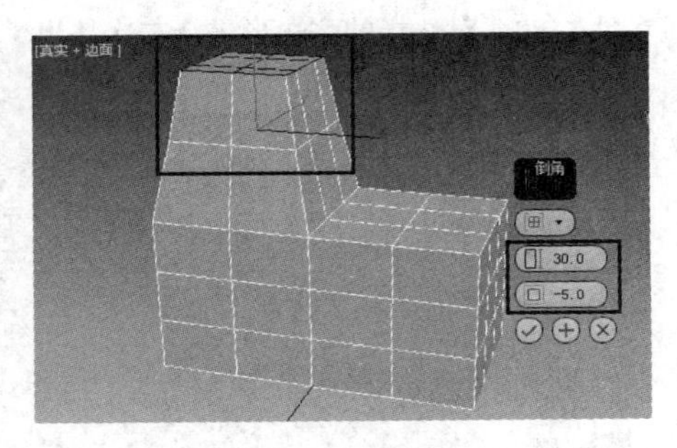

图6-77　对左侧的多边形进行二次倒角

STEP⑤ 对当前选择的多边形进行挤出操作，在“挤出”设置对话框中设置“高度”为25，透视图效果如图6-78所示。单击“挤出”设置对话框中的“确定”按钮以完成挤出操作。

STEP⑥ 接下来制作油桶把。在透视图中，选择图中的多边形并进行挤出操作，“高度”为20，透视图效果如图6-79所示。

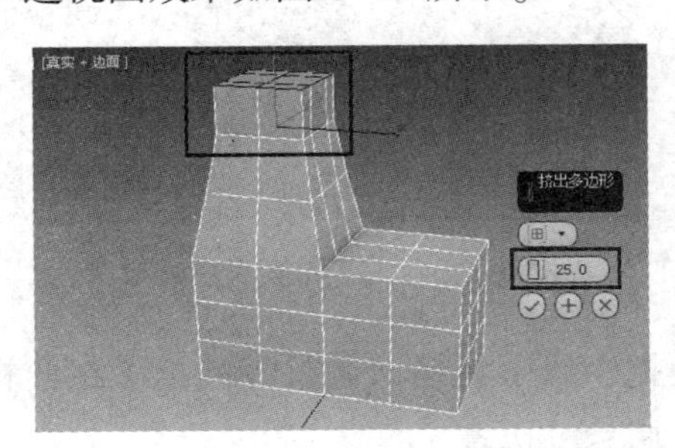

图6-78　对二次倒角的顶部多边形进行挤出

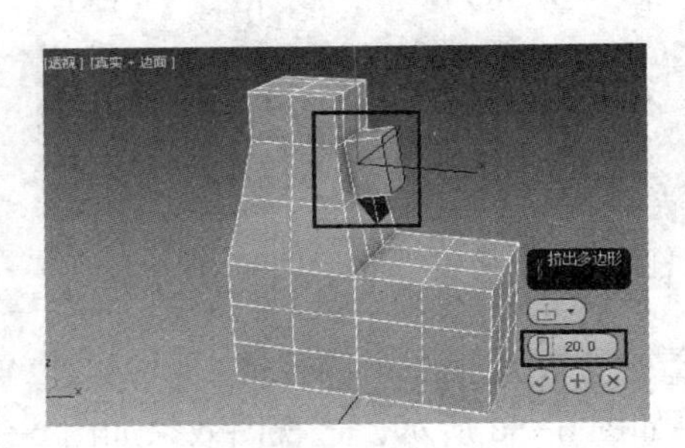

图6-79　对选择的多边形进行挤出

STEP⑦ 单击“挤出”设置对话框中的“应用并继续”按钮以应用挤出设置并继续进行挤出操作，透视图效果如图6-80所示。单击“挤出”设置对话框中的“确定”按钮以完成挤出操作。

STEP⑧ 在透视图中，使用同样的方法和参数对中部平面上的多边形进行两次挤出操作，透视图效果如图6-81所示。

STEP⑨ 选择图6-82中的两个多边形，按〈Delete〉键，将所选的两个平面删除，删除后的效果如图6-83所示。

STEP⑩ 按〈1〉数字键，进入“顶点”层级。使用“目标焊接”焊接顶点，如图6-84中圆圈中的效果所示。使用同样的方法焊接图6-84中方框中的其余三对顶点，焊接后的效果如图6-85所示。

图 6-80　对选择的多边形进行二次挤出

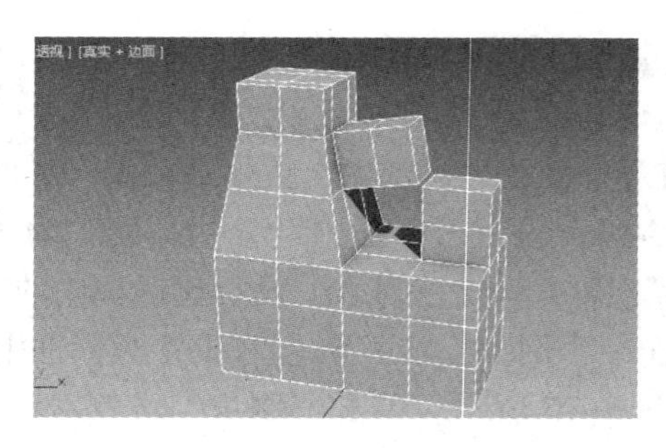

图 6-81　对中部平面上的多边形进行两次挤出

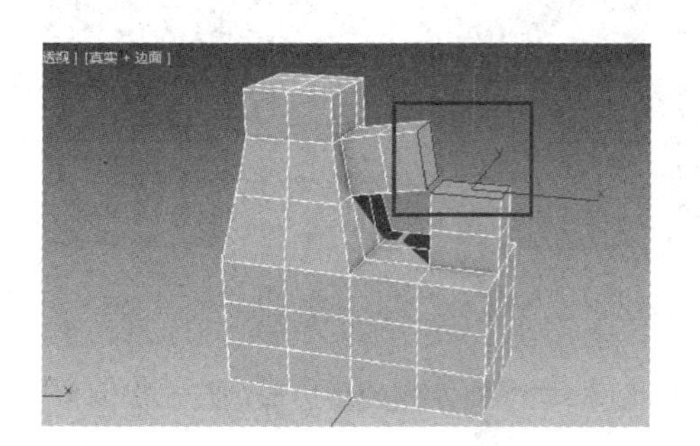

图 6-82　选择方框中的两个多边形

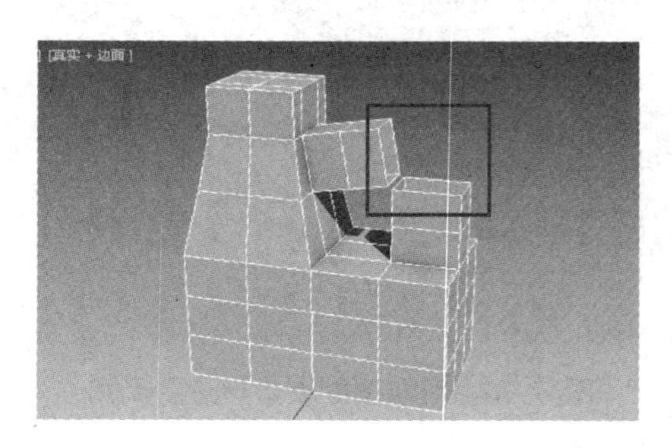

图 6-83　删除方框中所选的两个多边形

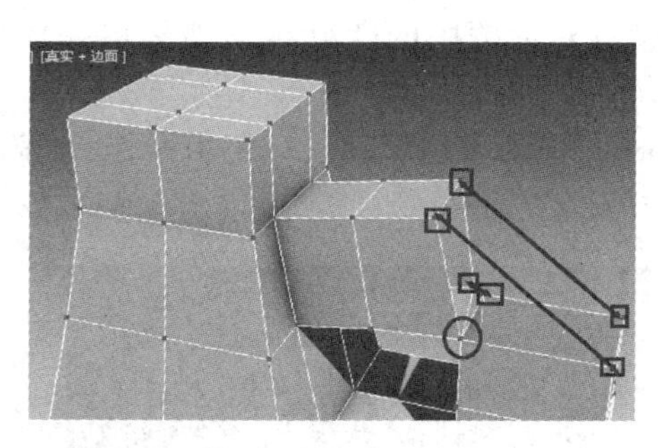

图 6-84　使用“目标焊接”焊接顶点

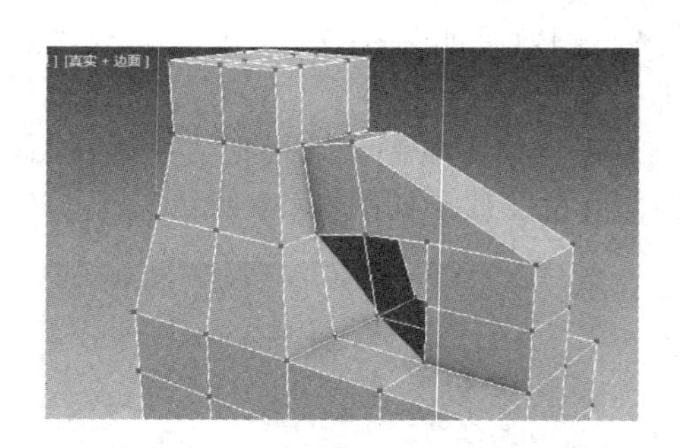

图 6-85　顶点焊接完成的效果

STEP 11 在左视图中调整把手顶点的位置，使把手线条流畅。调整好的把手在前视图中的效果如图 6-86 所示，透视图效果如图 6-87 所示。

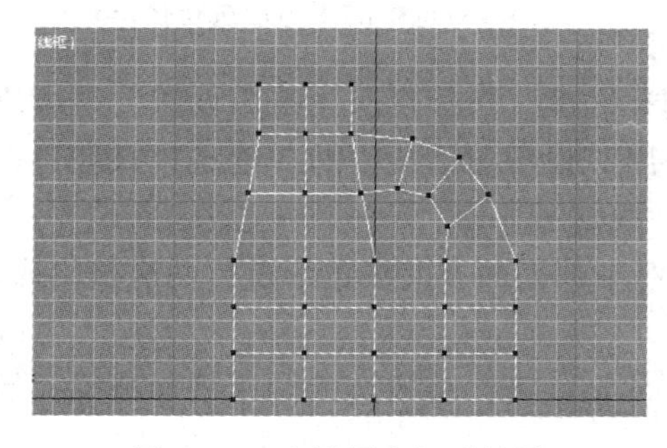

图 6-86　左视图中把手效果

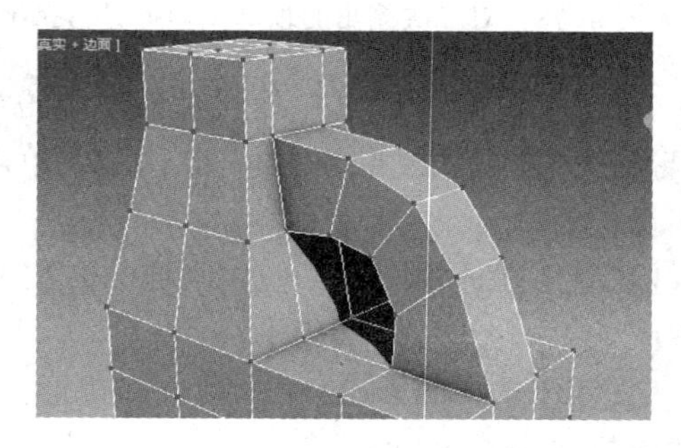

图 6-87　透视图效果

STEP 12 制作油桶模型的桶口。按〈4〉数字键，进入“多边形”层级。

STEP 13 选择桶口表面的多边形，并进行倒角操作，在“倒角”设置对话框中设置“高度”为5，“轮廓”为-4，透视图效果如图6-88所示。

图6-88　对桶口表面的多边形进行倒角

STEP 14 按〈2〉数字键，进入“边”层级。选择如图6-89所示的边，单击“边”卷展栏中的“连接”按钮，对桶口分割进行细化。细化后的效果如图6-90所示。

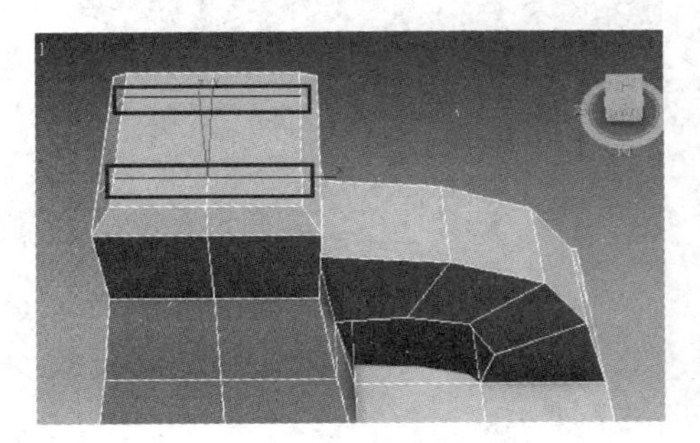

图6-89　选择要细化的边

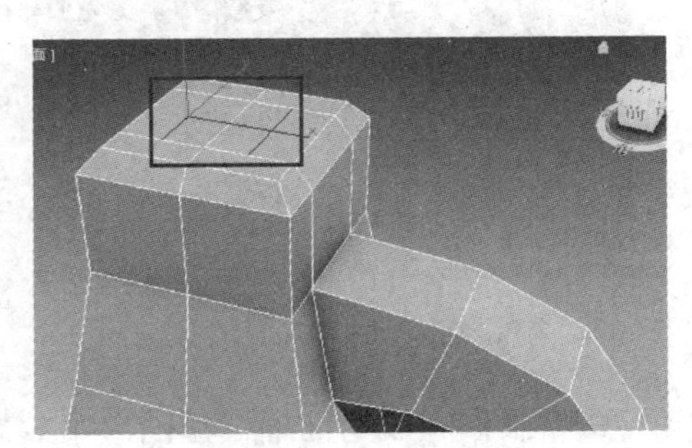

图6-90　细化后的效果

STEP 15 按〈1〉数字键，进入“顶点”层级。在顶视图中对油桶口表面的顶点进行调整，调整后的效果如图6-91所示。

STEP 16 切换到“多边形”层级。选择如图6-92所示的多边形，对选择的多边形进行挤出操作，在“挤出”对话框中设置“高度”为15，挤出的效果如图6-93所示。

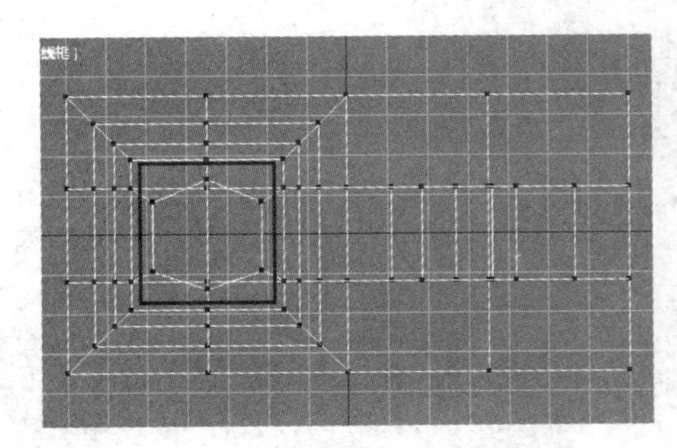

图6-91　调整油桶口表面的顶点

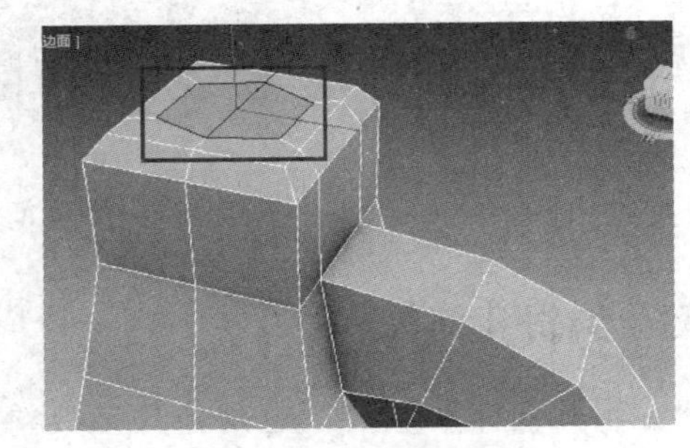

图6-92　选择多边形

STEP 17 对当前所选的多边形进行倒角操作，在“倒角”设置对话框中设置“高度”为3，“轮廓”为-2，透视图效果如图6-94所示。

STEP 18 对当前选择的多边形进行挤出操作，在“挤出”对话框中设置“高度”为-100，实现的油桶口孔洞效果如图6-95所示。按〈4〉数字键退出“多边形”层级。

图 6-93　油桶口的挤出效果

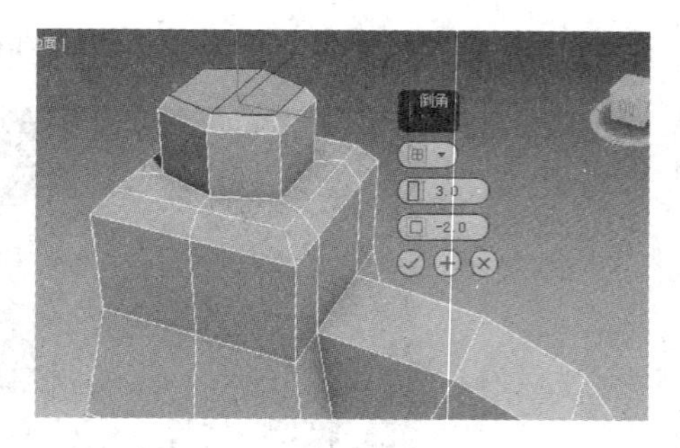

图 6-94　油桶口的倒角效果

STEP 19 为模型加载一个“网格平滑”修改器，在“细分量”卷展栏下设置“迭代次数”为 2，模型效果如图 6-96 所示。

图 6-95　油桶口的孔洞效果

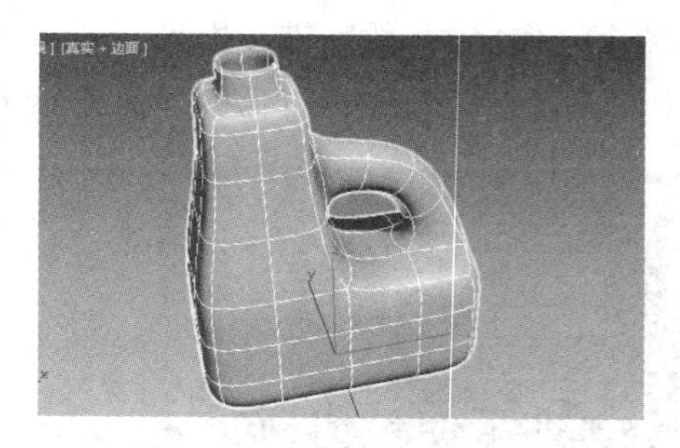
图 6-96　“网格平滑”效果

STEP 20 制作完成的油桶模型的渲染效果如图 6-97 所示。

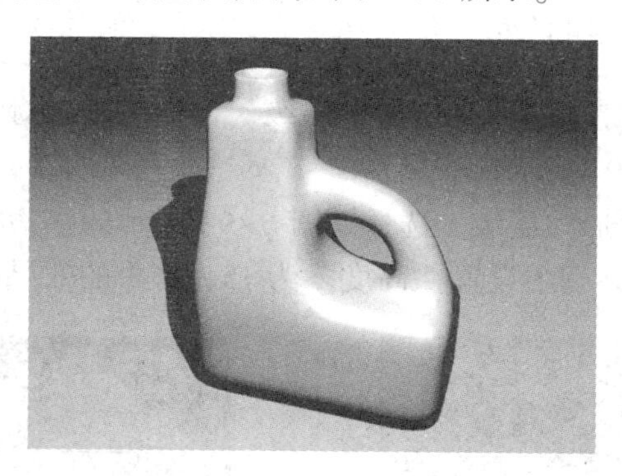
图 6-97　油桶模型的渲染效果

6.2.5　编辑几何体

“编辑几何体”卷展栏也是公共参数卷展栏，如图 6-98 所示。下面对该卷展栏中常用的选项进行介绍。

- 重复上一个：该按钮用于重复执行最近使用的命令。
- 创建：该按钮用于创建新的几何体。

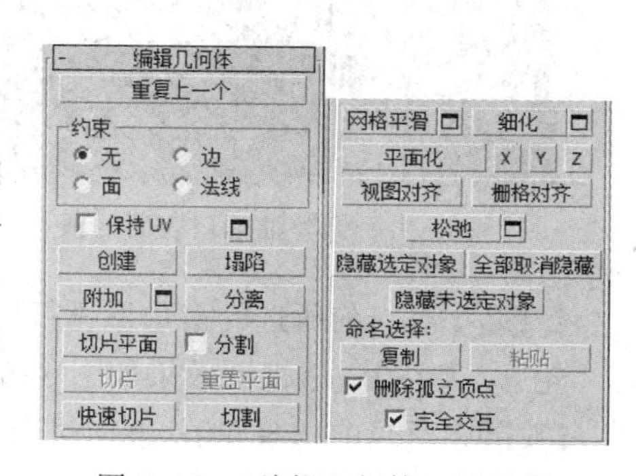

图 6-98　“编辑几何体”卷展栏

- 塌陷：选择如图 6-99 所示的多边形，使用该按钮可以将选择的多边形塌陷成位于选择区域中间位置的单个子对象，并重新组合可编辑多边形的表面，如图 6-100 所示。

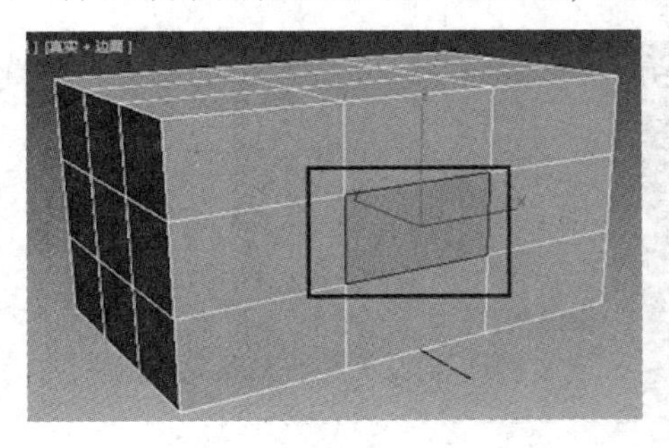

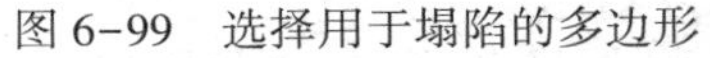
图 6-99　选择用于塌陷的多边形

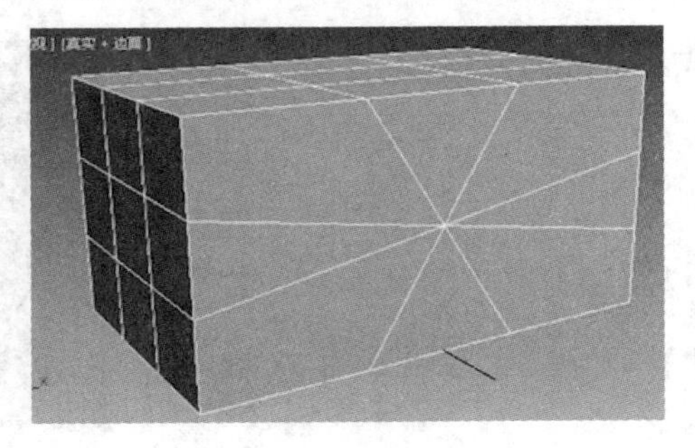

图 6-100　塌陷后的效果

- 附加：该按钮用于将场景中的其他对象附加到选定的多边形对象，方法与样条线编辑中的“附加”相似。也可以单击右侧“附加列表”按钮，在弹出的对话框中可以选择一个或多个对象进行附加。
- 分离：将选定的子对象从可编辑多边形中分离出去，使其成为独立的对象。
- 切片平面：与“切片”按钮配合完成模型的切片。此操作可以在切片平面与可编辑多边形相交的位置创建新的顶点和边，以细分可编辑多边形。
- 分割：在使用切片平面进行切片或进行快速切片时，如果勾选了“分割”复选框，会使可编辑多边形在切片分割线处切断并分割成两部分。这样便可轻松地删除要创建孔洞的新多边形，还可以将新多边形作为单独的元素设置动画。
- 重置平面：将切片平面恢复到默认位置和方向。只有启用切片平面时，才能使用该选项。
- 快速切片：选择“顶点”子对象、“边”子对象或需要切片的多边形并单击此按钮后，在对象上单击，在该位置就会出现一条切片分割线。移动鼠标调整切片分割线的角度。然后单击鼠标，系统就会在可编辑多边形中切片分割线所在的位置创建新的顶点和边，以细分可编辑多边形，如图 6-101 所示。快速切片完成后，重新单击“快速切片”或按〈Esc〉键，可以退出“快速切片”操作。

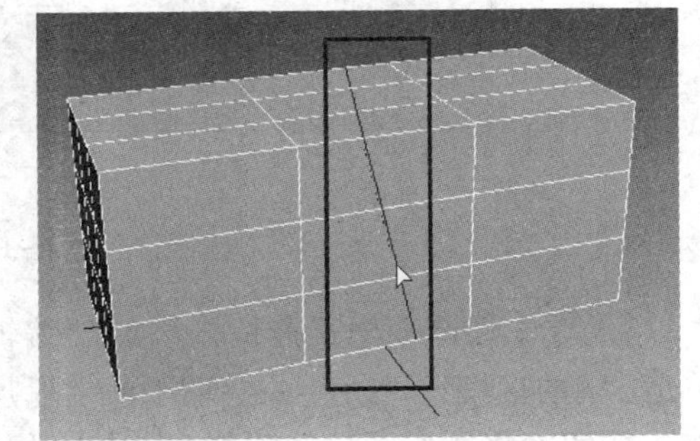

图 6-101　几何体的快速切片

- 切割：单击此按钮后，可以利用鼠标的单击操作在可编辑多边形上创建新边以细分可编辑多边形。
- 网格平滑：使用此按钮可对可编辑多边形或选中的子对象进行平滑处理，单击右侧的“设置”按钮可精确设置网格平滑的平滑度和分隔方式。

小试身手——制作引水槽模型

下面通过一个引水槽模型的制作来练习“编辑几何体”卷展栏中的附加和切片等功能的应用。

37 制作引水槽模型

STEP 1 新建文件，执行“自定义”|“单位设置”菜单命令，设置单位为厘米。

STEP 2 在顶视图中，创建圆柱体作为水槽支撑柱，参数及透视图效果如图 6-102 所示。

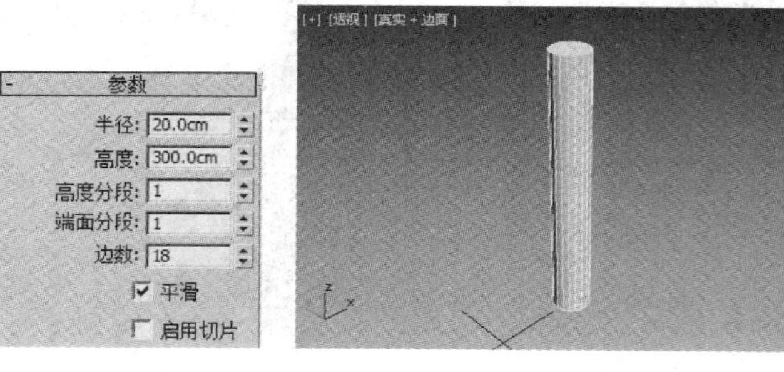

图 6-102　创建支撑柱

STEP 3 激活顶视图，执行“工具”|“阵列”菜单命令，复制出 5 个支撑柱，参数设置如图 6-103 所示。

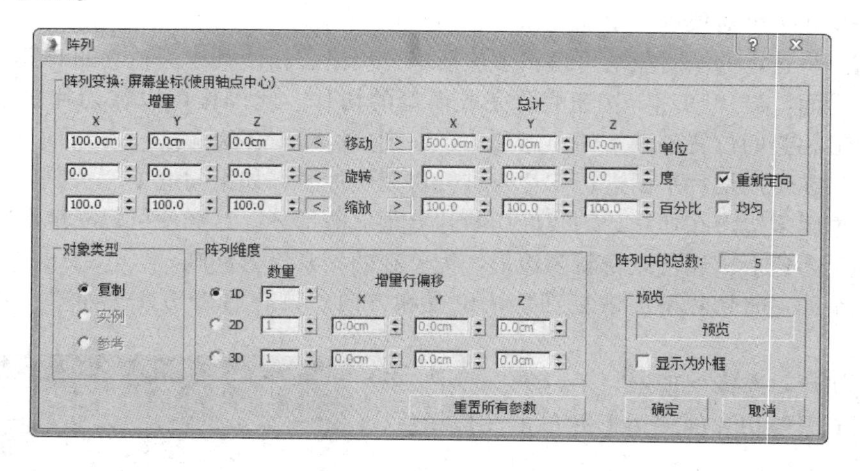

图 6-103　复制支撑柱

STEP 4 任选一个支撑柱，添加“编辑多边形”修改器，在“编辑几何体”卷展栏中，单击“附加列表”按钮，在弹出的“附加列表”对话框中全选所有圆柱体后，单击“附加”按钮，将所有圆柱体附加在一起，如图 6-104 所示。

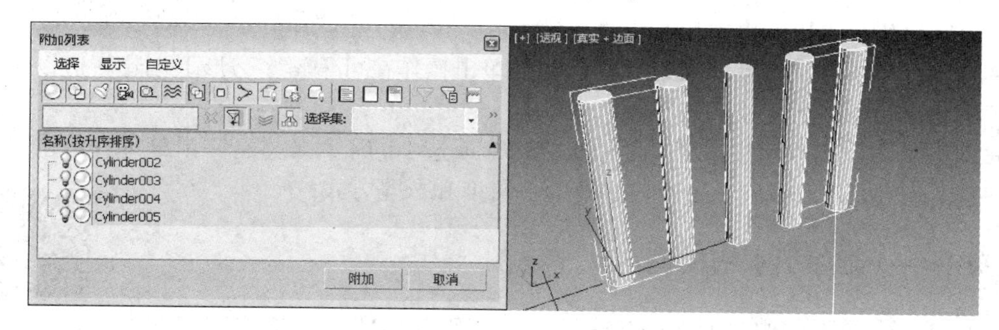

图 6-104　附加所有支撑柱

STEP 5 在“编辑几何体”卷展栏中单击“快速切片”按钮，在前视图中，使用鼠标沿着如图 6-105 所示的方向进行斜切。单击右键，退出切片模式。

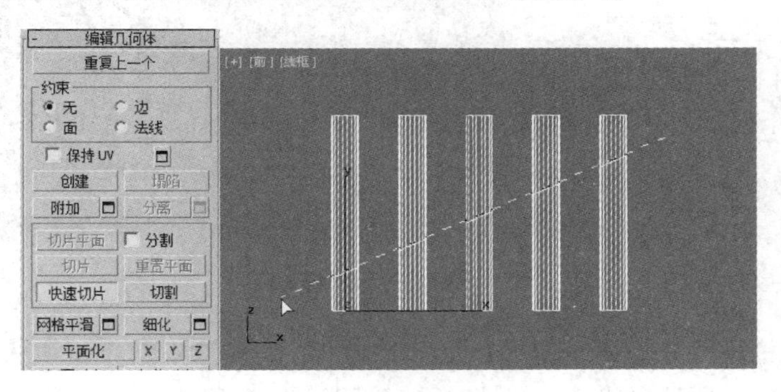

图 6-105　附加所有支撑柱

STEP 6 按〈4〉数字键进入“多边形”层级，选中所有支撑柱上半部分，按〈Delete〉键删除，效果如图 6-106 所示。

STEP 7 按〈S〉键打开捕捉开关，执行“创建”|“图形”|“线”菜单命令，在顶视图中对支撑柱进行顶点捕捉，绘制水槽的基础线条。绘制形状与捕捉位置如图 6-107 所示。

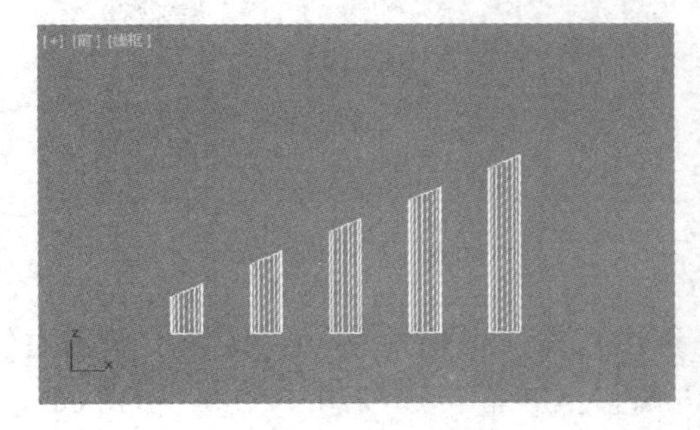

图 6-106　切片效果

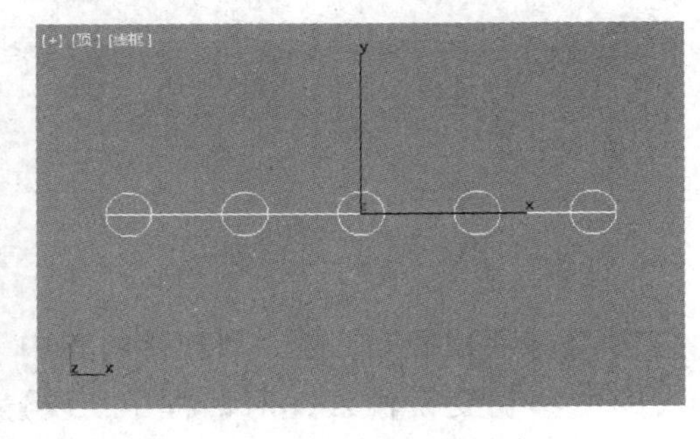

图 6-107　绘制水槽线条

STEP 8 按〈3〉数字键进入“样条线”层级，打开“几何体”卷展栏，勾选“轮廓”下方的“中心”复选框，在文本框中输入“80 cm”，并按〈Enter〉键。参数及效果如图 6-108 所示。按〈3〉数字键退出“样条线”层级。

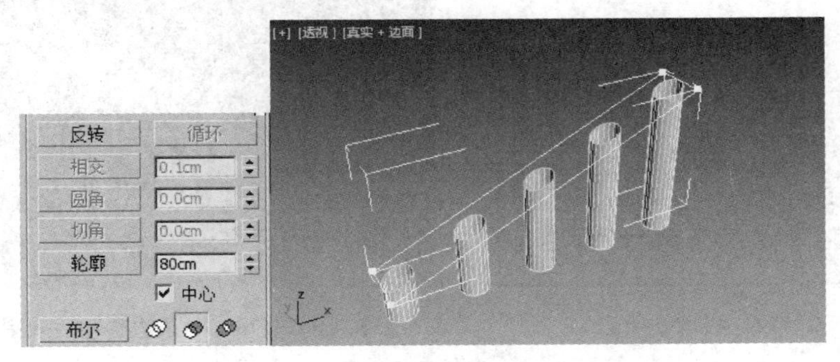

图 6-108　水槽轮廓

STEP 9 为水槽样条线添加“挤出”修改器，挤出数量为 10 cm，参数及效果如图 6-109 所示。

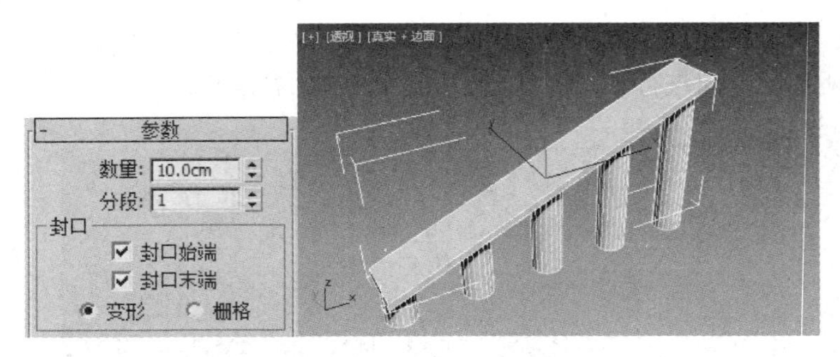

图 6-109　挤出水槽底部

STEP⑩ 为水槽模型添加“编辑多边形”修改器，按〈2〉数字键进入“边”层级。选择如图 6-110 中白线所示的两条边，打开“编辑边”卷展栏，单击“连接”右侧的“设置”按钮，设置边数为 2，效果如图 6-111 所示。

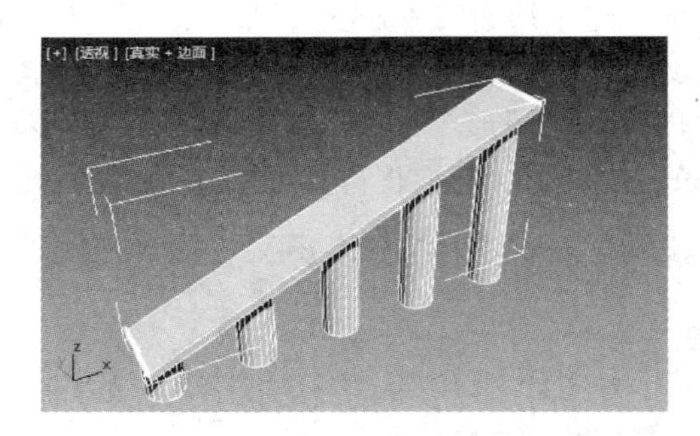

图 6-110　选择边

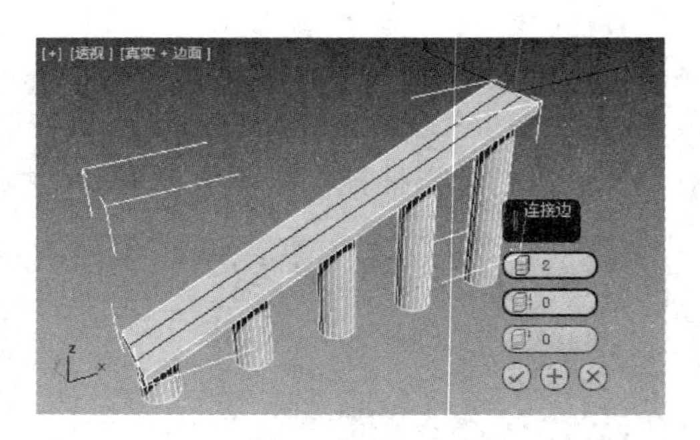

图 6-111　连接边

STEP⑪ 激活顶视图，选中新连接的其中一条边，在“选择并移动”按钮上单击右键，在弹出的“移动变换输入”对话框中，设置“偏移：屏幕”选项组中的 Y 为 10 cm，如图 6-112 所示。选择另外一条新连接的边，用同样的方法将其沿 Y 轴移动-10 cm，两条边向两边移动的效果如图 6-113 所示。（注意：第 11 步和第 12 步也可使用先连接一条边再进行边切角的方法制作。）

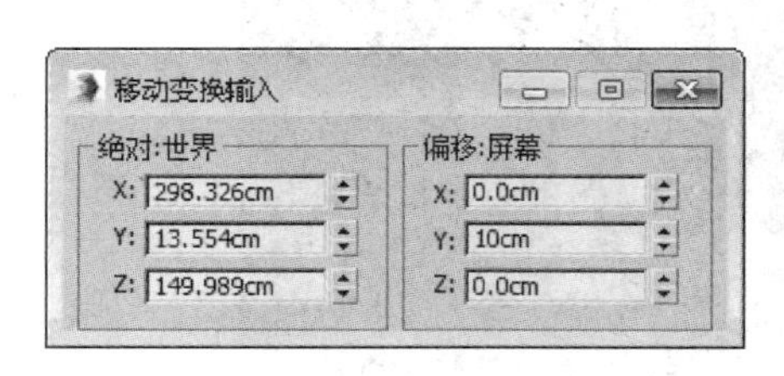

图 6-112　移动一条边

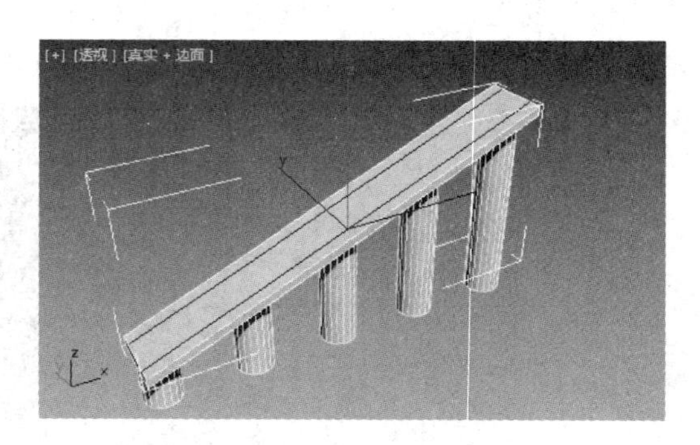

图 6-113　两条边移动后效果

STEP⑫ 按〈4〉数字键，进入“多边形”层级，选择如图 6-114 所示的边缘处的两个多边形，进行挤出，挤出数量为 20 cm，最终效果如图 6-115 所示。

STEP⑬ 制作完成的引水槽模型的渲染效果如图 6-116 所示。

图 6-114　选择边缘多边形

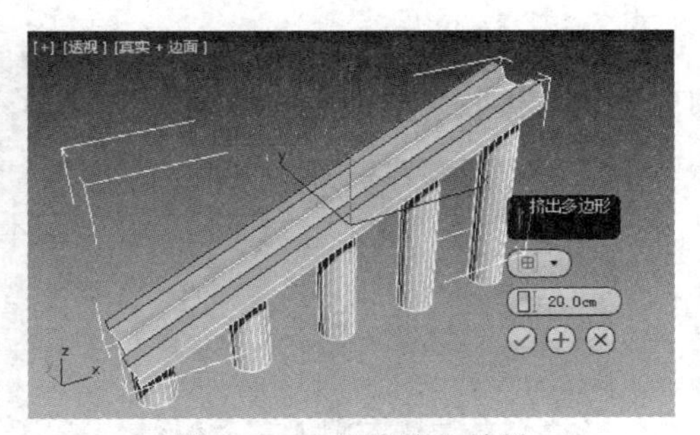

图 6-115　边缘挤出效果

图 6-116　引水槽模型的渲染效果

6.3　课堂练习——制作圆珠笔模型

38 制作圆珠笔模型

下面使用多边形建模制作一个圆珠笔模型，具体操作如下。

6.3.1　创建笔身

STEP① 首先创建一个圆柱体作为圆珠笔的基本模型。在顶视图中，使用“圆柱体”工具创建一个圆柱体，在透视视图中的效果及参数设置如图 6-117 所示。

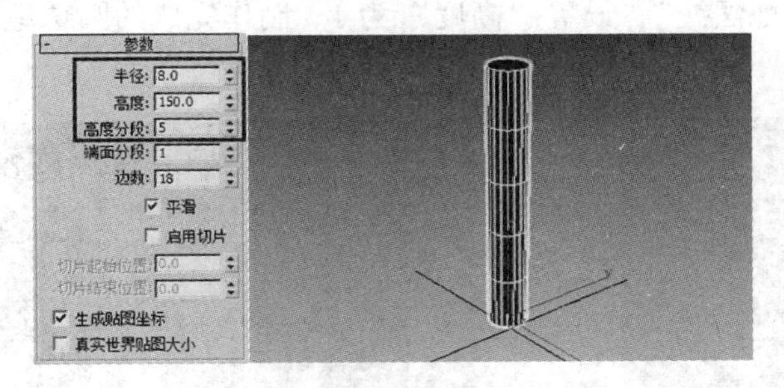

图 6-117　圆柱体在透视视图中的效果及参数设置

STEP② 为圆柱体添加“编辑多边形”修改器。按〈1〉数字键进入“顶点”层级。

6.3.2　制作笔头

STEP① 下面制作圆珠笔的笔尖效果。在前视图中框选圆柱体最底部的一行顶点，单击“编辑几何体”卷展栏中的“塌陷”按钮，将选中的顶点塌陷为一个顶点，如图 6-118 所示。

STEP② 选择塌陷操作生成的顶点，执行“切角”操作，“顶点切角量”为5。制作完成的圆珠笔的笔尖效果如图 6-119 所示。

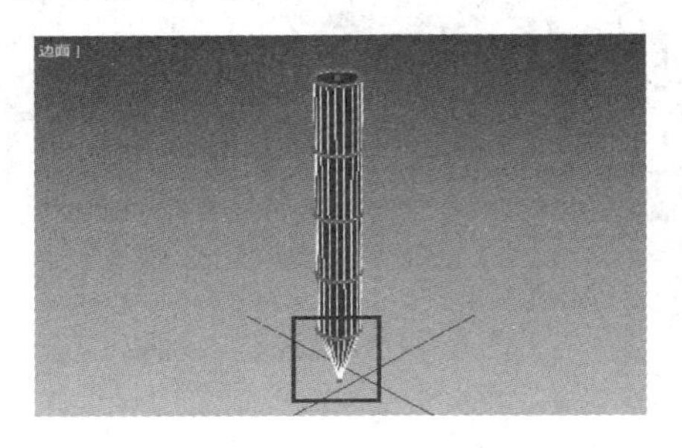

图 6-118　塌陷圆柱体底部的顶点

图 6-119　对塌陷后的顶点进行切角处理

STEP③ 下面制作圆珠笔前端的形状。选择图 6-120 所示的方框中的顶点，使用“选择并缩放”工具在 XY 平面上进行收缩处理，使圆珠笔前端线条更加流畅，效果如图 6-121 所示。

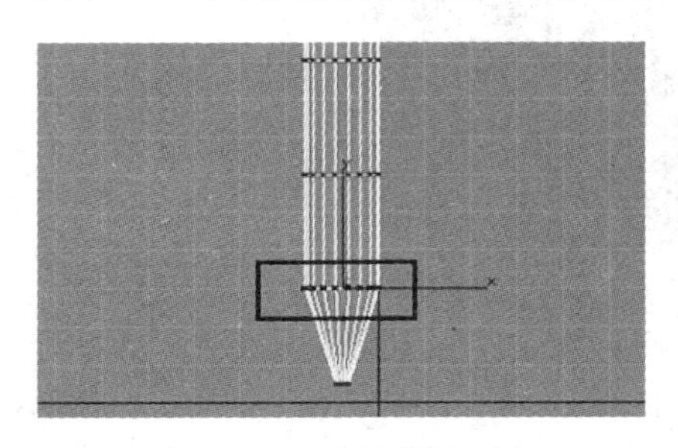

图 6-120　选择前端顶点

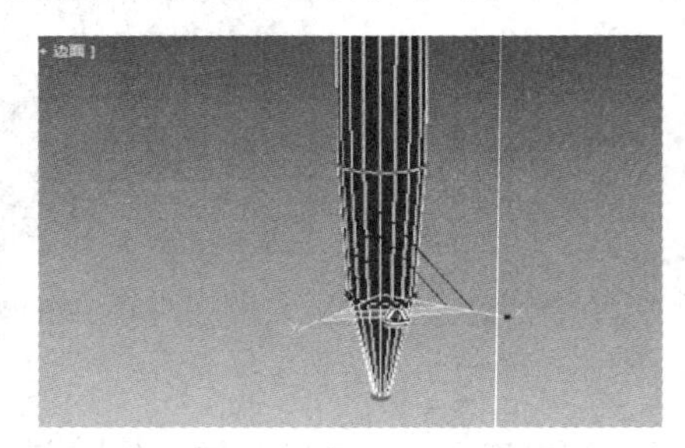

图 6-121　收缩前端顶点

STEP④ 下面调整圆柱体的网格划分，为下一步制作各细节部件做准备。切换到前视图，使用“选择并移动”工具沿 Y 轴调整每层顶点的位置，使笔身产生不同长度的分段，效果如图 6-122 所示。

STEP⑤ 下面制作圆珠笔下端的塑料外皮。按〈4〉数字键进入“多边形”层级。选择图 6-123 中左图所示的多边形，单击“编辑多边形”卷展栏中的“挤出”按钮右侧的“设置”按钮，选择“本地法线”，设置“高度”为 1。制作完成的圆珠笔下端的塑料外皮效果如图 6-123 右图所示。

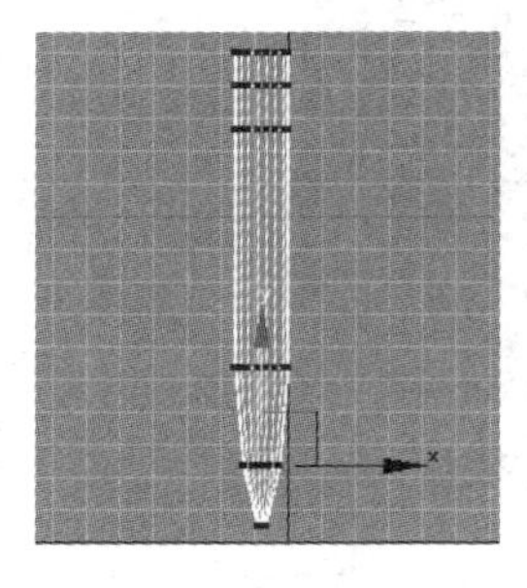

图 6-122　调整顶点的位置

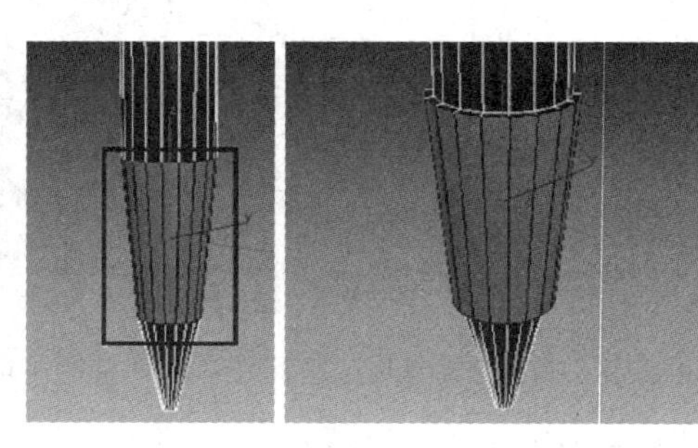

图 6-123　制作圆珠笔下端的塑料外皮

6.3.3　制作尾端

STEP① 下面制作圆珠笔的顶部按钮。在透视视图中选择圆柱体顶部的多边形，单击

“编辑多边形”卷展栏中的“倒角”按钮，设置“高度”为2，“轮廓”为-2。倒角处理后的圆珠笔顶端如图6-124所示。

STEP② 接着对圆柱体顶端的多边形进行挤出处理，设置“高度”为15，执行倒角操作，设置“高度”为2，“轮廓”为-2。制作完成的圆珠笔顶部按钮效果如图6-125所示。

图6-124 倒角处理后的圆珠笔顶端

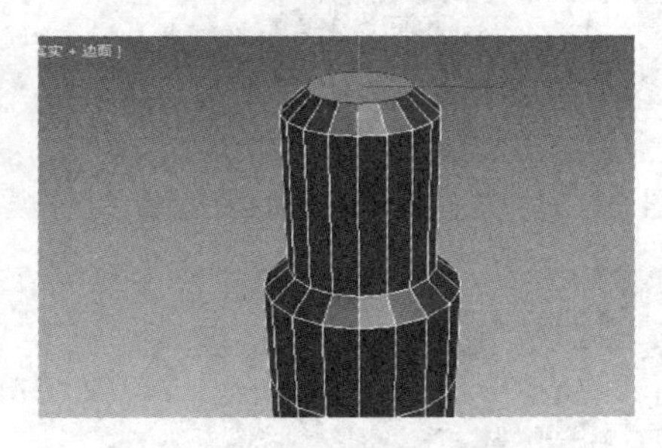

图6-125 制作完成的圆珠笔顶部按钮

STEP③ 下面制作圆珠笔夹子的圆箍。在前视图中选择图6-126所示的多边形。将其挤出1个单位，在透视图中的效果如图6-127所示。

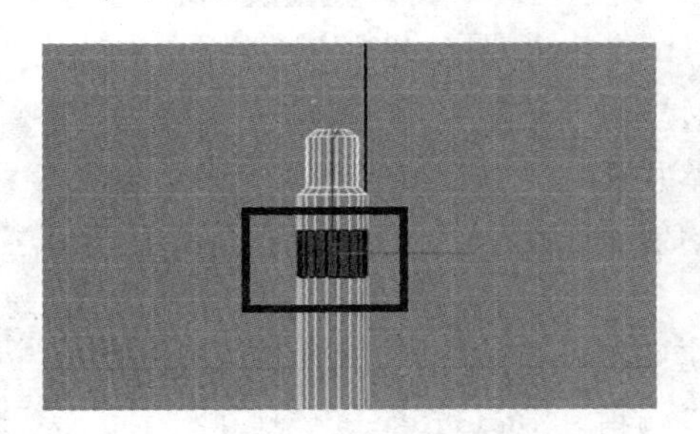

图6-126 选择用于制作圆箍的多边形

图6-127 制作圆珠笔夹子的圆箍

STEP④ 下面制作圆珠笔夹子的底座。在右视图中选择图6-128中的两个多边形，将其进行两次挤出处理，挤出值依次为3和2，在透视图中的效果如图6-129所示。

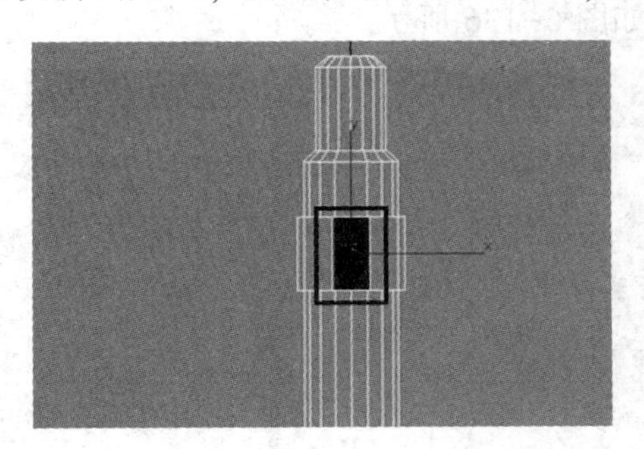

图6-128 选择用于制作夹子底座的多边形

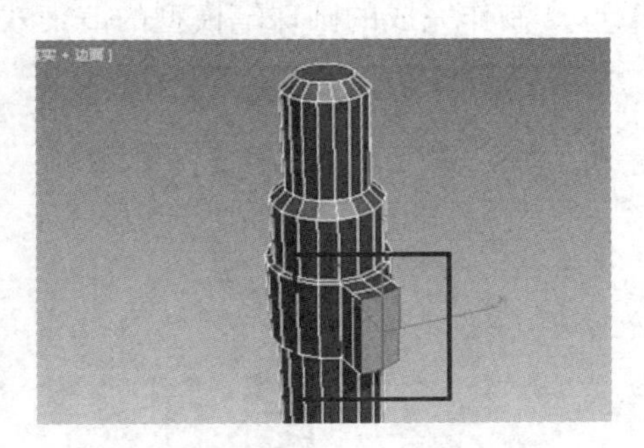

图6-129 制作圆珠笔夹子的底座

STEP⑤ 下面制作圆珠笔夹子的下部延伸。在透视图中选择夹子底座下部的多边形，如图6-130所示。将其进行6次挤出处理，挤出值都为5，在透视图中的效果如图6-131所示。

STEP⑥ 按〈2〉数字键进入“边”层级。在透视图中选择夹子底座上部边缘的边，如图6-132中所示，进行“切角”处理（注意切角量不要过大）。在透视图中的效果如图6-133所示。

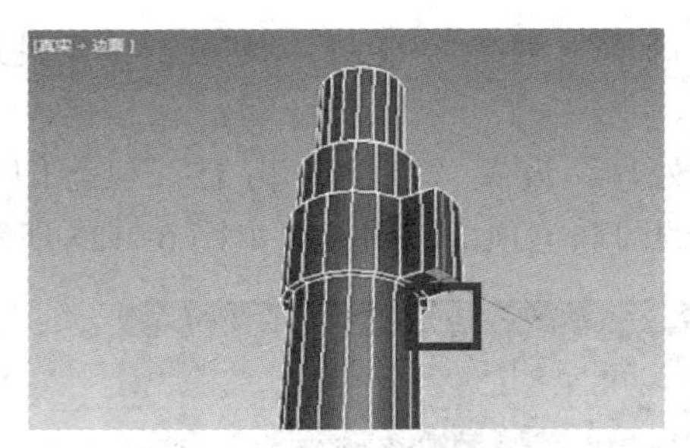

图 6-130　选择夹子下部的多边形

图 6-131　创建圆珠笔夹子的下部延伸

图 6-132　选择用于切角处理的边

图 6-133　进行切角处理

STEP 7 细化圆珠笔夹子的形状。按〈1〉数字键进入“顶点”层级。在前视图中，使用“选择并移动”工具调整构成圆珠笔夹子的顶点，调整后的效果如图 6-134 所示。

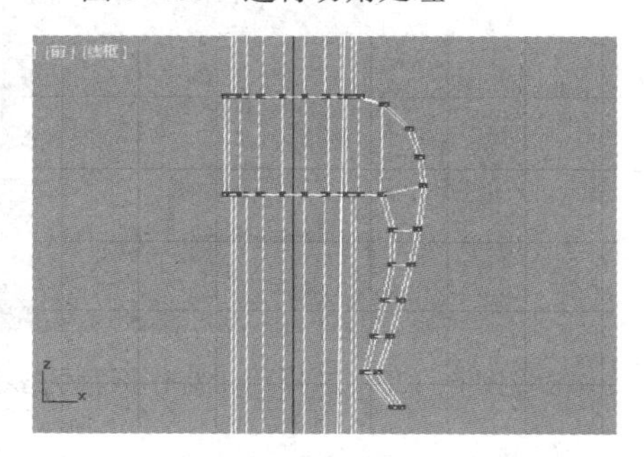

图 6-134　细化圆珠笔夹子的形状

STEP 8 按〈4〉数字键进入“多边形”层级。选择圆珠笔夹子中除圆箍以外的多边形。单击“编辑几何体”卷展栏中的“网格平滑”按钮为圆珠笔夹子设置平滑效果，“平滑度”为 1，效果如图 6-135 所示。

STEP 9 制作完成的圆珠笔模型的渲染效果如图 6-136 所示。

图 6-135　为圆珠笔夹子设置平滑效果

图 6-136　圆珠笔模型的渲染效果图

强化训练

39 制作梳妆台模型

本章介绍了网格建模和多边形建模的高级建模方法，熟练掌握本章内容对后续学习和操作是必不可少的，在此再列举一个本章知识的习题——制作梳妆台模型，以供读者参考。

STEP① 首先制作梳妆台的底座。在顶视图中，使用“长方体”工具创建一个长方体，具体参数设置及模型效果如图 6-137 所示。

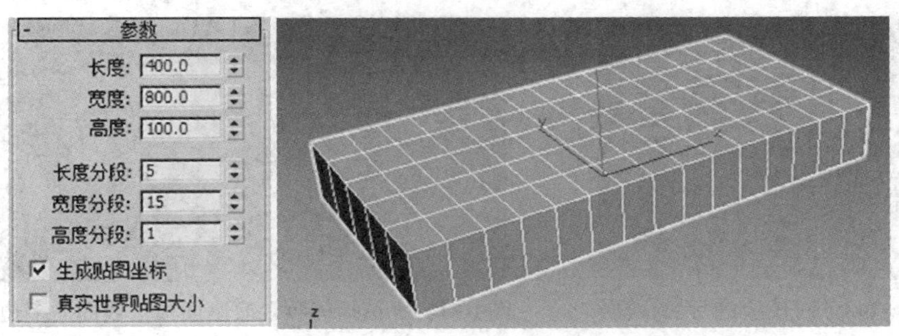

图 6-137　创建长方体

STEP② 选择长方体，为其添加“编辑多边形”修改器。

STEP③ 下面制作底座的腿部。按〈4〉数字键进入“多边形”层级。选择如图 6-138 所示的多边形。在“编辑多边形”卷展栏下单击“挤出”按钮右侧的“设置”按钮，并设置“高度”为 100 mm，第一次挤出桌腿，效果如图 6-139 所示。接着连续 5 次单击“+”按钮。单击“挤出”设置对话框中的“确定”按钮以完成挤出操作，基本的腿部模型如图 6-140 所示。

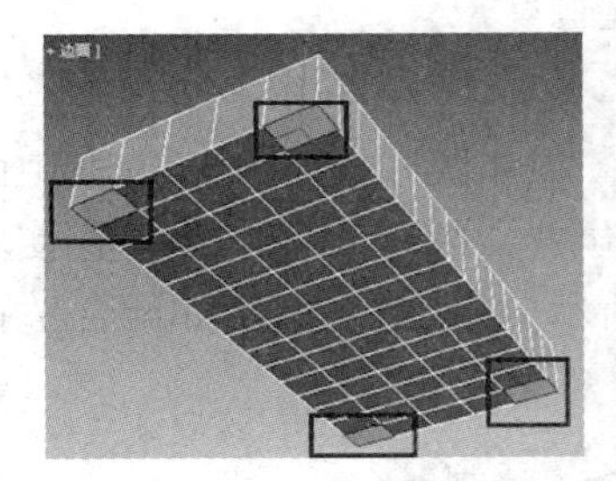

图 6-138　选择多边形

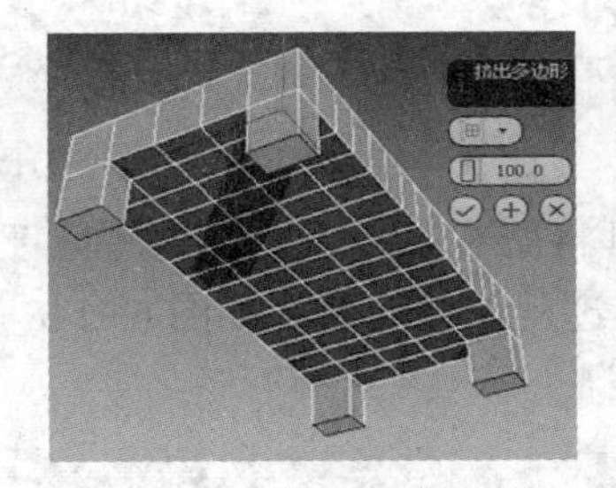

图 6-139　第一次挤出桌腿

图 6-140　连续 5 次挤出桌腿

STEP④ 下面细化底座模型。按〈1〉数字键进入“顶点”层级。在前视图中，使用“选择并缩放”工具在前视图中将桌腿的顶点调整成如图 6-141 所示的效果。使用“选择并移动”工具在前视图中将底座面板下沿的顶点调整成如图 6-142 所示的效果。

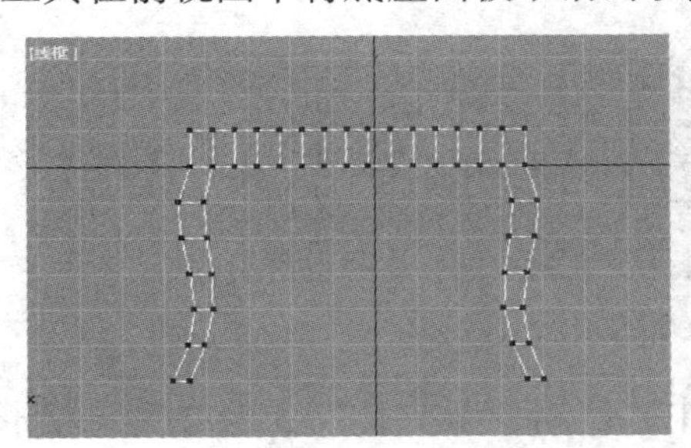

图 6-141　调整腿部顶点

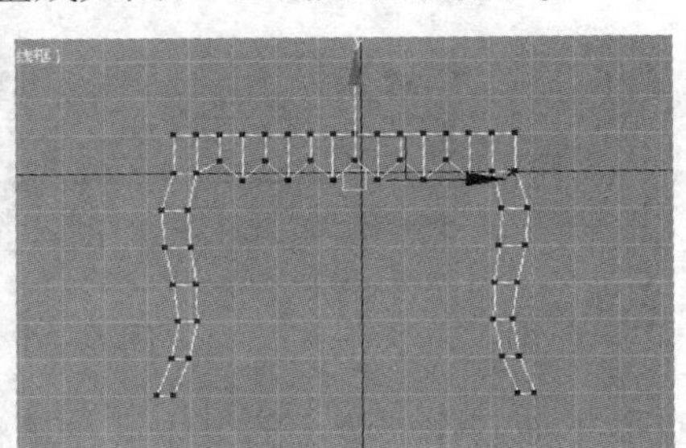

图 6-142　调整底座面板下沿的顶点

STEP⑤ 按〈2〉数字键进入“边”层级。选择梳妆台的底座模型的所有棱边。在“编辑边”卷展栏中单击“切角”按钮右侧的“设置”按钮，并设置“切角-边切角量”为

152mm，效果如图 6-143 所示。

STEP⑥ 按〈4〉数字键进入“多边形”层级。选择梳妆台底座面板下表面的多边形，如图 6-144 所示，单击“编辑几何体”卷展栏中“挤出”按钮右侧的“设置”按钮，挤出多边形，设置“高度”为-40，挤出完成的效果如图 6-145 所示。

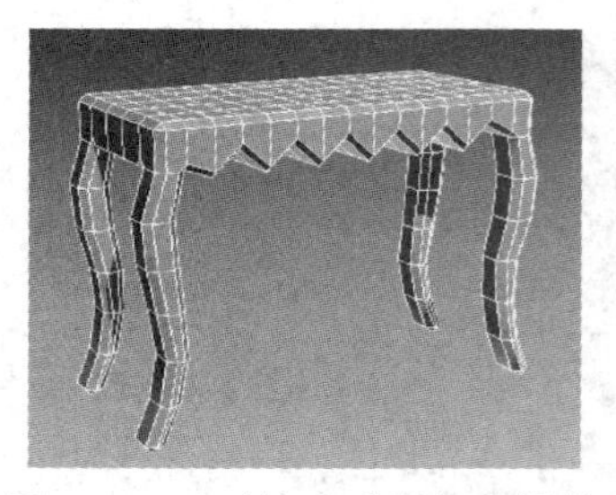

图 6-143　对棱边进行切角操作

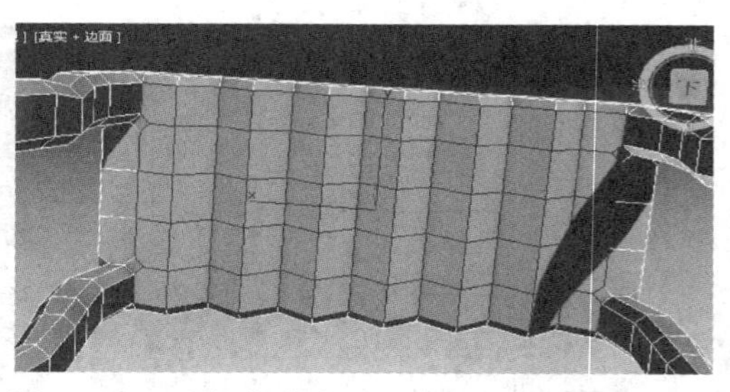

图 6-144　选择梳妆台底座面板下表面的多边形

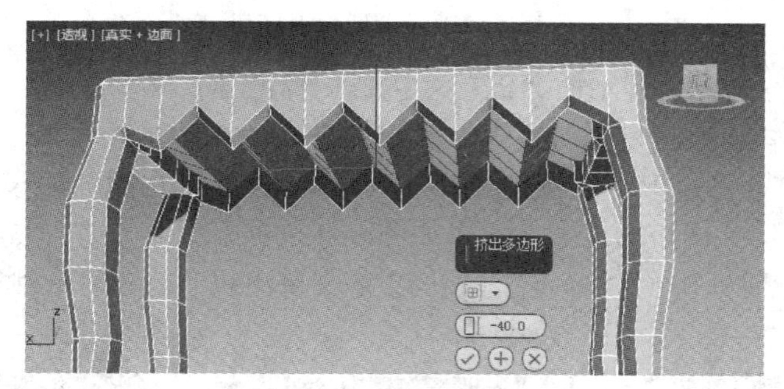

图 6-145　挤出多边形

STEP⑦ 按〈1〉数字键进入“顶点”层级。在前视图中，将如图 6-146 所示方框中的顶点，使用“选择并移动”工具将所有顶点调整到同一水平位置，如图 6-147 所示，使底座下部的凹陷成为一个平面，在透视图中的效果如图 6-148 所示。（注意：此步如配合“捕捉”工具，可对顶点进行准确调整。）

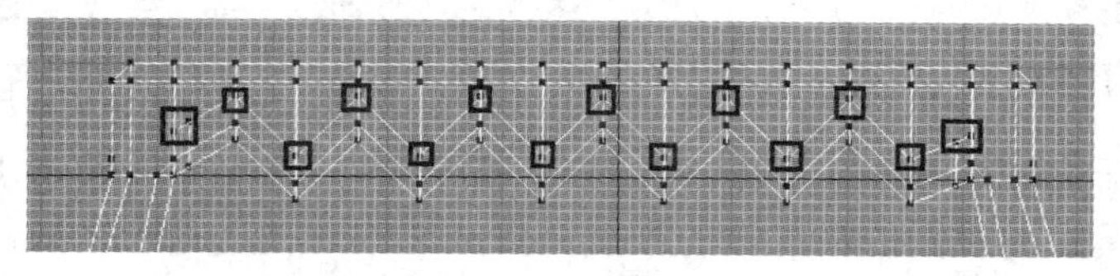

图 6-146　底座下部凹陷处的顶点

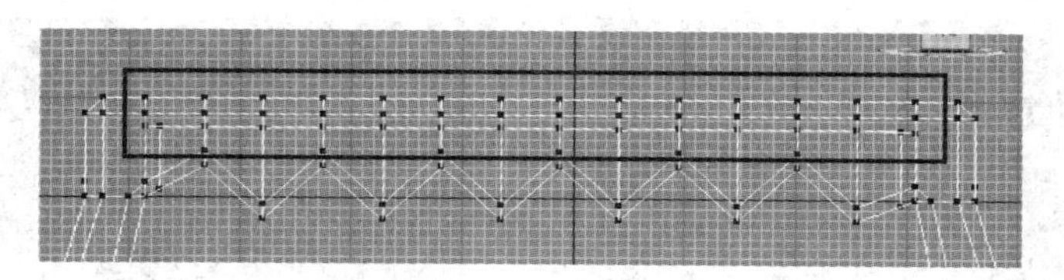

图 6-147　调整后的顶点

STEP⑧ 下面制作梳妆台的台体。在顶视图中，使用“长方体”工具创建一个长方体，在“参数”卷展栏下设置“长度”为 400 mm，“宽度”为 800 mm，“高度”为 150 mm，“长度分段”为 1，“宽度分段”为 3，“高度分段”为 1。使用“对齐”操作将长方体放置到合适的位置，模型效果如图 6-149 所示。

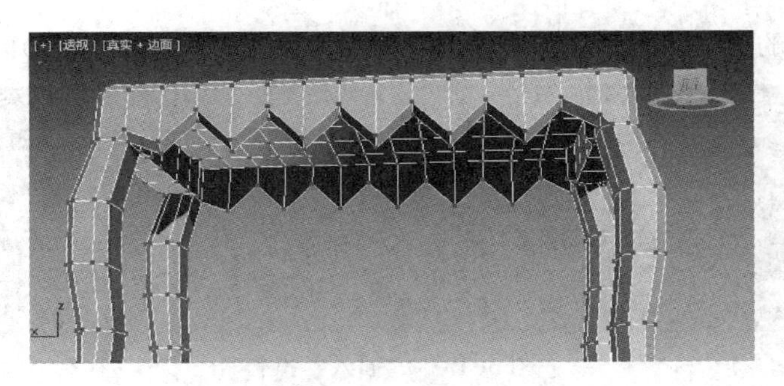

图 6-148　调整后的凹陷效果

STEP 9 下面制作台体的台面。选择台体，为其添加“编辑多边形”修改器。按〈4〉数字键进入“多边形”层级。选择台体上表面的多边形。进行“倒角”操作，设置“高度”为 0，“轮廓”为 30，效果如图 6-150 所示。

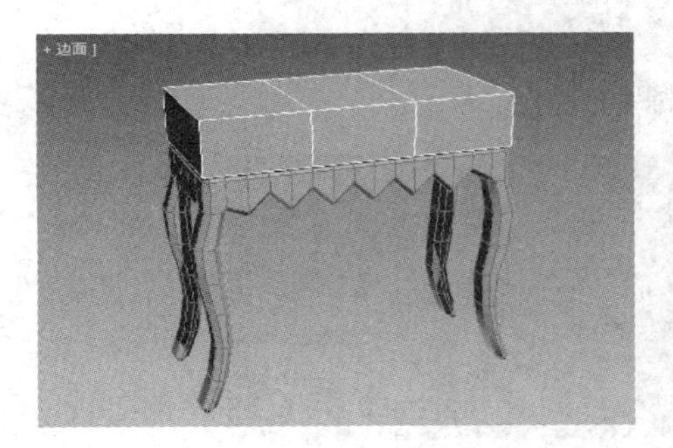

图 6-149　创建梳妆台的台体

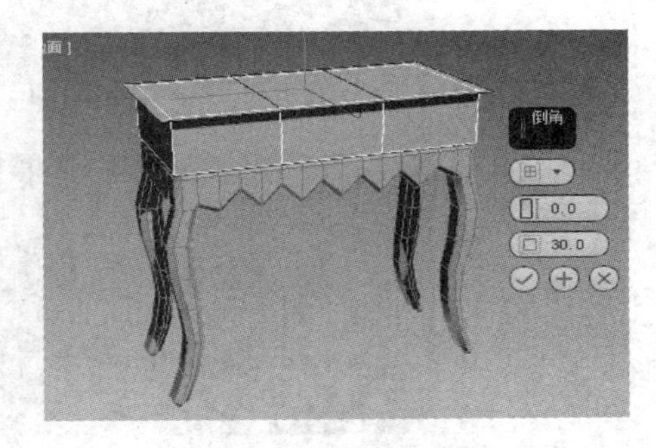

图 6-150　对台体上表面进行倒角

STEP 10 保持多边形的选中状态，进行“挤出”操作，设置“高度”为 20，效果如图 6-151 所示。

STEP 11 按〈2〉数字键进入“边”层级。按〈Ctrl+A〉组合键全选台面所有的棱边，进行“切角”操作，“切角量”为 5，效果如图 6-152 所示。

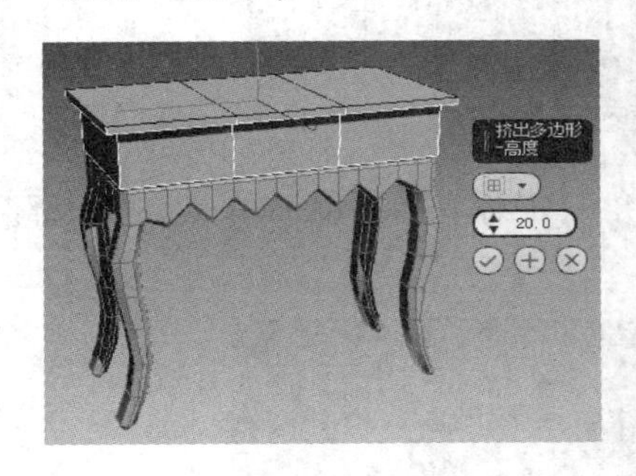

图 6-151　对台体上表面进行挤出

图 6-152　对台面的所有棱边进行切角

STEP 12 下面制作台体的抽屉。按〈4〉数字键进入“多边形”层级，选择台体的前表面的三个多边形，进行“插入”操作，设置“数量”为 10，插入类型为“按多边形”，效果如图 6-153 所示。保持多边形的选中状态，进行“挤出”操作，设置“高度”为-100，如图 6-154 所示。

STEP 13 继续保持多边形的选中状态，进行“插入”操作，“数量”为 3，效果如图 6-155

所示。保持多边形的选中状态，进行“挤出”操作，设置“高度”为100，如图6-156所示。

图6-153 “插入”操作

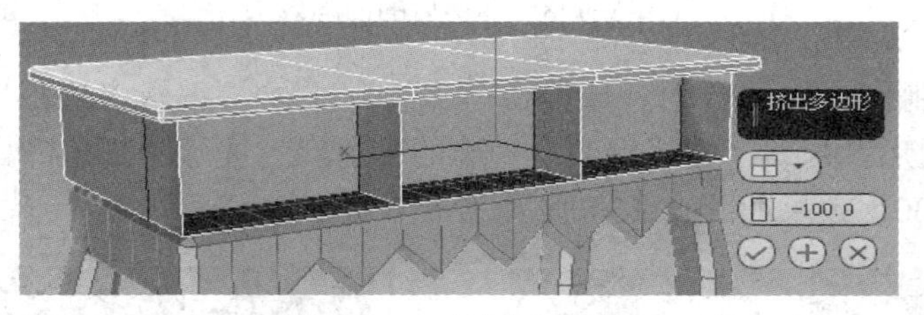

图6-154 “挤出”操作

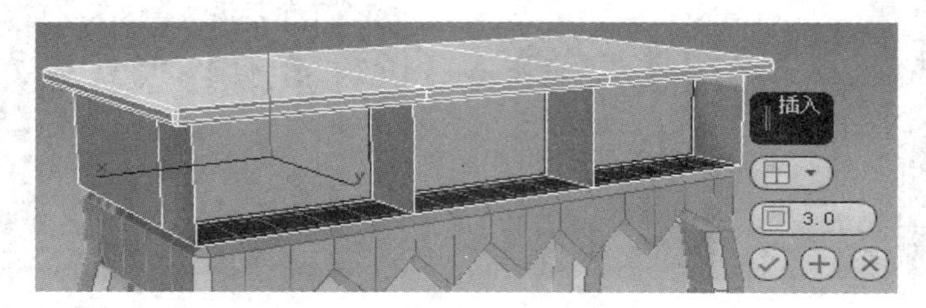

图6-155 第二次“插入”操作

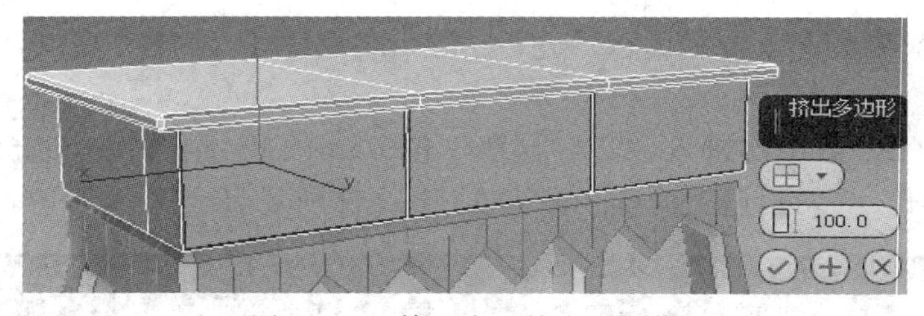

图6-156 第二次“挤出”操作

STEP⑭ 继续保持多边形的选中状态，进行“倒角”操作，“高度”为5，“轮廓”为-5，效果如图6-157所示。

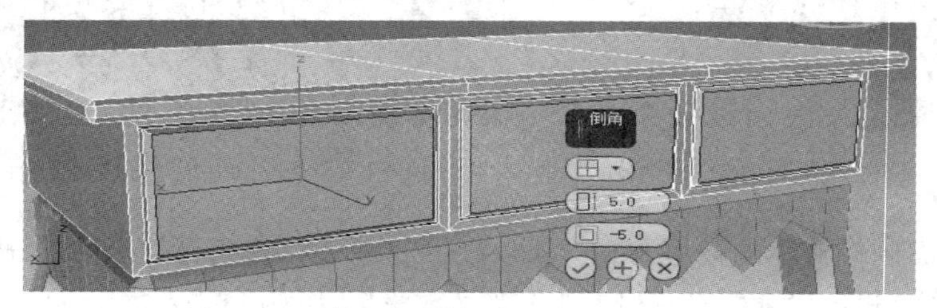

图6-157 使用“倒角”操作平滑抽屉边缘

STEP⑮ 制作完成的抽屉模型如图6-158所示。

STEP⑯ 下面制作抽屉的拉手。先创建一个圆柱体，“半径”为8，“高度”为17。再创建一个球体，“半径”为12。调整圆柱体和球体到合适的位置，制作完成的单个抽屉拉手模型效果如图6-159所示。

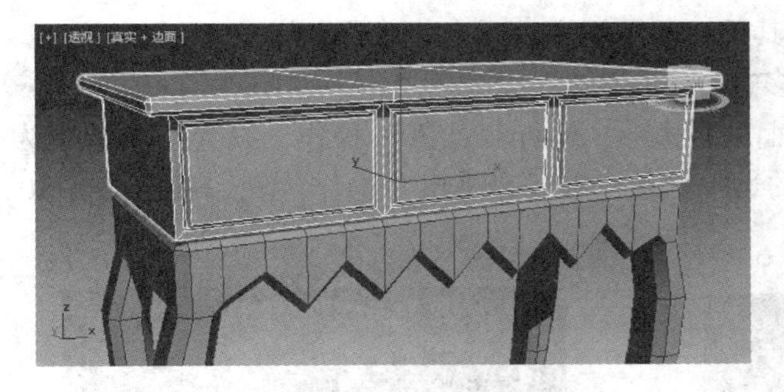

图6-158　制作完成的抽屉模型

图6-159　单个抽屉拉手模型

STEP⑰ 将组成抽屉拉手的圆柱体和球体成组，使用“复制”的方法实现其他抽屉拉手的制作。制作完成的梳妆台台体模型效果如图6-160所示。

STEP⑱ 下面制作梳妆台的镜子。在前视图中，使用“矩形”工具绘制一条矩形样条线，“长度”为600，“宽度”为800，将矩形样条线调整到如图6-161所示的位置。

图6-160　制作完成的梳妆台台体模型

图6-161　绘制一条矩形样条线

STEP⑲ 选择矩形样条线，单击鼠标右键，接着在弹出的快捷菜单中选择“转换为”|“转换为可编辑样条线”菜单命令。

STEP⑳ 切换到“分段”子对象层级。在前视图中，选择矩形样条线的上边缘线段，使用“拆分”命令将上边缘线段平均分割为两段，从而在上边缘中部添加一个顶点，效果如图6-162所示。接着使用“选择并移动”工具调整新添加的顶点的位置及线条形状，效果如图6-163所示。退出样条线的“顶点”子对象层级。

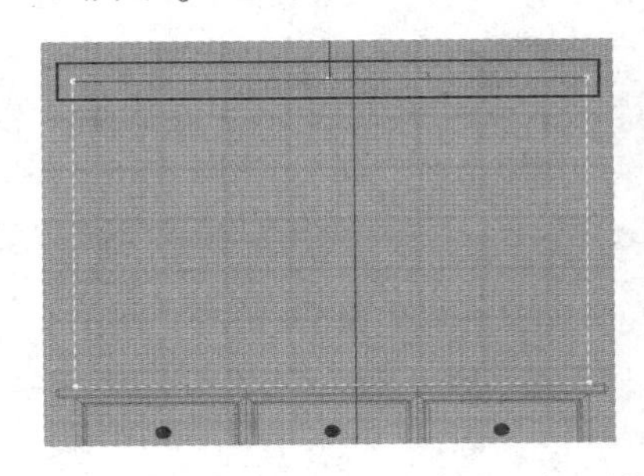

图6-162　使用“拆分”命令添加顶点

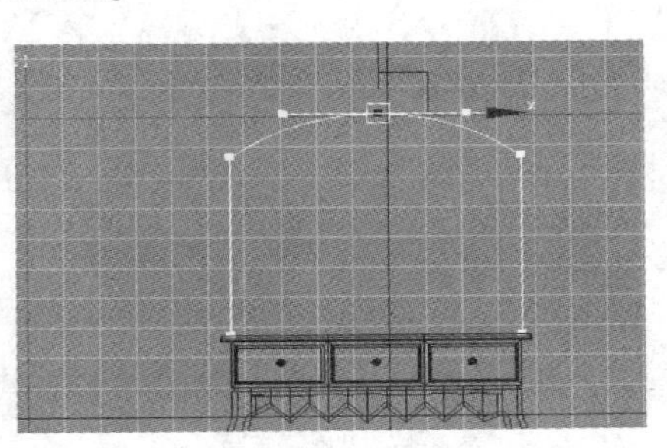

图6-163　调整顶点的位置及线条形状

STEP 21 在“修改器列表”中选择“挤出”修改器，并在“参数”卷展栏中设置“数量”为 20，实现的镜子底板效果如图 6-164 所示。

STEP 22 选择镜子底板模型，为其添加“编辑多边形”修改器。

STEP 23 按〈4〉数字键进入“多边形”层级。

STEP 24 选择镜子底板模型前表面的多边形。进行“插入”操作，设置“数量”为 30，效果如图 6-165 所示，保持多边形的选中状态，进行“挤出”操作，“，高度”为-10，如图 6-166 所示。

图 6-164　镜子底板

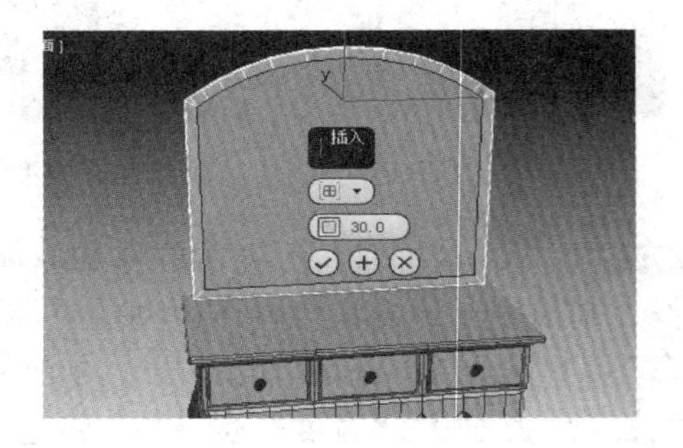

图 6-165　对镜子底板进行“插入”操作

STEP 25 制作完成的梳妆台模型的渲染效果图如图 6-167 所示。

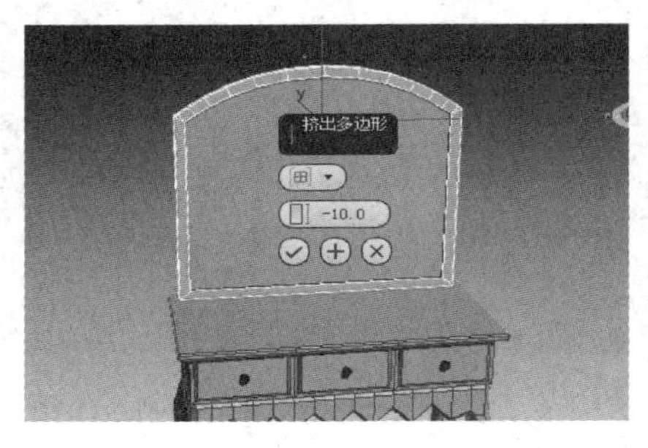

图 6-166　对镜子底板进行“挤出”操作

图 6-167　梳妆台模型的渲染效果图

第 7 章　材质与贴图

内容导读

本章介绍 3ds Max 的基本材质制作及贴图方法。材质是通过修改 3ds Max 的材质参数，模拟真实物体视觉效果。每个材质参数都有一定的颜色、光泽、纹理和透明度等相关物理特性。相较于一些外置渲染器或渲染插件，3ds Max 的内置材质在效果和效率两方面有所欠缺，但包含的基本材质和贴图方法可以满足建模需求，也是必须掌握的。

学习目标

✓ 掌握创建材质的方法

✓ 掌握使用贴图的方法

✓ 掌握使用材质库的方法

✓ 掌握 UVW 贴图的使用

作品展示

◎显示器材质

◎电脑椅材质

◎卧室材质

7.1　材质编辑器

在 3ds Max 2016 中，材质是在材质编辑器中创建和编辑的，选择“渲染”|“材质编辑器”|“精简材质编辑器”菜单命令，或在主工具栏上单击“材质编辑器”按钮，即可弹出“材质编辑器”窗口。材质编辑器主要包含样本窗、工具栏和参数卷展栏。在“材质编辑器”窗口中，单击“Standard”按钮，可以打开“材质/贴图浏览器”对话框，如图 7-1 所示。

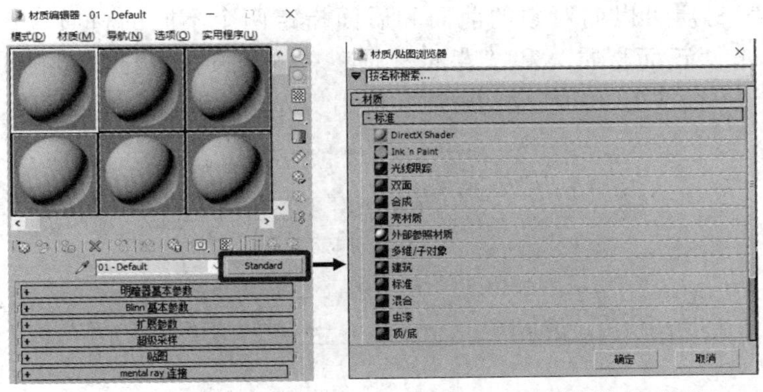

图 7-1　“材质编辑器”窗口和“材质/贴图浏览器”对话框

7.2 创建材质

创建材质对于效果制作是非常重要的。使用材质不但可以使简单的模型变得生动、逼真，还可以避免许多复杂的建模过程，工作效率更高。

7.2.1 “标准”材质

“标准”材质是3ds Max默认的材质，也是使用频率最高的材质之一，它几乎可以模拟真实世界中的任何材质，其参数卷展栏如图7-2所示。

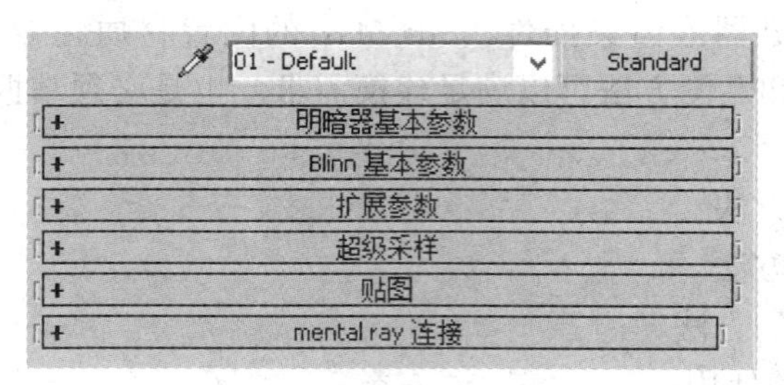

图7-2 标准材质参数设置面板

7.2.2 “光线跟踪”材质

“光线跟踪”材质是高级表面着色材质。单击“Standard”按钮，打开“材质/贴图浏览器”对话框，选择“光线跟踪”材质，将“标准”材质切换成“光线跟踪”材质。“光线跟踪”材质不但能支持漫反射表面着色，还能创建完全光线跟踪的反射和折射，支持雾、颜色密度、半透明、荧光以及其他特殊效果。“光线跟踪”为渲染3ds Max场景进行了优化，并且通过将特定的对象排除在光线跟踪之外，可以在场景中进一步优化，其参数卷展栏如图7-3所示。

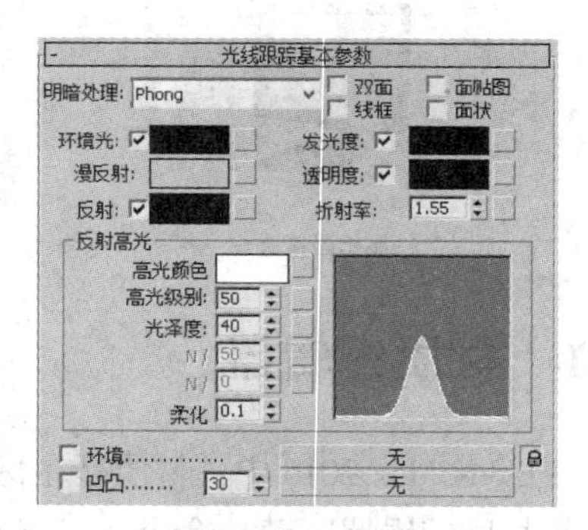

图7-3 “光线跟踪基本参数”卷展栏

7.2.3 “双面”材质

使用“双面”材质可以向对象的前面和后面指定两个不同的材质，其参数卷展栏如图7-4所示。单击“正面材质”和“背面材质”右侧的按钮可显示“材质/贴图浏览器”对话框，并且选择一面或另一面使用的材质。使用复选框可启用或禁用材质。

图7-4 “双面基本参数”卷展栏

7.2.4 “多维/子对象”材质

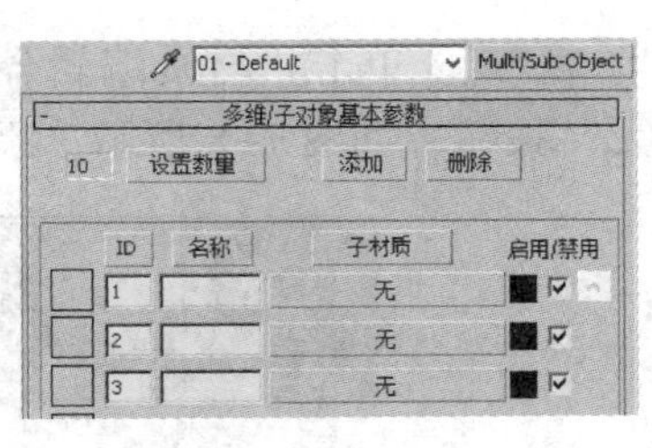

图 7-5 “多维/子对象基本参数”卷展栏

使用“多维/子对象”材质可以给几何体的子对象级别分配不同的材质，其参数卷展栏如图 7-5 所示。

小试身手——创建显示器材质

下面将利用“多维/子对象”材质，为显示器添加材质效果，操作步骤如下。

40 创建显示器材质

STEP① 制作显示器材质（“多维/子对象”材质）。打开 3ds Max 2016，打开素材中的“场景和素材\第 07 章\显示器 . max”，按〈M〉键调出“材质编辑器”窗口。选择一个示例材质，输入材质名称为“显示器”，单击“Standard”按钮，双击“多维/子对象”，再单击“确定”按钮，如图 7-6 所示。

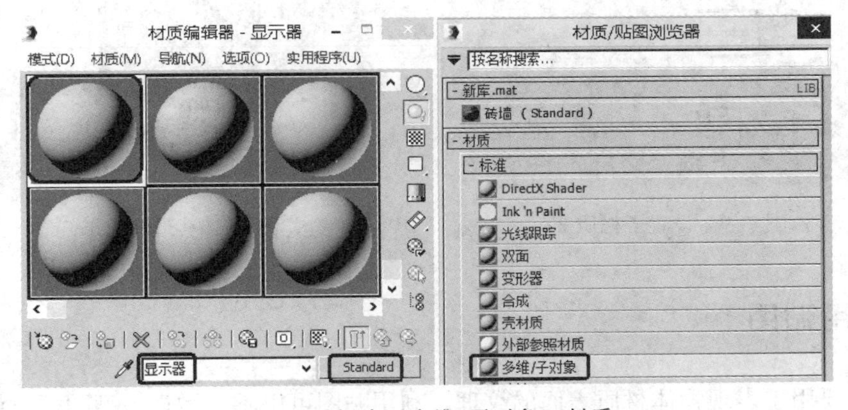

图 7-6 创建“多维/子对象”材质

STEP② 单击“设置数量”按钮，输入数值 2，单击“确定”按钮。单击“子材质 1”的按钮，并将“环境光”和“漫反射”的颜色均设置黑色，设置“反射高光”选项组中的“高光级别”为 74，“光泽度”为 15，如图 7-7 所示。

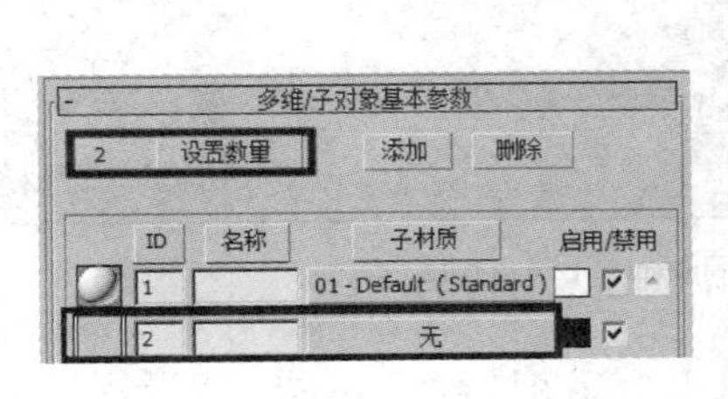

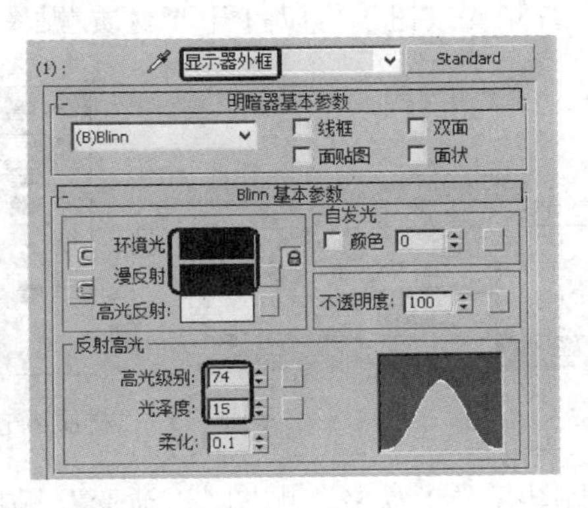

图 7-7 设置子材质 1

STEP 3 单击“材质编辑器”窗口中的“转到父对象”按钮，单击“子材质 2”的“无”按钮，如图 7-8 所示，添加“标准”材质。

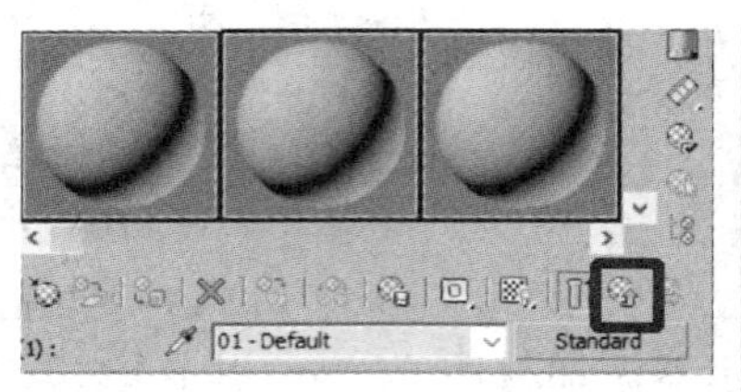

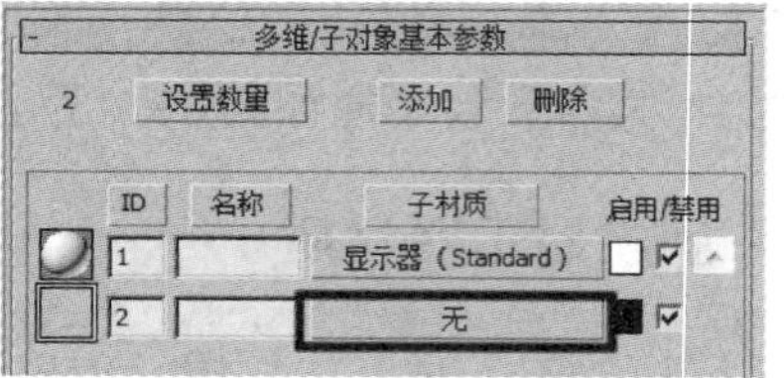

图 7-8　进入子材质 2

STEP 4 将“环境光”和“漫反射”的颜色均设置白色，设置“反射高光”选项组中的“高光级别”为 74，“光泽度”为 15，如图 7-9 所示。制作好的材质效果如图 7-10 所示。

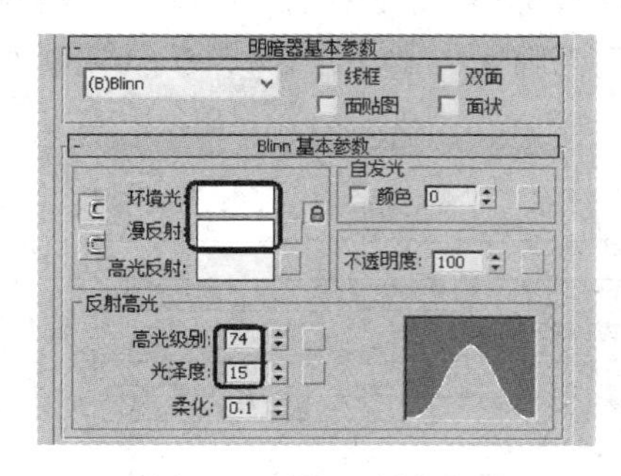

图 7-9　设置子材质 2

图 7-10　最终效果

7.3　使用贴图

贴图主要用于表现物体材质表面的纹理。利用贴图可以不用增加模型的复杂程度就可以表现对象的细节，并且可以创建反射、折射、凹凸和镂空等多种效果。

7.3.1　内置贴图

贴图可以增强模型的质感，完善模型的造型可以使三维场景更加接近真实的环境，单击“漫反射”右侧的按钮，可以打开“材质/贴图浏览器”对话框，如图 7-11 所示。

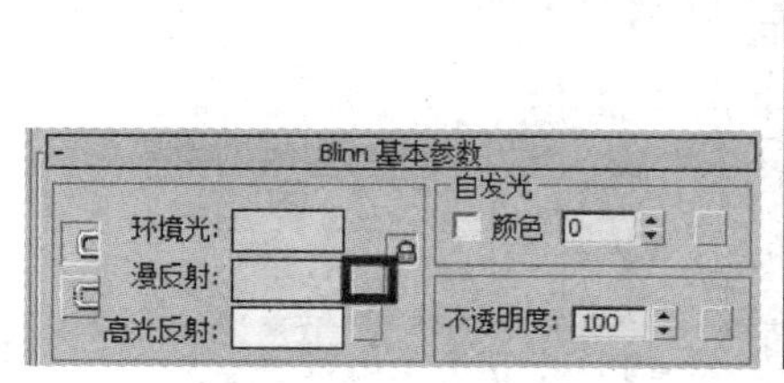

图 7-11　“材质/贴图浏览器”对话框

常用贴图有“棋盘格”贴图、“渐变”贴图、“渐变坡度”贴图、“漩涡”贴图、“三维”贴图、“合成器”贴图、“颜色修改器”贴图、“反射/折射”贴图等。

以“平铺”贴图为例，该内置贴图可以创建类似瓷砖的效果，通常在制作建筑砖块图案时使用，其参数卷展栏如图 7-12 所示。

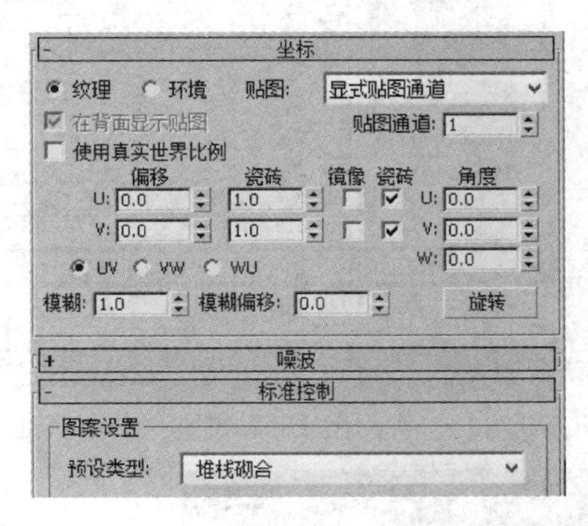

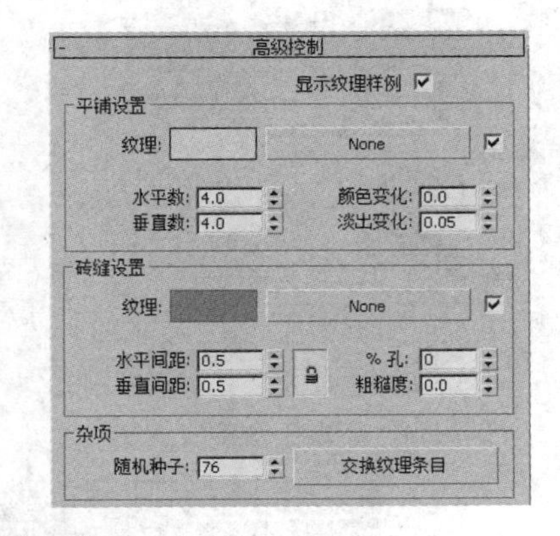

图 7-12　平铺参数

小试身手——创建砖墙材质

41 砖墙材质

操作步骤：

STEP① 打开 3ds Max 2016，打开素材中的“场景和素材\第 07 章\砖墙.max”。按〈M〉键调出“材质编辑器”窗口，选择一个空白材质球，设置材质类型为“Standard”，将其命名为“砖墙”，如图 7-13 左图所示。单击“漫反射”右侧的按钮，在弹出的“材质/贴图浏览器”中，双击“平铺”，如图 7-13 右图所示。

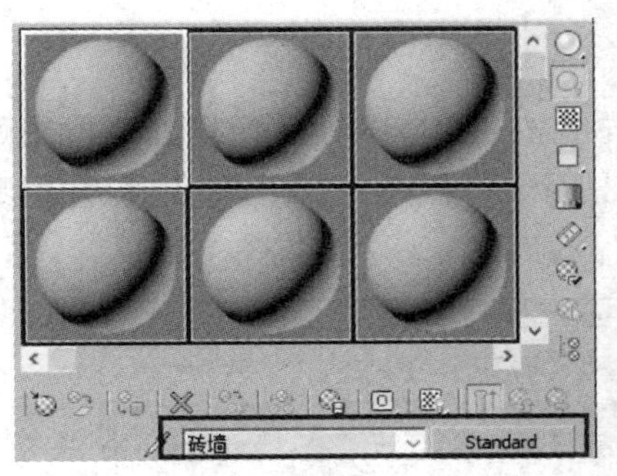

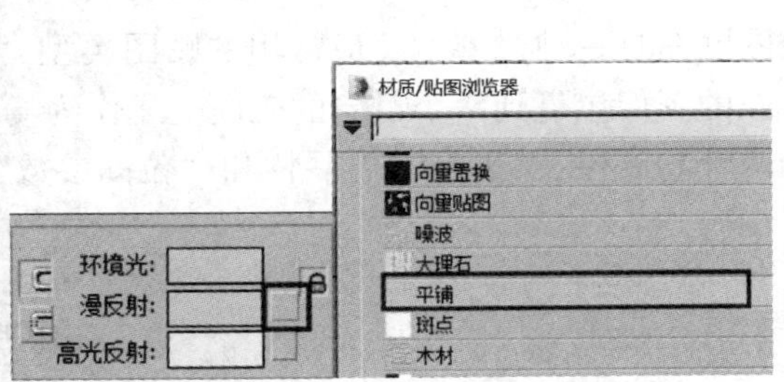

图 7-13　创建平铺贴图

STEP② 单击“高级控制”卷展栏下“平铺设置”选项组中的“None”按钮，选择“位图贴图”，添加配套素材中的“场景和素材\第 07 章\砖墙 . jpg”图片文件。设置“水平数”和“垂直数”为 10。在“砖缝设置”选项组中，设置“水平间距”和“垂直间距”为 0. 01，如图 7-14 所示。

STEP③ 单击“转到父对象”按钮，回到“贴图”卷展栏。

STEP④ 使用鼠标左键将“漫反射”通道中的贴图拖曳到“凹凸”通道上，在弹出的“复制（实例）贴图”对话框中选择“实例”，并单击“确定”按钮，设置凹凸的强度为 10，如图 7-15 所示。

STEP⑤ 设置好的材质效果如图 7-16 所示。

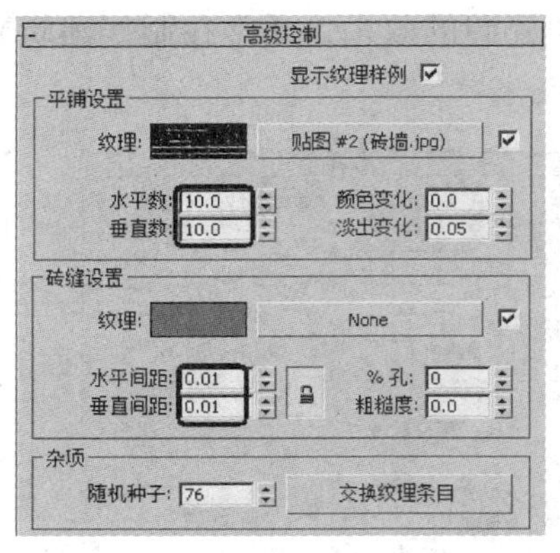

图 7-14　高级控制参数

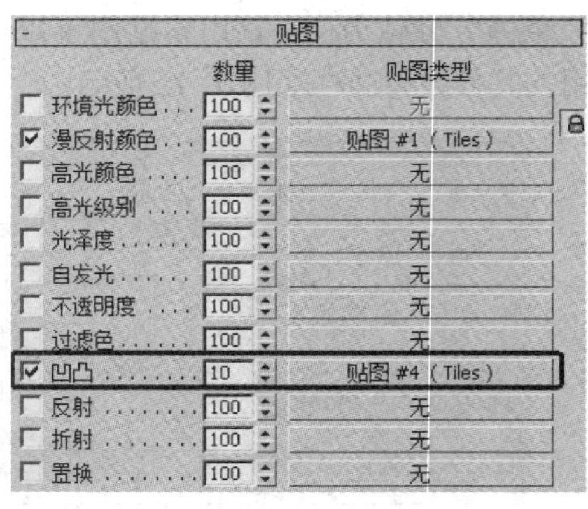

图 7-15　实例化复制贴图到“凸凹”通道

图 7-16　砖墙材质

7.3.2　位图贴图

位图贴图是一种最基本、最常用的贴图类型，3d Max 支持多种图像格式。位图贴图就是将加载的图像包裹到一个对象的表面上或作为场景背景。图 7-17 所示为进行位图贴图时常用的两个卷展栏：“坐标”卷展栏和“位图参数”卷展栏。

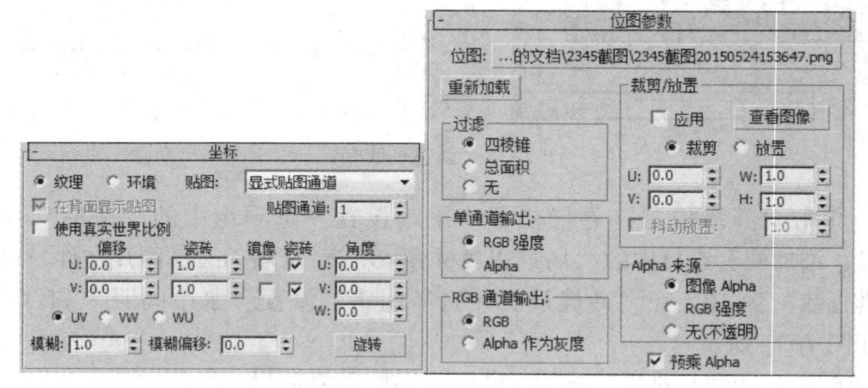

图 7-17　“坐标”卷展栏和“位图参数”卷展栏

小试身手——创建木地板材质

42 木地板材质

具体操作步骤如下。

STEP 1 打开 3ds Max 2016，打开素材中的“场景和素材\第 07 章\木地板.max”，按〈M〉键调出“材质编辑器”窗口，选择一个空白材质球，命名为“木地板”，设置材质类型为“Standard”。单击“漫反射”右侧的按钮，在弹出的“材质/贴图浏览器”对话框中，双击“位图”，添加一张位图贴图，如图 7-18 所示。具体贴图文件位置参考“场景和素材\第 07 章\木地板.jpg”。

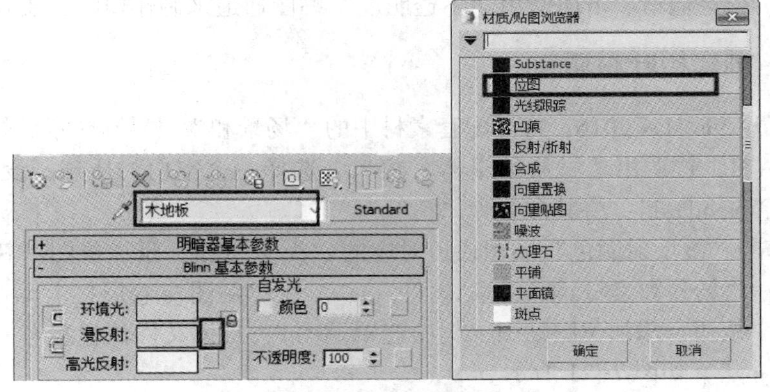

图 7-18　添加位图贴图

STEP② 在弹出的“坐标”卷展栏中设置“瓷砖”的 U 为 3，V 为 1，如图 7-19 所示。(勾选“镜像”复选框后，贴图就会变成镜像方式。当贴图不是无缝贴图时，建议勾选“镜像”复选框。) 在“位图参数”卷展栏下勾选“应用”复选框，单击后面的“查看图像”按钮，在弹出的对话框中可以对位图的应用区域进行调整，如图 7-19 所示。

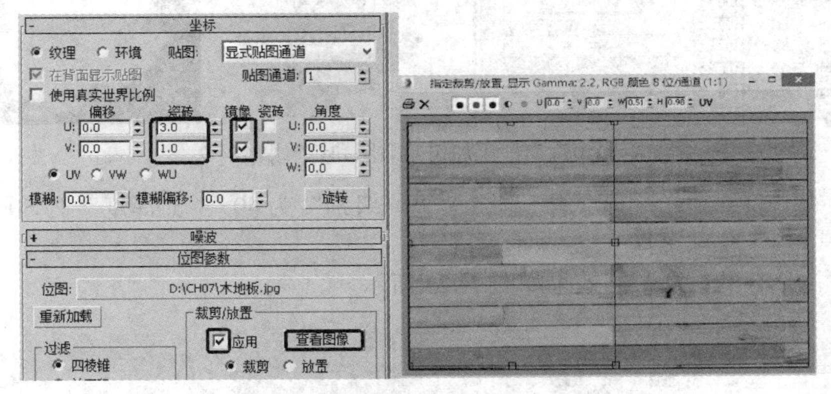

图 7-19　参数设置

STEP③ 最终材质效果如图 7-20 所示。

图 7-20　木地板材质

知识拓展

在位图贴图的“坐标”卷展栏中，将“模糊”设置为 0.01 时，可以在渲染时得到最精细的贴图效果。如果设置为 1 或更大的值，则可以得到模糊的贴图效果。

7.3.3 贴图通道

更复杂的贴图效果可以通过贴图通道进行制作。展开“材质编辑器”中的“贴图”卷展栏，可以看到3ds Max中的贴图通道一共有12个，常用的有漫反射、自发光、不透明度、凹凸、反射、折射等通道。下面使用“不透明度”贴图通道来制作树叶材质效果。

小试身手——创建树叶材质

43 树叶材质

STEP① 打开3ds Max 2016，打开配套素材中的“场景和素材\第07章\树叶.max”，按〈M〉键调出“材质编辑器”窗口，选择一个空白材质球，设置材质类型为“Standard”，将其命名为“树叶”。

STEP② 单击“漫反射颜色”贴图通道对应的“无”按钮，添加位图（树叶贴图），具体文件位置参考“场景和素材\第07章\树叶.jpg”。在“贴图”卷展栏 |“不透明度”贴图通道单击“无”按钮，添加位图贴图（树叶遮罩贴图），具体文件位置参考“场景和素材\第07章\遮罩.jpg”，如图7-21所示。

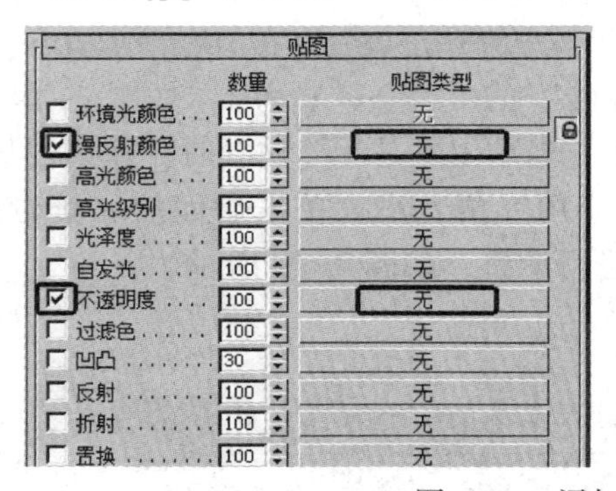

图7-21　添加树叶贴图和遮罩贴图

STEP③ 在“反射高光”选项组下设置“高光级别”为40，“光泽度”为50，如图7-22所示。

STEP④ 制作好的材质最终效果如图7-23所示。

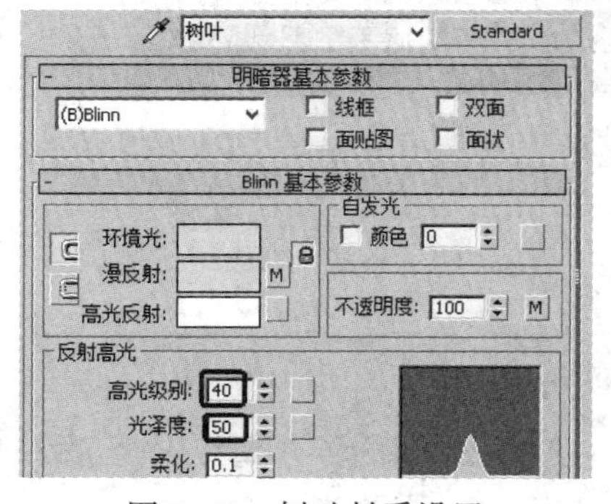

图7-22　树叶材质设置

图7-23　树叶材质设置与最终效果

7.4 材质库的使用

当材质位于“材质编辑器”中或应用于对象时，它是场景的一部分，并且可以与场景一同保存。除此以外，还可以将材质放入材质库中保存，材质库的建立可以提高制作效果图的效率。下面详细讲述材质库的建立及调用方法。

7.4.1 保存材质

在材质库中保存材质的方法如下。

STEP① 按〈M〉键，打开“材质编辑器”窗口。选择“材质”|“获取材质”菜单命令，在弹出的“材质/贴图浏览器”对话框中单击左上角的“材质/贴图浏览器选项”按钮（黑色三角按钮），在弹出的下拉列表中选择“新材质库”选项，如图7-24所示。

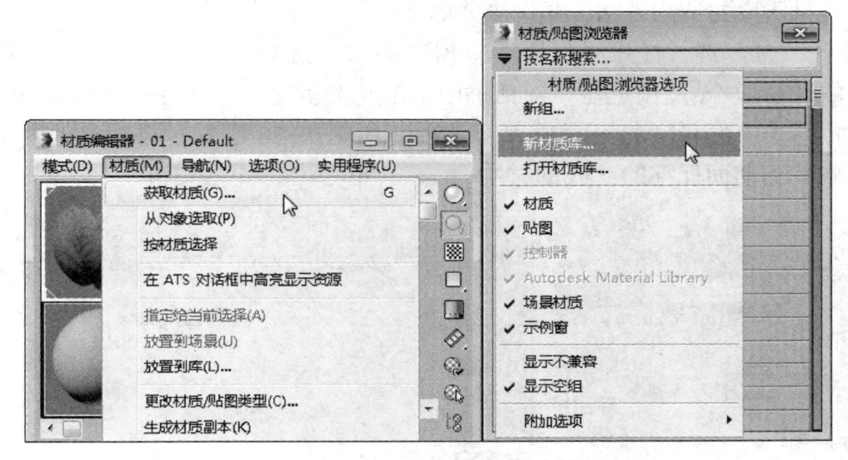

图7-24　新建材质库

STEP② 在弹出的“创建新材质库”对话框中将新建材质库命名为“我的材质”，材质库默认存储在“3ds Max”文件夹下的“materiallibraries”文件夹内，单击“确定”按钮。返回“材质/贴图浏览器”对话框，发现新建的“我的材质”材质库，可以将制作好的材质保存到材质库中，如图7-25所示。

STEP③ 选择一个做好的材质，在“材质编辑器”窗口中单击“放入库”按钮，选择“我的材质.mat”，”在弹出的“放置到库”对话框中输入材质名称，如图7-26所示。此时，材质就已经保存到“我的材质.mat”中。

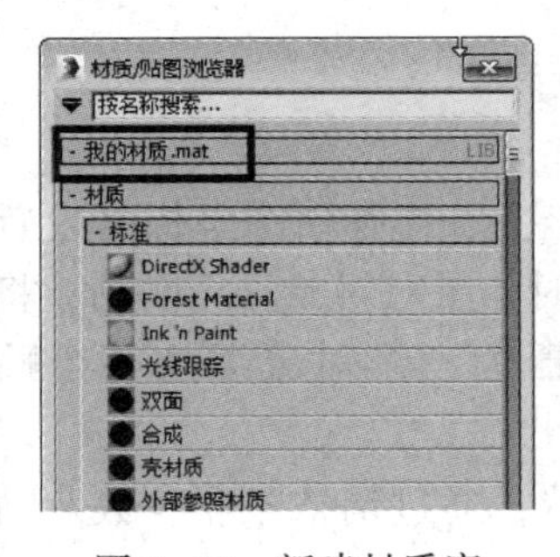

图7-25　新建材质库

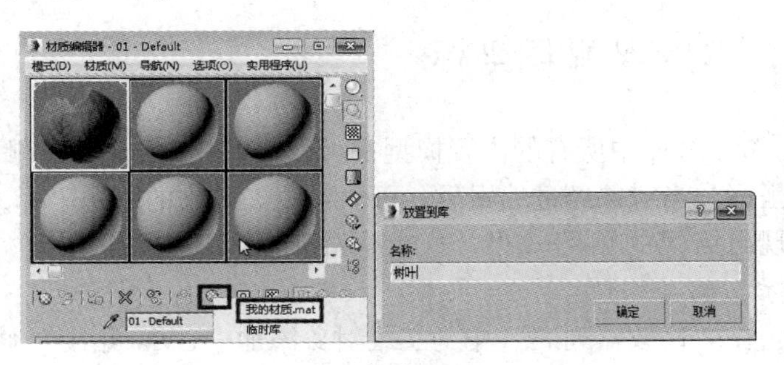

图7-26　材质入库

STEP④ 按〈M〉键打开“材质编辑器”窗口，选择“材质”|“获取材质”菜单命令，在弹出的“材质/贴图浏览器”对话框中的“我的材质.mat”卷展栏上单击鼠标右键，对材质库进行保存，如图7-27所示。

图 7-27　保存库

7.4.2　调用材质库

下面介绍材质库的调用方法，操作步骤如下。

STEP① 按〈M〉键，打开“材质编辑器”窗口。选择“材质”|“获取材质”菜单命令，在弹出的“材质/贴图浏览器”对话框中单击左上角的“材质/贴图浏览器选项”按钮，在弹出的下拉列表中选择“打开材质库”选项，如图 7-28 所示，在弹出的“创建新材质库”对话框中找到前面保存的“我的材质 . mat”，单击“打开”按钮。

图 7-28　打开材质库

STEP② 打开材质库，选择需要的材质，双击或者将所需材质拖动到材质球中。

7.5　UVW 贴图坐标

3ds Max 中所有的内置模型都可以在创建时选择生成贴图坐标，这种贴图坐标是内置贴图坐标。当对象经过编辑后，可能会丢失自己的贴图坐标，这时如果对对象进行贴图，将会呈现出错误的贴图效果。这就需要使用“UVW 贴图”修改器为三维对象添加一个贴图坐标。

在“修改器列表”中为三维对象添加“UVW 贴图”修改器，通过调整各项参数及贴图坐标的 Gizmo，即可为三维对象进行任意效果的贴图。

“UVW 贴图”修改器有“平面”“柱形”“球形”“收缩包裹”“长方体”“面”“XYZ 到 UVW”7 种贴图类型。贴图坐标主要用来控制贴图的位置、重复次数和是否旋转等属性。

小试身手——创建花瓶贴图

44 花瓶贴图

STEP 1 打开 3ds Max 2016，打开配套素材中的“场景和素材\第 07 章\花瓶 . max”，按〈M〉键调出“材质编辑器”窗口，选择一个空白材质球，设置材质类型为“Standard”，将其命名为“花瓶”。

STEP 2 在“反射高光”选项组下设置“高光级别”为 40，“光泽度”为 50。在“漫反射”贴图通道单击“无”按钮，添加位图，具体文件位置参考“场景和素材\第 07 章\大青花 . jpg”。此时贴图效果不正确，图中的花纹为竖向，严重变形，如图 7-29 所示。

图 7-29　花瓶错误贴图效果

STEP 3 选中花瓶模型，在“修改”面板的“修改器列表”中选择“UVW 贴图”修改器，如图 7-30 所示。

STEP 4 在“参数”卷展栏中，选择“柱形”，选择“X”轴，单击“适配”按钮，最终效果如图 7-31 右图所示。

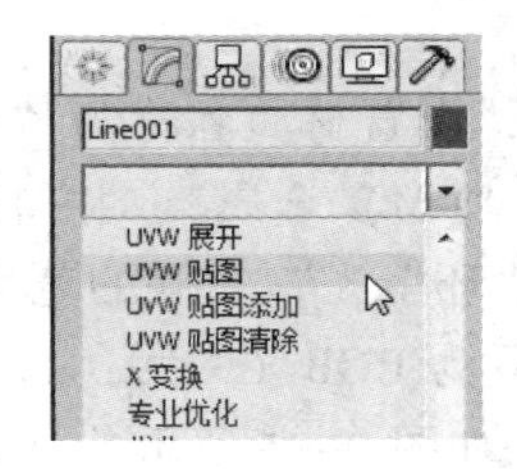

图 7-30　添加“UVW 贴图”修改器

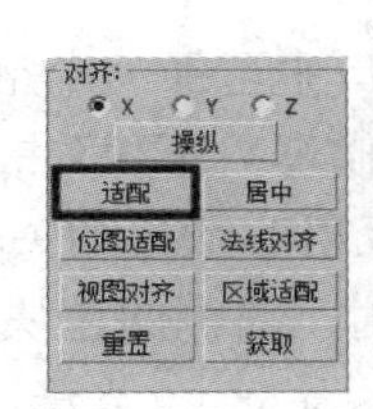

图 7-31　调整 UVW 贴图参数

7.6　课堂练习——为卧室场景添加材质

通过本课堂练习，熟练掌握材质的制作和编辑，学习室内设计中常用材质的制作和应用。

7.6.1　地板材质

45 为卧室场景添加材质

具体操作步骤如下。

STEP 1 打开素材中的“场景和素材\第 07 章\卧室 . max”。

STEP 2 执行“渲染”|“材质编辑器”菜单命令（或在英文输入状态下按〈M〉键，或单击工具栏上的“材质编辑器”按钮），调出“材质编辑器”窗口。

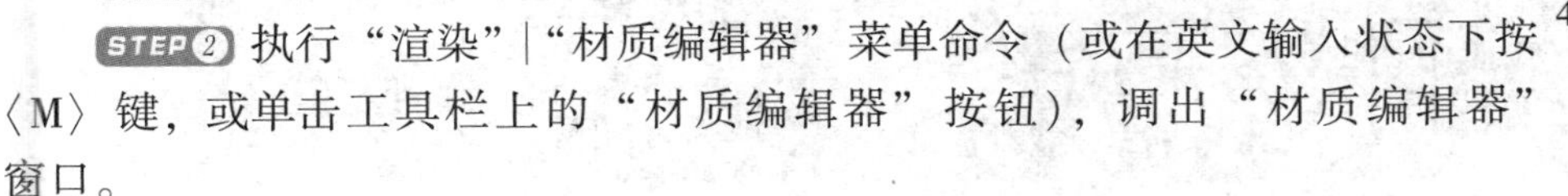

STEP 3 在出现的“材质编辑器”窗口中，选择一个空白材质球，设置材质名称为“地板”。打开“材质编辑器”窗口下边的“贴图”卷展栏，单击“漫反射颜色”右侧的“无”长按钮，选择“位图”，找到配套素材中的“场景和素材\第 07 章\地板 . jpg”。单击“材质编辑器”窗口中的“转到父对象”按钮。单击“反射”右侧的“无”长按钮，选择“光线跟踪”。将“反射”的“数量”改为 10，如图 7-32 所示。

STEP 4 将材质赋给场景中的地面模型，在“修改器列表”中选择“UVW 贴图”修改器，在“贴图”选项组下选择“长方体”单选按钮，并设置合适的长宽高参数，如图 7-33 所示。

STEP 5 材质球效果如图 7-34 所示。按〈F9〉键查看渲染效果，保存文件。

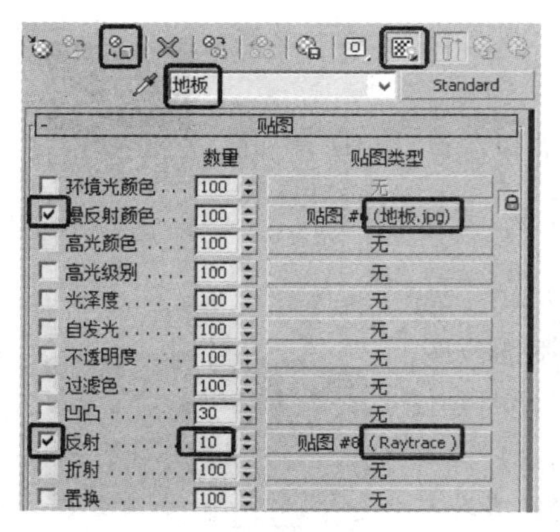

图 7-32 设置材质参数

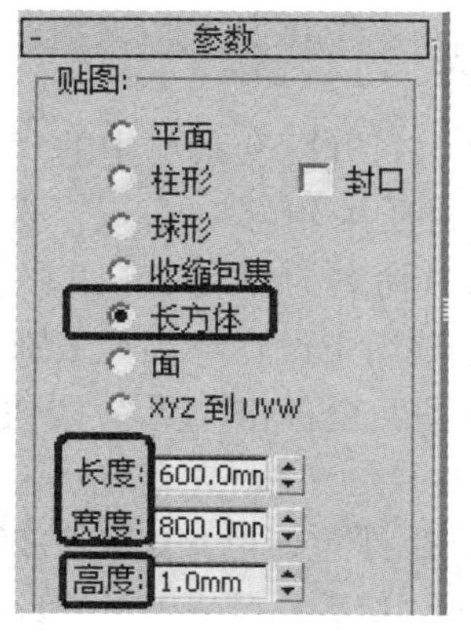

图 7-33 设置贴图参数

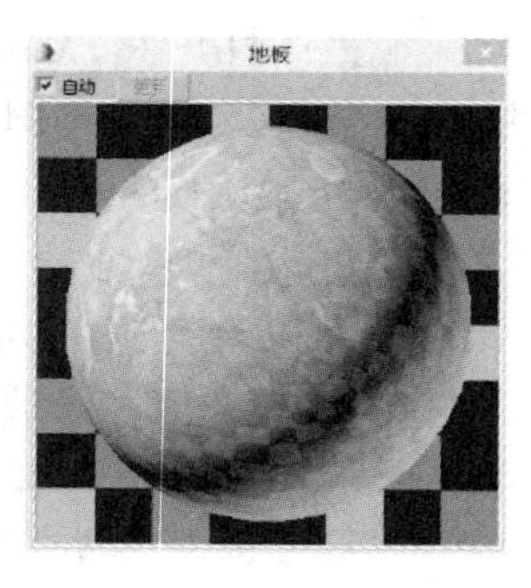

图 7-34 最终效果

7.6.2 窗帘与地毯材质

先制作窗帘材质，操作步骤如下。

STEP① 在“材质编辑器”窗口中选择一个空白材质球，设置材质名称为“窗帘”，在“明暗器基本参数”卷展栏的“明暗器”下拉列表框中选择“(M) 金属”，并勾选“双面”复选框。取消“环境光”和“漫反射”颜色的关联，单击“环境光”右侧的色块，颜色设置为 RGB (0,0,0)，单击“漫反射”右侧的色块，颜色设置为 RGB (39,9,0)。在“反射高光”选项组中设置“高光级别”为 58，“光泽度”为 59，如图 7-35 所示。

STEP② 打开“贴图”卷展栏，单击“反射”右侧的“无”按钮，选择“位图”，选择配套素材中的“场景和素材\第 07 章\丝绸.jpg”，如图 7-36 所示。设置瓷砖的 U 为 0.1，V 为 0.1，如图 7-37 所示。

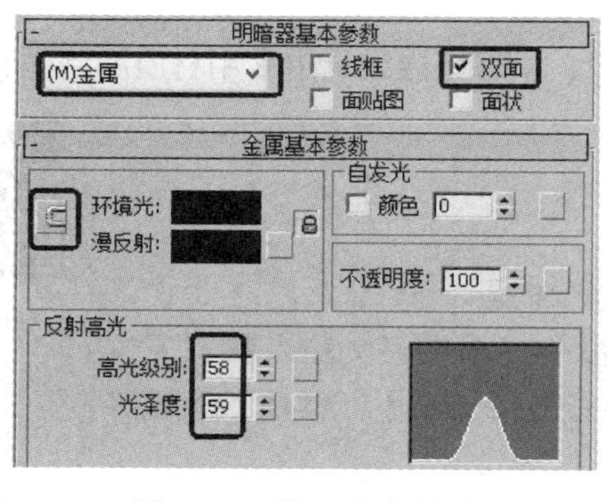

图 7-35 设置窗帘材质

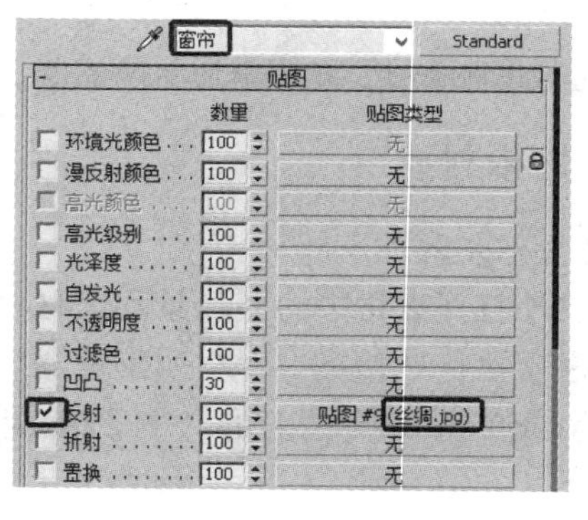

图 7-36 添加贴图

STEP③ 单击“材质编辑器”窗口中的“转到父对象”按钮，材质球效果如 7-38 所示。将材质赋给场景中的窗帘模型，按〈F9〉键查看渲染效果，保存文件。

再制作地毯材质，操作步骤如下。

STEP① 选择一个空白材质球，设置材质名称为“地毯”，在“材质编辑器”窗口的“贴图”卷展栏中，单击“漫反射颜色”右侧的“无”按钮，选择“位图”，添加素材“场景和素材\第 07 章\地毯.jpg”，如图 7-39 左图所示。

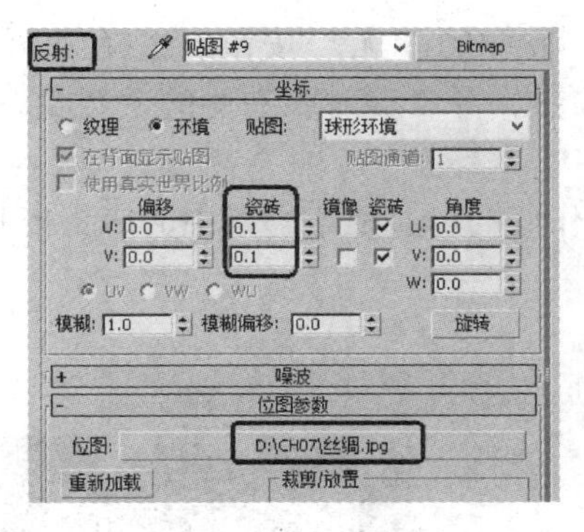

图 7-37　设置反射参数

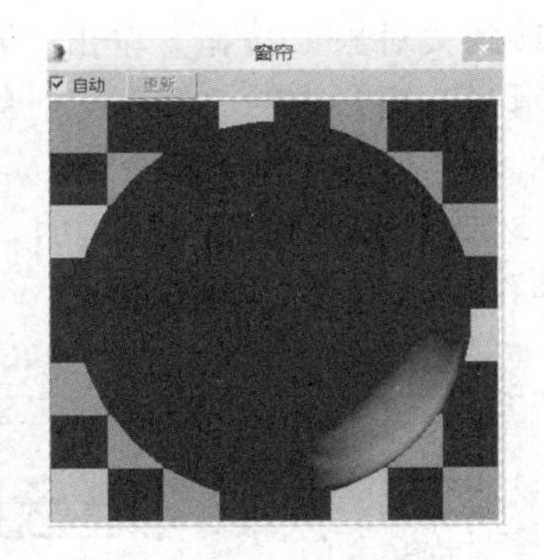

图 7-38　丝绸材质

STEP② 单击“置换”右侧的“无”按钮，选择“位图”，添加素材“场景和素材\第07章\地毯副本.jpg”，设置置换的“数量”为30。将光标移至“贴图”卷展栏的“置换”右侧的长按钮上，拖动至上边的“凹凸”右侧的按钮上，在弹出的对话框中，选择“复制”并单击“确定”按钮，将“凹凸”的“数量”改为90，如图7-39右图所示。

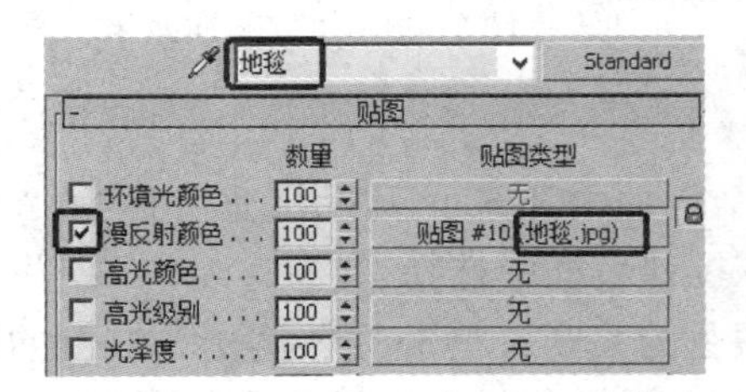

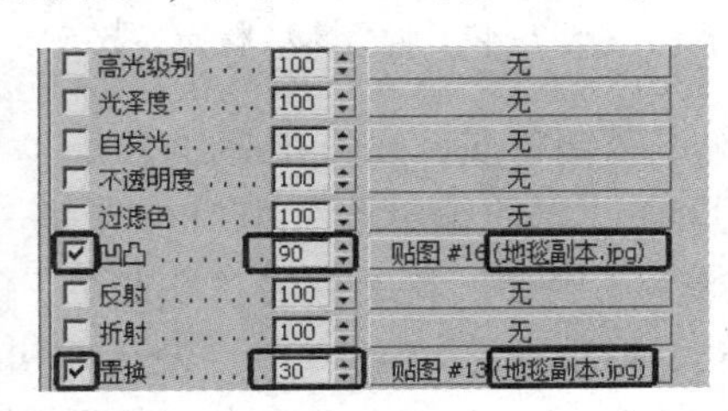

图 7-39　设置地毯贴图

STEP③ 将材质赋给场景中的地毯模型，材质球效果如图7-40所示。为地毯添加“UVW贴图”修改器。在“参数”卷展栏中，选择“长方体”，长、宽、高均为800，如图7-41所示。按〈F9〉键预览渲染效果，保存文件。

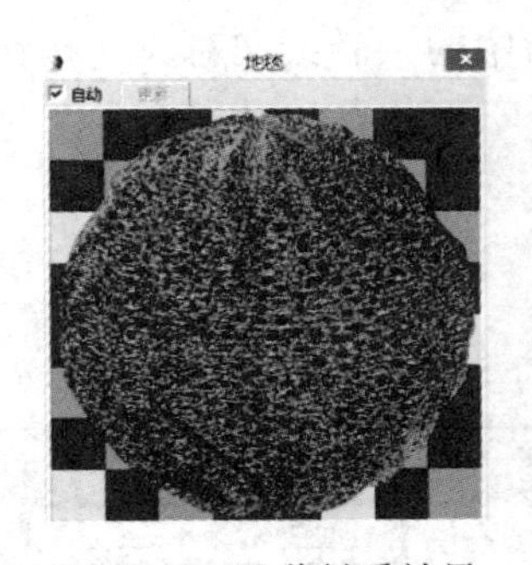

图 7-40　地毯材质效果

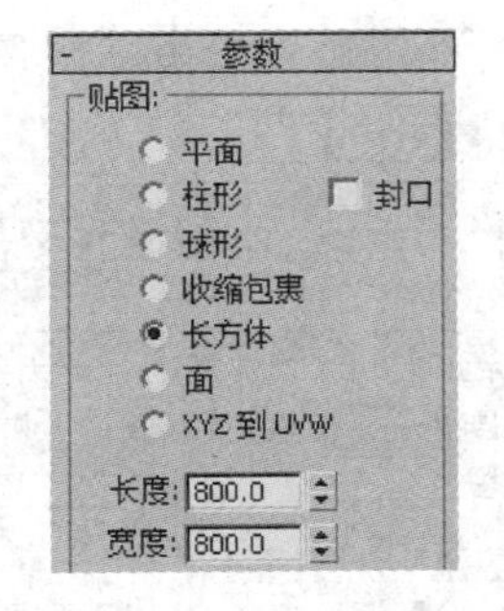

图 7-41　“UVW贴图”参数设置

7.6.3　家具材质

先制作木纹材质，操作步骤如下。

STEP① 选择一个空白材质球，设置材质名称为“木纹”。

STEP② 打开“贴图”卷展栏，单击“漫反射颜色”右侧的“无”按钮，选择“位图”，选择素材文件“场景和素材\第07章\木纹.jpg”作为贴图文件，单击“材质编辑器”

窗口中的“转到父对象”按钮。单击“反射”右侧的“无”按钮，选择“光线跟踪”。单击“材质编辑器”窗口中的“转到父对象”按钮。将“反射”右侧的“数量”改为10，如图7-42所示。

STEP③ 材质球效果如图7-43所示。将制作好的材质赋给场景中的床头柜和床模型，按〈F9〉键预览渲染效果，保存文件。

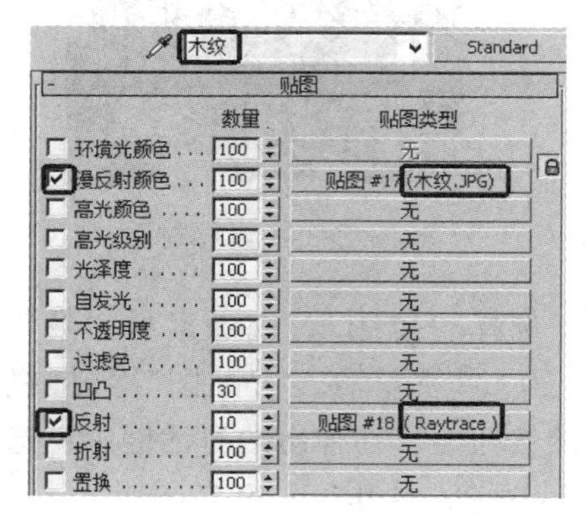

图7-42　设置木纹材质参数

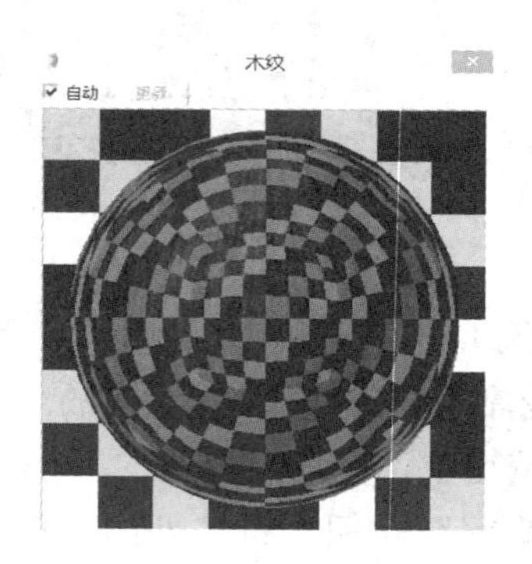

图7-43　木纹材质效果

再制作不锈钢材质，操作步骤如下。

STEP① 在“材质编辑器”窗口中选择一个空白材质球，设置材质名称为“不锈钢”，在“明暗器基本参数”卷展栏的“明暗器”下拉列表框中选择“(M) 金属”，并勾选“双面”复选框。取消“环境光”和“漫反射”颜色的关联，单击“环境光”右侧的色块，颜色设置为RGB（91,90,91）。单击“漫反射”右侧的色块，颜色设置为RGB（201,200,201）。在“反射高光”选项组中设置“高光级别”为73，“光泽度”为63，具体设置如图7-44所示。

STEP② 在“材质编辑器”窗口的“贴图”卷展栏中，单击“反射”右侧的“无”按钮，选择“遮罩”。单击“遮罩参数”卷展栏中“贴图”右侧的“无”按钮，选择“光线跟踪”，如图7-45所示，单击“材质编辑器”窗口中的“转到父对象”按钮。

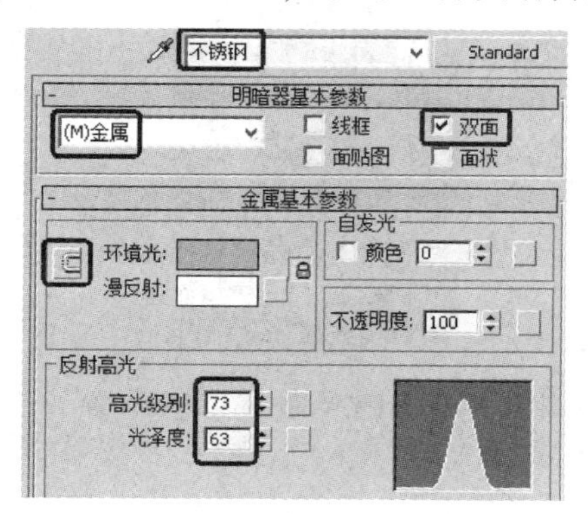

图7-44　不锈钢材质基本参数

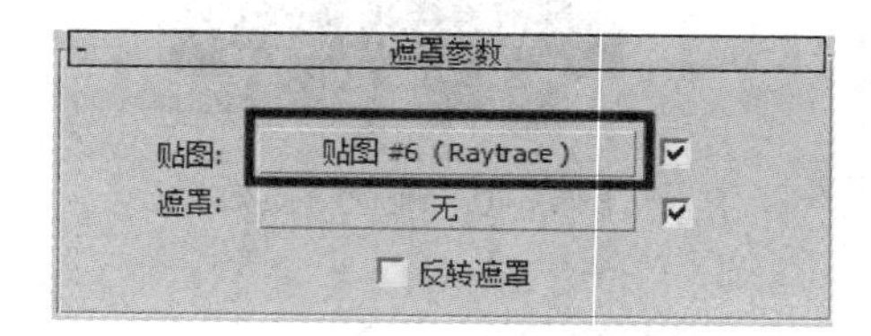

图7-45　设置遮罩参数

STEP③ 单击“遮罩参数”卷展栏中“遮罩”右侧的“无”按钮，选择“衰减”。在“衰减参数”卷展栏中的“衰减类型”下拉列表框中选择“Fresnel”，如图7-46所示。

STEP④ 单击“材质编辑器”窗口中的“转到父对象”按钮。在“遮罩参数”卷展栏中勾选“反转遮罩”复选框，再单击“材质编辑器”窗口中的“转到父对象”按钮。

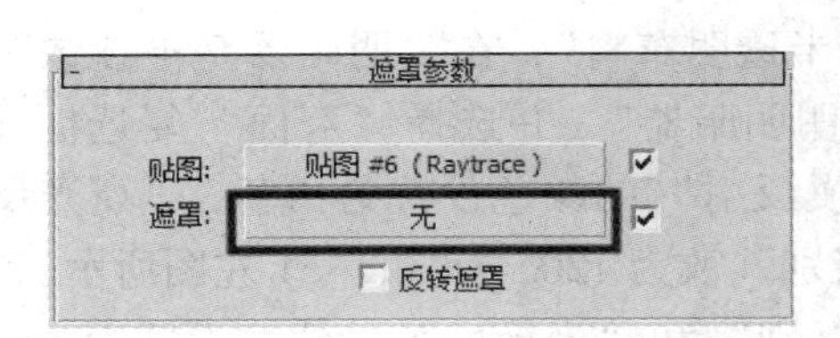

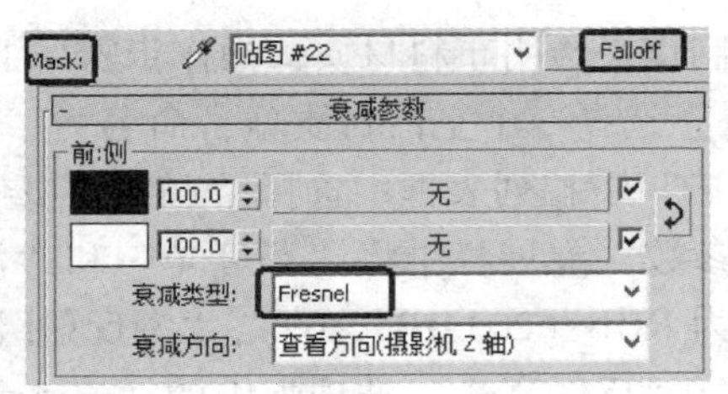

图 7-46　设置衰减参数

STEP⑤ 材质球效果如图 7-47 所示。将制作好的材质赋给场景中的窗框模型，然后按〈F9〉键预览渲染效果，保存文件。

图 7-47　不锈钢材质效果

然后制作玻璃材质，操作步骤如下。

STEP① 选择一个空白材质球，为材质命名为“玻璃”，在“明暗器基本参数”卷展栏的“明暗器”下拉列表框中选择“(A) 各向异性”，在“各向异性基本参数”卷展栏中，将“环境光”和“漫反射”的颜色均设置为 RGB（216,216,216），“自发光”中的“颜色”值为 20，“不透明度”的值为 30，如图 7-48 左图所示。

STEP② 在“反射高光”选项组中设置“高光级别”为 167，“光泽度”为 45，“各向异性”为 67，如图 7-48 右图所示。

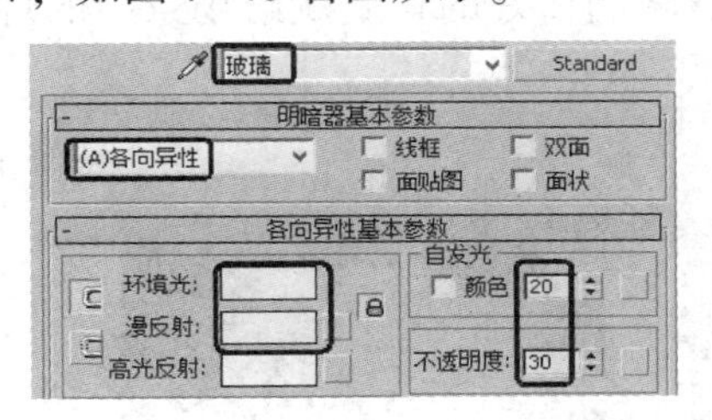

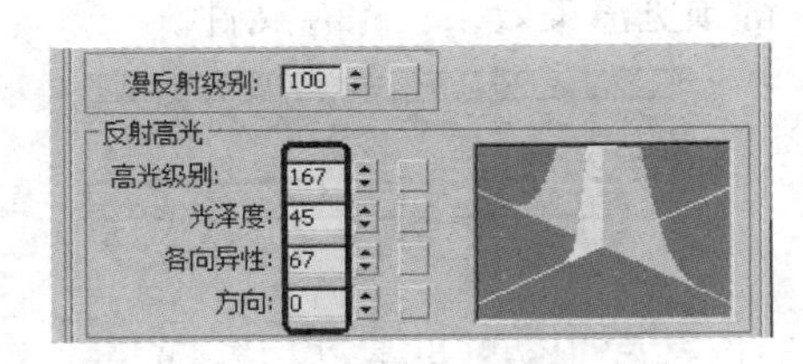

图 7-48　设置玻璃参数

STEP③ 在“材质编辑器”窗口的“贴图”卷展栏中，单击“折射”右侧的“无”按钮，选择“光线跟踪”，单击“转到父对象”按钮。将“折射”的数量改为 80，如图 7-49 所示。

STEP④ 玻璃材质效果如图 7-50 所示，将制作好的材质赋给场景中的窗玻璃模型，按〈F9〉键预览渲染效果，保存文件。。

贴图

	数量	贴图类型
□ 环境光颜色	100	无
□ 漫反射颜色	100	无
□ 高光颜色	100	无
□ 漫反射级别	100	无
□ 高光级别	100	无
□ 光泽度	100	无
□ 各向异性	100	无
□ 方向	100	无
□ 自发光	100	无
□ 不透明度	100	无
□ 过滤色	100	无
□ 凹凸	30	无
□ 反射	100	无
☑ 折射	80	贴图 #23（Raytrace）
□ 置换	100	无

图 7-49　设置折射参数

图 7-50　玻璃材质效果

最后制作半透明布料材质，操作步骤如下。

STEP① 选择一个空白材质球，命名为“半透明布料”，在“明暗器基本参数”卷展栏的“明暗器”下拉列表框中选择“(T) 半透明明暗器”，并选择“双面”复选框，在“半透明基本参数”卷展栏中将“环境光”和“漫反射”的颜色设置为白色，“高光反射”的颜色设置为 RGB（203,203,203），“漫反射级别”改为 120，如图 7-51 左图所示。

STEP② “反射高光”选项组中的“高光级别”和“光泽度”的值均设置为 15，“不透明度”的值为 70，如图 7-51 右图所示。

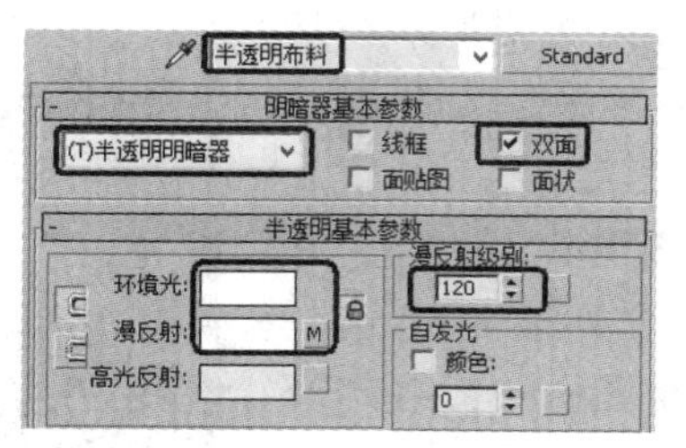

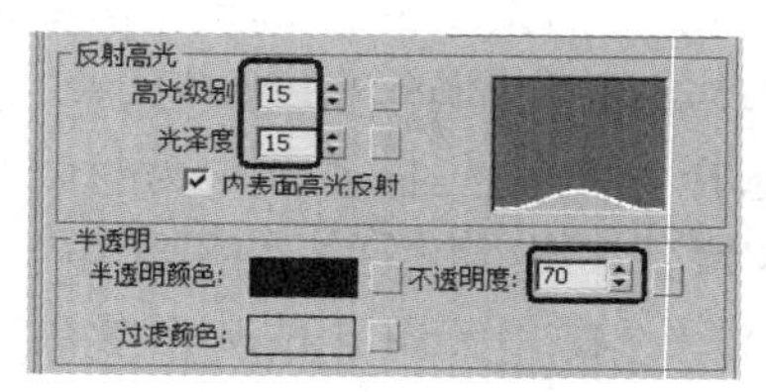

图 7-51　设置半透明布料材质的基本参数

STEP③ 打开“贴图”卷展栏，单击“漫反射颜色”右侧的“无”按钮，选择“位图”，选择素材“场景和素材\第 07 章\半透明布料.jpg”。单击“漫反射颜色”的“无”按钮，将贴图文件用鼠标拖动到“凹凸”右侧的按钮上，如图 7-52 所示。

STEP④ 半透明布料材质效果如图 7-53 所示，将制作好的材质赋给场景中的灯罩模型，按〈F9〉键预览渲染效果，保存文件。

贴图	数量	贴图类型
环境光颜色	100	无
☑ 漫反射颜色	100	贴图 #25（半透明布料.jpg）
高光颜色	100	无
光泽度	100	无
高光级别	100	无
自发光	100	无
不透明度	100	无
过滤色	100	无
漫反射级别	100	无
半透明颜色	100	无
☑ 凹凸	30	贴图 #27（半透明布料.jpg）
反射	100	无
折射	100	无
置换	100	无

图 7-52　设置凹凸参数

图 7-53　半透明布料材质效果

STEP⑤ 最终效果如图 7-54 所示。

图 7-54　卧室最终效果

强化训练

在 3ds Max 2016 中，打开素材文件“场景和素材\第 07 章\电脑椅模型 . max”，为电脑椅模型制作并赋予材质，操作步骤如下。

46 制作电脑椅模型

先制作布料材质，操作步骤如下。

STEP① 选择一个空白材质球，命名材质为“布料”，在“明暗器基本参数”卷展栏的“明暗器”下拉列表框中选择“(O) Oren-Nayar-Blinn”明暗器，并勾选“双面”复选框，取消“环境光”和“漫反射”颜色的关联。单击“环境光”右侧的色块，选择黑色，“漫反射”颜色默认（灰色）不变，如图 7-55 所示。

STEP② 设置“粗糙度”为 20，在“反射高光”选项组中设置“高光级别”为 15，“光泽度”为 47，“柔化”为 1.0，如图 7-56 所示。

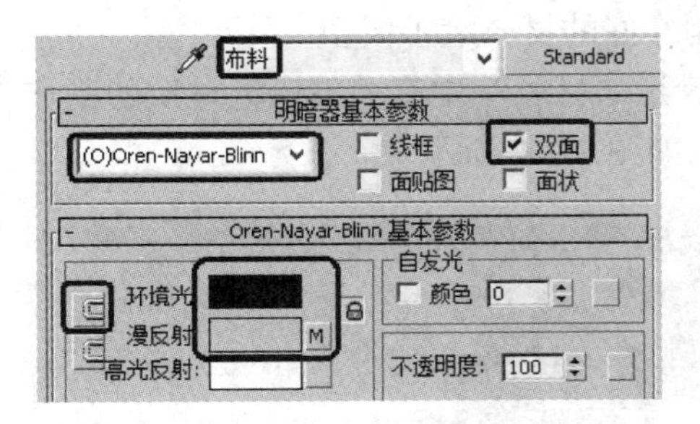

图 7-55 设置布料材质参数

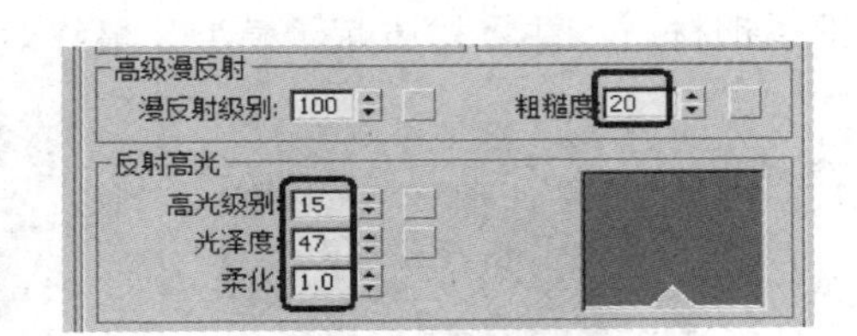

图 7-56 设置反射高光参数

STEP③ 单击“漫反射”右侧的“无”按钮，选择“位图”，选择素材“场景和素材\第 07 章\布料 . jpg”。在“材质编辑器”窗口的“贴图”卷展栏中选择“凹凸”右侧的“无”按钮，选择同一贴图文件“布料 . jpg”。将“凹凸”右侧的“数量”改为 5，减弱凹凸程度，如图 7-57 所示。

STEP④ 布料材质效果如图 7-58 所示，将制作好的材质赋给模型。

贴图	数量	贴图类型
☐ 环境光颜色	100	无
☑ 漫反射颜色	100	贴图 #29 (布料.jpg)
☐ 高光颜色	100	无
☐ 光泽度	100	无
☐ 高光级别	100	无
☐ 自发光	100	无
☐ 不透明度	100	无
☐ 过滤色	100	无
☐ 漫反射级别	100	无
☐ 漫反射粗糙度	100	无
☑ 凹凸	5	贴图 #30 (布料.jpg)
☐ 反射	100	无
☐ 折射	100	无
☐ 置换	100	无

图 7-57 设置贴图参数

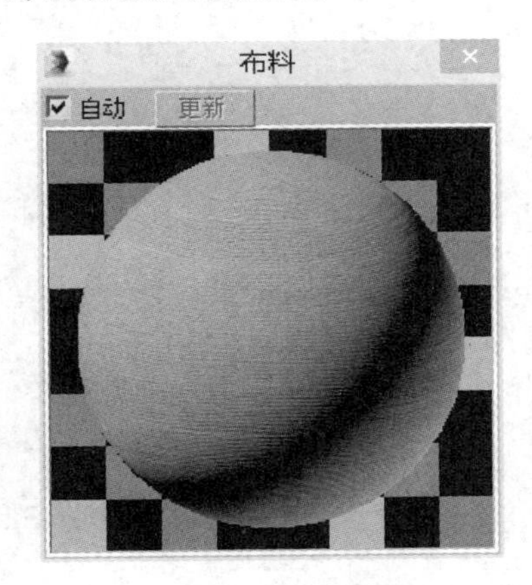

图 7-58 布料材质效果

再制作塑料材质，操作步骤如下。

STEP① 选择一个空白材质球，命名材质为“塑料”，取消“环境光”和“漫反射”颜色的关联。单击“漫反射”右侧的色块，选择深灰色 RGB（180,180,180），单击“环境光”右侧的色块，选择黑色，如图 7-59 所示。设置“高光级别”为 97，“光泽度”为 79，如图 7-60 所示。

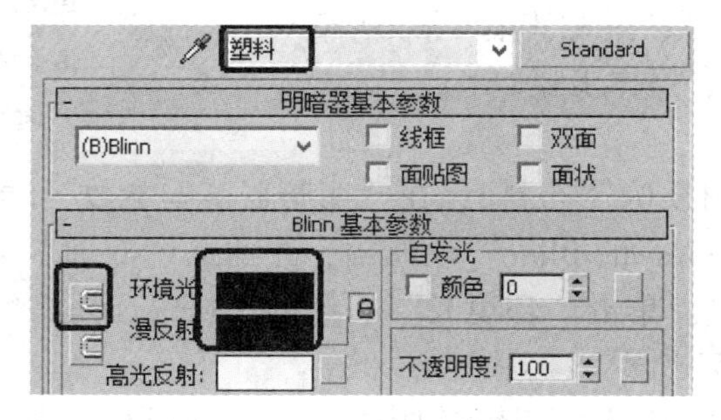

图 7-59　设置塑料材质参数

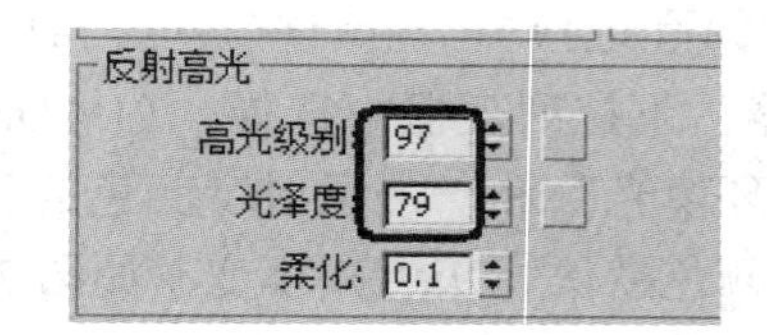

图 7-60　设置反射高光参数

STEP② 塑料材质效果如图 7-61 所示，将制作好的材质赋予模型。

STEP③ 参照“7.6 课堂练习——为卧室场景添加材质”中有关不锈钢材质的制作方法，制作不锈钢材质，并将材质赋予模型，最终效果如图 7-62 所示。

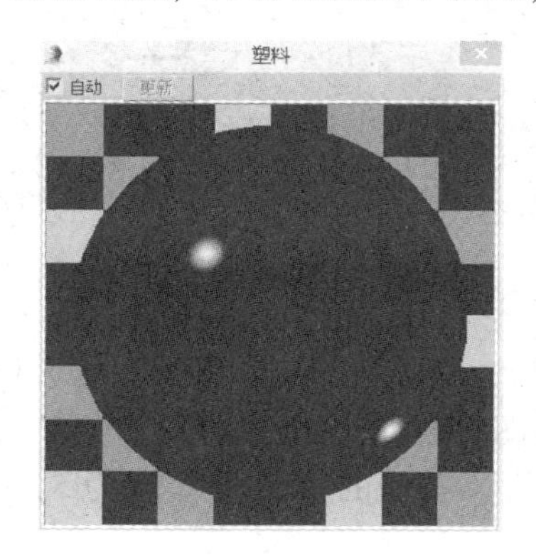

图 7-61　塑料材质效果

图 7-62　电脑椅最终效果

第8章　灯光的使用

内容导读

在效果图制作过程中，要想表现出真实的效果，布光起着举足轻重的作用，空间层次、材质质感和氛围都要靠灯光来体现。在本章中将对灯光的基本参数和布光方法进行讲解，把握好灯光的设置，合理处理光与影的关系，才能创建出真实的效果。

学习目标

✓ 掌握灯光的分类和用途
✓ 掌握标准灯光的使用
✓ 掌握光度学灯光的使用

作品展示

◎筒灯照明

◎卧室布光

◎卫生间布光

8.1　灯光的分类和用途

3ds Max 中内置了两种灯光类型：“光度学”灯光和“标准”灯光。3ds Max 中的灯光比现实中的灯光优越得多，用户可以随意调节灯光的亮度和颜色，还可以随意设置灯光能否穿透对象或是否投射阴影，设置灯光要照亮哪些对象而不照亮哪些对象。利用 3ds Max 中的灯光可以模拟现实世界中的各种灯光类型。图 8-1 和图 8-2 是利用 3ds Max 制作的室内灯光效果图和室外日光效果图。

图 8-1　室内灯光效果图

图 8-2　室外日光效果图

8.2　标准灯光

标准灯光是基于计算机的对象进行模拟的灯光，如模拟家中使用的灯光、舞台上使用的灯光或者影视中使用的灯光以及太阳光。不同种类的灯光对象可用不同的方式投影灯光，用于模拟真实世界不同种类的光源。

选择“创建”面板中的“灯光”，单击“灯光”面板中的灯光类型，在视口中拖动鼠标就可以创建所选的标准灯光，如图 8-3 所示。

图 8-3 标准灯光“创建”面板

8.2.1 聚光灯

聚光灯包括目标聚光灯和自由聚光灯两种，它是一种锥形的投射光束，可影响光束内被照射的对象，产生一种逼真的投射阴影。

目标聚光灯主要用来模拟吊灯和手电筒等照明物发出的灯光。目标聚光灯由投射点和目标点组成，其方向性非常好，对阴影的塑造能力也很强，其参数卷展栏如图 8-4 所示。所有标准灯光的参数设置方法都较为相似，下面介绍常用参数的含义。

“常规参数”卷展栏如图 8-5 所示，其参数介绍如下。

1. “灯光类型”选项组

- 启用：用于设置是否开启灯光。
- 灯光类型：用于选择灯光的类型，包含“聚光灯”“平行光”和“泛光灯”三种类型。
- 目标：若勾选此复选框，灯光将成为目标聚光灯。

2. “阴影”选项组

- 启用：用于设置是否开启灯光明影。
- 使用全局设置：若勾选此复选框，该灯光的阴影将影响整个场景。
- 阴影类型：用于切换阴影类型得到不同的阴影效果。
- 排除：用于将选定的对象排除于灯光效果之外。

展开“强度/颜色/衰减”卷展栏，如图 8-6 所示，其参数介绍如下。

图 8-4 聚光灯参数卷展栏

图 8-5 “常规参数”卷展栏

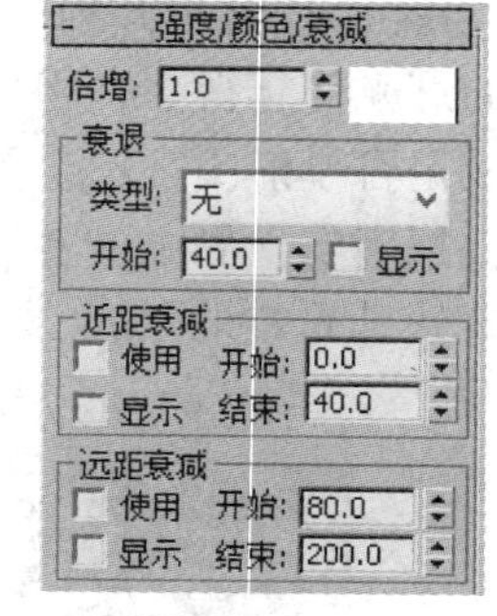

图 8-6 “强度/颜色/衰减”卷展栏

3. “倍增”选项组

- 倍增：用于控制灯光的强弱。
- 颜色：用于设置灯光的颜色。

4. “衰退”选项组

- 类型：用于设置灯光的衰退方式。“无”为不衰退，“倒数”为反向衰退，“平方反比”是以平方反比的方式进行衰减。
- 开始：用于设置灯光衰退的距离。

- 显示：用于设置是否显示灯光的衰退效果。

5. “近距衰减”选项组

- 使用：用于设置灯光是否近距离衰减。
- 显示：用于设置是否显示近距离衰减。
- 开始：用于设置灯光淡出的距离。
- 结束：用于设置灯光达到衰减最远处的距离。

6. “远距衰减”选项组

- 使用：用于设置灯光是否远距离衰减。
- 显示：用于设置是否显示远距离衰减。
- 开始：用于设置灯光开始淡出的距离。
- 结束：用于设置灯光衰减为 0 的距离。

8.2.2 平行光

平行光包括目标平行光和自由平行光两种，可以产生圆柱形或方柱形的平行光束。平行光束是一种类似于激光的光束，它的发光点与照射点大小相等。目标平行光主要用于模拟阳光、探照灯、激光光束等效果。“目标平行光”参数卷展栏如图 8-7 所示。

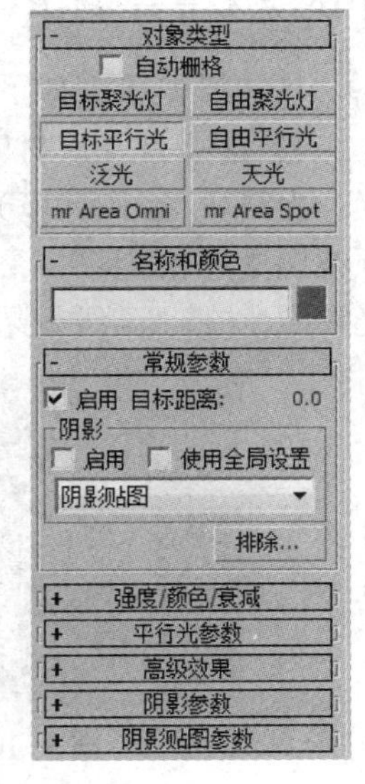

图 8-7 “目标平行光”参数卷展栏

8.2.3 泛光

泛光是在效果图制作中应用最多的光源，可以用来照亮整个场景，是一种可以向四周均匀发光的点光源。虽然泛光容易创建和调节，也能够均匀地照射场景，但是如果在一个场景中使用太多泛光可能会导致场景缺乏对比度，明暗层次不分明。其参数卷展栏如图 8-8 所示。

8.2.4 天光

天光主要用来模拟天空光，以穹顶方式发光，主要用于模拟太阳光遇到大气层时产生的散射照明效果，经常与太阳光或目标平行光配合着使用，以体现出对象的高光和阴影的清晰度，实现高光和投射的清晰阴影。天光的参数比较少，只有一个“天光参数”卷展栏，如图 8-9 所示。

图 8-8 “泛光”参数卷展栏

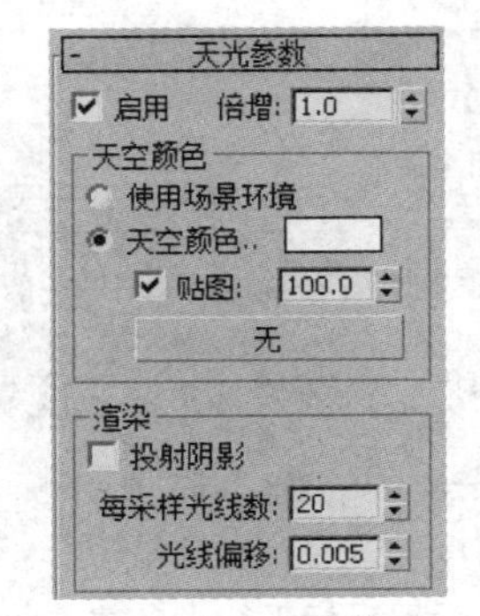

图 8-9 “天光”参数卷展栏

小试身手——制作日间照明效果

47 制作日间照明效果

具体操作步骤如下。

STEP① 打开素材中的“场景和素材\第 08 章\日间照明 . max” 文件。

STEP② 制作环境光。依次选择“创建”|“灯光”|“标准”|“泛光”，在顶视图中单击创建一个泛光，如图 8-10 所示。切换到“修改”面板，修改泛光参数。在“高级效果”卷展栏中取消勾选“高光反射”复选框，如图 8-11 所示。

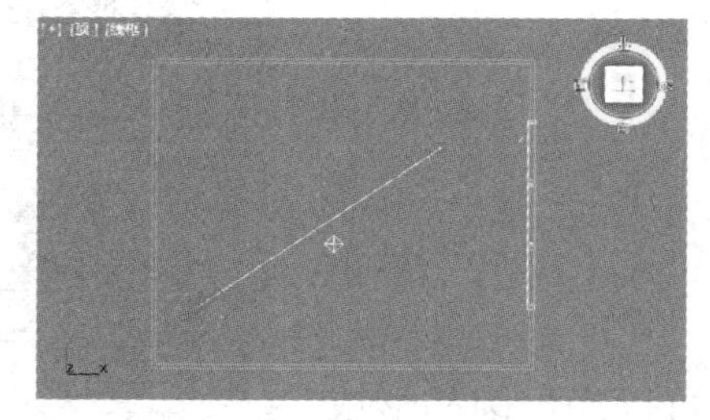

图 8-10　创建泛光

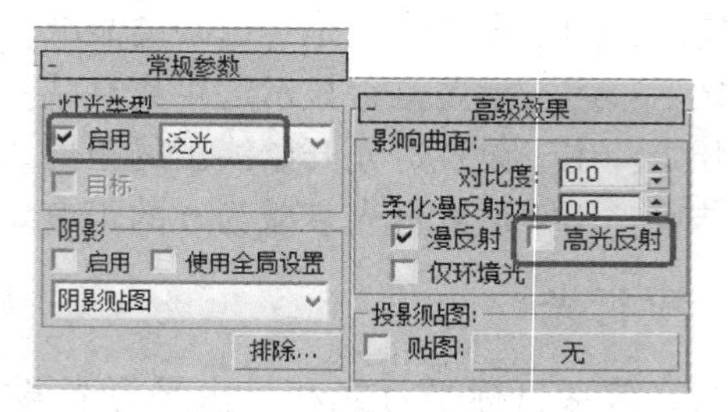

图 8-11　设置泛光灯

STEP③ 制作日光。依次选择“创建”|“灯光”|“标准”|“目标平行光”，在前视口中单击并从右上至左下拖动鼠标，让灯光穿过窗口，创建目标平行光，如图 8-12 所示。

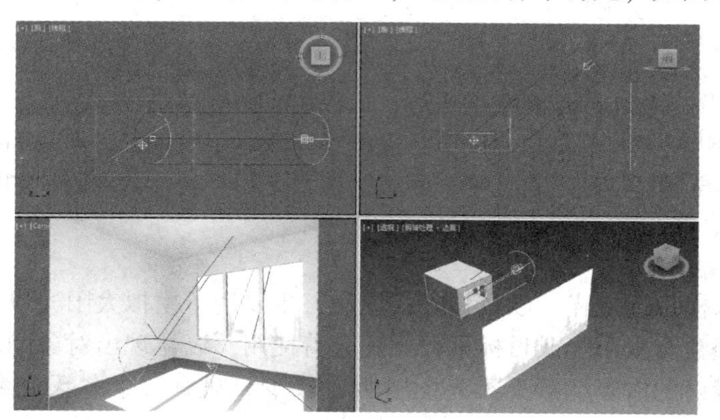

图 8-12　创建目标平行光

STEP④ 设置目标平行光参数，如图 8-13 所示。

STEP⑤ 按〈F9〉键预览渲染效果，保存文件。最终效果如图 8-14 所示。

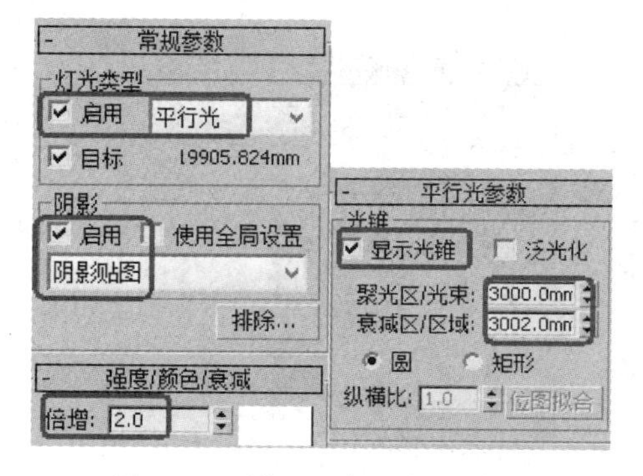

图 8-13　设置目标平行光参数

图 8-14　日间照明效果

8.3 光度学灯光

图 8-15 “光度学”灯光创建面板

光度学灯光使用光度学值更精确地定义灯光，就像在真实世界一样，创建具有各种分布和颜色特性的灯光，或导入特定的光度学文件。单击“创建”命令面板上的“灯光”按钮，灯光类型选择“光度学”，会显示“光度学”面板，光度学灯光是默认灯光，如图 8-15 所示。

8.3.1 目标灯光

目标灯光具有可以用于指向灯光的目标子对象，当添加目标灯光时，3ds Max 会自动为其指定控制器，并且将灯光目标对象指定为目标。用户可以使用“运动”面板上的“控制器设置”将场景中的任何其他对象指定为目标。目标灯光主要用来模拟现实中的筒灯、射灯和壁灯等，常用卷展栏如图 8-16 所示。

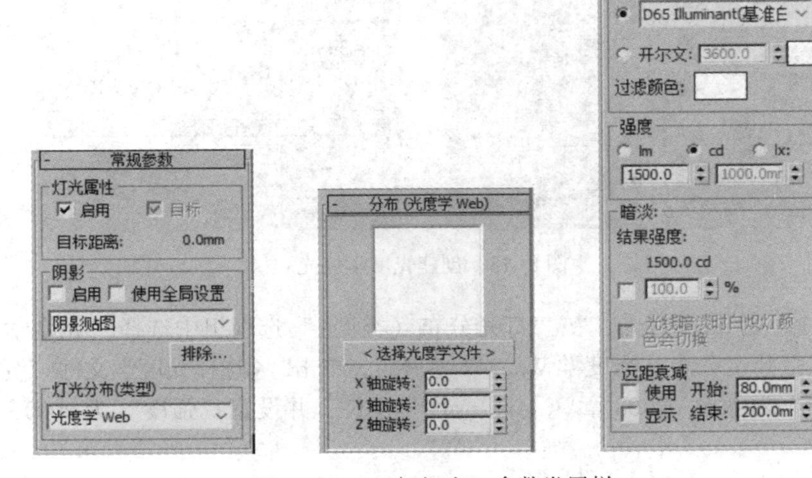

图 8-16 “目标灯光”参数卷展栏

8.3.2 自由灯光

自由灯光不具备目标点，但可以通过变换工具对自由灯光照射位置和方向进行调整。由于自由灯光没有目标点，常用来模拟发光球和台灯等。自由灯光的参数与目标灯光的参数相同。

小试身手——创建筒灯照明

48 创建筒灯照明

STEP 1 制作环境光。打开素材中的“场景和素材\第 08 章\筒灯照明 . max”，依次选择“创建”|“灯光”|“标准”|“泛光”，在房间中间创建一个泛光，并调整参数，如图 8-17 所示。

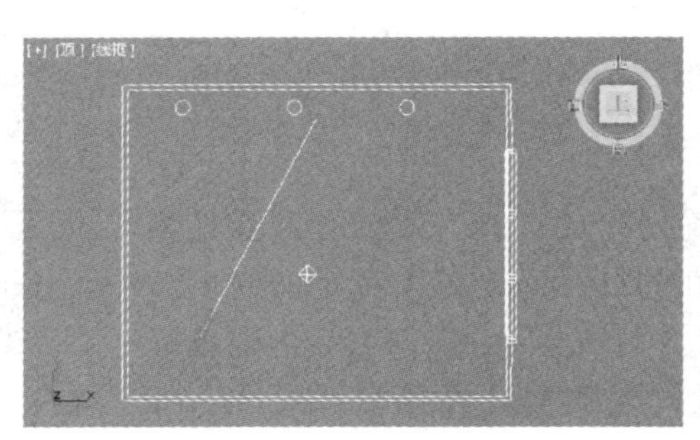

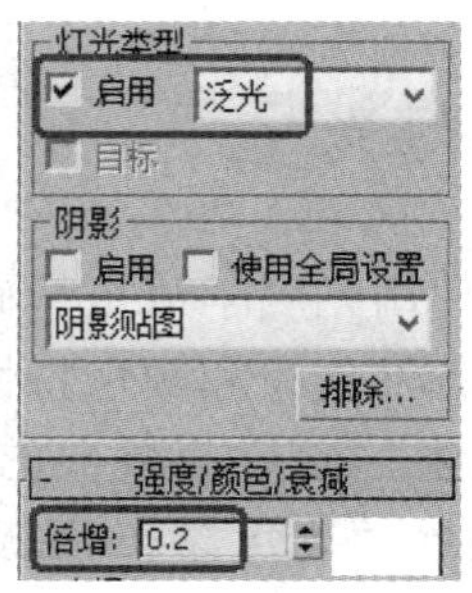

图 8-17　设置泛光

STEP② 制作筒灯。依次选择“创建”|“灯光”|“光度学”|“目标灯光”，在前视口中图 8-18 所示的灯口位置下方单击并拖动创建目标灯光。选择“渲染”|“环境”菜单命令，弹出“环境和效果”对话框，在“曝光控制”卷展栏中选择“对数曝光控制”类型，如图 8-18 所示。

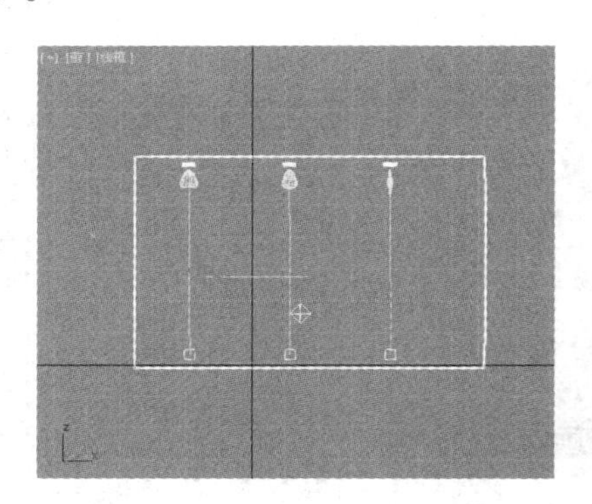

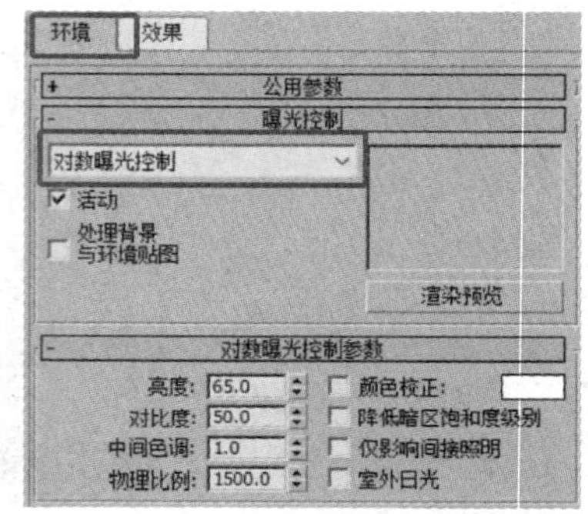

图 8-18　创建光度学灯光

STEP③ 选择一个目标灯光，在“灯光分布（类型）”选项组中选择“光度学 Web”，如图 8-19 所示。打开“分布（光度学 Web）”卷展栏，单击“<选择光度学文件>”按钮，再选择素材中的“场景和素材\第 08 章\1. ies”光度学文件，并设置“强度”为 2000，如图 8-20 所示。

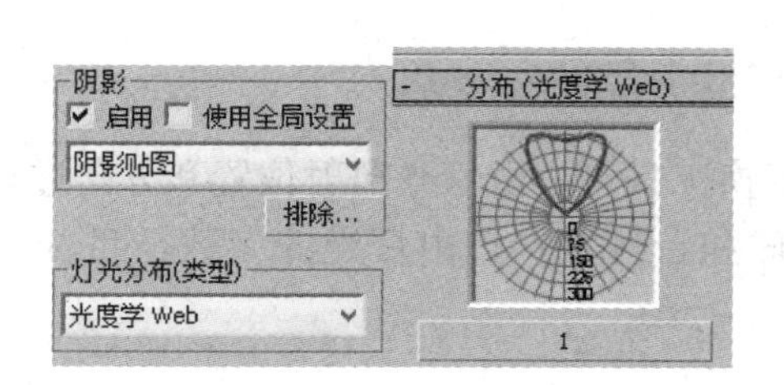

图 8-19　设置“光度学”灯光参数

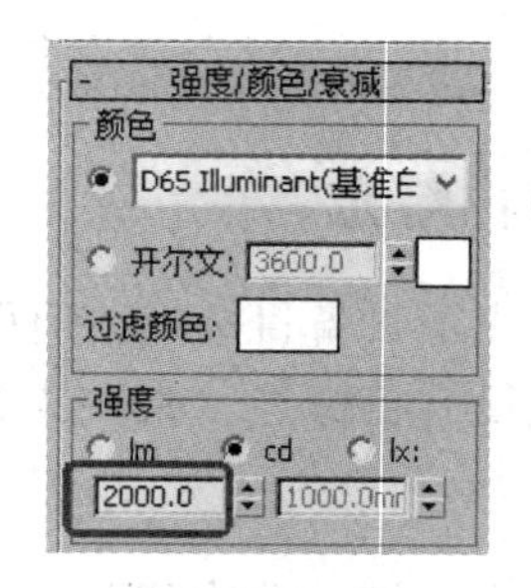

图 8-20　设置灯光强度

STEP④ 采用相同方法为另外两个目标灯光分别导入光域网文件“2. ies”和“3. ies”，三个灯的位置及效果如图 8-21 所示。

STEP⑤ 按〈F9〉键（或按〈Shift+Q〉组合键）快速渲染，预览效果，保存文件，最终效果如图 8-22 所示。

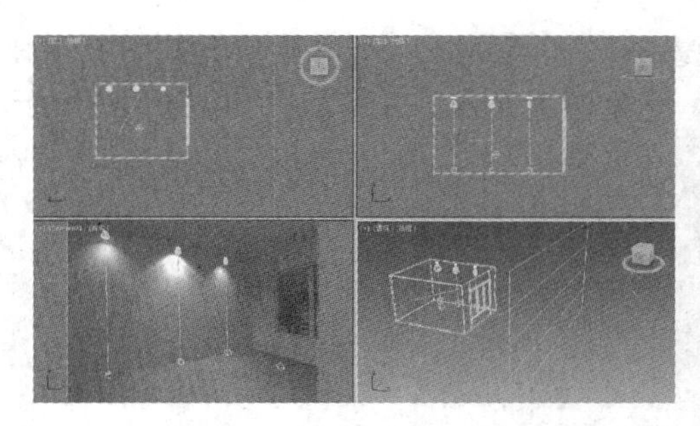

图 8-21　设置筒灯

图 8-22　最终效果

8.4　课堂练习——客厅场景布光

49 客厅场景布光

8.4.1　创建主光源

具体操作步骤如下。

STEP① 打开素材中的“场景和素材\第 08 章\客厅 . max” 文件。

STEP② 制作环境光。依次选择“创建”|“灯光”|“标准”|“泛光”，在顶视图中单击创建一个泛光，如图 8-23 所示。切换至“修改”面板，在“高级效果”卷展栏中取消勾选“高光反射”复选框，具体参数设置如图 8-24 所示。

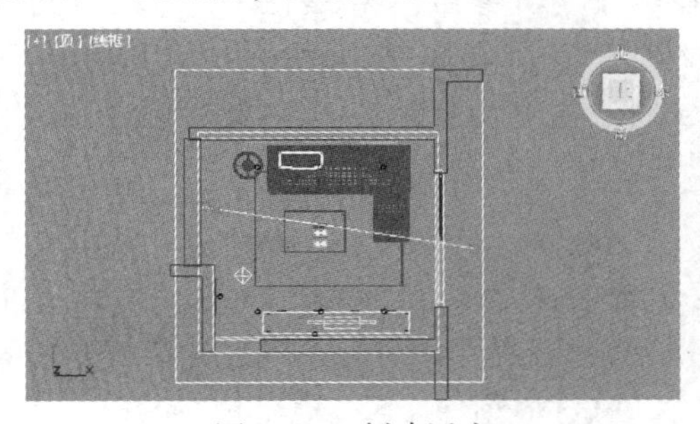

图 8-23　创建泛光

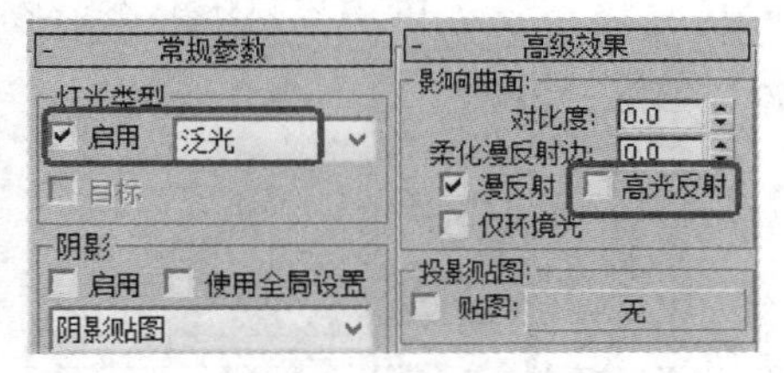

图 8-24　设置泛光参数

STEP③ 制作日光。依次选择“创建”|“灯光”|“标准”|“目标平行光”，在前视口中单击并从右上至左下拖动鼠标，让灯光穿过窗口，创建目标平行光，灯光位置参照图 8-25。

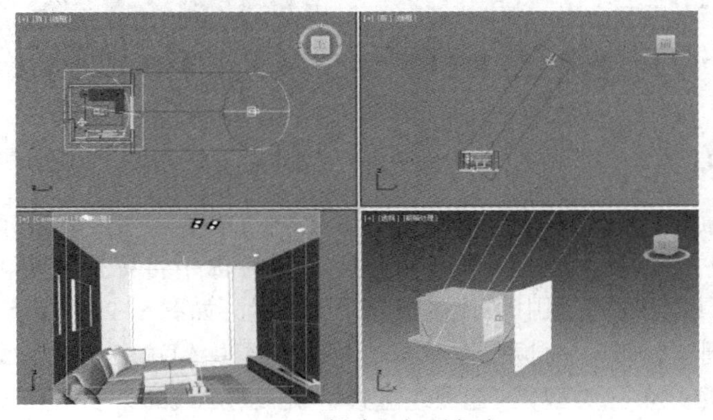

图 8-25　创建目标平行光

STEP④ 切换至“修改”面板，在“常规参数”卷展栏中单击“排除”按钮，在弹出的“排除/包含”对话框中将窗户和外景板排除，避免阻挡光线进入房间，如图 8-26 所示。

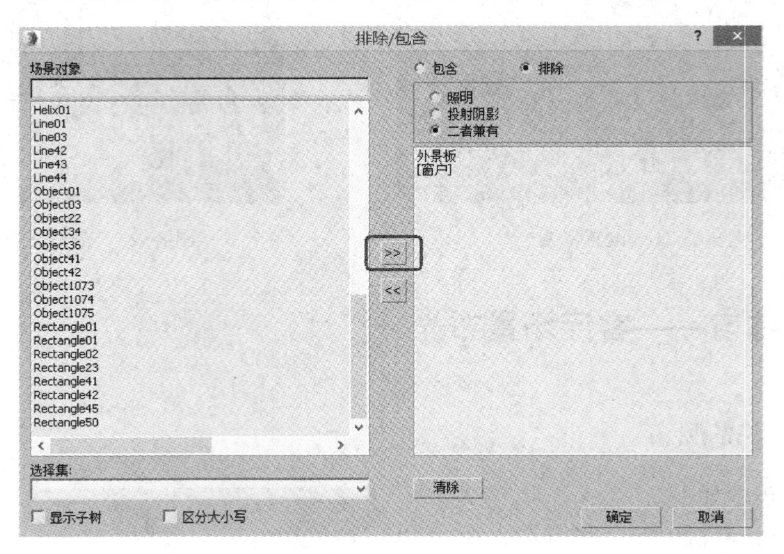

图 8-26　设置排除范围

STEP⑤ 在“常规参数”卷展栏中，勾选“阴影”复选框，选择“阴影贴图”。在“强度/颜色/衰减”卷展栏中设置倍增值为 10。在“平行光参数”卷展栏中勾选“显示光锥”复选框，并设置“聚光区/光束”和“衰减区/区域”，如图 8-27 所示。

STEP⑥ 按〈F9〉键预览渲染效果，保存文件，主光源效果如图 8-28 所示。

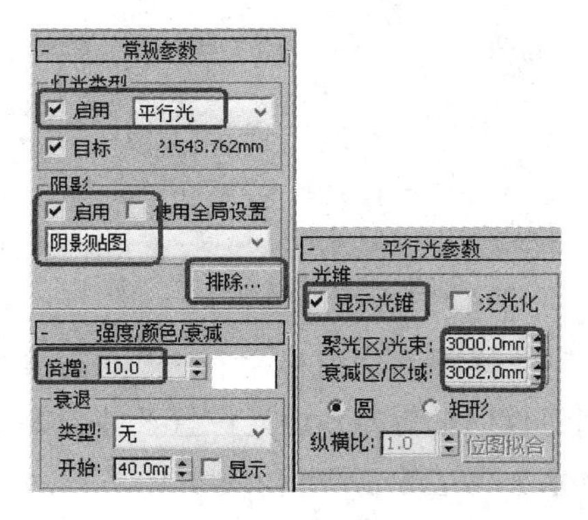

图 8-27　设置目标平行光参数

图 8-28　主光源效果

8.4.2　创建辅光源

STEP① 制作筒灯。依次选择“创建”|“灯光”|“光度学”|“目标灯光”，在前视图中小筒灯位置下方单击并拖动创建一个目标灯光。同时选中目标灯光的光源和目标点，用“选择并移动”工具，在顶视图中将其移至合适的位置，如图 8-29 所示。

STEP② 切换到“修改”面板，在“阴影”选项组中勾选“启用”复选框，选择“阴影贴图”。在“灯光分布（类型）”选项组选择“光度学 Web”。打开下边的“分布（光度学 Web）”卷展栏，单击“<选择光度学文件>”按钮，再选择素材中的“场景和素材\第 08

章\1. ies”光度学文件，设置灯光强度为500，具体灯光参数设置如图8-30所示。

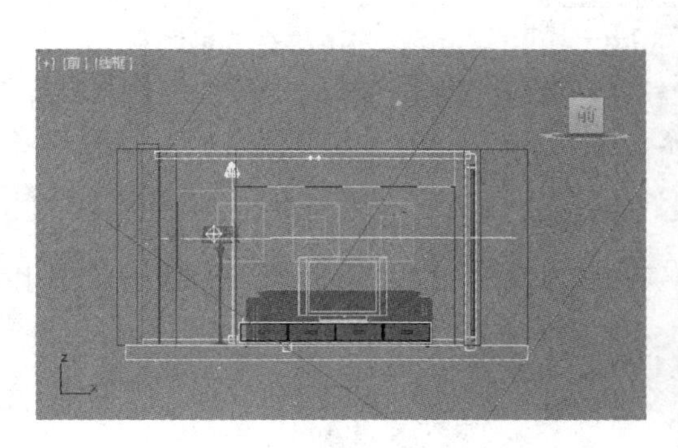

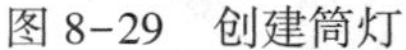

图8-29　创建筒灯

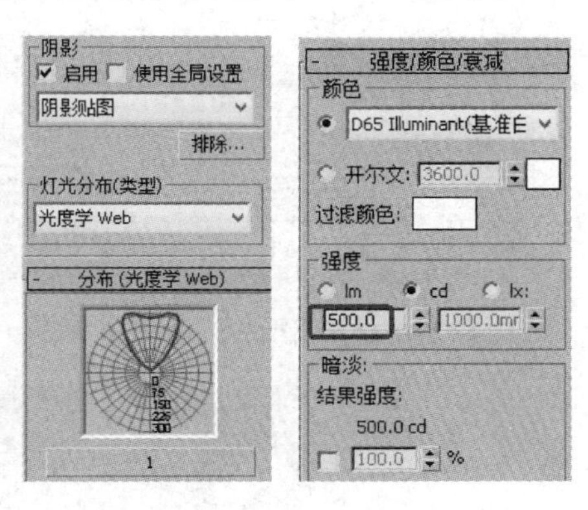

图8-30　设置光度学灯光参数

STEP③ 在顶视图中按住〈Shift〉键的同时利用“选择并移动”工具将光源移动并复制出5个筒灯，在出现的“克隆选项”对话框中，选择“实例”。在顶视图中，将所有目标灯光移动到筒灯模型下，如图8-31所示。

STEP④ 按〈F9〉键（或按〈Shift+Q〉组合键）快速渲染，预览效果。保存文件，辅光源效果如图8-32所示。（因为没有进行渲染设置，灯光效果有些失真，在后面第10章中将会学习利用渲染器进行渲染。）

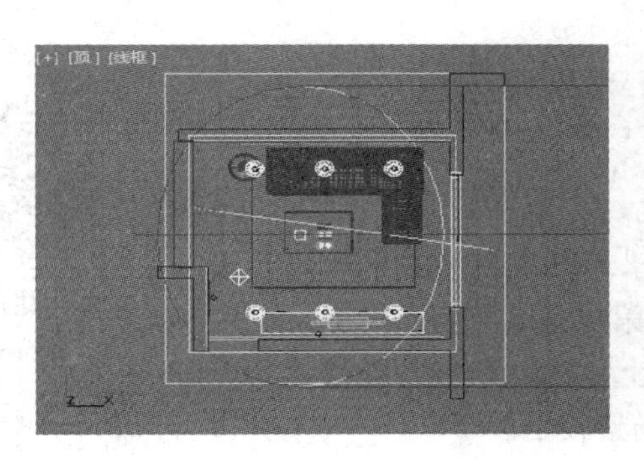

图8-31　放置目标灯光

图8-32　辅光源效果

8.4.3　完善灯光效果

创建了主光源和辅光源之后，可以看出场景中的灯光效果还不理想，下面对灯光效果进行进一步的完善。

具体操作步骤如下。

STEP① 选择场景中的泛光，切换到“修改”面板，将泛光灯的倍增降低，并在“高级效果”卷展栏中勾选“仅环境光”复选框，如图8-33和图8-34所示。

STEP② 分别选择场景中的目标灯光和目标平行光，切换到“修改”面板，启用阴影，阴影类型修改为“光线跟踪阴影”，如图8-35所示。

STEP③ 按〈F9〉键（或按〈Shift+Q〉组合键）快速渲染，预览效果。保存文件，最终效果如图8-36所示。

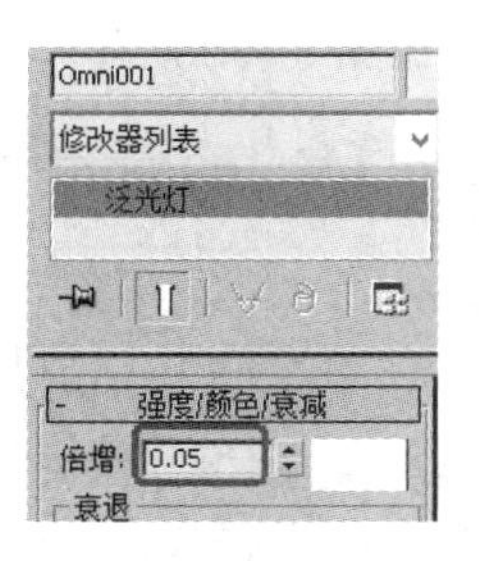

图 8-33　设置倍增

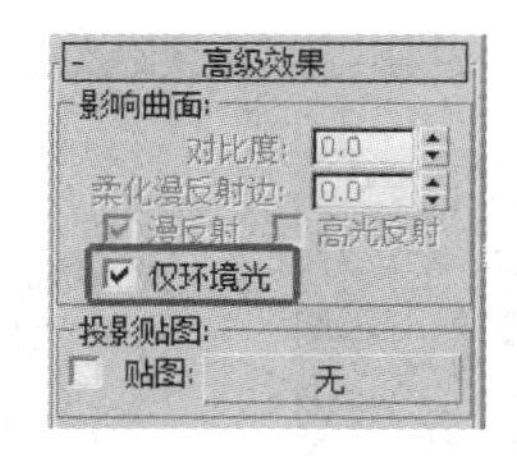

图 8-34　设置高级效果

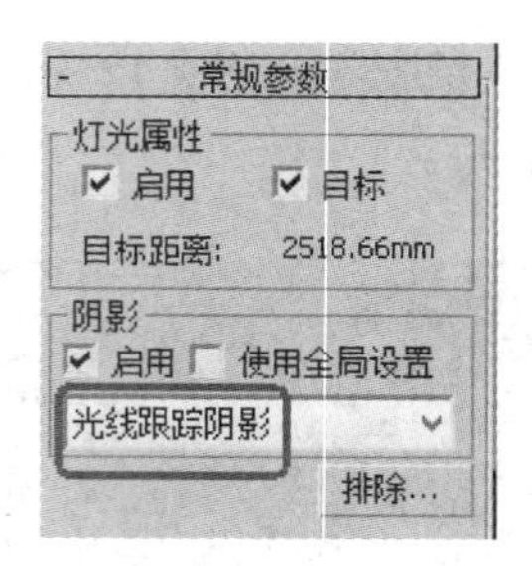

图 8-35　设置阴影

图 8-36　最终效果

强化训练

50 卫生间场景布光

下面通过一个卫生间的布光练习，来进一步熟悉日间室内的布光方法。

STEP① 打开配套素材中的“场景和素材\第 08 章\卫生间模型 . max”，该场景中已有简单的家具，如图 8-37 所示，按〈Shift+Q〉组合键进行渲染，得到如图 8-38 所示的效果。因为缺少灯光，场景较暗。

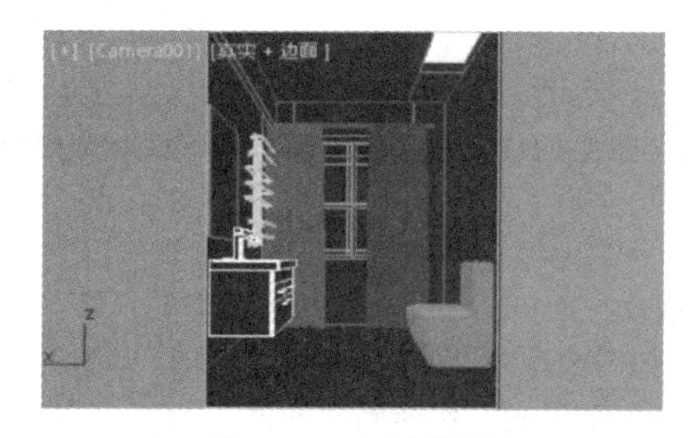

图 8-37　卫生间场景

图 8-38　无光渲染效果

STEP② 先添加日光照射效果。在顶视图中，依次选择“创建”|“灯光”|“标准”|“目标平行光”，创建一个目标平行光，位置如图 8-39 所示。在前视图中，利用“选择并移动”

工具将平行光的光源向上移动，位置参照图 8-40。

STEP③ 在“修改”面板中分别在“常规参数”“强度/颜色/衰减”和“平行光参数”三个卷展栏中设置灯光参数，具体设置及渲染效果如图 8-41 所示。

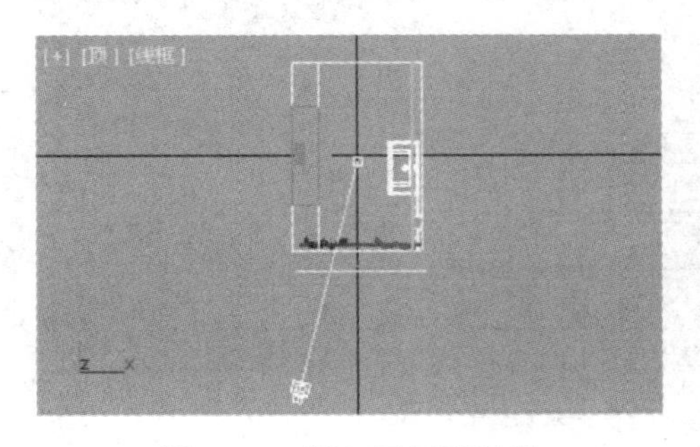

图 8-39　添加目标平行光

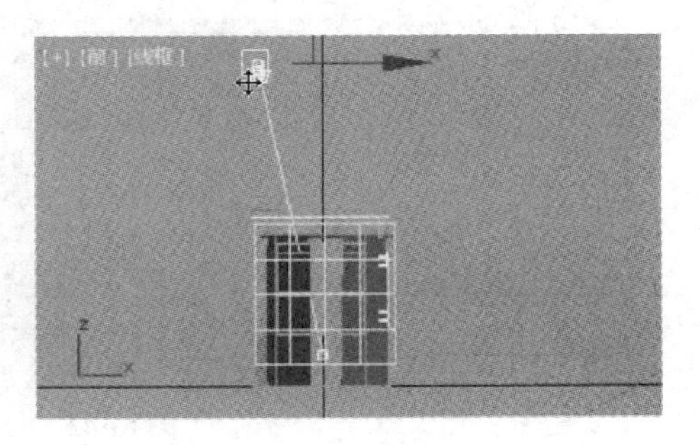

图 8-40　上移目标平行光光源

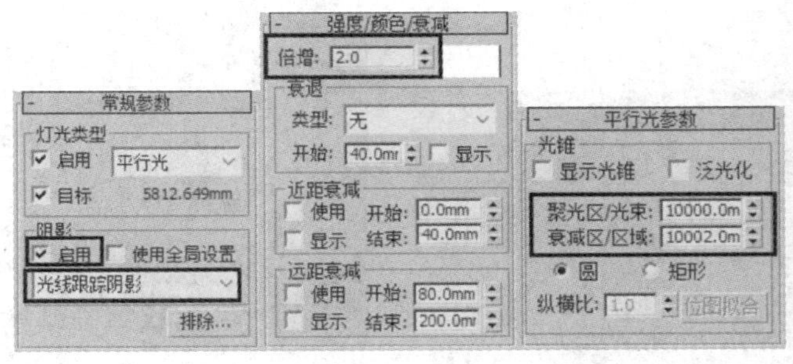

图 8-41　设置目标平行光参数

STEP④ 添加镜前灯。在左视图中，依次选择“创建”|“灯光”|“光度学”|“目标灯光”，创建一个目标灯光，使用“选择并移动”工具同时选中光源和目标点，将目标灯光移动到洗手台上方靠墙的位置，藏入蓝色吊顶板之内。图 8-42 所示为左视图和前视图的位置效果。

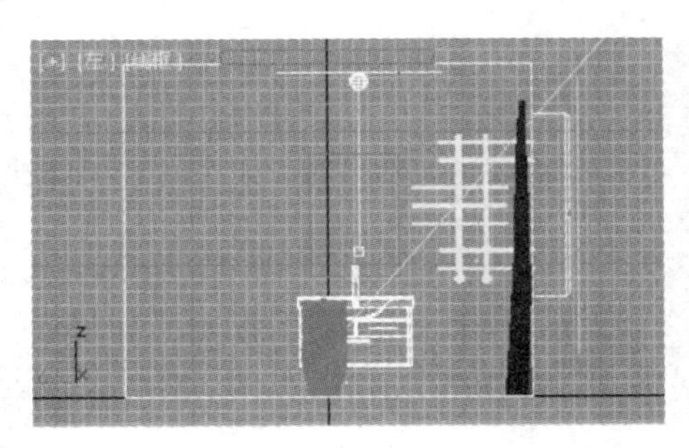

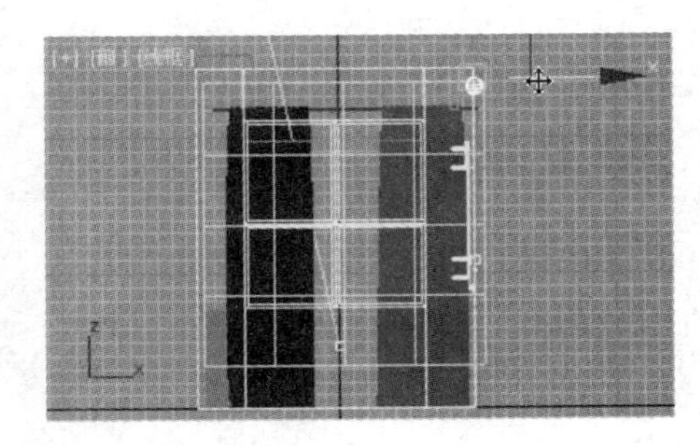

图 8-42　添加镜前灯

STEP⑤ 在“修改”面板中分别在“常规参数”“强度/颜色/衰减”和“图形/区域阴影”三个卷展栏中设置灯光参数，具体设置及渲染效果如图 8-43 所示。

STEP⑥ 添加顶灯光源。选择镜前灯的光源和目标点，按住〈Shift〉键的同时使用“选择并移动”工具在顶视图中进行拖动复制，在弹出的“克隆选项”对话框中，选择“复制”，单击“确定”按钮。将复制出的光源移动到顶灯下方，如图 8-44 所示。

STEP⑦ 在“修改”面板中的“强度/颜色/衰减”卷展栏中修改“强度”为 200，最终渲染效果如图 8-45 所示。

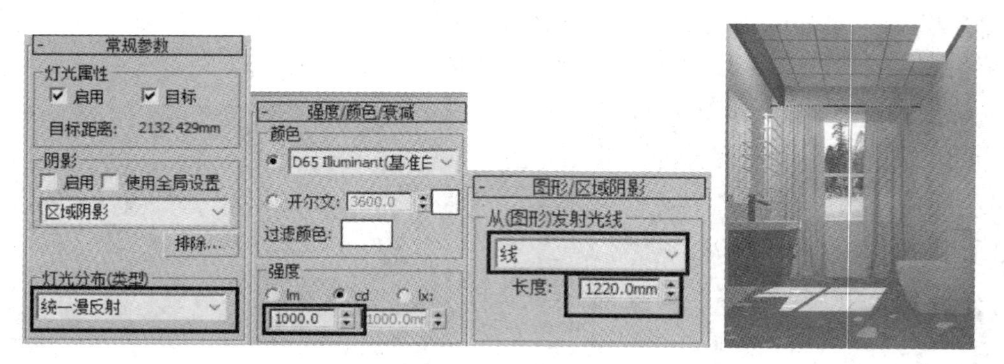

图 8-43　设置目标灯光参数

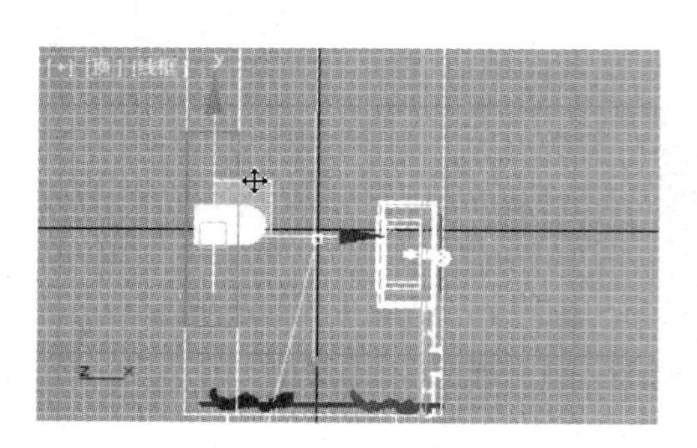

图 8-44　复制并移动目标灯光

图 8-45　最终效果

第9章　摄影机的使用

内容导读

3ds Max中的摄影机与现实中的摄影机在原理上是相通的，前者比后者的功能更强大，前者的很多效果是后者所无法实现的。比如，3ds Max中的摄影机可以瞬间移至任意角度、更改镜头效果和更换各种镜头等。

学习目标

✓ 掌握摄影机的分类

✓ 掌握目标摄影机的使用

✓ 掌握物理摄影机的使用

作品展示

◎室内景深

◎多摄影机取景

◎小空间取景

9.1　摄影机的分类及控制

3ds Max提供了三种摄影机，包括物理摄影机、目标摄影机和自由摄影机。

选择“创建”|“摄影机”，从摄影机的“对象类型”卷展栏中选择所要创建的摄影机，如图9-1所示。选择自由摄影机后在视图中直接单击就可以创建自由摄影机，而物理摄影机和目标摄影机需要在视图中单击并拖动到目标位置才能创建成功。物理摄影机和目标摄影机适用于表现静态或单一镜头的动画，自由摄影机适用于表现摄影机路径动画。

图9-1　“摄影机”按钮

9.2　摄影机的参数

9.2.1　目标摄影机

目标摄影机参数包括镜头和目标点，使用目标摄影机更容易定向，其参数面板如图9-2

所示。图 9-3 为目标摄影机在 3ds Max 场景中的形态。

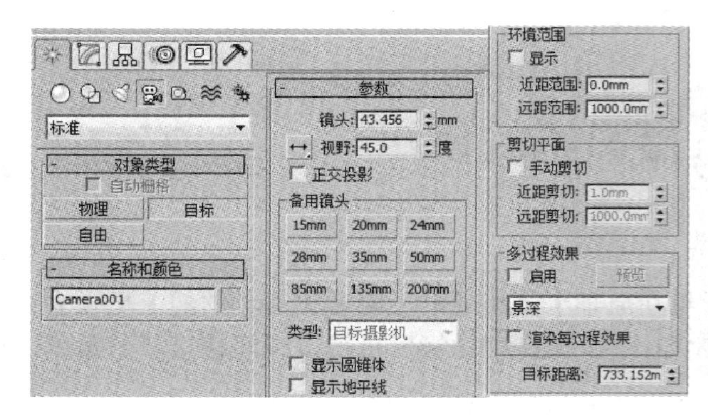

图 9-2　目标摄影机参数卷展栏

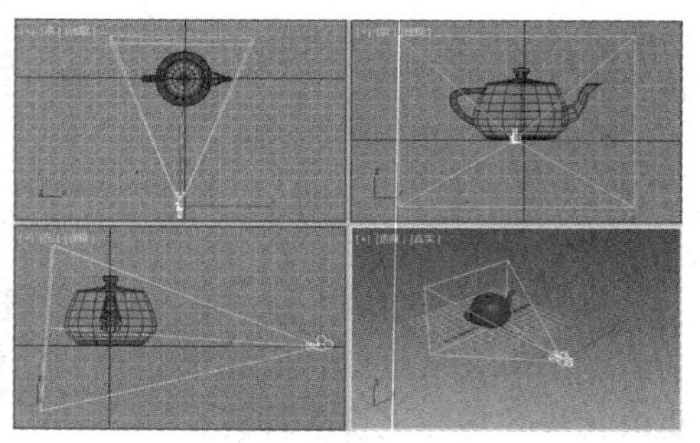

图 9-3　目标摄影机

1. “参数”卷展栏

（1）基本参数

- 镜头：设置摄影机的焦距。
- 视野：设置摄影机查看区域的宽度视野，有水平、透直和对角线三种方式。
- 正交投影：设置是否将摄影机视图转变为用户视图。
- 备用镜头：系统预置的摄影机的焦距镜头。
- 类型：切换摄影机的类型。
- 显示圆锥体：设置是否显示摄影机视野定义的锥形光线。
- 显示地平线：设置是否在摄影机视图中的地平线上显示一条深灰色的线条。

（2）“环境范围”选项组

- 显示：设置是否显示出在摄影机锥形光线内的矩形。
- 近距/远距范围：设置大气效果的近距范围和远距范围。

（3）“剪切平面”选项组

- 手动剪切：设置是否可定义剪切的平面。
- 近距/远距剪切：设置近距平面和远距平面。对于摄影机，只显示“近距剪切”平面和“远距剪切”平面之间的对象。

（4）“多过程效果”选项组

- 启用：设置是否预览渲染效果。
- 预览：在活动摄影机视图中预览效果。
- 多过程效果：包含“景深（mental ray）”、“景深”和“运动模糊”三个选项，系统默认为“景深”。
- 渲染每过程效果：设置是否将渲染效果应用于多重过滤效果的每个过程（景深或运动模糊）。

（5）“目标距离”选项

“目标距离”选项用于设置摄影机与其目标之间的距离。

当设置多过程效果为“景深”时，系统会显示出“景深参数”卷展栏，如图 9-4 所示。“景深”是摄影机的一个非常重要的功能，在实际工作中的使用频率也非常高，常用于表现画面的中心点，如图 9-5 所示。

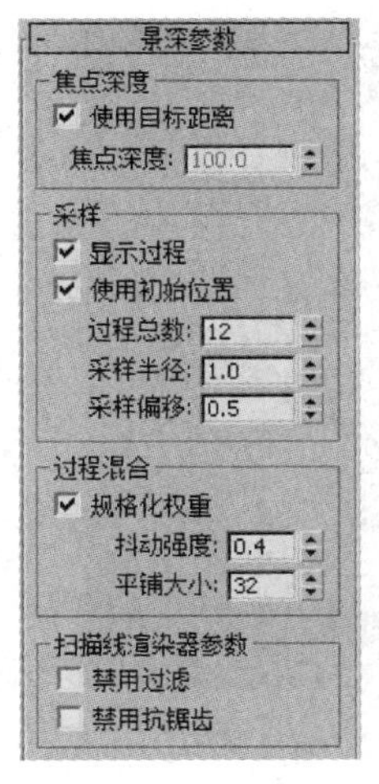

图 9-4 “景深参数”卷展栏

图 9-5 景深效果

2. “景深参数”卷展栏

(1)“焦点深度”选项组

- 使用目标距离：勾选该复选框后，系统将摄影机的目标距离用作偏移摄影机的点。
- 焦点深度：用于设置摄影机的偏移深度。

(2)“采样”选项组

- 显示过程：勾选该复选框后，在渲染帧窗口中显示多个渲染通道。
- 使用初始位置：勾选该复选框后，第 1 个渲染过程将位于摄影机的初始位置。
- 过程总数：设置生成景深效果的过程数。增大数值会提高效果真实度，同时也会增加渲染时间。
- 采样半径：设置场景生成的模糊半径。数值越大，模糊效果越明显。
- 采样偏移：设置模糊靠近或远离“采样半径”的权重。增加数值将增加景深模糊的数量级，从而得到更均匀的景深效果。

(3)“过程混合”选项组

- 规格化权重：可以将权重规格化，获得平滑的结果。
- 抖动强度：设置应用于渲染通道的抖动程度，增大该值会增加抖动量，并且会产生颗粒状效果，在对象的边缘上最为明显。
- 平铺大小：设置图案的大小。0 表示以最小的方式进行平铺，100 表示以最大的方式进行平铺。

(4)“扫描线渲染器参数”选项组

- 禁用过滤：勾选该复选框后，将禁用过滤的整个过程。
- 禁用抗锯齿：勾选该复选框后，将禁用抗锯齿功能。

3. “运动模糊参数”卷展栏

当设置“多过程效果”为“运动模糊”时，系统会显示出“运动模糊参数”卷展栏，如图 9-6 所示。“运动模糊”一般运用在动画中，常用于表现运动对象高速运动时产生的模糊效果，如图 9-7 所示。

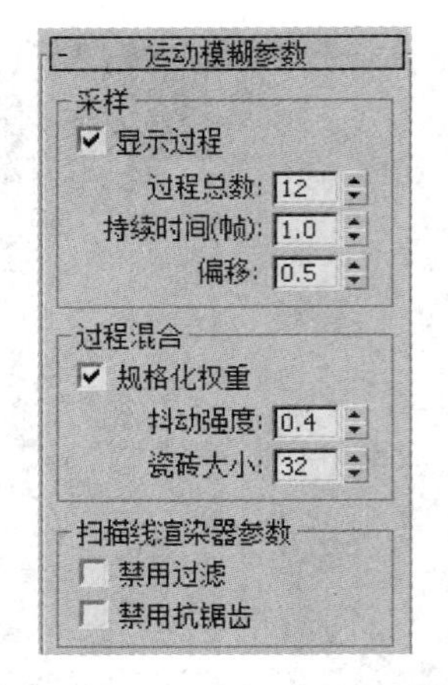

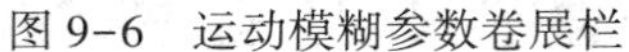
图 9-6　运动模糊参数卷展栏

图 9-7　运动模糊效果

“运动模糊参数”卷展栏中的参数介绍如下。

(1)“采样”选项组

- 显示过程：勾选该复选框后，在渲染帧窗口中显示多个渲染通道。
- 过程总数：设置生成效果的过程数。
- 持续时间（帧）：在制作动画时，用来设置应用运动模糊的帧数。
- 偏移：设置模糊的偏移距离。

(2)“过程混合”选项组

- 规格化权重：可以将权重规格化，获得平滑的效果。
- 抖动强度：设置应用于渲染通道的抖动程度。增大数值会增加抖动量，并且会生成颗粒状的效果，在对象的边缘上最为明显。
- 瓷砖大小：设置图案的大小，0 表示以最小的方式进行平铺，100 表示以最大的方式进行平铺。

(3)“扫描线渲染器参数”选项组

- 禁用过滤：设置是否禁用过滤的整个过程。
- 禁用抗锯齿：设置是否禁用抗锯齿功能。

9.2.2　物理摄影机

物理摄影机相当于一台真实的摄影机，有光圈、快门、曝光和 ISO 等调节功能，可以对场景进行拍照。

物理摄影机的参数包含 7 个卷展栏，分别是“基本”卷展栏、“物理摄影机”卷展栏、“曝光”卷展栏、“散景（景深）”卷展栏、“透视控制”卷展栏、“镜头扭曲”卷展栏和“其他”卷展栏，如图 9-8 所示。

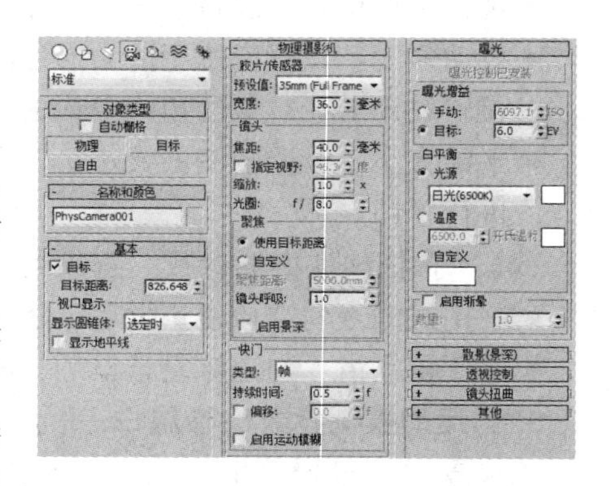
图 9-8　物理摄影机

小试身手——室内景深效果

51 室内景深效果

下面将通过制作一个室内景深效果学习摄像机的景深功能，操作步骤如下。

STEP 1 打开素材文件中的“场景和素材\第 09 章\室内景深 . max”。

STEP 2 选择“创建”|“摄影机”|“标准”|“物理”，设置摄影机类型为“物理”，在顶视图中创建一台物理摄影机，接着调整好目标点的方向和位置，使摄影机的拍摄方向对准茶具模型，如图 9-9 所示。

STEP 3 在透视图中按〈C〉键切换到摄影机视图，按〈F9〉键测试渲染当前场景，效果如图 9-10 所示。此时没有产生景深特效，这是因为还没有开启景深。

图 9-9　放置摄影机

图 9-10　渲染效果

STEP 4 选择物理摄影机，在“修改”面板下“物理摄影机”参数卷展栏中，勾选“启用景深”复选框，选择“使用目标距离”单选按钮，其他参数设置如图 9-11 所示。（选择“使用目标距离”单选按钮后，摄影机焦点位置的对象最清晰，而距离焦点越远的对象就会越模糊。）

STEP 5 选择“渲染”|“效果”菜单命令，打开“环境和效果”对话框，单击“添加”按钮，选择“景深”效果，如图 9-12 所示。

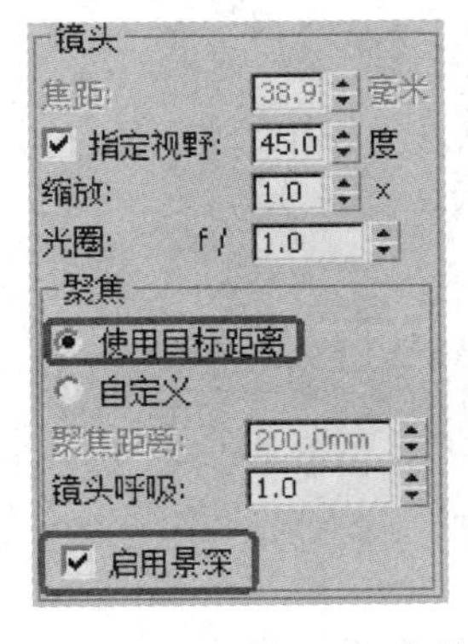

图 9-11　修改摄影机参数

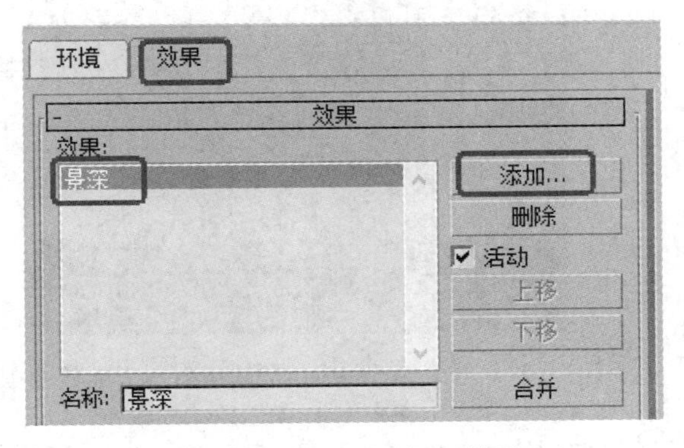

图 9-12　添加“景深”效果

STEP 6 在“景深参数”卷展栏中，单击“拾取摄影机”按钮，选择场景中的摄影机。在“焦点”选项组选择“使用摄影机”单选按钮，在“焦点参数”选项组中选择“使用摄影机”单选按钮。按〈F9〉键渲染当前场景，预览效果，保存文件，最终效果如图 9-13 所示。

图 9-13　室内景深效果

9.3　课堂练习——多摄影机取景

52 多摄影机取景

在同一个室内空间中，往往需要从多个角度对不同区域进行取景，这就需要创建多个摄影机，并对摄影机进行设置，以达到多视角渲染的最佳效果，具体操作步骤如下。

STEP① 打开素材中的“场景和素材\第 09 章\多摄影机取景 . max” 文件。

STEP② 创建第一个摄影机。选择“创建”|“摄影机”|“目标”，在顶视图中单击并拖动鼠标创建一个目标摄影机。调整摄影机和摄影机目标的方向和位置。激活透视口，按〈C〉键，将该视口转换为摄影机视角。在“参数”卷展栏中，单击“备用镜头”选项组中的“24 mm”按钮，此时（焦距）“镜头”将改为 24 mm（变小），视野变大，如图 9-14 所示。

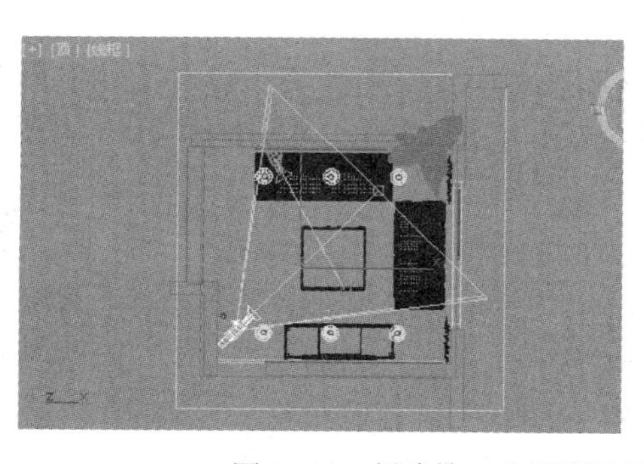
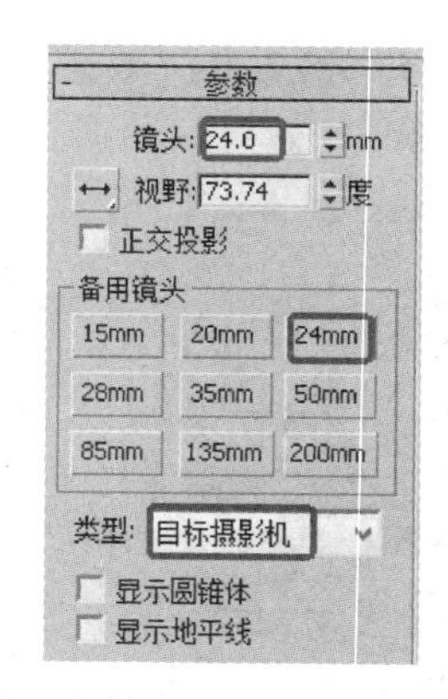

图 9-14　创建第一个摄影机并设置参数

STEP③ 创建第二个摄影机。选择“创建”|“摄影机”|“目标”，再次创建一个目标摄影机，调整摄影机和摄影机目标的方向和位置，如图 9-15 所示。

STEP④ 激活左视图，将鼠标移至视图左上角标签处单击鼠标右键，选择 Camera002（摄影机默认名称），将左视口转变成第二个摄影机视口。分别选择 Camera001 和 Camera002 视口，按〈F9〉键渲染，预览效果，保存文件，渲染效果如图 9-16 所示。

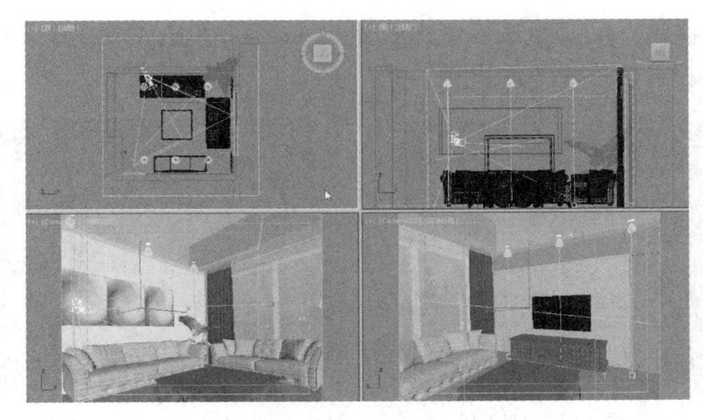

图 9-15　创建第二个摄影机

图 9-16　渲染效果

强化训练

53 厨房取景

在小空间中创建摄影机时，初学者往往喜欢加大视野以拍摄到室内全景，然而，过大的视野会使效果图变形失真，无法通过效果图更好地表现室内场景。下面通过在一个厨房小空间中创建摄影机，练习如何利用摄影机对小空间取景。

STEP① 打开素材文件中的“场景和素材\第 09 章\小空间取景厨房 . max”。该场景是一个厨房场景，如图 9-17 所示，按〈Shift+Q〉组合键进行渲染后，发现无论如何调整视角，都无法渲染出正确的室内效果，如图 9-18 所示。

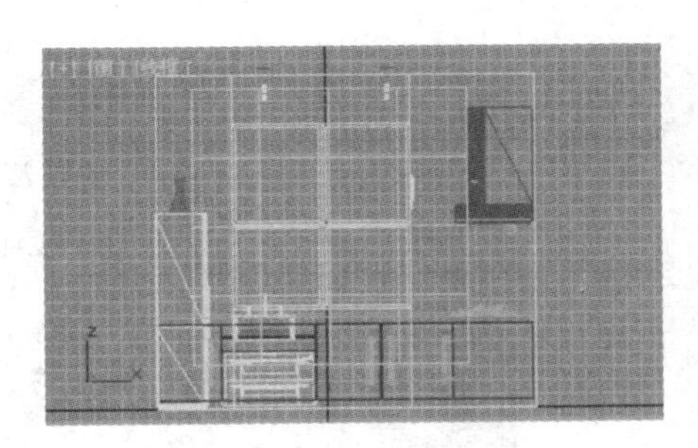

图 9-17　厨房场景

图 9-18　错误效果

STEP② 在顶视图中，选择“创建”|“摄像机”|“标准”|“目标”，创建一个目标摄影机，位置如图 9-19 所示。同时选中摄影机及其目标点，在左视图中，利用“选择并移动”

工具将摄像机向上移动，位置参照图 9-20。此时摄影机在房间外，渲染不到房间内部，需要进行摄像机“手动剪切平面”的设置。

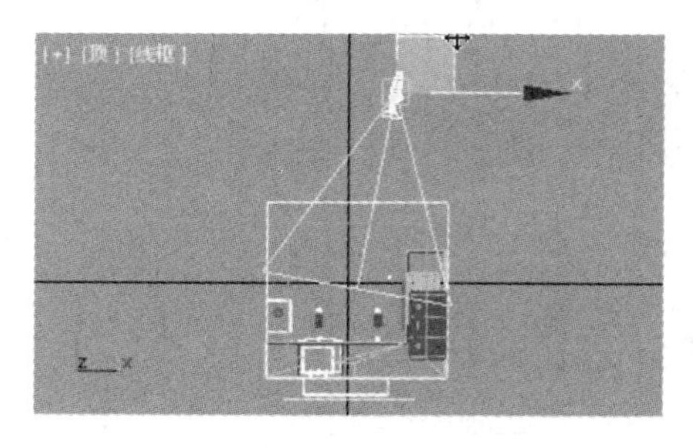

图 9-19　创建摄像机并调整位置

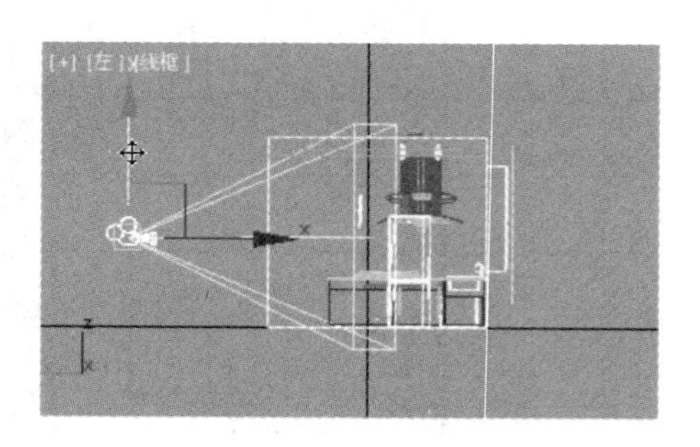

图 9-20　提高摄影机高度

STEP ③ 在“修改”面板中修改“参数”卷展栏中的“视野”为 50，勾选“手动剪切”复选框，并设置“近距剪切”和“远距剪切”，具体设置及顶视图效果如图 9-21 所示。（注意：在顶视图中可以看到摄影机锥形框中出现两条红线，即为“近距剪切”平面和“远距剪切”平面。其中，“近距剪切”平面应当完全在房间范围内，“远距剪切”平面应当完全在房间范围外，否则将会出现剪切过多或过少导致效果不正确。）

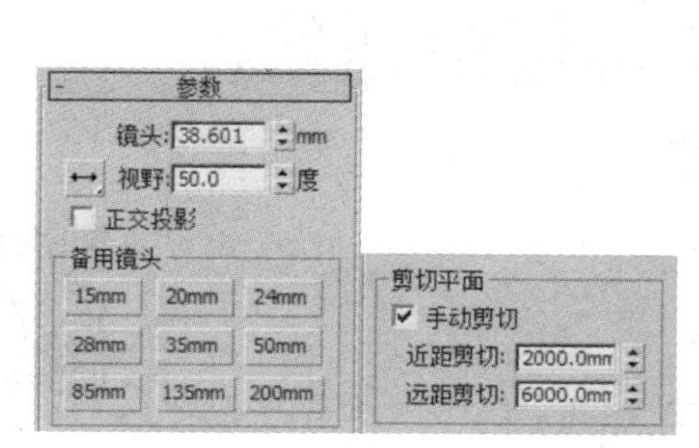

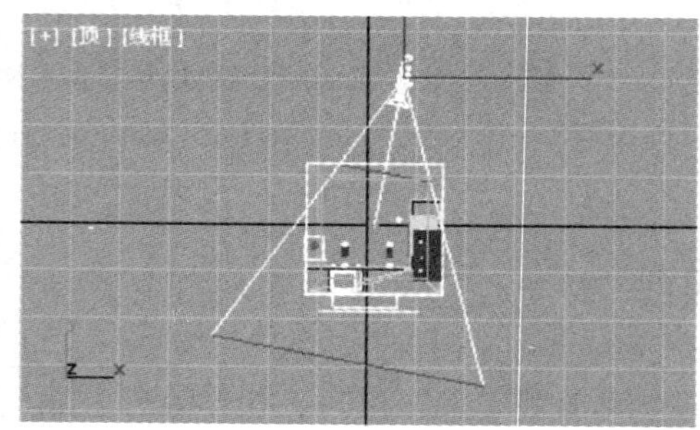

图 9-21　设置剪切平面

STEP ④ 选择“渲染”|“渲染设置”菜单命令，在弹出的“渲染设置”对话框中，打开“公用”选项卡，设置“输出大小”的宽度和高度均为 400，如图 9-22 所示。在透视图中，按〈C〉键切换到摄像机视角，按〈Shift+Q〉组合键进行渲染，可得到如图 9-23 所示的效果。

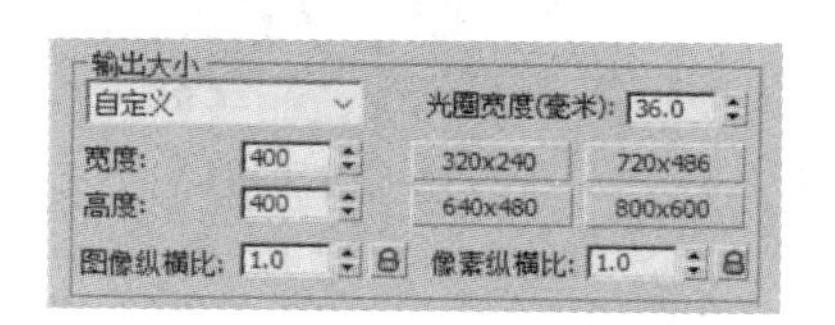

图 9-22　设置输出大小

图 9-23　摄影机拍摄效果

第 10 章　渲染基础

内容导读

在模型建立、材质贴图制作、灯光设置、摄影机设置全部完成后，就可以对场景进行最后的渲染输出，渲染输出可以对场景最终的灯光材质等效果进行表现。本章将介绍基础的渲染方法，如渲染器的选择、渲染设置、渲染到纹理等。了解渲染的基础知识，有助于得到更好的渲染效果，提高渲染效率，节省工作时间。

学习目标

✓ 了解渲染器的类型

✓ 掌握渲染器的设置方法

✓ 掌握环境和效果的使用方法

作品展示

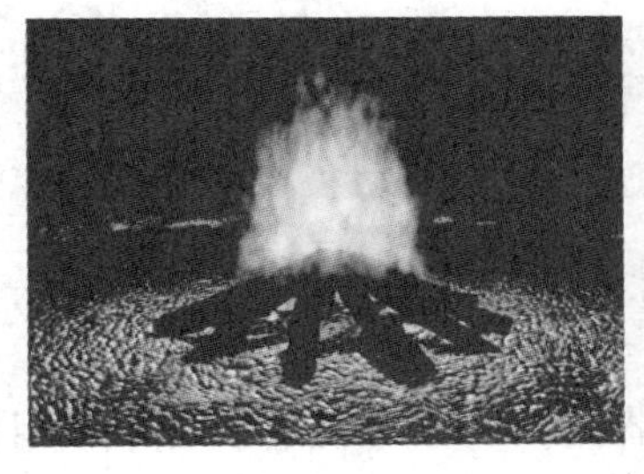

◎篝火

◎燃烧的蜡烛

◎阁楼一角

10.1　渲染器的选择

3ds Max 可以用不同的渲染器对场景进行渲染，选择“渲染”|“渲染设置”菜单命令，打开“渲染设置”对话框，进入“指定渲染器”卷展栏，如图 10-1 所示。单击“产品级”选项后的按钮，在弹出的“选择渲染器”对话框中可以看到当前可使用的渲染器类型，如图 10-2 所示。

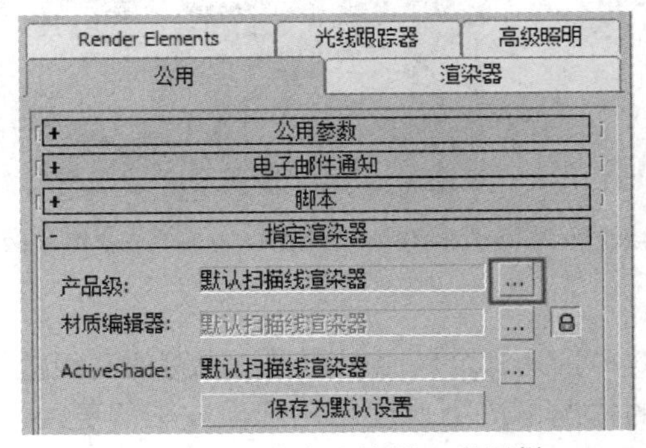

图 10-1　“指定渲染器”卷展栏

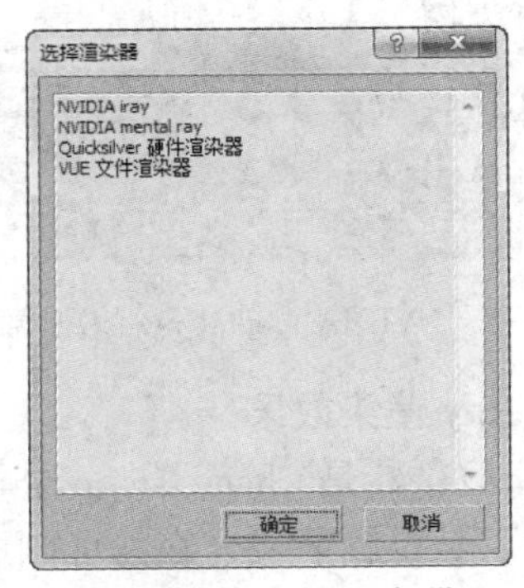

图 10-2　选择渲染器

3ds Max 渲染器可分为内置渲染器和外挂渲染器。中文版 3ds Max 2016 中的内置渲染器有：NVIDIAiray 渲染器、NVIDIA mental ray 渲染器、Quicksilver 硬件渲染器、默认扫描线渲染器、VUE 文件渲染器。在商业用途中，常用外挂渲染器进行效果图或动画渲染，如 VRay 渲染器、Brazil 渲染器、FinalRender 渲染器等。下面详细介绍其中几种内置渲染器和外挂渲染器。

1. 默认扫描线渲染器

默认扫描线渲染器是 3ds Max 最基本的渲染器，该渲染器可以将场景渲染成一系列的水平线。默认扫描线渲染器的参数卷展栏如图 10-3 所示。该渲染器的特点主要是渲染速度快，但在效果上不如外挂渲染器好。图 10-4 为默认扫描线渲染器的渲染效果。

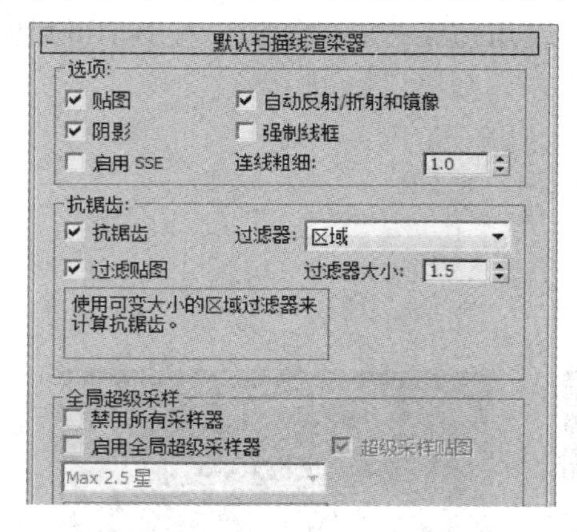

图 10-3　默认扫描线渲染器的参数卷展栏

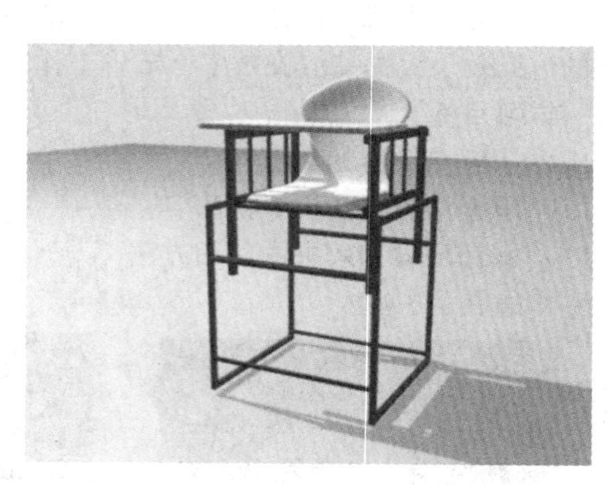

图 10-4　默认扫描线渲染效果

2. NVIDIA mental ray 渲染器

NVIDIA mental ray 渲染器也是 3ds Max 的内置渲染器，与默认扫描线渲染器相比，NVIDIA mental ray 渲染器可以不用手工或者通过生成光能传递解决方案来模拟复杂的照明效果，对多处理器渲染进行了优化，并将增量变化应用于动画渲染，以提高渲染效率。图 10-5 所示为 NVIDIA mental ray 渲染器的参数卷展栏。NVIDIA mental ray 渲染器作为内置渲染器，与 3ds Max 的兼容性非常好。图 10-6 为 NVIDIA mental ray 渲染器的渲染效果。

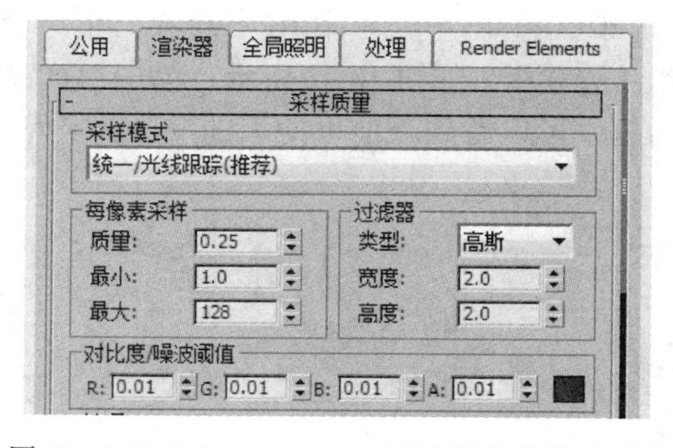

图 10-5　NVIDIA mental ray 渲染器的参数卷展栏

图 10-6　NVIDIA mental ray 渲染效果

3. VRay 渲染效果

VRay 渲染器是 Chaos Group 公司开发的一款具有全局照明和光影跟踪的高级渲染器。它的主要特点是设置简便，在保证画面质量的情况下渲染速度相比其他渲染器更快。图 10-7 所示为 VRay 渲染器在 3ds Max 中的参数卷展栏。VRay 渲染器的应用领域是建筑以及室内设计方面，图 10-8 所示为使用 VRay 渲染器所表现的室内场景渲染效果。

公用 V-Ray GI 设置 Render Elements

+ 授权[无名汉化]
+ 关于 V-Ray
+ 帧缓冲区
+ 全局开关[无名汉化]
+ 图像采样器(抗锯齿)
+ 自适应图像采样器
+ 全局确定性蒙特卡洛
+ 环境
+ 颜色贴图
+ 摄影机

图 10-7　VRay 渲染器的参数卷展栏

图 10-8　VRay 渲染效果

4. Brazil 渲染器

Brazil 渲染器具有非常出色的渲染质量，它的全局光照以及折射反射功能异常强大，但是较为明显的缺点是渲染速度非常慢，不适用于动画领域。图 10-9 与图 10-10 所示为 Brazil 渲染器的渲染效果。

图 10-9　车漆渲染效果

图 10-10　金属渲染效果

10.2　渲染设置

选择“渲染”|“渲染设置”菜单命令或者按〈F10〉键可以打开“渲染设置”对话框。在“目标”下拉列表框中，可以选择渲染方法，如图 10-11 所示。除了“产品级渲染模式”“迭代渲染模式”“ActiveShade 模式”之外，3ds Max 2016 新增了“A360 云渲染模式”。A360 利用了云计算的强大功能，有助于节省时间并降低成本。

在将渲染器指定为“默认扫描线渲染器”时，该对话框显示 5 个选项卡，除了“公用”选项卡与“渲染器”选项卡外，其他选项卡的内容会根据渲染器类型的变化而变化。在此对默认扫描线渲染器的各选项卡进行介绍。

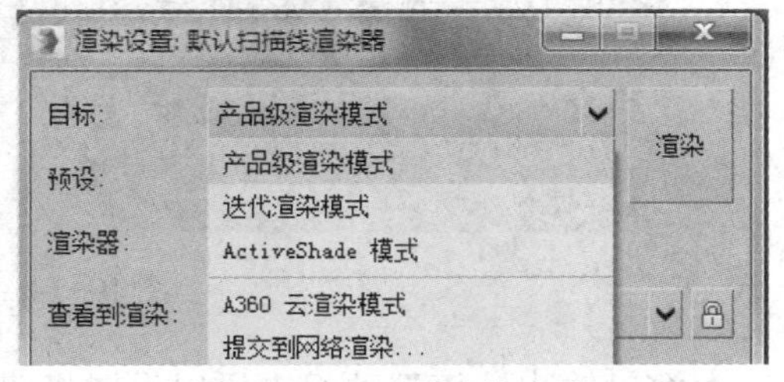

图 10-11　选择渲染方法

10.2.1　“公用”选项卡

“公用”选项卡不跟随渲染器类型发生变化，在“公用参数”卷展栏中可以对渲染效果进行最基本的设置，如图 10-12 所示。

- 时间输出：用来设置是渲染单帧图像还是渲染整个场景动画，或是渲染在指定时间段内的场景动画。选择“单帧”即为输出静态图片；选择“活动时间段”即在不更改时间设置的情况下，渲染 0～100 帧的动画；选择“范围”即可在不超过总帧数的情况下渲染一部分动画。也可以选择“帧”并指定帧数，以单独渲染某一帧的效果。
- 输出大小：在此选项组中，可以定义输出图片的分辨率、图像纵横比、像素纵横比。展开下拉列表即可看到多种类型的输出尺寸以供选择。
- 选项：该选项组主要用来对场景的一些效果进行控制，图 10-13 所示为“选项”选项组的参数。图 10-14 左图中的“雾”效果，如果取消勾选“大气”复选框，然后对场景进行渲染，则图像中将不再出现“雾”效果，如图 10-14 右图所示。

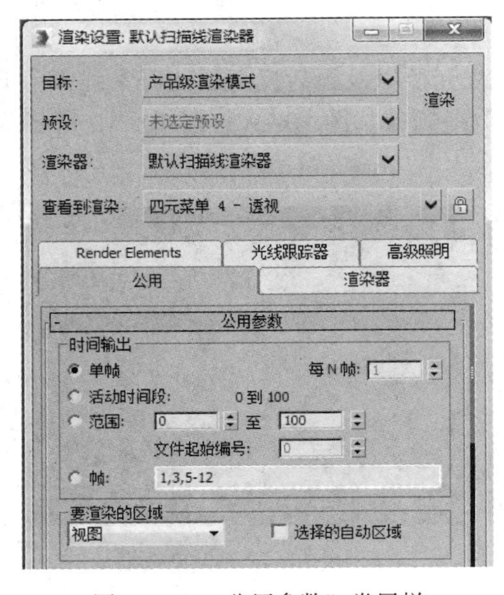

图 10-12 “公用参数”卷展栏

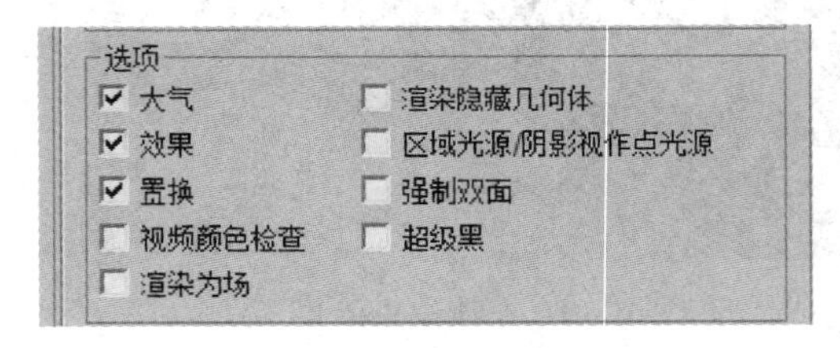

图 10-13 “选项”选项组

图 10-14 控制“雾”效果

- 渲染输出：该选项组中可以设置将渲染结果输出为何种格式，如图 10-15 所示，单击“文件”按钮，可以打开图 10-16 所示的“渲染输出文件”对话框，在该对话框中可以设置渲染结果保存的路径及格式。

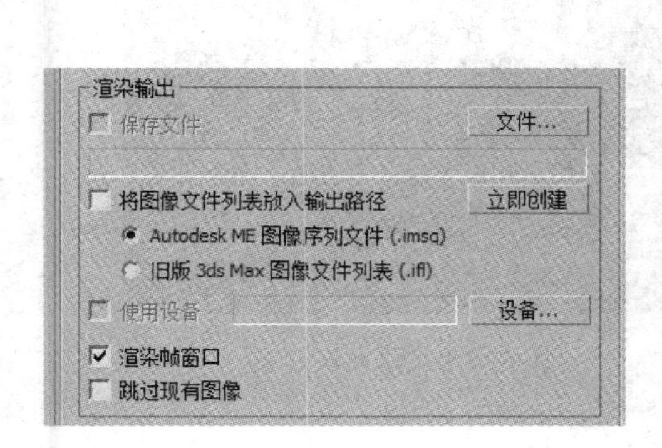

图 10-15 “渲染输出”选项组

图 10-16 “渲染输出文件”对话框

小试身手——常规渲染设置

下面通过一个案例来练习常规渲染选项的设置。

54 常规渲染设置

STEP① 打开素材文件中的“场景和素材\第 10 章\常规渲染设置.max”。如图 10-17 所示，该场景中已经制作好 3ds Max 模型及火焰燃烧效果。

STEP② 按〈F10〉键，打开“渲染设置”对话框，进入“公用”选项卡下的“公用参数”卷展栏。在“时间输出”选项组中选择“单帧”单选按钮，在“要渲染的区域”选项组中选择“裁剪”，在“输出大小”选项组中单击“320×240”按钮，如图 10-18 所示。

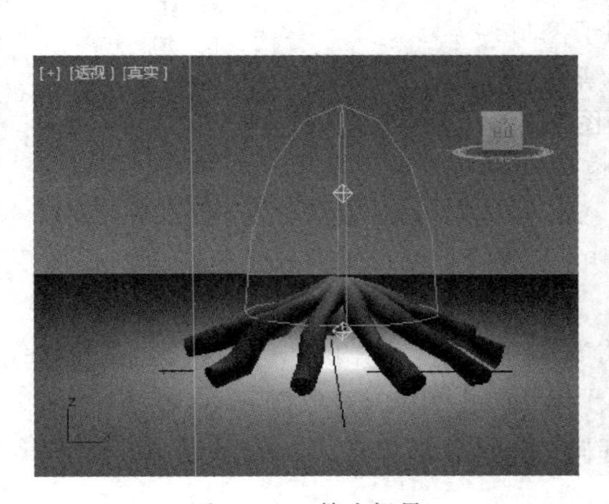

图 10-17 篝火场景

图 10-18 设置“公用参数”

STEP③ 在“选项”选项组中，“大气”“效果”和“置换”复选框默认情况下是选中状态。按〈Shift+Q〉组合键，或者选择“渲染”|“渲染”菜单命令，进行单帧图像渲染。效果如图 10-19 所示。

STEP④ 在“选项”选项组中，取消勾选“大气”“效果”和“置换”复选框，再次渲染单帧图像，火焰和地面凸凹效果不再显示，如图 10-20 所示。

图 10-19　篝火效果 1

图 10-20　篝火效果 2

10. 2. 2 “渲染器”选项卡

在默认状态下，3ds Max 使用“默认扫描线渲染器”进行渲染，该渲染器的“渲染设置”对话框的“渲染器”选项卡如图 10-21 所示。

- 选项：该选项组中的参数用于控制是否渲染场景中的“贴图”“阴影”“自动反射/折射和镜像”效果。勾选“强制线框”复选框时，系统将使用线框方式渲染场景。
- 抗锯齿：该选项组中的参数用于设置是否对渲染图像进行抗锯齿和过滤贴图处理。如果不进行抗锯齿处理，渲染时在对角线或弯曲边缘有可能产生锯齿。
- 全局超级采样：该选项组中的参数用于控制是否使用全局超级采样方式进行抗锯齿处理。使用全局超级采样方式时，渲染图像的质量会大大提高，但渲染的时间也大大增加。

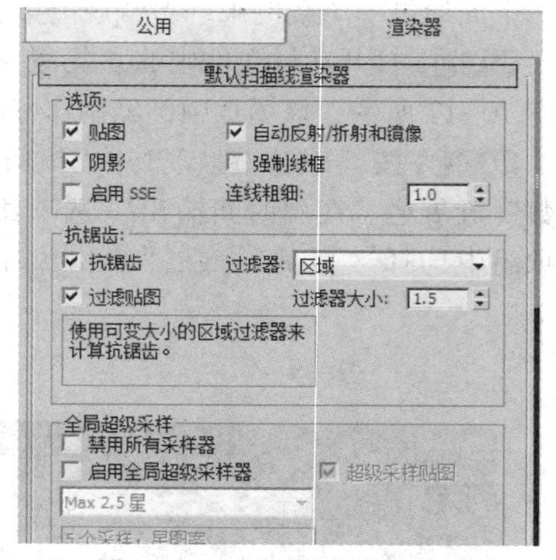

图 10-21　“渲染器”选项卡

- 对象/图像运动模糊：这两个选项组中的参数用于设置何种方式的运动模糊效果，模糊持续时间等。
- 自动反射/折射贴图：该选项组中的参数用于设置反射贴图和折射贴图的渲染迭代值。
- 颜色范围限制：该选项组中的参数用于设置防止颜色过亮的方法。
- 内存管理：选中“节省内存”复选框后，系统会自动优化渲染过程，以减少渲染时内存的使用量。

10. 2. 3 “Render Elements”选项卡

该选项卡用于设置渲染时要渲染场景中的哪些元素。如图 10-22 所示，单击选项卡中的“添加”按钮，在打开的“渲染元素”对话框中选中要添加的元素，然后单击“确定”按钮，即可添加这些元素。设置好渲染元素后，单击“渲染”按钮即可渲染指定的元素。

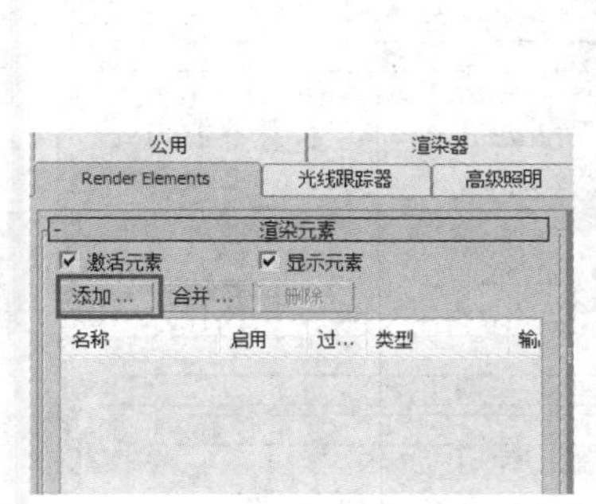

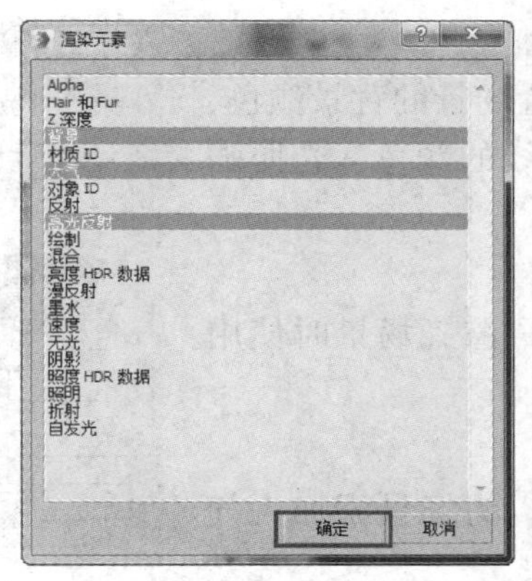

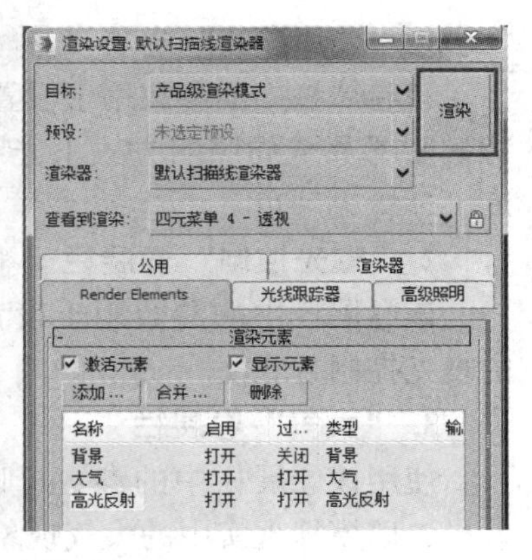

图 10-22　添加渲染元素

10.2.4 “高级照明”选项卡和“光线跟踪器”选项卡

“高级照明”选项卡用于设置高级照明渲染的参数，它有“光跟踪器”和“光能传递”两种渲染方式。其中，“光跟踪器”比较适合渲染照明充足的室外场景，其缺点是渲染时间长，光线的相互反射无法表现出来；“光能传递”主要用于渲染室内效果，通常与光度学灯光配合使用。

“光线跟踪器”选项卡用于设置渲染时光线跟踪器的参数，以影响场景中所有光线跟踪材质、光线跟踪贴图、光线跟踪阴影等效果，同时也影响场景的渲染速度。以上两个选项卡如图 10-23 所示。

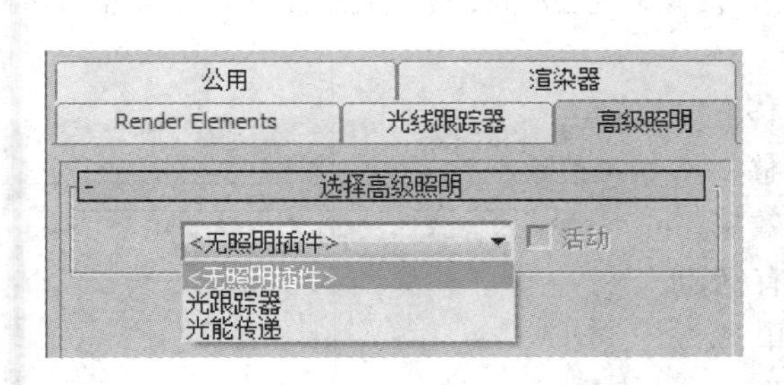

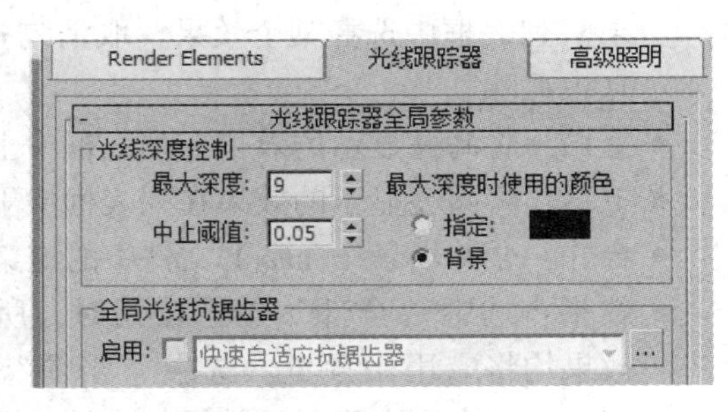

图 10-23　“高级照明”选项卡与“光线跟踪器”选项卡

10.3　环境和效果

在真实世界中，所有的物体都不是孤立存在的，任何物体周围都存在相应的环境。合理地设置场景的环境和特效对于最终的渲染效果具有很重要的作用。

10.3.1　环境

为场景添加环境和效果后，需要对场景进行渲染才能看到添加效果。

选择“渲染”|“环境”菜单命令，或者按〈8〉数字键，利用打开的“环境和效果”对话框“环境”选项卡可设置场景的环境，如图 10-24 所示。

“环境”选项卡中包含以下三个卷展栏。

1. “公用参数”卷展栏

该卷展栏中的参数用于设置场景的背景颜色、背景贴图及全局照明方式下光线的颜色、光照强度、环境光颜色。

2. “曝光控制”卷展栏

该卷展栏中的参数用于设置渲染场景时使用的曝光控制方式。

3. “大气”卷展栏

使用该卷展栏中的参数可以为场景添加大气效果，以模拟现实中的大气现象。

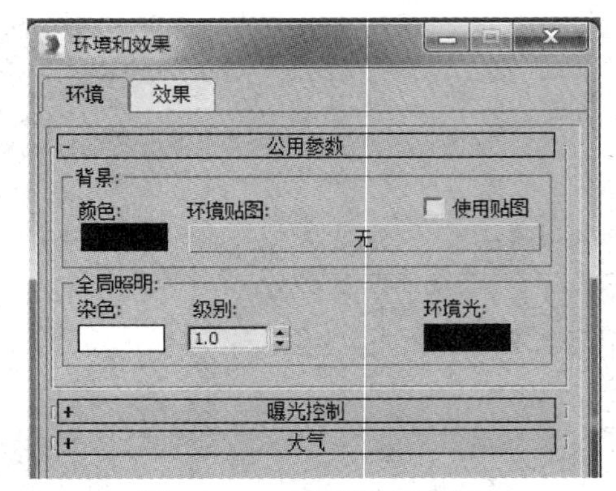

图 10-24 “环境”选项卡

10.3.2 效果

“效果”选项卡中有一个“效果”主卷展栏，如图 10-25 所示。该卷展栏包含以下选项。

- 效果：显示当前效果。
- 名称：显示所选效果的名称。编辑此字段可以为效果重命名。
- 添加：单击此按钮显示一个列出所有可用渲染效果的对话框。选择要添加的效果，然后单击“确定”按钮。
- 删除：将高亮显示的效果从效果列表和场景中移除。
- 活动：指定在场景中是否激活所选效果。默认勾选此复选框，可以通过在左侧“效果”列表框中选择某个效果，取消勾选“活动”复选框，取消激活该效果，而不必真正移除。
- 上移：将高亮显示的效果在列表框中上移。
- 下移：将高亮显示的效果在列表框中下移。
- 合并：合并场景（.max）文件中的渲染效果。
- 效果：选中“全部”单选按钮时，所有活动效果均将应用于预览。选中“当前”单选按钮时，只有高亮显示的效果将应用于预览。
- 交互：勾选该复选框时，在调整效果的参数时，更改会在渲染帧窗口中交互进行。没有勾选“交互”复选框时，可以单击“更新场景”或“更新效果”按钮预览效果。
- “显示原状态”/“显示效果”：单击“显示原状态”按钮会显示未应用任何效果的原渲染图像。单击“显示效果”按钮会显示应用了效果的渲染图像。

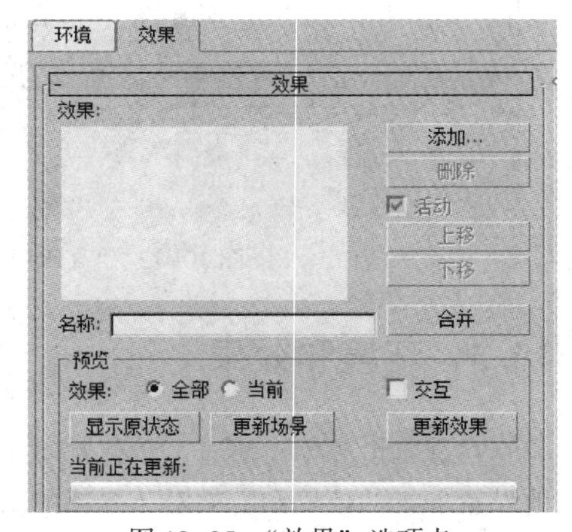

图 10-25 “效果”选项卡

- 更新场景：使用在渲染效果中所做的所有更改以及对场景本身所做的所有更改来更新渲染帧窗口。
- 更新效果：未勾选“交互”复选框时，手动更新预览渲染帧窗口。渲染帧窗口中只显示在渲染效果中所做的所有更改的更新。对场景本身所做的所有更改不会被渲染。
- 当前正在更新：显示更新的进度。

小试身手——蜡烛燃烧效果

55 蜡烛燃烧效果

下面通过制作燃烧的蜡烛了解“环境”和“效果”的使用方法。

STEP① 打开素材文件中的“场景和素材\第 10 章\蜡烛 . max”，如图 10-26 所示，该场景中已经制作好蜡烛模型。

STEP② 设置环境贴图。按〈8〉数字键，打开“环境和效果”对话框，在“公用参数”卷展栏中单击“无”按钮，打开“材质/贴图浏览器”对话框，双击“渐变”，如图 10-27 所示。

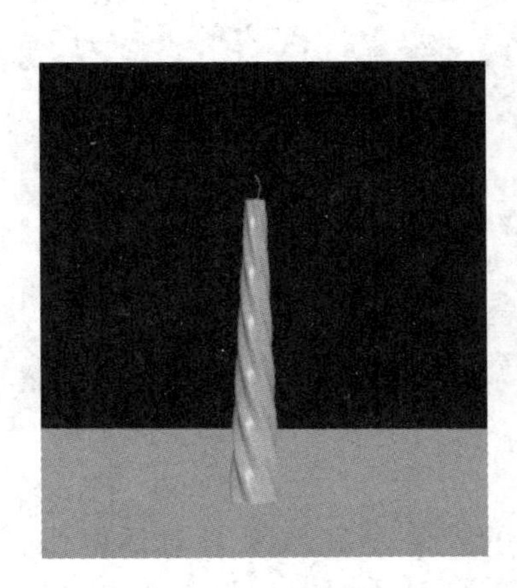

图 10-26　蜡烛模型

图 10-27　设置公用参数

STEP③ 按〈M〉键，打开“材质编辑器”窗口，使用鼠标将环境贴图拖到一个空白材质球上，在弹出的对话框中选择“实例”单选按钮。此操作可以将环境贴图与材质球建立联系，允许通过修改材质球来修改环境贴图，如图 10-28 所示。

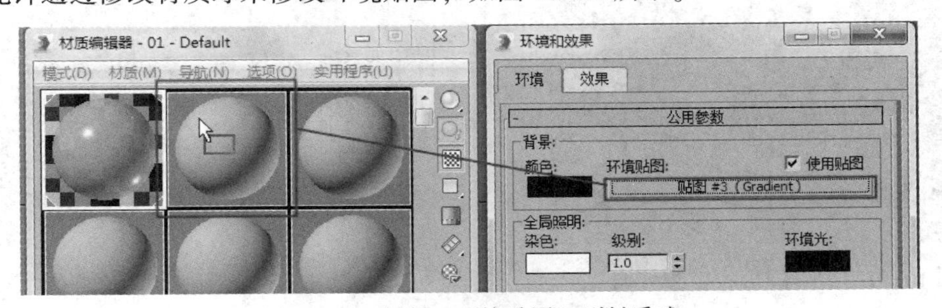

图 10-28　复制“环境贴图”到材质球

STEP④ 在“材质编辑器”窗口中，展开“环境贴图”材质球的“渐变参数”卷展栏，修改“颜色#2”为 RGB（0，29，101），“颜色#3”为 RGB（129，150，165），如图 10-29 所示。

STEP⑤ 创建大气装置。选择“创建”|“辅助对象”|“大气装置”，单击“球体 Gizmo”按钮，勾选“球体 Gizmo 参数”卷展栏中的“半球”复选框，在顶视图中的蜡烛位置创建一个球体 Gizmo，如图 10-30 所示。

STEP⑥ 使用“选择并缩放”工具，在前视图中对球体 Gizmo 进行 Y 轴方向上的拉长，具体形状如图 10-31 所示。

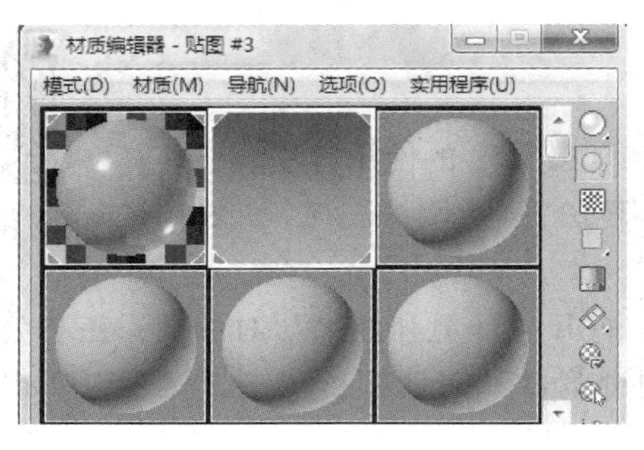

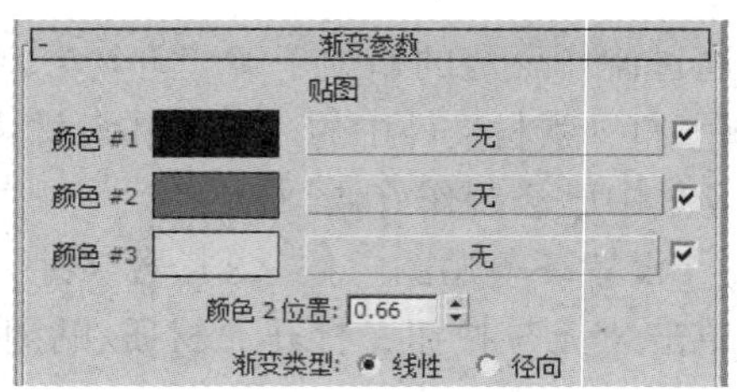

图 10-29　设置环境贴图渐变色

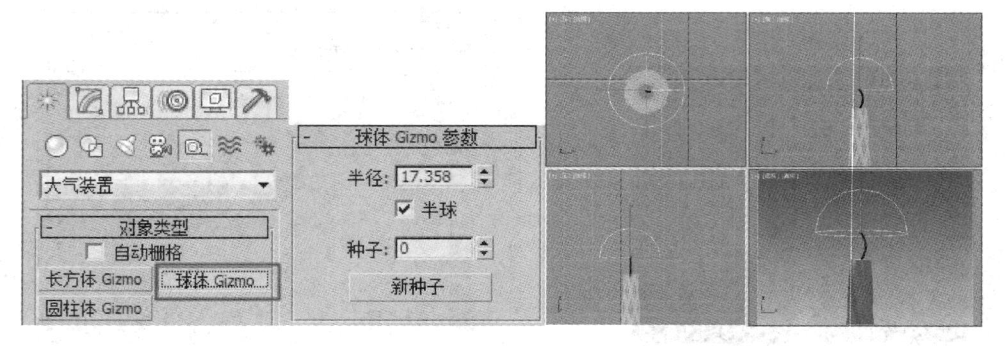

图 10-30　创建半球 Gizmo

STEP 7 选择“渲染”|“环境”菜单命令，在弹出的“环境和效果”对话框中，展开“大气”卷展栏，单击“添加”按钮，在“添加大气效果”对话框中，双击“火效果”，如图 10-32 所示。

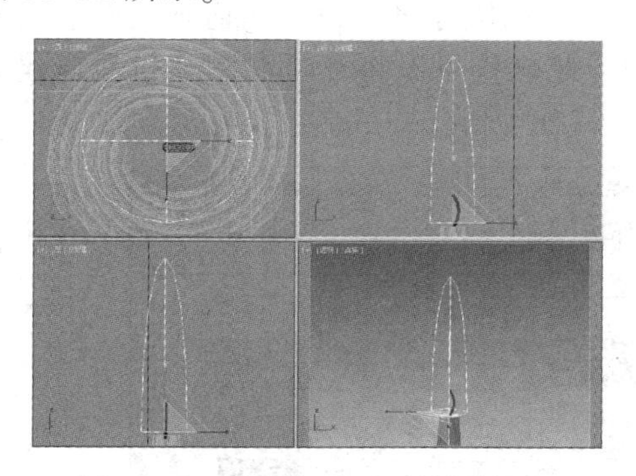

图 10-31　“半球 Gizmo”形状调整

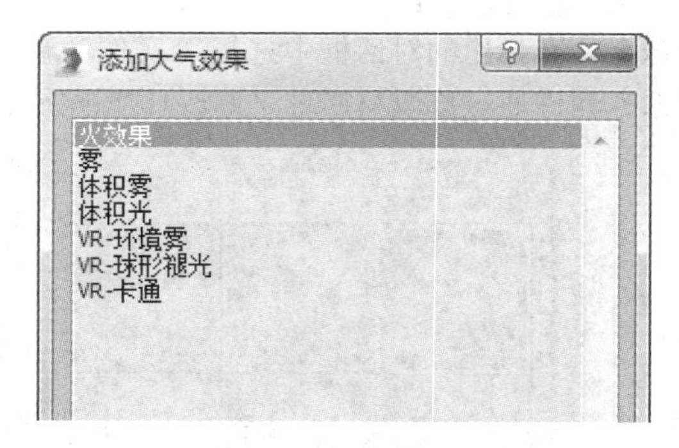

图 10-32　添加“火效果”

STEP 8 单击“火效果参数”卷展栏中的“拾取 Gizmo”按钮，在场景中拾取创建好的半球 Gizmo，拾取成功后将会显示“火效果参数”卷展栏。“火焰类型”选择“火舌”，密度改为“40.0”，其他参数保持默认值。具体设置如图 10-33 所示。

STEP 9 激活透视图，按〈Shift+Q〉组合键，渲染效果图 10-34 所示。

STEP 10 选择“渲染”|“效果”菜单命令，在弹出的“环境和效果”对话框中，单击“效果”卷展栏中的“添加”按钮，添加“镜头效果”，如图 10-35 所示。在“镜头效果”参数卷展栏中，选择“光晕”，并单击“>”按钮，添加“光晕效果”，如图 10-36 所示。

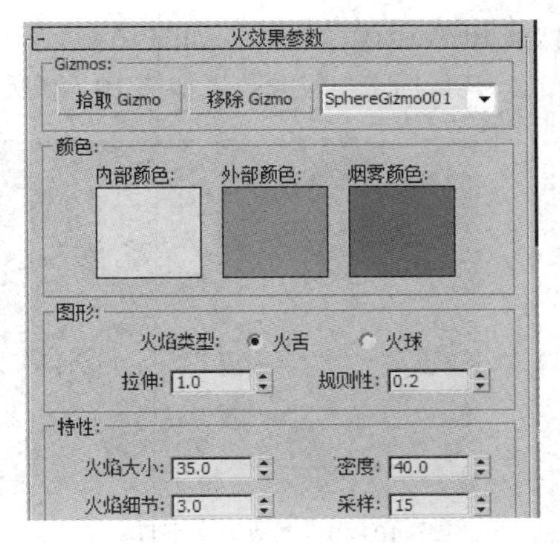

图 10-33 “火效果”参数设置

图 10-34 火焰效果

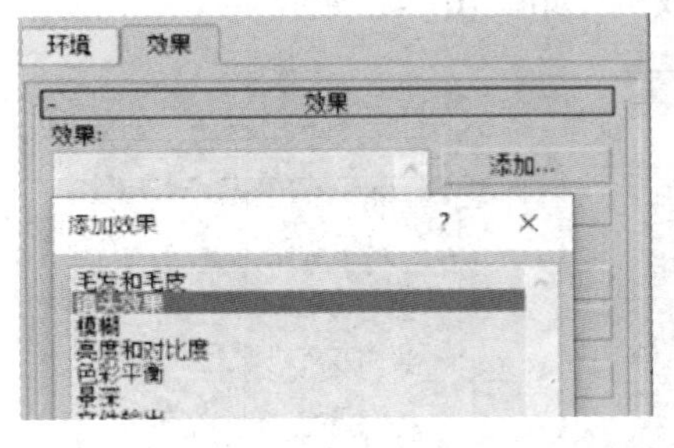

图 10-35 添加镜头效果

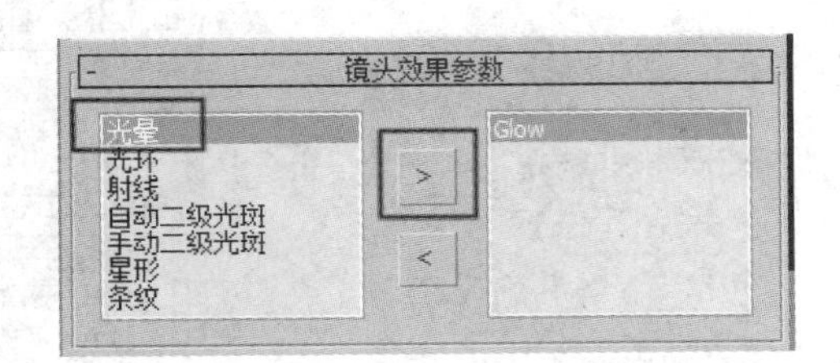

图 10-36 添加光晕

STEP 11 在“光晕元素”卷展栏中，设置“大小”为 30，“强度”为 5，“径向颜色”为 RGB(237,112,0)，如图 10-37 所示。按〈Shift+Q〉组合键进行渲染，渲染效果图 10-38 所示。

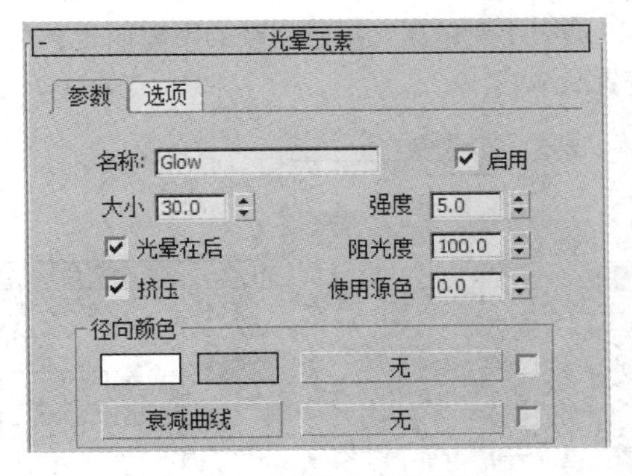

图 10-37 设置“光晕元素”

图 10-38 蜡烛火焰最终渲染效果

10.4 课堂练习——阁楼光线

56 阁楼光线

下面通过对阁楼光线投射效果的渲染案例，来进一步了解利用内置的默认扫描线渲染器进行渲染设置的方法。

STEP① 打开素材文件中的“场景和素材\第 10 章\阁楼 . max”。如图 10-39 所示。

STEP② 在左视图中，创建一盏目标平行光，其目标点与光源位置如图 10-40 所示。

图 10-39　阁楼场景

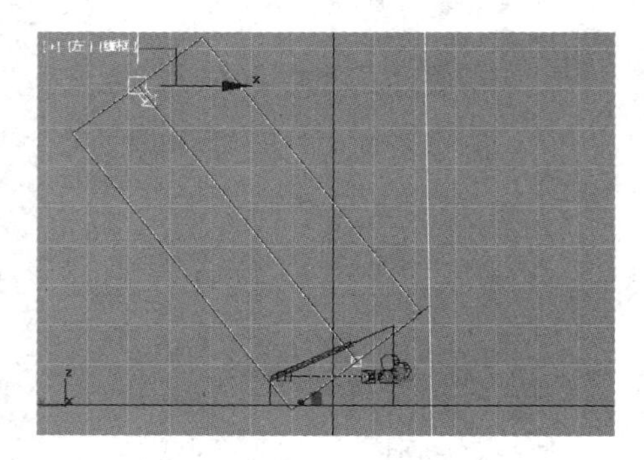

图 10-40　创建第一个目标平行光

STEP③ 在“修改”面板中，设置“平行光参数”，如图 10-41 所示。

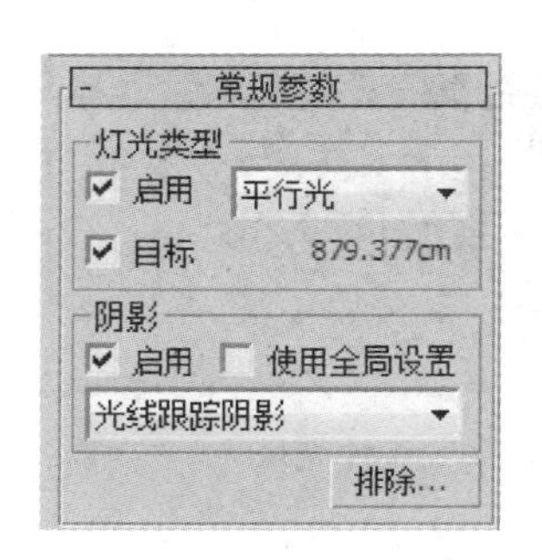

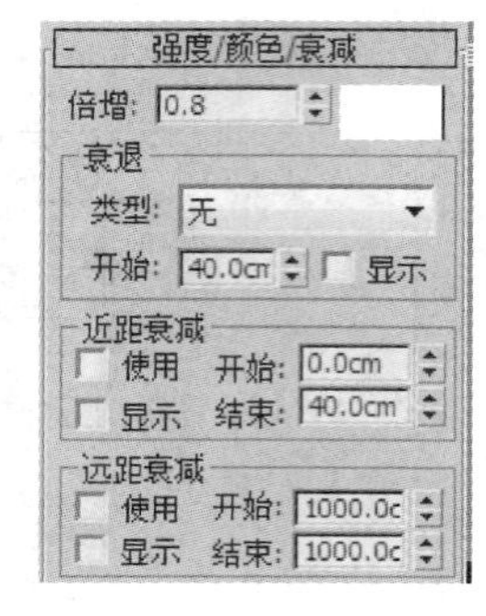

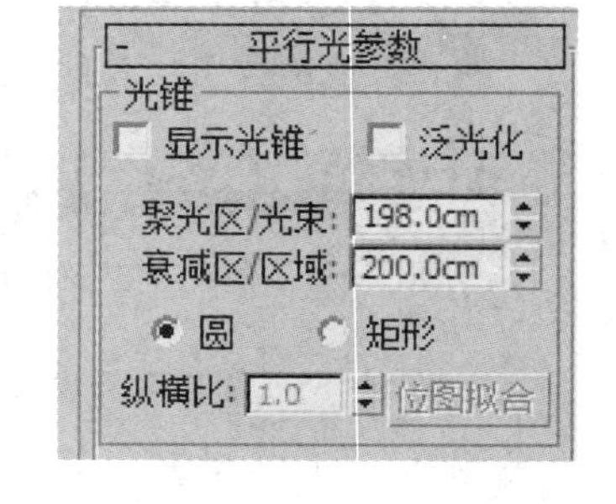

图 10-41　第一个灯光参数

STEP④ 在左视图中与第一个聚光灯相近位置上，再次创建第二盏聚光灯，其位置与参数设置如图 10-42 所示。(其中“远距衰减”的大小要依据光源到阁楼的距离而定，尽量使灯光能够正好通过天窗开始衰减，到地面位置衰减完成。)

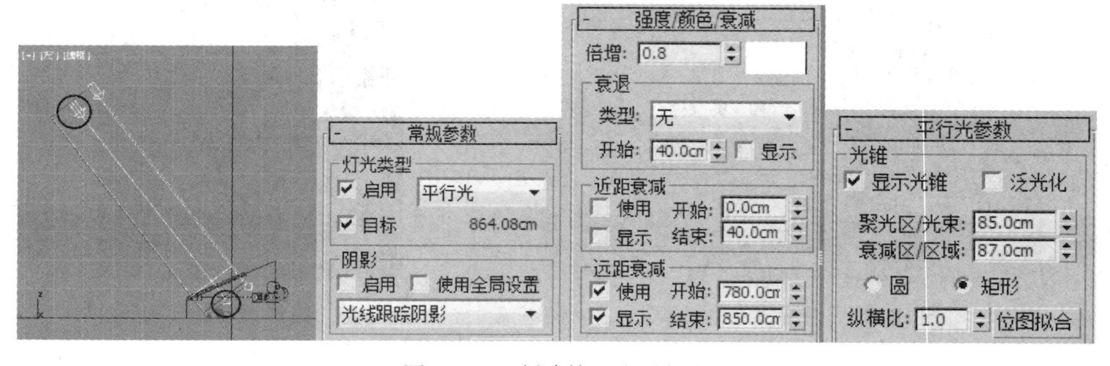

图 10-42　创建第二个平行光

STEP⑤ 选择“渲染”|“环境”菜单命令，在“大气”卷展栏中，单击“添加”按钮，添加“体积光”效果。在“体积光参数”卷展栏中，单击“拾取灯光”按钮，拾取 Direct002，“密度”设置为 2，如图 10-43 所示。

STEP 6 在“公用参数”卷展栏中，单击“无”按钮，弹出“材质/贴图浏览器”对话框，添加素材文件中的“场景和素材\第 10 章\黄昏天空 .jpg”。按〈M〉键打开“材质编辑器”窗口，使用鼠标将“环境贴图”拖动到一个材质球上，如图 10-44 所示，并在材质球下方的“坐标”卷展栏中，将“贴图”设为“屏幕”。

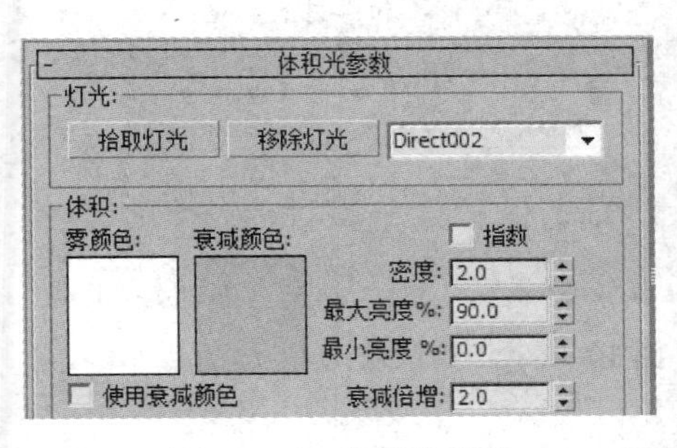

图 10-43　设置体积光

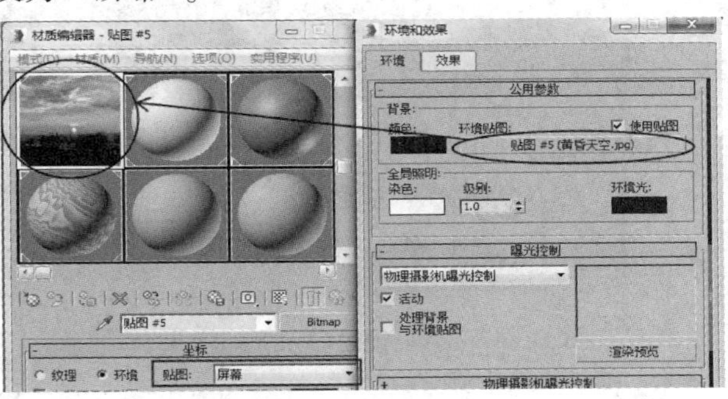

图 10-44　创建环境贴图

STEP 7 按〈F10〉键，打开“渲染设置”对话框，在“公用”选项卡中，设置“输出大小”为 640×480。在“高级照明”选项卡的下拉列表框中选择“光跟踪器”，并设置“参数”，如图 10-45 所示，按〈Shift+Q〉组合键进行渲染，得到最终渲染效果如图 10-46 所示。

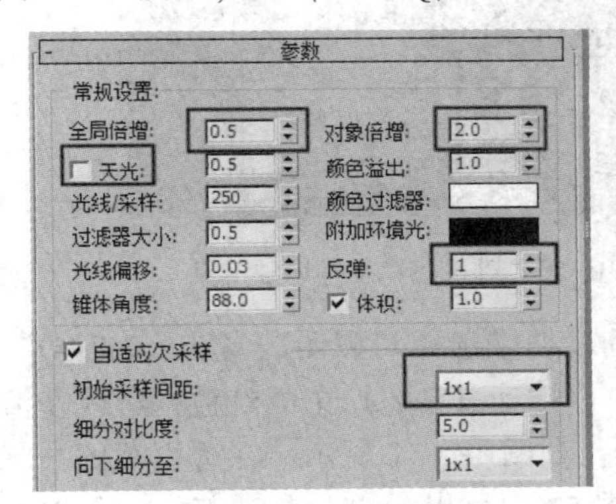

图 10-45　高级照明设置

图 10-46　阁楼最终效果

强化训练

57 渲染区域选择

3ds Max 可以对场景进行渲染区域的选择，渲染指定对象或指定区域。将制作好的场景进行测试渲染时，可能需要对场景中的模型、材质、灯光等进行修改，利用渲染区域的选择功能，可以有选择性地只渲染修改的部分，从而提高渲染效率。

STEP 1 打开配套素材中的“场景和素材\第 10 章\渲染区域选择. max”文件。按〈Shift+Q〉组合键进行渲染，将弹出渲染帧窗口，并得到如图 10-47 所示效果图片。

STEP 2 在渲染帧窗口中，在“要渲染的区域”下拉列表中，可以看到除了“视图”之外，还有 5 种渲染区域供选择，如图 10-48 所示。

STEP 3 选定对象渲染。单击“清除”按钮，清除上次的渲染结果，在“要渲染的区域”下拉列表框中选择“选定”，如图 10-49 所示。在透视图中选择花瓶和茶杯模型，再次进行渲染，单独渲染茶杯及花瓶的效果如图 10-50 所示。

图 10-47　渲染帧窗口及原始效果

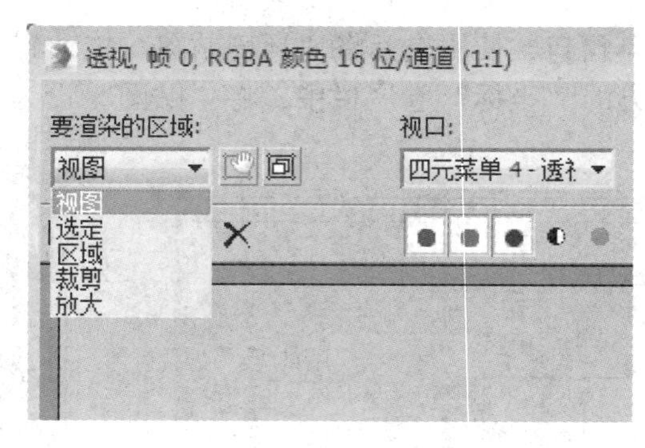

图 10-48　渲染区域列表

图 10-49　选定对象渲染

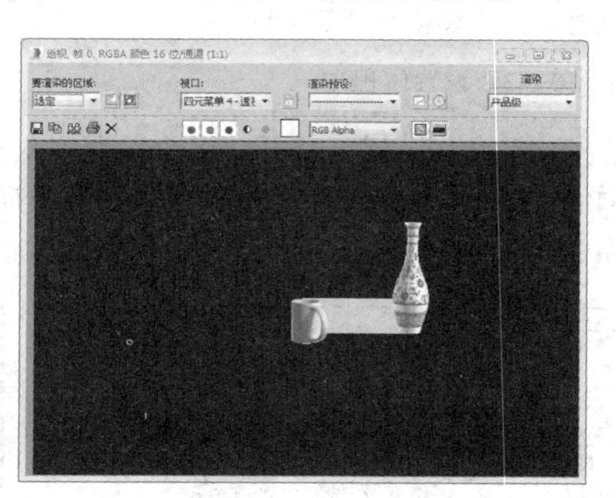

图 10-50　对花瓶和茶杯单独渲染

STEP 4 区域渲染。在“要渲染的区域”下拉列表框中选择“视图”，按〈Shift+Q〉组合键渲染出完整图像。在下拉列表框中选择“区域”，拖动渲染窗口中的红色框，改变渲染区域大小和位置，使渲染区域包含茶杯和花瓶模型，如图 10-51 所示，在透视视图中，调整移动茶杯和花瓶的位置，再次进行渲染，从图 10-52 中可以看出花瓶和茶杯的位置在效果图中发生了改变，但由于不用渲染全图，因此节省了渲染时间。

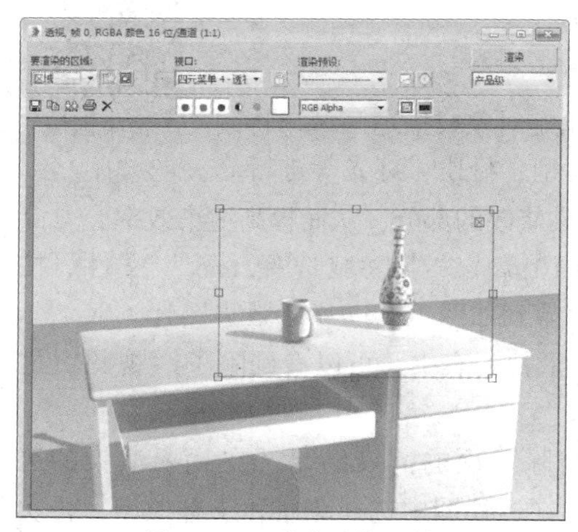

图 10-51　改变渲染区域

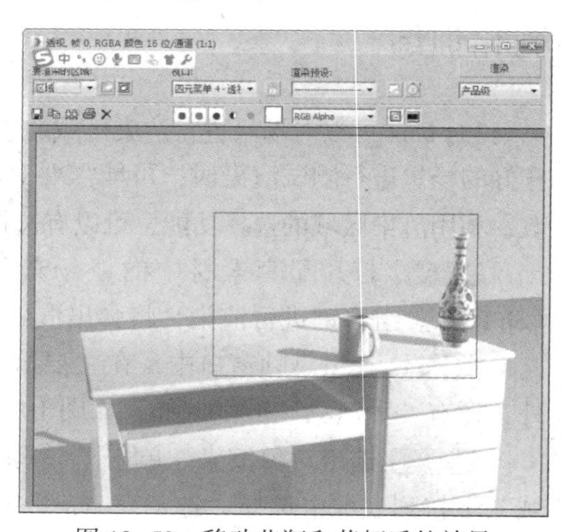

图 10-52　移动花瓶和茶杯后的效果

第11章　3ds Max 2016综合应用案例

内容导读

在学习了模型建立、材质制作、灯光制作以及渲染设置之后，需要对所学知识进行综合应用及训练，本章通过家装效果图设计与制作、卡通角色制作以及游戏场景制作三个方面的案例，介绍3ds Max在各领域的应用，便于读者将前面所学知识进行融会贯通，灵活运用。

学习目标

✓ 熟练掌握各种类型模型的建模方法

✓ 熟练掌握材质制作方法

✓ 熟练掌握灯光效果制作方法

✓ 掌握渲染器的使用方法

作品展示

◎书房效果

◎卡通狗

◎炮台

11.1　室内效果图——书房效果制作

室内效果图设计与制作是3ds Max软件一个主要的应用方向，本案例通过对一个书房效果的设计与制作，练习墙体、推拉门、吊顶及外景板的模型制作，各种常用材质的制作，灯光效果的制作等技巧。

11.1.1　书房建模

58 书房建模

墙体模型通常将外部AutoCAD平面图导入到3ds Max当中的二维线条进行建立，此案例中的墙体线条是预先导入到3ds Max文件当中的。

1. 制作墙体

STEP① 打开配套素材中的“场景和素材\第11章\书房平面图. max”。如图11-1所示，该场景中已经导入墙体平面图，且“单位设置”中已设置为“毫米”。

STEP② 由于导入的二维线条无法保证每个顶点都是闭合的，为了得到一个完整的闭合线条，需要对平面图进行再次绘制。按〈S〉键打开捕捉开关进行顶点捕捉，选择“创建”|“图形”|“线”，在顶视图中，使用“线”工具对书房平面图进行捕捉绘制。（注意：本练习仅制作室内效果，因此线条绘制时，只绘制内墙线条。）线条形状如图11-2所示。

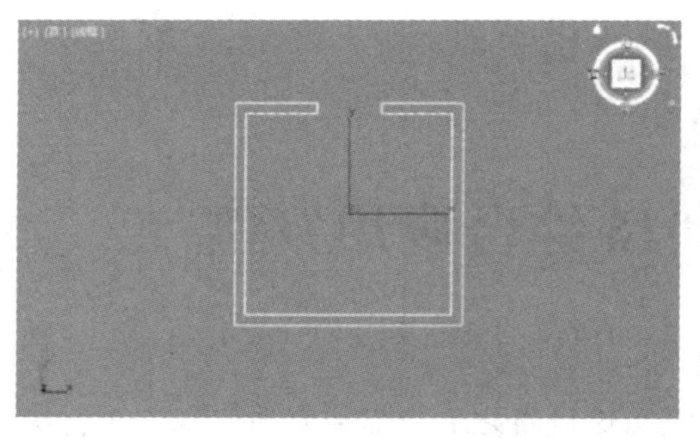

图 11-1　书房平面图

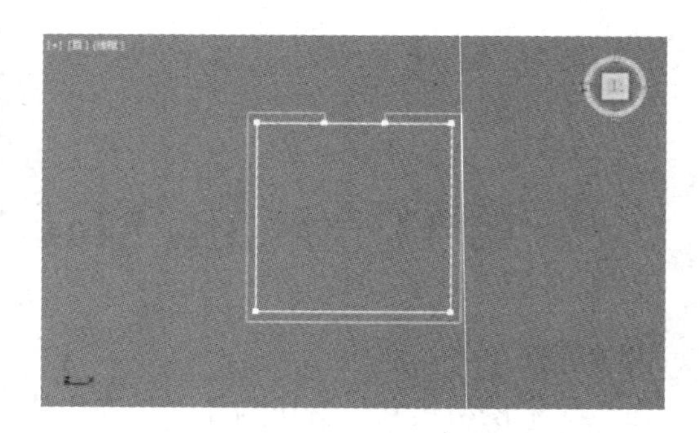

图 11-2　捕捉并绘制内墙线条

STEP③ 选择绘制好的墙体图形，在“修改”面板的“修改器列表”中选择“挤出”修改器，设置挤出数量为 2900 mm，分段为 1 段，取消勾选“封口始端”和“封口末端”复选框。参数设置及效果如图 11-3 所示。在“修改”面板中添加“法线”修改器，使墙体正面朝内。

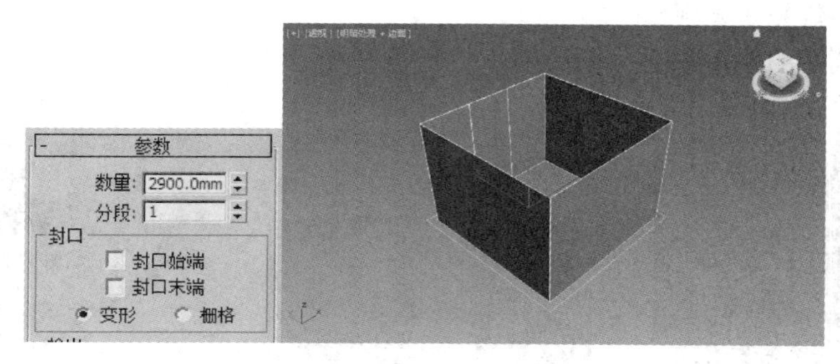

图 11-3　挤出墙体

2. 制作门洞

STEP① 在前视图中选择墙体模型，将其转换为“可编辑多边形”。按〈2〉数字键，进入“边”层级，按住〈Ctrl〉键的同时，使用选择工具同时选择图 11-4 白框中的两条边，单击“修改”面板“编辑边”卷展栏中的“连接”按钮，分段为 1。按〈W〉键切换到“选择并移动”工具，在界面下方的“Z”文本框中输入“2000 mm”（门框高度），效果如图 11-5 所示。

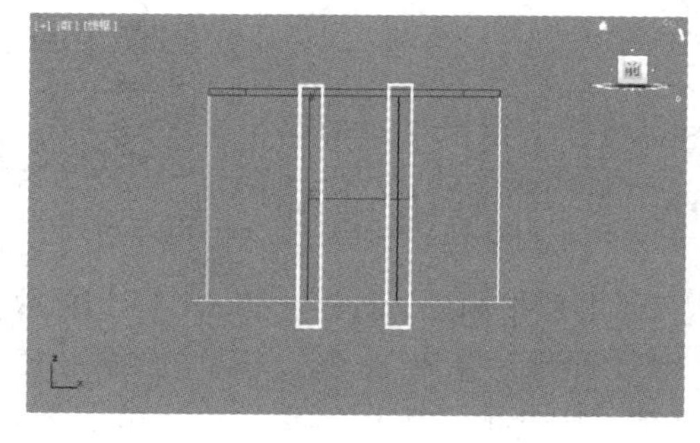

图 11-4　选择门边

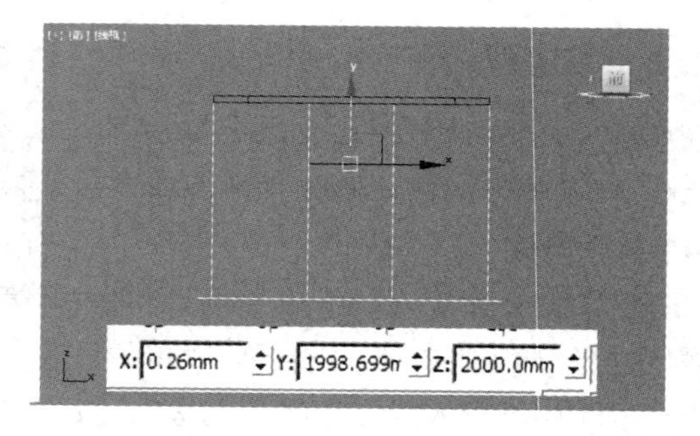

图 11-5　连接门框线

STEP② 按〈4〉数字键，进入“多边形”层级，选择如图 11-6 所示的多边形，在“修改”面板中，单击“编辑多边形”卷展栏中“挤出”右侧的按钮，设置挤出厚度为

-250 mm，按〈Delete〉键删除当前多边形，做出门洞效果，如图 11-7 所示。再次按〈4〉数字键，退出“多边形”层级。

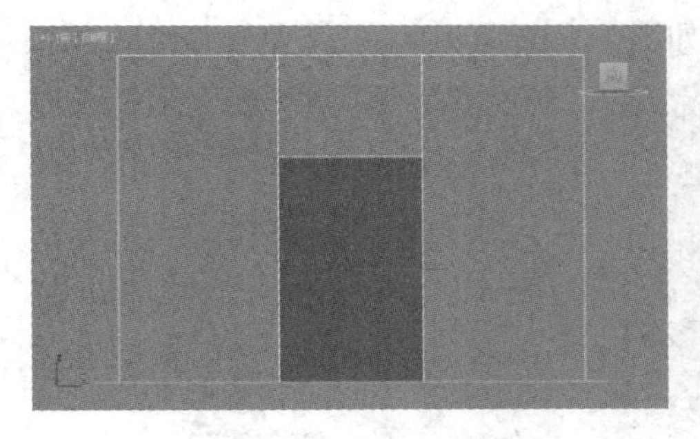

图 11-6　选择门多边形

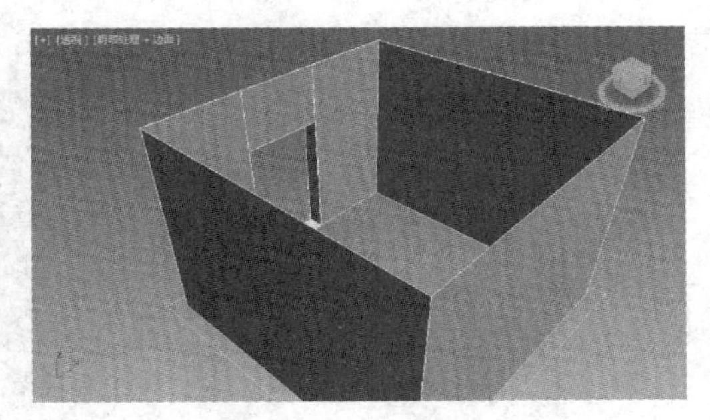

图 11-7　挤出门框厚度

3. 制作推拉门

STEP① 制作门框。右键单击“捕捉开关”，在弹出的“栅格和捕捉设置”对话框中，勾选“顶点”复选框，如图 11-8 所示。关闭对话框，按〈S〉键打开捕捉开关，在前视图中使用“矩形”工具对门洞进行捕捉，绘制出门框线条，如图 11-9 所示。

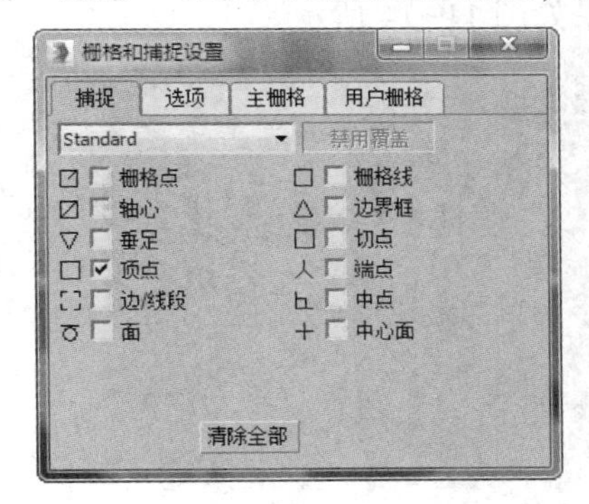

图 11-8　设置顶点捕捉

图 11-9　捕捉并绘制门框线

STEP② 右键单击门框线条，在弹出的快捷菜单中选择“转换为”|“可编辑样条线”命令。按〈3〉数字键进入“样条线”层级，选中所有样条线，打开“修改”面板中的“几何体”卷展栏，在“轮廓”按钮右侧的文本框中输入“50 mm”，并按〈Enter〉键确认，如图 11-10 所示。

STEP③ 添加“挤出”修改器，设置挤出数量为 100 mm。激活前视图，在“选择并移动”工具按钮上单击右键，弹出“移动变换输入”对话框，在“偏移：屏幕”的“Z”文本框中输入“-150 mm”，将门框移动到墙体中间位置，效果如图 11-11 所示。

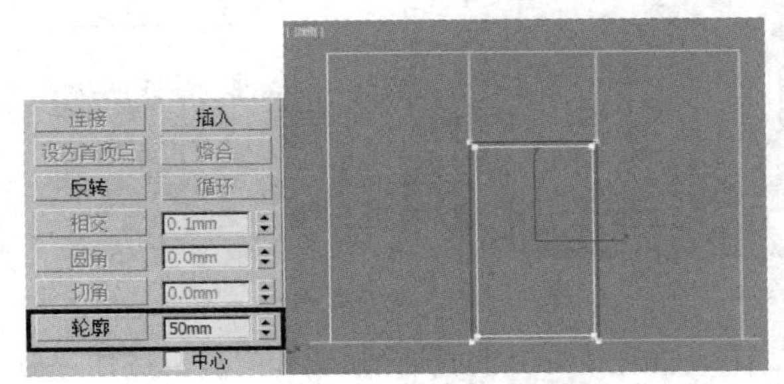

图 11-10　制作门框轮廓

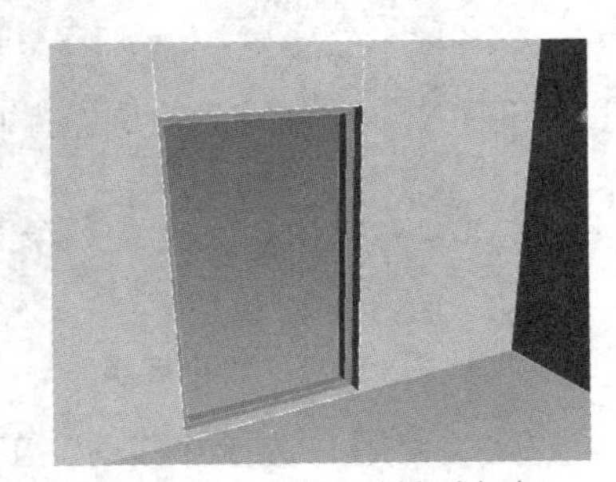

图 11-11　挤出并移动门框

STEP 4 制作门扇。在前视图中，选择“创建”|“平面”，对门框内边进行捕捉绘制，设置平面长度、宽度分段均为 1 段。右键单击“选择并缩放”工具按钮，在弹出的“缩放变换输入”对话框的“X”文本框中输入“50”，如图 11-12 所示。

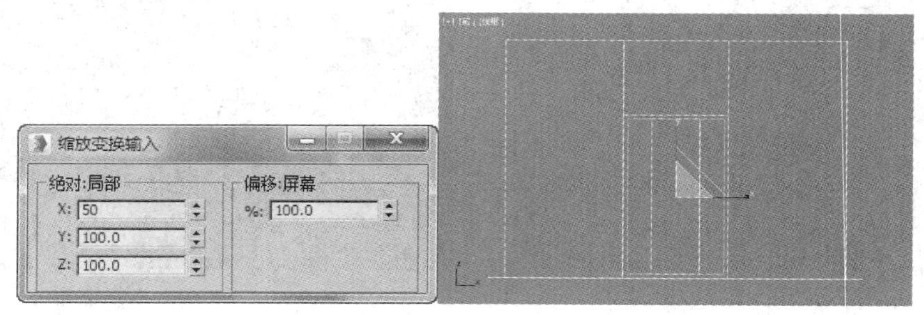

图 11-12　绘制门扇平面

STEP 5 将平面转换为“可编辑多边形”，按〈4〉数字键进入“多边形”层级，选中唯一的多边形，打开“修改”面板中的“编辑多边形”卷展栏，单击“挤出”右侧的按钮，设置挤出数量为 50 mm，单击“√”按钮，效果如图 11-13 所示。单击“插入”右侧的按钮，设置插入数量为 50 mm，单击“√”按钮，效果如图 11-14 所示。

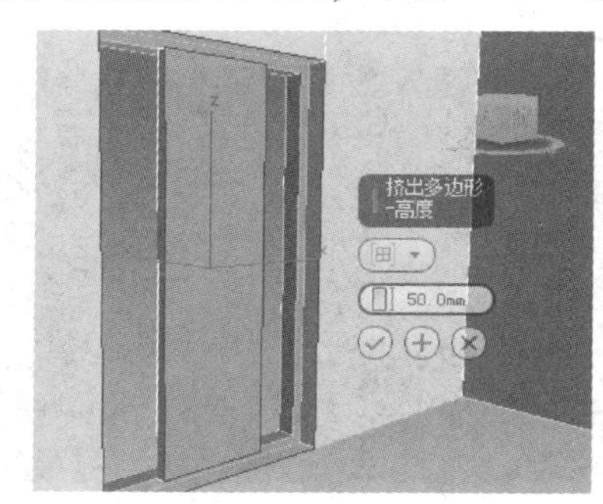

图 11-13　挤出门扇厚度

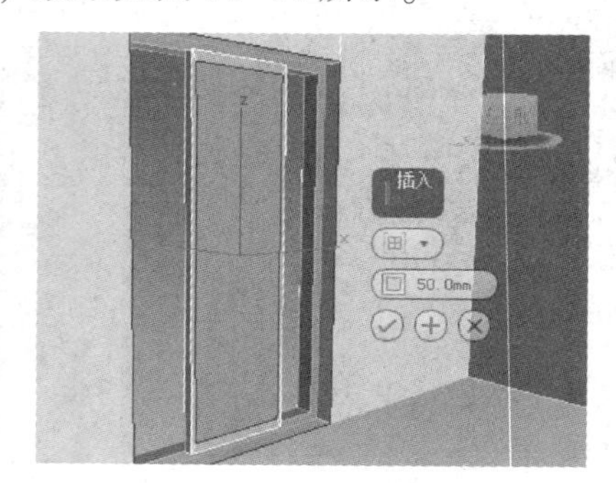

图 11-14　插入门扇宽度

STEP 6 再次单击“挤出”右侧的按钮，设置挤出数量为-20 mm，单击“√”按钮，效果如图 11-15 所示。按〈S〉键退出捕捉，在顶视图中，使用“选择并移动”工具，将门扇移动到相对于大门框合适的位置。单击“编辑几何体”卷展栏中的“分离”按钮，在弹出的“分离”对话框中，将分离出的多边形命名为“门扇玻璃”，单击“确定”按钮，如图 11-16 所示。按〈4〉数字键，退出“多边形”层级。

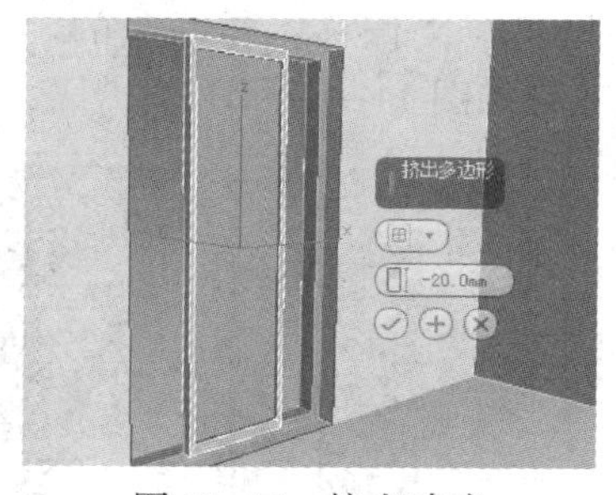

图 11-15　挤出玻璃

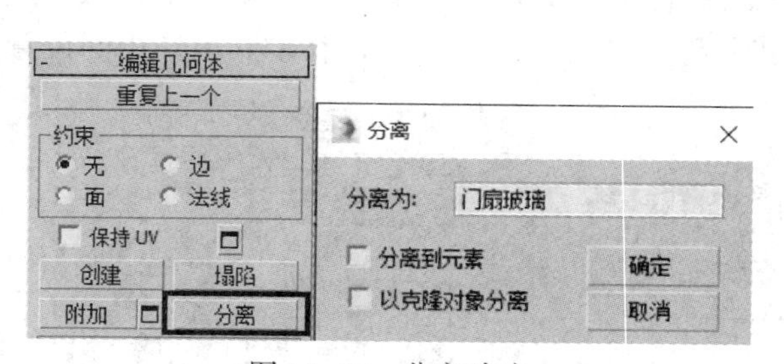

图 11-16　分离玻璃

STEP 7 使用“选择并移动”工具，按住〈Ctrl〉键的同时选择玻璃和门扇，按住〈Shift〉键将其拖动到合适位置，在弹出的“克隆选项”对话框中，选择“实例”单选按钮，单击

“确定”，复制出另一个门扇，门扇位置如图 11-17 所示，透视图门扇效果如图 11-18 所示。

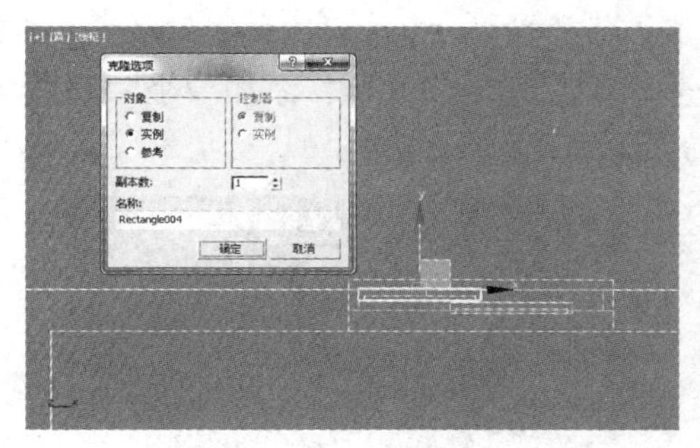

图 11-17　复制门扇

图 11-18　门扇效果

4. 制作吊顶、天花板和地板

STEP 1 按〈S〉键打开捕捉开关，在顶视图中，使用“矩形”工具对内墙进行顶点捕捉，绘制出吊顶线条，如图 11-19 所示。

STEP 2 右键单击吊顶线条，在弹出的快捷菜单中选择“转换为”|“可编辑样条线”命令。按〈3〉数字键进入“样条线”层级，选中所有样条线，打开“修改”面板中的“几何体”卷展栏，在“轮廓”按钮右侧的文本框中输入“500 mm”，并按〈Enter〉键确认，如图 11-20 所示。

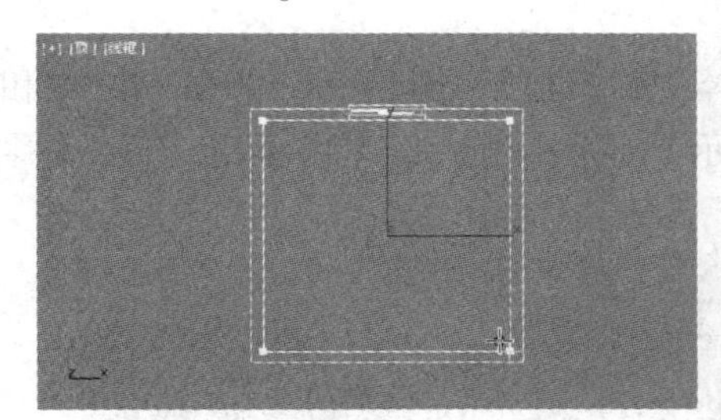
图 11-19　绘制吊顶二维线条

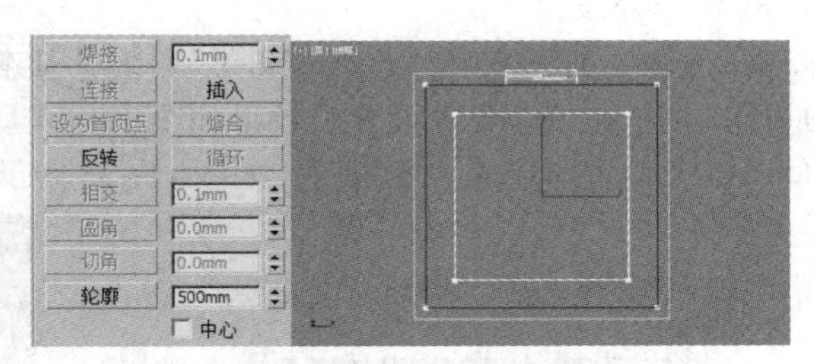

图 11-20　制作吊顶轮廓

STEP 3 添加“挤出”修改器，设置挤出数量为 100 mm。激活透视视图，在“选择并移动”工具按钮上单击右键，弹出“移动变换输入”对话框，在“偏移：世界”的“Z”文本框中输入“-200 mm”，将吊顶向下移动，参数设置及效果如图 11-21 所示。

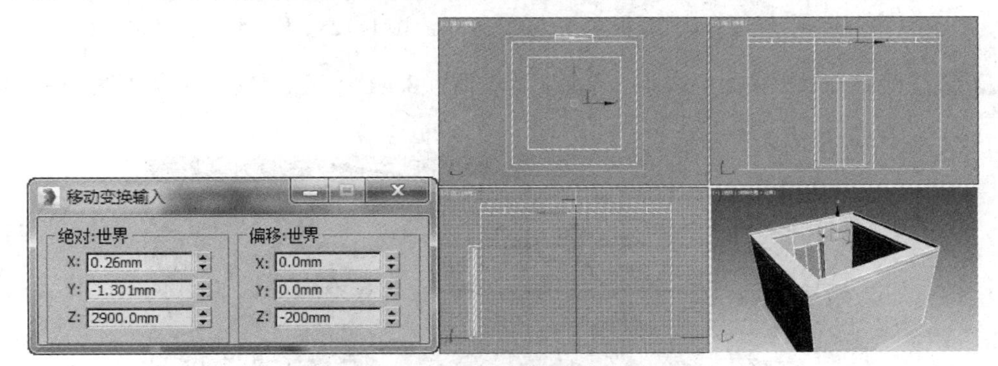

图 11-21　挤出并移动吊顶

STEP 4 按〈S〉键打开捕捉开关，在顶视图中，使用“平面”命令，设置长度分段和宽度分段均为 1，对内墙进行顶点捕捉，得到天花板，效果如图 11-22 所示。在前视图中，按住〈Shift〉键的同时，使用“选择并移动”工具将天花板平面复制并向下移动至墙体底部得到地板平面。在“修改”面板中，将地板平面大小改为 5000 mm×5000 mm。选择天花板平面，在“修改”面板的“修改器列表”中选择“法线”修改器，添加一个“法线”修改器，使天花板平面正面朝下，效果如图 11-23 所示。

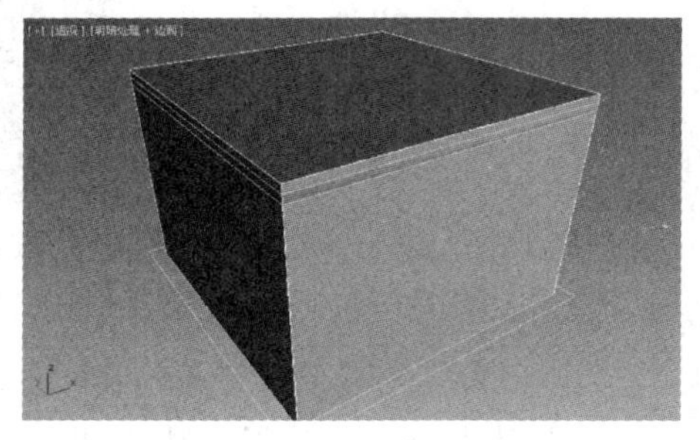

图 11-22　创建天花板

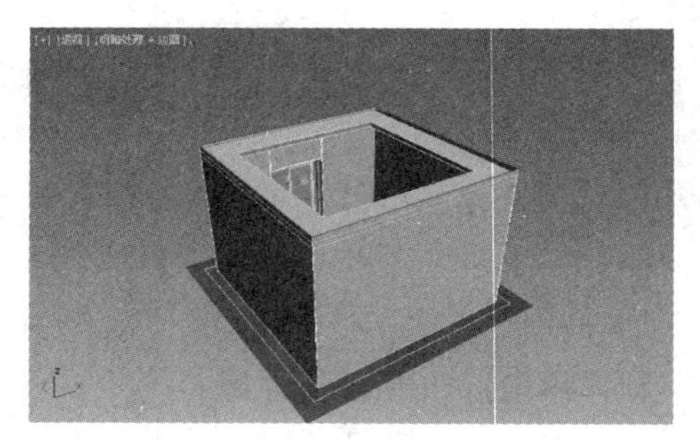

图 11-23　复制出地板并翻转天花板

> **知识拓展**
>
> 在对象选中状态下右键单击该对象，在弹出的快捷菜单中选择“对象属性”命令，打开“对象属性”对话框，勾选“背面消隐”复选框，可使对象背面呈现透明状态。

5. 制作外景板

STEP① 在前视图中，选择“创建”|“标准基本体”|“平面”，创建一个平面，位置和大小应能遮挡推拉门，参数设置及效果如图 11-24 所示。在顶视图中，将平面沿 Y 轴平移到房间外部，位置应能遮挡推拉门，如图 11-25 所示。

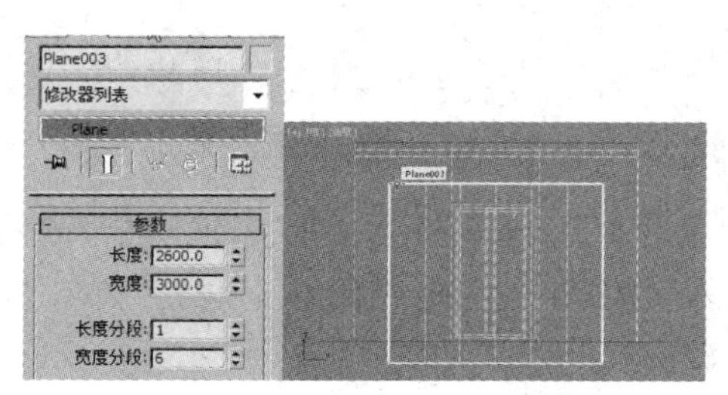

图 11-24　创建平面外景板

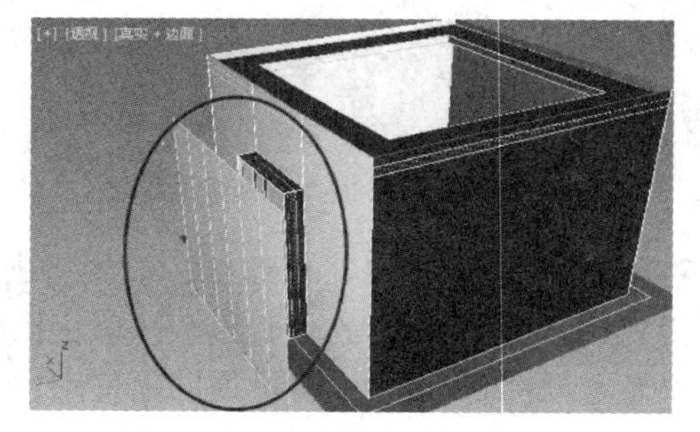

图 11-25　外景板放置推拉门外

STEP② 选中外景板平面，添加“弯曲”修改器（Bend），弯曲参数及效果如图 11-26 所示。

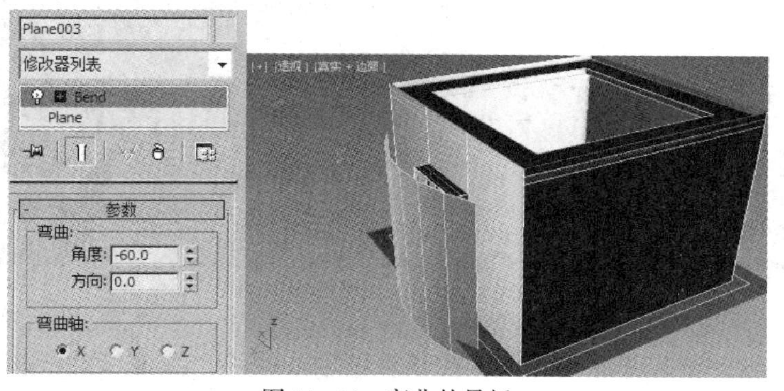

图 11-26　弯曲外景板

11.1.2 导入家具与制作材质

59 导入家居与制作材质

STEP① 选择“Max”|“导入”|“合并”菜单命令，将“场景和素材\第 11 章”文件夹下的“电脑椅 . max”“书柜 . max”“电脑 . max”“书籍 1. max”等家具模型分别导入到场景中，如图 11-27 所示。使用“选择并移动”工具，将家具摆放到合适位置，如图 11-28 所示。

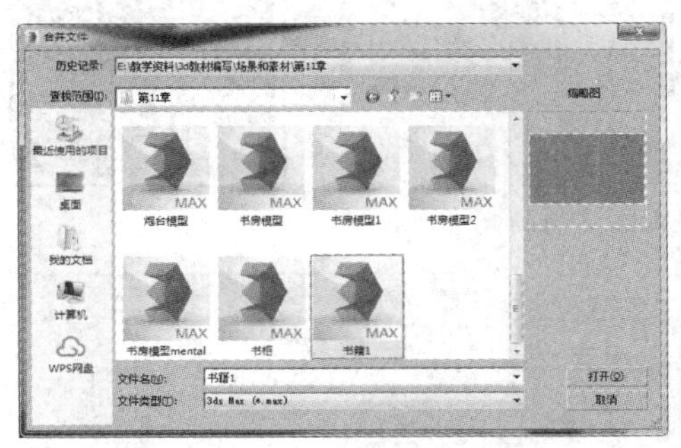

图 11-27 合并家具

图 11-28 家具摆放效果

STEP② 制作乳胶漆材质。按〈M〉键，打开“材质编辑器”窗口，选择一个空白材质球，在“Blinn 基本参数”卷展栏中，设置“漫反射”颜色为 RGB（240，240，240），“高光级别”为 20，“光泽度”为 10，如图 11-29 所示。将材质赋给墙面、吊顶及天花板。

STEP③ 制作推拉门框材质。选择一个空白材质球，在“Blinn 基本参数”卷展栏中，设置“漫反射”颜色为 RGB（250，250，250），“高光级别”为 60，“光泽度”为 20，如图 11-30 所示。将材质赋给推拉门框及门扇框。

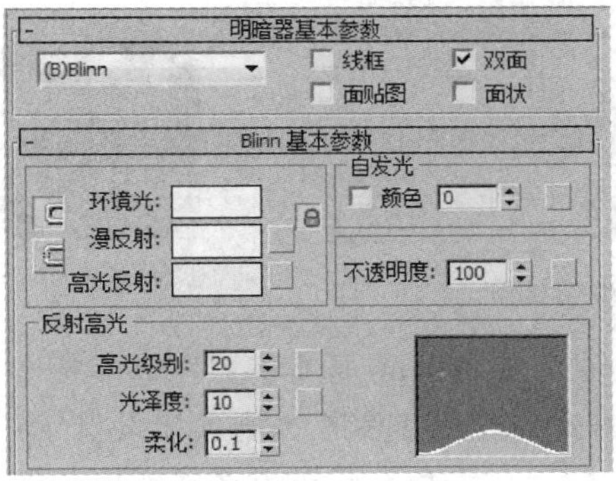

图 11-29 乳胶漆材质

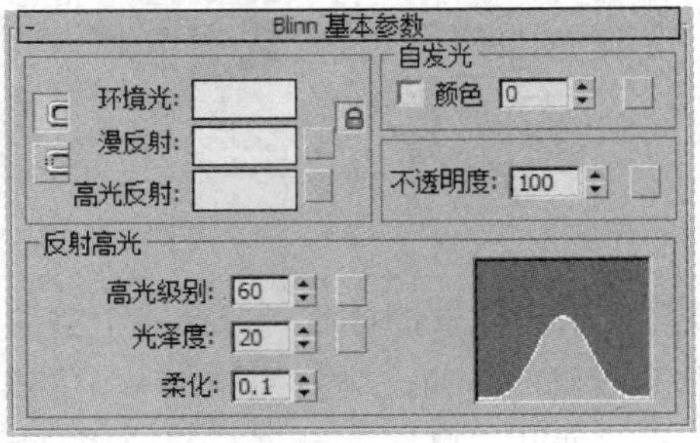

图 11-30 推拉门框材质

STEP④ 制作木地板材质。选择一个空白材质球，在“Blinn 基本参数”卷展栏中，设置“高光级别”为 60，“光泽度”为 20。单击“漫反射”右侧的按钮，打开“材质/贴图浏览器”对话框，为材质添加一个漫反射贴图，贴图文件参考“场景和素材\第 11 章\木地板 . jpg”。参数设置及材质球效果如图 11-31 所示。

STEP⑤ 展开“贴图”卷展栏，单击“反射”右侧的“无”按钮，打开“材质/贴图浏览器”对话框，添加“光线跟踪”贴图。展开“衰减”卷展栏，在“衰减类型”下拉列表框中选择“平方反比”。回到父层级，设置反射“数量”为 20。参数设置如图 11-32 所示。将材质赋给地板。

STEP⑥ 制作玻璃材质。选择一个空白材质球，在“Blinn 基本参数”卷展栏中，设置

"漫反射"颜色为 RGB（125，125，125），"高光级别"为 90，"光泽度"为 60，不透明度为 20。展开"贴图"卷展栏，单击"反射"右侧的"无"按钮，添加"光线跟踪"贴图，回到父层级。参数设置及材质球效果如图 11-33 所示。将材质赋给门扇玻璃模型。

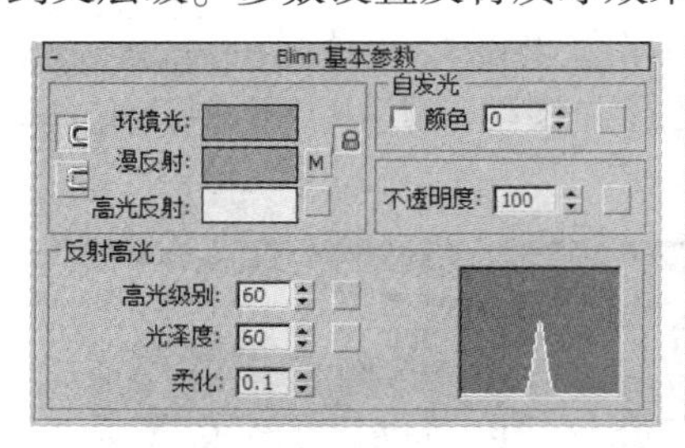

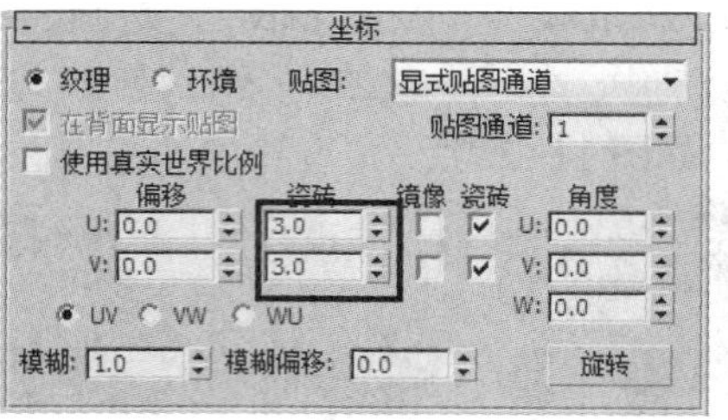

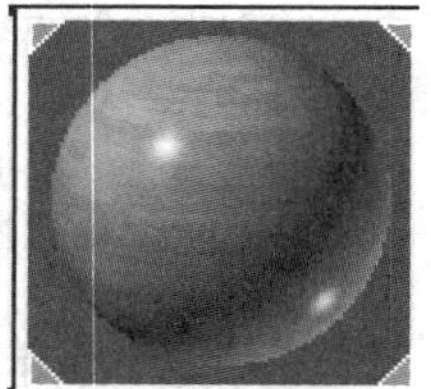

图 11-31　设置木地板贴图与高光

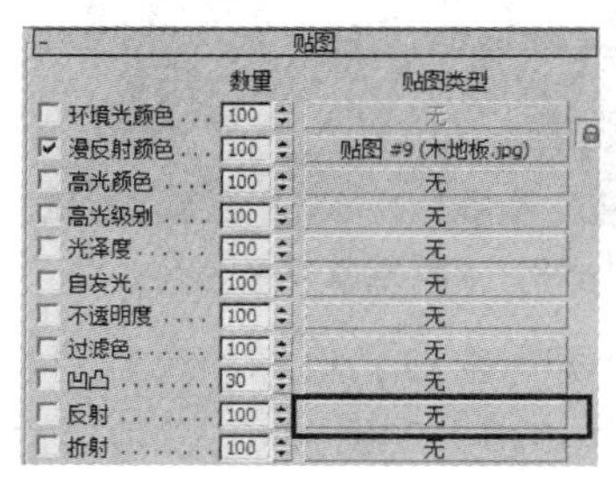

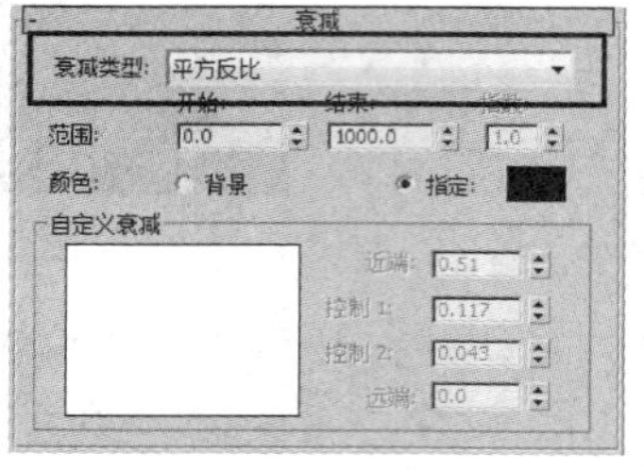

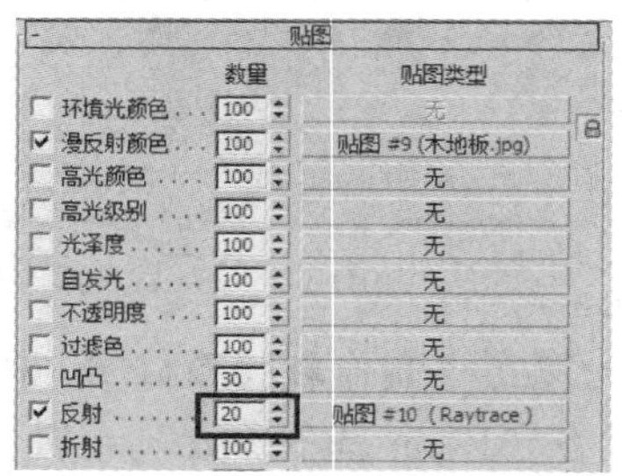

图 11-32　设置木地板反射

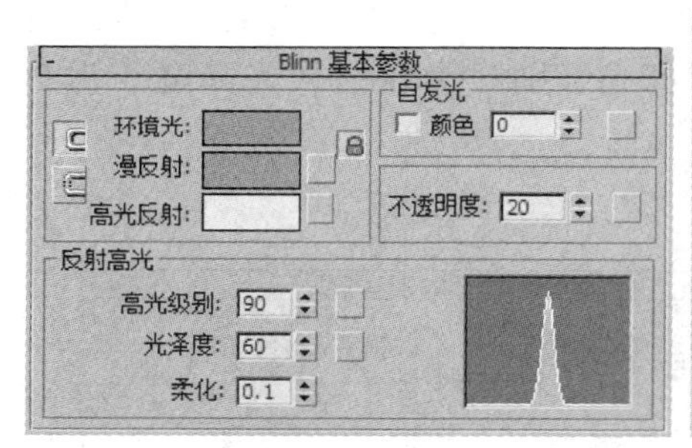

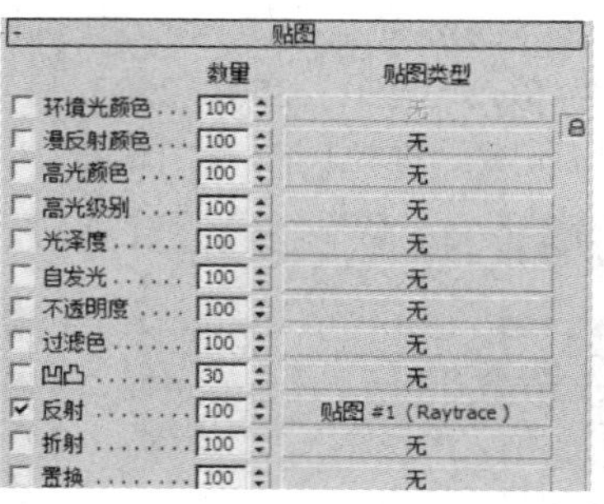

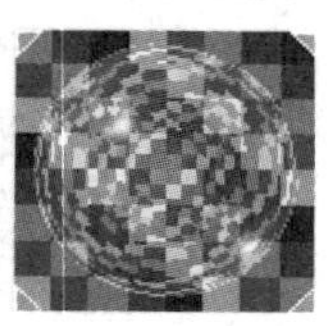

图 11-33　设置玻璃材质

STEP 7 制作外景板材质。选择一个空白材质球，在"Blinn 基本参数"卷展栏中，单击"漫反射"右侧的按钮，为材质添加一个外景贴图，贴图文件参考"场景和素材\第 11 章\草坪 . jpg"。展开"贴图"卷展栏，使用鼠标从"漫反射颜色"后的贴图按钮拖动到"自发光"右侧的"无"按钮上，在弹出的"复制（实例）贴图"对话框中选择"实例"单选按钮，参数设置及材质球效果如图 11-34 所示。将材质赋给外景板。

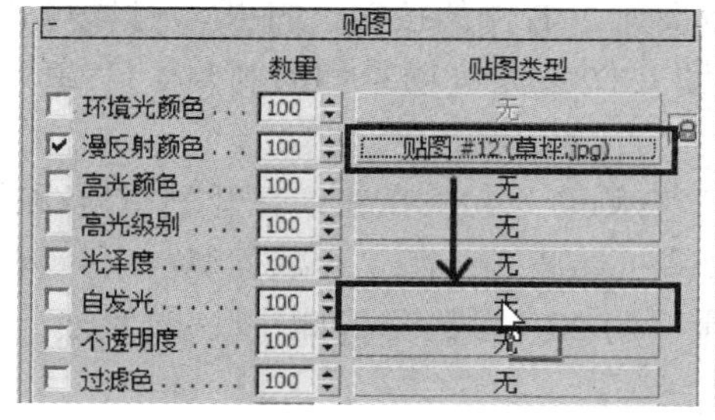

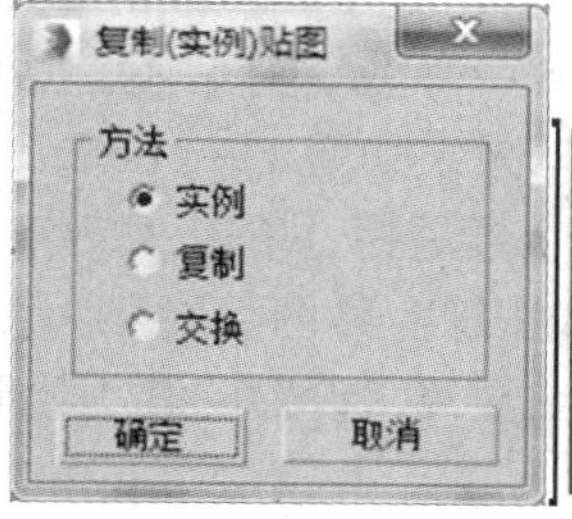

图 11-34　设置外景板材质

11.1.3　灯光与渲染

60 灯光与渲染

STEP① 创建日光。选择“创建”|“灯光”|“标准”，选择“目标平行光”，在如图 11-35 所示位置创建目标平行光。在“修改”面板中打开“常规参数”卷展栏，单击“排除”按钮，将外景板排除，启用“光线跟踪阴影”。在“平行光参数”卷展栏中设置“聚光区/光束”为 4000 mm，如图 11-36 所示。

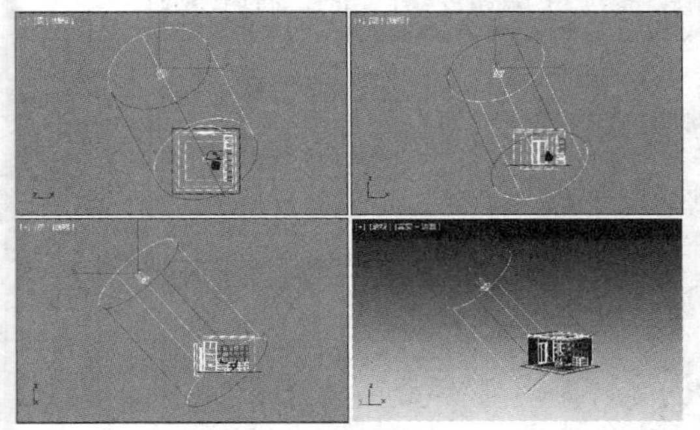

图 11-35　创建目标平行光

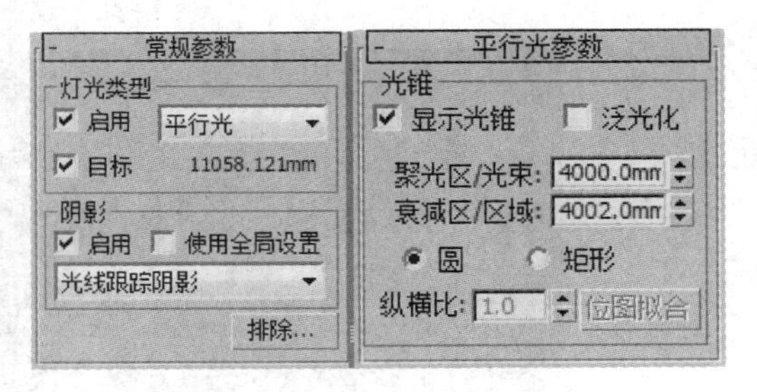

图 11-36　目标平行光参数

STEP② 创建射灯。选择“创建”|“灯光”|“光度学”，选择“目标灯光”，弹出“创建光度学灯光”对话框，单击“是”按钮。在推拉门旁边的位置，创建垂直照射地面的目标灯光。在“修改”面板中打开“常规参数”卷展栏，启用“光线跟踪阴影”，在“灯光分布（类型）”下拉列表框中选择“光度学 Web”。在“分布（光度学 Web）”卷展栏中，单击“<选择光度学文件>”按钮，选择配套素材文件中的“场景和素材\第 11 章\经典筒灯.ies”。在“强度/颜色/衰减”卷展栏中，设置强度为 2，具体参数设置如图 11-37 所示。同时选中目标灯光的光源和目标点，在按住〈Shift〉键的同时，在顶视图中使用“选择并移动”工具对选中的目标灯光进行移动复制，得到如图 11-38 所示的四个射灯灯光。

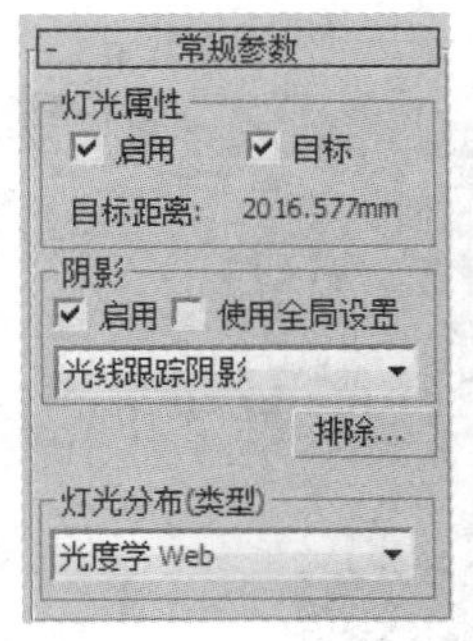

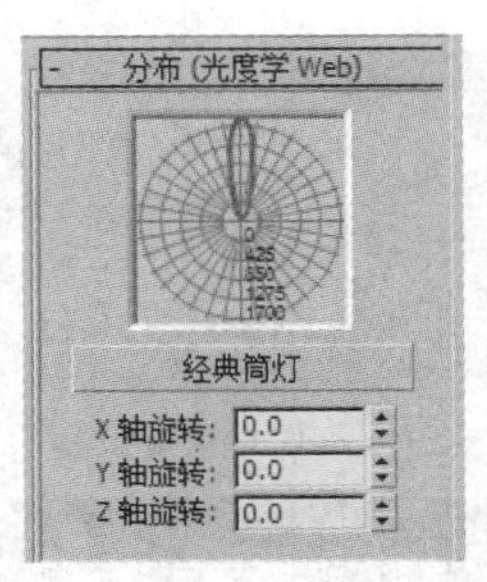

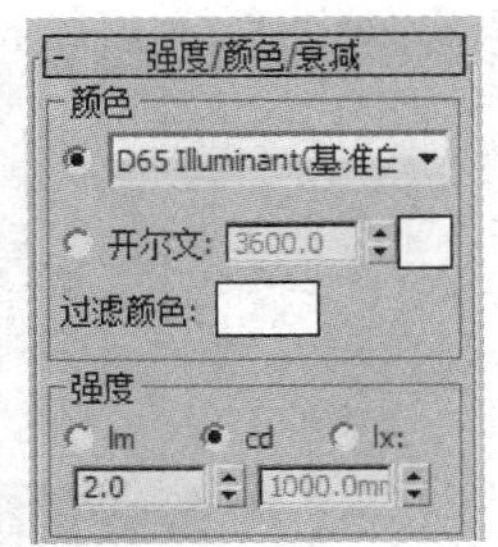

图 11-37　目标灯光参数

STEP③ 选择“创建”|“摄像机”|“目标”，在如图 11-39 所示的位置创建摄影机，设置“参数”卷展栏中的“镜头”为 30 mm。

知识拓展

在 3ds Max 中，如按照人眼高度放置摄影机，则摄影机高度应该在 1600~2000 mm 之间。但实际上，人眼的取景原理与摄影机不同，为了能使摄影机拍摄到房间内的全部摆设，需要将将摄影机调到距地面 1000 mm 左右的高度。

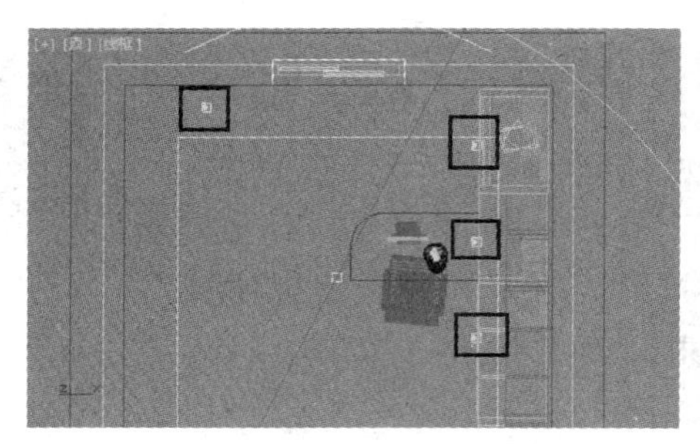

图 11-38 顶视图与透视视图灯光位置

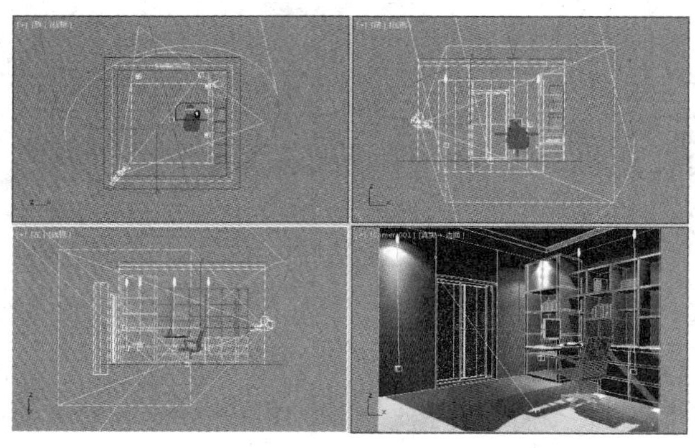
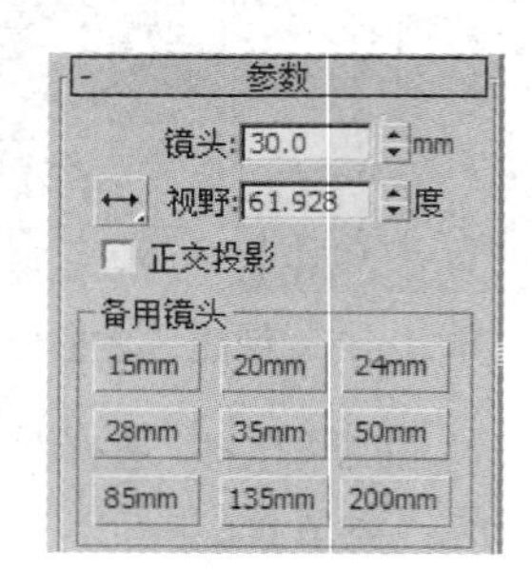

图 11-39 创建摄影机

STEP 4 按〈F10〉键，打开“渲染设置”对话框，选择“NVIDIA mental ray”渲染器。在“公用”选项卡中，设置“输出大小”为 640×480。选择“渲染”|“曝光控制”菜单命令，在“mr 摄影曝光控制”卷展栏中，将“预设值”设置为“基于物理的灯光、室外日光、晴朗天空”，“曝光值”设为 0.5。按〈Shift+Q〉组合键进行渲染。具体参数设置如图 11-40 所示，渲染后的效果如图 11-41 所示。

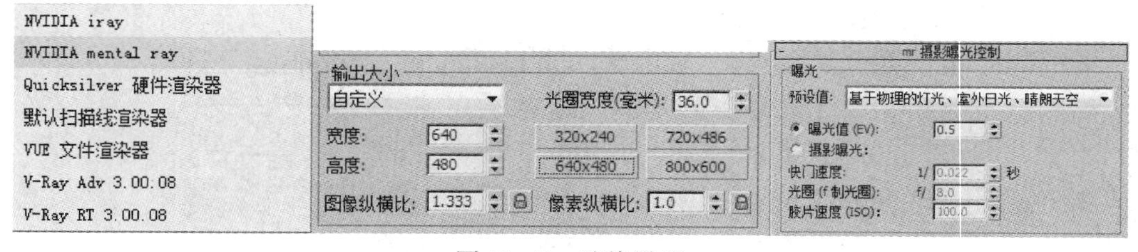

图 11-40 渲染设置

图 11-41 书房渲染效果

11.2 动漫角色——卡通狗

本案例通过一个三维卡通角色的制作，对多边形建模的方法进行练习，包括卡通狗身体各个部件的创建与连接方法。在制作过程中，需要对基础模型的段数进行规划，以便于后期模型的连接与分割。

11.2.1 制作身体模型

61 制作身体模型

STEP 1 选择“创建”|“几何体”|“标准基本体”|“长方体”，长度、宽度、高度及分段设置如图 11-42 所示。

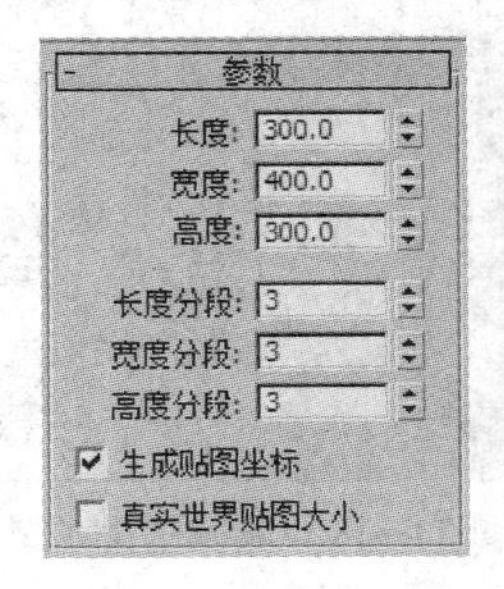

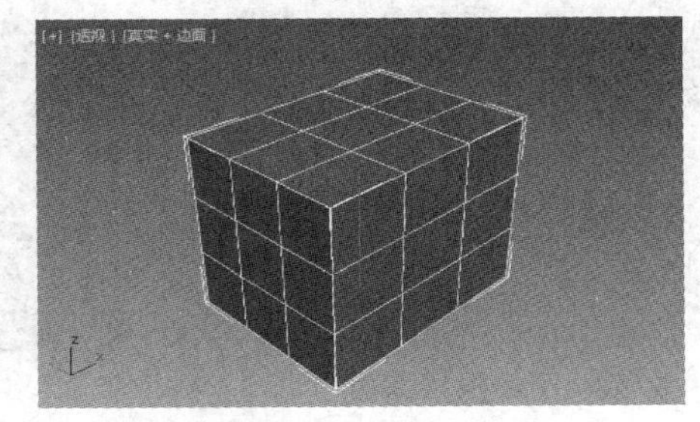

图 11-42 创建长方体

STEP 2 为长方体添加“编辑多边形”修改器，按〈1〉数字键，进入“顶点”层级，按〈R〉快捷键切换为“选择并缩放”工具，在主工具栏中，使用鼠标长按“使用轴点中心”按钮，在弹出的下拉列表中选择“使用选择中心”，在前视图中框选对象四个角的顶点，如图 11-43 所示。对选中的顶点进行平面缩放，得到如图 11-44 所示的效果。

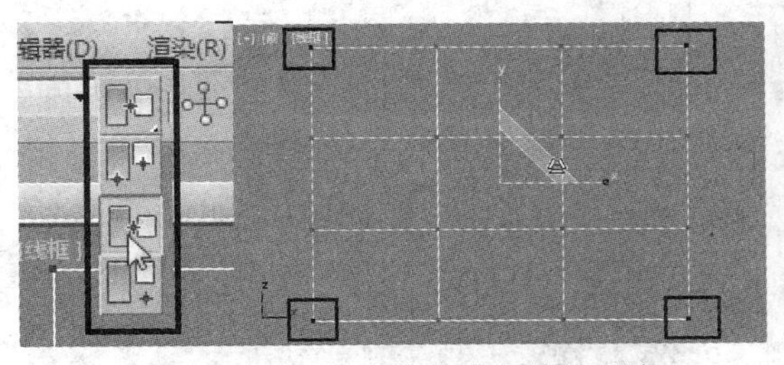

图 11-43 选择缩放方式与缩放顶点

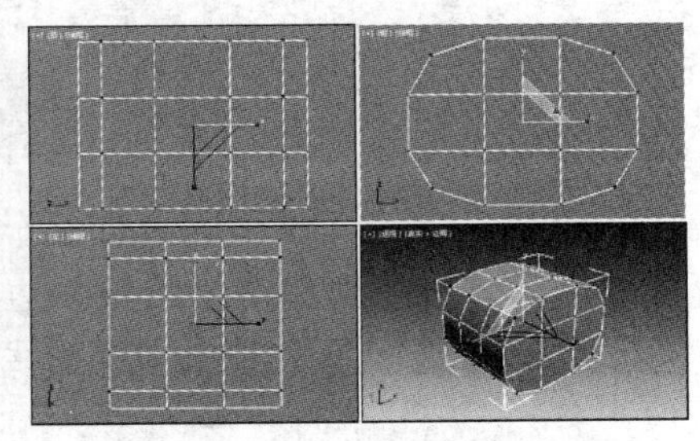

图 11-44 前视图缩放效果

STEP 3 在左视图中框选对象四个角的顶点，如图 11-45 所示。对选中顶点进行平面缩放，得到如图 11-46 所示的效果。

STEP 4 在顶视图中框选对象四个角的顶点，如图 11-47 所示。对选中顶点进行平面缩放，得到如图 11-48 所示的效果。按〈1〉数字键退出“顶点”层级。

STEP 5 在顶视图中创建一个长方体，作为一个脚掌基础模型，大小与位置如图 11-49 所示。为该长方体添加“编辑多边形”修改器，按〈1〉数字键，进入“顶点”层级，使用“选择并移动”工具将长方体顶点调整为如图 11-50 所示的效果。按〈1〉数字键退出“顶点”层级。

STEP 6 为脚掌模型添加“FFD 3×3×3”修改器，按〈1〉数字键，进入“顶点”层级，调整控制点，使脚掌模型效果如图 11-51 所示。

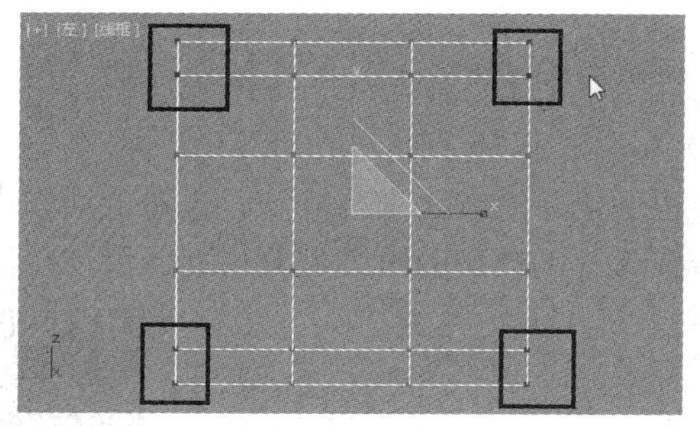

图 11-45　在左视图中选择缩放顶点

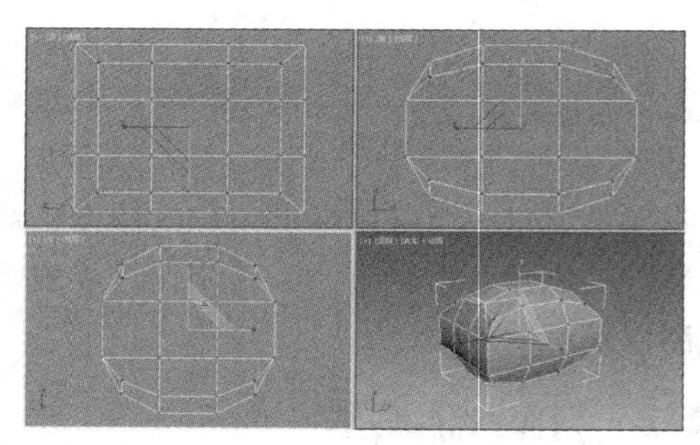

图 11-46　左视图缩放效果

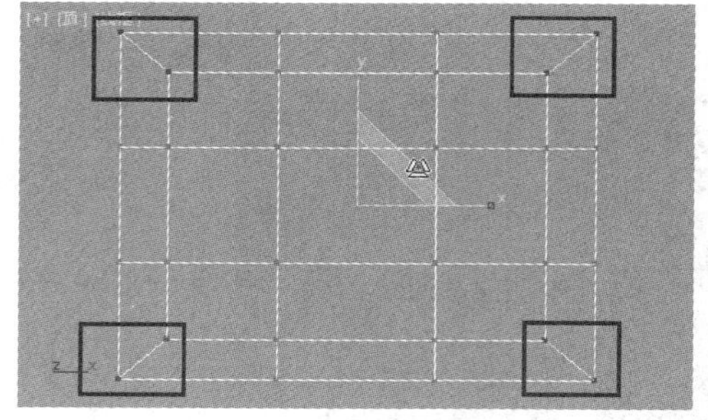

图 11-47　在顶视图中选择缩放顶点

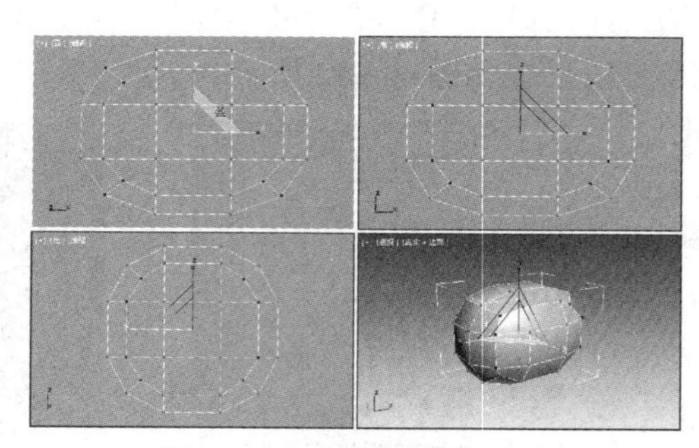

图 11-48　顶视图缩放效果

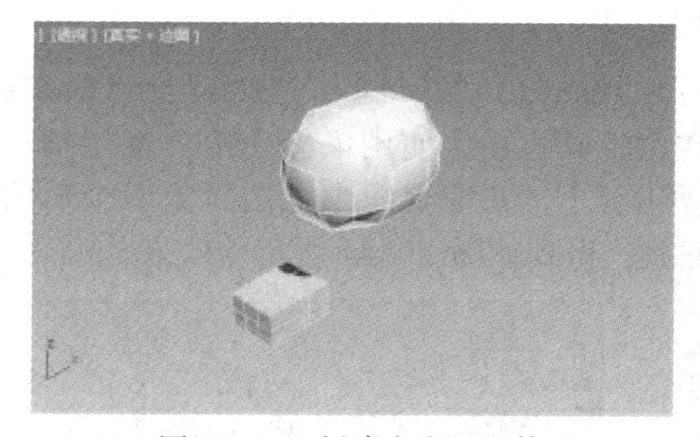

图 11-49　创建脚掌长方体

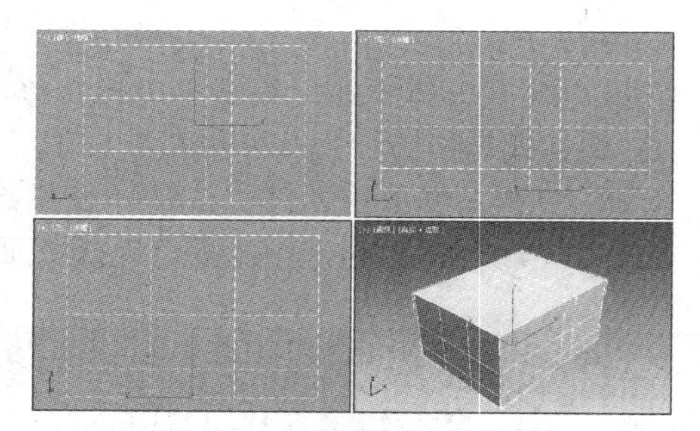

图 11-50　顶视图缩放效果

STEP⑦ 为脚掌模型添加“编辑多边形”修改器，按〈2〉数字键，进入“边层”级，按住〈Ctrl〉键，选中图 11-52 中粗白线所示的 8 条边。

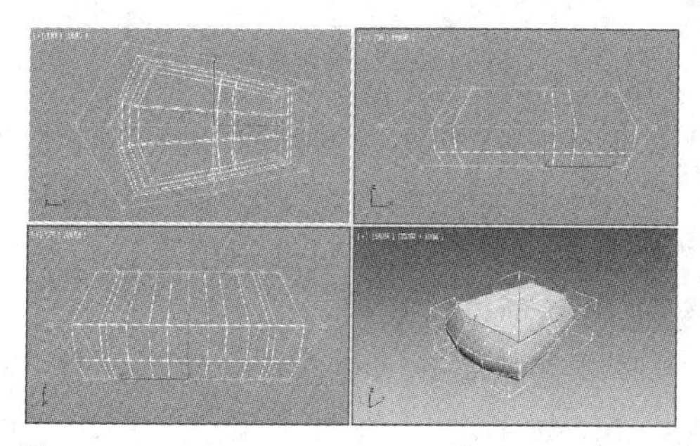

图 11-51　用“FFD 3×3×3”修改器变形脚掌

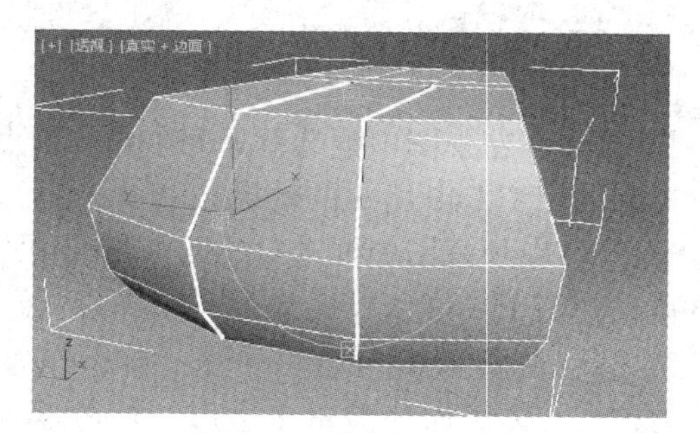

图 11-52　选择脚趾缝边

STEP⑧ 对选中的边进行挤出，挤出高度为-10，挤出宽度为 10，得到脚趾缝，效果如图 11-53 所示。按〈4〉数字键，进入“多边形”层级。选中并按〈Delete〉键删除如图 11-54 所示的多边形，为后面脚掌和身体的连接做准备。再次按〈4〉数字键，退出“多边形”层级。

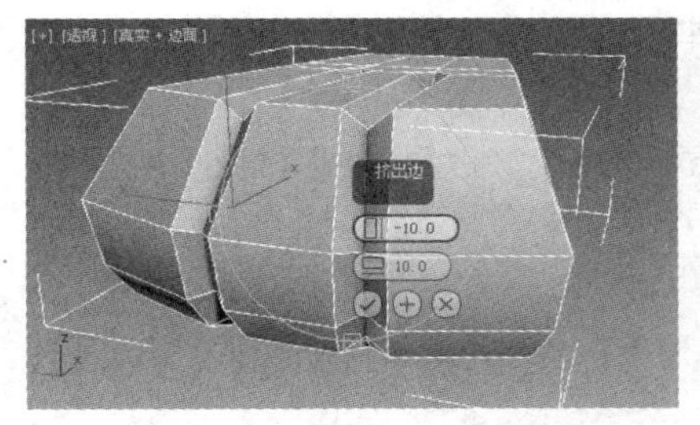

图 11-53　挤出脚趾缝

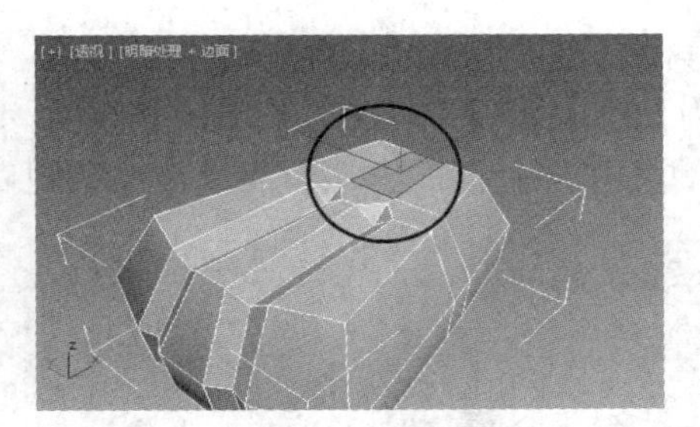

图 11-54　删除连接面

STEP 9 按住〈Shift〉键，在顶视图中使用鼠标将脚掌沿 X 轴拖动到如图 11-55 所示位置，在弹出的“克隆选项”对话框中，选择“复制”单选按钮，单击“确定”按钮，复制出一个后脚掌。按住〈Ctrl〉键，同时选中两个脚掌，再按住〈Shift〉键并沿 Y 轴拖动，复制出另一边的两个脚掌，如图 11-56 所示。

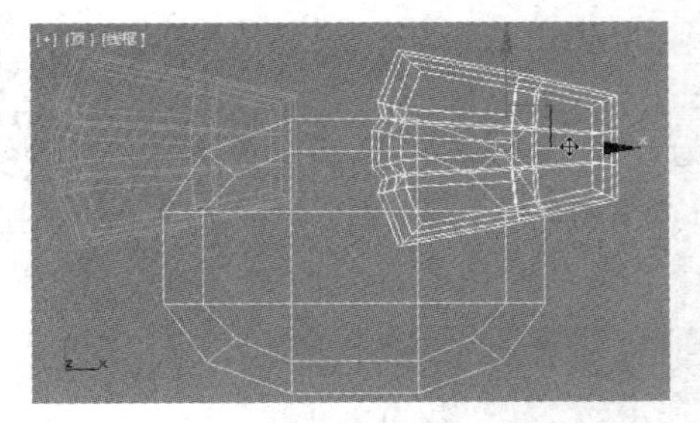

图 11-55　复制一个后脚掌

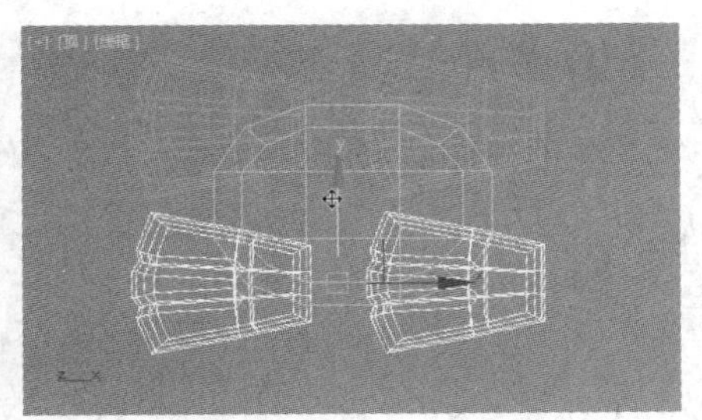

图 11-56　复制另一边的两个脚掌

STEP 10 选中身体模型，按〈4〉数字键，进入“多边形”层级，将如图 11-57 所示的腹部四块多边形选中并删除，为脚掌和身体的连接做准备。在“修改”面板的“编辑几何体”卷展栏中单击“附加”右侧的按钮，弹出“附加列表”对话框，按住〈Shift〉键，同时选中所有脚掌模型，单击“附加”按钮，如图 11-58 所示。

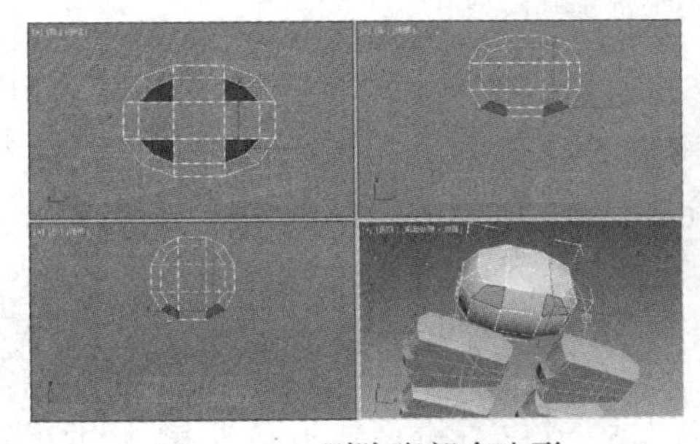

图 11-57　删除腹部多边形

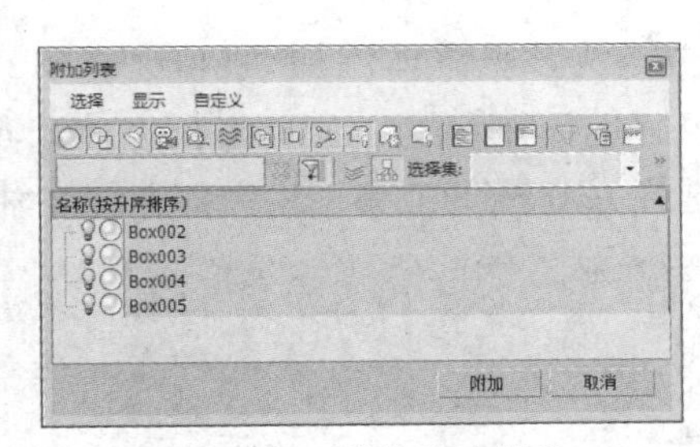

图 11-58　附加所有脚掌

STEP 11 按〈3〉数字键，进入“边界”层级，按住〈Ctrl〉键，同时选中所有被删除多边形孔洞的边界，脚掌 4 个，身体 4 个，一共 8 个边界。在“修改”面板的“编辑边界”卷展栏中，单击“桥”右侧的按钮，设置“分段”为 3，单击“√”按钮确认，如图 11-59 所示。

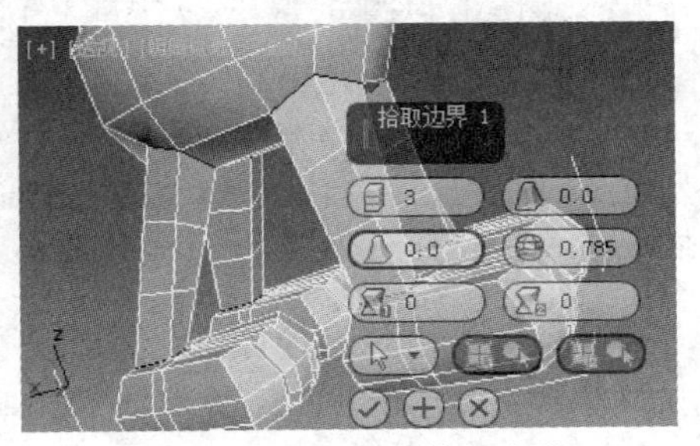

图 11-59　连接身体与脚掌

STEP 12 按〈1〉数字键，进入“顶点”层级，按住〈Ctrl〉键，选中其中一条腿的中部 8 个顶点，在主工具栏上右键单击“选择并缩放”按钮，弹出“缩放变换输入”对话框，设置“偏移：屏幕”为 60，使腿中部变细，如图 11-60 所示。

STEP⑬ 按照上面的方法，将其他三条腿做同样处理，效果如图 11-61 所示。

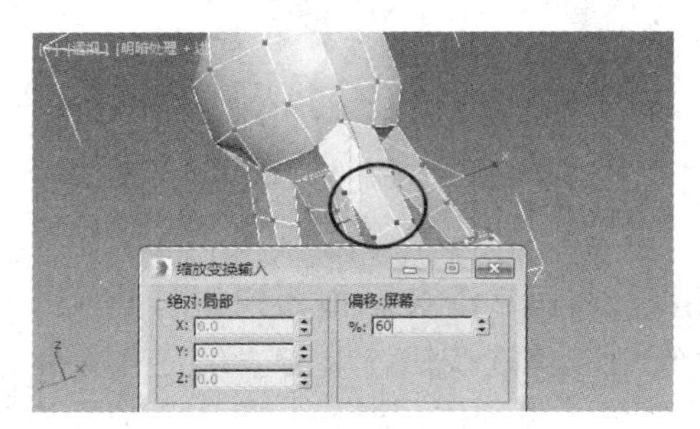

图 11-60　缩小腿围

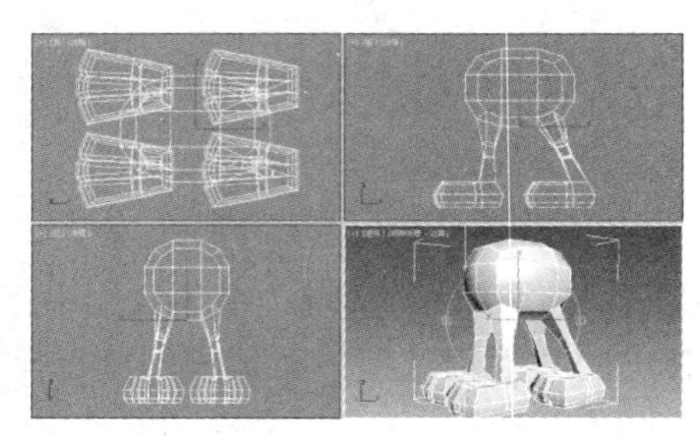

图 11-61　腿部效果

11.2.2　制作头部模型

62 制作头部模型

STEP① 在顶视图中创建一个长方体，作为一个头部基础模型，长度为 300，宽度为 300，高度为 400，长度分段为 2，宽度分段为 2，高度分段为 3，具体参数设置与位置如图 11-62 所示。

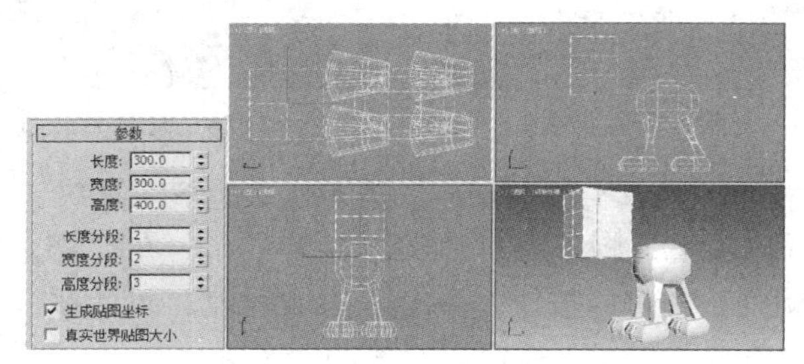

图 11-62　创建头部基础模型

STEP② 为该长方体添加“FFD 3×3×3”修改器，按〈1〉数字键，进入“顶点”层级，使用“选择并缩放”工具将长方体顶点调整为如图 11-63 所示的效果。在前视图中，使用“选择并旋转”工具，将头部围绕 Z 轴旋转，调整为如图 11-64 所示角度。

图 11-63　用“FFD 3×3×3”修改器调整头部

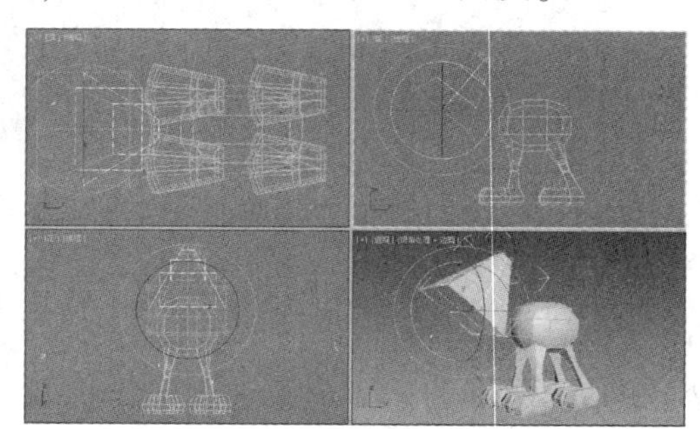

图 11-64　旋转头部

STEP③ 为该长方体添加“编辑多边形”修改器，按〈1〉数字键，进入“顶点”层级，在前视图中，使用“选择并移动”工具将长方体顶点调整为如图 11-65 所示的效果。在顶视图中，按住〈Ctrl〉键框选如图 11-66 所示的顶点。

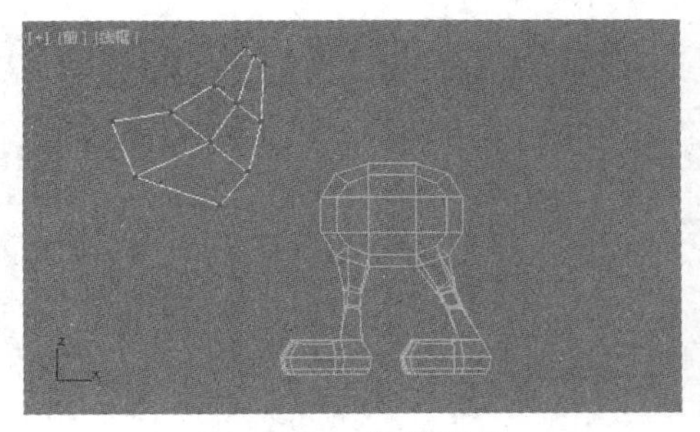

图 11-65　调整顶点

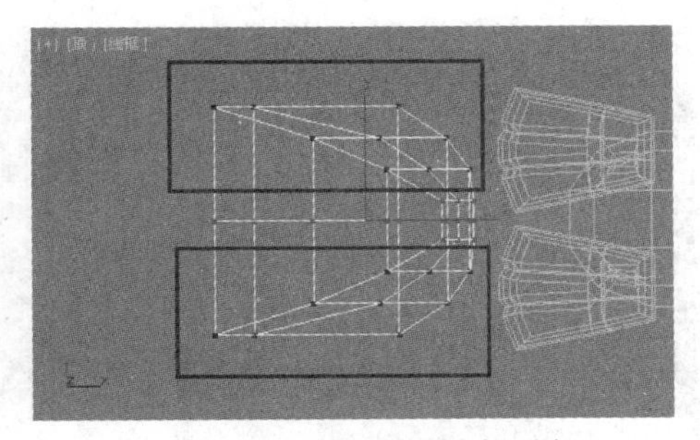

图 11-66　选择头部棱角顶点

STEP 4 在前视图中，使用“选择并缩放”工具，以“使用选择中心”的方式对选中顶点进行 XY 平面缩小，使头部的边缘顶点向内收缩，以弱化头部棱角，调整后的效果如图 11-67 所示。使用“选择并移动”工具，将选中顶点向右上方微调，如图 11-68 所示。

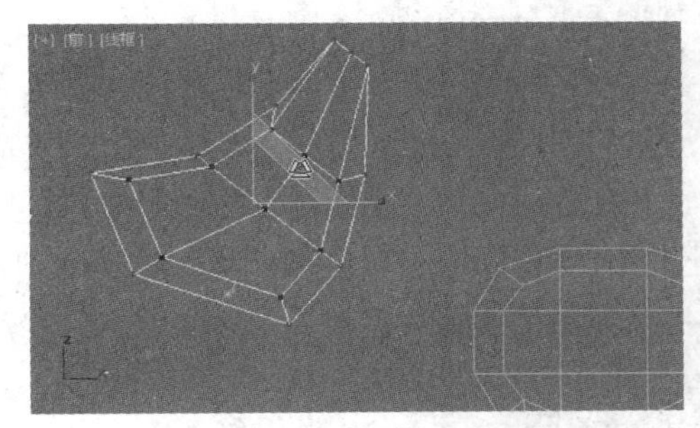

图 11-67　收缩头部棱角顶点

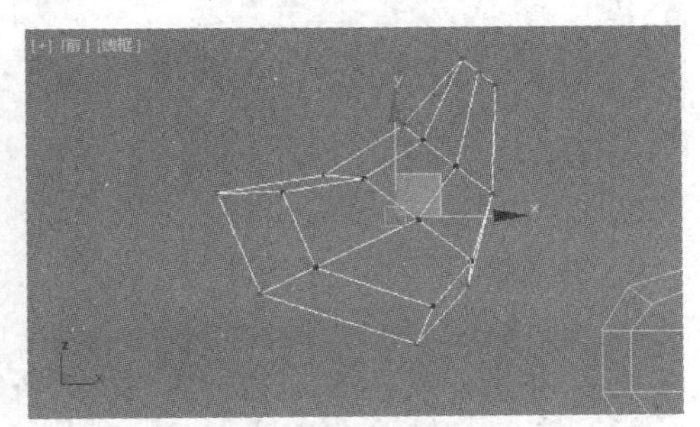

图 11-68　微调顶点位置

STEP 5 在前视图中，按〈2〉数字键，进入“边”层级，选中如图 11-69 中白线所示嘴部的两条边，进行“挤出”操作，挤出高度为-60，宽度为 60，如图 11-70 所示。

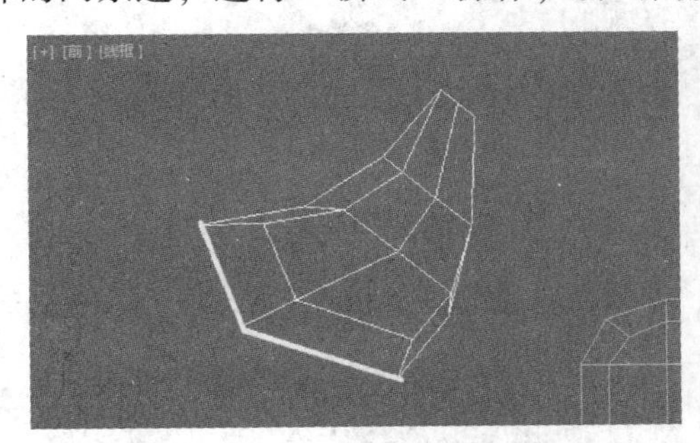

图 11-69　选中嘴部两条边

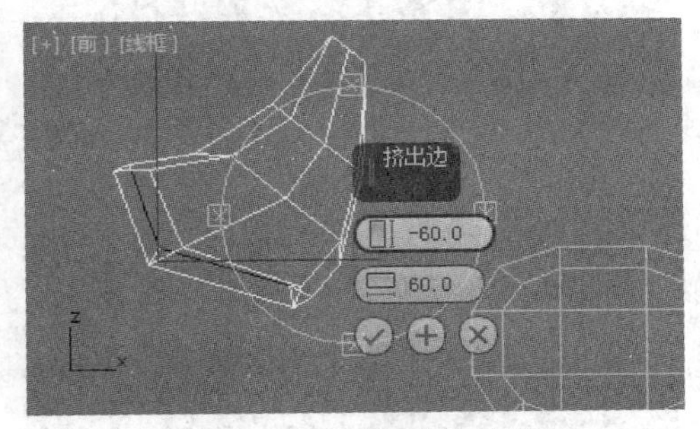

图 11-70　制作嘴部效果

STEP 6 在前视图中，按〈1〉数字键，进入“顶点”层级，使用“选择对象”工具框选如图 11-71所示鼻部的顶点，在“编辑几何体”卷展栏中，单击“塌陷”按钮，将所选的四个顶点塌陷为一个顶点，如图 11-72 所示。

STEP 7 按〈2〉数字键，进入“边”层级，选中如图 11-73 所示脸部的两条边，在“编辑边”卷展栏中，单击“切角”按钮，对选中的边进行切角，切角量为 60，效果如图 11-74 所示。

STEP 8 按〈1〉数字键，进入“顶点”层级，在前视图中框选如图 11-75 左图所示鼻部的四个顶点，在“编辑几何体”卷展栏中，单击“塌陷”按钮，将所选的四个顶点塌陷为一个顶点，如图 11-75 右图所示。

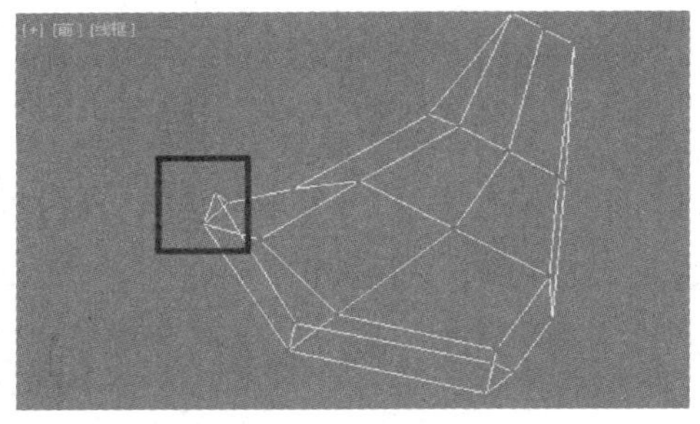

图 11-71　选中鼻部顶点

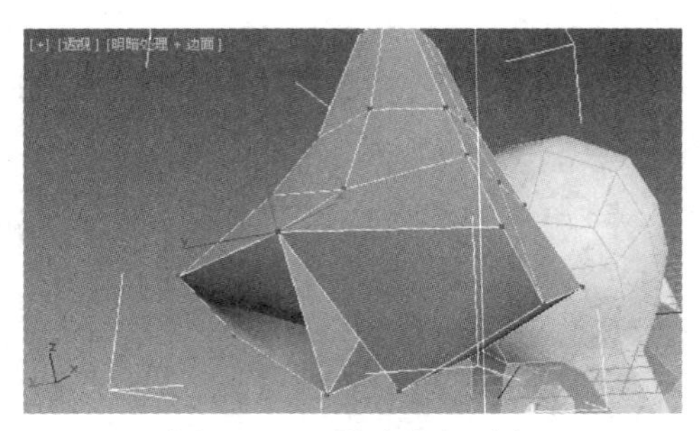

图 11-72　塌陷鼻部顶点

图 11-73　选择脸部两条边

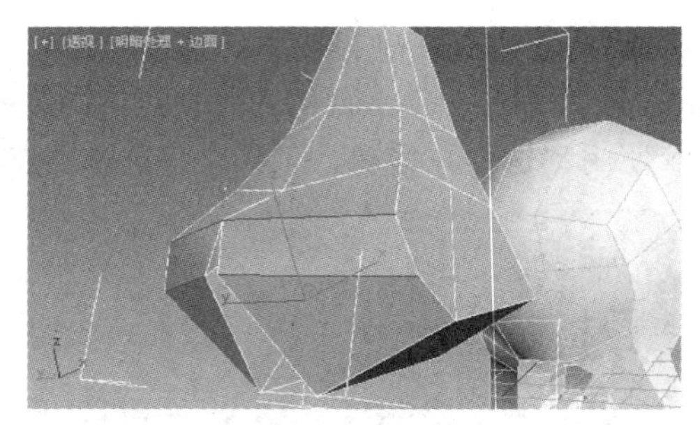

图 11-74　脸部切角

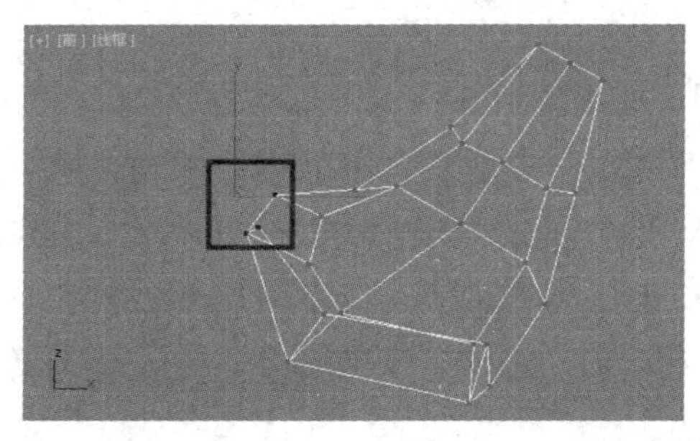

图 11-75　再次选择鼻部的四个顶点并塌陷

STEP 9 在“编辑顶点”卷展栏中，单击“切角”右侧的按钮，切角量为40，在鼻尖顶点处进行切角，效果如图 11-76 所示。按〈4〉数字键，进入“多边形”层级，选中鼻尖多边形，按〈Delete〉键删除，为鼻头连接做准备，效果如图 11-77 所示。

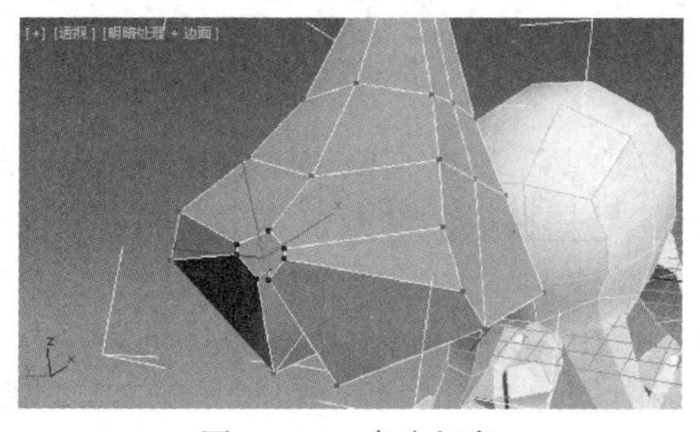

图 11-76　鼻尖切角

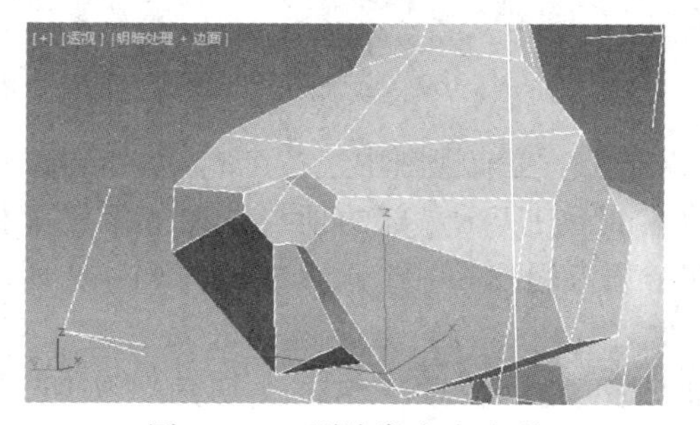

图 11-77　删除鼻尖多边形

STEP 10 在顶视图中，选择“创建”|“几何体”|“球体”，在鼻部上方创建半球体作为鼻头，参数及位置如图 11-78 所示。

STEP 11 激活顶视图，选中鼻头，在主工具栏上右键单击“选择并缩放”按钮，在弹出的“缩放变换输入”对话框中，设置“Y”为140，如图1-79所示，使鼻头变换。为鼻头添加“编辑多边形”修改器后，按〈4〉数字键，进入“多边形”层级，选中半球底部所有多边形，按〈Delete〉键删除。右键单击“选择并旋转”按钮，在弹出的“旋转变换输入”对话框中，设置“Y”为-60，如图1-80所示。

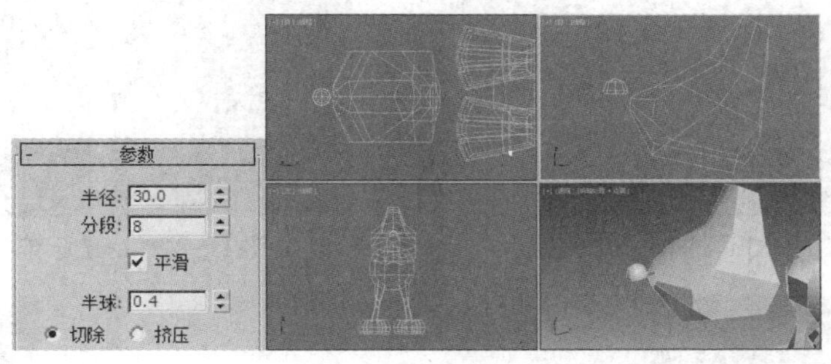

图11-78　创建鼻头

图11-79　使鼻头变宽

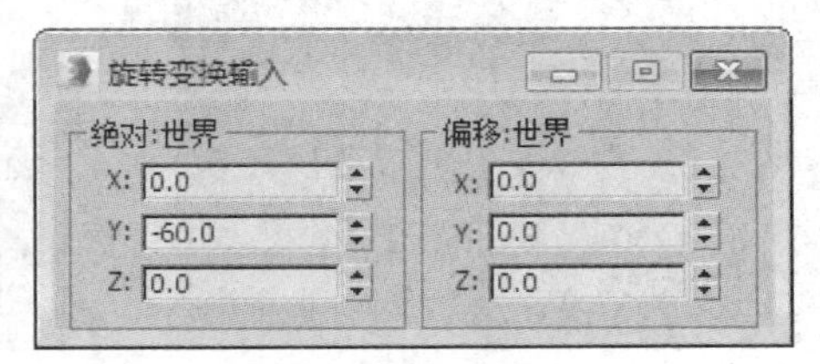

图11-80　旋转鼻头

STEP 12 将鼻头底部的空洞对准头部空洞，移动鼻头使之贴近头部空洞，效果如图11-81所示。单击“编辑几何体”卷展栏中的“附加”按钮，再单击头部模型和身体模型，将鼻头模型、头部模型附加在一起。按〈3〉数字键，进入“边界”层级，在前视图中同时选择鼻头和头部两个模型空洞的边界。在“编辑边界”卷展栏中，单击“桥”按钮，设置分段为2，将鼻头与头部连接起来，如图11-82所示。

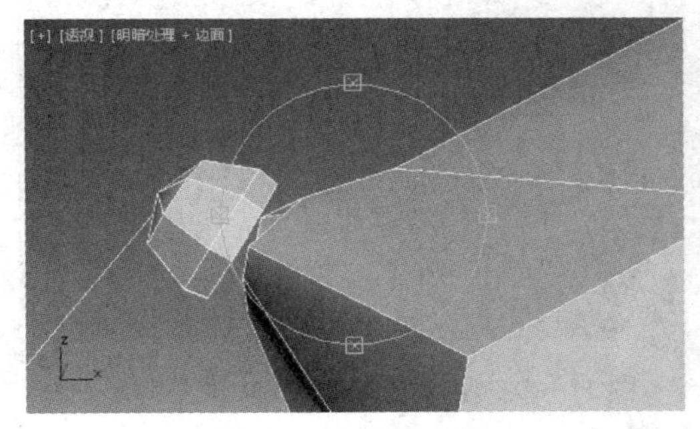

图11-81　移动鼻头

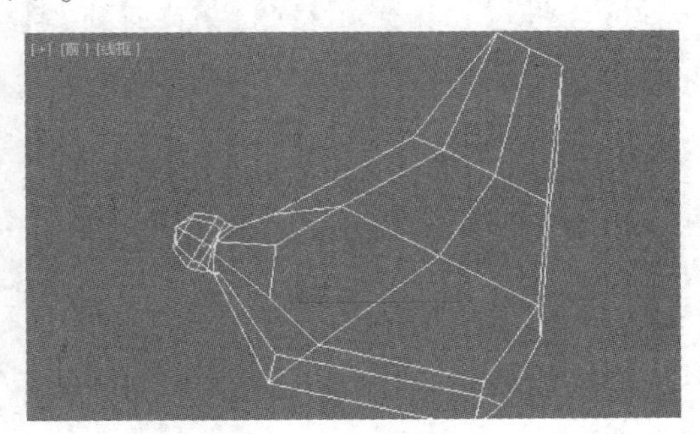

图11-82　连接鼻头

STEP 13 在顶视图中，按〈4〉数字键，进入“多边形”层级，选中头部一侧所有多边形，按〈Delete〉键删除，如图11-83所示。在前视图中，按〈1〉数字键，进入“顶点”层级，选择头部如图11-84左图所示耳部的顶点，在“编辑顶点”卷展栏中，单击“切角”右侧的按钮，做切角，切角量为20，形成耳部多边形，效果如图11-84右图所示。

STEP 14 在前视图中，按〈4〉数字键，进入“多边形”层级，选中图11-85左图所示的耳部多边形进行挤出，挤出量为7，效果如图11-85右图所示。在主工具栏中的“选择并旋转”按钮上单击右键，在弹出的“旋转变换输入”对话框的“偏移：世界”选项组中，设置“X”为 60，效果如图 11-86 所示。

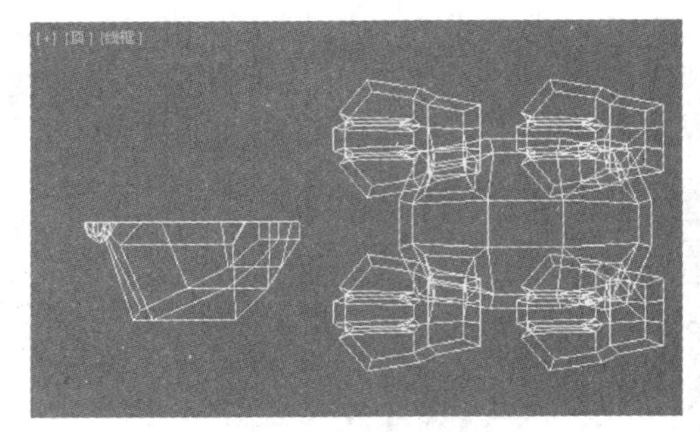

图 11-83　删除一半头部

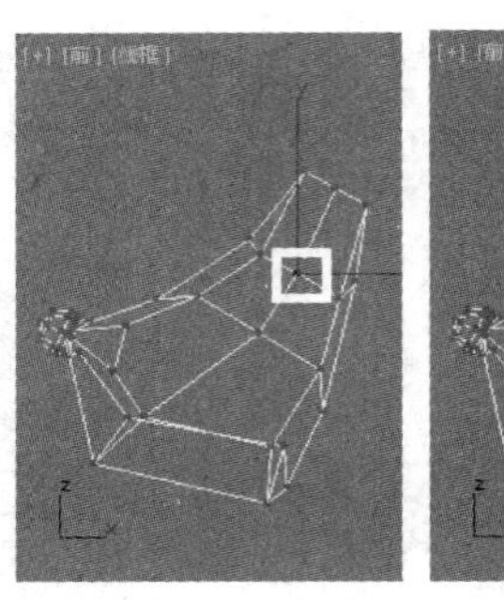

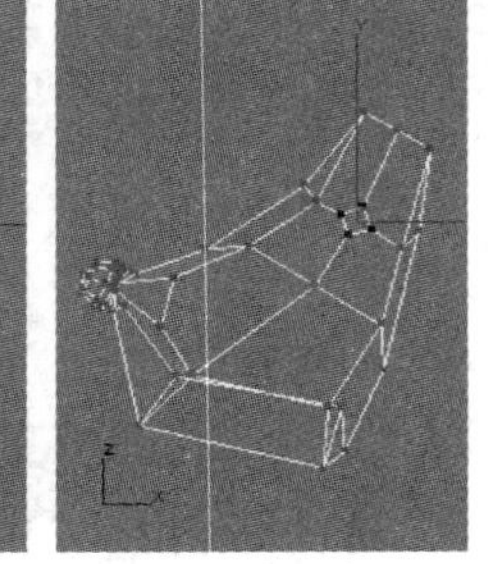

图 11-84　创建耳部多边形

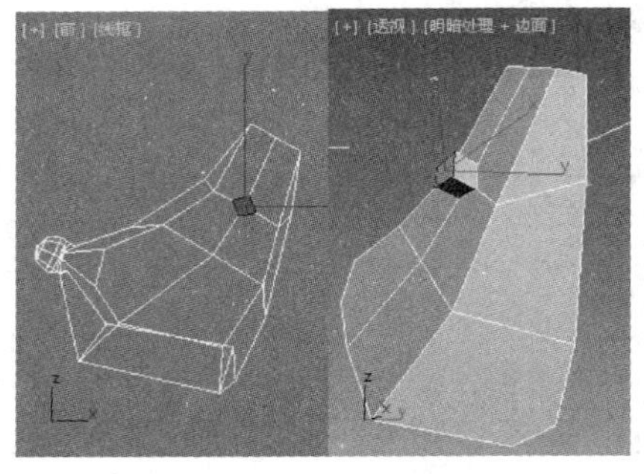

图 11-85　挤出耳朵

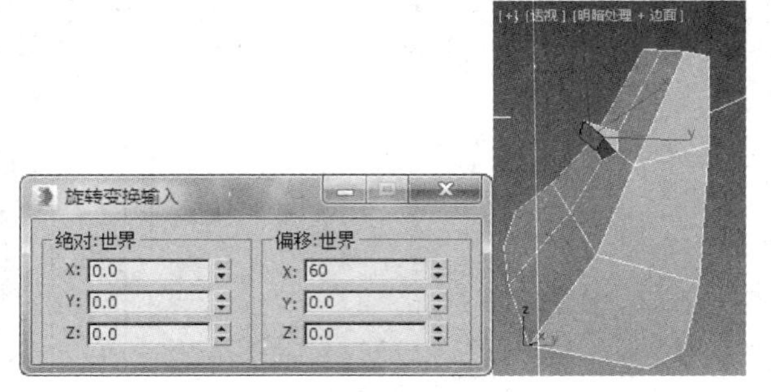

图 11-86　旋转挤出面

STEP15 重复挤出 3 次，每次挤出量为 30，形成耳朵，效果如图 11-87 所示。按〈1〉数字键，进入“顶点”层级，使用“选择并缩放”工具和“选择并移动”工具，分别在左视图和前视图中对耳朵下部的顶点进行调整，使其变宽、下垂，效果如图 11-88 所示。

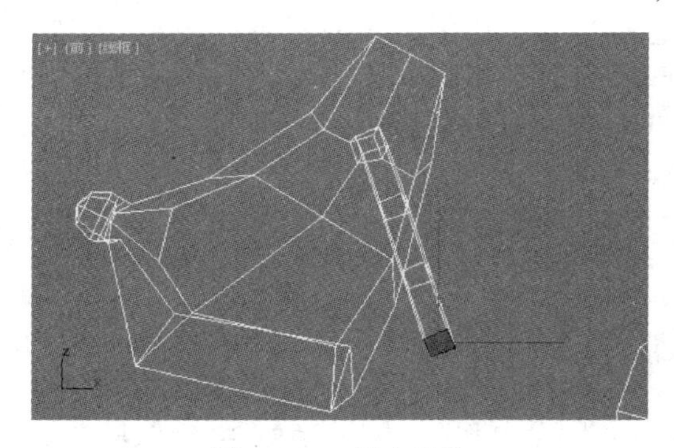

图 11-87　挤出耳朵

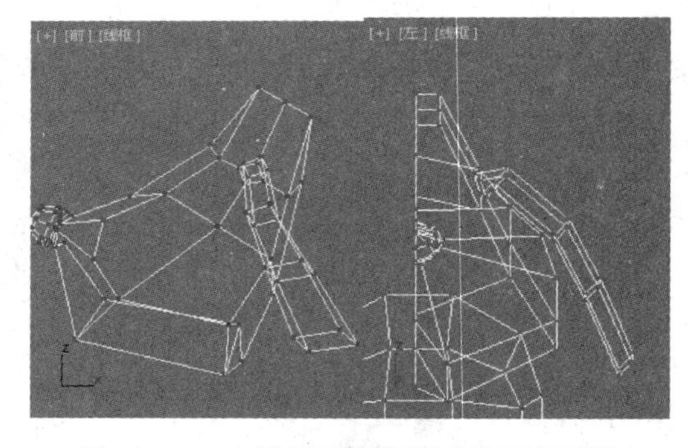

图 11-88　左视图及前视图中的耳朵形状

STEP16 激活顶视图，选中头部模型，在主工具栏中单击“镜像”按钮，在弹出的“镜像：屏幕 坐标”对话框中，设置“镜像轴”为 Y 轴，“克隆当前选择”为“复制”，参数设置及效果如图 11-89 所示。

STEP17 按〈S〉键打开捕捉开关，使用“选择并移动”工具，使镜像出的半个头部模型与原模型对齐，使之成为完整头部，效果如图 11-90 所示。单击“编辑几何体”卷展栏中的“附加”按钮，将两部分头部模型附加成为一个整体。按〈1〉数字键，进入“顶点”层级，在顶视图中框选头部接缝处的所有顶点，单击“编辑顶点”卷展栏中的“焊接”按钮，将接缝处顶点进行焊接，如图 11-91 所示。

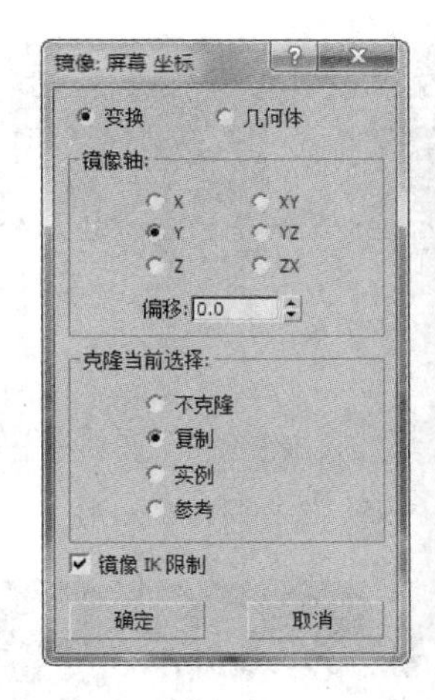

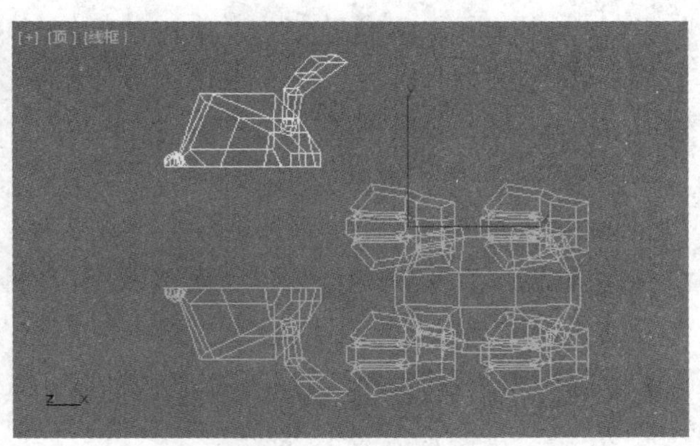

图 11-89　镜像头部模型

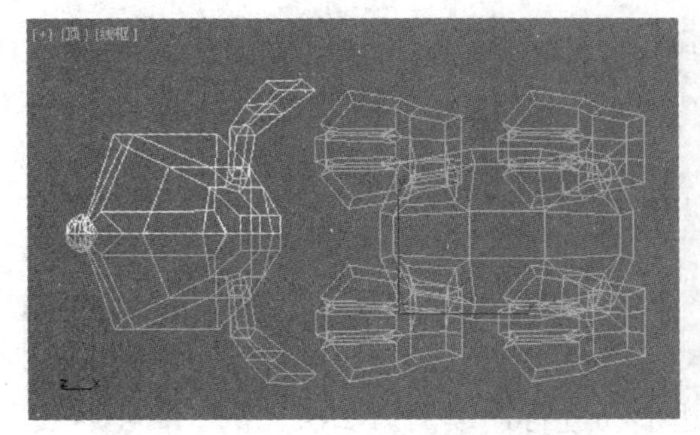

图 11-90　对齐上下头部模型

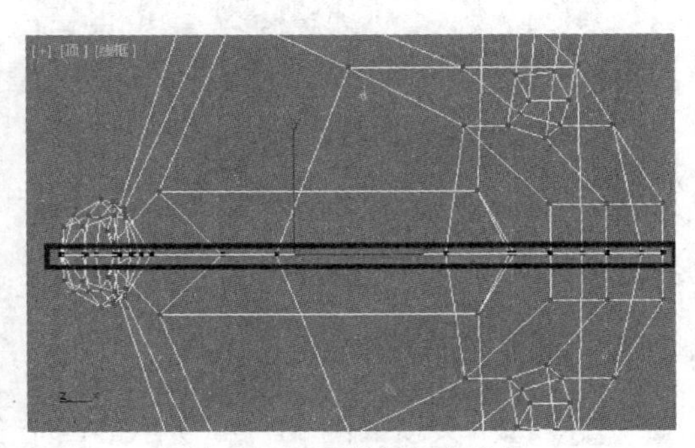

图 11-91　焊接接缝顶点

STEP18 按〈2〉数字键，进入“边”层级，选中头部后方如图 11-92 白线所示的边，在“编辑边”卷展栏中，单击“切角”右侧的按钮，切角量为 30，效果如图 11-93 所示。按〈2〉数字键退出“边”层级，选中身体模型，单击“编辑几何体”卷展栏中的“附加”按钮，将身体与头部附加在一起。

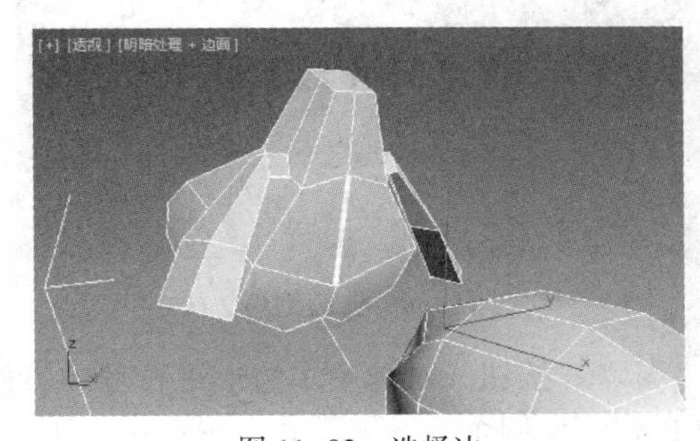

图 11-92　选择边

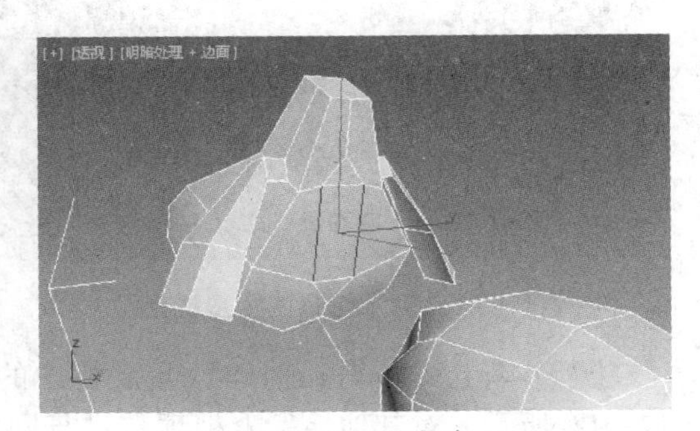

图 11-93　边切角

STEP19 按〈4〉数字键，进入“多边形”层级，同时选中如图 11-94 和图 11-95 所示的两个多边形，在“编辑多边形”卷展栏中，单击“桥”右侧的按钮，设置分段为 3，将身体与头部进行连接，形成颈部，效果如图 11-96 所示。使用“选择并移动”工具及“选择并缩放”工具，调整颈部顶点使颈部变细，效果如图 11-97 所示。

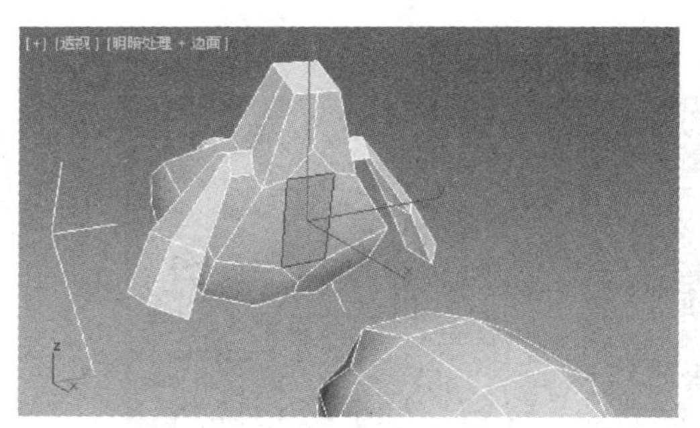

图 11-94　选择头部多边形

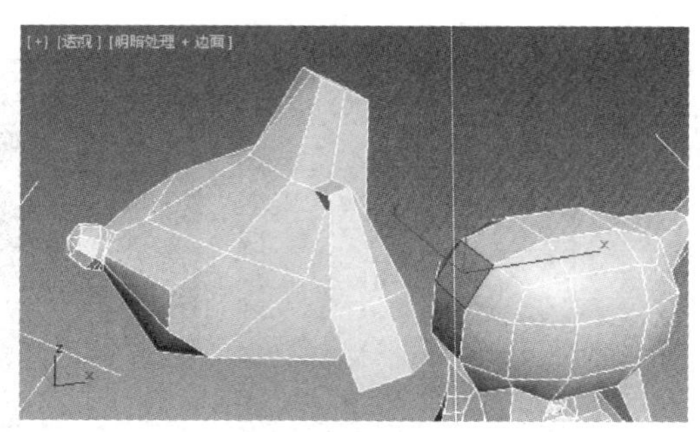

图 11-95　选择身体多边形

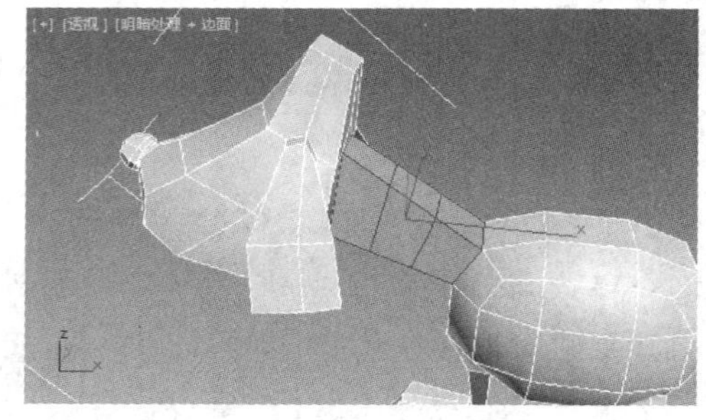

图 11-96　连接身体和头部

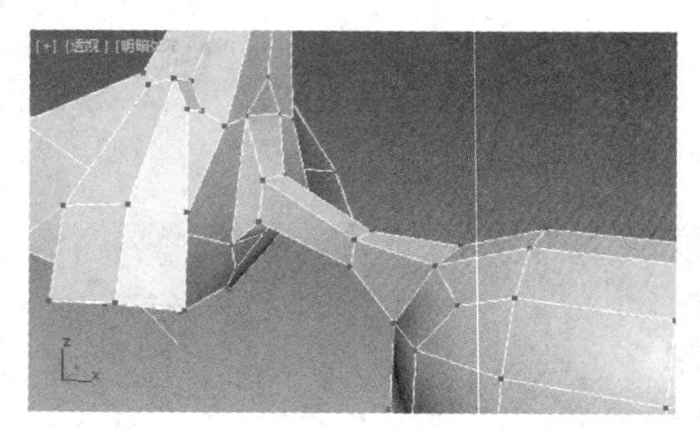

图 11-97　颈部变细

11.2.3　制作其他模型

63 制作其他部件

STEP 1 选中头顶如图 11-98 所示的四个多边形，进行连续倒角 2 次，倒角方式为“按多边形”，倒角高度为 30，倒角轮廓为-7，形成头顶毛发模型，效果如图 11-99 所示。

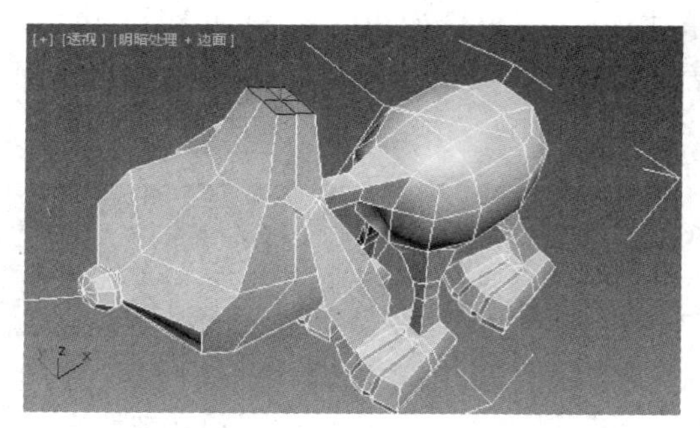

图 11-98　选择头顶多边形

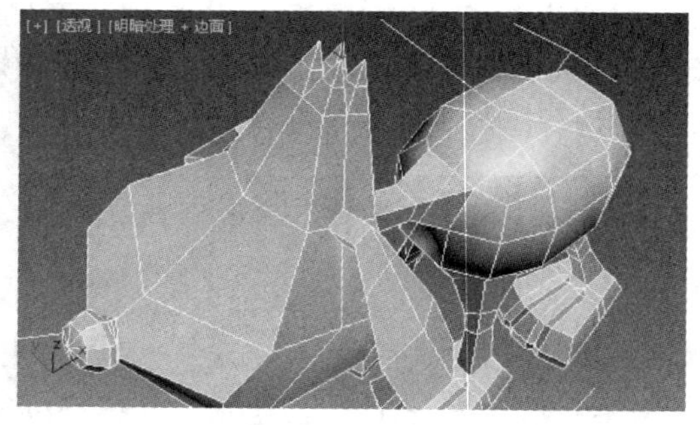

图 11-99　连续倒角 2 次

STEP 2 单击“编辑几何体”卷展栏中的“塌陷”按钮，对选中多边形进行塌陷，如图 11-100 所示。对其他毛发末梢顶点进行同样操作，使四个毛发末梢各自只有一个顶点。对毛发末梢顶点进行位置调整，使之更加自然，如图 11-101 所示。

STEP 3 按〈4〉数字键，进入“多边形”层级，使用“选择对象”工具选中身体正后方尾部的多边形，如图 11-102 所示。对选中多边形进行连续倒角 3 次，倒角高度为 80，轮廓为-7，形成尾巴，对当前选中的多边形进行塌陷，效果如图 11-103 所示。

STEP 4 按〈1〉数字键，进入“顶点”层级，使用“选择并移动”工具和“选择并缩放”工具对尾巴顶点进行位置调整，使尾部变细、上翘，效果如图 11-104 所示。

图 11-100　塌陷头发末梢顶点

图 11-101　调整末梢顶点位置

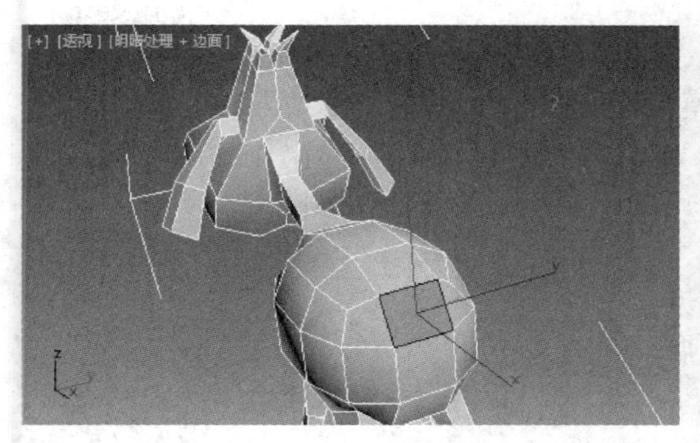

图 11-102　选中尾部多边形

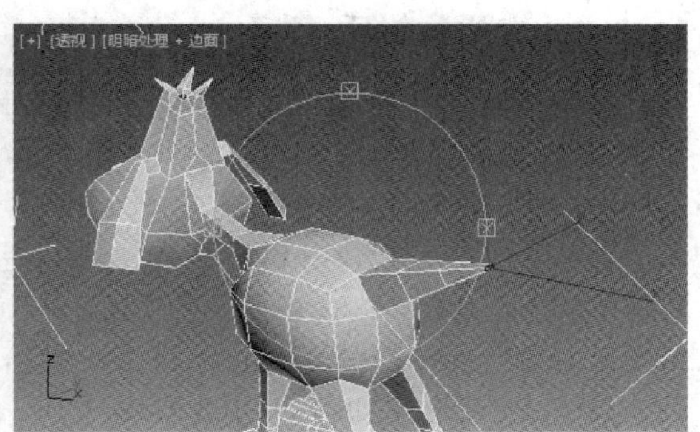

图 11-103　连续倒角 3 次并塌陷

STEP 5 按〈1〉数字键，退出“顶点”层级，在“修改”面板中的“修改器列表”中选择“网格平滑”修改器，在“细分量”卷展栏中设置“迭代次数”为 2，效果如图 11-105 所示。将卡通狗模型转换为“可编辑多边形”。

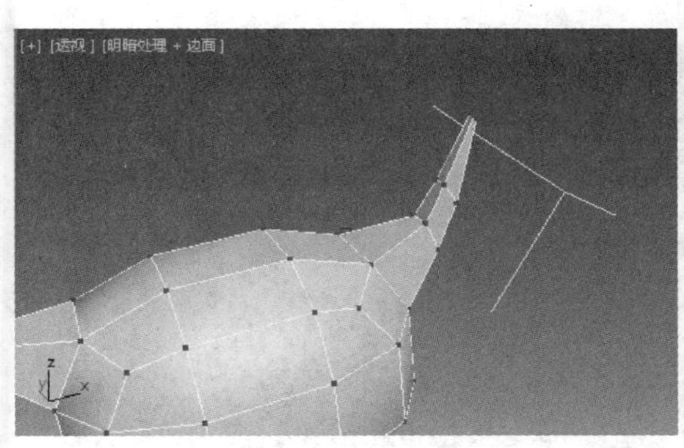

图 11-104　调整尾巴形状

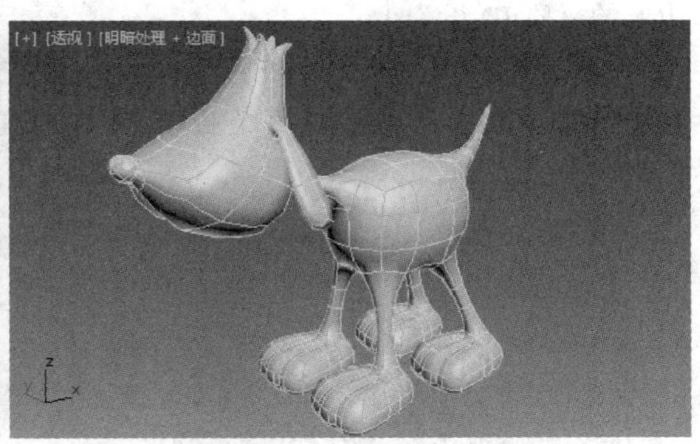

图 11-105　网格平滑

STEP 6 在前视图中，创建两个球体作为眼睛，半径分别为 45 和 35，位置如图 11-106 所示。创建一条二维线作为眉毛，在“渲染”卷展栏中，勾选“在渲染中启用”和“在视图中启用”复选框，选中“径向”单选按钮，设置“厚度”为 10，按住〈Shift〉键，使用“选择并移动”工具对眉毛进行移动复制，得到另一条眉毛，位置及效果如图 11-107 所示。

图 11-106　制作眼睛

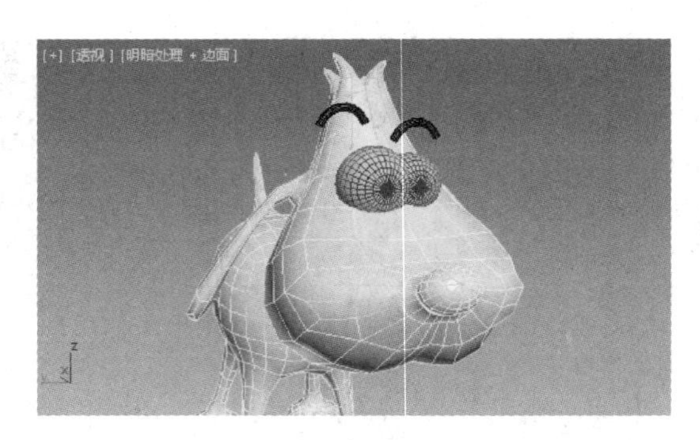

图 11-107　制作眉毛

11.2.4　卡通狗材质

64 卡通狗材质

STEP 1 制作眼睛和眉毛的材质。为眼球模型添加"UVW 贴图"修改器，在"参数"卷展栏中选择"平面"。按〈M〉键打开"材质编辑器"窗口，选择一个空白材质球，单击"漫反射"右侧的"无"按钮，添加位图贴图，具体位置参考"场景和素材\第 11 章\眼睛. jpg"，将材质赋给眼球。再次选择一个空白材质球，设置漫反射颜色为 RGB(0,0,0)，将材质赋给眉毛。眼球及眉毛效果如图 11-108 所示。

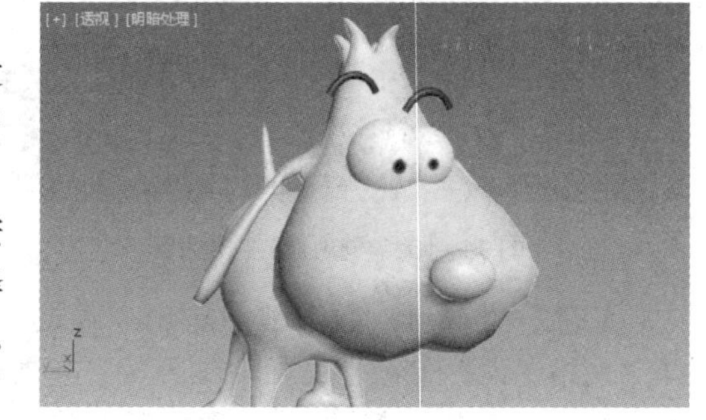

图 11-108　眼球材质

STEP 2 制作身体材质。选择身体模型，按〈4〉数字键，进入"多边形"层级，使用"选择对象"工具全选所有多边形，如图 11-109 所示。打开"多边形：材质 ID"卷展栏，在"设置 ID"文本框中输入"1"并按〈Enter〉键，将所有多边形的材质 ID 设为 1。

STEP 3 同时选择耳朵和尾巴多边形，如图 11-110 所示。在"设置 ID"文本框中输入"2"并按〈Enter〉键，将耳朵和尾巴的材质 ID 设为 2。

图 11-109　选择全身多边形

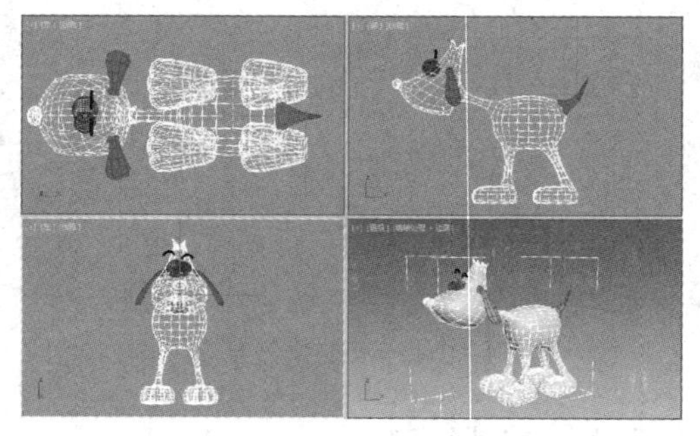

图 11-110　选择耳朵和尾巴多边形

STEP 4 选择鼻头多边形，如图 11-111 所示，在"设置 ID"文本框中输入"3"并按〈Enter〉键，将鼻头的材质 ID 设为 3。

STEP 5 选择一个空白材质球，单击"Standard"按钮，选择材质类型为"多维/子对象"。单击 1 号"子材质"按钮，如图 11-112 所示，设置漫反射颜色为 RGB(255,255,0)。

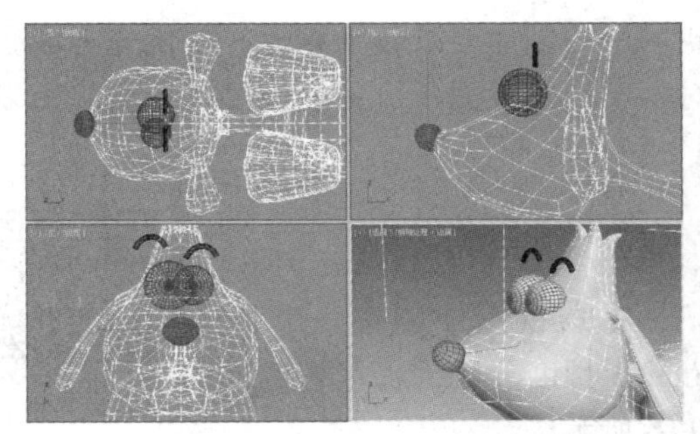

图 11-111　选择鼻头多边形

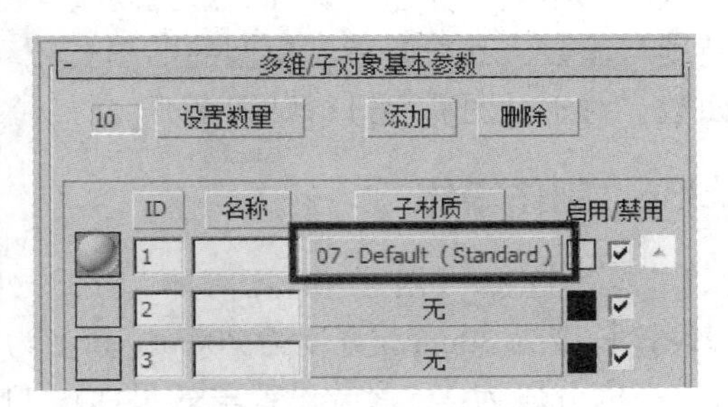

图 11-112　设置 1 号材质

STEP 6 单击“转到父对象”按钮，回到父层级。单击 2 号“子材质”按钮，如图 11-113 所示，在弹出的“材质/贴图浏览器”对话框中，双击“标准”材质类型，设置漫反射颜色为 RGB(0,0,255)。

STEP 7 单击“转到父对象”按钮，回到父层级。单击 3 号“子材质”按钮，如图 11-114 所示，在弹出的“材质/贴图浏览器”对话框中，双击“标准”材质类型，设置漫反射颜色为 RGB(0,0,0)。

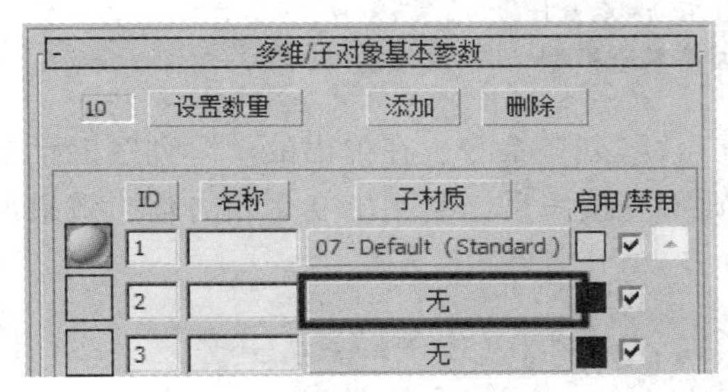

图 11-113　设置 2 号材质

图 11-114　设置 3 号材质

STEP 8 将材质赋给身体模型。渲染后的效果如图 11-115 所示。

图 11-115　卡通狗最终效果

11.3　虚拟现实模型——炮台

本案例通过一个较为简单的虚拟现实模型——炮台的制作，对 3ds Max 在虚拟现实与游戏领域的应用进行介绍与训练。虚拟现实与游戏场景的创建要求较为相近，要优先考虑模型的精度与面数，其次要考虑模型的贴图技巧。对于模型中背面不可见的面要进行删除，以减少面数，对于贴图需要进行贴图展开。

11.3.1　制作墙体

65 制作墙体

STEP① 选择“创建”|“几何体”|“长方体”，在透视图中创建一个长方体，设置长度为30cm，宽度为70cm，高度为90cm，长度分段为1，宽度分段为1，高度分段为2。参数设置与效果如图11-116所示。

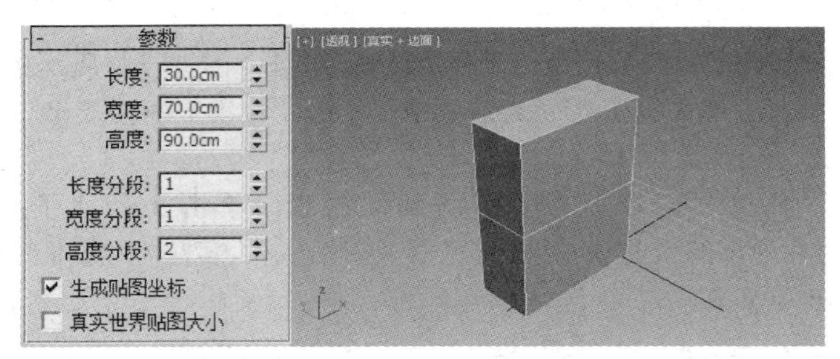

图11-116　创建城墙基础模型

STEP② 激活前视图，选择主菜单中的“工具”|“阵列”命令，在弹出的“阵列”对话框中按照图11-117所示的进行参数设置，单击“确定”按钮后，复制出9个长方体，效果如图11-118所示。

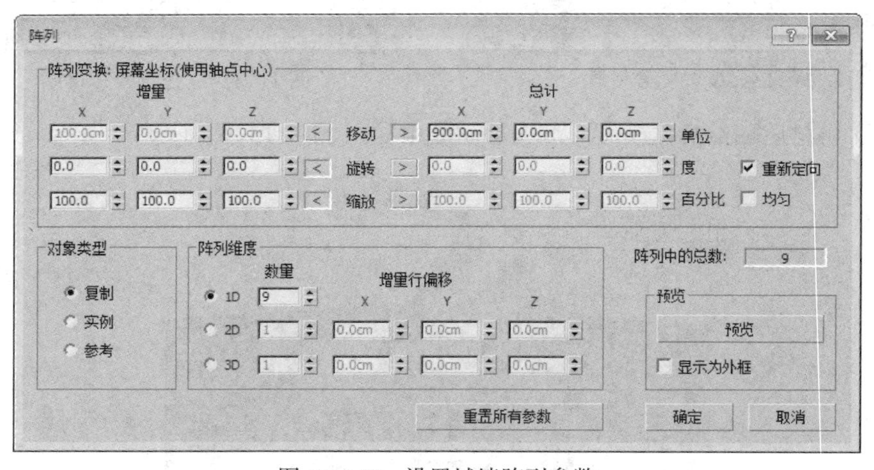

图11-117　设置城墙阵列参数

图11-118　阵列效果

STEP③ 选择其中一个长方体，添加“编辑多边形”修改器，附加其他 8 个长方体。按〈4〉数字键，进入“多边形”层级，在左视图中，使用“选择对象”工具框选如图 11-119 所示的多边形，在前视图中，按住〈Alt〉键，框选如图 11-120 所示的两端多边形，取消这两个多边形的选择。

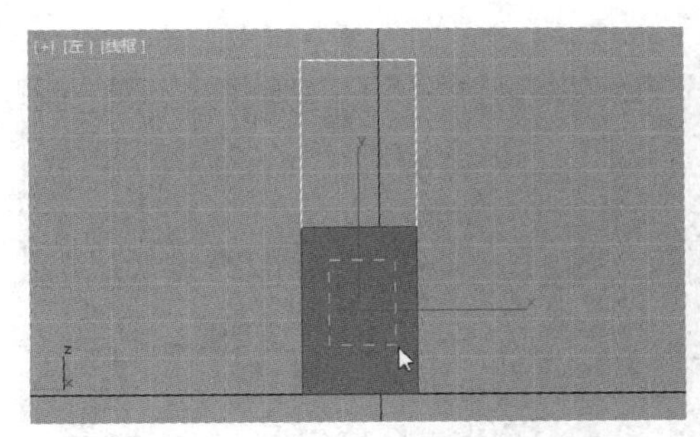

图 11-119 选择要连接的多边形

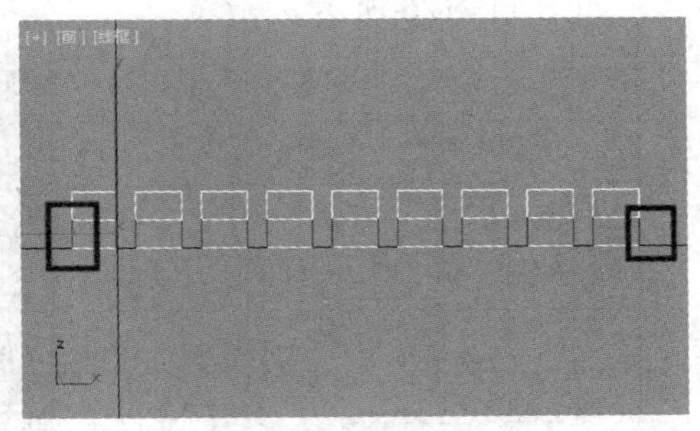

图 11-120 取消选择两端多边形

STEP④ 单击“编辑多边形”卷展栏中的“桥”按钮，进行连接，效果如图 11-121 所示。选择模型两端的多边形，按〈Delete〉键删除，如图 11-122 所示。

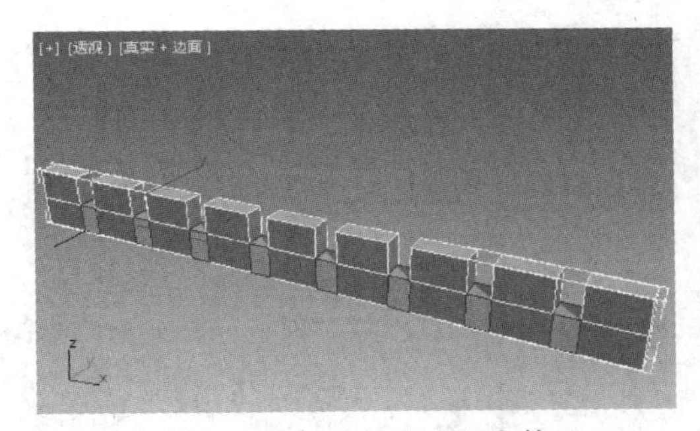

图 11-121 连接所有长方体

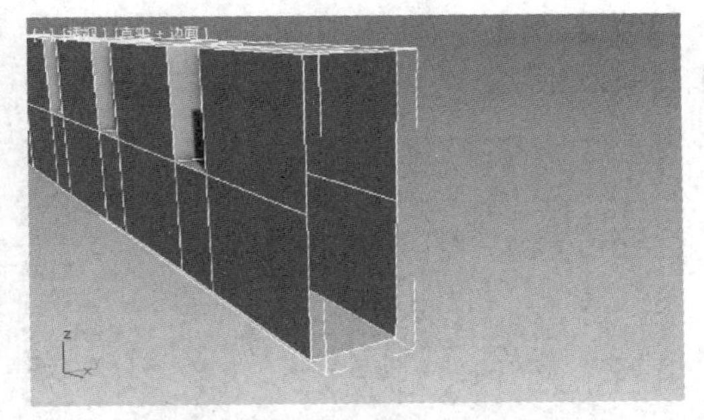

图 11-122 删除两端的多边形

STEP⑤ 按〈4〉数字键，退出“多边形”层级，按住〈Shift〉键的同时使用“选择并移动”工具在顶视图中向上拖动墙体模型，再复制出 3 个墙体模型，如图 11-123 所示。在顶视图中，对三个墙体模型副本进行移动、旋转、对齐，使之成为如图 11-124 所示的效果。（注意：对齐墙体时须打开 2.5 维捕捉开关，进行顶点对齐，如果没有对齐，后面的墙角顶点焊接将会出现问题。）

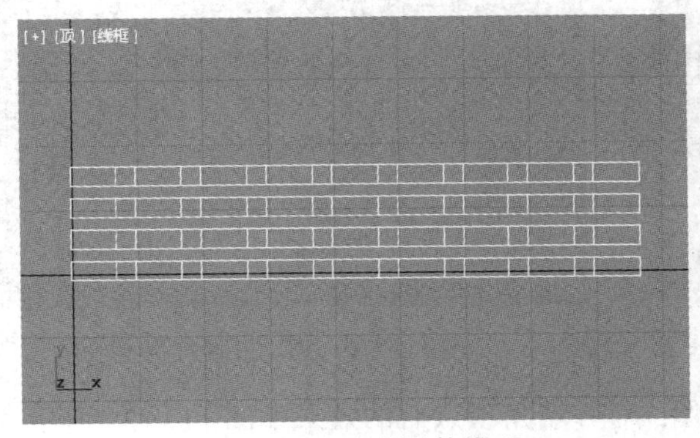

图 11-123 复制墙体模型

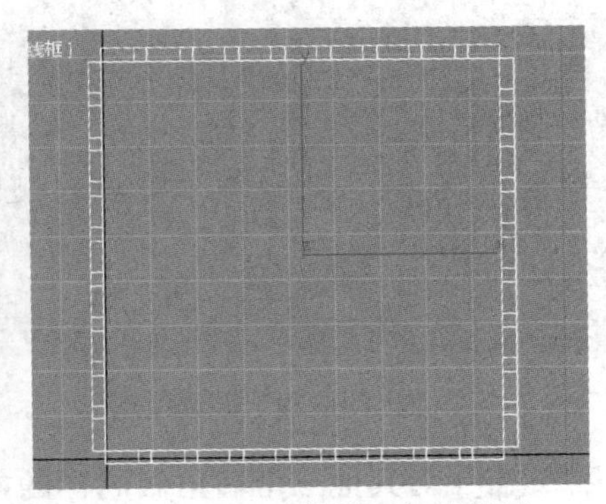

图 11-124 墙体模型摆放效果

STEP 6 将四个墙体附加成一个模型。用鼠标左键按住主工具栏上的“捕捉”按钮不放，切换为 2.5 维捕捉。右键单击“2.5 维捕捉”按钮，在弹出的“栅格和捕捉设置”对话框中勾选“启用轴约束”复选框，如图 11-125 所示。按〈1〉数字键，进入“顶点”层级，按〈S〉键打开 2.5 维捕捉开关，在顶视图中使用“选择并移动”工具框选左上角的墙角顶点，如图 11-126 所示。

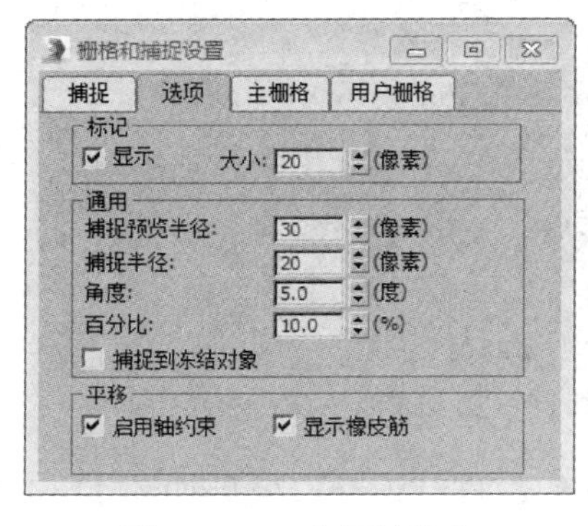

图 11-125　启用轴约束

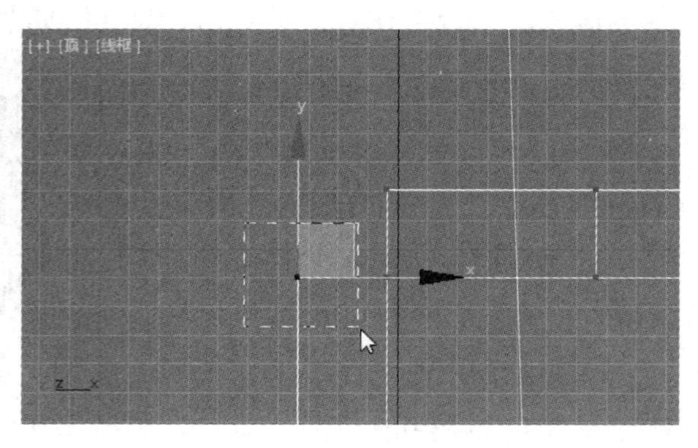

图 11-126　框选墙角顶点

STEP 7 沿 Y 轴移动顶点，捕捉如图 11-127 黑色圆圈所示的顶点。移动效果如图 11-128 所示。

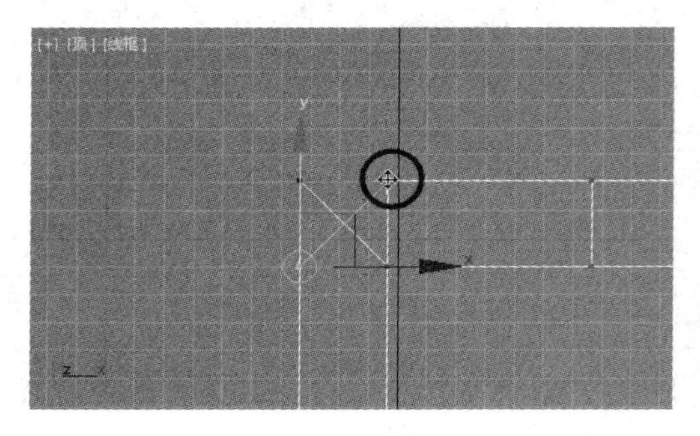

图 11-127　沿 Y 轴移动顶点

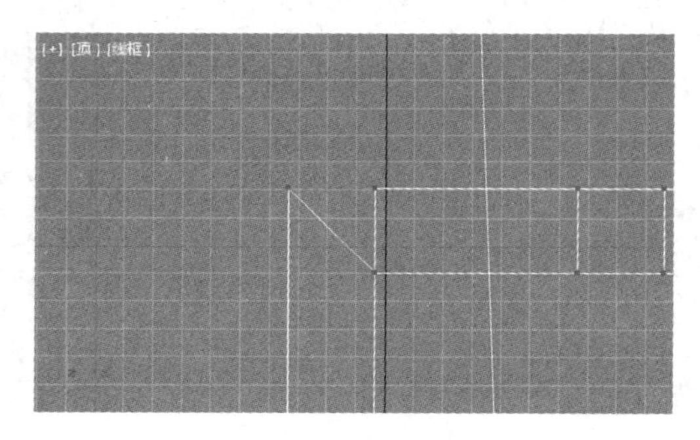

图 11-128　捕捉移动效果

STEP 8 框选如图 11-129 所示的顶点，沿 X 轴移动，捕捉如图 11-130 所示的顶点。

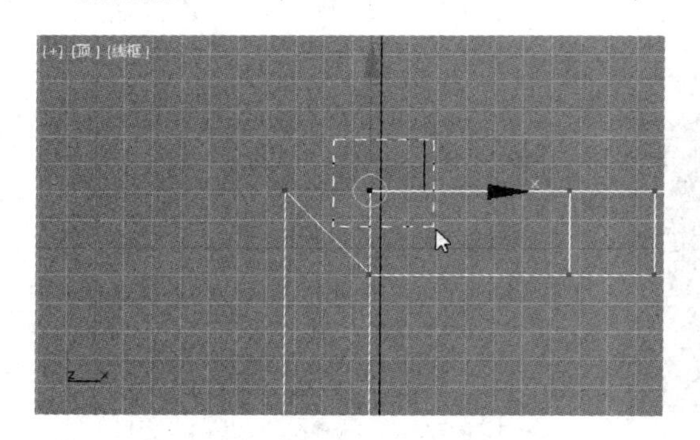

图 11-129　框选顶点

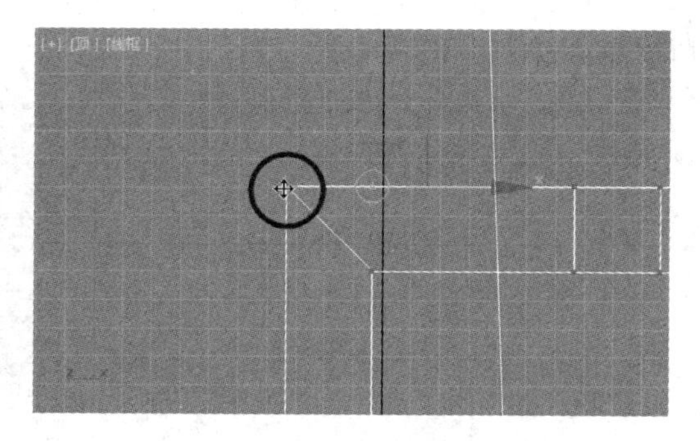

图 11-130　移动并捕捉顶点

STEP 9 对其他三个墙角做同样的操作，对齐墙角顶点后的效果如图 11-131 所示。按〈Ctrl+A〉组合键全选所有顶点，单击“编辑顶点”卷展栏中“焊接”按钮右侧的按钮，将四个角的顶点进行焊接。此时四个角带有平滑效果，明暗效果不自然，如图 11-132 所示，下面要取消所有平滑效果。

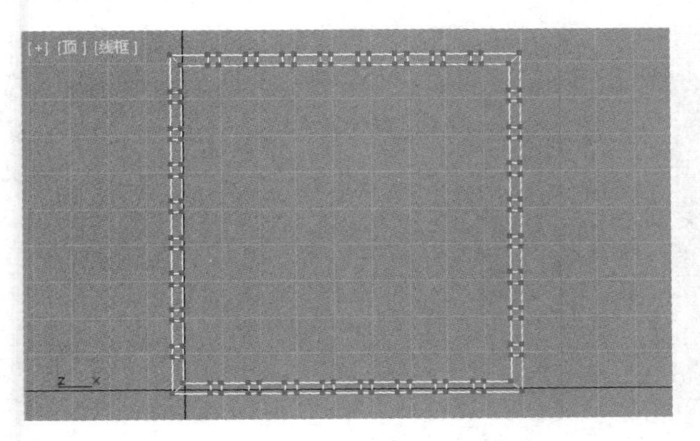

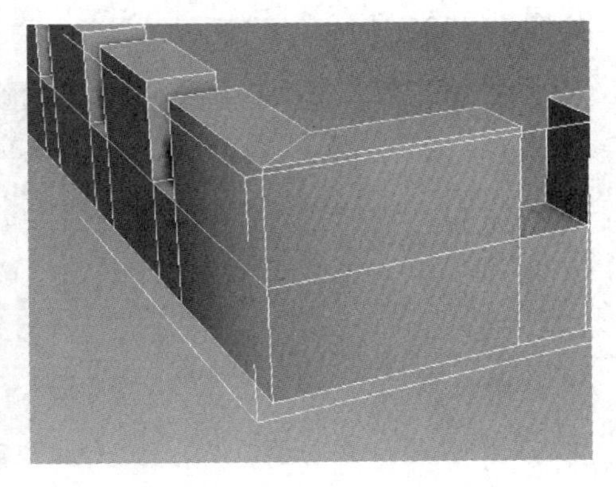

图 11-131　四个墙角顶点捕捉对齐效果　　　图 11-132　四个墙角顶点焊接对齐效果

STEP⑩ 按〈4〉数字键，进入“多边形”层级，按〈Ctrl+A〉组合键全选所有多边形，单击“多边形：平滑组”卷展栏中的“清除全部”按钮，取消所有平滑组，得到如图 11-133 所示的效果。

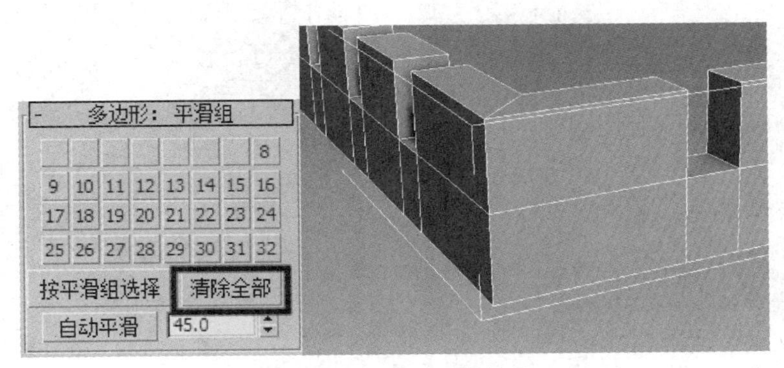

图 11-133　取消平滑效果

STEP⑪ 在顶视图中，框选如图 11-134 左图所示的多边形，按〈Delete〉键删除。删除后的效果如图 11-134 右图所示。

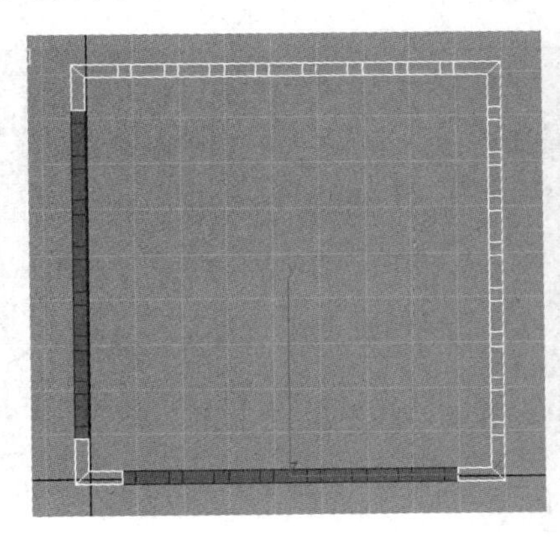

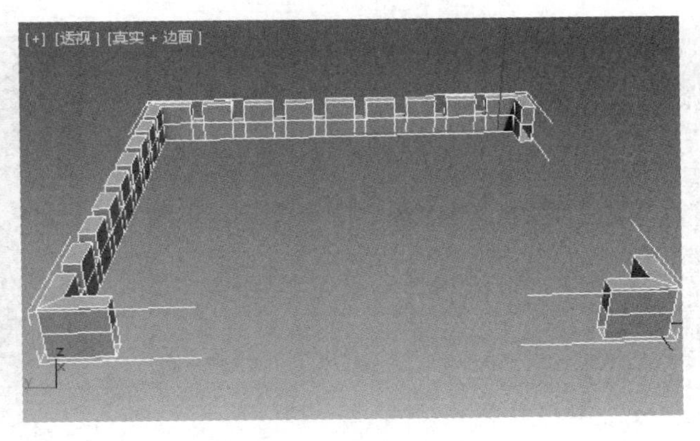

图 11-134　删除部分墙体

STEP 12 按〈3〉数字键，进入“边界”层级，按住〈Ctrl〉键，选中墙体上所有的断口边界，如图 11-135 所示。单击“编辑边界”卷展栏中的“封口”按钮，将断口封闭，效果如图 11-136 所示。

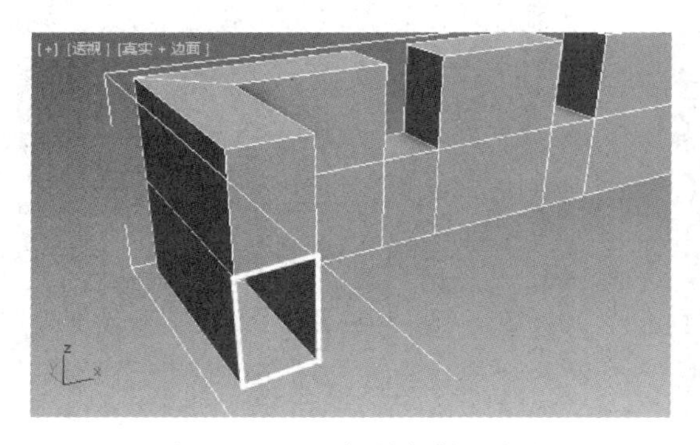

图 11-135　选择所有断口边界

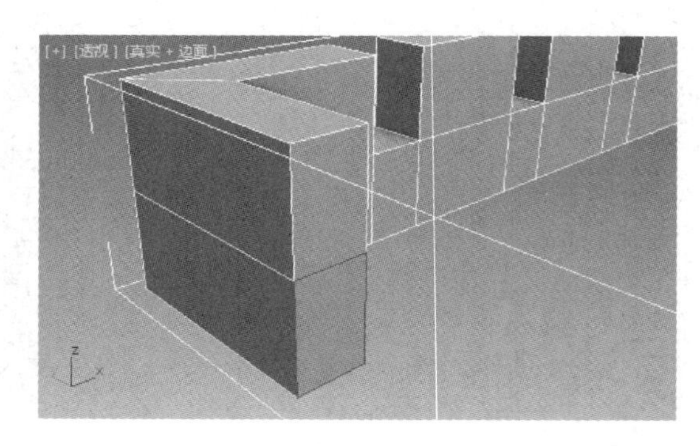

图 11-136　封闭所有断口

STEP 13 按〈4〉数字键，进入“多边形”层级，选择如图 11-137 所示的两个断口多边形，挤出 30 cm。选择其余两个断口多边形，挤出 600 cm，效果如图 11-138 所示。

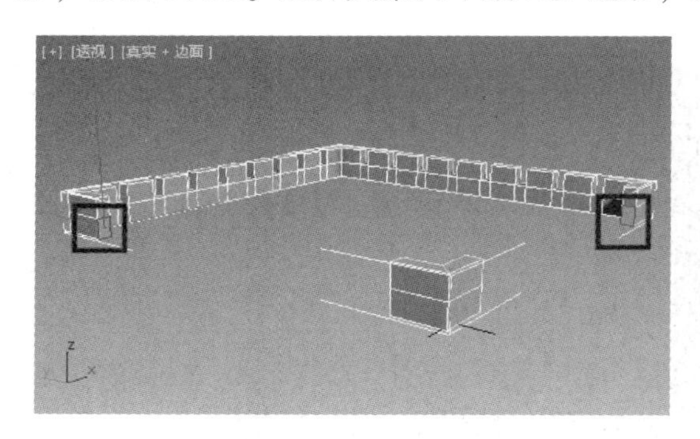

图 11-137　选择断口多边形

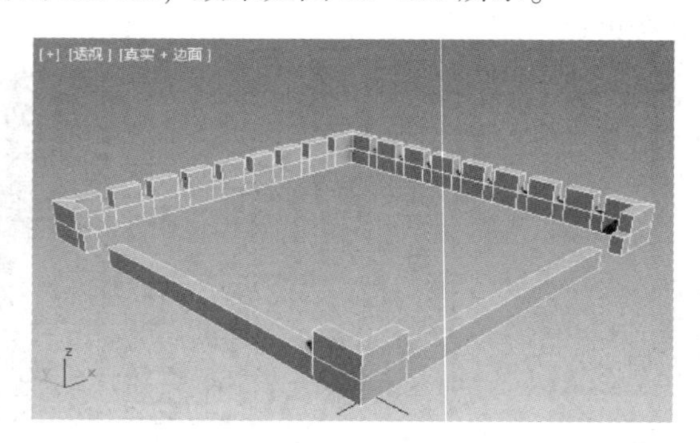

图 11-138　挤出矮墙

STEP 14 按〈Ctrl+A〉组合键全选多边形，按住〈Alt〉键的同时使用“选择对象”工具对除底部多边形之外的所有多边形进行剔除选择，仅使底部多边形被选中，如图 11-139 所示。按〈Delete〉键删除所有底部多边形，效果如图 11-140 所示。

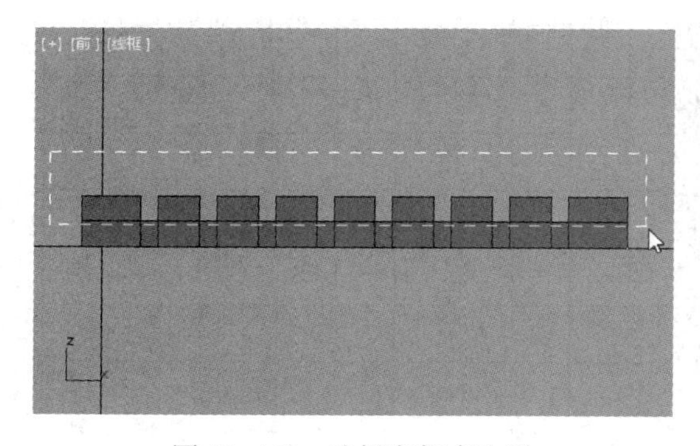

图 11-139　选择底部多边形

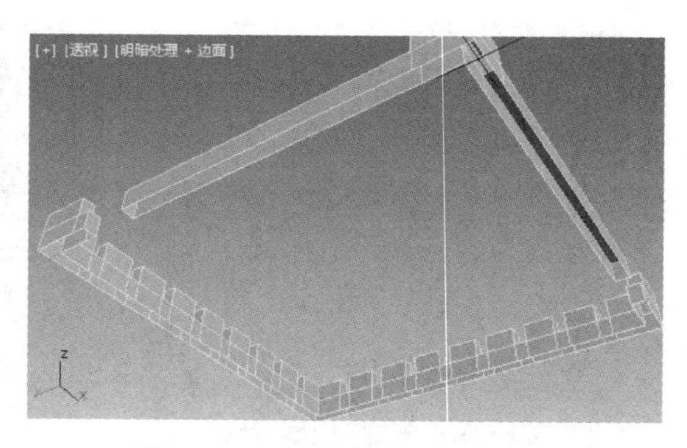

图 11-140　底部多边形删除效果

11.3.2 制作台阶和地面

66 制作台阶地面

STEP① 选择“创建”|“图形”|“矩形”，按〈S〉键打开“2.5 维捕捉”开关，在顶视图中捕捉墙体断口，绘制一个矩形，如图 11-141 所示。为矩形添加“挤出”修改器，数量为-20 cm，效果如图 11-142 所示。

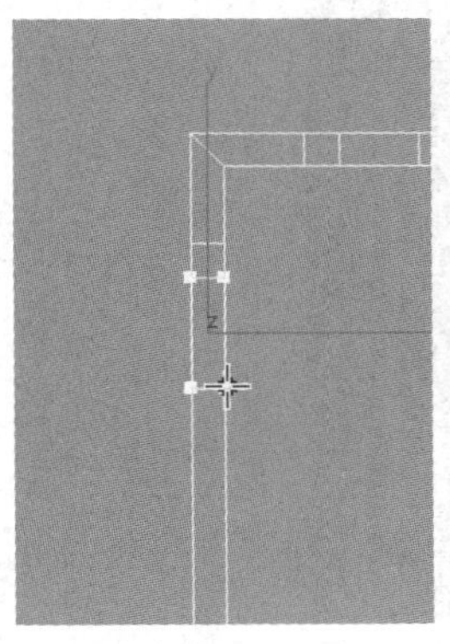

图 11-141　绘制矩形

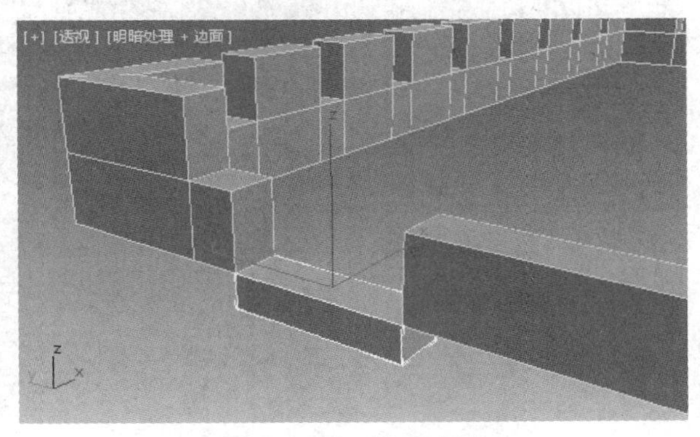

图 11-142　挤出台阶

STEP② 为台阶模型添加“编辑多边形”修改器，按〈4〉数字键，进入“多边形”层级，选择台阶底部如图 11-143 左图白边所示的两个多边形，按〈Delete〉键删除，删除后的效果如图 11-143 右图所示。(注意：看不到的面需要进行删除，以节约面数。)

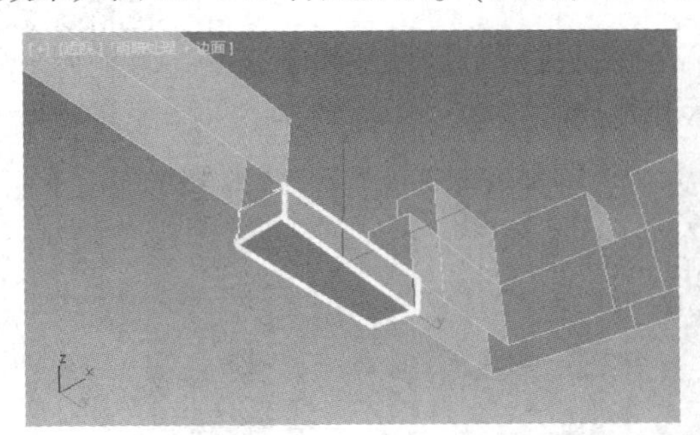

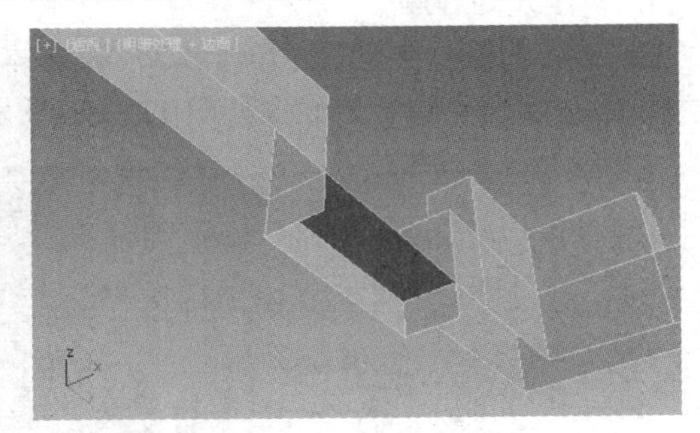

图 11-143　选择多边形并删除

STEP③ 退出“多边形”层级，按〈S〉键打开“捕捉”开关，在前视图中，按住〈Shift〉键的同时使用“选择并移动”工具拖动台阶进行捕捉复制，在弹出的对话框中设置“对象”为“复制”，“副本数”为 6，复制出 6 个台阶，捕捉方法及台阶效果如图 11-144 所示。

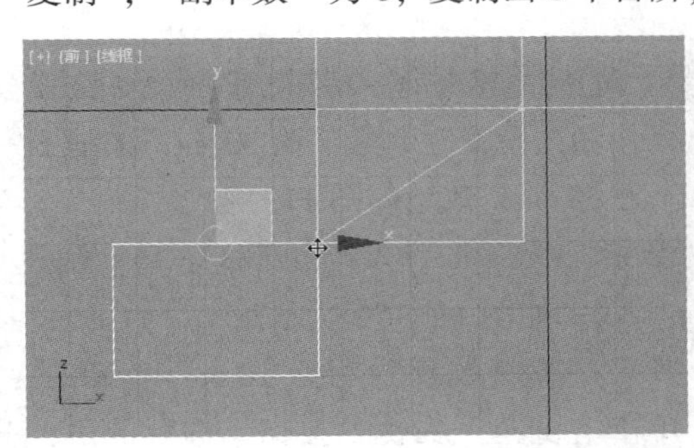

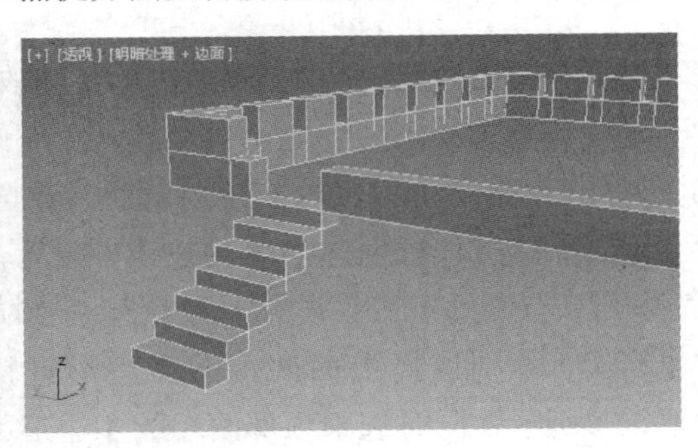

图 11-144　捕捉复制台阶

STEP 4 保持“捕捉”开关打开，选择“创建”|“几何体”|“平面”，对墙体内围进行捕捉，设置长度分段和宽度分段均为 1。创建出的地面效果如图 11-145 所示。将台阶和地面模型全部附加到墙体模型上。

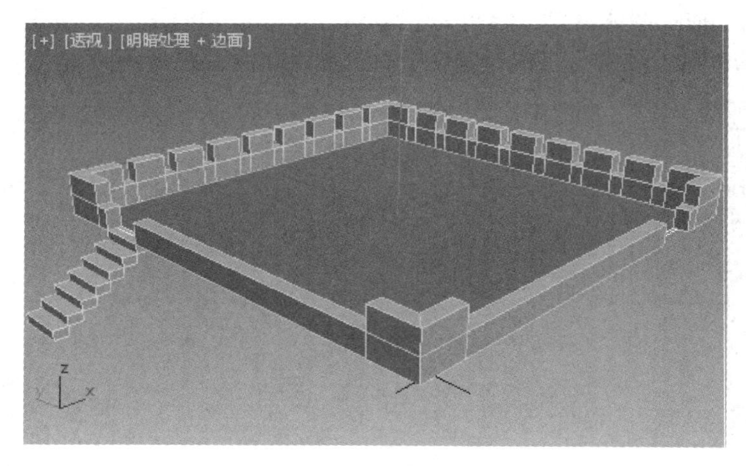

图 11-145 墙体模型效果

11.3.3 制作大炮与旗帜

67 制作大炮和旗帜

1. 制作大炮底座

STEP 1 选择“创建”|“几何体”|“长方体”，在顶视图中创建一个长方体作为底座基础模型，参数设置如图 11-146 所示。

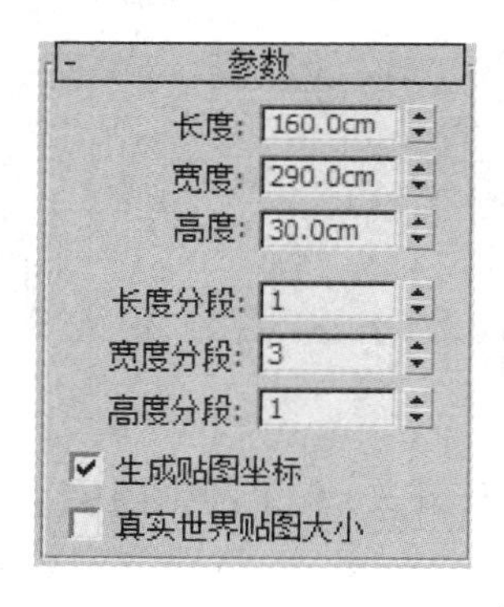

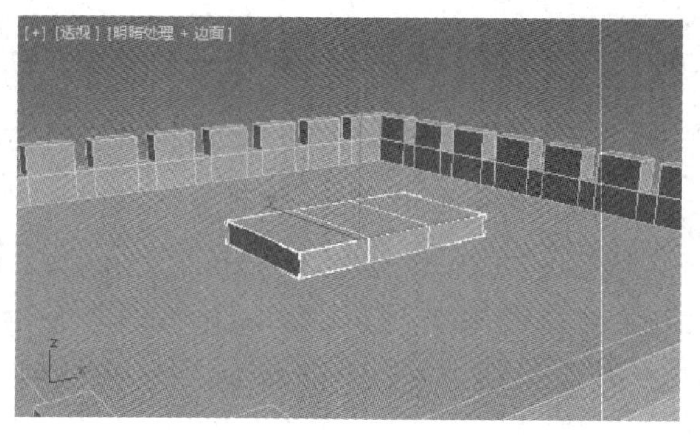

图 11-146 创建大炮底座

STEP 2 为长方体添加“编辑多边形”修改器，进入“多边形”层级，选择上面三个多边形，单击“编辑多边形”卷展栏中“插入”右侧的按钮，设置“数量”为 30 cm，如图 11-147 所示。单击“挤出”右侧的按钮，设置“数量”为 30 cm，效果如图 11-148 所示。

STEP 3 单击“插入”右侧的按钮，设置“数量”为 3 cm，效果如图 11-149 所示。单击“挤出”右侧的按钮，设置“数量”为 20 cm，效果如图 11-150 所示。

STEP 4 分别选择上面两端的多边形进行挤出，挤出数量分别为 10 cm 和 30 cm，如图 11-151 所示。同时选中顶部两端的多边形，单击“倒角”右侧的按钮，进行倒角，设置“高度”为 20 cm，“轮廓”为-7，效果如图 11-152 所示。

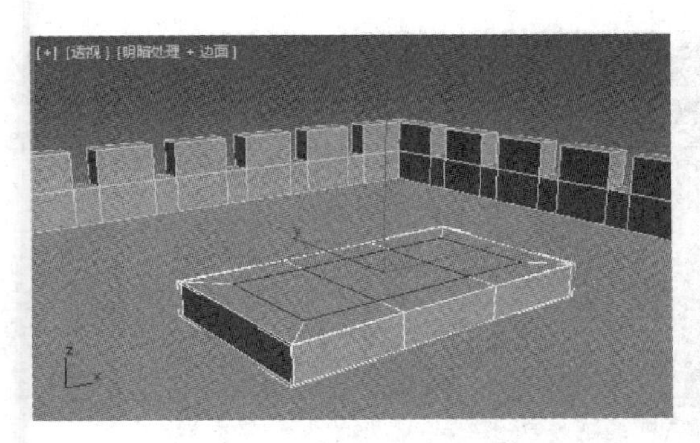

图 11-147　插入多边形

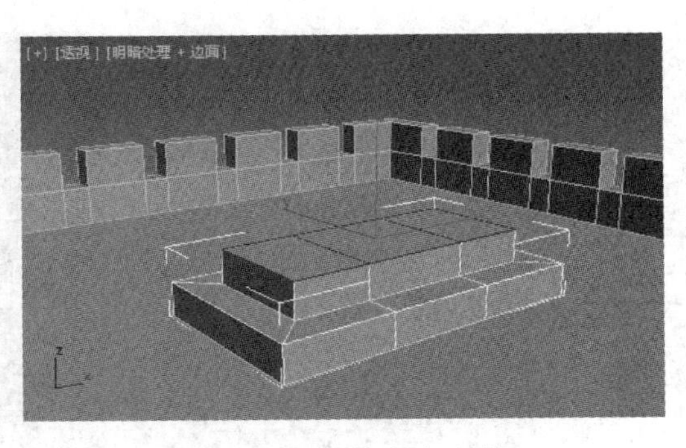

图 11-148　挤出多边形

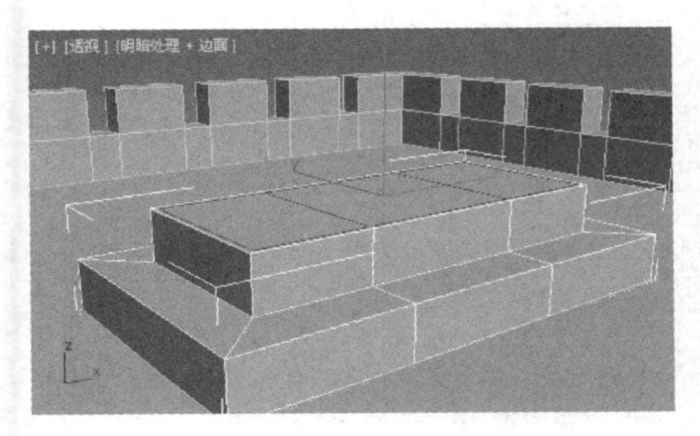

图 11-149　第二次插入多边形

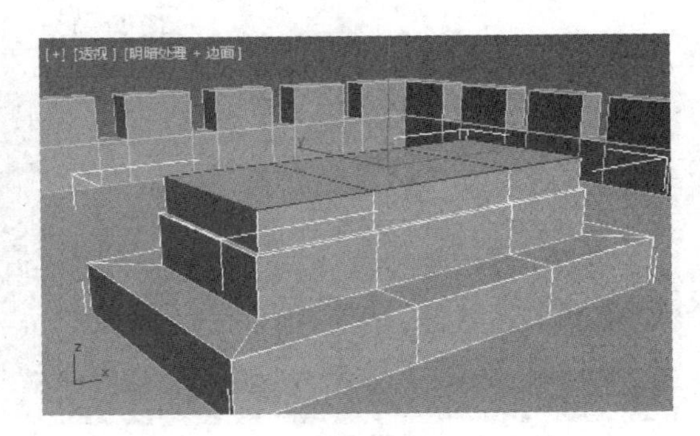

图 11-150　第二次挤出多边形

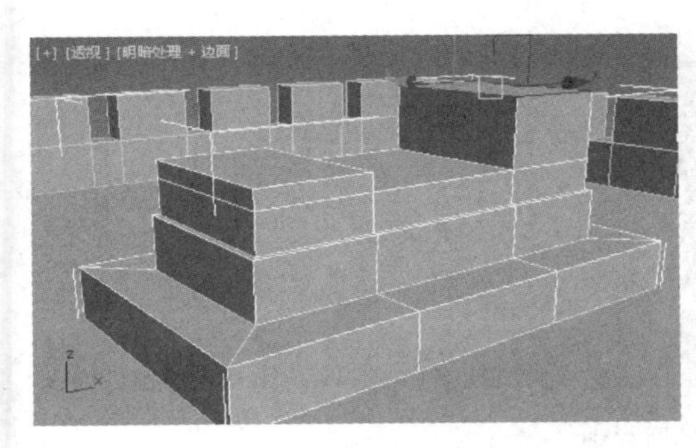

图 11-151　分别挤出高低支撑台

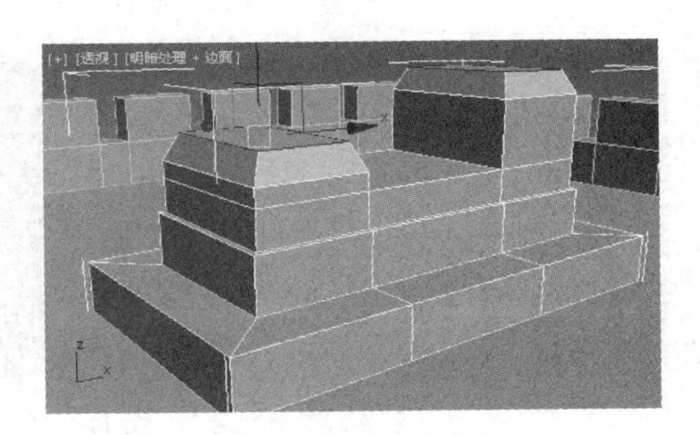

图 11-152　支撑台倒角

2. 制作炮筒

STEP 1 选择“创建”|“几何体”|“圆柱体”，在左视图中创建一个圆柱体作为炮筒基础模型，透视图效果如图 11-153 所示。

STEP 2 为圆柱体添加“编辑多边形”修改器，按〈1〉数字键，进入“顶点”层级，在前视图中，使用“选择并移动”工具框选圆柱体每层顶点，沿 X 轴移动，调整后的效果如图 11-154 所示。

STEP 3 在前视图中，使用“选择并缩放”工具框选圆柱体每层顶点对模型顶点进行缩放，调整后的效果如图 11-155 所示。

STEP 4 按〈4〉数字键，进入“多边形”层级，选中如图 11-156 所示的炮口多边形，进行连续 4 次倒角，倒角高度和轮廓分别为（4 cm，−3 cm），（0 cm，−3 cm），（−4 cm，−3 cm），（−300 cm，0 cm），4 次倒角后的效果如图 11-157 所示。

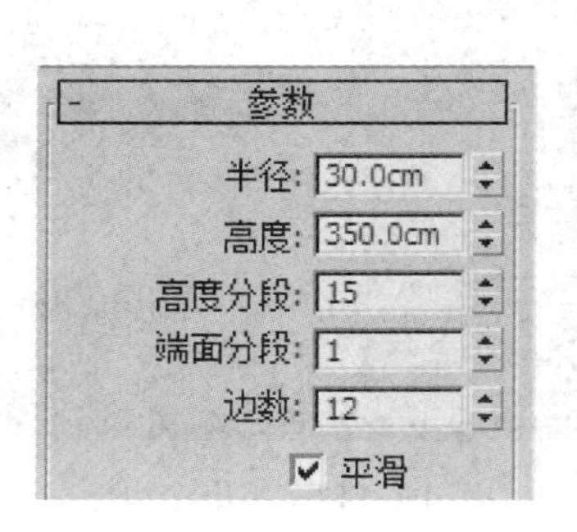

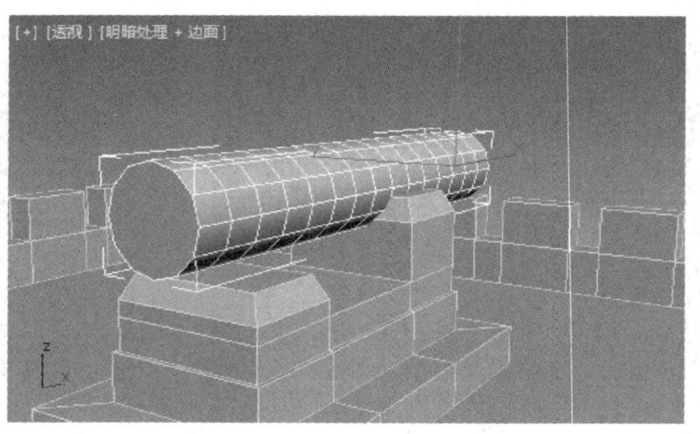

图 11-153　创建炮筒圆柱体

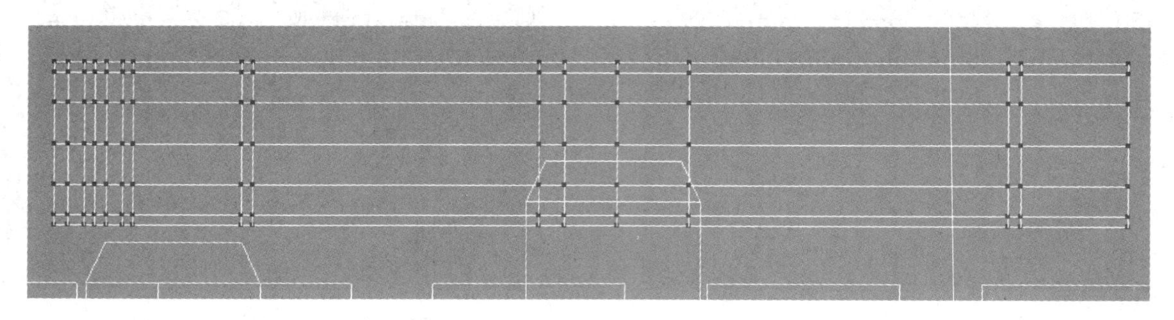

图 11-154　调整炮筒顶点位置

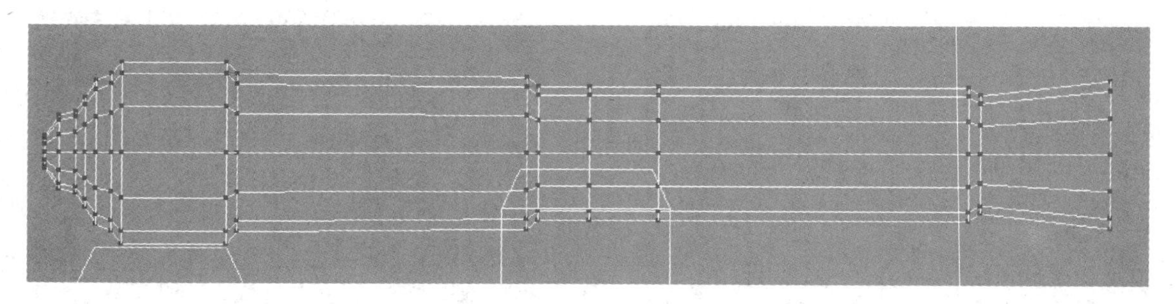

图 11-155　调整炮筒粗细

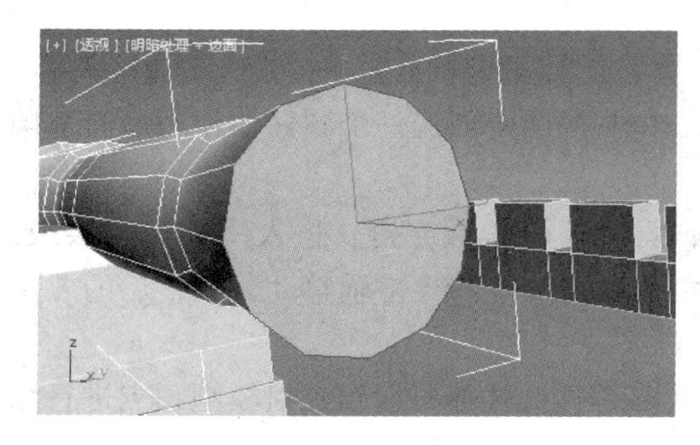

图 11-156　选中炮口多边形

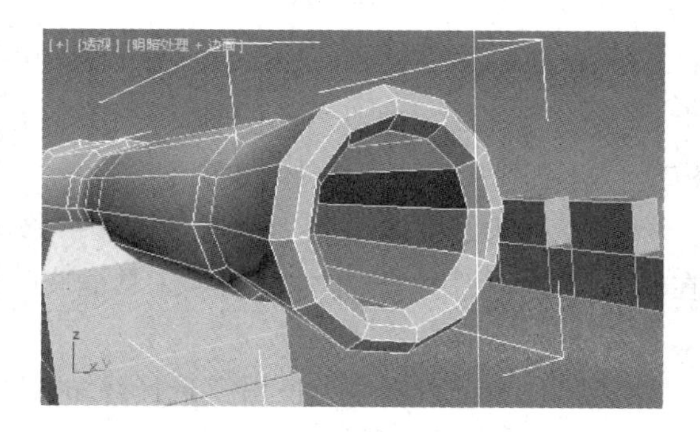

图 11-157　炮口倒角效果

STEP 5 按〈Ctrl+A〉组合键全选炮筒所有多边形，单击“多边形：平滑组”卷展栏中的“清除全部”按钮，将模型上的平滑效果取消，效果如图 11-158 所示。

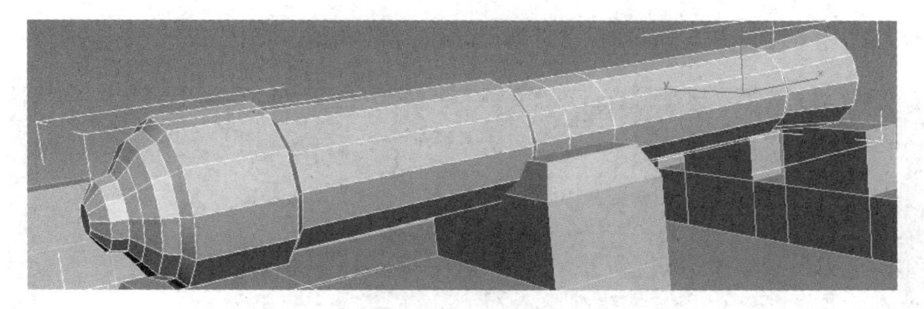

图 11-158　取消平滑效果

STEP⑥ 使用“选择对象”工具框选中如图 11-159 所示的多边形，单击“多边形：平滑组”卷展栏中的“1”按钮，将一部分炮身进行平滑，效果如图 11-160 所示。按〈Ctrl+I〉组合键，反选其余多边形，单击“多边形：平滑组”卷展栏中的“2”按钮进行平滑。

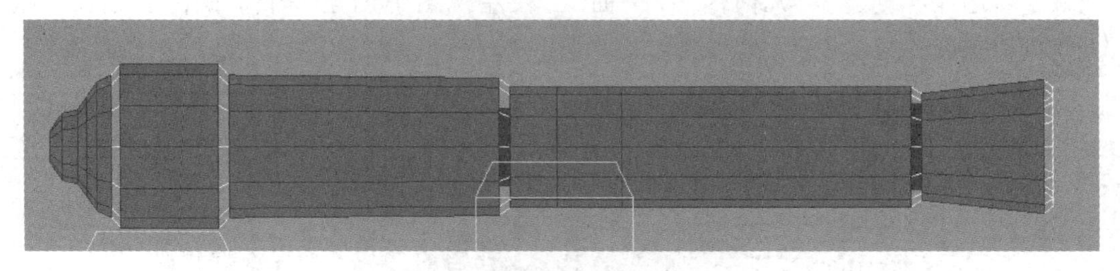

图 11-159　选择部分多边形

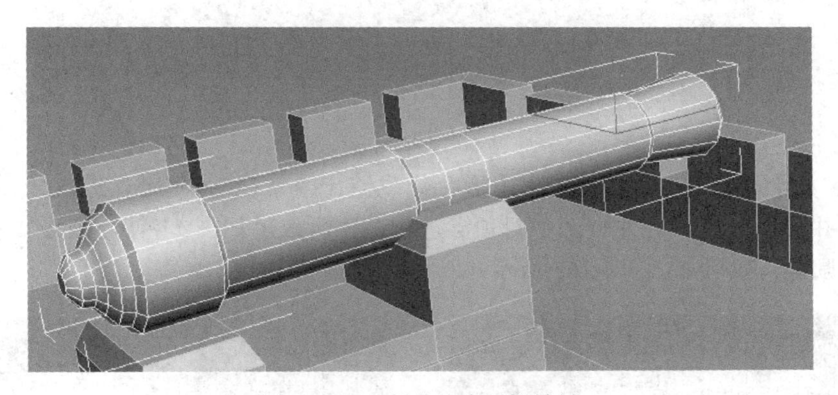

图 11-160　部分炮身平滑效果

STEP⑦ 为炮筒添加“FFD 2×2×2”修改器，将炮筒粗细调整为如图 11-161 所示一头粗一头细的效果。

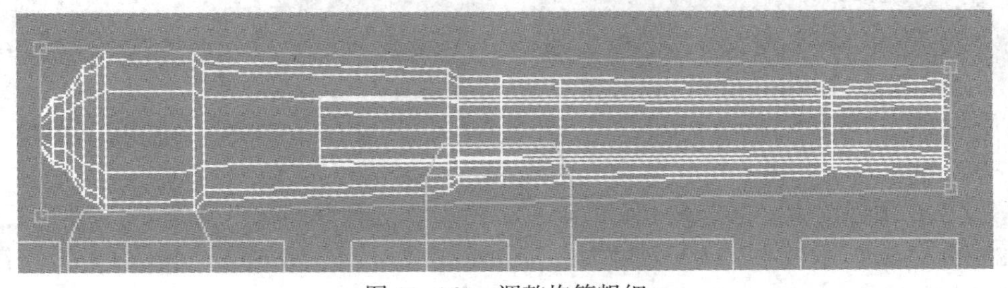

图 11-161　调整炮筒粗细

STEP 8 使用“选择并旋转”工具对炮筒角度进行调整，如图 11-162 所示。

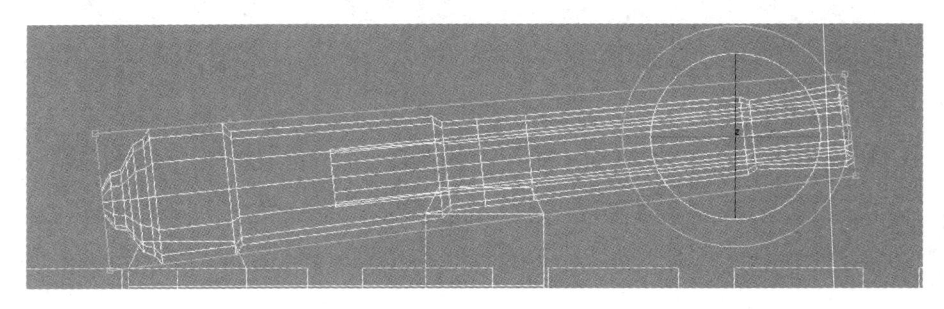

图 11-162 调整炮筒角度

3. 制作旗帜

STEP 1 选择“创建”|“几何体”|“平面”，在左视图中创建一个平面，参数及效果如图 11-163 所示。

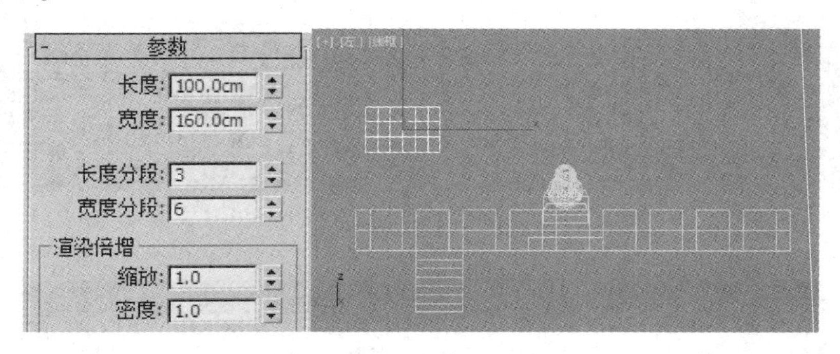

图 11-163 创建旗帜平面

STEP 2 为平面添加一个“编辑多边形”修改器，按〈1〉数字键，进入“顶点”层级，使用“选择并移动”工具在左视图中对顶点进行调整，效果如图 11-164 所示。在顶视图中对顶点进行调整，效果如图 11-165 所示。

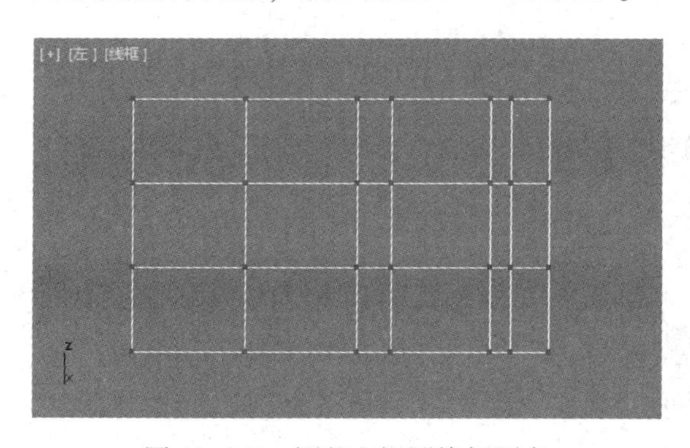

图 11-164 调整左视图旗帜顶点

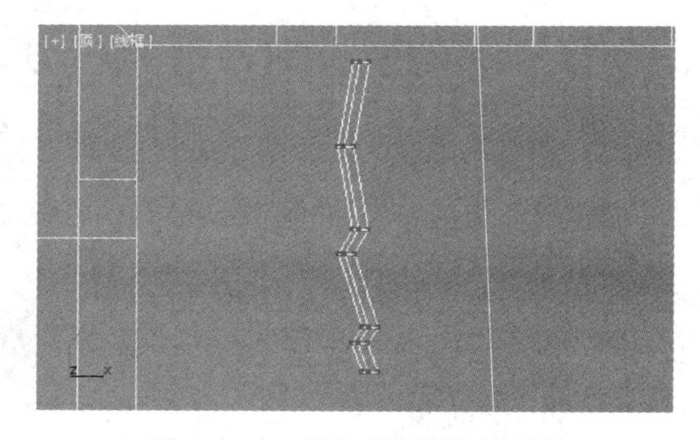

图 11-165 调整顶视图旗帜顶点

STEP 3 在顶视图中，框选最上面的顶点，使用“选择并缩放”工具沿 X 轴进行收缩，得到如图 11-166 所示效果。为平面添加一个“FFD 4×4×4”修改器，按〈1〉数字键，进入“控制点”层级，在左视图将平面调整成如图 11-167 所示形状。

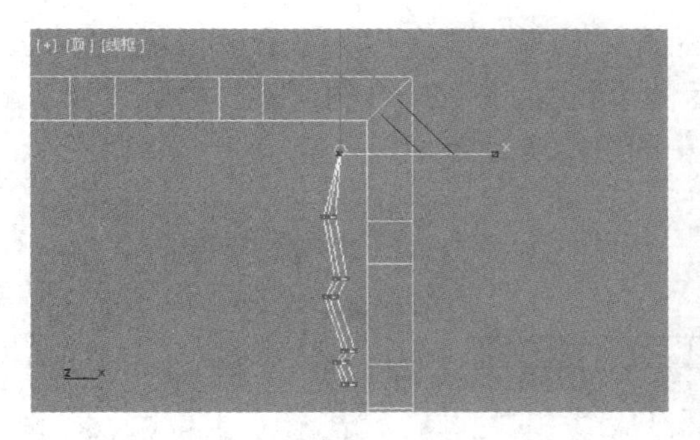

图 11-166　调整旗帜旗杆衔接处顶点

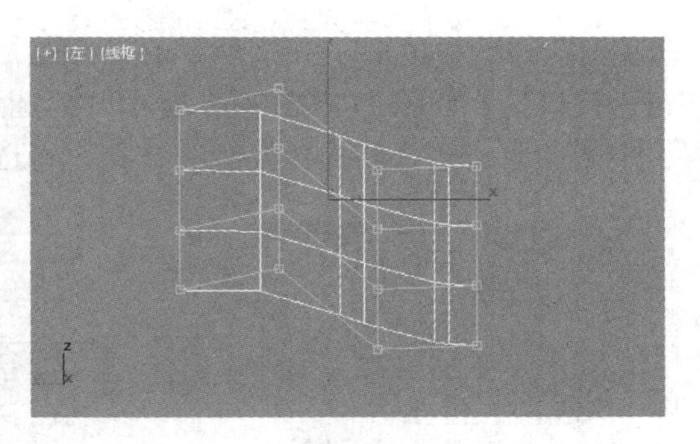

图 11-167　调整旗帜平面形状

STEP 4 选择“创建”|“几何体”|“圆柱体”，在顶视图中创建一个圆柱体作为旗杆，参数如图 11-168 所示。在顶视图中将旗杆与旗帜进行移动，摆放到墙体右上角位置，透视图效果如图 11-169 所示效果。将炮筒、炮台、旗帜和旗杆四个模型附加在一起，删除炮台底部和旗杆底部的不可见多边形。（注意：不可见多边形一定要删除，以节约资源并减少后面贴图展开中的工作量。）

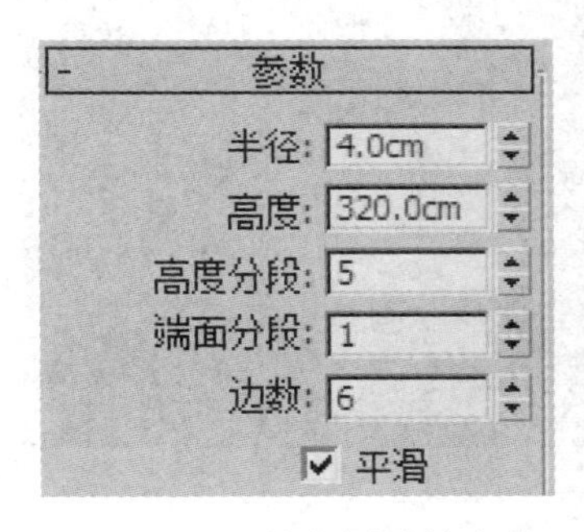

图 11-168　旗杆圆柱体参数

图 11-169　摆放旗帜

11.3.4　贴图展开

68 贴图展开

游戏模型的 UVW 展开是一个较为复杂的过程，不作为本小节的讲述重点。在此仅通过炮筒模型的 UVW 展开为例，使读者了解 UVW 的基本展开方法。

STEP 1 选中炮台模型，添加“UVW 展开”修改器，按〈2〉数字键，进入“边”层级。在前视图中，选中炮筒最底部如图 11-170 所示的数条边，展开命令面板中的“剥”卷展栏，单击“将边选择转换为接缝”按钮，如图 11-171 所示。此时被转换的边变成了蓝色。

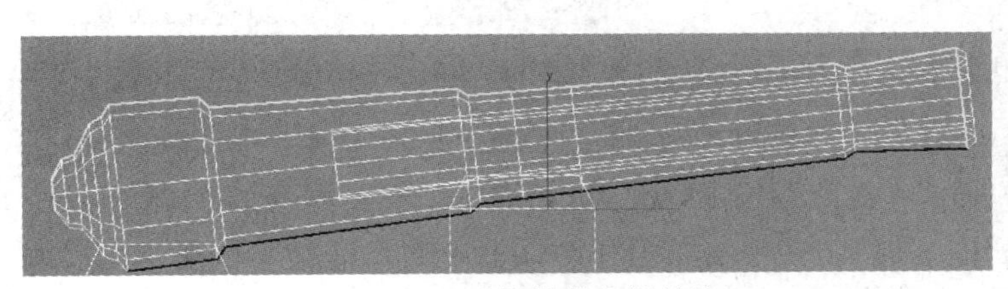

图 11-170　选择炮筒底部的边

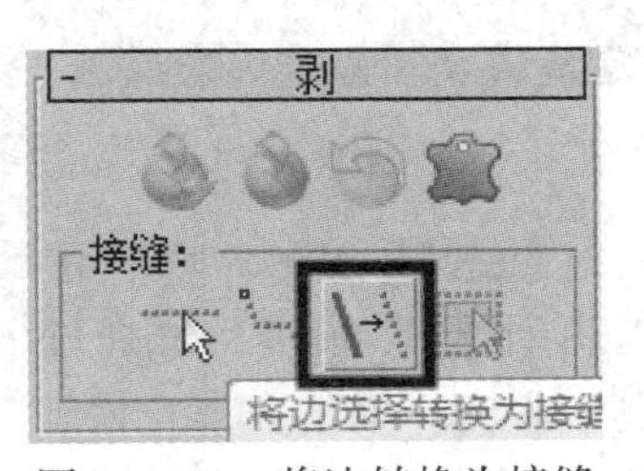

图 11-171　将边转换为接缝

STEP② 选择如图 11-172 所示的一条边，展开“选择”卷展栏，单击“循环：XY 边”按钮进行扩选，如图 11-173 左图所示，扩选后的边如图 11-173 右图所示。单击“剥”卷展栏中的“将边选择转换为接缝”按钮，将选中的边转换为接缝。

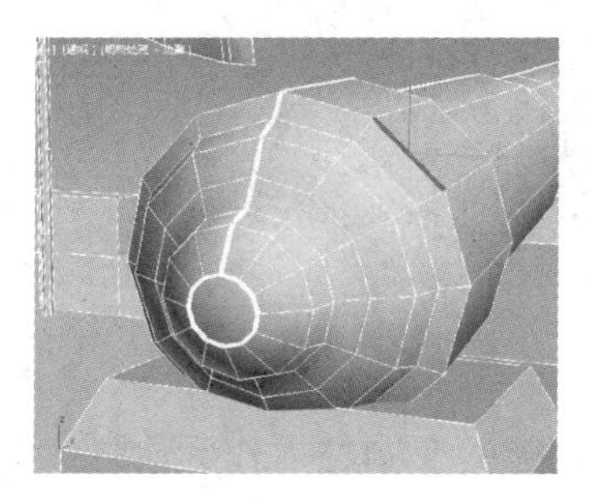

图 11-172　选择一条边

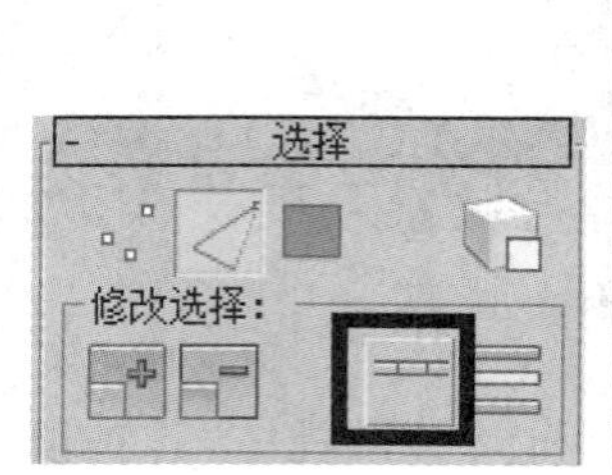

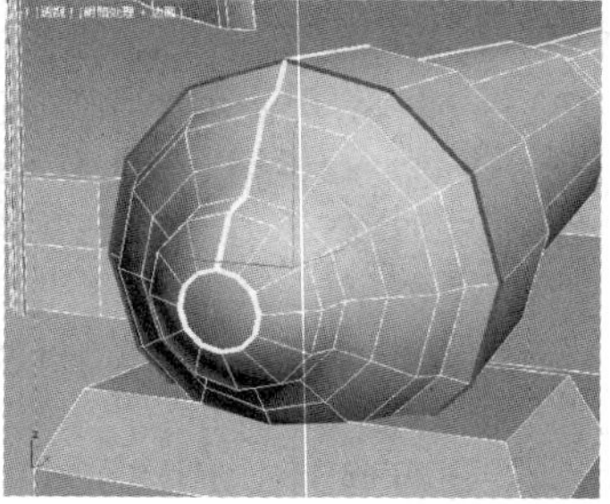

图 11-173　扩选后的边

STEP③ 用上述方法，将炮口的外围一周和炮口内围一周的边转换为接缝，需要转换的边参照图 11-174 中白线所示。

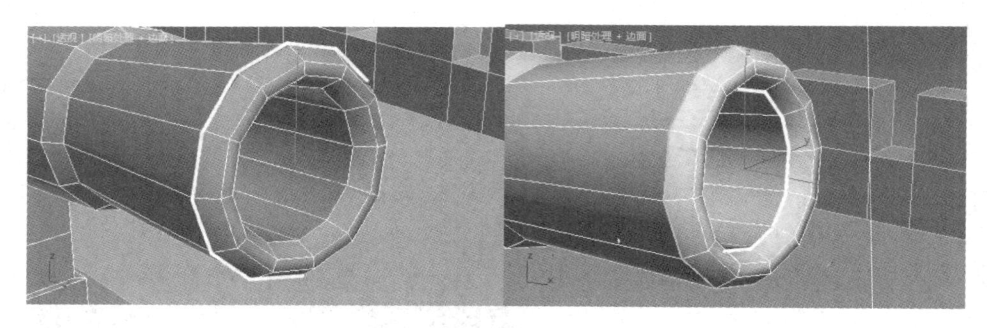

图 11-174　创建其他接缝

STEP④ 按〈3〉数字键，进入“多边形”层级，选择炮身中部任意一块多边形，单击“剥”卷展栏中的“将多边形选择扩展到接缝”按钮，如图 11-175 所示，得到如图 11-176 所示效果。

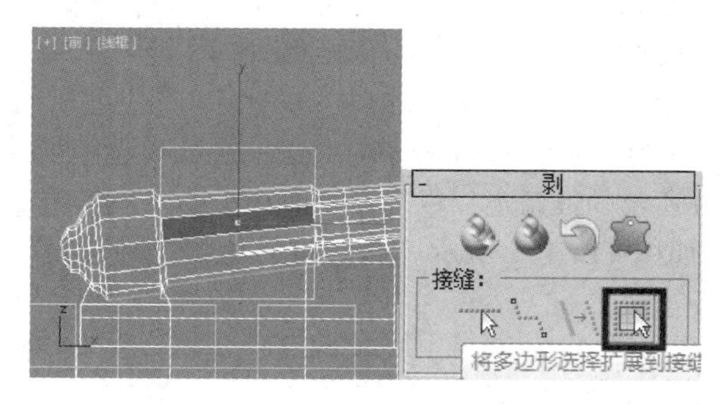

图 11-175　选择多边形

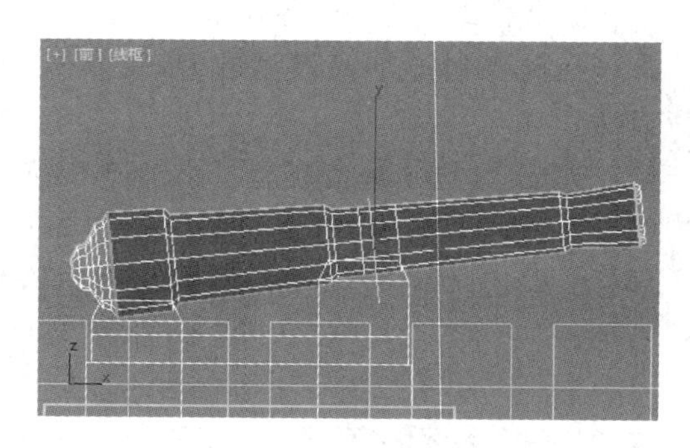

图 11-176　将多边形扩展到接缝

STEP⑤ 单击“剥”卷展栏中的“毛皮贴图”按钮，弹出“毛皮贴图”对话框，单击“开始松弛”按钮，如图 11-177 所示。在“编辑 UVW”对话框中，看到如图 11-178 所示松弛效果时，单击“停止松弛”按钮，并单击“毛皮贴图”对话框中的“提交”按钮。在“编辑 UVW”对话框中，可以看到提交后的展开多边形呈红色框线显示。

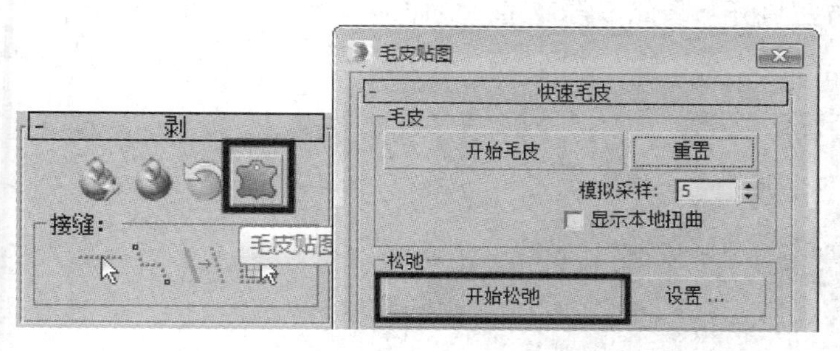

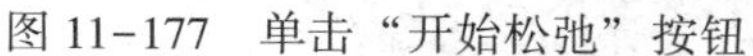

图 11-177　单击“开始松弛”按钮

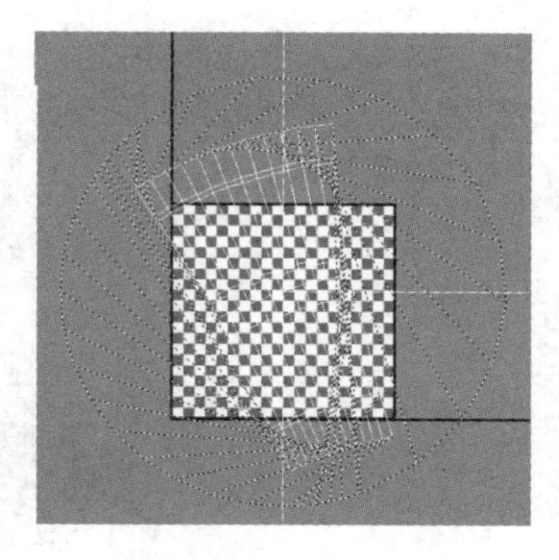

图 11-178　松弛效果

STEP 6 在“编辑 UVW”对话框右上角的下拉列表框中选择“拾取纹理”，如图 11-179 所示，打开制作好的“炮 . jpg”贴图，具体位置参考配套素材中的“场景和素材\第 11 章\炮 . jpg”文件。使用“自由形式模式”工具，对红色显示的多边形进行大小、位置、方向的调整，使之与贴图中炮的图像大小和位置基本对应，达到如图 11-180 所示的效果。（注意：“自由形式模式”工具打开时，鼠标放在变换框四个角时为缩放功能，放在变换框内部时为移动功能，放在变换框四条边中间时为旋转功能。应事先分析“炮 . jpg”贴图中各个图块属于炮台哪一个部分，才能正确放置展开的多边形。此图中炮身的图像位于贴图左上角。）

图 11-179　打开贴图

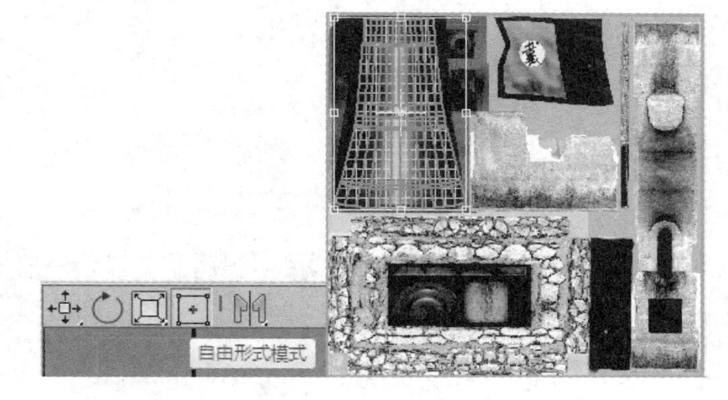

图 11-180　调整贴图与模型对应位置

STEP 7 按〈M〉键打开“材质编辑器”窗口，选择一个空白材质球，在“漫反射”通道中打开贴图文件“炮 . jpg”，材质球如图 11-181 所示。将该材质赋给炮台模型。按〈Shift+Q〉组合键进行渲染，可以得到如图 11-182 所示的炮身效果，此时并未展开其他部分的 UVW，所以其他部分显示错误的贴图效果。

图 11-181　贴图材质球

图 11-182　炮身贴图效果

STEP 8 将其他部分一一进行展开，得到如图 11-183 所示的最终效果。但 UVW 展开手法较多，不同形体可能需要不同方法展开，在此不再赘述，更详细的展开过程可见配套素材中的微课视频。

图 11-183　炮台整体效果